U0266074

余道衡先生是我的教学导师，他的敬业与精业是我职业生涯的灯塔

（王卓摄于 2014 年 9 月 19 日）

李瀚荪先生是我的教学偶像，他的书是我职业生涯的起点

（汪援摄于 2014 年 7 月 20 日）

北京大学电子信息科学系列教材

3rd Edition

电路分析原理（第3版）

Principle of Circuit Analysis

胡薇薇　编著

清华大学出版社　北京大学出版社

北　京

内容简介

本书为配合北京大学信息科学技术学院本科生主干基础课、北京市精品课——“电路分析原理”课堂教学而编写，是北京市高校“优质本科教材课件”。可作为高等院校电子类基础课“电路分析”“电路原理”或“电路基础”的教材，亦可供相关领域科技人员自学或参考。

为使读者在学习和选择参考书时减少困惑，本书力图体现如下特点：理论和知识体系完整，内容阐述简明生动、更容易理解和掌握。理实交融，例题、思考题、研讨题和习题丰富并富有启发，拓展题取材于科研一线，习题三星分级并附参考答案，方便自学自测。配合双语教学，章节纲要、名词术语、例题习题均采用中英双语，便于留学生使用。

This book is written for the undergraduate course “Principles of Circuit Analysis” of the School of EECS in Peking University. It is the “high-quality undergraduate textbook” for colleges and universities in Beijing. The book can be used as the teaching material of electronic-basic courses such as “Circuit Analysis” or “Fundamentals of Electric Circuits”. It can also be used for self-study or reference by researchers in related fields.

The book includes the following characteristics. First, the theory and knowledge system are complete and easier to understand. Second, the book combines theory with practice. There are many examples, topics, problems, and exercises for discussion and practice. The extended topics are based on current scientific research. In addition, the exercises attached with reference answers are divided into three ranks according to the difficulty, which is convenient for self-study. Finally, the book is suitable for bilingual teaching. Chapter outline, terms, examples, and exercises are written in both Chinese and English. It is convenient for international students.

图书在版编目(CIP)数据

电路分析原理/胡薇薇编著. —3版. —北京：清华大学出版社：北京大学出版社，2022.8(2024.9重印)
北京大学电子信息科学系列教材
ISBN 978-7-302-61232-2

Ⅰ. ①电… Ⅱ. ①胡… Ⅲ. ①电路分析－高等学校－教材 Ⅳ. ①TM133

中国版本图书馆 CIP 数据核字(2022)第 109751 号

责任编辑：赵 凯
封面设计：北京春天书装图文设计工作室
责任校对：郝美丽
责任印制：杨 艳

出版发行：清华大学出版社
网　　址：https://www.tup.com.cn，https://www.wqxuetang.com
地　　址：北京清华大学学研大厦A座　**邮　　编**：100084
社 总 机：010-83470000　**邮　　购**：010-62786544
投稿与读者服务：010-62776969，c-service@tup.tsinghua.edu.cn
质量反馈：010-62772015，zhiliang@tup.tsinghua.edu.cn
课件下载：https://www.tup.com.cn，010-83470236
印 装 者：三河市人民印务有限公司
经　　销：全国新华书店
开　　本：175mm×245mm　**印　张**：23.75　**彩　插**：1　**字　　数**：494千字
版　　次：2014年10月第1版　2022年9月第3版　**印　　次**：2024年9月第2次印刷
印　　数：2001～2500
定　　价：79.00元

产品编号：095824-01

序——余道衡

我很高兴应胡薇薇教授之邀，为她的新书《电路分析原理》作序。我在北京大学电子学系讲授“电路分析原理”课程二十多年，2002年退休后，由胡老师接班至今。十多年来，我仍关心着这门课程的改革与发展，对胡老师的讲课风格和特色，以及新书成书的过程都有比较清楚的了解。

“电路分析原理”是北大电子学系的一门主干基础课，又是面对外系的大类平台课，努力体现北大“加强基础、尊重选择”的原则。我觉得新书作为相应的教材，继承了北大电子学系这门课程几十年来的理论框架，在《电路分析》和《电路分析方法》两书的基础上，在十多年的教学实践和研究国内外同类优秀教材的过程中，不断发展和创新，逐步形成了比较严格的理论体系，是一本适合北大教学、有特色的优秀教材。

在内容选取和论述方面，新书与诸多教材有不少不同之处，具有比较鲜明的理科特色，例如：

(1) 注重数学的严密性，几乎所有定理都给出数学证明。

(2) 把数学解析方法与等效电路方法、图式方法对照进行分析，物理概念清楚。

(3) 保持内容的完整性，重视无源电路与有源电路的综合；时域分析与频域分析的结合；线性电路与非线性电路的结合；低频电路与高频电路的结合。

(4) 把二极管、三极管、场效应管、运算放大电路的等效电路模型引入电路分析中，扩大了电路分析的应用范围。

(5) 用受控源的概念分析负阻、忆阻、回转器等重要器件的特性，使内容更加深化。

(6) 将阻抗和等效电源概念推广到拉普拉斯变换域中，给出了有初值电感和有初值电容的等效电路，方便处理这类比较难于计算的电路。

(7) 将戴维南定理、诺顿定理推广到变换域电路中，扩大了应用范围。

(8) 把双口网络分析方法推广到无源传输线电路中，深入分析了入射、反射、匹配、吸收等概念和求阶跃响应的方法，可以容易地求出传输线电路的一些重要性质。

(9) 关于电路Q值、负阻的概念，新书的论述和分析也有新意。

在合理组织教学和引导学生自主学习方面，新书有明显的体现，例如：

(1) 每章开头都列出相应的提纲；每章结尾都有精练的小结，便于学生自主钻研。

(2) 在每个重要概念或方法后都配有精选的例题，帮助学生正确理解和应用。

(3) 在每章中都提出一些富有启发性的“思考一下”问题，引导学生深入思考。

(4) 每章附有适量、针对性强的习题，采用“三星分级”并给出部分答案，满足不同程度学生的需要，帮助学生拓宽思路，提高分析问题和解决问题的能力，增强学好本课程的信心。

(5) 书中的许多问题和习题很有新意，是胡老师在十多年的教学过程中，结合讲授、答疑、讨论，精心设计、精心选择的，在提高教学质量方面起到了重要作用。这些问题和习题都是珍贵的资料，很有参考价值。

看了书稿还有两点感想：

(1) 北大电子学系历来主张，学生不仅要深入研读教材，还要阅读几本不同风格的参考书，了解不同观点和见解，才能开阔思路，深入思考，学好基础课。

北大的教材应该写作严谨，质量上乘，突显自己的特色和风格，既是适应北大教学要求的优秀指导书，又是能引导学习兴趣、培养正确方法、启发深入思考、激励自主钻研的参考书。胡老师的新书正是努力体现这种写书理念的一本好书。

(2) 要写出一本好教材，作者的学术背景很重要。教师具有高的科学水平和研究经历，才能对教材内容有深刻的掌握。教师热爱教学、热爱学生，有长期丰富的教学实践，才能对教学方法有灵活体现。胡老师具备了两方面的实力和品格，为她完成新书奠定了坚实基础。

我相信新书的出版对北大电子学系“电路分析原理”课教学质量的提高会有重要作用。新书对于国内外同行也会有一定的参考价值。我祝愿新书早日问世。

余道衡

2014年4月于北大燕北园

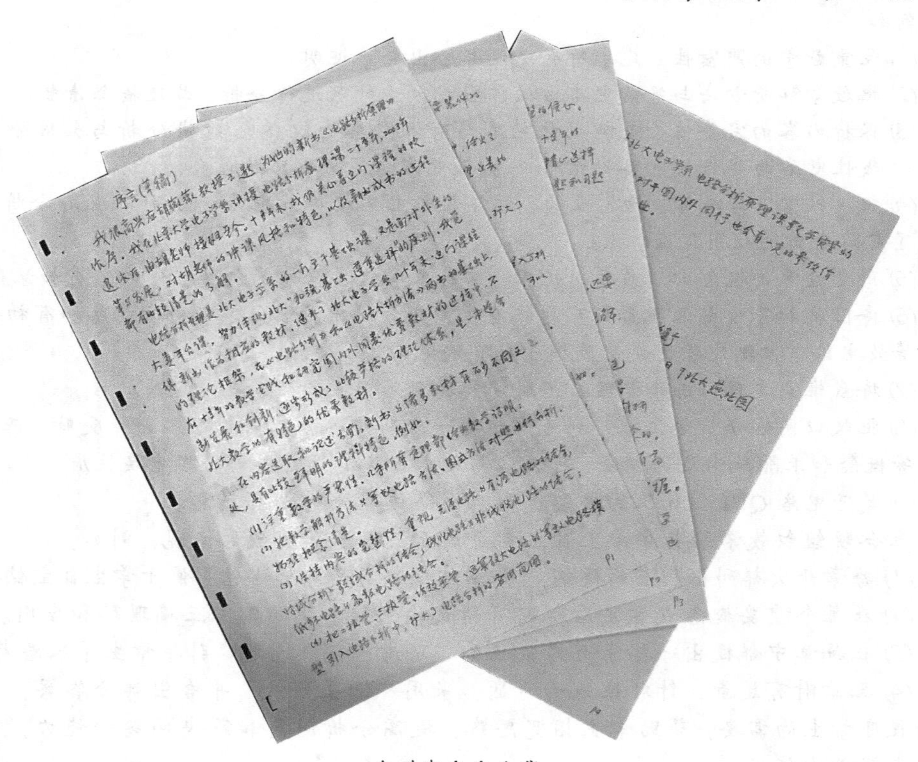

余道衡先生手稿

序——李瀚荪

近阅北京大学胡薇薇教授撰写的《电路分析原理》初稿，感到很有特色、与众不同。足见胡教授对书稿是费了不少精力的。最大亮点在习题部分。习题是教材的重要组成部分，关系到教材是否好用这一基本问题。重正文、轻习题，是不少教材的通病！被认为是小问题的，在教学中往往遇到大困难！在这本初稿中，胡教授根据不同要求、难易程度，把习题三星分级。习题有与正文密切配合者，旨在加强对所学基本原理的理解和运用(如习题9-24)；有从科研课题中提炼而来者(如习题5-23)，旨在拓宽学生思路，联系科研背景；有一般联系实际者(如习题4-13)，旨在提高学生学习兴趣。可供教师、学生选用。目前，国内外的电路课程教材都注重联系实际问题，方法各异，通过习题来解决不失为一种好办法。自由选用，不致与学生水平、学习内容相差太远。另外，习题中、英文对照也为双语教学提供一条切实可行的道路，不致影响课程的教学任务，值得推广。

书稿的另一特色是它的"亲民(学生)性"，对学生的亲切关心和指导，"体贴入微"，跃然纸上。这对提高学生学习的主动性会起到很大作用。

书稿以不大的篇幅覆盖了从集中参数到分布参数电路、从线性到非线性电路的内容，体现了作者归纳、组织教学内容的能力，稿中还提出作者的一些观点，如"源"的概念、"三大基本分析方法"的概念等，很有见解。

书稿经修改后，业已付梓，即将出版。胡教授是王楚教授、余道衡教授的高足，年富力强、基础雄厚、踏实肯干，可谓是后继有人。均值得祝贺，故乐为之序。

李瀚荪

2014年7月20日

共　页第　页

近闻北京大学胡薇薇教授撰写的《电路分析原理》初稿，感到很有特色、与众不同。足见胡教授对书稿是费了不少精力的。最大亮点在习题部分。习题是教材的重要组成部分，关系到教材是否好用这一基本问题。重正文、轻习题，是不少教材的通病！被认为是小问题的，在教学中往往迂到大困难！在这本初稿中，胡教授根据不同要求、难易程度，把习题三星分级。习题有与正文密切配合者，旨在加强对所学基本原理的理解和运用（如习题9-24）；有从科研课题中提炼而来者（如习题5-23），旨在拓宽学生思路，联系科研背景；有一般联系实际者（如习题4-13），旨在提高学生学习兴趣。可供教师、学生选用。目前、国内外的电路课程教材都注重联系实际问题，方法各異，通过习题来解决不失为一种好办法。自由选用，不致与学生水平、学习内容相差太远。另外，习题中、英文对照也为双语教学提供一条切实可行的道路，不

20×20=400

共　页第　页

……学任务，值得推广。
……色是它的"亲民（学生）性"，对
……和指导，"体贴入微"，跃然
……生学习的主动性会起很大作
……幅覆盖了从集中参数到分佈
……非线性电路的内容。体现
……学内容的能力，稿中还提
……如"源"的概念；"三大基
……很有见解。
……付梓，即将出版。胡教
……教授的高足，年富力强
……可谓是后继有人。均

李瀚荪
2014.7.20

李瀚荪先生手稿

序——陈诗闻

北京大学的老校长蔡元培曾说过："大学者研究高深学问者也。"胡薇薇教授编著的《电路分析原理》中的习题和思考题体现了蔡校长的办学理念。

现今的大学，并非不重视研究学问，提升讲师、教授等专业技术职称还要以发表的科研论文的多寡作依据，但通常把教学和科研分工，在课堂教学、在教材中体现"研究高深学问"理念的，洵属罕见。

大学的教学，不仅是现成的文化、知识、学问的传授，重要的是思维能力的训练，缜密而深沉的思考习惯的培养。胡教授所编著教材中的思考题（习题），不但有助于学生对课程内容的理解，而且能锻炼学生的思维能力。

大学生来自各地的中学，原有的文化知识根基不同，胡教授的思考题（习题）分三个等级，使人人都有适合于自己水平的题可做，且人人都有自己进步的空间：先做一星级题，进一步做二星级、三星级题，正如成语所说的循序渐进。胡教授这样的设置，也是在默默地告诫学生：学无止境，人人都可以而且应该向更高的、最高的境界努力。

博大精深的中华文化，在《礼记·中庸》篇中有为学之道："博学之、审问之、慎思之、明辨之、笃行之"，把所学的内容彻底掌握并付诸行动。学习的目的是实践——笃行，胡教授的思考题（习题），正是按《中庸》中所说的为学要津而设的，这为学生今后在工作中、在事业上的创新，打下坚实的基础。

陈诗闻

2021年9月8日

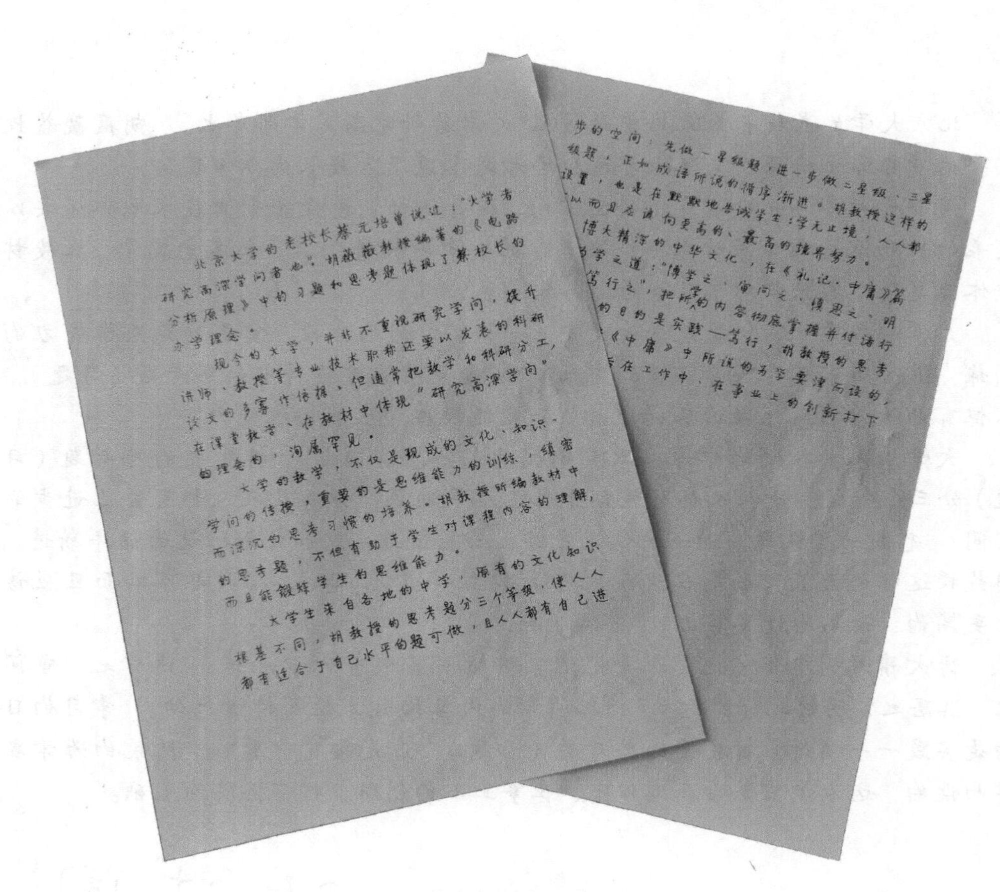

北京大学的老校长蔡元培曾说过："大学者研究高深学问者也"。胡薇薇教授编著的《电路分析原理》中的习题和思考题体现了蔡校长的办学理念。

现今的大学，并非不重视研究学问，提升讲师、教授等专业技术职称还要以发表的科研论文的多寡作依据，但通常把教学和科研分工，在课堂教学、在教材中体现"研究高深学问"的理念的，洵属罕见。

大学的教学，不仅是现成的文化、知识、学问的传授，重要的是思维能力的训练，缜密而深沉的思考习惯的培养。胡教授所编教材中的思考题，不但有助于学生对课程内容的理解，而且能锻炼学生的思维能力。

大学生来自各地的中学，原有的文化知识根基不同，胡教授的思考题分三个等级，使人人都有适合于自己水平的题可做，且人人都有自己进

步的空间：先做一星级题，进一步做二星级、三星级题，正如成语所说的循序渐进。胡教授这样的设置，也是在默默地告诫学生：学无止境，人人都以而且应该向更高的、最高的境界努力。

博大精深的中华文化，在《礼记·中庸》篇
为学之道："博学之，审问之，慎思之，明
笃行之"，把所学的内容彻底掌握并付诸行
的目的是实践——笃行，胡教授的思考
《中庸》中所说的为学要津而设的，
在工作中、在事业上的创新打下

陈诗闻先生手稿

前言

Foreword

笔者特别荣幸在自己的教学生涯里能够成为学高德劭、严谨认真的余道衡先生和李瀚荪先生的学生。笔者20年前初入燕园即接班余先生的本科生主干基础课——"电路分析原理",深感责任重大,颇为诚惶诚恐。余先生作为课程顾问积极鼓励、有问必答,参加每一次的教学研讨,经常去教室听课。每当听到先生对课程教学满意的肯定,笔者都倍感欣慰和鼓舞,从而不断激励自己努力进取。李先生是笔者自学生时代就膜拜的教学偶像,笔者完全想不到可以在30年后与先生幸为近邻并得以多次拜访,倾听先生的教诲、品尝师母的佳肴,亦师亦友、慈如父母。两位先生严谨、细致地审阅了初稿全文,提出了非常宝贵的修改意见和建议,恩师的真知灼见,使本书的学术质量得到很大的提升,笔者由衷感谢。

感谢与蒋伟教授(13年)、陈江教授(5年)、李红滨教授(2年)共同主讲课程的合作时光,与各位良师益友共同传道授业、研讨教学,共同编写历年试题,受益匪浅,真诚感谢。

感谢"电路分析原理"课程教学团队的老师们,感谢研讨班主讲王志军教授、盖伟新教授、杜朝海研究员、鲁文高教授、马猛副教授、蒋伟教授、陈江教授、张诚总工程师,感谢实验课教学杨川川副教授、刘璐研究员、郭强工程师。作为北京大学大班授课与小班研讨相结合的"小班教学"模式的试点改革课程,在8年的小班研讨和10年的实验教学实践中,教学团队探索了多样化、多层次、多方位、多角度、有针对、有创新、有实验、有合作的教学尝试,培养和训练了学生自主提出问题和解决问题的能力、交流和表达能力、科学思维与研究能力。团队荣获2019年北京大学"优秀教学团队"奖,亦为信息与工程学部各院系中第一门获此殊荣的课程,感谢学校的认可和鼓励。

感谢在北大"电路分析原理"课堂上遇见的每一位学生和助教。20年来,笔者的获益远远超出了自己的付出。你们的优秀与宽容、勤学与审视、多角度的猜想与深层次的思考,都同时提升了课程和教学质量。以学生为主的研讨课也常常精彩频出,教学相长,非常享受。此生无憾,此生大幸,一并感谢。

感谢博士研究生陈特对全书习题的英文翻译工作,感谢博士研究生张宸博对全书例题的英文翻译和全书英文的校对工作,感谢博士研究生张子璇和杨其鹏的文献查阅工作。他们在几年的课程助教期间工作极其认真负责,非常感谢。(注:为配合双语教学、便于留学生使用,书中全部例题、习题采用中英双语,全部内容纲要、标题及一些必要的名词、术语、概念均采用中英双语。同时，在书后附有中英文和英中文索引。）

感谢高年级本科生及研究生张诚、杨筱舟、杨暐健、赵瑜、陈特、刘成、徐晓帆、王达、刘永强、马思鸣、毛舒宇、张海洋，感谢王大雨总工程师和鲁文高教授。他们提供了部分精彩实用的三星级习题编写，使教材在三星级习题库方面更加丰富、实用、有趣，非常感谢。（注：书中全部习题三星分级并附参考答案，辅助读者自学自测。“*”和“**”习题可以检测学生对章节内容的理解程度，促进知识点的掌握，从而顺利进入后续学习。“***”表示一些拓宽思路或是有一定难度的习题，有些习题的内容可能在章节知识层面上未有涉及，但却是检测学生理解和运用所学原理能力的“试金石”，有些题目选自高年级或研究生期间的研究课题，旨在拓宽知识面、加深对学习内容的理解、激发学习兴趣和培养创新能力。读者可根据自己的兴趣或不同深度需求去选择。）

感谢多年来北京大学选课的本科生们。他们认真细致，纠错能力超强，积极回馈各时期书稿的问题、意见和建议；他们提出了很多深入的有意义的研讨话题，丰富了研讨题库。他们是：

北京大学信息科学技术学院 2009 级选课本科生：孙宇翔、薛萍、谈仲伟、潘多、陈佳华；2010 级选课本科生：刘笑尘、侯冠荣、张航、高翔、张泓亮、卢海昌、袁昊琛、张玮、葛大伟、邹恺蘅、张萌、徐袁媛、阮恒心、贾韬、王然、崔一凡、曹萱、牛玉泽、吴俊东；2011 级选课本科生：张德辉、魏明、刘利俊；2012 级选课本科生：杨雨成、柳毓、任哲学、李琪；2013 级选课本科生：张爽、金纪成、何娴、陈思杰、康健、张泽轩、唐沁宜、刘兆恺、徐朋秋、王泽田、曲祺；2014 级选课本科生：孙雨、许昌民、周晔、王欣欣、徐辉、李懿、董镇、林正晗、张馨月、李泽凡；2015 级选课本科生：郑钦佩、梁政、孙新昊、周清逸；2016 级选课本科生：刘姝涵、叶思源、周全、王子琛；2017 级选课本科生：毛舒宇、高俊；2018 级选课本科生；王俊、徐子晗、顾超颖；2019 级选课本科生：李家琪、吕杭哲、赵一鸣、梁芸、秦昊、马启智、胡一淳、李佳宁、黄轩拓、陈佳黎、王澄宇、王路勤；2020 级选课本科生：陈厚沣、曾嘉琪、巴桑次仁、金子越、罗钦培、周钜宸、彭浚哲、陈志涵；北京大学工学院 2014 级选课本科生：王晨曦、杨周剑云；北京大学地空学院 2018 级选课本科生：陈佳黎；校外旁听生：牛苗雨。

笔者还要感谢北大教授餐厅遇到的教授们。午餐时光，从电路分析课堂教学的三位属兔教师，聊到北大的属兔校长与名人，从电子量子、天体时空聊到灵魂与生命、信仰与哲学，从对联与诗词聊到舞蹈与音乐……很多这个园子里的故事，丰富了笔者对燕园的认知。特别感谢陈诗闻教授、刘燕军教授、冀建中教授、王宗昱教授、段晴教授、李毅红教授、莫多闻教授。耄耋之年的刘教授一直坚持在写她的时空猜想。几近米寿的陈教授每天坚持骑自行车来学校，她认真审阅了本书的第 2 版，对前言和正文的修辞提出了宝贵意见，并为第 3 版写序。老一辈教授们的严谨不苟、坚韧乐观，非常令人钦佩。

最后，感谢本书各版责任编辑、清华出版社的梁颖编辑、薛阳编辑和赵凯编辑，感谢北大出版社的陈小红编辑,他们工作认真、尽职敬业,令人敬佩。他们耐心友善地处理笔者的"苛求",使本书的出版质量得到很大的提升。笔者由衷感谢清华大学出版社和北京大学出版社的通力合作,圆了笔者的完美之愿。

笔者一直认为,有特色的好教材才有编写的必要,好教材应该是好的教学与好的科研合力而为的结晶。执笔前曾贪心地希望写一本迄今为止最有特色的"电路分析"教科书,为此,潜心拜读国内外优秀教材、追觅现代科技发展脚步,虚心听取老师和同学们的建议意见,结合在中国科学技术大学、北京大学几十年的教学经验和体会,斗胆执笔。然执笔后深感愚心拙笔,结果远不及内心的期许。限于笔者水平,书中不妥之处在所难免,诚请国内外行家前辈、同行师生和读者诸君批评指正。

胡薇薇

2022年2月22日@北大燕园

目 录

Contents

引子——人类认识电的历史

History

“电”把人类引入了一个亦真亦幻的奇妙的新世界。今天，在电力、电子、通信、计算机、自动化、航空航天等诸多领域，我们每天都享受着人类通过对它的不断认识与发现而创造的现代文明。

人类从石器时代发展到今天，经历沧海桑田、千年巨变。在开始学习电的基本理论之前，让我们一起用几分钟的时间，回溯人类与电的千年辉煌。

1. 渊源

距今约 5—7 亿年前，地球上产生了生命。

距今约 300—200 万年前，劳动创造了人。

公元前 6 世纪，古希腊米利都人泰勒斯(Thales)最早记述了摩擦琥珀吸引轻小物体的现象。

公元前 3 世纪(战国后期)，我国祖先用磁石制成了指南仪器“司南”(人类最早的指南针)，为人类最早的电磁发明。

公元 1 世纪(东汉时期)，王充在《论衡》中记载“顿牟掇芥”，即摩擦琥珀吸引轻小物体的现象；“司南之杓，投之于地，其柢指南”，即指南仪器“司南”。

公元 11 世纪，沈括(1031—1095，北宋科学家、政治家)著书《梦溪笔谈》，世界史上最早记录我国航海家使用指南针。

1600 年，吉尔伯特(W. Gilbert，1540—1603，剑桥医学博士)著书《磁石论》，他根据希腊文“琥珀”一词的词根，定义了一个新词——“电”。

2. 初期

1732 年，富兰克林(Franklin，1706—1790，美国科学家)定义“正电”和“负电”，主张电是一种流质。

1746 年，彼得·冯·慕欣布罗克(Pieter von Musschenbrock，莱顿大学教授)发明莱顿瓶，将摩擦产生的电收集到瓶中，诞生了电学史上第一个保存电荷的容器。

1752 年，富兰克林用著名的费城风筝实验证明了雷和摩擦起电性质相同，进而利用尖端放电原理发明避雷针，并将“天电”收集到莱顿瓶中。

1785 年，库仑(C. A. Coulomb，1736—1806，法国科学家)得出最早的电学定律——库仑定律。从此，人类对电现象的研究从定性迈向定量。

1799 年，伏特(A. Vlota，1745—1827，意大利物理学家)发明了第一种恒定电源——“伏特电堆”，即今天电池的原型，人类第一次获得稳定持续的电流。

1820 年，奥斯特(H. C. Oersted，1777—1851，丹麦物理学家)发现电流的磁效应。

1825 年，安培(A. M. Ampere，1775—1836，法国科学家)提出著名的安培定律。

1826 年，欧姆(G. S. Ohm，1787—1854，德国物理学家)发现欧姆定律。

1831 年，法拉第(M. Faraday，1791—1867，英国物理学家)发现电磁感应现象，首次引入“场”“力线”的概念，完成了“电生电”“磁生电”实验，制造了史上第一台直流发电机，使人类得以迈向电气时代(美国科学家亨利比法拉第早一年发现电磁感应现象，他还发现了自感现象，但是由于深度和广度远不及法拉第，因此人们还是把电磁感应的发现归功于法拉第，亨利的名字后来被用作电感的单位)。

1832 年，法拉第创立了“电解”“电极”“离子”“电化当量”等术语，宣布了现在以他的名字命名的电解定律。1837 年，他发现了把绝缘体放进电容器中，电容会增大，今天电容的使用单位的名称“法拉”来自他的名字。

1833 年，楞茨(Heinrich Friedrich Emil Lenz，1804—1865，俄国物理学家)分析了法拉第等人的实验结果，提出楞茨定律。1842—1843 年，他独立于焦耳并更为精确地建立了电流与热量的关系，后称为焦耳-楞茨定律。

1838 年，莫尔斯(S. F. B. Morse，1791—1872，美国工程师)发明电报(莫尔斯电码)。同年，惠斯顿(Charles Wheatstone，1802—1875，英国科学家，提出惠斯顿电桥)也独立发明了电报。

1845 年，法拉第发现磁的旋光效应，即法拉第效应。

1845 年，基尔霍夫(G. R. Kirchhoff，1824—1887，德国科学家)提出电路分析的基本定律——电流定律和电压定律。

1854 年，汤姆荪(William Thomson，1824—1907，英国物理学家)建立电报方程，解释了信号长距离传输产生损耗迟滞和畸变的原因。于是，1866 年(历经 10 年，耗资 35 万英镑)由他主持铺设的连接加拿大纽芬兰岛和英属爱尔兰岛的大西洋海底通信电缆终于成功，此杰出功绩令他被英国政府封为开尔文男爵，此后就以开尔文为名。

1865，麦克斯韦(J. C. Maxwell，1831—1879，苏格兰科学家)建立麦克斯韦方程组，1873 年出版《电磁通论》。

3. 电气时代

1866 年，西门子(K. W. Siemens，1816—1892，德国工程师)发明实用的自激式直流发电机，人类进入电气时代。

1876 年，贝尔(A. G. Bell，1847—1922，美国科学家)发明电话。

1876 年，爱迪生(T. A. Edison，1847—1931，美国发明家)发明炭粒话筒，1877 年发明留声机，1879 年发明白炽灯，1914 年发明有声电影。

1886 年，特斯拉(Nikola Tesla，1856—1943，美国物理学家)发明三相交流感应电动机，1888 年获得专利。

1887 年，赫兹(H. R. Hertz，1857—1894，德国物理学家)实验证明了电磁波的存在,还顺便发现了光电效应。1890年,他把麦克斯韦方程组从原来的8个方程形式简化改写为只包含4个向量方程的对称形式,沿用至今。

1895年,法国的吕米埃兄弟发明了投射到屏幕上的电影。

1895年、1896年,马可尼(G. M. Marconi,1874—1937,意大利工程师)、波波夫(A. S. Bobov,1859—1906,俄国物理学家)分别发明无线电通信。

1896年,斯泰因梅兹(Charles Proteus Steinmetz,1865—1923,美籍德国电气工程师)创立计算稳态交流电路的实用的基本方法——相量(Phasor)法,建立了理论电工学。

1896年,洛伦兹(Hendrik Antoon Lorentz,1853—1928,荷兰物理学家)和他的学生塞曼(Pieter Zeeman, 1865—1943,荷兰物理学家)发现了原子内部的束缚电子,并因此获得1902年诺贝尔物理奖。

1897年,汤姆孙(Jospeh John Thomson,1857—1940,英国物理学家)发现了自由带电粒子,并因此获得1906年诺贝尔物理学奖。1899年,采用英国物理学家斯通尼(G. J. Stoney)在1874年推算电荷基本单元时的取名"电子"。

1897年,布劳恩(C. F. Braun,1850—1918,德国物理学家)发明阴极射线管(布劳恩管)。马可尼和布劳恩因无线电通信分享了1909年度诺贝尔物理学奖。

1900年,普朗克(Max Planck,1858—1947,德国物理学家)提出量子论。1913年,丹麦物理学家玻尔正式创立量子论,对20世纪物理学产生深远影响。

1904年,弗莱明(J. A. Fleming,1849—1945,英国发明家)发明真空二极管。

1905年,爱因斯坦(A. Einstein,1879—1955,德/美国物理学家)发表可以和牛顿三成就相媲美的"光量子论""布朗运动理论""狭义相对论"三大科学发现。在此基础上,于1916年发表"广义相对论"。

1906年,弗雷斯特(L. D. Forest,1873—1961,美国发明家)发明真空三极管及其放大功能,使人类得以迈向电子时代。

1906年,费森登(Reginald Aubrey Fessenden,1866—1932,美国无线电技术专家)发明无线电调幅广播。

1917年,爱因斯坦提出光的受激辐射概念。

1919年,第一个定时播送语言和音乐节目的无线电广播电台(BBC前身)在英国问世。次年美国第一个广播电台在匹斯堡建成。

1923—1924年,兹沃尔金(又译维拉蒂米尔·斯福罗金,Vladimir Zworykin,1889—1982,美籍俄国工程师)相继发明了光电摄像管和显像管,1931年,他组装了世界上第一个全电子电视系统。

1928年,贝尔德(J. L. Baird,1888—1946,英国发明家)发明电视。

1928年,狄拉克(Paul Adrien Maurice Dirac,1902—1984,英国物理学家)预言正电子的存在,即真空中负能态未被填满的空穴。

1930年,范斯沃斯(Philo T. Farnsworth,1906—1971,美国发明家)发明电子扫描

系统。

1932 年，安德森(Carl David Anderson，1905—1991，美国物理学家)用云室观察宇宙线时发现了正电子。这是人类第一次观察到的反粒子，他(由于发现正电子)与赫斯(由于发现宇宙辐射)分享了 1936 年度诺贝尔物理学奖，当时年仅 31 岁。

1936 年，瓦特(Robert Watson-Watt，1892—1973，英国科学家)发明第一个实用雷达。

1936 年，黑白电视机问世。

1936 年，艾斯勒(Paul Eisler，1907—1992，奥地利科学家)发明第一个印制电路。

1946 年，美国宾夕法尼亚大学莫尔电子工程学院，以诺依曼(J. V. Neumann，1903—1957，美国数学家)为主设计的第一台电子计算机问世。

4. 电子时代

1948 年，美国贝尔实验室的肖克莱(W. Shockley，1910—1991)、巴丁(J. bardeen，1908—1991)、布拉顿(W. Brattain，1902—1987)发明第一只晶体三极管，人类进入电子时代。三位共获 1956 年度诺贝尔物理学奖。

1957 年 10 月 4 日，苏联成功地发射第一颗人造地球卫星"斯普特尼克-1 号"，质量为 83.6 kg，直径 58 cm，距地 9010 km，速度为 20000 km/h。

1958 年，美国德州仪器公司生产了世界上第一片集成电路(Integrated Circuit，IC)。1961 年，福查德公司生产出了第一片商用 IC(邮票大小的面积可以放 4 个晶体管)。

1958 年，江崎玲於奈(Reona Esaki，1925 年出生，日本科学家)在研究重掺杂锗 PN 结时发现隧道效应，发明隧道二极管(江崎二极管)。他与加艾沃、约瑟夫森三人因此分享了 1973 年诺贝尔物理学奖。

1958 年，汤斯(C. H. Townes，1915—2015，美国科学家)发明微波激射器，使人类得以迈向光电时代。他与巴索夫(N. G. Basov，1922—2001，苏联物理学家)、普洛霍罗夫(A. M. Prokhorov，1916—2002，苏联物理学家)三人因此获得 1964 年度诺贝尔物理学奖，与多人共享"激光之父"的美誉。

1960 年，加州休斯实验室的梅曼(T. H. Maiman，1927—2007，美国科学家)发明第一台红宝石激光器。

1962 年 7 月 10 日，美国发射了具有转换和放大信号功能的低轨道(绕地球一周用时 157.8 min)民用通信卫星"电星-1 号"。卫星上有 1064 个晶体管、1464 个二极管，电源取自 3600 块太阳能电池，供美、英、法部分地区传送电话通信和电视图像。从此，通信卫星开始取代地面无线电中继。

1965 年，"国际电信卫星组织"向地球静止轨道(3.6 万千米)发射了第一颗覆盖地球 1/3 地区的全球通信同步卫星"晨鸟"。

1965 年，Intel 公司创始人之一摩尔(G. Moore，1929 年出生，美国科学家)提出著名的"摩尔定律"，即芯片上集成的电路元件数，每 18～24 个月翻一番。

1966年,高锟(C. K. Kao,1933—2018,英籍华人科学家)发明第一根光导纤维(光纤),被誉为"光纤之父"。他与博伊尔(Willard Boyle)、史密斯(George Elwood Smith)三人因此获得2009年度诺贝尔物理学奖。

1970年,常温半导体激光器问世。

1971年,第一台微型计算机问世。

1971年,蔡少棠(Leon O. Chua,1936年出生,美籍华裔科学家)理论推导发明忆阻器。2008年HP实验室首次成功实现。

1971年,Intel公司第一个微处理器(4004型4位微处理器,含有2250个晶体管)投产。此后于1972年投产8008(8位),含2500个晶体管;1978年投产8086(16位),含2.9万个晶体管;1985年投产80386(32位),含27.5万个晶体管,1993年投产奔腾,含310万个晶体管;2000年投产奔腾4,含4200万个晶体管。

1989年,第一个光纤放大器问世,成为光纤通信史上的一个重要里程碑。

1989年,因特网(World Wide Web,万维网,信息查询浏览系统,欧洲核研究中心实习生伯纳斯·李提出)出现,掀起网络通信的革命。

光纤通信和因特网的发明,使人类得以进入光电迅猛发展的信息时代。

1990年,厉鼎毅(Tingye Li ,1931—2012,华裔美籍光纤通信专家)提出波分复用(WDM)技术,为建设超大容量的信息高速公路、发展下一代光纤通信打下基础。

1991年,饭岛澄男(Sumio Iijima,1939年出生,日本物理学家)在日本NEC实验室利用电弧法制备碳材料时首次发现碳纳米管,其奇特的电学光学性能使它被认为是纳光电子学的重要候选材料。

1997年,北京大学区域光纤通信网与新型光通信系统国家重点实验室完成了中国第一套波分复用光纤通信系统——广州—深圳4×2.5Gb/s双向无中继WDM光纤通信系统工程。

5. 光电时代(信息时代)与未来

2007年,"摩尔定律"依然有效,Intel公司发布了基于45 nm工艺的Penryn双核处理器,集成了4亿个晶体管,尺寸为107 mm^2。

2010年,诺贝尔物理学奖授予英国曼彻斯特大学科学家安德烈·海姆和康斯坦丁·诺沃肖洛夫,以表彰他们在2004年制备出了石墨烯材料。单原子层的石墨烯是迄今为止人类发现的材料中最薄的一种,可能继硅材料之后再次引发电子工业革命。

2012年,Intel公司发布了基于22 nm工艺的第三代酷睿i7四核芯片,集成了14亿个晶体管,尺寸为160 mm^2。

2017年,北京大学彭练矛团队实现5 nm栅长碳管晶体管,证明器件在本征性能和功耗综合指标上相较最先进的硅基器件具有约10倍的综合优势。2018年,研究组用半导体碳纳米管作为有源沟道,建出具有里程碑意义的狄拉克源场效应晶体管。

2017年,中国科学技术大学潘建伟团队实现星地千千米级量子纠缠和密钥分发及隐形传态。

2019年，Intel公司发布了基于10 nm工艺的第10代内置AI酷睿处理器，代号Ice Lake，专为轻薄型笔记本设计，包括低功耗的U系列和超低功耗的Y系列。

2021年，Intel公司发布芯片新工艺命名新规，不再采用台积电、三星一直沿用的XXnm工艺来命名，而是采用intel 7(10 nm)、intel 4(7 nm)、intel 3(7 nm＋)、intel 18A(5 nm＋)、intel 20A(5 nm)等规则来重新定义芯片制程工艺。

摩尔定律经过35年(1965—2000)的黄金时期之后，简单的晶体管微缩已经不能满足要求，需要依赖材料和架构创新，联同工艺和设计共同优化辅助下得以延续(摩尔定律2.0)。进入21世纪20年代，摩尔定律已逼近极限。晶体管的成本变化趋势在5 nm工艺开始逆转，即微缩不再带来成本优势，摩尔定律进入后摩尔时代①。

强电和弱电的各项发明基本上在19世纪完成，它们宣告了电气时代的到来。无线电的发明已在20世纪的门槛上，电子学是20世纪发展起来的，宣告了电子时代的到来②。21世纪，必将是光电技术迅猛发展的信息时代。

幸逢盛世，踌躇满志；微纳光电，勤而习之。这里，借毛泽东在32岁写下的《沁园春·长沙》中的名句，与读者共勉：“怅寥廓，问苍茫大地，谁主沉浮?”

① Jeff Xu，半导体技术创新史和未来趋势[J]. 2021，10.

② 秦克诚. 邮票上的物理学[M]. 北京：清华大学出版社，2005.

第1章

线性电路分析基础

Introduction & Basic Analysis of Linear Circuit

本章介绍经典电路分析中一些重要的基本概念、基本方法和基本定律，希望达到的目标是：

- 了解线性电路分析的基本约束条件。
- 掌握常见电路元件模型及其约束方程。
- 掌握线性电路分析的基本分析方法。
- 掌握单位阶跃信号和单位冲激信号的数学表示及物理意义。
- 理解等效的实质，掌握戴维南定理和诺顿定理。

In this chapter，we'll help learners understand the following contents.

- Lumped assumed circuit in linear circuit analysis.
- The relationship between charge，current，voltage，and power.
- Definition of basic lumped circuit components and its voltage current relationship (VCR).
- Ability to use Ohm's law，Kirchhoff's current law (KCL)，and Kirchhoff's voltage law (KVL).
- Definition of the unit-step signal and the unit-impulse signal.
- Definition of equivalences，Thevenin's theorem and Norton's theorem.
- Skill to use equivalent theorems to simplify circuit analysis.

电路(Circuit)是各种电器件按需求连接而构成的电流通路,电路的功能是实现电能(强电)或电信号(弱电)的产生、传输、处理及使用。在信息时代的今天,电路种类繁多、功能千差万别,小到身边的充电器、手机,大到家里的冰箱、电视;简单到手电筒、照明电路,复杂到卫星、潜水艇;人们根据不同的需求用电路来实现各种任务。

电路分析理论(Principle of Circuit Analysis)是电子和电气学科领域基石地位的重要基础理论。它并不具体分析、研究各种实际电路,而是以模型电路为抓手系统和深入地探讨电路中的电磁现象和过程,研究电路定律、定理和分析方法,寻求电路所遵循的普遍和基本规律,为电路综合与设计提供理论基础。

由集总参数元件组成的电路称为**集总参数电路**(Lumped-parameter Circuit),含有分布参数元件的电路称为**分布参数电路**(Distributed-parameter Circuit);由线性元件组成的电路称为**线性电路**(Linear Circuit),含有非线性元件的电路称为**非线性电路**(Nonlinear Circuit);由时不变元件组成的电路称为**时不变电路**(或称为**定常电路**、**常参量电路**,Time-invariant Circuit),含有时变元件的电路称为**时变电路**(Time-varying Circuit);由无源元件组成的电路称为**无源电路**(Passive Circuit),含有有源元件的电路称为**有源电路**(Active Circuit)。

本书主要讨论集总假设下线性时不变(LTI)电路的基本分析理论。在一定的约束条件下,本书所讨论的分析理论可以推广和应用到分布参数电路和非线性电路中。

1.1 线性电路基本概述/Basic Introduction to Linear Circuit

1.1.1 基本单位/Units and Scales

一个物理量的表示包含大小和单位两部分,例如我国民用交流电压是 220 V。**国际单位制**(SI)对各物理量的大小和单位制定了统一的标准,例如定义电压的单位为伏[特]、单位符号为 V;定义电流的单位为安[培]、单位符号为 A;定义功率的单位为瓦[特]、单位符号为 W。进一步,根据我国国家标准(GB 3100—1993、GB 3102—1993),本书中出现的部分 SI 基本单位罗列于表 1-1-1。此外,表 1-1-2 给出了表示大小的部分 SI 的前缀(prefix),方便读者查阅。

有了单位量纲,无论一个物理量是相当大还是非常小,都可以简单方便地把它表示出来。例如,我国民用交流电是 50 Hz、220 V,一般家庭用电的总电流为 1~10 A,自然界中瞬间闪电可以高达 10 kA、100 MV,流过一个集成芯片上电路的电流可以小到微安(μA)级别,脑神经细胞的工作电流可以表示为皮安(pA)量级,用碳纳米管可以实现尺寸为纳米(nm)量级的器件,用一根直径为 125 μm(纤芯直径仅为几微米)的光纤可以传输 10 Tbps 的信号(相当于 2 亿对人同时无障碍通话)。

表 1-1-1　部分国际单位制基本单位

变量名称	电压	电荷	电流	磁通[量]	功率	能量
单位名称	伏[特]	库[仑]	安[培]	韦[伯]	瓦[特]	焦[耳]
单位符号	V	C	A	Wb	W	J
变量名称	时间	电阻	电导	电容	电感	频率
单位名称	秒	欧[姆]	西[门子]	法[拉]	亨[利]	赫[兹]
单位符号	s	Ω	S	F	H	Hz

表 1-1-2　部分国际单位制词头

词头因数	10^3	10^6	10^9	10^{12}	10^{15}	10^{18}
符号表示	k	M	G	T	P	E
英文	kilo-	mega-	giga-	tera-	peta-	exa-
中译	千	兆	吉[咖]	太[拉]	拍[它]	艾[可萨]
词头因数	10^{-3}	10^{-6}	10^{-9}	10^{-12}	10^{-15}	10^{-18}
符号表示	m	μ	n	p	f	a
英文	milli-	micro-	nano-	pico-	femto-	atto-
中译	毫	微	纳[诺]	皮[可]	飞[母托]	阿[托]

在对两个功率量 A 和 B 进行大小比较时(例如信号功率与噪声功率之比、主瓣功率与旁瓣功率之比、输入信号功率与输出信号功率之比等),除可以用普通的比值关系 A/B 表示之外,习惯上,还可以采用对数关系来表示:

$$\log(A/B)=\log(A)-\log(B) \tag{1-1-1}$$

它的好处是化乘除运算为和差运算,并可以把比例悬殊的两个物理量(例如信号与噪声)同时表示在一个图形中或显示在仪器上,便于分析研究。图 1-1-1 表示的是一个**幅度调制**(**AM**)信号的**频谱**(学习了第 3 章"频谱"和"调制"后,可以回来再看一看)。完全相同的信号频谱特性,在不用对数关系表示的时候(图 1-1-1(a))就看不见了,通常你会相信自己看到的,认为只有 3 条谱线,于是你被自己欺骗了。

为了纪念发明者贝尔①,定义这个对数关系比的基本单位为贝[尔],记作[B]。实际上,贝尔单位不常用,常用的是它的 1/10,即"**分贝**"(**decibel**)记作[dB]。当物理量为功率时,定义功率比为

① 贝尔(Alexander Graham Bell,1847—1922,英国科学家),我们都知道贝尔 1876 年发明了电话,然而更重要的是他发现人类耳朵对声音强度的反应是呈对数关系的,即当声音的强度增加到某一量级时,人的听觉会变得迟钝,从而可以用比例对数来表示人类的听觉变化。为了纪念他的发现,命名听觉变化基本单位为 Bell(贝尔),简写为 Bel。

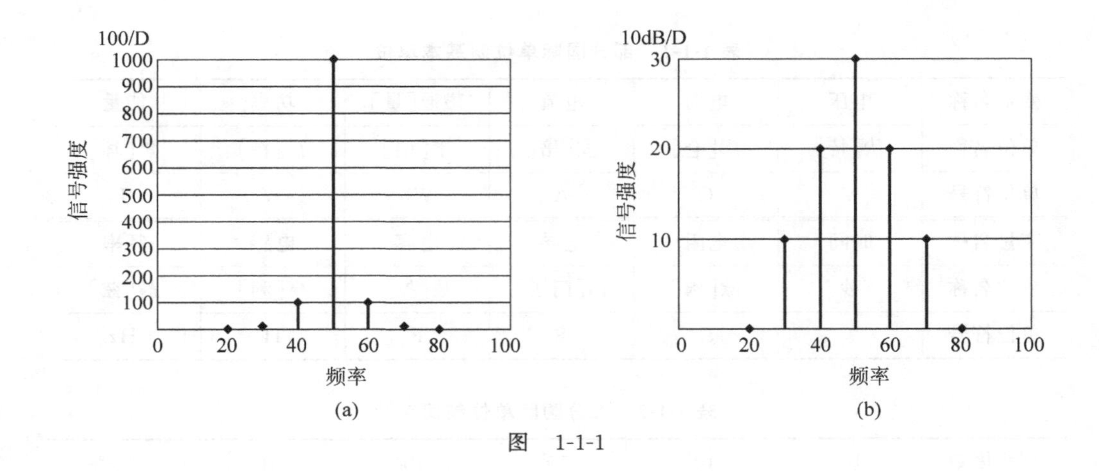

图 1-1-1

$$10\log(A/B) \quad \text{dB} \tag{1-1-2}$$

由于功率的大小正比于电压的平方或电流的平方，当物理量为电压或电流时，定义功率比为

$$10\log(A/B)^2 = 20\log(A/B) \quad \text{dB} \tag{1-1-3}$$

例如，输出输入功率比为 1000 倍，采用对数的关系来表示即为 30 dB；就是说“两功率之比为千倍”和“两功率之比为 30 dB”的描述是等价的。如果输出输入功率比为 1/2，采用对数的关系来表示，代入式(1-1-2)有

$$10\log(1/2) = -3.0103 \approx -3 \text{ dB} \tag{1-1-4}$$

也就是说输出功率衰减一半对应对数关系表示的功率衰减 3 dB。由于输出功率衰减一半的位置是衡量滤波器或电路的一个重要指标，因此，通常称这个位置为**“半功率点”(Half-Power Point)**或**“3 dB 功率点”**。

通常，也可以用对数关系来表示一个物理量的大小。方法是以一个特定的参考值为标准，所有物理量的大小，都用它和这个参考值之比的对数关系来表示。例如，取 1 mW 为参考值，功率为 A mW 的对数单位定义为 dBm。

$$10\log\left(\frac{A \text{ mW}}{1 \text{ mW}}\right) \quad \text{dBm} \tag{1-1-5}$$

例如，功率为 1 mW 代入式(1-1-5)即为 0 dBm，功率为 1 W(1000 mW)代入式(1-1-5)即为 30 dBm；换句话说，功率为 0 dBm 和 1 mW 是等价的，同理功率为 30 dBm 和 1 W 是等价的。

思考一下：单位 dBW 表示什么意思？

1.1.2 集总假设及集总电路模型/Lumped Circuit Model

任何工程学科都是建立在“模拟”概念的基础之上的，即要分析一个复杂的物理系统，必须先用理想化的模型来描述这个系统。**理想模型**是由一些理想化的元件所组成的，**理想元件（Ideal Element）**本身也是一些简单的模型，用来表达或近似表达一些简单的实际元件的基本物理性质。电路理论中研究的是由**理想电路元件**构成的**电路模型（Circuit Model）**，这些理想元件代表了实际电路元件的主要外部特征和功能，可以用数学关系式来精确定义，所以又称为**数学模型（Mathematical Model）**。

由理想电路元件构成的电路模型能反映实际电路装置的主要电磁性能，其满足的数学关系描述实际电路的基本物理规律。用电路模型来近似表示实际电路称为**建模**①。例如，在50 Hz交流电工作下的灯泡，其电感极其微小可以忽略，可以用一个电阻模型来表示；随着交流频率的增大，其电感特性逐渐显现，就可以用一个电阻模型和一个电感模型的串联来表示了。因此，必须指出，建模是有条件的，一种电路模型只有在一定的约束条件下才是适用的，约束条件变了，电路模型也要做相应的改变。

严格地说，涉及电磁现象的分析应该用麦克斯韦（Maxwell）方程求解才准确。然而，当实际电路的尺寸远小于最高工作频率所对应的波长时，分析可以简化。可以不必考虑电磁波的传播现象，认为电能在电路里的传送是瞬间完成的，电路中的电流和电压与电路尺寸无关；也不必考虑电路中电磁场的相互作用，认为电场和磁场是“集总”在理想元件内部的。这种情况下，可以引入“**集总参数元件**”（**Lumped-Parameter Element**）来表示实际器件的基本电磁特征。引入的每一种集总参数元件只反映一种基本电磁现象，且可用数学表达式精确定义。

集总假设条件：当元件和设备的最大尺寸L远小于工作信号的最小波长λ（即$L \ll \lambda$）时，可以假设电路参数的特性集中于一个质点上，即认为电场集中于电容、磁场集中于电感、损耗集中于电阻、元件之间的连线（称为导线）无耗。

电路在集总假设条件下，电阻元件只涉及消耗电能的现象，电容元件只涉及与电场有关的现象，电感元件只涉及与磁场有关的现象；电路中各物理量只是时间的函数，而与电路尺寸无关。这样的电路元件称作**集总参数元件**简称**集总元件（Lumped Element）**，由集总参数元件构成的电路称作**集总参数电路**简称**集总电路（Lumped Circuit）**。事实上，这一“**路**”的分析方法的实质，是只研究元件的外部特性，即端特性（V、I、P），而无须考虑元件内部的电磁作用，从而极大地简化了电路分析。

若电路不满足集总假设条件，即实际电路的尺寸与电路最高工作频率所对应的波长相比拟或更大，集总参数电路模型就失效了，而要用**分布参数电路（Distributed-Parameter Circuit**，本书第9章）模型来模拟实际电路。例如，我国电力用电的频率为50 Hz，对应的波长为6000 km，对以此为工作频率的室内设备来说，其尺寸远小于这一波长，可以用集总参数电路模型分析；而对上千千米的远距离输电线路来说，就必须考虑到电场、磁场沿传输线的分布现象，就不能用集总参数电路模型，而要用分布参数电路模型来分析。

---

① 电路理论分析的对象是电路模型而不是实际电路，如何用集总参数元件构成某一部件或器件模型（即建模）的问题，不是本书所要学习、讨论的主要问题。

本书主要讨论集总参数电路，因为工程中所遇到的大量电路，都可作为集总参数电路来处理。本书所述所有的电路基本定律、定理、方法等均是建立在这一假设的前提之下的。在这一假设下，由于导线只起到导电的作用，因此，同一个电路可以因为绘图者的美学喜恶而选择不同的电路图画法（如图 1-1-2 所示），读者需要在以后的学习中不断适应这一点。

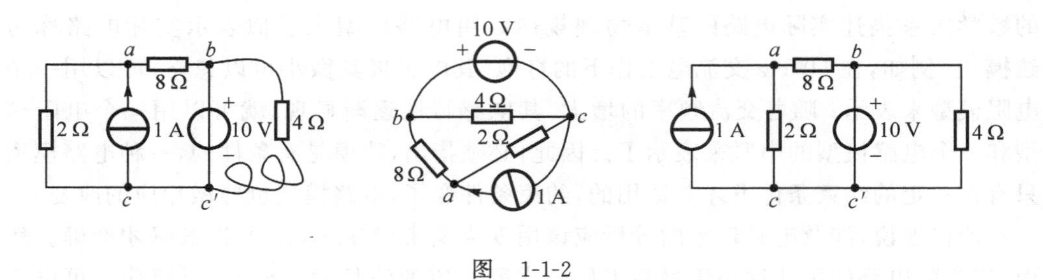

图 1-1-2

思考一下：图 1-1-2 电路中 c 和 c' 点可以合并为同一节点吗？电路图中的"导线"和实际的导线有什么不同？

1.1.3 基本元件、变量和参考方向/Basic Elements、Parameters and Reference Direction

1. 基本元件[①]

电路分析的基本元件是**电阻**、**电容**和**电感**。它们都是从实际电路元件中抽象出来的理想元件。认为损耗只集中在电阻元件的内部，描述电阻的参量为 R(Resistance)，单位是欧[姆]（记作 Ω）；认为电场只集中在电容元件的内部，描述电容的参量为 C(Capacitance)，单位是法[拉]（记作 F）；认为磁场只集中在电感元件的内部，描述电感的参量为 L(Inductance)，单位是亨[利]（记作 H）。电路中电能与磁能的相互转换以及动态传递的现象，由电容 C 和电感 L 上的动态储能特性体现出来。实际的电阻器(resistor)、电容器(capacitor)和电感器(inductor)可以用这三个基本元件表示出来，例如，一个有耗的电容器可以用电阻 R 和电容 C 来表示。

一个电路的性质，通常取决于这个电路所包含的基本元件的性质。如果构成一个电路的元件**均为**集总参数元件，则称该电路为**集总参数电路**，如果电路中含有一个分布参数元件，则称该电路为**分布参数电路**；同理，如果构成一个电路的元件**均为**线性

---

① 蔡少棠先生在 1971 年提出忆阻器是第四种基本元件的猜想。2008 年 HP 公司在实验室成功设计出一个可以工作的忆阻器实物模型。参考文献：

[1] L. CHUA. Memristor-The Missing Circuit Element. IEEE Transactions on circuit theory，1971-9，18(5)：507-519.

[2] Dmitri B Strukov，Gregory，S Snider，Duncan R Stewart，R Stanley Williams. The missing memristor found. Nature Letters，2008-1，453：80-83.

元件，则称该电路为**线性电路**，如果电路中含有一个非线性元件，则称该电路为**非线性电路**；如果构成一个电路的元件**均为**时不变元件，则称该电路为**时不变电路**，如果电路中含有一个时变元件，则称该电路为**时变电路**；如果构成一个电路的元件**均为**无源元件，则称该电路为**无源电路**，如果电路中含有一个有源元件，则称该电路为**有源电路**；如果构成一个电路的基本参数**均为**电阻元件，则称该电路为**电阻电路**（**Resistive Circuit**）或**静态电路**（**Static Circuit**），如果电路中含有一个**动态元件**（**Dynamic Element**）（电容 C 或电感 L），则称该电路为**动态电路**（**Dynamic Circuit**）。元件的具体特性描述将在 1.2 节中给出。

2. 基本方法

解析、图解和等效构成电路分析的三类基本方法。数学方程给出电路分析精确的解析解，图解法形象而直观地分析电路的特性，等效的概念贯穿整个电路分析之中，并由此引出简化电路分析的许多基本原理和方法。读者将在以后的学习中，不断地熟悉并深入理解这三类基本方法。

3. 基本变量

电路分析的基本变量是**电压 $\boldsymbol{V}$（Voltage）**[①]、**电流 $\boldsymbol{I}$（Current）**和**功率 $\boldsymbol{P}$（Power）**，其单位分别是伏（V）、安（A）和瓦（W），用来表示元件和电路的电磁特性及功能。本书中统一用小写字母表示随时间变化的瞬时变量，记作 $v(t)$、$i(t)$ 和 $p(t)$；用大写字母表示恒定量，记作 V、I 和 P；用大写字母和自变量 s 表示 s 域变量，记作 $V(s)$、$I(s)$ 和 $P(s)$；用大写字母和自变量 $\mathrm{j}\omega$ 表示频域变量或相量，记作 $V(\mathrm{j}\omega)$、$I(\mathrm{j}\omega)$ 和 $P(\mathrm{j}\omega)$。

电荷（Electric Charge）的移动在导线的截面产生电流，电荷的移动在两点之间也产生电压（即**电位差 Potential-difference**），取 $\mathrm{d}t$ 时间内流过导线截面的电量为 $\mathrm{d}q$，电场力将电量为 $\mathrm{d}q$ 的电荷从 A 点移动至 B 点做功为 $\mathrm{d}w$，则电流和电压用数学关系式可以表示为

$$i(t)=\frac{\mathrm{d}q}{\mathrm{d}t} \tag{1-1-6}$$

$$v(t)=\frac{\mathrm{d}w}{\mathrm{d}q} \tag{1-1-7}$$

并且有

$$p(t)=\frac{\mathrm{d}w}{\mathrm{d}t}=\frac{\mathrm{d}w}{\mathrm{d}q}\frac{\mathrm{d}q}{\mathrm{d}t}=v(t)\cdot i(t) \tag{1-1-8}$$

在集总参数电路中，由于导线是理想无耗的、只起到连线的作用，因此，两点之间电压的产生必然是两点之间存在质点（即元件），式(1-1-8)表明，元件单位时间吸收的能量（即功率）是元件两端的电压与流过该元件电流的乘积。

可以将电路的基本元件和基本变量之间的数学关系用图 1-1-3 表示出来，其中电

---

① 有些教材用字母“u”表示电压。

荷 $q(t)$、磁通 $\psi(t)$、储能 $w(t)$ 与基本变量电压、电流和功率具有相同的变量地位。仔细观察，读者可在图中发现用三个基本元件关联起来的有趣的平衡之美，以及没有元件关联的残缺之美。蔡少棠先生发现并研究了这个“残缺”，并用他命名的“**忆阻器**”(**Memristor**)补缺，完成了一次美学散步。

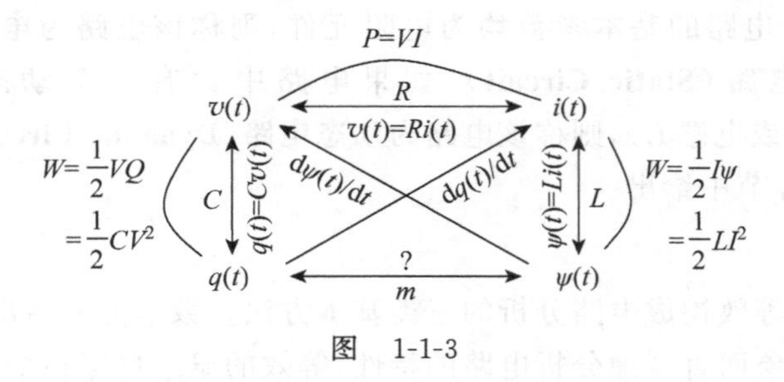

图 1-1-3

4. 参考方向

《电磁学》[①]已述，正电荷在电路中移动的方向为电流的方向，正电荷在电路中移动时获得电能表现为电位的升高(即电压升)、损失电能表现为电位的降落(即电压降)。但在实际电路中，往往无法简单而直观地获得电流的真实方向，这一现象在交变的电路中尤为突出。

因此，在电路模型建立之后，应该立即**给电路标注参考方向**。需要强调的是，在未标注参考方向的情况下，电压或电流数值的大小及正负均是毫无意义的。如图 1-1-4(a)所示，电流的参考方向用箭头表示，电压的参考极性则在元件或电路的两端用“+”“−”符号来表示。“+”号表示参考高电位端，“−”号表示参考低电位端。当电压和电流的大小数值为正值时，表示真实方向(或极性)与参考方向(或极性)相同；为负值时，表示真实方向(或极性)与参考方向(或极性)相反。电压的参考方向也可以用箭头表示，箭头指向参考低电位端，即电压降的方向(图 1-1-4(b))。

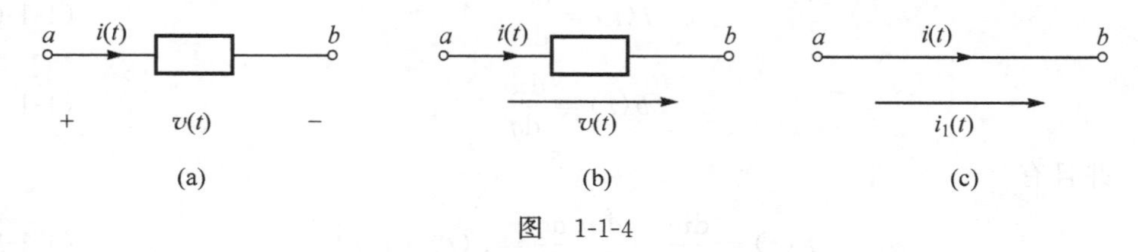

图 1-1-4

在电路图中，对元件所标的参考方向可以任意选定，不一定代表电路的真实方向或极性。电路的参考方向配合正值或负值，才能全面表明电压或电流的真实极性或方向。为了方便电路分析，电流和电压的标注可以采用**关联参考方向**(**Associated Reference Direction**)，如图 1-1-4(a)所示，即**关联的参考方向是假设电流的参考方向由**

① 王楚，李椿，周乐柱. 电磁学[M]. 北京：北京大学出版社，2000.

电压参考正极指向参考负极。换句话说，电流的参考方向与电压降的方向一致。因此，关联参考方向又称为**一致参考方向**。

采用关联参考方向后，可以很容易地判断元件或电路的耗能特性。对于用式(1-1-8)计算的功率 $p(t)$，在关联参考方向下为正，则表示该部分电路吸收能量，为负则表示该部分电路含有提供能量的有源元件。

采用关联参考方向后，可以仅用箭头同时表示电流和电压的参考方向，简化支路参考方向的标注，这种简化在网络结构比较复杂、庞大的电路分析时，特别方便且必要(可见本书第 6 章"网络的拓扑分析")。

严格地说，电流的参考方向应该用箭头表示在支路上，以区别于以后学到的假想的回路电流。在图 1-1-4(c)中，$i(t)$表示流过该支路的电流(总和)，$i_1(t)$表示有一个大小为$i_1(t)$的电流流过该支路(可能还有其他电流同时流过该支路)。

5. 基本术语

电路中的任意一个二端元件可以构成一条**支路**(**Branch**)，支路与支路之间的连接点为**节点**(**Node**)，一条支路的两端必须连接在不同的节点上。电路中任意一个闭合**路径**(**Path**)称为**回路**(**Loop**)。例如，图 1-1-2 的电路中含有 3 个节点、5 个支路、6 条回路，图 1-1-6 电路中含有 4 个节点、6 个支路、7 条回路。被分析的电路可以是**闭环**(**Closed Loop**)**电路**(图 1-1-5(a))，也可以是**开环**(**Open-Loop**)**电路**(图 1-1-5(b)、图 1-1-5(c))。一个最简单的电路可以由一个源和一个负载组成的**单环电路**(**Single-Loop Circuit**)构成(图 1-1-5(a))。从单环电路的中间向左右两边看过去，一边是源电路(图 1-1-5(b))，一边是负载电路(图 1-1-5(c))，其特点都是二端单口的，因此又称为**单口网络**(**One-Port Network**)。单口电路和单环电路看似简单，但在电路分析中处于相当重要的地位，因为很多复杂的大网络都可以等效化简，成为由简单的源电路和负载电路组成的单环电路。单口电路，特别是复杂的单口电路也常用框图表示(图 1-1-5(d))。

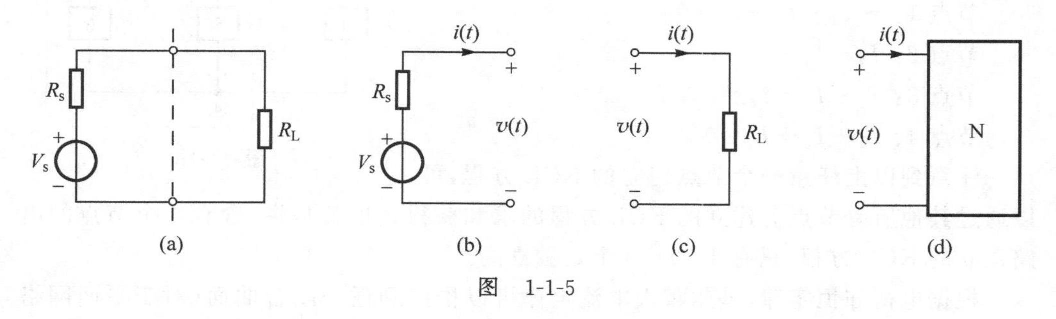

图 1-1-5

"电路"和**"网络"**(**Network**)在电路分析理论中通常是一个意思，没有严格的区分，常常混用。习惯上，网络比电路要大而复杂，电路是小的网络，网络是大的电路。在其他领域，电路常常关注电磁特性，而网络更加关注拓扑结构。

1.1.4 基本定律/Basic Laws

电荷守恒和能量守恒是自然界的基本法则，把它们运用到集总电路就得到了基尔霍夫①的电流和电压两个定律。

1. 基尔霍夫电流定律(Kirchhoff's Current Law,KCL)

描述一：任一集总参数电路中的任一节点，在任一时刻，流入(或是流出)该节点的电流的代数和为零，记为

$$\sum_{k=1}^{K} i_k(t_0)=0 \tag{1-1-9}$$

描述二：任一集总参数电路中的任一节点，在任一时刻，流入该节点的电流之和等于流出该节点的电流之和，记为

$$\sum_{k=1}^{M} i_{k\text{入}}(t_0)=\sum_{k=M+1}^{K} i_{k\text{出}}(t_0) \tag{1-1-10}$$

其中，K 为与节点相连的支路数；M 为与节点相连的电流流入该节点的支路数。

以上两种说法是等价的。在第一种描述方法里，由于方程是流入和流出节点所有电流的代数和为零，因此，需要注意正负号的使用。以图 1-1-6 中的节点②为例，利用式(1-1-9)建立方程，可以假设流入节点为正(于是流出的为负)，有

$$I_2-I_3-I_5=0 \tag{1-1-11}$$

利用式(1-1-10)建立方程，有

$$I_2=I_3+I_5 \tag{1-1-12}$$

显然，式(1-1-11)和式(1-1-12)是相同的，只是式(1-1-11)比较规范。

读者可以自我检测，列出图 1-1-6 电路中全部节点的 KCL 方程。

节点 1：$-I_1-I_2-I_4=0$

节点 2：$I_2-I_3-I_5=0$

节点 3：$I_1+I_3-I_6=0$

节点 4：$I_4+I_5+I_6=0$

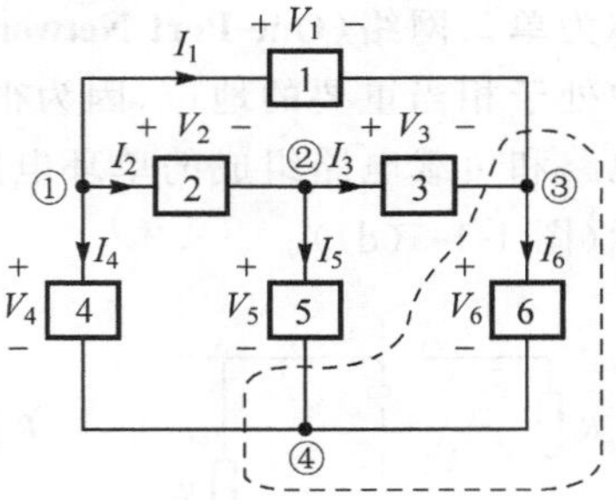

图 1-1-6

注意到以上**任意一个**节点建立的 KCL 方程，可以通过其他所有节点上建立的 KCL 方程的求和获得。也就是说，含有 4 个节点的电路建立的 KCL 方程，只有 $4-1=3$ 个是**独立**的。

根据电荷守恒定律，基尔霍夫电流定律可以推广到任一闭合曲面(对于平面网络就是闭合曲线)所包围切割到的所有支路电流的集合。这一闭合曲面也称为**广义节点**

---

① Gustav Robert Kirchhoff(1824—1887)，德国物理学家，1845 年在一篇论文的附录中发表了后来称为基尔霍夫定律的实验观察研究成果，当时他是一位年仅 21 岁的大学生。后任海德堡大学物理系教授。

(**Generalized Node**)，如图 1-1-6 中闭合虚线部分即为一个广义节点，它切割到的所有支路 1、3、4、5 满足

$$I_1 + I_3 + I_4 + I_5 = 0$$

观察这个广义节点包括了节点 3 和节点 4，以上广义的 KCL 方程，可以由节点 3 和节点 4 建立的 KCL 方程求和获得。

思考一下：基尔霍夫电流定律体现了电磁学的什么规律？定律的成立条件和适用范围是什么？是否可以适用于非线性电路？

2. 基尔霍夫电压定律(Kirchhoff's Voltage Law，KVL)

基尔霍夫电压定律的成立基础是电路应该遵守能量守恒法则。由于电场力是保守力，做功与路径无关，所以电荷沿电路中的任何一条闭合路径移动一周所做的功应该为零。

描述一：任一集总参数电路中的任一回路，在任一时刻，沿该回路所有支路的电压升(或电压降)的代数和为零，记为

$$\sum_{k=1}^{K} v_k(t_0) = 0 \tag{1-1-13}$$

描述二：任一集总参数电路中的任一回路，在任一时刻，沿该回路所有支路的电压升之和等于沿该回路所有支路的电压降之和，记为

$$\sum_{k=1}^{M} v_{k升}(t_0) = \sum_{k=M+1}^{K} v_{k降}(t_0) \tag{1-1-14}$$

其中，K 为该回路所包含的全部支路数；M 为沿回路方向电压升的支路数。以上两种说法是等价的。只是在第一种描述方法里，由于方程是电压(或电压降)的代数和为零，因此需要注意正负号的使用。

思考一下：基尔霍夫电压定律体现了电磁学的什么规律？定律的成立条件和适用范围是什么？是否可以适用于非线性电路？

依然以图 1-1-6 为例，取支路 2、4、5 构成一条回路，取顺时针方向为回路方向，并假设回路中支路电压沿回路方向是电压降的为正、电压升的为负，则利用式(1-1-13)建立方程，有

$$V_2 + V_5 - V_4 = 0 \tag{1-1-15}$$

如果利用式(1-1-14)建立方程，则有

$$V_4 = V_2 + V_5 \tag{1-1-16}$$

显然，式(1-1-15)和式(1-1-16)是等价的，只是式(1-1-15)为规范形式。读者可以自我检测，列出图 1-1-6 电路的全部回路方程。

回路 1 [2,5,4]：$V_2 + V_5 - V_4 = 0$

回路 2 [3,6,5]：$V_3 + V_6 - V_5 = 0$

回路 3 [1,3,2]：$V_1-V_2-V_3=0$

回路 4 [1,6,4]：$V_1+V_6-V_4=0$

回路 5 [2,3,6,4]：$V_2+V_3+V_6-V_4=0$

回路 6 [1,3,5,4]：$V_1-V_3+V_5-V_4=0$

回路 7 [1,6,5,2]：$V_1+V_6-V_5-V_2=0$

可以发现，以上回路 4～回路 7 的方程可以通过回路 1～回路 3 的方程叠加获得。可以证明，含有 $n=4$ 个节点、$b=6$ 条支路的电路，只可以建立 $6-4+1=3$ 个**独立**的 KVL 方程（电路中独立的节点方程和回路方程的建立方法，需要用到网络的拓扑分析知识，将在第 6 章介绍）。

3. 欧姆定律（Ohm's Law）

集总电路各元件模型都有精确的定义，即每一个元件的电压与电流之间都满足确定的约束关系（约束方程），称为**电压电流关系**（**Voltage Current Relation，VCR**）。电阻元件的 VCR 可以表示为 $v(t)=Ri(t)$，即著名的**欧姆定律**[①]（**Ohm's Law**）。

电容元件和电感元件的电压与电流之间也满足确定的约束关系，在频域（第 3 章学习）表示为 $V(\mathrm{j}\omega)=\mathrm{j}\omega LI(\mathrm{j}\omega)$ 和 $I(\mathrm{j}\omega)=\mathrm{j}\omega CV(\mathrm{j}\omega)$；在复频域（第 4 章学习）表示为 $V(s)=sLI(s)$ 和 $I(s)=sCV(s)$。称这种变换域的 VCR 为**广义欧姆定律**（**Generalized Ohm's Law**）。事实上，欧姆定律仅仅描述了基本元件 R、L、C 的 VCR，对于集总电路中各元件模型的 VCR，将在 1.2 节中讨论描述。

基尔霍夫定律描述了电路的整体结构对支路电流和支路电压的约束关系，称为**拓扑约束**（**Topological Constraint**）；支路是由元件构成的，电路元件模型描述了电路元件特性对支路电流和支路电压的约束关系（VCR），称为**元件约束**（**Element Constraint**）。两类约束构建了集总电路分析的基本方程。

1.2 常见电路元件模型及其约束方程/Circuit Elements and Element Constraints

电路元件是从实际电路元件中抽象出来的元件模型，电路中定义的元件都是理想元件。这些理想元件都有精确的数学模型，即每一个元件的电压与电流之间满足特定的约束方程，反映实际元件的主要电磁特性。

1.2.1 元件的分类/Kinds of Elements

根据不同的用途和性能，电路元件的分类多种多样，没有严格的标准。元件的

---

① Georg Simon Ohm（1787—1854），德国物理学家，于 1827 年发现以他命名的欧姆定律。实际上，欧姆定律已在 1781 年由英国物理学家卡文迪许（H. Cavendish）发现，但他未发表其成果，多年后开始为人所知悉。1881 年 IEC 规定以欧姆为电阻单位。

分类通常会决定电路的分类，读者可以通过分类，加深对各种元件和电路的定性了解。

1. 有源(Active)元件与无源(Passive)元件

从能量角度，元件可分为有源元件和无源元件。无源元件是指元件的正常工作不需要外加电源，例如电阻、电容、电感；有源元件只有在外加合适的电源条件下才能正常工作，并且提供源的作用或能量，例如运算放大器、晶体三极管。

2. 二端(Two-Terminal)元件与多端(Multi-Terminal)元件

从端钮角度，元件可直观地分为二端元件(如电阻、电容、电感)、多端元件(如电位器、变压器、运算放大器、回转器等)。

3. 双向(Bilateral)元件与单向(Unilateral)元件

从电压电流工作的方向角度，元件可分为双向元件与单向元件。双向元件是指电流从任何一端流经该元件，其响应特性都相同，例如电阻；单向元件是指电流从不同一端流经该元件，其响应特性会完全不同，例如二极管。

4. 线性(Linear)元件与非线性(Nonlinear)元件

从元件的VCR角度，元件可分为线性元件与非线性元件。线性元件VCR满足线性关系，例如线性电阻R的VCR为$v(t)=Ri(t)$，显然，它满足以下的线性关系：

如果$v_1(t)=Ri_1(t)$，$v_2(t)=Ri_2(t)$，则

$$\alpha v_1(t)+\beta v_2(t)=R\alpha i_1(t)+R\beta i_2(t) \tag{1-2-1}$$

非线性元件的VCR为非线性关系，例如二极管在刚导通时的工作状态可以写为$i(t)=r\cdot v(t)^2$。

5. 无记忆(Memoryless)元件与记忆(Memory)元件

从储能角度看，元件可分为无记忆元件和记忆元件。无记忆元件指元件在上一时刻的电压和电流关系与下一时刻的电压和电流关系无关，元件没有电压或电流的记忆，即没有储能特性，例如电阻；有记忆元件指元件在上一时刻的电压和电流关系与下一时刻的电压和电流有关，元件存在电压或电流的记忆，即存在储能特性，例如电容、电感。

6. 独立(Independent)元件与受控(Dependent)元件

从控制角度，元件可分为独立元件与受控元件。独立元件的VCR只和自身的电压或电流特性有关，而与外支路的电压或电流无关，如电阻、电容、独立电压源；受控元件的VCR不仅和自身的电压或电流特性有关，而且与外支路有关，即受到外支路的电压或电流控制，例如受控源。

7. 时变(Time-Varying)元件与时不变(Time-Invariant)元件

从时间角度看，元件可分为时变元件与时不变元件。时变元件表现为元件的自身特性是时间的函数，例如时变电阻元件电阻的大小可以表示为$r(t)$；时不变元件表现

为元件的自身特性与时间无关，是一个常量，例如时不变电阻元件电阻的大小可以表示为 R；由于时不变元件的 VCR 对应于常系数方程或称为常参量方程，因此，由时不变元件组成的电路又称为**定常电路**或**常参量电路**。

1.2.2 电阻元件/Resistor

电阻元件是从实际电阻器抽象出来的模型，用来反映电路中的功率吸收和能量消耗现象。

电阻元件是一个二端元件，它在任一时刻的电压和电流之间的关系，可以表示为 VI 平面(或 IV 平面)上的一条曲线。这条曲线称为电阻元件在时刻 t 的**伏安特性曲线**(**Volt-Ampere or V-I Characteristic Curve**)。

电阻元件在时刻 t 的伏安特性曲线反映了电阻元件的特性。有的是线性的，有的是非线性的；有的是不随时间变化的，有的是随时间变化的。下面一一介绍。

1. 线性定常(时不变)电阻(Linear Time-Invariant Resistor)

线性定常(时不变)电阻的电压和电流之间的关系，可以表示为 VI 平面(或 IV 平面)上的一条过原点的直线，它的电压和电流之间的约束关系，满足著名的**欧姆定律**。

$$v(t)=Ri(t) \quad 或 \quad i(t)=Gv(t) \tag{1-2-2}$$

如图 1-2-1 所示，电阻 R 的值就是该伏安特性曲线的斜率的倒数，单位为欧姆(Ω)。**电导**(**Conductance**)$G=1/R$，单位为西门子(S)。(如果是电压为纵坐标、电流为横坐标的 VI 平面，R 的值就是该平面上伏安特性曲线的斜率)

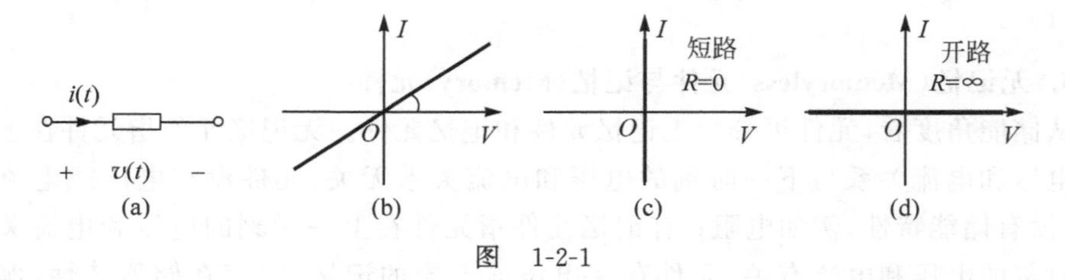

图 1-2-1

线性定常电阻元件的电阻 R 和电导 G 都是与电压 v 和电流 i 无关的常参量。另外，电阻元件约束方程中某时刻的电压对应于该时刻的电流，而与其他时刻的电压和电流无关，这种具有对电压和电流"**无记忆**"特性的元件，称为"**无记忆**"元件。

如果电阻元件伏安特性曲线是以原点为对称的，就称这样的元件具有"双向性"。具有双向性的元件在使用时不必区分端钮的标志，可随意接入电路。

当伏安特性曲线是一条与 V 轴或 I 轴重合的直线时，这两条特殊的直线可以表示电路的**开路**和**短路**现象，如图 1-2-1 所示。可以说，开路和短路的二端元件，是两个特殊的线性定常电阻元件。

线性定常电阻元件是线性定常电路分析中的基本元件模型，在以后的分析中，简称为“**电阻**”。

图 1-2-2 为可变电阻的符号，图 1-2-2(a)三端元件又称为**电位器**(**Potentiometer**)。

2. 线性时变电阻(Linear Time-Varying Resistor)

线性时变电阻的电压和电流之间的关系，可以表示为 VI 平面(或 IV 平面)上随时间变化的过原点的直线。如图 1-2-3 所示，它的电压和电流之间的约束关系为

$$v(t)=R(t)i(t) \quad 或 \quad i(t)=G(t)v(t)$$

其中，

$$G(t)=1/R(t) \tag{1-2-3}$$

思考一下：你能用一个可变电阻器设计一个线性时变电阻器吗？

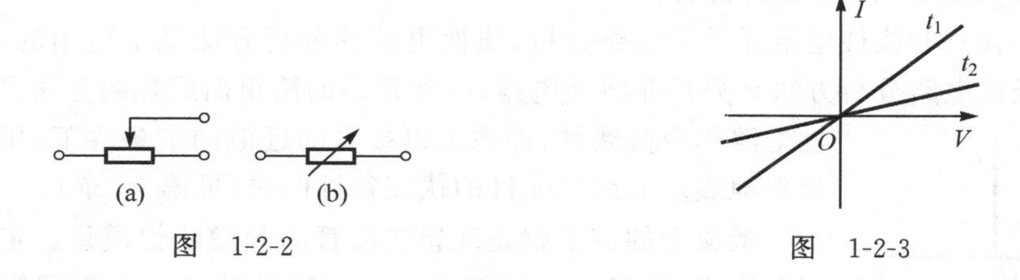

图 1-2-2　　图 1-2-3

3. 非线性电阻(Nonlinear Resistor)

非线性电阻的电压和电流之间的关系，可以表示为 VI 平面(或 IV 平面)上的一条过原点的曲线，但不是过原点的直线，它的电压和电流之间的约束关系，可以表示为

$$v(t)=r[i(t)] \tag{1-2-4(a)}$$

或

$$i(t)=g[v(t)] \tag{1-2-4(b)}$$

非线性电阻元件的物理原形通常是半导体器件或电真空器件。它们的电压和电流之间的约束关系，有的可以表示为式(1-2-4(a))或式(1-2-4(b))，例如半导体二极管(图 1-2-4)；有的只可以表示为式(1-2-4(a))，称为电流控制型元件或**流控电阻**(**Current-Controlled Resistor**)，例如充气二极管(图 1-2-5)；有的只可以表示为式(1-2-4(b))，称为电压控制型元件或**压控电阻**(**Voltage-Controlled Resistor**)，例如隧道二极管(图 1-2-6)。

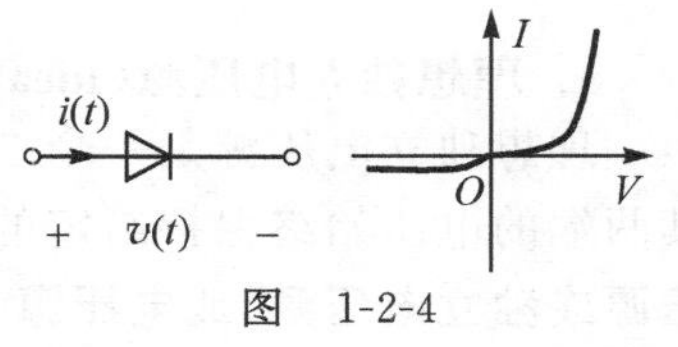

图 1-2-4

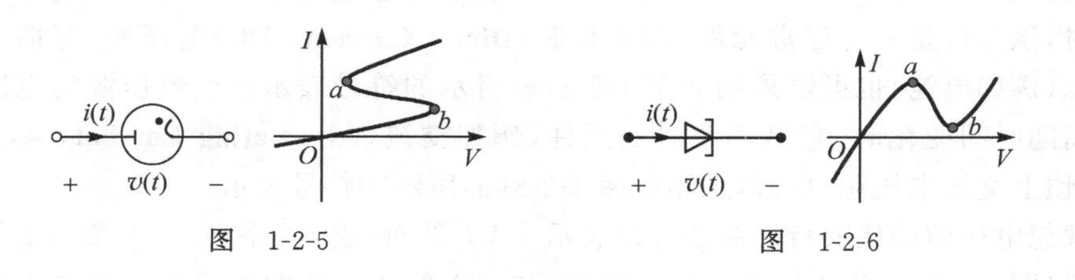

图 1-2-5　　图 1-2-6

非线性电阻元件的伏安特性曲线不是过原点的直线，因此，这些元件就不具备线性电阻元件的线性特征，它们的电压和电流之间的关系不满足欧姆定律，对于只有单向性的非线性电阻元件，在使用时必须区分端钮的标志，不可随意接入电路。

非线性电阻元件的电阻有两种表示方式：**静态电阻**(**Static Resistance**)R(为伏安特性曲线上电压和电流的比值)和**动态电阻**(**Dynamic Resistance**)R_d(为伏安特性曲线上电压和电流变化量的比值)。伏安特性曲线的不同位置，对应不同的静态电阻和动态电阻。由图 1-2-4～图 1-2-6 可见，由于电阻元件的伏安特性曲线总是落在 VI 平面的第Ⅰ和第Ⅲ象限。因此，总是存在静态电阻 $R>0$，这符合电阻的耗能特性。但是，对动态电阻而言，却可能有正有负，动态电阻 R_d 在图上特性曲线的 a 和 b 点之间表现为负值，称这个区间为**负阻区**，有负阻区的非线性电阻元件也可以称为**负阻**(**Negative Resistance**)**元件**。

对于含有非线性电阻元件的电路分析，线性电路的分析方法是不适用的，如果希望利用线性电路分析方法来分析非线性电路，一种常用的简单而成熟的方法是对非线性电路作**分段线性**，即在可以接受的近似约束条件下，用直线段近似地表示非线性元件的伏安特性曲线(见第 10 章)。

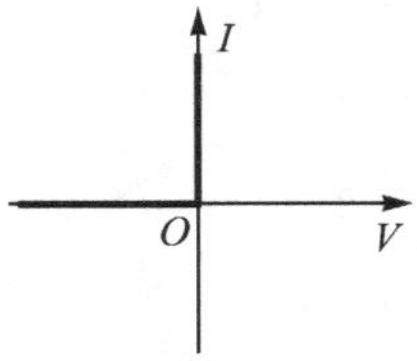

最典型的例子就是理想二极管的**分段线性**模型。定义具有正向导通(短路)、反向截止(开路)特性的二极管为**理想二极管**(**Ideal Diode**)。因此，如图 1-2-7 所示，**理想二极管**可以分别用 $I>0$ 和 $I<0$ 的两段线性模型来表示。

图 1-2-7

思考一下：你能给出用一个二极管设计一个可变电阻器的方案吗？

1.2.3 理想独立电压源与理想独立电流源/Independent Sources

理想独立电源是从实际电源抽象出来的源的模型，反映实际电路或网络工作时电能的提供或信号的输入。“理想”源不含内阻，“独立”表示其源特性与外界无关，即与外电路的电压或电流无关。

1. 理想独立电压源(Ideal Independent Voltage Source)

理想独立电压源是一个二端元件，接入任一电路中时，不论流过它的电流是多少，其两端的电压始终保持给定的约束方程：$v(t)=v_s(t)$。该二端元件又简称为**理想电压源**或**独立电压源**，或**电压源**，符号如图 1-2-8(a)所示。

以往教材采用如图 1-2-8(b)所示的符号表示理想电压源。当电压源的电压为一常量时，该元件是一个定常元件，称为**直流**(**Direct Current，DC**)电压源，习惯上直流电压源(例如电池)也可以采用如图 1-2-8(c)所示的符号表示。当电压源的电压不为常量而随时间变化时，它是一个时变元件，例如**交流**(**Alternating Current，AC**)电压源，习惯上交流电压源也可以采用如图 1-2-8(d)所示的符号表示。

理想电压源的伏安特性曲线可以表示为 VI 平面(或 IV 平面)上一条与 I 轴平行的直线(图 1-2-9)。当电压源的电压值为零时，它的伏安特性曲线是一条与 I 轴重合

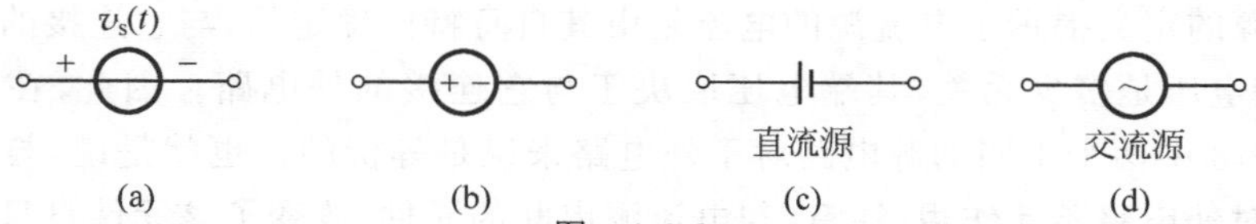

$v_s(t)$

直流源 交流源

(a) (b) (c) (d)

图 1-2-8

的直线。因此，**电压值为零的电压源，可以用一条电阻为零的短路线来代替**。

电压源的定义揭示了电压源的电压是由其自身特性确定的，与它连接的外电路无关，与流过它的电流无关，流过电压源的电流取决于与它连接的外电路。因此，理想情况下，图 1-2-10 中两个不同的源电路对于外电路来说是等价的。也就是说，**与电压源并联的元件对外电路不起作用**(注意，与电压源并联的元件，仅仅改变了流过自身及电压源的电流，但对外电路的端电压和流过的电流而言，没有变化)。

需要注意的是，为了分析的方便，这里电压源的参考方向并不关联，即支路电压和支路电流习惯上取相反的参考方向，如图 1-2-10 所示。这样做的目的有：

(1) 符合实际物理原型；

(2) 对外电路而言，正好是一致的参考方向。以下电流源参考方向的标注同理。

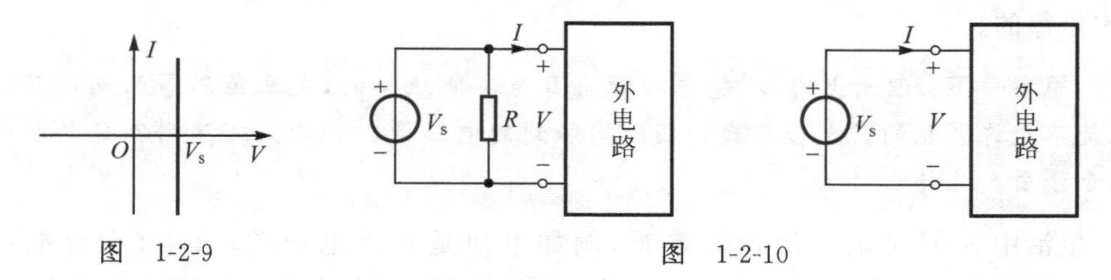

图 1-2-9 图 1-2-10

2. 理想独立电流源(Ideal Independent Current Source)

理想独立电流源是一个二端元件，接入任一电路中时，不论其端电压是多少，流过它的电流始终保持给定的约束关系：$i(t)=i_s(t)$，该二端元件又简称为**理想电流源**或**独立电流源**，或**电流源**。符号如图 1-2-11(a)所示(其他教材和工具书，有的采用如图 1-2-11(b)所示的符号)。

电流源的电流为常量时，该元件是一个定常元件，称为直流电流源。电流源的伏安特性曲线可以表示为 VI 平面(或 IV 平面)上一条与 V 轴平行的直线(图 1-2-12)。当电流源的电流为零时，它的伏安特性曲线是一条与 V 轴重合的直线。因此，**电流为零的电流源，可以用一条电阻为无穷大的开路线来代替**。

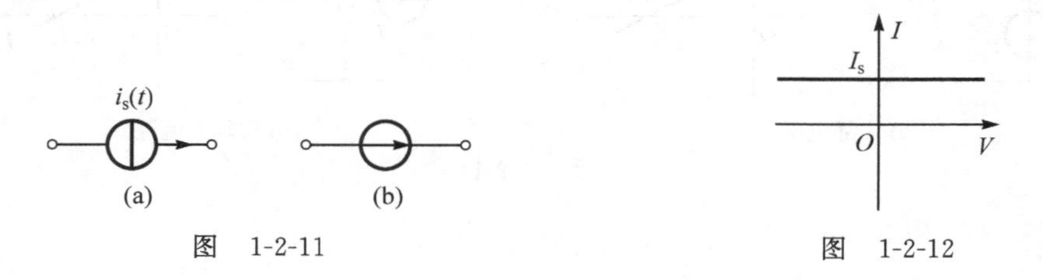

图 1-2-11 图 1-2-12

电流源的定义揭示了电流源的电流是由其自身特性确定的，与它连接的外电路无关，与其端电压是多少无关，其端电压取决于与它连接的外电路。因此，在理想情况下，图 1-2-13 中两个不同的源电路对于外电路来说是等价的。也就是说，**与电流源串联的元件对外电路不起作用**（注意，与电流源串联的元件，改变了该元件自身及电流源的端电压，但对外电路的端电压和流入的电流却没有改变）。

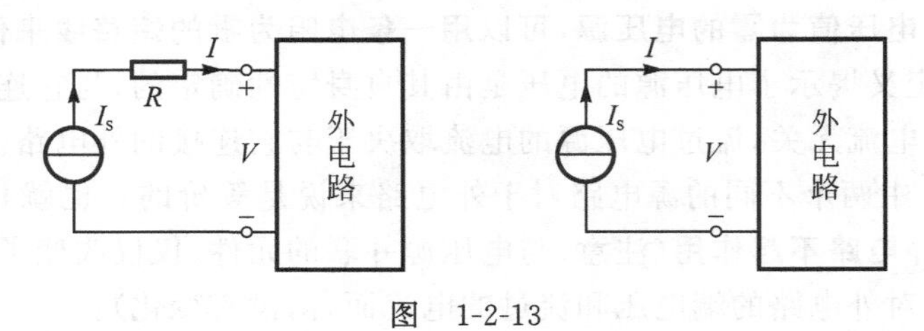

图 1-2-13

基尔霍夫基本定律是任何电路都必须满足的基本定律，因此，理想电压源自身是不能短接的，电压值不等的两电压源也是不允许并联的。同理，电流源自身是不能处于开路状态的，电流值不等的两电流源也是不允许串联的。因为这样的做法都是违反基本定律的。

思考一下：理论上的"理想电压源自身是不能短接的，电压值不等的两电压源也是不允许并联的。"是否与我们实际接触到的电压源（比如电池）不符？怎样解释这个矛盾？为什么？

生活中人们对电压源比较熟悉，例如电池是直流电压源，市电（交流电）是 220 V 的时变电压源。生活中比较生疏的是电流源，光电池是由光照射激发产生光电流的电流源，其大小只和光照度有关而与其接入的电路无关；在模拟电路特别是模拟集成电路中，由三极管电路可以实现电流源，用来作为偏置电路以获得电路系统的稳定。

实际的电压源和电流源并非理想，都是有内耗（内阻）的。如图 1-2-14 所示，实际的电压源可以表示为理想电压源与其内阻的串联，实际的电流源可以表示为理想电流源与其内阻的并联。

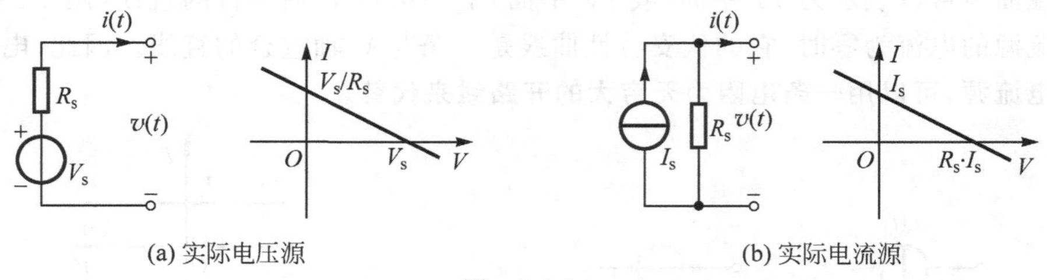

(a) 实际电压源　　(b) 实际电流源

图 1-2-14

1.2.4　电容元件/Capacitor

电容元件是从实际电容器抽象出来的理想化模型，反映电容器储存电荷（即电能）的能力。

1. 电容元件

电容元件是一个二端元件，它在任一时刻的电压和元件上存储的电荷之间的关系，可以表示为 QV 平面上的一条曲线。这条曲线称为电容元件在该时刻的**库伏特性曲线**（**Q-V Curve**）。

库伏特性曲线反映了电容元件的特性，类似于电阻元件的分类，如果曲线是一条直线，则该电容元件是线性元件；如果曲线不是直线，则该电容元件是非线性元件；如果曲线是随时间变化的，则该电容元件是时变元件；如果曲线是不随时间变化的，则该电容元件是非时变元件，即定常（常参量）元件。由于本书主要分析线性定常电路，因此，下面详细介绍线性定常电容元件。

2. 线性定常电容元件

线性定常电容元件（简称**电容**）的库伏特性曲线是一条不随时间变化的过原点的直线，它在任一时刻的电压和元件上存储的电荷之间满足约束方程：$q(t)=Cv(t)$。

其符号和库伏特性曲线如图 1-2-15 所示，在一致的参考方向下，利用电流与电荷的关系，可以获得电容元件上电压和电流之间的约束关系为

$$i(t)=\frac{\mathrm{d}q(t)}{\mathrm{d}t}=C\frac{\mathrm{d}v(t)}{\mathrm{d}t} \tag{1-2-5}$$

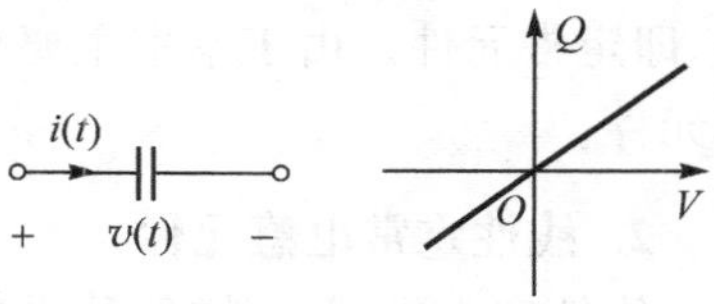

图　1-2-15

式(1-2-5)表明，电容中的电流是电压的线性微分函数，并且，时刻 t 的电流取决于该时刻电压的变化率。因此，也称电容是一个**动态元件**。

电容的库伏特性曲线是一条单调曲线，其电压和电流之间可以互相表示。对式(1-2-5)取 $-\infty$ 到 t 的积分并假设 $v(-\infty)$ 为零，得

$$\begin{aligned}v(t)&=\frac{1}{C}\int_{-\infty}^{t}i(t)\mathrm{d}t=\frac{1}{C}\int_{-\infty}^{t_0}i(t)\mathrm{d}t+\frac{1}{C}\int_{t_0}^{t}i(t)\mathrm{d}t\\&=v(t_0)+\frac{1}{C}\int_{t_0}^{t}i(t)\mathrm{d}t\end{aligned} \tag{1-2-6}$$

式(1-2-6)表示电容在 t 时刻的电压值并不取决于该时刻的电流值，而是取决于从 $-\infty$ 到 t 的所有时刻的电流，由于这一“记忆”的本领，又可称电容为**记忆元件**。端电压不为零的电容有了储能特性，成为一种**储能元件**。

式(1-2-6)中的 t_0 为计时的起点，$v(t_0)$ 称为电容电压在 $t=t_0$ 时的初始值，如果设这个起始时间 $t_0=0$，则在 t 时刻的电容上的电压可表示为

$$v(t)=\frac{1}{C}\int_{-\infty}^{t} i(t)\mathrm{d}t=v(0)+\frac{1}{C}\int_{0}^{t} i(t)\mathrm{d}t \tag{1-2-7}$$

进一步分析式(1-2-6)，如果 $i(t)$为有限值(这在实际电路中非常普遍)，则 $v(t)$应该是一个连续函数。换句话说，如果电容上的电流是有限量，那么，电容上的电压一定是连续的，不会从一个数值跳变到另一数值。线性定常电容元件的这一性质——**电容电压不会跳变**——在分析动态电路时非常有用。

1.2.5 电感元件/Inductor

电感元件是从实际电感器抽象出来的理想模型，反映电感器存储磁通量(即磁能)的能力。

1. 电感元件

电感元件是一个二端元件，在任一时刻其电流和元件上存储的磁通量之间的关系，可以表示为 ψI 平面上的一条曲线。该曲线称为电感元件在时刻 t 的**韦安特性曲线(ψ-I Curve)**。

韦安特性曲线反映电感元件的特性，如果曲线是一条直线，则该电感元件是线性元件；如果曲线不是直线，则该电感元件是非线性元件；如果曲线是随时间变化的，则该电感元件是时变元件；如果曲线是不随时间变化的，则该电感元件是非时变元件，即定常元件。由于本书主要分析线性定常电路，因此，以下只详细介绍线性定常电感元件。

2. 线性定常电感元件

线性定常电感元件(简称**电感**)的韦安特性曲线是一条不随时间变化的过原点的直线，其任一时刻的电流和元件上存储的磁通量之间满足约束方程：$\psi(t)=Li(t)$。

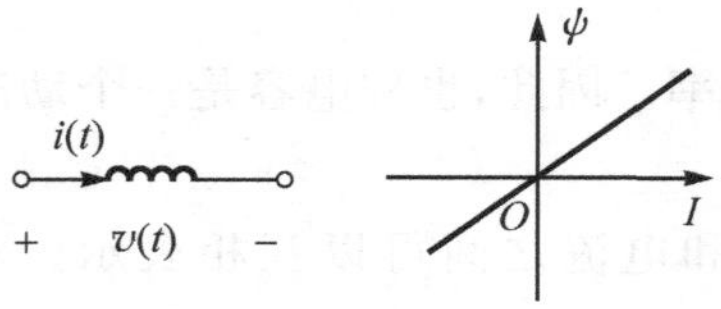

图 1-2-16

符号和韦安特性曲线如图 1-2-16 所示，在一致的参考方向下，利用电压与磁通的关系，可以获得电感上的电压和电流之间的约束方程为

$$v(t)=\frac{\mathrm{d}\psi(t)}{\mathrm{d}t}=L\frac{\mathrm{d}i(t)}{\mathrm{d}t} \tag{1-2-8}$$

> **休息一下**：为什么电感的符号用 L 不用 I？这是由于最简单的获得电感的方法是绕一个线圈(Loop)，加入铁芯成为电感，不加铁芯就是电阻。另一方面，字母 I 已被先它问世几十年的电流给霸占了。

式(1-2-8)表明电感中的电压是电流的线性函数，并且，时刻 t 的电压取决于该时刻电流的变化率。因此，也称电感是一个**动态元件**。

电感的特性曲线是一条单调曲线，其电压和电流之间可以互相表示。对式(1-2-8)取 $-\infty$ 到 t 的积分并假设 $i(-\infty)$为零，得

$$
\begin{aligned}
i(t) &= \frac{1}{L}\int_{-\infty}^{t} v(t)\mathrm{d}t \\
&= \frac{1}{L}\int_{-\infty}^{t_0} v(t)\mathrm{d}t + \frac{1}{L}\int_{t_0}^{t} v(t)\mathrm{d}t \\
&= i(t_0) + \frac{1}{L}\int_{t_0}^{t} v(t)\mathrm{d}t
\end{aligned} \tag{1-2-9}
$$

式(1-2-9)表明电感在 t 时刻的电流值并不取决于该时刻的电压值，而取决于从 $-\infty$ 到 t 所有时刻的电压值。因这一“记忆”的本领，也称电感为**记忆元件**。电流不为零的电感器具有储能特性，是一种**储能元件**。

式(1-2-8)中，如果 $v(t)$ 为有限值(这在实际电路中非常普遍)，则 $i(t)$ 是一个连续函数。换句话说，当电感上的电压为有限量时，其电流是连续的，不会从一个数值跳变到另一数值。线性定常电感元件的这一性质——**电感电流不会跳变**——在分析动态电路时非常有用。

式(1-2-9)中的 t_0 为计时起点，$i(t_0)$ 为电感电流在 $t=t_0$ 时的初始值，如果设起始时间 $t_0=0$，则在 t 时刻的电感元件的电流可表示为

$$
i(t) = \frac{1}{L}\int_{-\infty}^{t} v(t)\mathrm{d}t = i(0) + \frac{1}{L}\int_{0}^{t} v(t)\mathrm{d}t \tag{1-2-10}
$$

读者或许发现了一个有趣的现象，就是电路中的约束关系存在很明显的**对偶性**(**Duality**)。当把电阻元件约束方程 $V=RI$ 中的变量替换为 $V\to I$，$R\to G$，$I\to V$，就得到了电导元件的约束方程 $I=GV$；当把电容元件约束方程中的变量替换为 $V\to I$，$C\to L$，$I\to V$，就得到了电感元件的约束方程。就是说，R 和 G、C 和 L 互为**对偶元件**(**Dual Element**)。这种对偶关系也存在于电压源与电流源、电路的串联结构和并联结构等中，在以后的学习中还会不断发现。对偶关系使得问题分析可以简化到“举一反二”，表 1-2-1 罗列了电路分析中的一些对偶关系，有些书中还给出了**对偶电路**(**Dual Circuit**)的获得方法。

表 1-2-1 电路中的对偶关系

对偶					
电压	电流	短路	开路	电压源	电流源
电阻	电导	KCL	KVL	电荷	磁通
电感	电容	串联	并联	阻抗	导纳

1.2.6 理想受控源/Controlled Source or Dependent Source

理想受控源(简称受控源)是由实际的电子器件抽象而来的理想模型，用来描述其具有的受控特性。有一些电子器件，如变压器、运算放大器、晶体管、真空管、场效应管等，它们具有输出端的电压(或电流)受输入端的电压(或电流)控制的特点，为了描述这一现象，引入了受控源元件模型。

"受控"的特点使得受控源有别于前面描述过的其他理想元件模型,它不是二端(或称为单口)元件,而是一种四端(或称为双口)元件。它含有两条支路:一条为控制支路,提供控制电压或控制电流;另一条为受控支路,呈现出一个受到控制的"电压源"或"电流源"。所以,受控源具有"源"和"受控"两种特征,"源"的特征体现在它不受外界(除控制支路之外)电路的影响或约束而提供能量。"受控"的特征体现在电子器件内部的"互参数"关系上,是体现电子器件内部电压及电流"转移"关系的一种物理现象。

区别于独立源的圆形符号,受控源统一用菱形符号表示。根据控制支路是电压还是电流、受控支路是电压源还是电流源,受控源存在 4 种理想模型:**电压控制电压源(Voltage Controlled Voltage Source,VCVS)**,**电流控制电压源(Current Controlled Voltage Source,CCVS)**,**电压控制电流源(Voltage Controlled Current Source,VCCS)**和**电流控制电流源(Current Controlled Current Source,CCCS)**,如图 1-2-17 所示。

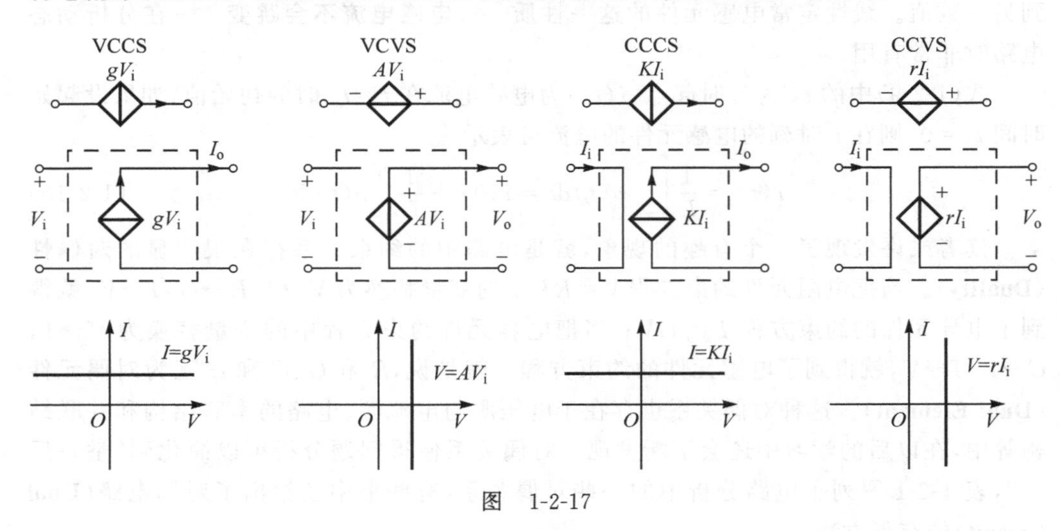

图 1-2-17

系数 A、r、g、K 分别表示转移电压比(或**电压增益**)、转移电阻(**跨阻**)、转移电导(**跨导**)、转移电流比(或**电流增益**)。如果它们是常量,则相应的受控源为线性定常元件。整理一下给出受控源的定义:

受控源是一个四端元件,由控制支路和受控支路组成。受控支路在任一时刻的电压(或电流)不随其他外电路的电压或电流改变,只取决于控制支路的电压或电流,它的伏安特性曲线是一条与轴平行的直线。

思考一下:比较受控源和独立源的伏安特性曲线,有区别吗?说明了什么?

【例 1-2-1】 **回转器(Gyrator)**是一种很有用的四端元件,理想回转器的电路符号如图 1-2-18(a)所示,其端电压和端电流的约束关系为 $v_1=-\alpha i_2$,$v_2=\alpha i_1$,试用含有受控源的理想模型画出电路;如果在 2 端接一个电容元件 C,试求此时 1 端对应的端电压和电流关系。

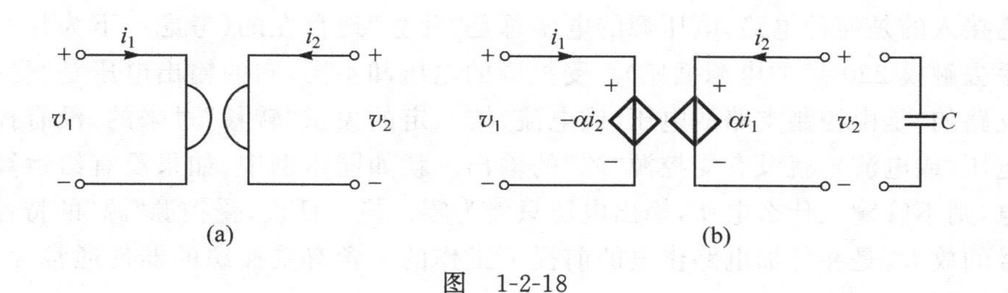

图　1-2-18

解：因为 $v_1=-\alpha i_2, v_2=\alpha i_1$，所以，很容易画出含有受控源的理想模型电路如图 1-2-18(b)所示。

如果在 2 端接一个电容 C，该端应该满足电容的 VCR 约束关系，有 $i_2=-C\mathrm{d}v_2/\mathrm{d}t$，于是有

$$
\begin{aligned}
v_1&=-\alpha i_2=-\alpha\left(-C\frac{\mathrm{d}v_2}{\mathrm{d}t}\right)=\alpha C\frac{\mathrm{d}v_2}{\mathrm{d}t}\\
&=\alpha C\frac{\mathrm{d}(\alpha i_1)}{\mathrm{d}t}=\alpha^2 C\frac{\mathrm{d}i_1}{\mathrm{d}t}
\end{aligned}
\tag{1-2-11}
$$

式(1-2-11)中 $\alpha^2 C$ 是一个常量，1 端的电压和电流关系体现出一个电感元件的特性，所以，回转器的"回转"之意是可以使元件的性质反转。而受控源在这里描述了器件含有电压与电流之间特性转移的物理现象。

【例 1-2-2】　运算放大器(Operational Amplifer, Op-Amp)是一种常用的集成芯片(图 1-2-19(a))，其符号如图 1-2-19(b)所示(此处为三角符号，其他教材也有用矩形符号表示的)，其端电压的约束关系为 $V_o=A(V_+-V_-)=-AV_i$，其中，A 为电压放大倍数。V_+ 为同相输入端，V_- 为反相输入端，一般需要用一个电压源(本例为 5 V，这个外加电源在一些电路图中略去，并不表示出来)给它供电才能正常工作。试用含有受控源的理想模型表示其电路。

解：由约束关系式 $V_o=A(V_+-V_-)=-AV_i$，可以容易做出含有受控源的运算放大器的理想模型电路，如图 1-2-19(c)所示。

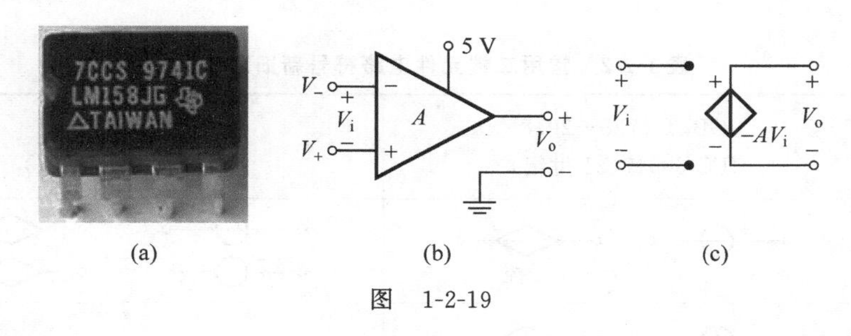

图　1-2-19

"源"的典型特征是提供能量，本例中的受控源体现出了"源"的特性，但又不同于独立源的"源"的特性。因为，理想电压源的电压是独立存在的，不论它是否接入电路、

不论它接入的是何种电路，电压源的电压总是“独立”地存在的(考虑一下为什么你不敢用手去触摸 220 V 的电源插座)。受控源的电压却不同，它的输出电压是“受控”于指定支路的，是由控制支路的电压(或电流)按一定的关系“转移”过来的，没有控制支路的电压(或电流)，就没有受控源“源”的输出。就如同本例中，如果没有给运算放大器供电，则不管输入什么电压，输出电压只能为零。换句话说，受控源“源”的特性以及对信号的放大，是在外加电路供电的前提下工作的。含有受控源的器件通常称为“**有源器件**”。

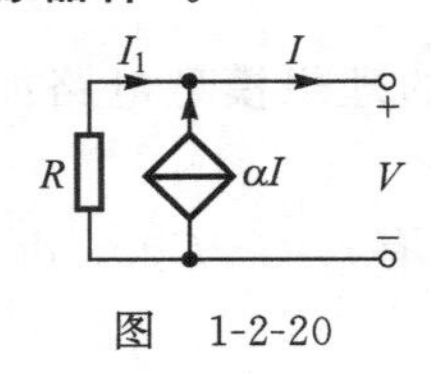

图 1-2-20

【例 1-2-3】 计算如图 1-2-20 所示的二端电路中端电压和电流之间的约束关系，并分析该二端电路体现的元件特性。

解：根据 KCL 可以用 I 表示流过电阻 R 上的电流 I_1，根据 KVL 可以写出

$$V=R(\alpha-1)I \tag{1-2-12}$$

由于 R 和 α 均为常量，因此，本例端电压和电流的约束关系式(1-2-12)满足欧姆定律。有趣的是这一含有受控源的二端电路，在 $\alpha<1$ 时体现出正常的阻值为 $R(1-\alpha)$ 的电阻特性；在 $\alpha>1$ 时体现出非正常的阻值为 $R(1-\alpha)$ 的负阻特性(计算时，注意本例电路图中端电压和电流采用了不一致的参考方向)。

思考一下：试给出具体含受控源电路的例子，说明什么情况下受控源呈现为源？什么情况下受控源呈现为电阻？什么情况下受控源呈现为负阻？

受控源是非常有用且变幻有趣的元件，它像个魔术师一样改变着电路的性质。读者将在本书以后的章节里不断地接触，并深入理解它，这里，在第一次接触时，只希望读者掌握的是：

(1) 用菱形符号区别于独立源；

(2) 一个貌似二端实为四端的元件；

(3) 用来描述具有电压或电流“转移或放大”物理现象的电子器件。

表 1-2-2 为常用二端元件的电路符号的新旧对照表，方便读者在阅读中外参考书时参考。

表 1-2-2　常用二端元件电路符号新旧对照表

	GB/T 4728—2018 IEC 60617(21 世纪)	GB 4728—1985 IEC 617(20 世纪)
电压源	+ − + − 受控	+ − + −
电流源	受控	

续表

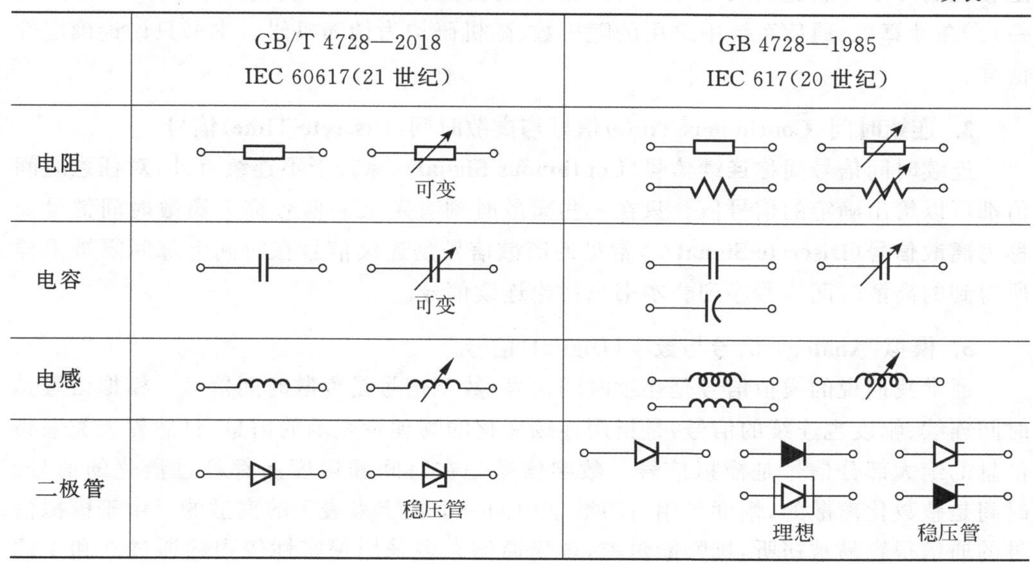

	GB/T 4728—2018 IEC 60617(21世纪)	GB 4728—1985 IEC 617(20世纪)
电阻	可变	
电容	可变	
电感		
二极管	稳压管	理想　稳压管

1.3　典型源信号和响应信号/Basic Signals or Functions

变化的电压或电流称为电信号。电压源的电压和电流源的电流，在电路中起着“**激励(Excitation)**”作用，在它们的激励下，电路中各支路产生了电压和电流，称为“**响应(Response)**”。由激励(电压或电流)产生的响应(电压或电流)在线性电路中可以用解析式表示为时间的函数(非特别强调时，“**信号**”和“**函数**”这两个名词常常混用)，也可用波形图来生动表示。

1.3.1　信号概述/Introduction

信号是一个承载信息的函数，其自变量通常为时间。根据不同的特性和使用，信号的分类多种多样，以下列举若干电路与系统分析中常见的信号类别：

1. 确定(Determinate)信号与随机(Random)信号

信号表示为确定的时间函数。给定某一时间值就可以相应地确定其函数值，这样的信号称为**确定性信号**；反之，若信号具有不可预知的不确定性，便是**随机性信号**。随机性信号不是一个确定的时间函数，当给定某一时间值时，其函数值并不确定，通常只知道它的取值概率。严格苛刻地说，除实验室发生的有规律的信号，一般的信号都是随机的。因此，通信系统中为了确保信号传输和处理的“可预知性”，会使用各种编码和调制的手段。并定义**误码率(Bit Error Rate，BER)**来分析和评估系统的通信品质。通常会发送一种信号称为**伪随机码(Pseudo Random Code，PRC)**来做系统检测。伪随机码是具有某种随机特性的序列码，在码长达到一定程度时才会重复。由于周期足够大而可以当成随机码使用(例如 40 位的伪随机码,其重复的可能性为万亿分之一)。在计算机、通信系统中采用的随机数、随机码均为伪随机码。本书只讨论确定性信号。

2. 连续时间(Continuous-Time)信号与离散时间(Discrete-Time)信号

连续时间信号简称**连续信号(Continuous Signal)**,除若干不连续点外,对任意时间值都可以给出确定的信号值。只在一些离散时刻有定义的信号称为**离散时间信号**简称为**离散信号(Discrete Signal)**。常见的离散信号是连续信号在时间上等间隔被采样所得到的离散时间信号序列。本书只讨论连续信号。

3. 模拟(Analog) 信号与数字(Digital)信号

通常我们说的模拟信号是连续时间信号、数字信号是离散时间信号。**模拟信号**是时间连续、幅度也连续的信号,是指用连续变化的物理量表示的信息,自然界人类采集信息的绝大部分信号是模拟信号。**数字信号**是在时间和幅度上都经过量化的信号。时间是整数化离散的,幅度是用有限数字中的一个数字来表示的离散的。由于模拟信号的通信很容易被窃听,抗噪能量差,现代通信大多采用保密性较强的通过 0 和 1 的数字串所构成的数字流来传输的数字信号。

4. 周期(Periodic) 信号与非周期(Non-Periodic,Aperiodic)信号

周期信号是按一定时间间隔周期重复变化地持续信号。其特性为无始无终的周期性,例如正弦波信号。不满足周期信号特性的所有信号都是**非周期信号**。例如单脉冲信号、阶跃信号、指数信号等。

5. 调制(Modulating)信号与已调(Modulated)信号

举个广播电台的例子,由于通常低频信号的电能达不到以电磁波的形式从天线发射出去,要想有效地传输信号,只有借助于高频电磁波,由它将低频信号"携带"到空间远处。另外,不同的电台可以采用不同频率的电磁波以避免各电台之间的干扰。用低频信号去控制高频电磁波以达到携带信号的过程称为**调制(Modulation)**。被调制的低频信号称为**调制信号**,经过调制以后的高频电磁波称为**已调波**,本书在第 5 章介绍频移定理时简单介绍信号的**幅度调制(AM)**。

6. 功率(Power) 信号与能量(Energy)信号

能量是功率与时间的乘积。在整个时间域能量有限、功率为零的信号称为**能量信号**。所有有限数量的脉冲信号都是能量信号。例如单脉冲信号。能量无限、功率有限的信号称为**功率信号**。所有周期信号都是功率信号,例如正弦波信号。另外,无始无终、挥之不去的白噪声也是功率信号。

7. 时限(Time-limited)信号与带限(Band-limited)信号

只在有限时间区间内存在的信号称为**时限信号**。例如单脉冲信号、门函数等。只在有限频率区间内存在的信号称为**带限信号**。例如音频信号、正弦波信号等。

1.3.2 典型信号/Basic Signals

1. 直流(Direct-Current)信号

直流信号(常量信号)(图1-3-1)是常见的源信号,它在时间 t 全域变化区间始终保持常量,是静态电路分析中常用的源信号,也是有源器件的直流源,用函数表示为

$$f(t)=A \quad (A\text{ 为常量}) \tag{1-3-1}$$

2. 正弦(Sinusoidal)信号

正弦信号(简谐信号)(图1-3-2)也是常见的源信号,它在时间 t 全域变化区间始终保持等幅等频的正弦振荡,它是正弦稳态电路分析中的源信号,用函数表示为

$$f(t)=A_{\mathrm{m}}\cos(\omega t+\varphi) \tag{1-3-2}$$

式(1-3-2)中,A_{m} 为信号的最大值,称为**振幅(Amplitude)**,$\omega=2\pi f$ 称为**角频率(Angular frequency)**,单位为弧度/秒(rad/s),$f=1/T$ 称为**频率(Frequency)**,单位为赫(Hz,1 Hz=1/s),T 为**周期(Period)**,单位为秒(s),φ 为**初相位(Initial Phase Angle)**,单位为弧度(rad)。ω 和 f 都可以表示正弦信号波动的频率,只是单位不同,在实际电路分析和设计中都很常用。在实际工程应用中,常用 f 来表示频率,例如220 V交流电的频率是50 Hz。为了方便,本书电路分析中主要用 ω 来表示频率。

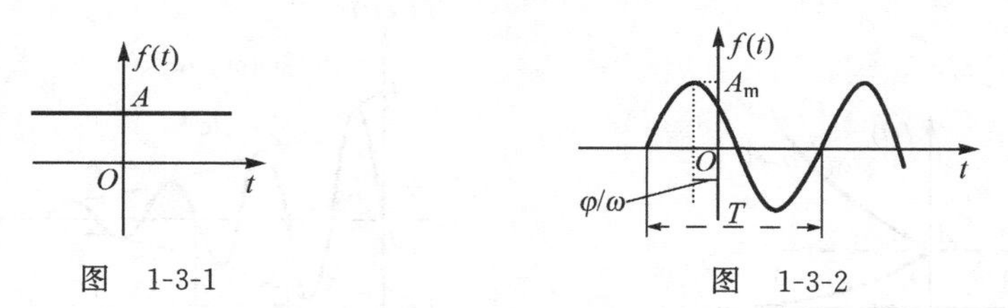

图 1-3-1　　　　图 1-3-2

正弦信号的幅度除采用振幅 A_{m} 来表示之外,还有两种常用的表示方法:一种称为**峰-峰值** A_{pp};另一种称为**方均根值(有效值)**A_{rms},它们之间满足关系

$$A_{\mathrm{m}}=\sqrt{2}A_{\mathrm{rms}}=A_{\mathrm{pp}}/2 \tag{1-3-3}$$

式(1-3-2)显示正弦信号可以唯一地由它的振幅、角频率和初相位这三个参量确定。因此可以称 A_{m}、ω、φ 为正弦信号的三特征(或三要素)。利用**欧拉公式(Euler's Formula)**(3-1-2),还可以将正弦信号表示为复指数函数形式。

$$f(t)=A_{\mathrm{m}}\cos(\omega t+\varphi)=\mathrm{Re}[A_{\mathrm{m}}\mathrm{e}^{\mathrm{j}\varphi}\mathrm{e}^{\mathrm{j}\omega t}] \tag{1-3-4}$$

式(1-3-4)正弦信号的复指数函数表示,为今后正弦稳态电路的分析(详见第3章)带来了极大的方便。

3. 指数(Exponential)信号

指数信号的一般函数表示为

$$f(t)=A\mathrm{e}^{st} \tag{1-3-5}$$

式(1-3-5)中 A 为实常数,表示信号在时间 $t=0$ 时的幅度。$s=a+\mathrm{j}\omega$ 表示信号随时

间的变化率。指数信号在电路分析中的地位举足轻重，表现在两方面：

(1) 概括了多种响应信号。例如 $s=0$ 可以表示直流信号，s 为纯虚数可以表示正弦信号，s 为正或负实数可以表示信号随时间增加而单调递增或衰减，s 为复数可以表示信号随时间增加而振荡递增或衰减。

(2) 其数学上的微分特性。即指数信号的微分依然是指数信号，将会给今后正弦稳态电路的分析（详见第 3 章）带来极大的方便。

电路分析涉及的指数信号主要是响应信号，通常都是单边的（$t>0$），用来描述电路响应随时间的递增和衰减，单边指数信号的一般函数表示为

$$f(t)=A\mathrm{e}^{st},\quad t>0 \tag{1-3-6}$$

图 1-3-3 是 $s=a$（a 为实数）单边指数信号。当 $a>0$ 时，信号随时间增加而单调递增；当 $a<0$ 时，信号随时间增加而单调衰减，指数信号在起始时间 $t=0$ 时的切线与时间轴交于 $t=-1/a$ 处，显然，这个值的大小反映了指数信号衰减速度的快慢。

虽然复指数信号是人造的物理不可实现的信号，但它的实部或虚部分量却概述了信号随时间增加而振荡递增和衰减的特性。图 1-3-4 是 $s=a+\mathrm{j}\omega$ 的单边复指数信号的虚部曲线。

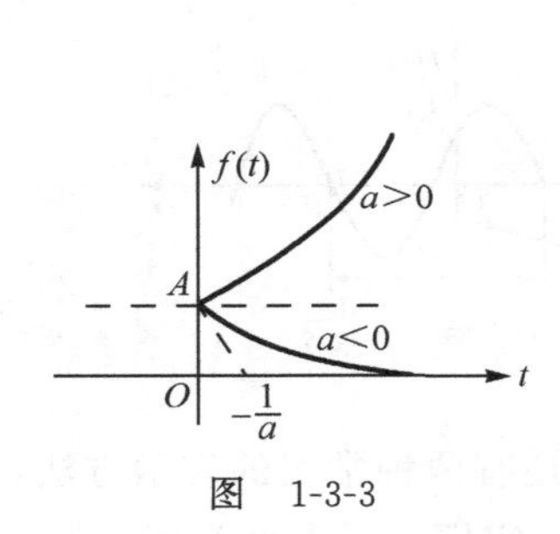

图 1-3-3

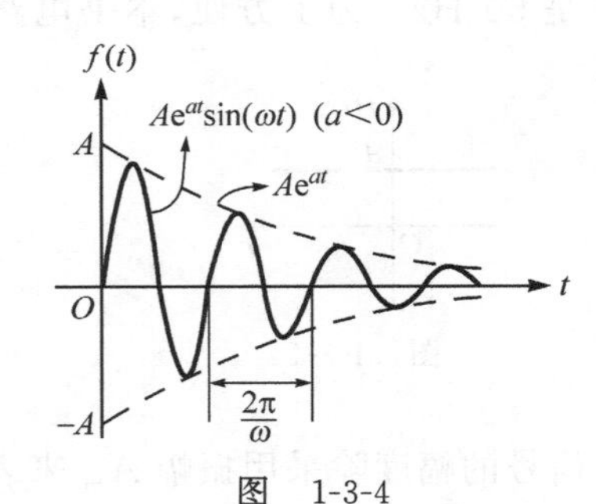

图 1-3-4

4. 单位阶跃(Unit-Step)信号

单位阶跃信号（图 1-3-5）在时间 $t<0$ 时为零，在 $t>0$ 时为 1。其特征是在 $t=0$ 时刻函数发生跳变，即从 $t=0_-$（t 从负值趋于零的极限）到 $t=0_+$（t 从正值趋于零的极限），函数值从 0 跳变到 1，而在 $t=0$ 时刻的取值可以是不确定的（注意，单位阶跃信号在 $t=0_-$、0、0_+ 时刻的定义有别于一般的数学函数），用函数表示为

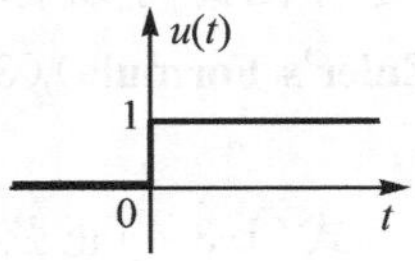

图 1-3-5

$$u(t)=\begin{cases}1, & t>0\\ 0, & t<0\end{cases}\quad \text{或}\quad u(t)=\begin{cases}1, & t\geqslant 0_+\\ 0, & t\leqslant 0_-\end{cases} \tag{1-3-7}$$

单位阶跃信号可以表示单边信号或有始信号。例如式(1-3-6)的单边信号，其数学表示可简写为 $f(t)=A\mathrm{e}^{st}u(t)$。由于这个信号是在 $t=0$ 时刻**开始的**，因此又称

$f(t)u(t)$为**有始信号(Causal Signal)**。当有始信号的起始时间 $t_0 \neq 0$ 时,可以将式(1-3-7)推广至延迟时间为 $t_0 \neq 0$ 的单位阶跃信号(图 1-3-6),用函数表示为

$$u(t-t_0)=\begin{cases}1, & t>t_0 \\ 0, & t<t_0\end{cases} \quad 或 \quad u(t-t_0)=\begin{cases}1, & t \geqslant t_{0_+} \\ 0, & t \leqslant t_{0_-}\end{cases} \tag{1-3-8}$$

从物理角度来说,如果作为独立源,单位阶跃信号相当于在 $t=0$ 时刻有一单位电压的直流电压源或单位电流的直流电流源接入电路,如图 1-3-7 所示。另外,从电路实现上来看,单位阶跃信号相当于在 $t=0$ 时刻放入电路中的一个工作开关,如图 1-3-8 所示,所以单位阶跃信号也称为**开关信号或开关函数(Switching Function)**。

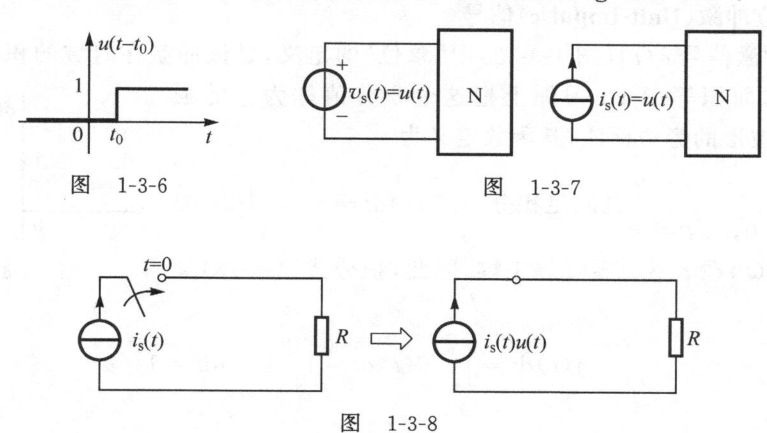

图　1-3-6

图　1-3-7

图　1-3-8

单位阶跃信号还可以用来表示**分段常量(Piecewise-Constant)**信号、方波[①]和**矩形脉冲**(Rectangular Pulse)信号。如图 1-3-9 所示的分段常量信号的解析式可以表示为

$$f(t)=u(t-1)+u(t-3)-u(t-4) \tag{1-3-9}$$

如图 1-3-10 所示的矩形脉冲信号的解析式可以表示为

$$f(t)=u(t-1)-u(t-2)+u(t-3)-u(t-4)+\cdots \tag{1-3-10}$$

5. 单位脉冲(Unit-Pulse)信号

单位脉冲信号 $P_\Delta(t)$(图 1-3-11)的脉冲宽度(简称脉宽,Width of Pulse)为 Δ,幅度为 $1/\Delta$,其"**单位**"的意义,是该脉冲在时域的积分为 1,即函数 $P_\Delta(t)$所围的面积等于 1,其函数定义为

$$P_\Delta(t)=\begin{cases}0, & t<0 \\ 1/\Delta, & 0<t<\Delta \\ 0, & t>\Delta\end{cases} \tag{1-3-11}$$

显然,单位脉冲信号可以用单位阶跃信号来表示:

① 方波(Square Wave)是占空比(Duty Cycle;脉宽/周期)为 50%的矩形脉冲信号。

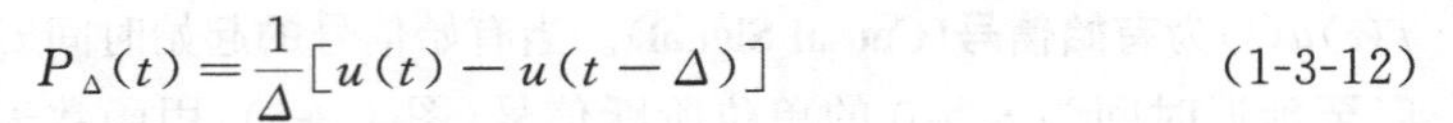

$$P_{\Delta}(t)=\frac{1}{\Delta}[u(t)-u(t-\Delta)] \tag{1-3-12}$$

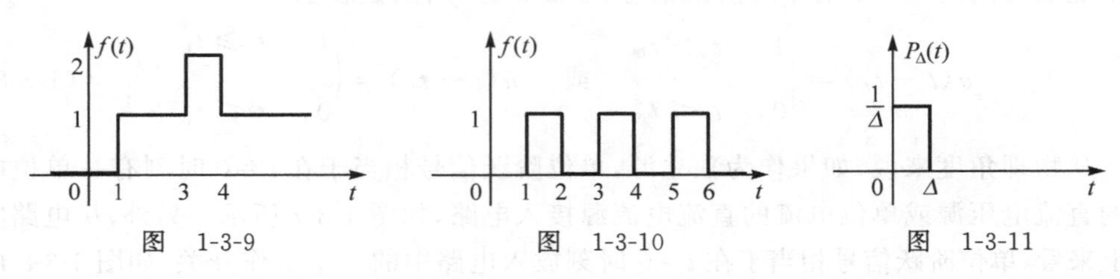

图 1-3-9　　图 1-3-10　　图 1-3-11

6. 单位冲激(Unit-Impulse)信号

单位冲激信号 $\delta(t)$(图 1-3-12)中"**单位**"的定义,是该冲激在时域的积分为 1,即函数所围的面积等于 1。习惯上把这个积分值称为它的强度,并在其波形的旁边标注,其函数定义为

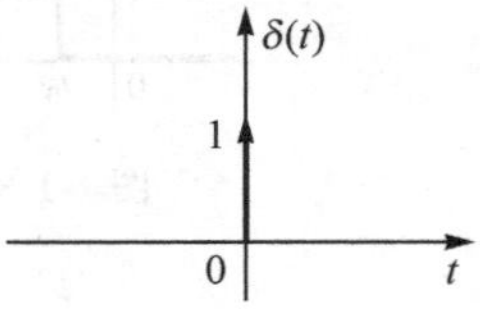

$$\delta(t)=\begin{cases}\infty, & t=0\\ 0, & t\neq 0\end{cases} \quad 且满足积分\int_{-\infty}^{\infty}\delta(t)\mathrm{d}t=1 \tag{1-3-13}$$

图 1-3-12

由于 $\delta(t)$在 t 不为零时等于零,因此,积分式(1-3-13)又可以写为

$$\int_{-\infty}^{\infty}\delta(t)\mathrm{d}t=\int_{-t_0}^{t_0}\delta(t)\mathrm{d}t=\int_{0-}^{0+}\delta(t)\mathrm{d}t=1 \tag{1-3-14}$$

其中,$t_0>0$。

单位冲激函数在工程中又称为**狄拉克函数或 $\boldsymbol{\delta}$ 函数(Dirac Function or $\boldsymbol{\delta}$ Function)**。比较图 1-3-11 和图 1-3-12,可以直观地认为单位冲激信号 $\delta(t)$是单位脉冲信号 $P_{\Delta}(t)$在 $\Delta\to 0$ 时的极限(由于脉冲宽度趋于零,为保证积分值为 1 而导致脉冲幅度趋于无穷大)。数学上不难获得单位冲激信号 $\delta(t)$、单位脉冲信号 $P_{\Delta}(t)$和单位阶跃信号 $u(t)$之间的关系为

$$\delta(t)=\lim_{\Delta\to 0}P_{\Delta}(t)=\lim_{\Delta\to 0}\frac{u(t)-u(t-\Delta)}{\Delta}=u'(t) \tag{1-3-15}$$

同理,可以把延迟了 $t=t_0$ 出现的单位冲激信号(图 1-3-13)表示成

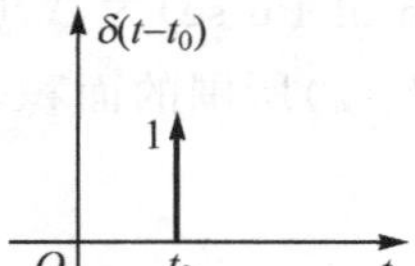

图 1-3-13

$$\delta(t-t_0)=\begin{cases}\infty, & t=t_0\\ 0, & t\neq t_0\end{cases}$$

且满足积分

$$\int_{-\infty}^{\infty}\delta(t-t_0)\mathrm{d}t=\int_{t_{0-}}^{t_{0+}}\delta(t-t_0)\mathrm{d}t=1 \tag{1-3-16}$$

由于 $\delta(t-t_0)$在 $t\neq t_0$ 时等于零,因此,对任意连续的有限信号 $f(t)$有

$$f(t)\delta(t-t_0)=f(t_0)\delta(t-t_0) \tag{1-3-17}$$

$$\int_{-\infty}^{\infty} f(t)\delta(t-t_0)\mathrm{d}t=\int_{t_{0-}}^{t_{0+}} f(t)\delta(t-t_0)\mathrm{d}t=f(t_0) \tag{1-3-18}$$

以上推导表明，单位冲激信号能使一个有限的连续信号在给定时刻的值"**筛选**"出来，我们称单位冲激信号的这种性质为**筛分特性**。

电路里描述的单位阶跃信号和单位冲激信号在不连续点处有别于数学上的严格定义，它们不同于普通的函数，被称为**奇异函数**(**Singularity Function**)①。但是，这类函数的引入，对分析解决实际工程问题，特别是在电路分析上很有成效，因此占有很重要的地位。

7. 单位斜坡(Unit-Ramp)信号

单位斜坡信号(图 1-3-14)的"单位"体现在斜坡信号的斜率为 1，其函数表示为

$$r(t)=tu(t) \tag{1-3-19}$$

显然，可以推得以下的函数关系：

$$r''(t)=u'(t)=\delta(t) \tag{1-3-20}$$

单位斜坡信号的引入，可以比较简单地表示**锯齿波**(**Zigzag Wave**)**信号**(图 1-3-15)和**三角波**(**Triangle Wave**)**信号**(图 1-3-16)。

锯齿波　$f(t)=r(t)-u(t-1)-u(t-2)-u(t-3)-\cdots \tag{1-3-21}$

三角波　$f(t)=r(t)-2r(t-1)+2r(t-2)-2r(t-3)+\cdots \tag{1-3-22}$

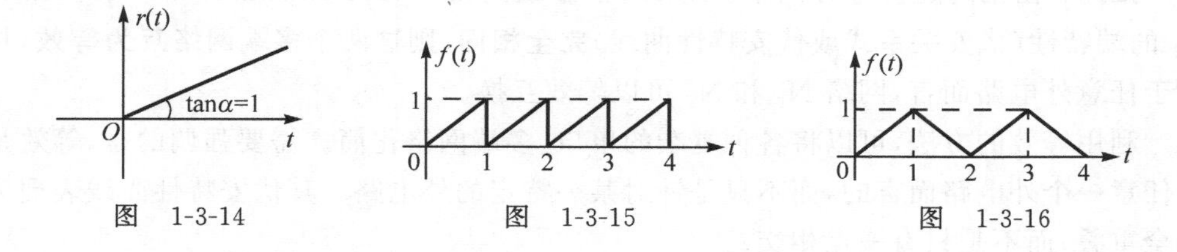

图　1-3-14　　　图　1-3-15　　　图　1-3-16

1.4　线性二端(单口)网络的等效/Equivalence of One-Port Network

等效法是构成电路分析的三大基本方法之一，它在最大程度上简化了电路分析。"等效"的思想贯穿于本书始末，小到电阻电路的串并联，大到戴维南定理和诺顿定理，以及第 8 章"双口网络的分析"，都是由等效这个基本概念引出来的。

---

① 奇异函数应用于电子工程后，在数学和工程领域曾经引起了很大的争论，人们怀疑它是否有坚实的数学基础，当法国数学家 L. Schwartz 引入一个新的数学实体——广义函数后，便在严密的数学基础上证明了冲激函数的性质。参考文献：

[1] B. Friedman. Principles and Techniques of Applied Mathematics[M]. John Wiley and Sons, Inc., New York, 1956.

[2] 郑钧. 线性系统分析[M]. 北京：科学出版社，1979.

1.4.1 等效的定义/Definition of Equivalence

定义：已知两个单口网络 N_1、N_2，在相同的参考方向下，有完全相同的口特性，即两端口的伏安关系式或伏安特性曲线相同，则称这两个单口网络**互为等效**。相对于任意外电路而言，网络 N_1 和 N_2 互为**等效电路**(**Equivalent Circuit**)，可以等效互换。

解释：如图 1-4-1 所示的两个单口网络 N_1 和 N_2，在相同的参考方向下，如果它们关于口电压 $v(t)$ 和口电流 $i(t)$ 的伏安特性曲线完全重叠，换句话说伏安关系式完全相同，尽管这两个网络可能具有完全不同的结构和元件的数量，但对任意一个外电路而言，它们具有完全相同的口电压和口电流的影响。因此，**对任一外电路而言**，两个单口网络 N_1 和 N_2 可以等效互换，而完全不影响外电路的工作。

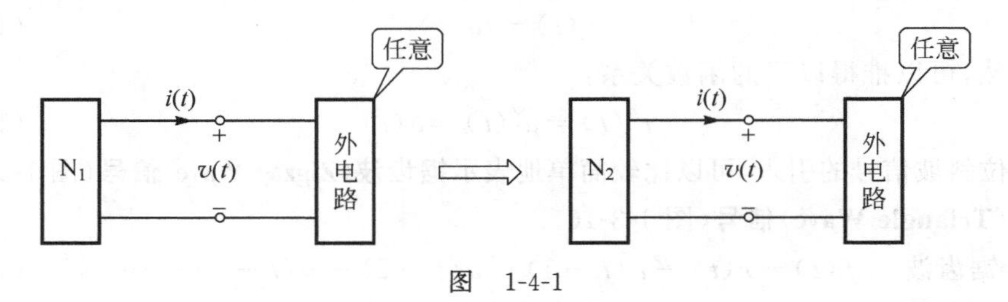

图 1-4-1

推广：在相同的参考方向下，如果两个**多端网络**(**Multi-terminal Network**) N_1 和 N_2 的端特性(伏安关系式或伏安特性曲线)**完全相同**，则这两个多端网络**互为等效**，相对于任意外电路而言，网络 N_1 和 N_2 可以等效互换。

利用等效的方法，可以将各种复杂的单口、多端网络化简。需要强调的是，等效是对任意一个外电路而言的，而不只是针对某一特定的外电路。其伏安特性曲线表现为完全重叠，而不是只有一点相交。

1.4.2 电阻电路的等效/Equivalence of Resistive Circuits

串联和并联公式的理论依据来源于等效的概念，即等效互换的两个单口网络具有完全相同的伏安关系式。

1. 电阻电路的串联(Series Connection)

取图 1-4-2 中两个二端网络 N_1 和 N_2 具有相同的端电压和端电流参考方向。对各自的电路，分别写出其端电压和端电流关系式，有

$$N_1: V=(R_1+R_2)I \tag{1-4-1}$$

$$N_2: V=RI \tag{1-4-2}$$

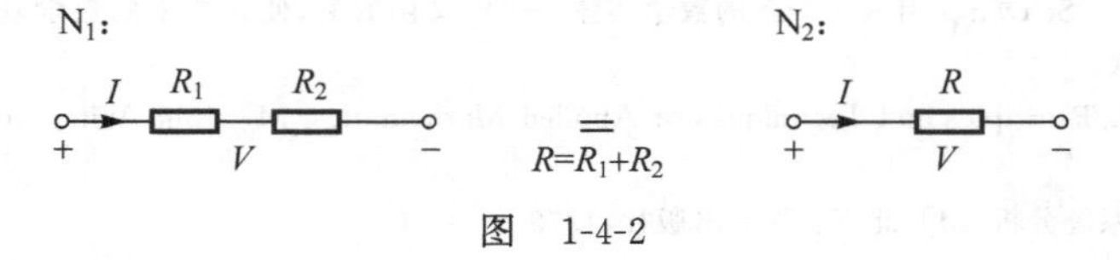

图 1-4-2

根据等效的定义，两个二端网络等效互换的前提是伏安关系式相等，比较式(1-4-1)和式(1-4-2)，使 $N_1=N_2$，有

$$R=R_1+R_2 \tag{1-4-3}$$

式(1-4-3)便是串联公式，可以推广到 N 个电阻的串联。

2. 电阻电路的并联(Parallel Connection)

如图 1-4-3 所示根据等效的定义，可以获得并联公式 $G=G_1+G_2$，也可以推广到 N 个电阻的并联。感兴趣的读者可以试一试，推导一下。

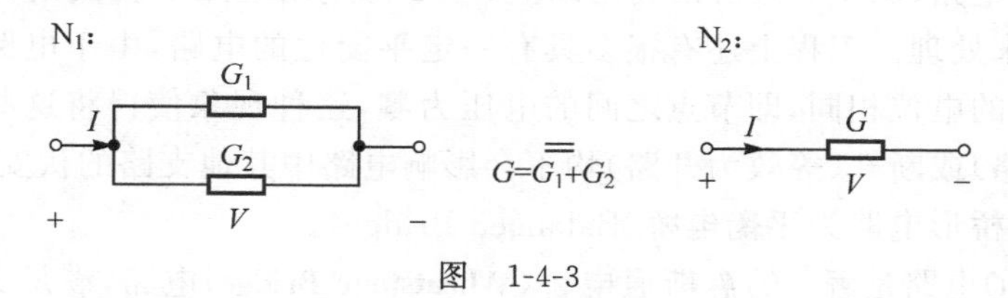

图　1-4-3

3. Y 形和∇形电阻电路的互换(Y-Δ Transformation)

置身于任意外电路中的 Y 形(也称 T 形，图 1-4-4(b))或∇形(也称 π 形，图 1-4-4(a))电阻电路，常常因为其非串非并的结构而无法使用串联、并联公式，给电路化简带来困难，需要进行 Y 形和∇形三端网络的等效互换。

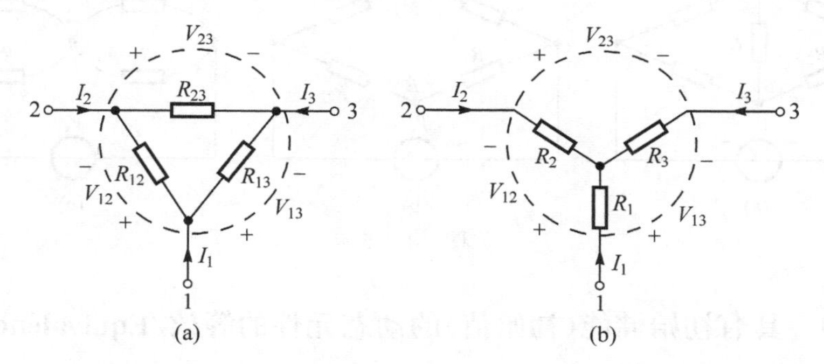

图　1-4-4

互换公式推导的第一步是要将转移前后两个**三端网络**标上具有完全相同的端电压和端电流(包括参考方向和变量符号)，如图 1-4-4 所示，并对两电路结构分别写出以下端电压和端电流的关系式：

$$\begin{cases} I_1=V_{12}/R_{12}+V_{13}/R_{13} \\ I_2=-V_{12}/R_{12}+V_{23}/R_{23} \\ I_3=-V_{23}/R_{23}-V_{13}/R_{13} \end{cases} \tag{1-4-4}$$

$$\begin{cases} V_{12}=R_1I_1-R_2I_2 \\ V_{13}=R_1I_1-R_3I_3 \\ V_{23}=R_2I_2-R_3I_3 \end{cases} \tag{1-4-5}$$

联立求解式(1-4-4)和式(1-4-5),并利用对称性比较表达式的形式,可以获得两电路结构的转换公式为

$$R_i = \frac{R_{ij}R_{ik}}{R_{12}+R_{23}+R_{13}}, \quad i,j,k=1,2,3 \tag{1-4-6}$$

$$R_{ij} = R_i + R_j + \frac{R_iR_j}{R_k}, \quad i,j,k=1,2,3 \tag{1-4-7}$$

4. 桥形电阻电路(Bridge Circuit)

桥形电阻电路(图 1-4-5)可以利用以上∇→Y 形电阻电路的转换式(1-4-6)化成串联、并联电路来处理。工程上还有很多具有一定**平衡性**的电路,由于电路的平衡作用导致某些节点的电位相同,即节点之间的电压为零,这种现象使得将这些节点之间短接(等效为短路)或断开(等效为开路)均不会影响电路中其他支路的伏安特性,称具有这种平衡性的桥形电路为**平衡电桥**(Balanced Bridge)。

图 1-4-5(a)电路是著名的**惠斯通电桥(Wheatstone Bridge)**电路,满足关系 $R_1/R_2 = R_3/R_4$ 时,电桥是平衡的,电路中 A、B 两点的电位相同,因此,可以将 A、B 两点等效开路(图 1-4-5(b))或短路(图 1-4-5(c)),如此大大简化了电路的分析。另外,利用这种平衡关系,可以在已知 3 个的 4 个电阻中,精确测量未知电阻。

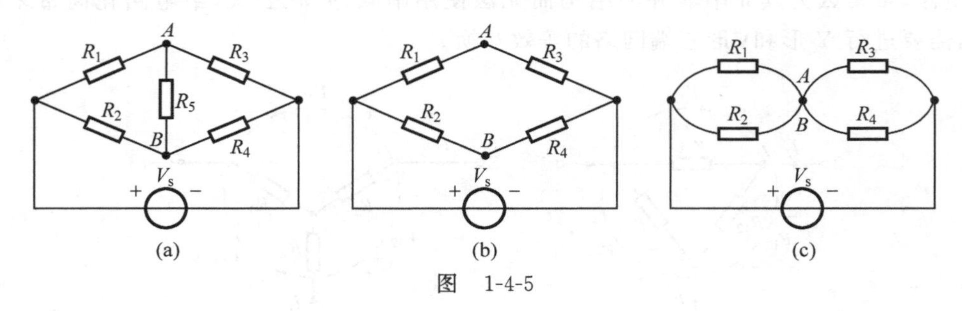

图 1-4-5

1.4.3 具有初始储能(初始值)的动态元件的等效/Equivalence of Dynamic Elements

1. 具有初始储能的电容元件的等效(Capacitor)

图 1-4-6(a)为具有电压初始值 $v_C(t_0)=V_0$ 的电容元件,根据式(1-2-6),可以写出其电流和电压的约束关系为

$$v(t) = \frac{1}{C}\int_{-\infty}^{t} i(t)\,dt = V_0 + \frac{1}{C}\int_{t_0}^{t} i(t)\,dt \tag{1-4-8}$$

式(1-4-8)表明具有初始储能的电容元件在时刻 t 的端电压可以表示为在时刻 t_0 的初始储能(初始值)和在时刻 t_0 的初始储能为零的电容电压的代数和。根据等效是在相同参考方向下,口电压 $v(t)$ 和口电流 $i(t)$ 的伏安关系式完全相同的定义,可以把一个有初始值的电容元件,等效为一个电压源和没有初始值的电容元件的串联,如

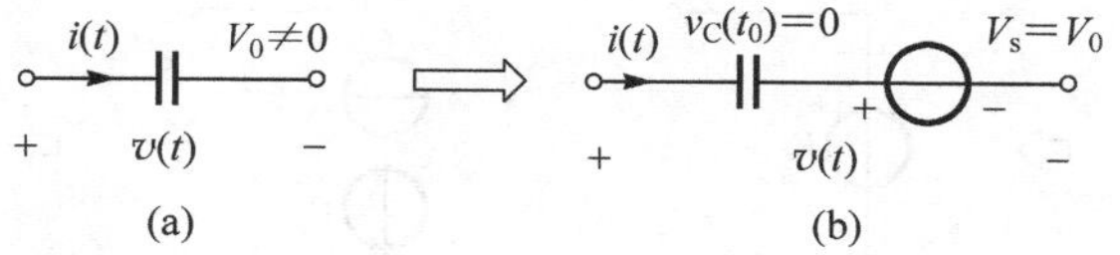

图　1-4-6

图 1-4-6(b)所示。

2. 具有初始储能的电感元件的等效(Inductor)

图 1-4-7(a)为具有电流初始值 $i_L(t_0)=I_0$ 的电感元件,根据式(1-2-9),可以写出其电流和电压的约束关系为

$$i(t)=\frac{1}{L}\int_{-\infty}^{t}v(t)\mathrm{d}t=I_0+\frac{1}{L}\int_{t_0}^{t}v(t)\mathrm{d}t \tag{1-4-9}$$

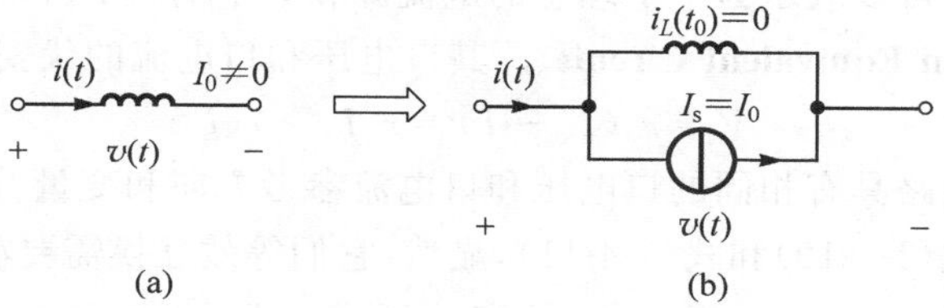

图　1-4-7

式(1-4-9)表明具有初始储能的电感元件在时刻 t 的电流可以表示为在时刻 t_0 的初始储能(初始值)和在时刻 t_0 的初始储能为零的电感电流的代数和。根据等效定义,可以等效为一个电流源和没有初始值的电感元件的并联,如图 1-4-7(b)所示。

1.4.4　源电路的等效/Equivalence of Sources

1. 源的串联和并联(Series and Parallel)

由等效的定义不难推导出电压源串联(图 1-4-8)、电流源并联(图 1-4-9)、电压源和电流源串联(图 1-4-10)、电压源和电流源并联(图 1-4-11)的等效电路形式。也就是说,一组串联的电压源可以等效为一个电压源,其大小为各串联的电压源的代数和;一组并联的电流源可以等效为一个电流源,其大小为各并联的电流源的代数和;与电压源并联以及与电流源串联的元件对外电路不起作用。

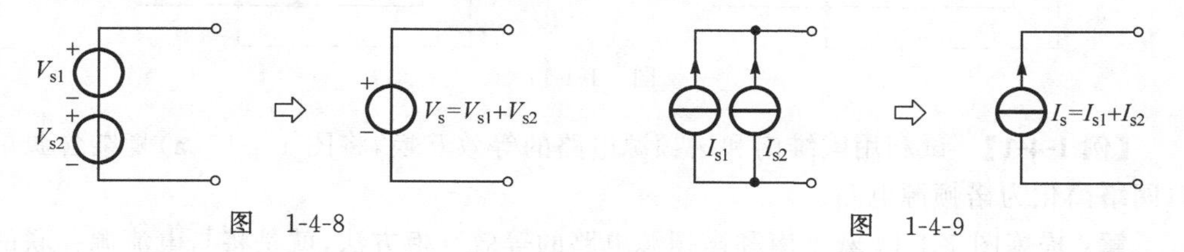

图　1-4-8　　　　图　1-4-9

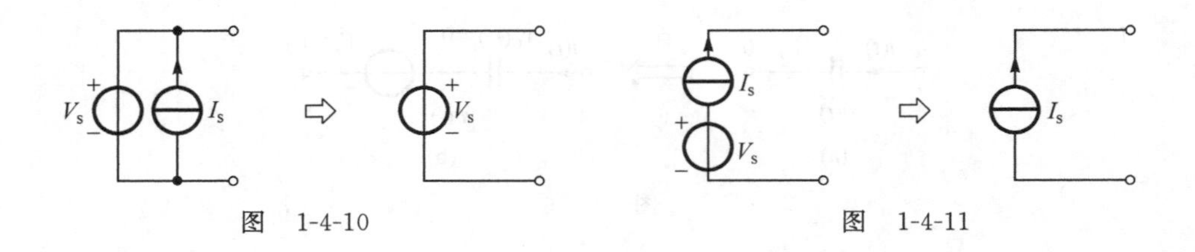

图　1-4-10　　　　图　1-4-11

2. 实际源电路(Normal Sources)

实际的源电路总是非理想的、有损耗的,用电路模型来表示,实际的电压源可以表示为一个理想电压源和一个电阻的串联(图 1-4-12),称为**戴维南源电路(Thevenin's Equivalent Circuit)**。其口电压和口电流的伏安关系式为

$$V = V_s - R_s I \tag{1-4-10}$$

实际的电流源可以表示为一个理想的电流源和一个电阻的并联(图 1-4-13),称为**诺顿源电路(Norton Equivalent Circuit)**。其口电压和口电流的伏安关系式为

$$V = r_s(I_s - I) = r_s I_s - r_s I \tag{1-4-11}$$

在两个单口电路具有相同的口电压和口电流参考方向和变量符号的条件下,比较它们的伏安关系式(1-4-10)和式(1-4-11),显然,它们等效互换需要满足的条件是

$$R_s = r_s \quad 和 \quad V_s = r_s I_s \tag{1-4-12}$$

在电路分析中,戴维南和诺顿源电路的等效互换(图 1-4-14)非常有用,给很多单口网络的简化分析带来方便。

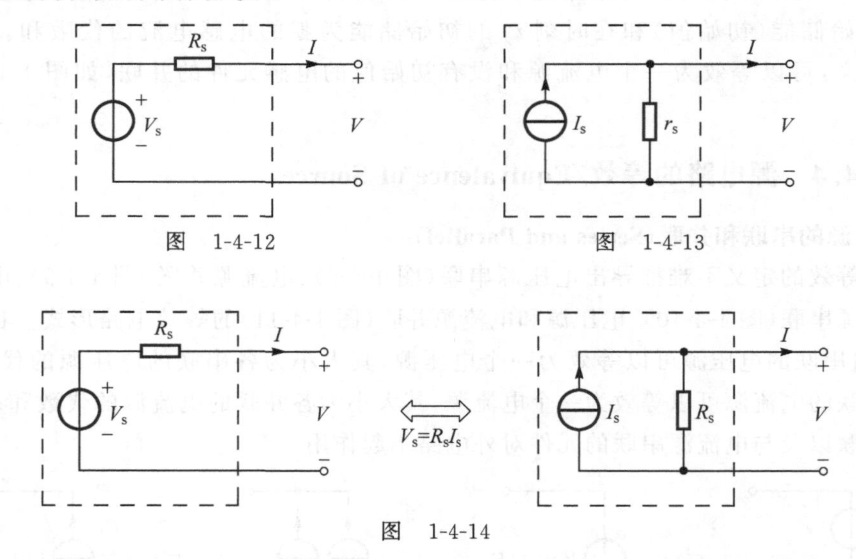

图　1-4-12　　　　图　1-4-13

图　1-4-14

【例 1-4-1】 试利用戴维南和诺顿源电路的等效互换,将图 1-4-15(a)复杂含源单口网络简化为诺顿源电路。

解:提炼图 1-4-14 戴维南和诺顿源电路的等效互换方法,就是将与电流源并联的电阻和与电压源串联的电阻互换，源的大小满足 $V_s = R_s I_s$，源的参考方向（参考高电位）不变。按照这个方法，可以非常简单快速地由图 1-4-15(a)化简到图 1-4-15(f)，即为最终结果。

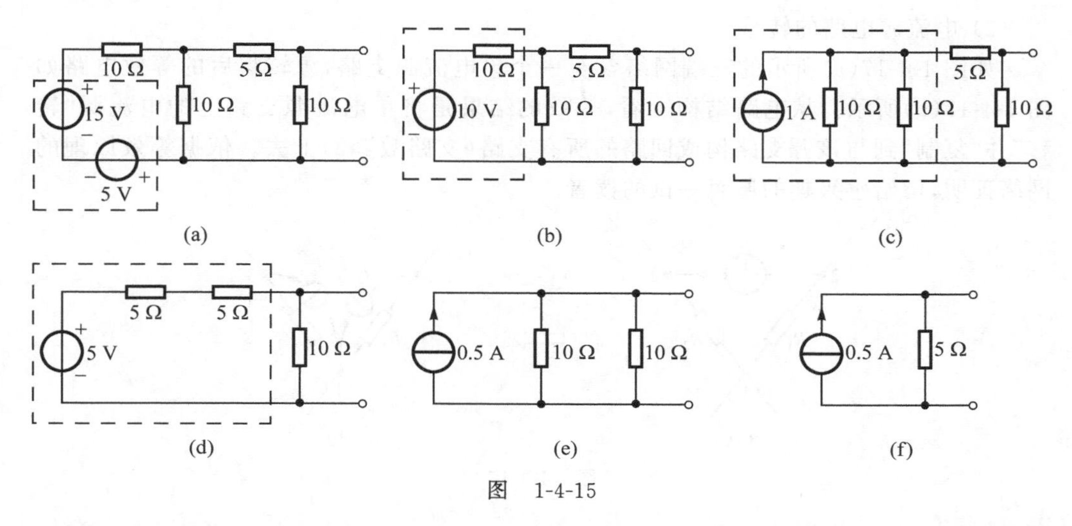

图　1-4-15

思考一下：由理想电压源组成的源电路，可以表示由理想电流源组成的源电路吗？为什么？

3. 单源支路——源的转移(Source Transfer)

戴维南和诺顿源电路的等效互换，在 $R_s = 0$ 时即单源支路时将无法使用，此时可以利用多端网络的等效方法——源的转移方法来解决这个问题。

1) 电压源支路的转移

如图 1-4-16(a)所示的三端网络含有一个单电压源支路，假设电压源转移后的三端网络如图 1-4-16(b)所示，接下来，需要依据多端网络的等效原理，获得电路等效的条件。对转移前后的三端网络建立端电压和电流的伏安关系式，可以分别表示为

$$\begin{cases} V_{31} = V_s \\ V_{32} = V_s \\ V_{12} = 0 \end{cases} \quad 和 \quad \begin{cases} V_{31} = V_{s1} \\ V_{32} = V_{s2} \\ V_{12} = -V_{s1} + V_{s2} \end{cases} \tag{1-4-13}$$

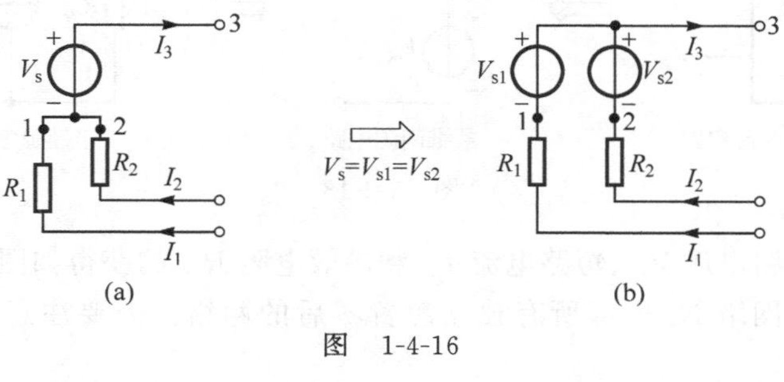

(a)　　(b)

$V_s = V_{s1} = V_{s2}$

图　1-4-16

分析式(1-4-13)，显然两电路等效的条件为 $V_s=V_{s1}=V_{s2}$。从电路结构上看，等效的结果是将单电压源支路上的电压源“转移”并“复制”到与该源支路连接的所有支路(支路数≥2)上去。

2) 电流源电路的转移

如图 1-4-17(a)所示的三端网络含有一个单电流源支路，源转移后的等效电路如图 1-4-17(b)所示。从电路结构上看，等效的结果是将单电流源支路上的电流源“转移”并“复制”到与该源支路构成回路的所有支路(支路数≥2)上去。依据等效原理的网络证明，留给感兴趣的愿意一试的读者。

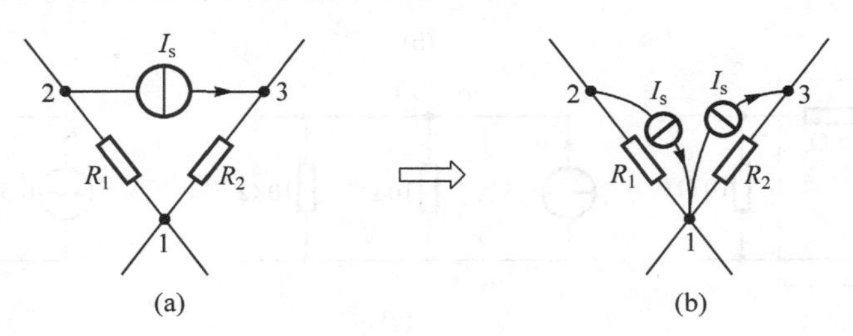

图 1-4-17

4. 戴维南定理和诺顿定理(Thevenin's and Norton's Theorem)

戴维南定理和诺顿定理是任何线性含源二端网络等效处理的精辟总结。由于戴维南源电路和诺顿源电路在满足伏安关系时可以等效互换，而戴维南定理和诺顿定理揭示线性含源二端网络的等效实质是一样的，因此，本书将这两个定理描述一同给出。

定理描述(证明见第 7 章)：

任何一个有耗的线性含源二端网络 N_s，如果已知其端口上的**开路电压**(**Open-Circuit Voltage**)V_{oc}、**短路电流**(**Short-Circuit Current**)I_{sc} 和**等效电阻**(**Equivalent Resistance**)R_{eq}(R_{eq} 不为零)这三个量中的任意两个，则该网络(无论结构多么复杂，包含元件多么丰富)可以用一个电压源为 V_{oc} 和一个电阻为 R_{eq} 的串联来等效互换(称为**戴维南定理**)；也可以用一个电流源为 I_{sc} 和电阻为 R_{eq} 的并联来等效互换(称为**诺顿定理**)；并且满足 $V_{oc}=I_{sc}R_{eq}$，电路如图 1-4-18 所示。

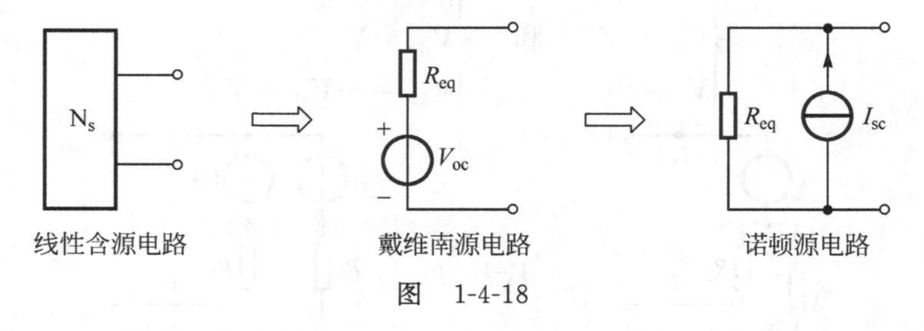

图 1-4-18

端口上的开路电压 V_{oc}、短路电流 I_{sc} 和等效电阻 R_{eq} 的获得如图 1-4-19 所示，N_0 表示该含源二端网络 N_s 内部所有独立源置零后的网络。需要注意的是：端口开路时，意味着端电流为零；端口短路时，意味着端电压为零；等效电阻 R_{eq} 是无源二端网络 N_0 所呈现的电阻值。确定一个无源二端网络所呈现的电阻值，需要通过外加电压测量电流的方法获得。这和利用万用表测量一个电阻的阻值原理相同。

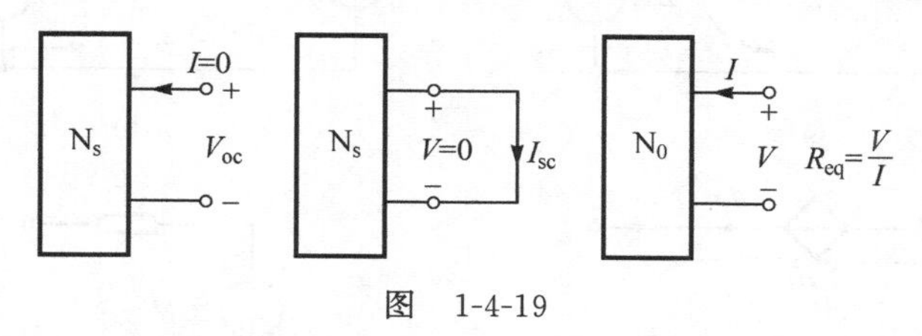

图　1-4-19

【例 1-4-2】　已知如图 1-4-20 所示的含源二端网络中，$V_s=10$ V，$\alpha=1/2$，计算其开路电压 V_{oc}、短路电流 I_{sc} 和等效电阻 R_{eq}，并给出其戴维南等效电路。

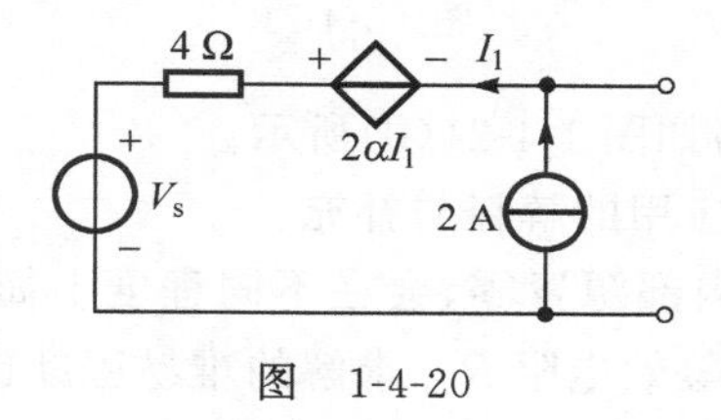

图　1-4-20

解：

1）求开路电压 V_{oc}

本例端口开路时，如图 1-4-21(a)所示，开路电压 V_{oc} 就是 2 A 的电流源两端的电压。端口开路使端钮上的电流为零，因此，2 A 电流源的电流全部流向 I_1。可以建立一个 KVL 回路方程。

$$V_s+4I_1-2\alpha I_1-V_{oc}=0 \tag{1-4-14}$$

解得 $V_{oc}=16$ V。

2）求短路电流 I_{sc}

本例端口短路时，如图 1-4-21(b)所示，可以通过建立一个 KCL 节点方程和一个 KVL 回路方程求解，容易获得

$$\begin{cases} I_1=2-I_{sc} \\ V_s+4I_1-2\alpha I_1=0 \end{cases} \tag{1-4-15}$$

解得 $I_{sc}=16/3$ A。

3）求等效电阻 R_{eq}

本例含源二端网络内部有一个 10 V 的独立电压源和一个 2 A 的独立电流源，将它们置零即为电压源短路和电流源开路，由于受控源不是独立源所以不能置零，它的大小取决于控制它的电流 I_1。求解电路如图 1-4-21(c)所示，建立 KVL 回路方程，得

$$V=4I-2\alpha I \tag{1-4-16}$$

解得 $R_{eq}=V/I=3$ Ω。（验证关系：$V_{oc}=I_{sc}R_{eq}$）。

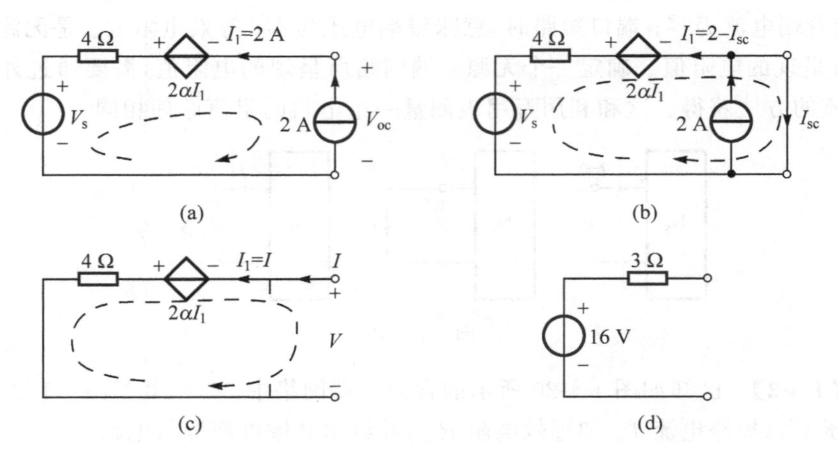

图　1-4-21

做出其戴维南等效电路如图 1-4-21(d)所示。

综上,进一步给出定理应用的解释与补充:

(1) 端口开路、短路和内部源置零,会在不同程度上简化电路,因此,端口上的开路电压 V_{oc}、短路电流 I_{sc} 和等效电阻 R_{eq} 求解的难易程度也是不一样的。由于三者之间满足 $V_{oc}=I_{sc}R_{eq}$ 的关系,因此,无论最终目的是戴维南源电路还是诺顿源电路,都可以选择 V_{oc},I_{sc},R_{eq} 中容易获取的两个量去求解。

(2) 关系式 $V_{oc}=I_{sc}R_{eq}$ 中,V_{oc} 和 I_{sc} 可以互相表示的条件是 $R_{eq}\neq 0$,因此,戴维南源电路和诺顿源电路可以互换的条件是含源二端网络必须是有耗的。显然,无论是从数学伏安关系曲线还是从物理电路上,一个理想的电压源和一个理想的电流源都是不能互相表示、互相等效的。

(3) 当 $R_{eq}=0$ 时,网络只可能等效为戴维南或诺顿源电路中的一种,这种特殊的情况虽然很少发生,但还是存在的。有些电路不能计算或没有开路电压,例如一个理想的电流源;有些电路不能计算或没有短路电流,例如一个理想的电压源。

(4) 戴维南定理和诺顿定理是对任何线性含源二端网络等效的精辟总结。定理成立的条件是线性的、含源的、二端网络。定理揭示的等效实质是二端网络"口"的VCR 满足线性代数关系,所以,定理在本书后续的频域电路分析(第 3 章)、复频域电路分析(第 4 章)中同样适用。

【例 1-4-3】 试利用戴维南或诺顿定理推导 Y 形和∇形电阻电路的转换式(1-4-6)和式(1-4-7)。

解:可以将图 1-4-4 所示的 Y 形和∇形三端电阻电路改为图 1-4-22 所示的共"1"端的双口网络,在图 1-4-22(a)、图 1-4-22(b)电路的输入端加 1 A 的电流源,分别在输出端测量开路电压 V_{oc};在图 1-4-22(c)、图 1-4-22(d) 电路的输入端加 1 V 的电压源,分别在输出端测量短路电流 I_{sc}。显然,如果两网络可以等效互换,其外电路是不受影响的,即两电路获得的 V_{oc} 和 I_{sc} 应该分别相等,于是

$$V_{oc}=V_{R_1}=1\times R_1=V_{R_{13}}=\frac{R_{12}R_{13}}{R_{12}+R_{13}+R_{23}} \tag{1-4-17}$$

$$I_{sc}=I_{R_{23}}=\frac{1}{R_{23}}=I_{R_3}=\frac{R_1}{R_1R_2+R_1R_3+R_2R_3} \tag{1-4-18}$$

可以通过对图 1-4-4 电路分别建立共"2"端和共"3"端的双口网络来获得另外两组转换式，显然，它们和转换式(1-4-6)和式(1-4-7)完全相同。

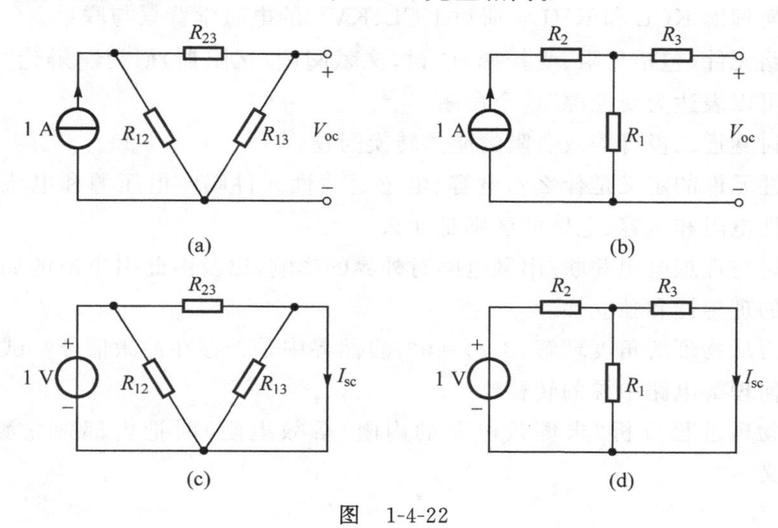

图　1-4-22

总结与回顾
Summary and Review

被动地学习，只能接受部分知识，并可能在不久的将来遗忘(或者还给老师)，只有主动地学习和不断地思考，才有发明和创造，才能深刻理解和真正掌握学到的基本原理和方法，并有能力实现知识的自我积累与更新。

从这一章开始，本书把每一章学习后的总结留给读者，在总结的过程中，进一步理清知识点。读者可以带着以下思考去回顾和总结：

- ♣ 线性电路分析的约束条件是什么？基本定律是什么？
- ♣ 元件的性质与特性曲线的关系是什么？
- ♣ 什么是等效？等效的实质是什么？
- ♣ 戴维南定理和诺顿定理成立的本质是什么？定理的适用范围是什么？
- ♣ 奇异信号的奇异之处在哪里？
- ♣ 单位阶跃信号和单位冲激信号和一般信号有什么不同？你如何理解它们在电路分析中的应用？

学生研讨题选

Topics of Discussion

- 如何理解 KCL 和 KVL？研讨 KCL、KVL 的电磁学背景与联系。
- 电路元件(包括负阻、受控源)研讨，文献阅读(忆阻器)研讨。辩论“所有元件都可以表达为受控源”这个命题。
- 研讨隧道二极管等效负阻的能量转换问题。
- 线性元件的定义是什么？电容、电感是线性元件吗？电压源和电流源呢？非线性电阻和电容、电感的区别是什么？
- 研讨与理想电源并联/串联电路对外界的影响，以及由此引申出的如何理解电源的理想性和独立性。
- 能否从物理的角度理解 $t\delta(t)=0$？自然界中是否存在冲激信号？试举例。
- 如何理解电路中源的转移？
- 从物理过程分析“求等效电路的内阻(等效电阻)时把内部独立源置零”的意义。

练习与习题

Exercises and Problems

1-1* 已知电路中某节点如题图 1-1 所示，$I_1=-1$ A，$I_2=4$ A，$I_4=-5$ A，$I_5=6$ A，用 KCL 建立方程并求解 I_3。(4 A)

A node in the circuit is shown in Fig. 1-1. $I_1=-1$ A, $I_2=4$ A, $I_4=-5$ A, $I_5=6$ A. Determine the equation using KCL and find the current I_3.

1-2* 已知电路如题图 1-2 所示，$V_4=2$ V，$V_5=6$ V，$V_6=-12$ V，用 KVL 建立方程并求解 V_1，V_2，V_3。(8 V，-10 V，18 V)

In the circuit in Fig. 1-2, $V_4=2$ V, $V_5=6$ V, $V_6=-12$ V. Determine the equation using KVL and find the voltages V_1, V_2 and V_3.

1-3* 已知某器件的伏安特性曲线如题图 1-3 所示，求该器件的等效电路。(800 Ω，3 V)

The current-voltage diagram of a device is shown in Fig. 1-3. Determine the equivalent circuit of the device.

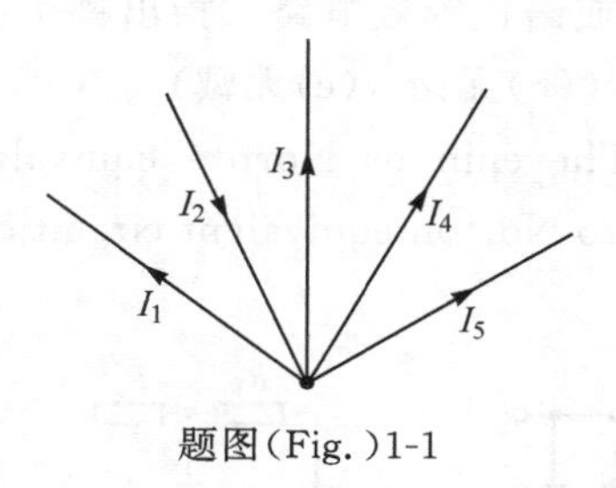

题图(Fig.)1-1

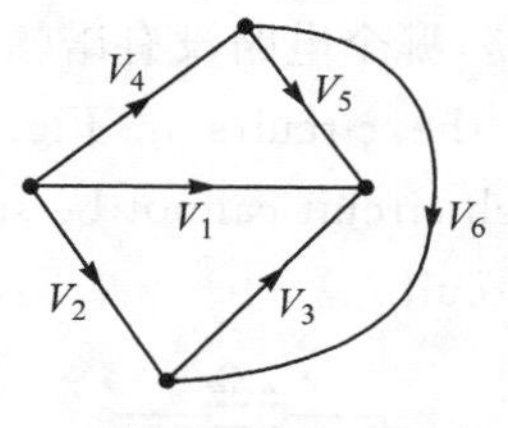

题图(Fig.)1-2

1-4*** 已知某器件的部分伏安特性曲线如题图1-4所示，求可能实现该器件的各种等效电路。(1.3 kΩ,6.3 V)(提示：线外特性有很多可能)

A portion of the current-voltage diagram of a device is shown in Fig. 1-4. Determine the equivalent circuit of the device.

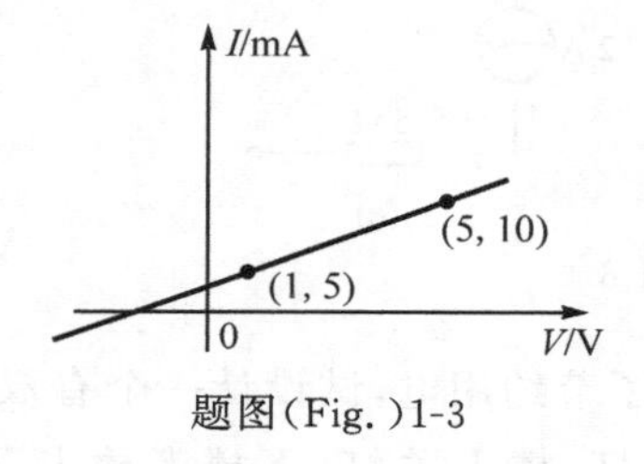

题图(Fig.)1-3

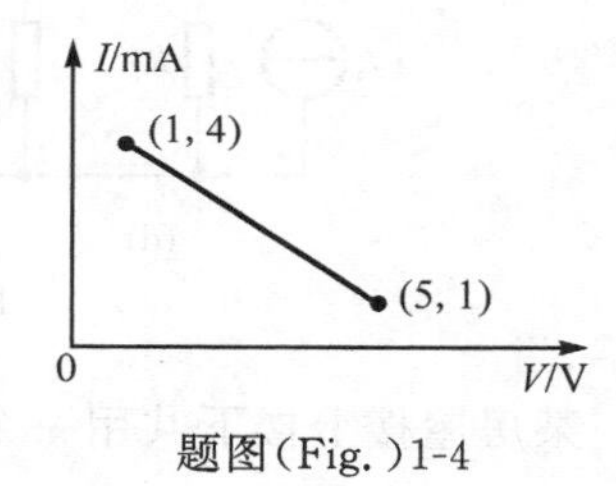

题图(Fig.)1-4

1-5* 化简如题图1-5所示的二端电路，指出简化电路的应用范围。($v(t)$, $i(t)$, $v(t)$, $i(t)$,分析外电路)

Simplify the circuits shown in Fig. 1-5, and indicate the applications of the simplified circuits.

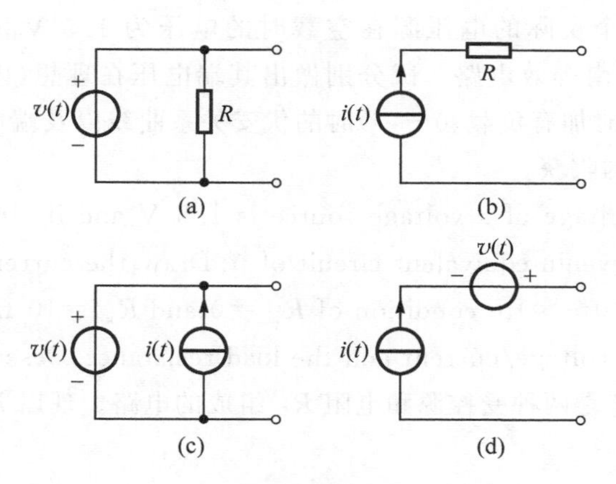

题图(Fig.)1-5

1-6** 求如题图 1-6 所示电路的戴维南或诺顿等效电路。指出哪个电路没有戴维南等效电路，哪个电路没有诺顿等效电路。((b)无诺 ,(e)无戴)

Convert the circuits in Fig. 1-6 into Thevenin or Norton equivalent circuit. Indicate which circuit cannot be simplified into Norton equivalent circuit or Thevenin equivalent circuit.

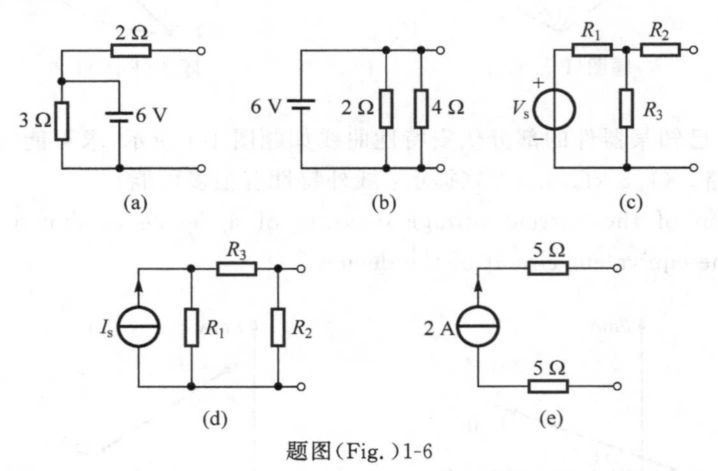

题图(Fig.)1-6

1-7** 某房屋楼上楼下共用一个路灯，为了节约用电，试设计一个有双控开关分别位于楼上楼下的电路。(注：上楼者楼下开灯、楼上关灯，下楼者楼上开灯、楼下关灯。)

Design a circuit with Double-control switch, which enables the user to turn on the lamp upstairs and turn off downstairs, or turn on downstairs and turn off upstairs.

1-8** 已知一个实际的电压源在空载时的电压为 1.5 V，如果它的内电阻为 10 Ω，试做出其戴维南等效电路。试分别做出其端电压在理想(内电阻为零)和不理想(内电阻为 10 Ω)时加有负载(0～∞)时的伏安关系曲线以及端电压、电流与负载的关系曲线。叙述你的收获。

The off load voltage of a voltage source is 1.5 V and its internal resistance is 10 Ω. Draw the Thevenin equivalent circuit of it. Draw the current-voltage diagrams of the load resistor(0～∞)in condition of $R_{\text{int}}=0$ and $R_{\text{int}}=10\ \Omega$. Draw the relation curves between the voltage/current and the load resistance. Describe your gain.

1-9* 题图 1-7 是两种受控源和电阻 R_L 组成的电路。现以 R_L 上的电压作为输出信号。

(1) 求两电路的电压增益；(A，$g_m R_L$)

(2) 试以受控源的性质，扼要地说明计算得到的结果。

Two circuits composed of a controlled source are shown in Fig. 1-7, and the voltage across R_L is the output signal.

(1) Determine the gains in voltage of the two circuits;

(2) Explain the result briefly based on the property of the controlled source.

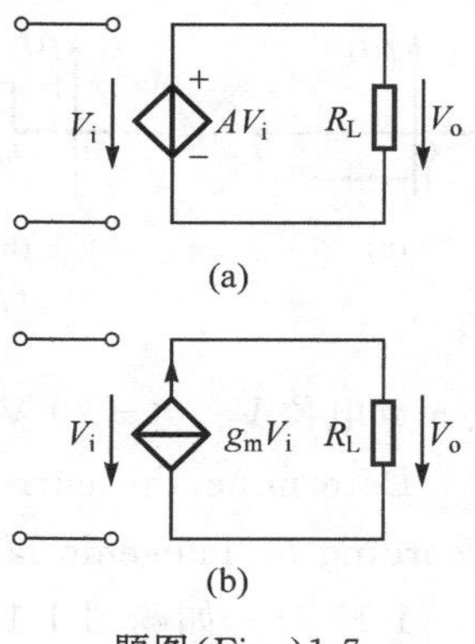

题图(Fig.)1-7

1-10* 测得一个含源二端网络的开路电压 V_{oc} = 8 V,短路电流 I_{sc}=0.5 A。试计算外接电阻为 24 Ω 时的电流及电压。(0.2 A,4.8 V)

In a circuit, the open circuit voltage V_{oc} is 8 V, and the short circuit current I_{sc} is 0.5 A. After connected to a load resistance of 24 Ω, determine the current and the voltage of the load.

1-11* 以下方法常被用于实验测定输出电阻,这样可以避免短路:若有源二端口网络的开路电压为 V_{oc},接上负载 R_L 后,其电压为 V_L($V_L \neq V_{oc}$),试证明该网络的戴维南或诺顿等效电阻为 $R_{eq}=(V_{oc}/V_L-1)R_L$。

The following method is usually used to measure the output resistance to avoid short circuit: The open circuit voltage of a circuit is V_{oc}. If the load resistance is R_L, the output voltage is V_L. Prove the Thevenin or Norton equivalent resistance is $R_{eq}=(V_{oc}/V_L-1)R_L$.

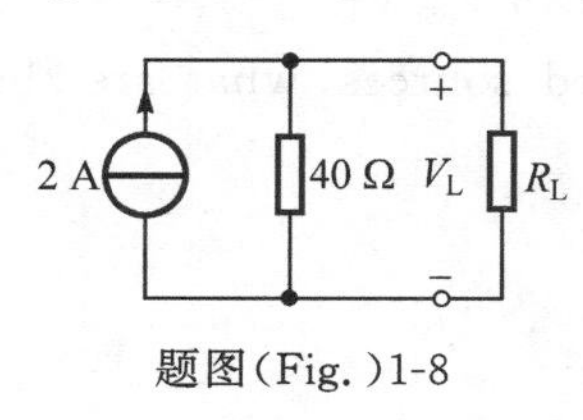

题图(Fig.)1-8

1-12** 如题图 1-8 所示电路中负载电阻 R_L=10 Ω,求 V_L;如果把与电流源并联的电阻 40 Ω 改为等效的电压源和电阻串联,再求 V_L;在以上两种情况中 40 Ω 电阻的功率是多少?求 R_L 获得最大功率时,R_L 应为多少?请从功率角度谈谈解题收获。(16 V,16 V,102.4 W,6.4 W;40 Ω)

The load resistance R_L in Fig. 1-8 is 10 Ω, determine V_L. Convert the parallel connection of the current source and the 40 Ω resistor into the equivalent series connection circuit of the voltage source and the resistor, and then determine V_L. Determine the power consumption of the 40 Ω resistor in the two situations above. When R_L consumes the maximum power, what is its value? Describe your gain.

1-13** 试利用单位阶跃函数 $u(t)$ 写出题图 1-9 曲线的函数表达式。其中,题图 1-9(e)描述的函数称为**符号函数**(Signum Function),记为 sgn(t)。试证明 sgn(t)=$2u(t)-1$。($-u(t)$,$u(t-t_0)$,$u(-t)$,$u(t_0-t)$,$2u(t)-1$)

Determine the expressions for the curves in the Fig. 1-9 by using unit step function $u(t)$. The function in Fig. 1-9(e) is the sign function sgn(t), and prove that sgn(t)=$2u(t)-1$.

1-14** 用戴维南定理求解如题图 1-10 所示的电路中流过 20 kΩ 电阻中的电流

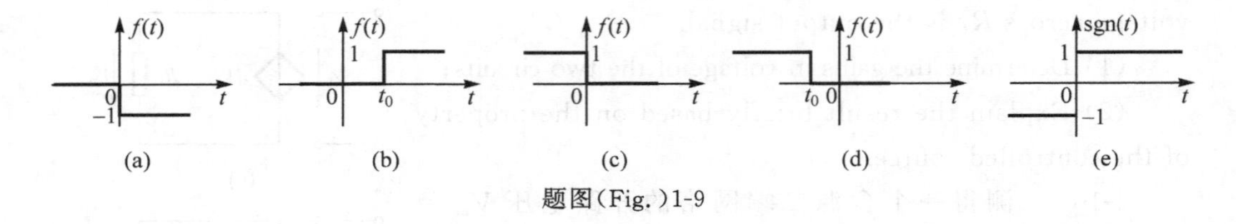

题图(Fig.)1-9

及 a 点电位 V_a。(−70 V)

Determine the current through the 20 kΩ resistor and the voltage of node a according to Thevenin law in Fig. 1-10.

1-15*** 如题图 1-11 所示的电路是由两个阻值为 R 的正电阻和一个阻值为 $-\eta R$($\eta>0$)的负电阻组成的分压电路。问:

(1) η 在什么范围内,从输出端观察到的输出电阻是正电阻?$\left(\eta>\frac{1}{2}\text{,逼近}\infty\right)$

(2) 在输出电阻是正电阻的条件下,V_o 和 V_i 之比的最大值是多少?

(3) 与受控源的放大作用比较,你对该电路有什么想法?

The voltage divider circuit is shown in Fig. 1-11($\eta>0$).

(1) If output measured from output terminal is positive, determine the value of η.

(2) If output is positive, determine the maximum value of V_o/V_i.

(3) Compared with the amplification of the controlled sources, what are the characteristics of this circuit?

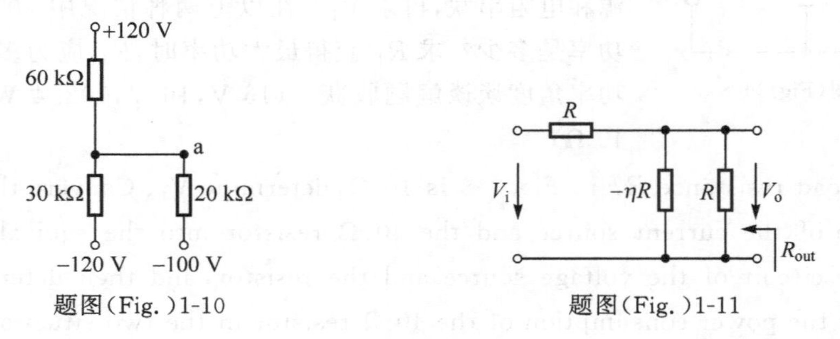

题图(Fig.)1-10　　题图(Fig.)1-11

1-16** 如题图 1-12 所示,求 3 kΩ 电阻上的电压。(16.7 V)

In Fig. 1-12, determine the voltage across the 3 kΩ resistor.

1-17** 计算题图 1-13 所示电路的戴维南或诺顿源等效电路。(295 V,50 Ω)(2013 年秋试题)

Determine the Thevenin or Norton equivalent circuit in Fig. 1-13.

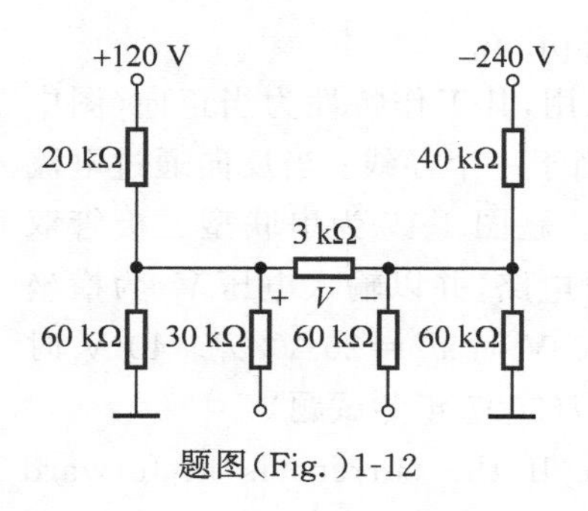

题图(Fig.)1-12

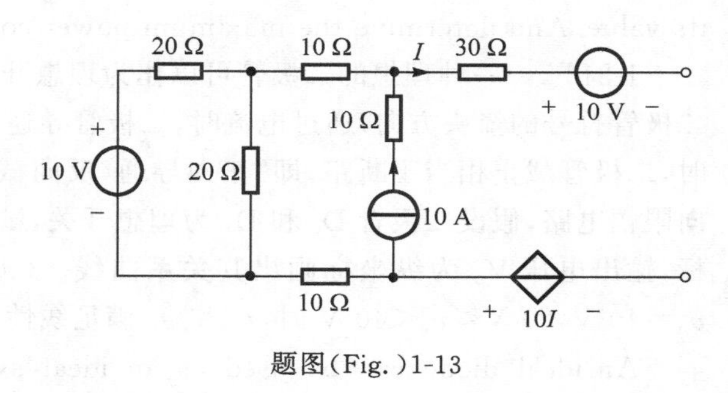

题图(Fig.)1-13

1-18*** 如题图 1-14 所示要求输出电压 $v_o(t)$不受电源 $v_{s1}(t)$的影响,问 α 应为何值? $\left(\frac{R_3+R_4}{R_2}\right)$(提示:利用第 7 章叠加定理求解,较为便捷)

A circuit is shown in Fig. 1-14. If the output voltage $v_o(t)$ is independent of the source voltage $v_{s1}(t)$, determine the value of α.

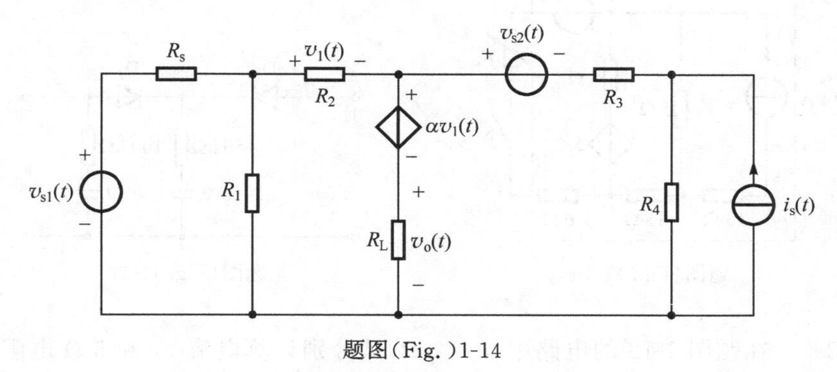

题图(Fig.)1-14

1-19** 求题图 1-15 电路中的电流 I_x。(0 A)(2014 年春试题)

Determine the current I_x (in Fig. 1-15).

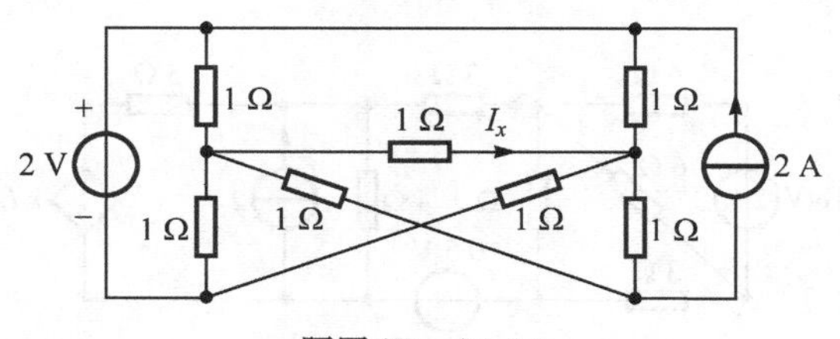

题图(Fig.)1-15

1-20** 电路如题图 1-16 所示,试求虚线电路的戴维南等效电路,当 K 闭合时,求 R_L 为何值时,负载获得最大功率?该最大功率是多少?(18 V,8 Ω)(2007 年秋试题)

Determine the Thevenin equivalent circuit of the circuit in the dashed-line box in Fig. 1-16. If switch K is closed, when R_L consumes the maximum power, determine its value. And determine the maximum power consumption.

1-21*** 一种理想的二极管可以作为理想开关来用，其工作特性为当正向（图中二极管符号的箭头方向）通过电流时，二极管导通，相当于一个导线；当反向通过电流时，二极管截止相当于断路，即“正向导通，反向截止”。题图 1-17 为串联型二极管双向限幅电路，假设二极管 D_1 和 D_2 为理想开关，试分析电路，并以输入电压 V_i 为横坐标，输出电压 V_o 为纵坐标画出其关系曲线。（$v_i<20$ V 时 $v_o=20$ V，$v_i>40$ V 时 $v_o=40$ V，20 V$<v_i<$40 V 时，v_i 和 v_o 满足线性关系）（2007 年冬试题）

An ideal diode can be used as an ideal switch. If the current is in forward direction(as the arrow symbol points), the diode works as a wire. On the contrary, the diode works as an open circuit when the current is backward. The circuit shown in Fig. 1-17 is a diode series connection bi-directional amplitude-limiting circuit. Analyze the circuit and sketch the V_o-V_i plot.

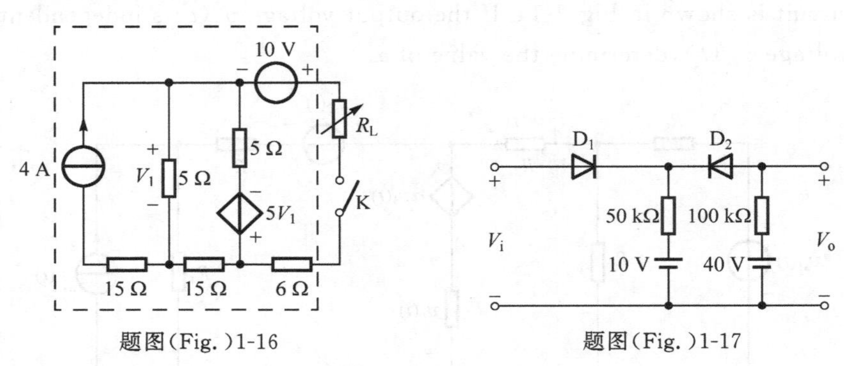

题图(Fig.)1-16　　题图(Fig.)1-17

1-22** 在题图 1-18 的电路中，$r=2$ Ω，试分别计算电流 I_1 和 5 Ω 电阻两端的电压。（5/82 A，185/41 V）（2010 年秋试题）

In the circuit shown in Fig. 1-18, $r=2$ Ω. Determine the current I_1 and the voltage across the 5 Ω resistor.

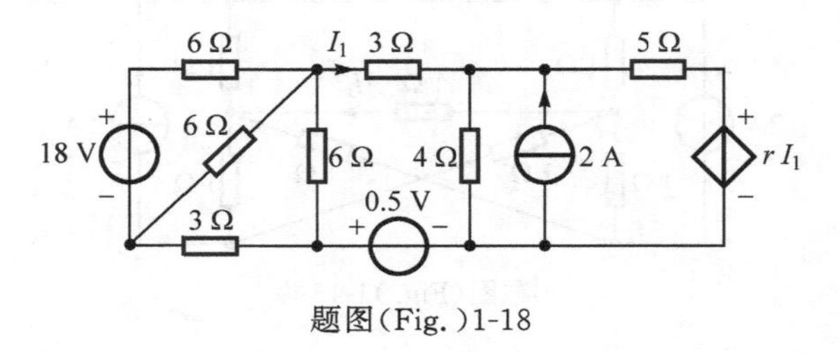

题图(Fig.)1-18

1-23** 试给出题图 1-19 的电路中左右两边的戴维南等效电路，并计算电阻 $R=21$ Ω 两端的电压。（21 V）（2011 年秋试题）

Draw the Thevenin equivalent circuits of the circuits in the dashed-line boxes in Fig. 1-19, and determine the voltage across the resistor R whose resistance is 21 Ω.

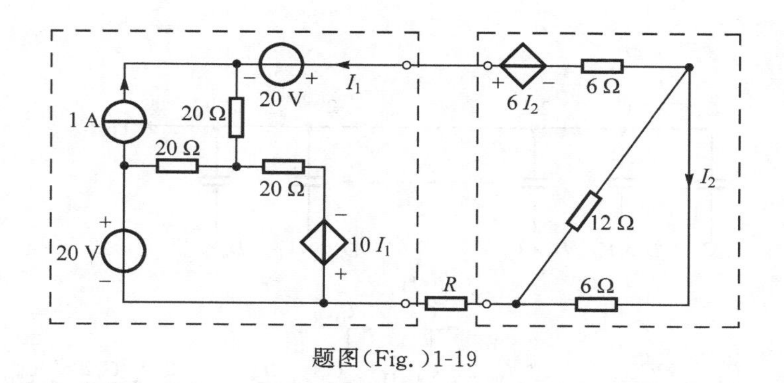

题图(Fig.)1-19

1-24*** **数据转换器**包括**模数转换器(ADC)**和**数模转换器(DAC)**,实现模拟信号与数字信号之间的相互转换,是连接自然界中的模拟信号和电子产品中的数字信号的桥梁。

(1) 题图 1-20(a)所示是一位高年级学生在科研中遇到的一种电容分压型 DAC。其中 C_u 为一个单位电容,从左到右电容总和为 $C=C_u+\sum_{k=1}^{n}2^{k-1}C_u=2^nC_u$,$V_{DAC}$ 为模拟输出电压。在复位阶段,所有电容都接地,V_{DAC} 复位为 0。在 DA 转换开始后,最左边的电容 C_u 一直接地,从第二个电容开始,各个电容依次对应数字位 $D_1,D_2,\cdots,D_n$。根据输入的数字位 D_k,其对应电容的下极板产生一个电压变化量 $D_k\times V_R$。即,如果 $D_k=1$,第 k 位对应的电容 $2^{k-1}C_u$ 的下极板从 0 变化到 V_R;如果 $D_k=0$,第 k 位对应的电容 $2^{k-1}C_u$ 的下极板保持 0 电平不变。输出节点 V_{DAC} 将 n 位数字量转换为一个全量程为 V_R 的模拟电压。

(2) 这种电容阵列的缺点在于阵列规模随着数字位数 n 的增加而呈 2 的幂指数速度增加。一种改进方法是采取题图 1-20(b)所示的桥接电容结构。左边对应低位 $1\sim m$ bit,右边对应高位 $m+1\sim n$ bit,中间由一个桥接电容 C_A 分开。对于 n bit 的 DAC,若用题图 1-20(a)的结构,需要电容:$C_u,C_u,2C_u,\cdots,2^{n-1}C_u$(若 $n=12$,共需要 $2048C_u$)。而采用桥接电容后,需要电容:$C_u,C_u,2C_u,\cdots,2^{m-1}C_u,C_A,C_u,2C_u,\cdots,2^{n-m-1}C_u$(若 $n=12,m=6$,则共需要 $127C_u$),电容规模显著缩小了。

试解释题图(a)和(b)中 AD 转换的原理,计算 C_A 的值。(提示:设从 X 点向左看过去的等效电容为 C_x,它的权重应该与 C_u 的权重相同。设从 y 点向左看进去的等效电容为 C_y。)(提供:马思鸣,鲁文高)

Data converter, which includes the analog-digital converter (ADC) and the digital-analog converter (DAC), can realize conversion between analog signals and digital signals.

(1) Fig. 1-20(a) shows a voltage-dividing-capacitor-based DAC, in which C_u is the unit capacitance, so the total capacitance is $C=C_u+\sum_{k=1}^{n}2^{k-1}C_u=2^nC_u$. During

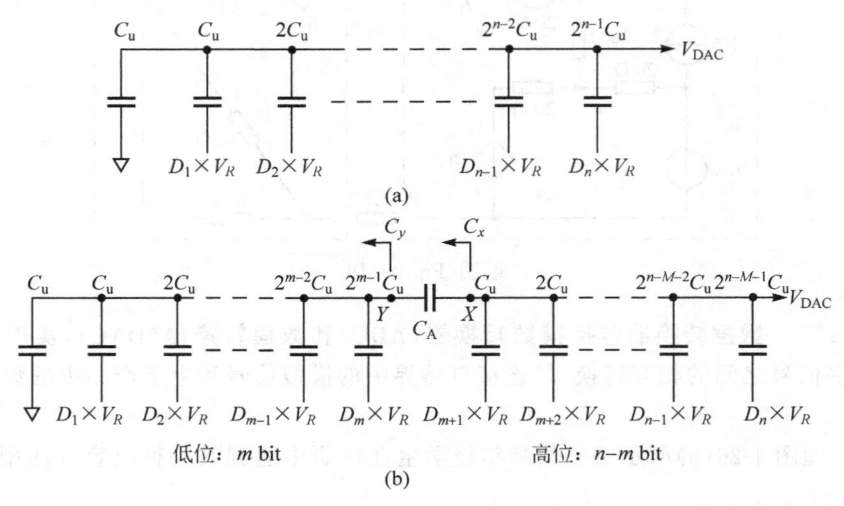

题图(Fig.)1-20

the reset period, the capacitors are connected to the ground, and then the analog output voltage V_{DAC} is reset to 0. When the D/A conversion begins, the capacitor on the left is kept connected to the ground, while the others corresponds to the digital bits D_1, D_2, …, D_n by applying the corresponding voltage of $D_k \times V_R$. Then the n-bit digital signal is converted to the analog voltage of V_{DAC}.

(2) A disadvantage of this structure is that the number of the capacitors increases exponentially with the increase of n. An improved alternative employing the bridge connection structure is shown in Fig. 1-20(b), in which the capacitors on the left correspond to $1 \sim m$ bit, the capacitors on the right correspond to $m+1 \sim n$ bit, and the capacitor of C_A separates the two parts of capacitors. For a n bit DAC, the capacitors of C_u, C_u, $2C_u$, …, $2^{n-1}C_u$ are needed in Fig. 1-20(a), while C_u, C_u, $2C_u$, …, $2^{m-1}C_u$, C_A, C_u, $2C_u$,…, $2^{n-m-1}C_u$ are needed in Fig. 1-20(b). So the number of the capacitors is significantly reduced in Fig. 1-20(b).

Explain the principle of the DACs in Fig. 1-20(a) and 1-20(b), and find the C_A. (Hint: the equivalent capacitance (C_X) in Fig. 1-20(b) should be equal to that of the C_u)

1-25*** 平衡电桥常常被用来作为探测器电路使用。常见的烟雾探测器及其原型电路如题图 1-21 所示，工作原理是将烟雾的探测信息转换为电桥一臂上的电阻，而另一臂上设置相应的标准件。通过探测电桥两臂中心点电位差来判断烟雾是否正常、是否应该采取报警。由于环境的非理想性，空气中常常会有浓度较低的烟雾出现，所以为了防止误报警，需要对电桥的中心电压差异设定一个误差容限，当超过这个容限时再报警。已知电路参数如题图 1-21(b)，请问当电桥两臂中心电压差的最大容限为 1 V 时，相应烟雾探测信息电阻的电阻值可变范围是多少？（提供：张诚）

A balanced bridge can be used in the smoke detector, which is shown in the figure. The principle of the smoke detector is to transfer the smoke information to the resistance of the smoke inductor, and then the voltage difference between the two arms can be measured. If the voltage difference is larger than the voltage threshold, the alarm rings. Given the parameters in Fig. 1-21(b), if the voltage threshold is 1 V, determine the variable range of the resistance of the smoke inductor.

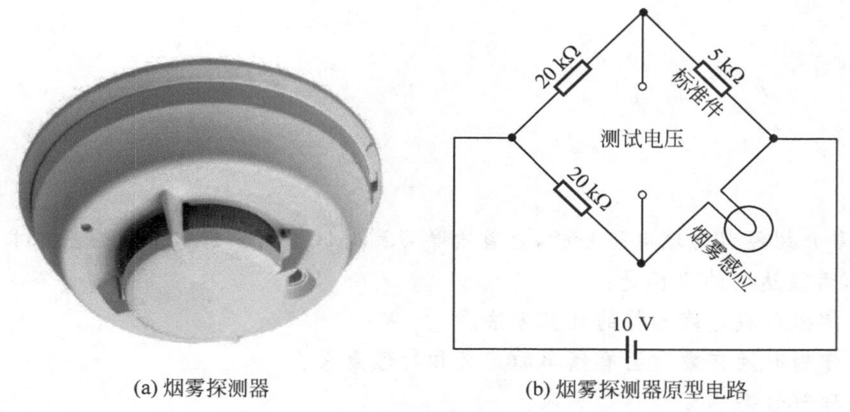

(a) 烟雾探测器　　(b) 烟雾探测器原型电路

题图(Fig.)1-21

1-26*** 1845 年基尔霍夫通过实验物理提出了电路分析的基本定律——电流定律和电压定律，20 年后麦克斯韦通过理论物理建立了麦克斯韦方程组。试结合集总假设，分析一下基尔霍夫定律的适用条件，及其反映的物理本质。

In 1845, Kirchhoff proposed Kirchhoff's current law and Kirchhoff's voltage law through experimental physics. Twenty years later, Maxwell established Maxwell's equations through theoretical physics. Based on the lumped hypothesis, analyze the applicable conditions of Kirchhoff's law and its physical nature.

第2章

线性电路的时域分析

Basic Analysis of Linear Circuit in Time Domain

本章介绍经典时域电路分析，会首次学习到时域电路分析中常用的基本术语和基本概念，希望达到的目标是：

■ 掌握时域电路初值的计算方法。

■ 掌握时间常数和固有频率的定义和物理意义。

■ 理解暂态响应和稳态响应。

■ 理解零状态响应和零输入响应。

■ 理解电路的单位阶跃响应和单位冲激响应。

■ 掌握 RC、RL 一阶电路的分析方法。

In this chapter, we'll help learner understand the following contents.

■ Determination of the effect of initial conditions on circuit response.

■ Circuit time constants and natural frequency.

■ Identification of the zero input and zero state response.

■ Calculation of the natural, forced, and total response of the RL and RC circuits.

■ Unit-impulse response and unit-step response.

前面提到，电路中电压源的电压和电流源的电流，在电路中起着“**激励**”（Excitation）作用。在它们的激励下，电路中各支路产生了电流和电压，我们称为“**响应**”（Response）。不同的激励（电压或电流）、不同的电路结构，以及各支路不同的元件，会产生各种各样的响应（电压或电流），它们都可以表示为时间的函数，本章将从经典的时域分析角度来分析电路的响应。

在电路中起着激励作用的源一般来自内外两部分：外加电路的电压源或电流源，内部储能元件的储能——电容元件上存储的电荷（对应电容元件呈现的极间电压）和电感元件上存储的磁通（对应电感元件呈现的线上电流）。由于线性电路满足叠加性，为了分析的方便，也为了对不同激励所产生的响应给出清晰的分析，常常把这两个部分的响应分别求解。把由外加的电压源或电流源在电路中产生的“**强制**”响应（Forced Response）称为“**零状态响应**”（Zero State Response）；把由电路中储能产生的“**自然**”响应（Natural Response）称为“**零输入响应**”（Zero Input Response）。获得零输入响应的求解方法是将电路中外加的电源（电压源或电流源）置零；获得零状态响应的求解方法是将电路中的元件储能（电容上的电压和电感上的电流）置零。对于线性电路，有

线性电路的全响应（Complete Response）＝零状态响应＋零输入响应

2.1　动态电路的暂态过程和起始状态/Introduction of Transient Analysis

2.1.1　静态电路与动态电路/Static and Dynamic Circuit

不含动态元件（电容或电感）的电路称为“**静态电路**”（或**纯电阻电路**即 Resistive Circuit），含有动态元件的电路称为“**动态电路**”，此名词来源于电路中元件的储能（电能或磁能）随时间动态变化（转换）的特性。例如，图 2-1-1 是静态电路，图 2-1-2 是动态电路。

从数学角度说，三个基本约束（KCL，KVL，VCR）决定了电路分析的方程形式。不论是静态电路还是动态电路，电路中的各支路电压（或电流）都满足电路的基尔霍夫电压（或电流）定律，可以建立代数的 KVL 方程（或 KCL 方程），这是分析电路的基本依据。因此，欧姆定律的代数关系，决定了静态电路（纯电阻电路）建立的方程是代数方程。在含有动态元件电容或电感的电路里，电容或电感元件的 VCR 约束关系是微分关系，建立的支路 VCR 约束方程是微分方程，因此，动态电路建立的电压（或电流）方程也是微分方程，如果电路的元件都是线性常参量（定常）的，那么，建立的电压（或电流）方程就是线性常参量微分方程。求解动态电路的响应问题，就是线性常参量微分方程的求解问题。

电路中含有一个独立的动态元件支路（对于由多个动态元件串并联组合而成的情况，依然可以等效地看作一个动态元件），就会产生一个电压和电流的微分关系，数学上对应于一个一阶微分方程电路为“**一阶电路**”（First Order Circuit），一般是 RC 电路

或是 RL 电路；同样，电路中含有两个独立的动态元件支路，就会产生两个电压和电流的微分关系，数学上对应于一组二元的一阶微分方程组，或是一个一元的二阶微分方程电路为“**二阶电路**”(**Second Order Circuit**)，比较典型的是 RLC 串联或并联电路；以此类推，电路中含有 N 个独立的动态元件支路，就会产生 N 个电压和电流的微分关系，数学上对应于一组 N 元的一阶微分方程组，或是一个一元的 N 阶微分方程。电路称为“**高阶电路**”。

从物理角度说，含有动态元件的电路，由于电路中动态元件的储能特性，使电路中不断进行着动态的能量交换和再分配。这一现象在电路从一种结构“**换路**”(**Switch**)到另一种结构时尤为突出，例如开关的打开或闭合，旧的平衡被换路打破，电路需要寻求新的动态平衡。

从时间角度说，电路在换路后需要寻求新的动态平衡，在新的平衡建立之前的这个**暂时**的状态称为**暂态**，**暂态过程**持续的时间长短，取决于电路的结构和元件参数。因此，电路在换路后的响应也可以由两部分分量组成：一是随着时间的推移逐渐消失($t\to\infty$时，响应为零)的暂态部分，其响应称为“**暂态响应**”(**Transient Response**)，二是不随时间变化或随时间稳定变化的稳态部分。习惯上，其响应称为“**稳态响应**”(**Steady State Response**)。对于线性电路全响应满足

线性电路的全响应＝暂态响应＋稳态响应

2.1.2 静态电路分析/Resistive Circuit

先看一个例子：

【例 2-1-1】 计算图 2-1-1 中 2 A 电流源两端的电压 V。

解：在闭合回路上建立 KVL 方程，按图示参考方向，有

$$V_s + 2I_1 + 2(1-\alpha)I_1 - V = 0$$

因为 2 A 的电流源是独立源，所以，$I_1 = I_s = 2$ A，$V = V_s + 4(1-\alpha) + 4$。

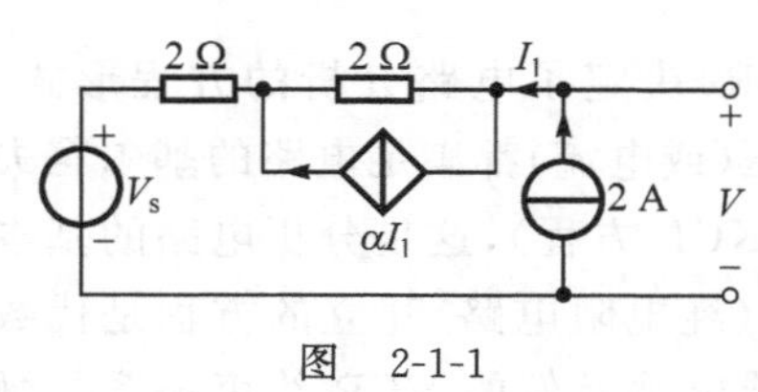

图 2-1-1

分析：

(1) **静态电路建立的方程是代数方程**。线性电路除了在电路结构上满足基本的基尔霍夫电压/电流定律(KVL/KCL 方程)之外，电路的元件支路还满足电压/电流的约束方程(VCR 方程)。对于静态电路而言，这个 VCR 约束方程就是欧姆定律。由于电路满足的两个定律都是代数关系，因此，静态电路建立的电压/电流的解析方程是**代数方程**，激励和响应是简单的代数关系，求解简单。

(2) **静态电路没有记忆**。当激励源 V_s 产生跳变时(例如 V_s 在 $t=0$ 的时刻加入电路 $V_s=u(t)$)，响应 V 会随之立刻跳变($V= u(t)+4(1-\alpha)+4$)，并对该时刻之前的大小没有记忆。

(3) **静态电路没有储能和暂态过程**。当独立源置零后($V_s=I_s=0$)，即使电路含

有受控源，电路的响应也会随之即刻为零。

2.1.3　动态电路的换路、起始状态和暂态过程/Switch and Initial State

电路从一种结构变到另一种结构(如网络中电源的接通与切断、网络元件参数的变更、网络连接方式的改变等)称为"**换路**"。假设电路在 $t=t_0$ 时刻发生换路，那么，定义 $t \leqslant t_{0-}$ 为换路之前的电路，通常该电路已处于稳定状态。定义换路后在 $t=t_{0+}$ 时电路的状态为换路后的"**起始状态**"(**Initial State**)。定义换路后在 $t \geqslant t_{0+}$ 到电路重新达到新的稳定状态的时间过渡过程为"**暂态过程**"(**Transient Process**)。

换路导致电路进入一个**暂态过程**，一方面，这个过程通常极为短暂，但却蕴含着电路丰富的固有响应特性；另一方面，这个短暂的瞬间过程很可能致使电路中局部电压或电流产生跃变甚至是冲激，对控制系统、计算机系统和通信系统都关系重大，因此，分析这个过渡过程非常必要。

分析换路后的暂态过程，需要首先确定电路的起始状态。可以利用动态元件的记忆特性，即电流为有限量的电容上的电压和电压为有限量的电感上的电流是连续的，引出**换路定则**：

(1) 在 $t=t_{0-}$ 时刻(换路前)，动态电路达到直流稳态时，无电磁能量交换，电容相当于开路，电感相当于短路，即 $v_L(t_{0-})=i_C(t_{0-})=0$。①

(2) 在 $t=t_0$ 时刻，电路换路，如果电容上的电流、电感上的电压为有限量，则换路前后 $v_C(t)$ 和 $i_L(t)$ 连续，记为 $v_C(t_{0-})=v_C(t_{0+})$，$i_L(t_{0-})=i_L(t_{0+})$。

(3) 在 $t=t_{0+}$ 时刻换路后，已知电容上的电压 $v_C(t_{0+})$，电感上的电流 $i_L(t_{0+})$，求解该时刻的电路时，可以用 $v_s=v_C(t_{0+})$ 的电压源**置换**电容、用 $i_s=i_L(t_{0+})$ 的电流源**置换**电感来求解电路中**该时刻**的各变量**初值**(**Initial Value**)，即为起始状态。

依据换路定则可以确定换路后网络的起始状态。网络的起始状态决定了网络所建立的微分方程的起始条件，使动态电路的响应问题得以求解。下面举例说明。

【例 2-1-2】　利用换路定则确定图 2-1-2(a)中开关闭合后网络的初始状态 $v_C(t_{0+})$，$i_1(t_{0+})$，$i_2(t_{0+})$，并分别建立求解各变量的微分方程。

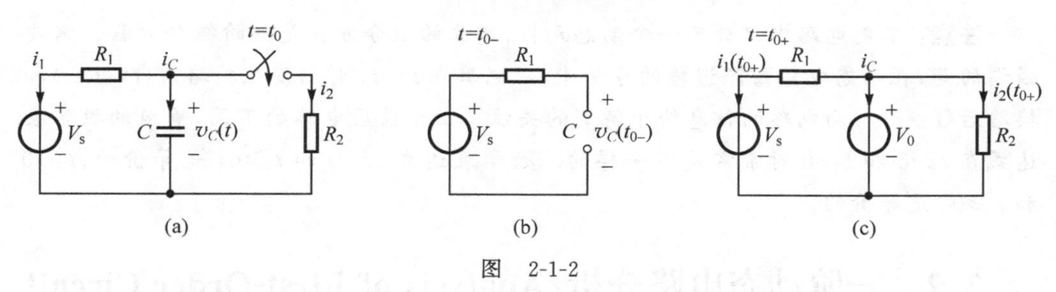

图　2-1-2

① 注：这个关系式在交流稳态或非稳态时不成立。

解：图 2-1-2(a)网络在 $t=t_0$ 时开关闭合发生换路。如果没有特别说明，那么总是认为换路前的网络已处于稳定状态，依据换路定则，$t=t_{0-}$ 时的电路可以表示为图 2-1-2(b)，有

$$v_C(t_{0-})=V_s=V_0$$

依据换路定则，在 $t=t_{0+}$ 时刻换路后的网络可以表示为图 2-1-2(c)，并且有

$$v_C(t_{0+})=v_C(t_{0-})=V_0$$

利用基尔霍夫定律建立关系式，不难获得

$$i_1(t_{0+})=(V_s-V_0)/R_1=0,\quad i_2(t_{0+})=v_C(t_{0+})/R_2=V_0/R_2$$

确定了网络的初始状态，就确定了线性定常微分方程的起始条件，便可以求解动态电路的响应问题，利用 VCR 和基尔霍夫定律建立方程，图 2-1-2(a)电路开关闭合后满足的关系式为

$$C\frac{\mathrm{d}v_C(t)}{\mathrm{d}t}+i_1(t)+i_2(t)=0,\quad v_C(t)=R_2i_2(t),\quad v_C(t)-V_s=R_1i_1(t)$$

如果求响应 $i_1(t)$，有

$$\begin{cases}R_1C\dfrac{\mathrm{d}i_1(t)}{\mathrm{d}t}+\dfrac{R_1+R_2}{R_2}i_1(t)=-\dfrac{V_s}{R_2}\\ i_1(t_{0+})=0, & t>t_0\end{cases}$$

如果求响应 $i_2(t)$，有

$$\begin{cases}R_2C\dfrac{\mathrm{d}i_2(t)}{\mathrm{d}t}+\dfrac{R_1+R_2}{R_1}i_2(t)=\dfrac{V_s}{R_1}\\ i_2(t_{0+})=\dfrac{V_0}{R_2}, & t>t_0\end{cases}$$

如果求响应 $v_C(t)$，有

$$\begin{cases}C\dfrac{\mathrm{d}v_C(t)}{\mathrm{d}t}+\left(\dfrac{1}{R_1}+\dfrac{1}{R_2}\right)v_C(t)=\dfrac{V_s}{R_1}\\ v_C(t_{0+})=V_0, & t>t_0\end{cases}$$

注意：本例电路中只含有**一个**动态元件，建立的微分方程是**一阶**微分方程。需要强调的是，在动态电路**暂态过程**的分析中，对电路在 $t=t_0$ 时刻发生换路前($t\leqslant t_{0-}$)和换路后($t=t_{0+}$)两电路的信息给予特别的关注。由于前后电路的不同，响应的数学表达式在 $t>0$ 和 $t\geqslant 0$ 时常常是不一样的。数学表达式 $t>0$ 和 $t\geqslant 0_+$ 是等价的、$t\geqslant 0$ 和 $t\geqslant 0_-$ 是等价的。

2.2 一阶动态电路分析/Analysis of First-Order Circuit

RC 和 *RL* 一阶电路在很多电子设备中常见，例如微分器、积分器、延时电路、继电器、直流电源中的滤波器、数字通信中的平滑电路等，其中很多应用场合都利用了 *RC*

或 RL 电路的充电、放电时间的长或短的特点。

【例 2-2-1】 图 2-2-1(a)为换路后($t>0$)的电路,已知电容 C 上的起始状态为 $v_C(0)=V_0$,激励源为电流源 $i_s(t)$,求 $t>0$ 时电路由起始状态和激励源共同作用产生的全响应 $v_C(t)$ 和 $i(t)$。

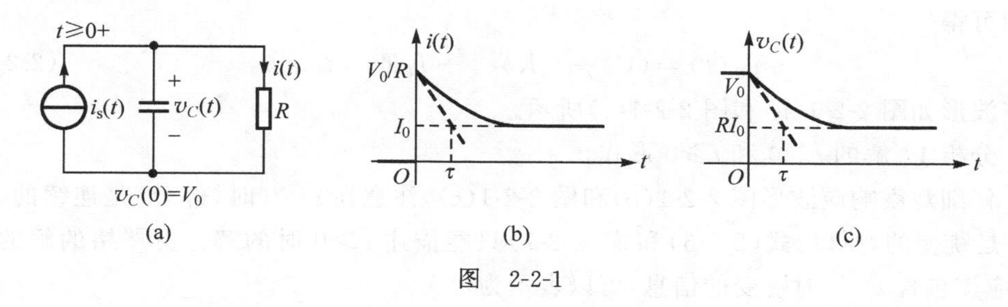

图 2-2-1

解:(1) 确定初始状态。利用换路定则和基尔霍夫定律不难获得初始状态为

$$v_C(0_+)=V_0,\quad i(0_+)=V_0/R$$

(2) 建立微分方程。利用 KVL、KCL 和 VCR 建立微分方程。

$$C\frac{\mathrm{d}v_C(t)}{\mathrm{d}t}+i(t)=i_s(t),\quad v_C(t)=Ri(t)$$

整理为一元微分方程,并写入初始条件,有

$$\begin{cases}RC\dfrac{\mathrm{d}i(t)}{\mathrm{d}t}+i(t)=i_s(t)\\ i(0_+)=V_0/R\end{cases}\tag{2-2-1}$$

(3) 求解一阶线性定常微分方程式(2-2-1)(见本章附录 A)。

式(2-2-1)线性定常微分方程的求解过程,需要先求 $i_s(t)=0$ 时齐次微分方程的通解,依据 $i_s(t)$ 的数学形式写出微分方程的一个特解,再写出全解表达式(=通解+特解),最后代入初始条件确定待定系数。

式(2-2-1)的齐次微分方程的特征方程为

$$RCs+1=0\tag{2-2-2}$$

解得特征值为

$$s=-1/RC\tag{2-2-3}$$

则微分方程的通解具有以下的形式

$$i(t)=K\mathrm{e}^{st}=K\mathrm{e}^{-t/RC}\tag{2-2-4}$$

再试探出 $i_s(t)\neq 0$ 的一个特解,本题假设 $i_s(t)$ 为一常量 I_0,并在 $t=0$ 时加入电路,因此可以表示为 $i_s(t)=I_0u(t)$。从线性非齐次微分方程的特解表 A-1-1 中可以查到,常量的特解也为常量,于是写出全解为

$$i(t)=K\mathrm{e}^{st}+I_0,\quad t>0\tag{2-2-5}$$

根据式(2-2-1)初始条件确定待定系数,有

$$i(0_+)=K\mathrm{e}^{s\times 0}+I_0=K+I_0=V_0/R$$

所以，$K=V_0/R-I_0$。

于是得 $i(t)$ 全解为

$$i(t)=\left(\frac{V_0}{R}-I_0\right)e^{st}+I_0,\quad t>0 \tag{2-2-6}$$

同理可得

$$v_C(t)=(V_0-I_0R)e^{st}+I_0R,\quad t>0 \tag{2-2-7}$$

响应波形如图 2-2-1(b)和图 2-2-1(c)所示。

分析 1：解的 $t>0$ 和 $t\geqslant0$ 形式。

仔细观察响应波形图 2-2-1(b)和图 2-2-1(c)，注意在 $t=0$ 时，$v_C(t)$ 是连续的，而 $i(t)$ 是跳变的，所以，式(2-2-6)和式(2-2-7)只能描述 $t>0$ 时的解。更严格的解的形式，应该包含 $t=0$ 时跳变的信息，可以表示为

$$i(t)=\left[\left(\frac{V_0}{R}-I_0\right)e^{st}+I_0\right]u(t),\quad t\geqslant0 \tag{2-2-8}$$

$$v_C(t)=(V_0-I_0R)e^{st}+I_0R,\quad t\geqslant0 \tag{2-2-9}$$

分析这一细节，不是为了故弄玄虚，设想有这样一个更高阶的电路，其某个响应是以上 $i(t)$ 的微分，那么，$i(t)$ 的跳变将给这个响应在 $t=0$ 时产生一个冲激！

分析 2：暂态过程与时间常数 τ。

定义**时间常数**(**Time Constant**)为 $\tau=RC$，量纲为秒(s)，从指数函数 $e^{-t/\tau}$ 的特性和响应曲线可见，τ 的大小为响应曲线在起始点的切线与响应终值曲线相交处对应的时间。显然，τ 的大小决定了暂态过程时间的长短，τ 大则暂态过程长，τ 小则暂态过程短。另一方面，τ 由电路的元件参数 RC 确定，换句话说，可以通过控制元件参数 RC 的大小来控制这个电路的暂态过程。

一阶电路的暂态过程就是动态元件的充电或放电过程，由于 $e^{-1}\approx0.368$，$e^{-4}\approx0.018$，$e^{-5}\approx0.007$。因此，工程上一般认为，充电、放电过程在经过$(4\sim5)\tau$ 的时间之后基本结束，换句话说，暂态过程一般持续$(4\sim5)\tau$ 的时间，之后只要没有新的换路事件，电路就进入稳定状态。

利用对偶关系，可以获得一阶 RL 电路的时间常数为 $\tau=GL=L/R$。对于一个有很多电阻串联或并联复杂结构的一阶 RC 或 RL 电路而言，R 是等效电阻的大小，即将电路中的独立源置零，从动态元件的两端向对应的单口网络计算其等效电阻 R（试从充电、放电物理角度想一想为什么）。

分析 3：特征值 $s=-1/\tau$ 与电路的固有频率。

特征值 $s=-1/\tau$ 具有频率的量纲。特征值是通过电路的齐次微分方程所建立的特征方程求解获得的，因此，特征值 s 连同网络的通解 e^{st} 一起，是由网络自身的结构和元件参数所决定的，它们与网络的激励无关，是网络自身**固有的**，故称特征值 s 为网络的**固有频率**(**Natural Frequency**)。

网络固有频率的个数和微分方程的阶次相同，网络的固有频率决定了通解 e^{st} 的

数学形式，体现了网络固有的**频率特性**(**Frequency Characteristic**)。在一阶电路里，它体现了网络的充电、放电快慢；在二阶电路里，它体现了网络的元件之间能量交换的振荡频率；在高阶电路里，网络的固有频率一般为复数，它们的实部是否全部小于零，决定了电路的响应是否收敛，换句话说，决定了电路的暂态过程能否结束，电路是否稳定。因此，可以通过网络的固有频率特性轻松地判断网络的稳定性。例如，如果网络中有一个固有频率为 $s=2(>0)$，则其通解的数学形式为 $e^{st}=e^{2t}$，当 $t\to\infty$ 时，解 $\to\infty$，显然这个网络是不稳定的。

分析 4：一阶电路的**三要素法**(**Three-Factor Method**)。

激励为常量的一阶电路的暂态过程就是动态元件的充电或放电过程。观察所有的响应特征可以发现，时域响应波形 $y(t)$ 可以由初始值 $y(0_+)$、稳态值 $y(\infty)$ 和时间常数 τ 这三个要素来唯一地确定：

$$y(t)=y(\infty)+[y(0_+)-y(\infty)]e^{-t/\tau} \tag{2-2-10}$$

证明：设一阶电路的响应为

$$y(t)=K_1+K_2e^{-t/\tau} \tag{2-2-11}$$

将起始值 $y(0_+)$、稳态值 $y(\infty)$ 分别代入式(2-2-11)以确定系数 K_1 和 K_2，显然有

$$K_1=y(\infty),\quad K_2=y(0_+)-y(\infty)$$

证毕。

由于三要素法的直观性，也被称为**观察法**(**Inspection Method**)。由于三要素方法的简单、方便、易行，工程上常常用它来快速估算直流信号、方波信号、矩形脉冲信号激励一阶电路的响应。

【例 2-2-2】 图 2-2-2(b)电路中输入电压信号为方波如图 2-2-2(a)所示，如果设计电路的 $RC(=\tau)$，使方波的脉宽 a 分别为 RC、$5RC$、$10RC$，假设在 $t=0$ 方波 1 到来之前响应电压的起始值为 0，即电容上没有初始储能，试定性画出电路的响应波形 $v_o(t)$。

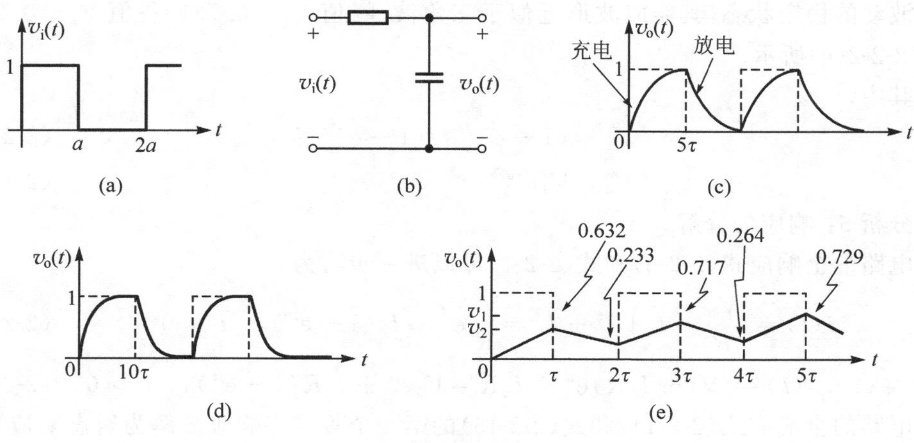

图　2-2-2

解：首先，由于电容上的电压不会跃变，因此定性画出的响应波形应该是连续曲线（如果响应是电阻两端的电压，试练习定性画出其响应波形）。在方波 1 到来之前响应电压的起始值为 0，在 1 到来之后，电容处于充电状态，其充电电压的稳态值应该是充电完毕的 1。

当 $a=5\tau$ 时，由于脉宽为 5τ 暂态过程已基本结束。所以，可以认为在 $t=5\tau$ 时充电完毕，响应电压即为稳态值 1；在 $t=5\tau$ 时，输入方波由 1 跳变为 0，电容处于放电状态，响应电压是连续的即起始值为 1，放电的稳态值应该是放电完毕的 0，所以，很快，可以画出 $a=5\tau$ 时的响应波形如图 2-2-2(c)所示。响应波形的周期和输入波形的相同。

当 $a=10\tau$ 时，如上，暂态过程在一半方波 5τ 的位置就已基本结束。所以，响应波形类似于图 2-2-2(c)。只是暂态区域压缩了一半，如图 2-2-2(d)所示。响应与激励波形周期相同。

当 $a=\tau$ 时，由于充电时间太短，暂态过程无法结束，所以，在方波电压 1 结束时，需要利用式(2-2-10)获得电容的充电电压。

$$\begin{aligned} v_0(\tau) &= v_0(\infty)+[v_0(0_+)-v_0(\infty)]\mathrm{e}^{-1} \\ &= 1-\mathrm{e}^{-1}\approx 0.632(\mathrm{V}) \end{aligned}$$

从 $t=\tau$ 开始，输入方波由 1 跳变为 0，电容处于放电状态，响应电压起始值为 0.632 V，放电的稳态值应该是放电完毕的 0，所以，继续利用式(2-2-10)获得电容在 $t=2\tau$ 时的放电电压。

$$\begin{aligned} v_0(\tau) &= v_0(\infty)+[v_0(0_+)-v_0(\infty)]\mathrm{e}^{-1} \\ &= 0.632\mathrm{e}^{-1}\approx 0.233(\mathrm{V}) \end{aligned}$$

以上的结果显示电容经历一次充电、放电后，起点由 0 抬高到了 0.233 V，表示电容充多放少。如此经过几个方波周期后，起点不断抬高，而指数函数的性质致使充电速度逐渐放缓，最后使充电、放电达到平衡，电路响应被强制地进入和激励方波一样的周期性波动的稳定状态，其响应波形近似于三角波，峰值 $V_1=0.731$，谷值 $V_2=0.269$，如图 2-2-2(e)所示。

其中，

$$V_1=(1-\mathrm{e}^{-a/\tau})/(1-\mathrm{e}^{-2a/\tau}) \tag{2-2-12}$$

$$V_2=V_1\mathrm{e}^{-a/\tau} \tag{2-2-13}$$

分析 5：响应的分解。

电路的全响应式(2-2-6)和式(2-2-7)可以进一步写为

$$i(t)=\left(\frac{V_0}{R}-I_0\right)\mathrm{e}^{st}+I_0=\frac{V_0}{R}\mathrm{e}^{st}+I_0(1-\mathrm{e}^{st}),\quad t>0 \tag{2-2-14}$$

$$v_C(t)=(V_0-I_0R)\mathrm{e}^{st}+I_0R=V_0\mathrm{e}^{st}+I_0R(1-\mathrm{e}^{st}),\quad t>0 \tag{2-2-15}$$

电路的全响应式(2-2-14)和式(2-2-15)的第一个等号将响应分解为暂态响应和稳态响应的叠加，第二个等号将响应分解为零输入响应和零状态响应的叠加。显然，零

输入响应只和网络自身的结构及元件参数有关，是网络自身**固有的**特性所决定的。另外，对于一个稳定的网络，有

$$\text{电路的全响应}\Big|_{t\to\infty}=\text{电路的稳态响应}=\text{特解} \tag{2-2-16}$$

$$\text{电路的零状态响应}\Big|_{t\to\infty}=\text{电路的稳态响应}=\text{特解} \tag{2-2-17}$$

结论：式(2-2-16)和式(2-2-17)显示了激励信号在稳定的电路中所产生的“**强制**”作用，本结论对任何高阶电路均适用。

2.3　动态电路的零状态响应/Zero State Response

前面提到，仅由外加的激励源在电路中产生的“**强制**”响应称为“**零状态响应**”，这种情况下，电路中的储能元件没有初值状态。另一方面，从时间的角度看，随着时间的推移，在稳定电路中由储能元件的初值状态产生的零输入响应属于电路的暂态响应会逐渐耗尽，电路的响应逐渐趋于稳态响应，影响和控制电路响应的“源”必将是外加的激励源。因此，分析研究电路的零状态响应非常必要。

一阶电路和高阶电路的零状态响应的定义及基本规律是一样的，为了简化分析，本节依然利用一阶电路来揭示零状态响应的基本规律。

2.3.1　复指数信号及正弦信号激励的零状态响应/Sinusoidal Excitation

【例 2-3-1】 图 2-3-1 的一阶 RL 电路中，复指数信号 $v_s(t)=V_0\mathrm{e}^{\mathrm{j}\omega t}$ 在 $t=0$ 时刻加入电路，求 $t>0$ 时电路产生的零状态响应 $i_L(t)$。

解：求零状态响应的电路无须确定初始状态(=0)，可以直接利用 KVL、KCL 和 VCR 建立微分方程。

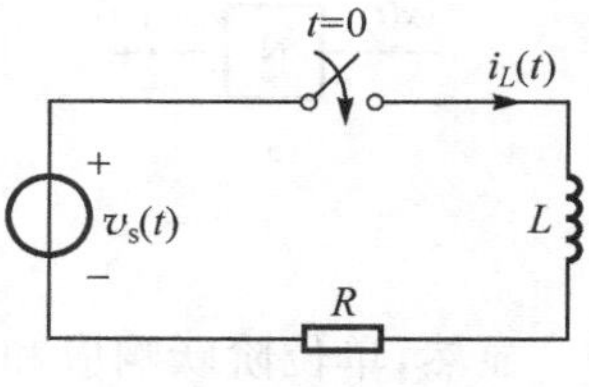

$$\begin{cases}L\dfrac{\mathrm{d}i_L(t)}{\mathrm{d}t}+Ri_L(t)=v_s(t)\\ i_L(0_+)=0\end{cases},\quad t>0 \tag{2-3-1}$$

图　2-3-1

取 $\tau=L/R$，显然式(2-3-1)的通解形式为 $i_L(t)=K\mathrm{e}^{st}=K\mathrm{e}^{-t/\tau}$；从线性非齐次微分方程[①]的特解表中可以查到，复指数信号 $v_s(t)=V_0\mathrm{e}^{\mathrm{j}\omega t}$ 激励的特解也为复指数信号，将 $i_L(t)=I_m\mathrm{e}^{\mathrm{j}\omega t}$ 代入微分方程，有

$$L\frac{\mathrm{d}(I_m\mathrm{e}^{\mathrm{j}\omega t})}{\mathrm{d}t}+RI_m\mathrm{e}^{\mathrm{j}\omega t}=V_0\mathrm{e}^{\mathrm{j}\omega t} \tag{2-3-2}$$

解得

$$I_m=\frac{V_0}{\mathrm{j}\omega L+R} \tag{2-3-3}$$

考虑全解=通解+特解，并注意到初值为零，于是得复指数信号激励的零状态响应全

① 见本书附录 A：一元 n 次常系数微分方程的求解。

解为

$$i_L(t) = I_{\mathrm{m}}(\mathrm{e}^{\mathrm{j}\omega t} - \mathrm{e}^{st}) \tag{2-3-4}$$

式(2-3-4)当电路的响应逐渐趋于稳态，即 $t \to \infty$ 时，$i_L(t) = I_{\mathrm{m}}\mathrm{e}^{\mathrm{j}\omega t}$，即

电路的稳态响应＝线性非齐次微分方程的特解

观察式(2-3-2)和式(2-3-3)可见，由于复指数信号的微分特性，I_{m} 的求解过程可以**将微分方程变成代数方程**，虽然复指数信号并非工程实际信号，但由于正弦信号可以由复指数信号取实部获得，而求解复指数信号激励的稳态响应问题，可以简化为求解 I_{m} 的代数方程，这使得正弦信号激励电路的稳态响应问题，可以避开微分方程的求解而大大简化(由此可以引入正弦稳态电路的复数分析法，本书将在第 3 章详细描述)。

考虑正弦信号 $v_{\mathrm{s}}(t) = V_0\cos\omega t = \mathrm{Re}[V_0\mathrm{e}^{\mathrm{j}\omega t}]$激励的响应问题，显然，可以表示为式(2-3-4)的取实，即

$$i_L(t) = \mathrm{Re}[I_{\mathrm{m}}(\mathrm{e}^{\mathrm{j}\omega t} - \mathrm{e}^{st})] = I_{\mathrm{m}}(\cos\omega t - \mathrm{e}^{-st}) \tag{2-3-5}$$

2.3.2 单位阶跃响应 $s(t)$ 和单位冲激响应 $h(t)$/Unit-Step Response and Unit-Impulse Response

仅由单位阶跃信号 $u(t)$ 激励电路所产生的响应称为**单位阶跃响应(Unit-Step Response)**，可以记为 $s(t)$；**仅由**单位冲激信号 $\delta(t)$ 激励电路所产生的响应称为**单位冲激响应(Unit-Impulse Response)**，可以记为 $h(t)$。如果用框图简单抽象地表示一个实际网络，用箭头线表示激励(输入)$x(t)$和响应(输出)$y(t)$(图 2-3-2(a))，则单位阶跃响应可以表示为图 2-3-2(b)，单位冲激响应可以表示为图 2-3-2(c)。

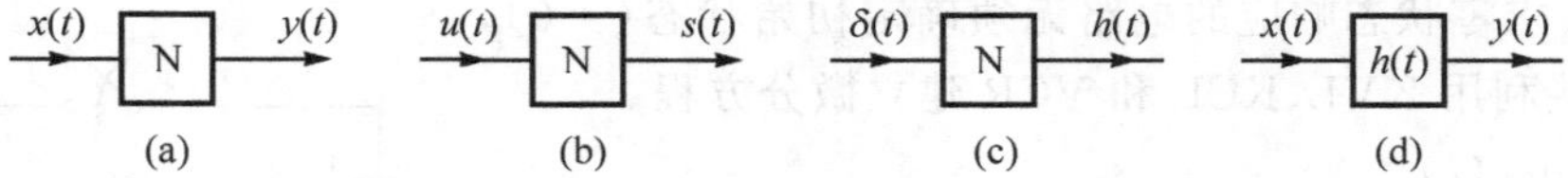

(a) $x(t)$ → N → $y(t)$　(b) $u(t)$ → N → $s(t)$　(c) $\delta(t)$ → N → $h(t)$　(d) $x(t)$ → $h(t)$ → $y(t)$

图　2-3-2

显然，单位阶跃响应和单位冲激响应均为零状态响应。由于 $\delta(t) = u'(t)$，对于线性定常电路，有

$$h(t) = s'(t) \tag{2-3-6}$$

【例 2-3-2】　求图 2-3-1 电路的单位阶跃响应和单位冲激响应。

解：根据题意，单位阶跃信号激励的电路，可将微分方程式(2-3-1)改写为

$$\begin{cases} L\dfrac{\mathrm{d}i_L(t)}{\mathrm{d}t} + Ri_L(t) = 1, & t > 0 \\ i_L(0_+) = 0 \end{cases} \tag{2-3-7}$$

易得解为(也可以用三要素法)

$$i_L(t) = \frac{1}{R}(1 - \mathrm{e}^{st})u(t) = s(t) \tag{2-3-8}$$

所以，单位冲激响应可以利用关系式(2-3-6)对式(2-3-8)求微分获得。

$$h(t)=s'(t)=\mathrm{d}\left[\frac{1}{R}(1-\mathrm{e}^{st})u(t)\right]\Big/\mathrm{d}t$$

$$=\frac{1}{R}(1-\mathrm{e}^{st})\delta(t)+\frac{1}{L}\mathrm{e}^{st}u(t)=\frac{1}{L}\mathrm{e}^{st}u(t) \tag{2-3-9}$$

观察式(2-3-9)解的形式并结合三要素法分析可见，这个结果和具有初值为 $i_L(0_+)=1/L$ 的零输入响应的结果是一样的，换句话说，电路在 $t=0$ 时刻作用于网络的一个无穷大的单位冲激，相当于在瞬间给电感注入了 1 韦伯的初始磁通。

单位阶跃响应和单位冲激响应的求解在电路分析中非常重要。有了单位阶跃响应，就可以利用电路的线性叠加性质求解分段常量信号的响应问题。冲激信号并非物理可实现的信号，学习单位冲激响应不是为了求解有冲激信号激励的响应问题，而是为了获得任意信号激励的响应问题。并且，单位冲激响应可以很好地描述电路的频率响应特性和传递特性，使得它在电路分析中占据非常重要的地位，这一点将在以后的章节里进一步学习和体会。因此，习惯上对一个已知单位冲激响应的电路，图 2-3-2(a)也可以用图 2-3-2(d)来表示。

2.3.3　任意信号激励的零状态响应/Arbitrary Excitation

在实际工程中，大量激励信号不是简单的常量信号、阶跃信号、矩形脉冲信号、冲激信号、正弦信号，而是复杂的任意波形信号，研究、解决这些复杂信号的零状态响应求解问题就显得非常必要。

由于分段常量信号可以用单位阶跃信号或是矩形脉冲信号来表示，因此，线性电路的分段常量信号的响应可以由其分解的矩形脉冲信号响应的叠加获得。如果可以将任意波形信号看成 n 分段常量信号，即 n 个矩形脉冲信号的叠加组成(图 2-3-3)，可以设想，只要 n 足够大，即每个矩形脉冲信号的宽度 Δ(脉宽)足够小，那么 n 分段常量信号 $f_{\mathrm{p}}(t)$便可以足够近似地表示一个任意波形信号 $f(t)$。

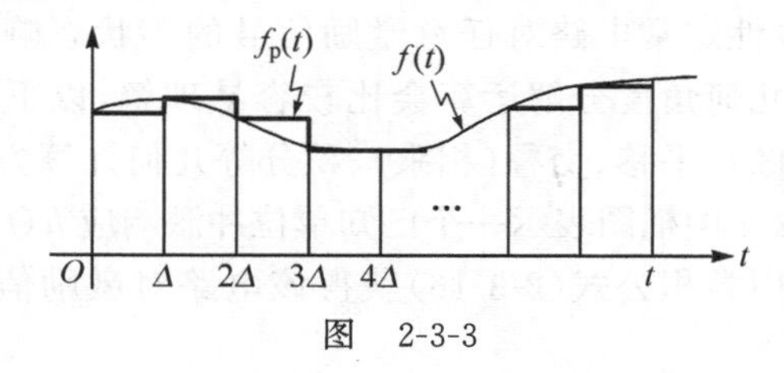

图　2-3-3

图 2-3-3 中设 $f(t)$为任意波形信号，在 $t=0$ 时作用于初始状态为零的线性定常电路。如果在 $t>0$ 时刻观察信号及电路的响应。可以先将时间$[0,t]$进行 n 等分，步长 $\Delta=t/n$，那么第一个矩形脉冲信号 $P_0(t)$和第 $k+1$ 个矩形脉冲信号 $P_k(t)$就可以依次表示为

$$P_0(t)=f(0)[u(t)-u(t-\Delta)]=f(0)\,\frac{u(t)-u(t-\Delta)}{\Delta}\Delta$$

$$=f(0)P_\Delta(t)\Delta=f(0\cdot\Delta)P_\Delta(t-0\cdot\Delta)\Delta \tag{2-3-10}$$

$$P_k(t)=f(k\Delta)P_{\Delta}(t-k\Delta)\Delta \tag{2-3-11}$$

其中，$P_{\Delta}(t-k\Delta)$为第$k+1$个脉宽为Δ的单位矩形脉冲信号。因此，用$f_{\mathrm{p}}(t)$分段常量信号近似表示此时的输入信号$f(t)$，有

$$f_{\mathrm{p}}(t)=\sum_{k=0}^{n-1}f(k\Delta)P_{\Delta}(t-k\Delta)\cdot\Delta \quad (k=0,1,2,\cdots,n-1) \tag{2-3-12}$$

定义单位脉冲信号$P_{\Delta}(t)$的响应为$h_{\Delta}(t)$，用$y_{\mathrm{p}}(t)$表示$f_{\mathrm{p}}(t)$的响应，有

$$y_{\mathrm{p}}(t)=\sum_{k=0}^{n-1}f(k\Delta)h_{\Delta}(t-k\Delta)\cdot\Delta \quad (k=0,1,2,\cdots,n-1) \tag{2-3-13}$$

当$n\to\infty$，即$\Delta\to 0$时，分段常量信号$f_{\mathrm{p}}(t)$可以逼近真实信号$f(t)$，则响应$y_{\mathrm{p}}(t)$也可以逼近真实响应信号$y(t)$，即

$$y(t)=\lim_{\Delta\to 0}y_{\mathrm{p}}(t)=\lim_{\Delta\to 0}\sum_{k=0}^{n-1}f(k\Delta)h_{\Delta}(t-k\Delta)\cdot\Delta \tag{2-3-14}$$

取$\Delta\to \mathrm{d}\xi$，有$k\Delta\to\xi$，$h_{\Delta}(t-k\Delta)\to h(t-\xi)$，则求和式(2-3-14)变为以下积分：

$$y(t)=\int_0^t f(\xi)h(t-\xi)\mathrm{d}\xi \tag{2-3-15}$$

其中$f(t)$为$t=0$时接入电路的信号，$h(t)$为电路的单位冲激响应。称积分式(2-3-15)为**卷积积分(Convolution Integral)**，可记为

$$y(t)=\int_0^t f(\xi)h(t-\xi)\mathrm{d}\xi=f(t)*h(t) \tag{2-3-16}$$

其中，符号“$*$”表示卷积运算。式(2-3-16)表示：**当已知某个线性定常电路的冲激响应时，可利用卷积公式获得该电路对任意激励信号的零状态响应(卷积定理(Convolution Theorem))**。卷积积分满足交换律，即式(2-3-16)也可以写为

$$y(t)=f(t)*h(t)=\int_0^t f(\xi)h(t-\xi)\mathrm{d}\xi=\int_t^0 f(t-\tau)h(\tau)\mathrm{d}(t-\tau) \quad (取\ \xi=t-\tau)$$

$$=-\int_t^0 f(t-\tau)h(\tau)\mathrm{d}(\tau)=\int_0^t h(\tau)f(t-\tau)\mathrm{d}(\tau)=h(t)*f(t) \tag{2-3-17}$$

卷积积分是分析线性定常电路对任意激励信号的零状态响应的有效手段。由于卷积运算比较复杂，从几何角度分解运算会比较容易理解，以下用一个简单例子来陈述卷积运算的反转(镜像)、平移、交叠(相乘)、积分等几何计算方法。

【例 2-3-3】 图 2-3-4 中框图表示一个已知单位冲激响应$h(t)=u(t-1)-u(t-5)$的线性定常电路，试利用卷积公式(2-3-16)获得该电路对激励信号$v_{\mathrm{s}}(t)=2[u(t)-u(t-2)]$的响应$i(t)$。

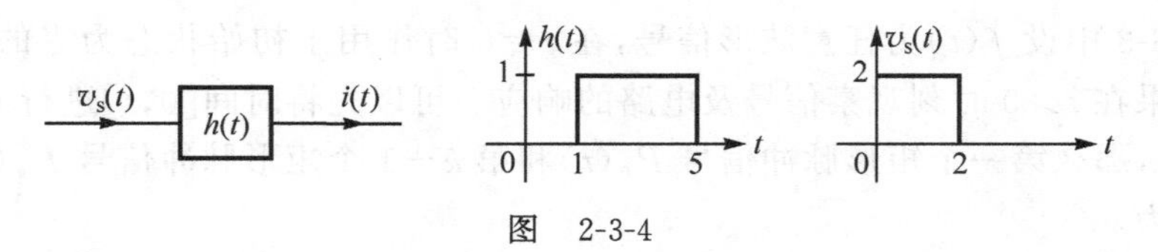

图 2-3-4

解：卷积运算的反转(镜像)(图 2-3-5(a))、平移(图 2-3-5(b)、图 2-3-5(c)、图 2-3-5(d))、交叠(相乘)(图 2-3-5(b)、图 2-3-5(c)、图 2-3-5(d))、积分等几何计算方

法如图所示。其中，$0\leqslant\xi\leqslant t$，对于每一个 t 都有对应的 $f(\xi)h(t-\xi)$ 的积分值，即图上两函数相乘所对应的波形面积。在 $0\leqslant\xi\leqslant t$ 内，$h(-\xi)$ 从左至右平移 $t(h(t-\xi))$ 直到与 $f(\xi)$ 交叠相乘，最后移出至交叠相乘为零。

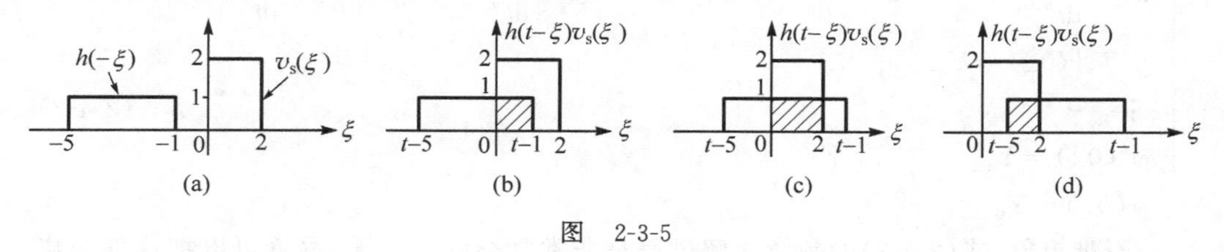

图　2-3-5

所以，卷积积分可分解为

$$
i(t)=\int_0^t v_s(\xi)h(t-\xi)\mathrm{d}\xi=\begin{cases}0, & t<1 \quad \text{(对应于图 2-3-5(a))}\\ \int_0^{t-1}2\mathrm{d}\xi, & 1\leqslant t\leqslant 3 \quad \text{(对应于图 2-3-5(b))}\\ \int_0^{2}2\mathrm{d}\xi, & 3\leqslant t\leqslant 5 \quad \text{(对应于图 2-3-5(c))}\\ \int_{t-5}^{2}2\mathrm{d}\xi, & 5\leqslant t\leqslant 7 \quad \text{(对应于图 2-3-5(d))}\\ 0, & t>7\end{cases}
$$

(2-3-18)

解得

$$
\begin{aligned}
i(t)&=2(t-1)[u(t-1)-u(t-3)]+4[u(t-3)-u(t-5)]+\\
&\quad 2(7-t)[u(t-5)-u(t-7)]\\
&=2(t-1)u(t-1)-2(t-3)u(t-3)-2(t-5)u(t-5)+\\
&\quad 2(t-7)u(t-7)\\
&=2[r(t-1)-r(t-3)-r(t-5)+r(t-7)]
\end{aligned}
$$

由于本例的激励为矩形脉冲信号，并非不规则的复杂信号，因此也可以利用单位阶跃响应和单位冲激响应之间的微分关系获得求解。

2.4　二阶及高阶动态电路分析/Second-Order Circuits and High-Order Circuits

2.4.1　响应的求解/Functions and Solutions

“二阶电路”通过 KVL、KCL、VCR 建立的方程是一元二次常微分方程。

$$
\begin{cases}a_2\dfrac{\mathrm{d}^2y(t)}{\mathrm{d}t^2}+a_1\dfrac{\mathrm{d}y(t)}{\mathrm{d}t}+a_0y(t)=b_1\dfrac{\mathrm{d}x(t)}{\mathrm{d}t}+b_0x(t)\\ y'(0_+)=Y_1\\ y(0_+)=Y_0\end{cases}
\tag{2-4-1}
$$

其中，$x(t)$表示激励；$y(t)$表示响应，a_2、a_1、a_0、b_1、b_0、Y_1、Y_0 均为常量。以此类推，**"高阶电路"**通过 KVL、KCL、VCR 建立的方程是一元 n 次常微分方程。

$$\begin{cases} a_n \dfrac{\mathrm{d}^n y(t)}{\mathrm{d}t^n} + \cdots + a_1 \dfrac{\mathrm{d}y(t)}{\mathrm{d}t} + a_0 y(t) = b_m \dfrac{\mathrm{d}^m x(t)}{\mathrm{d}t^m} + \cdots + b_1 \dfrac{\mathrm{d}x(t)}{\mathrm{d}t} + b_0 x(t) \\ y^{(n-1)}(0_+) = Y_{n-1} \\ \vdots \\ y'(0_+) = Y_1 \\ y(0_+) = Y_0 \end{cases} \tag{2-4-2}$$

不难想象，式(2-4-2)的数学求解过程是非常复杂的。今天，尽管可以把这件头痛的事交给计算机去处理，但这仍然不能阻止人们找寻更有效的分析途径。事实上，一个有效的分析途径已经找到，即在变换域分析响应(第 4 章)，因此，本书也将经典的 RLC 振荡电路，以及高阶动态电路的数学分析和物理揭示内容放入第 4 章陈述。

2.4.2 电路的稳定性分析/Stability Analysis

2.2 节中分析，网络的齐次微分方程解是网络的通解 $y_h(t)$，由齐次微分方程获得的特征值是网络的固有频率 $s_i(i=1,2,\cdots,n)$，网络所有的固有频率决定了网络是否稳定。一般地，固有频率 s_i 为复数，下面具体讨论。

(1) 假设网络所有的固有频率 $s_i(i=1,2,\cdots,n)$都互不相等，即特征值没有重根，且固有频率的实部都是负数，则通解可以表示为

$$y_h(t) = \sum_{i=1}^{n} k_i \mathrm{e}^{s_i t} \tag{2-4-3}$$

其中，k_i 是由初始条件确定的常数。那么式(2-4-3)中所有的 $\mathrm{e}^{s_i t}$ 就都是衰减因子。当 $t\to\infty$时，$y_h(t)\to 0$，这样的网络是稳定网络。

(2) 假设情况(1)中大部分固有频率 $s_i(i=1,2,\cdots,n)$都互不相等，但仍存在少些相同的固有频率，即特征值有重根，依然保证所有的固有频率的实部都是负数，则对 k 个重根情况，通解中还含有 $t^k \mathrm{e}^{s_i t}$ 因子。由于函数 $\mathrm{e}^{s_i t}$ 的衰减特性，当 $t\to\infty$时，依然有 $y_h(t)\to 0$，这样的网络也是稳定网络。

(3) 假设网络所有的固有频率中，哪怕仅有一个固有频率 s_k 的实部是正数，则通解中含有 $\mathrm{e}^{s_k t}$ 增长因子，当 $t\to\infty$时，$y_h(t)\to\infty$，响应曲线是发散的，这样的网络是不稳定网络。

(4) 假设固有频率 $s_i(i=1,2,\cdots,n)$中大部分的实部都是负数，有一些是纯虚数的固有频率 $\mathrm{j}\omega_i$。这些固有频率互不相等，也不和激励信号的频率相同，则解的表达式中含有 $\cos(\omega_i t+\varphi_i)$余弦分量，当 $t\to\infty$时，响应曲线并不发散，而是余弦振荡的，这样的网络虽然是不发散的，但网络中或者存在理想无耗环路，或者存在不断释放特定能量的受控源，只要有和任何一个固有频率相同的噪声信号的扰动，网络便是发散的，不能称为稳定网络。

(5) 假设情况(4)中存在相等纯虚数的固有频率 $j\omega_i$，则解的表达式中含有 $t\cos(\omega_i t+\varphi_i)$ 分量，当 $t\to\infty$ 时，$y_h(t)\to\infty$，响应曲线是发散的，这样的网络是不稳定网络。

综上所述，对于一个线性定常网络，只有**当全部固有频率的实部都是负数时，网络才是稳定的**。

*2.5　电路的状态分析/State Variable Analysis

2.5.1　状态和状态变量/State and State Variables

状态(**State**)一词来自系统理论，系统的状态是指可以确定该系统的行为所必需的最少数据的集合。由这些数据在给定时刻(t_0)的值(初始状态)，加上自该时刻起($t\geqslant t_0$)系统的任意输入(激励)，必能确定系统在任意时刻($t\geqslant t_0$)的行为(响应)。

这样说来，在动态电路中，电容电压 $v_C(t)$ 和电感电流 $i_L(t)$ 是符合这一定义的"最少数据"的集合。即若已知它们在 t_0 时刻的数值(初始状态)，加上自该时刻起($t\geqslant t_0$)电路中的任意输入，就能确定在 $t\geqslant t_0$ 时电路中任何支路的响应。定义这些随时间状态变化的"最少数据"为状态变量。

状态变量(**State Variable**)是完整描述系统状态变化的一组**最少**的变量。即它们能够确定系统未来的变化规律或轨迹。换句话说，若已知它们在 t_0 时刻的数值(初始状态)和系统所有 $t\geqslant t_0$ 时的输入，就能够确定在 $t\geqslant t_0$ 时系统中的任何变量。

对状态变量有两个要求：一是要求最少，二是要求完整，就是说要用系统中的一组最少的变量去表征系统。回顾 2.1.1 节对动态电路的分析，一个含有 n 个独立的动态元件的电路[①]，是一个"n 阶电路"或 n 阶系统，它可以产生 n 个独立的电压和电流的一阶微分关系，数学上对应于一组 n 元一阶微分方程组(或是一个一元 n 阶微分方程)。因此，一个含有 n 个独立的动态元件的电路，其状态变量可以是电容电压和电感电流(总数为 n 个)的集合。

另外，虽然对状态变量的要求是独立的完备的，但是状态变量的选取并不是唯一的。例如，利用关系式 $q(t)=Cv(t)$ 和 $\psi(t)=Li(t)$ 也可以选择电容电荷和电感磁通作为电路的状态变量。

数学上，可以将这组最少的状态变量的集合写成列向量的形式，称为状态变量向量或**状态向量**(**State Vector**)，记为 $\boldsymbol{X}(t)$。将 n 个状态变量看作向量 $\boldsymbol{X}(t)$ 的分量，记为 $\boldsymbol{X}(t)=[\,x_1(t),x_2(t),\cdots,x_n(t)]^{\mathrm{T}}$。以 n 个状态变量作为坐标系可以组成一个 n 维空间，称为**状态空间**(**State Space**)。某时刻 n 个状态变量的取值，对应状态空间中

① 对于由多个动态元件串并联组合而成的情况，可以利用等效看作是一个动态元件。另外，如果电路含有 p 个仅由电容和电压源组成的回路、k 个仅由电感和电流源组成的割集，则独立的动态元件数降为 $n-p-k$ 个。关于割集的定义，见 6.2.1 节。

该时刻的一个取点，状态向量在状态空间中随时间变化而形成的轨迹称为**状态轨迹**(**State Trajectory**)。

如果系统中有 m 个输入激励记为 $w_1(t), w_2(t), \cdots, w_m(t)$，定义系统的输入向量为 $\boldsymbol{W}(t)$，记为 $\boldsymbol{W}(t)=[w_1(t), w_2(t), \cdots, w_m(t)]^{\mathrm{T}}$。由系统的状态向量与输入向量可以建立以下一般函数形式的一阶微分方程组，称这样的方程组为**状态方程**(**State Equation**)：

$$\mathrm{d}[\boldsymbol{X}(t)]/\mathrm{d}t=f[\boldsymbol{X}(t), \boldsymbol{W}(t), t] \tag{2-5-1}$$

对于线性系统，以上一般形式的状态方程可以简化为一阶线性微分方程组，其标准形式为

$$\mathrm{d}[\boldsymbol{X}(t)]/\mathrm{d}t=A\boldsymbol{X}(t)+B\boldsymbol{W}(t) \tag{2-5-2}$$

其中，系数矩阵 $\boldsymbol{A}=[a_{ij}]_{n\times n}$ 和 $\boldsymbol{B}=[b_{ij}]_{n\times m}$ 取决于网络的拓扑结构和元件参数。如果网络是线性定常的，则元素 a_{ij} 和 b_{ij} 都是常数，如果网络是时变的，则 a_{ij} 和 b_{ij} 都是时间的函数。由状态方程和 t_0 时刻的初始状态可以很容易地利用计算机解出网络在 $t\geqslant t_0$ 时的全部状态变量。

由于状态空间方法在表述上简洁、唯美，重要的是将描述系统的高阶微分方程分解成联立的一阶微分方程组，这种方法可以使用很多线性代数的工具，有助于电路的计算机辅助分析，特别是在电路中含有大量动态元件时非常有效。另一个重要的优点，是这个方法对电路的性质没有要求，因此，它不仅适用于线性电路，也适用于非线性电路；不仅可以求解定常电路，也可以求解时变电路。

2.5.2 状态变量法/State Variable Description

用状态变量求解电路的方法称为**状态变量法**。下面以图 2-5-1(a)电路为例介绍简单常态网络的状态变量选取和状态方程建立的方法步骤。对于非常态网络以及更加复杂的情况，限于篇幅本书从略，这里主要介绍方法的思想精髓。

(1) 选取状态变量。

首先介绍什么是**常态网络**(**Proper Network**)：如果一个网络中既不含有全电容回路(仅由电容和电压源组成的回路)，也不含有全电感割集(仅由电感和电流源组成的割集)，则称这样的网络为常态网络。因此，在常态网络中，每个电容电压和电感电流都是独立的，可以选作状态变量，并且，网络的状态变量数＝状态方程数＝动态元件数。图 2-5-1(a)电路即为常态网络，可以直观地选取 $i_{L1}(t), i_{L2}(t), v_C(t)$ 为状态变量，易见，电路的状态变量数＝状态方程数＝动态元件数＝3。

(2) 选取常态树(关于树的定义，见 6.2.1 节)。

所谓**常态树**(**Proper Tree**)是这样的一棵树：在它的树支上包含了网络中所有的电容和电压源支路，所有的电感和电流源支路都在连支上。对于常态网络而言，一定可以选出一个常态树。依此画出图 2-5-1(a)电路的常态树如图 2-5-1(b)所示，其中粗线为树支，其他支路均为连支。

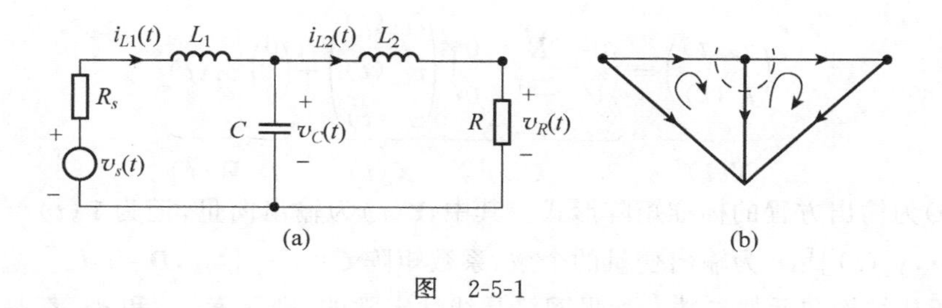

图　2-5-1

(3) 对每个电感连支，写出仅由该连支和一些树支构成的基本回路的 KVL 方程(关于基本回路的定义，见 6.2.2 节)。

$$L_1\frac{\mathrm{d}}{\mathrm{d}t}i_{L1}(t)+v_C(t)-v_s(t)+R_s i_{L1}(t)=0 \tag{2-5-3}$$

$$L_2\frac{\mathrm{d}}{\mathrm{d}t}i_{L2}(t)+Ri_{L2}(t)-v_C(t)=0 \tag{2-5-4}$$

(4) 对每个电容树支，写出仅由该树支和一些连支构成的基本割集的 KCL 方程(关于基本割集的定义，见 6.2.2 节)。

$$C\frac{\mathrm{d}}{\mathrm{d}t}v_C(t)+i_{L2}(t)-i_{L1}(t)=0 \tag{2-5-5}$$

(5) 写出**状态方程(State Equation)**。整理以上所有关系式(2-5-3)、式(2-5-4)和式(2-5-5)，用状态变量和输入(激励)变量表示其他未知变量，写成标准矩阵形式为

$$\underbrace{\frac{\mathrm{d}}{\mathrm{d}t}\begin{pmatrix}i_{L1}(t)\\ i_{L2}(t)\\ v_C(t)\end{pmatrix}}_{\frac{\mathrm{d}}{\mathrm{d}t}\boldsymbol{X}(t)}=\underbrace{\begin{bmatrix}-\dfrac{R_s}{L_1} & 0 & -\dfrac{1}{L_1}\\ 0 & -\dfrac{R}{L_2} & \dfrac{1}{L_2}\\ \dfrac{1}{C} & -\dfrac{1}{C} & 0\end{bmatrix}}_{\boldsymbol{A}}\underbrace{\begin{pmatrix}i_{L1}(t)\\ i_{L2}(t)\\ v_C(t)\end{pmatrix}}_{\boldsymbol{X}(t)}+\underbrace{\begin{pmatrix}\dfrac{1}{L_1}\\ 0\\ 0\end{pmatrix}}_{\boldsymbol{B}}\underbrace{v_s(t)}_{\boldsymbol{W}(t)} \tag{2-5-6}$$

式(2-5-6)如式(2-5-2)一样，是常态网络状态方程的标准矩阵形式。这样的一阶微分方程组，在代入初始状态后，利用计算机辅助分析非常容易求解。有很多计算方法和软件工具，其内容已超出本书范围，这里略去。

(6) 用状态变量和输入变量表示输出，写出输出方程：

已知了状态变量，便可以求出电路中所有 $t\geqslant t_0$ 时的任何输出变量。假设图 2-5-1(a)电路中的输出变量为电阻 R 上的电压 $v_R(t)$ 和流过电容的电流 $i_C(t)$，则可以写出：

$$v_R(t)=Ri_{L2}(t) \tag{2-5-7}$$

$$i_C(t)=i_{L1}(t)-i_{L2}(t) \tag{2-5-8}$$

整理成标准矩阵形式：

$$\underbrace{\begin{pmatrix} v_R(t) \\ i_C(t) \end{pmatrix}}_{\boldsymbol{Y}(t)} = \underbrace{\begin{pmatrix} 0 & R & 0 \\ 1 & -1 & 0 \end{pmatrix}}_{\boldsymbol{C}} \underbrace{\begin{pmatrix} i_{L1}(t) \\ i_{L2}(t) \\ v_C(t) \end{pmatrix}}_{\boldsymbol{X}(t)} + \underbrace{\begin{pmatrix} 0 \\ 0 \end{pmatrix}}_{\boldsymbol{D}} \underbrace{v_s(t)}_{\boldsymbol{W}(t)} \tag{2-5-9}$$

式(2-5-9)为输出方程的标准矩阵形式。其中,$\boldsymbol{Y}(t)$为输出向量,记为$\boldsymbol{Y}(t)=[y_1(t), y_2(t),\cdots,y_r(t)]^{\mathrm{T}}$,$r$为输出变量的个数,系数矩阵$\boldsymbol{C}=[c_{ij}]_{r\times n}$,$\boldsymbol{D}=[d_{ij}]_{r\times m}$取决于网络的拓扑结构和元件参数。如果网络是线性定常的,则元素c_{ij}和d_{ij}都是常数,如果网络是时变的,则c_{ij}和d_{ij}都是时间的函数。

观察式(2-5-9)里的输入输出,输入变量数m和输出变量数r没有关联,这是状态变量分析的又一个长处,即它可以分析多输入输出(MIMO)系统,这对只能分析单入单出系统的传递函数而言,是望尘莫及的。

状态变量法属于现代网络理论,在计算机科学技术迅猛发展的今天,确实非常有效,但任何方法都有其局限性。例如古典方法中波特图和零极图的直观性在状态分析中趋于消失。状态空间在二维和三维时的状态轨迹尚可想象作图,但在高于三维的状态空间里,状态轨迹就比较难以想象了。

总结与回顾
Summary and Review

希望同学们带着以下的思考去回顾和总结:

♣ 如何理解“电感上的电流不会跃变、电容上的电压不会跃变”这句话?成立条件是什么?

♣ 数学上微分方程的通解和特解在电路中的物理体现是什么?

♣ 学习电路的单位阶跃响应和单位冲激响应有什么意义?

♣ 总结各种信号激励电路的响应分析方法。

学生研讨题选
Topics of Discussion

- 电路的时域分析方法研究。
- 推导理想电压源激励的 RC 串联电路的响应、零输入和零状态响应。
- 为什么含有 n 个独立的动态元件的动态电路就会对应一个 n 阶的微分方程?

- 如果不解方程，能否从物理的角度定性分析，什么样的电路是更加稳定的？
- 特征值的大小和重根是否有实际的物理意义？
- 信号与系统中的奇异函数平衡法在本课程的计算中是否有借鉴意义？

附录A　一元 n 次常系数微分方程的求解 Solution of nth-Order Differential Equation

A.1　一阶线性常系数微分方程的求解/First Order

式(A-1-1)为一阶线性常系数微分方程(Constant-Coefficients Differential Equation)的一般形式，由一个线性非齐次微分方程和初始条件组成。

$$\begin{cases} a_1 \dfrac{\mathrm{d}y(t)}{\mathrm{d}t} + a_0 y(t) = x(t) \\ y(0_+) = Y_0 \end{cases} \tag{A-1-1}$$

其中，a_1、a_0、Y_0 均为常量。求解微分方程，就是找出一个 $y(t)$ 在所有 $t \geqslant 0_+$ 时满足微分关系式(A-1-1)。数学上，线性非齐次微分方程的全解是由其线性齐次微分方程(式(A-1-1)中 $x(t)=0$)的**通解**(**General Solution**) $y_h(t)$ 和线性非齐次微分方程的一个**特解**(**Particular Solution**) $y_p(t)$ 两部分组成的，即

$$y(t) = y_{\mathrm{h}}(t) + y_{\mathrm{p}}(t) \tag{A-1-2}$$

通解的求解步骤如下，先写出式(A-1-1)的线性齐次微分方程。

$$a_1 \frac{\mathrm{d}y(t)}{\mathrm{d}t} + a_0 y(t) = 0 \tag{A-1-3}$$

根据齐次微分方程式(A-1-3)建立**特征方程**(**Characteristic Equation**)。建立特征方程的方法，是将齐次微分方程中的 $\dfrac{\mathrm{d}^n y(t)}{\mathrm{d}t^n}$ 项用 s^n 替代，s 称为特征函数。

$$a_1 s + a_0 = 0 \tag{A-1-4}$$

解得

$$s = -a_0 / a_1 \tag{A-1-5}$$

式(A-1-5)的解称为特征方程的**特征根**(**Characteristic Root**)或**特征值**(**Characteristic Value**)。于是，式(A-1-3)的通解可以表示为

$$y_{\mathrm{h}}(t) = K\mathrm{e}^{-st} \tag{A-1-6}$$

其中，K 为待定常数。特解 $y_{\mathrm{p}}(t)$ 的求解可以用观察法(猜测法)，即根据 $x(t)$ 的函数形式，将猜测的特解代入式(A-1-1)尝试是否成立。表A-1-1列出几种常见函数形式的 $x(t)$ 所对应的特解形式。

表 A-1-1　常见函数的特解形式

$x(t)$	$\cos(\omega t)$、$\sin(\omega t)$	$e^{mt}(m=s_i)$	$e^{mt}(m\neq s_i)$	$b_2t^2+b_1t+b_0$
$y_p(t)$	$K_1\cos(\omega t)+K_2\sin(\omega t)$	Kte^{mt}	Ke^{mt}	$K_2t^2+K_1t+K_0$

最后，将初始条件式(A-1-1)代入含有待定常数 K 的全解式(A-1-2)中便可以确定常数 K。

A.2　n 阶微分方程的求解/n^{th}-Order

线性常参量 n 阶微分方程的一般形式为

$$\begin{cases} a_n\dfrac{d^n y(t)}{dt^n}+\cdots+a_1\dfrac{dy(t)}{dt}+a_0y(t)=b_m\dfrac{d^m x(t)}{dt^m}+\cdots+b_1\dfrac{dx(t)}{dt}+b_0x(t) \\ y^{(n-1)}(0_+)=Y_{n-1} \\ \vdots \\ y'(0_+)=Y_1 \\ y(0_+)=Y_0 \end{cases} \tag{A-2-1}$$

同理，求解微分方程的过程，就是要找出一个 $y(t)$在所有 $t\geqslant 0_+$ 时满足式(A-2-1)，显然，这个 $y(t)$的求解难度，随着微分方程阶次的增加而加剧。全解由其齐次微分方程的通解 $y_h(t)$和非齐次微分方程的特解 $y_p(t)$两部分组成。通解的求解也是根据齐次微分方程式建立特征方程

$$a_ns^n+a_{n-1}s^{n-1}+\cdots+a_1s+a_0=0 \tag{A-2-2}$$

求解特征方程(A-2-2)可以获得 n 个特征值，每一个特征值对应于一个解的表达形式，对应于通解表达式中的一项。由每一个特征值写出解形式的方法，和前面一阶齐次微分方程通解的求解相同，只是对于高阶微分方程，s 可能会有重根，或共轭复根的情况。

(1) 如果 s_i 为互不相等的实数，则通解中含有 $K_ie^{s_it}$ 项，其中 K_i 为待定常数，最后由初始条件确定；

(2) 如果 $s_i=\sigma_i\pm j\omega_i$ 为共轭复根，则通解中含有 $K_{1i}e^{\sigma_it}\sin(\omega_it)+K_{2i}e^{\sigma_it}\cos(\omega_it)$项；

(3) 如果 s_i 为k 重根，则在以上解的形式上再乘一个 $k-1$ 阶多项式。例如，对于情况(1)，如果存在一个二重根，则通解中含有$(K_{1i}+K_{2i}t)e^{s_it}$ 项；三重根则通解中含有$(K_{1i}+K_{2i}t+K_{3i}t^2)e^{s_it}$ 项。

一个 n 阶齐次微分方程的通解形式为各特征值对应的解形式的代数和，并且含有 n 个待定常数。对于特解 $y_p(t)$的求解，也可以采用前述观察法，但猜测起来会困难得多，因为等号的右边也可能是微分形式。由于本书不主要描述 n 阶微分方程的直接求解，这里不再耗费笔墨。

写出含有 n 个待定常数的全解形式 $y(t)=y_h(t)+y_p(t)$后，将 n 个初始条件

式(A-2-1)代入以确定 n 个待定常数即可。

练习与习题
Exercises and Problems

2-1** 题图2-1的电路中开关K闭合时,电路已达稳态,$t=0$ 时K打开。求 $t=0_-$ 和 $t=0_+$ 时,电容电压和各支路电流。($t=0_-$ 时10 V,5 V,5/3 A,0 A,5/3 A;$t=0_+$ 时10 V,5 V,7/3 A,1 A,4/3 A)

A circuit is shown in Fig. 2-1. The circuit is in steady state when the switch is closed. Find v_{C1}, v_{C2}, i, i_1 and i_2 at $t=0_-$ and $t=0_+$, when the switch is opened at $t=0$.

2-2** 题图2-2的电路中开关K闭合前电容电压 v_C 为零状态(即 $v_C(0_-)=0$),$t=0$ 时,将K闭合。求:$t\geqslant 0$ 时 $v_C(t)$,$i_C(t)$。($10(1-e^{-10t})$V,e^{-10t} mA)

The capacitor in Fig. 2-2 is at zero state before the switch is closed(i. e. $v_C(0_-)=0$). Close the switch when $t=0$. Determine $v_C(t)$ and $i_C(t)$ after the switch is closed.

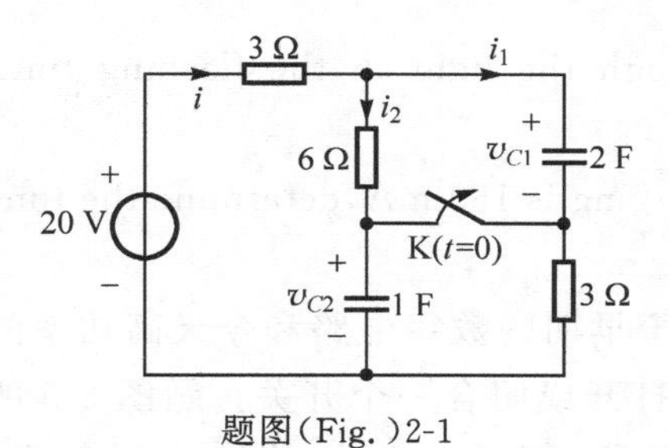

题图(Fig.)2-1

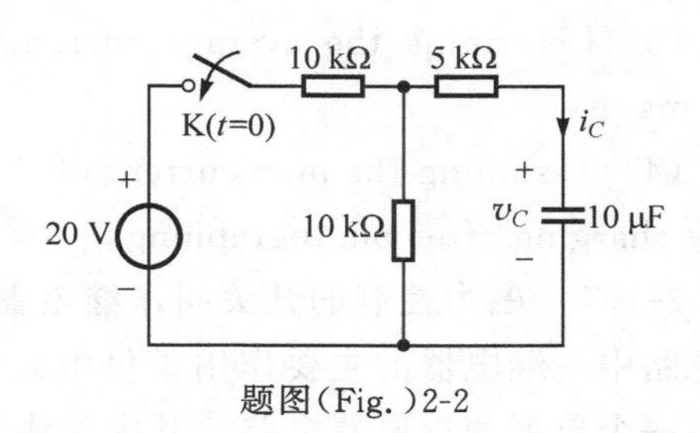

题图(Fig.)2-2

2-3*** RC 电路可以用来提供不同的时间延迟。题图2-3的电路为一个道路施工处的闪烁警示灯电路,开关合上时电路开始工作。警示灯为红色的氖灯,当端电压超过60 V时点亮、低于30 V时熄灭,其点亮状态相当于10 Ω的电阻、熄灭状态相当于开路。已知 $C=1\ \mu$F,求闪烁周期 T。(0.56 s)

An RC circuit is used to realize different time delay. The circuit in Fig. 2-3 is a flashing caution light. When the voltage across the light is larger than 60 V, the light is alight and equivalents to a resistor of 10 Ω When the voltage is lower than 30 V the light is turned off and equivalents to an open circuit. Determine the flashing period($C=1\ \mu$F).

2-4*** 如题图2-4所示的电路为一个电子闪光灯电路。R_2 为闪光灯,R_1 为限流大电阻。已知 $R_1=6$ kΩ,$R_2=10$ Ω,$C=2$ mF且已被充电到80 V。求:

(1) 电容器上存储的能量;(6.4 J)

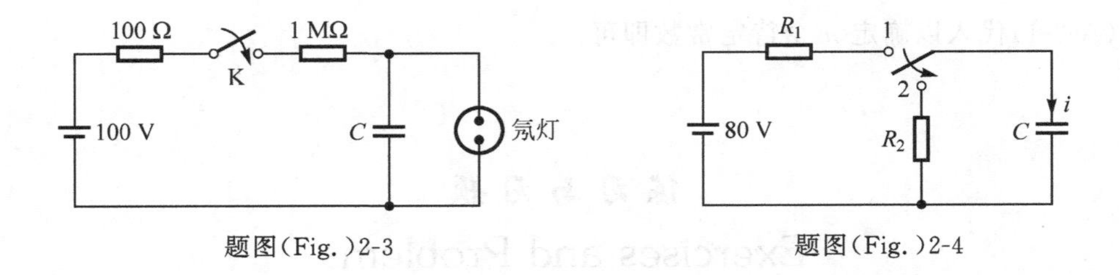

题图(Fig.)2-3　　　　题图(Fig.)2-4

(2) 电容器一个充放电过程的电压和电流波形;

(3) 在 0.8 ms 的闪光时间内,流过闪光灯的平均电流;(~7.8 A)

(4) 如果充电电路的最大电流为 150 mA,求拍照后电容器被重新充到 80 V 的时间。(~5.3 s)

The circuit in Fig. 2-4 is an electronic flashing light. R_2 is the light and R_1 is a large current-limiting resistor. Let $R_1=6\ \text{k}\Omega$, $R_2=10\ \Omega$ and $C=2$ mF. The capacitor has been charged to 80 V.

(1) Determine the energy stored on the capacitor;

(2) Determine the waveform of the current and voltage of the capacitor in charge and discharge process;

(3) Determine the average current through the light in the flashing time of 0.8 ms;

(4) Assuming the max current of the charging is 150 mA, determine the time of fully charging after photographing.

2-5*** 磁力控制的开关叫作**继电器**,用于早期的数字电路和今天高功率的开关电路中。继电器的主要作用是供电磁设备打开或闭合一个开关。题图 2-5 的电路为一个典型的继电器电路。其中的线圈电路是一个 *RL* 电路,当开关 S_1 闭合时,线圈电路被通以电流,线圈电流逐渐增加而产生磁场,当磁场增加到足够强时,就能吸合另一个电路的开关 S_2。已知 $R=150\ \Omega$, $L=30$ mH,吸合电流为 50 mA, $V_s=12$ V,计算继电器的延迟时间(开关 S_1 闭合到开关 S_2 闭合的时间,又称吸合时间)。(0.2 ms)

The switch controlled by magnetic force is called the electromagnetic relay, which is used in early digital circuit and present high power switching circuit. The main function of the electromagnetic relay is to open or close a switch with an electromagnet. A typical electromagnetic relay is shown in Fig. 2-5. The coil is a *RL* circuit. After the S_1 is closed, the current of the coil increases, generates a magnetic field and pulls the switch S_2 of another circuit. Let $V_s=12$ V, $R=150\ \Omega$, $L=30$ mH. The threshold current is 50 mA. Determine the delay time (time between the close of S_1 and the close of S_2) of the relay.

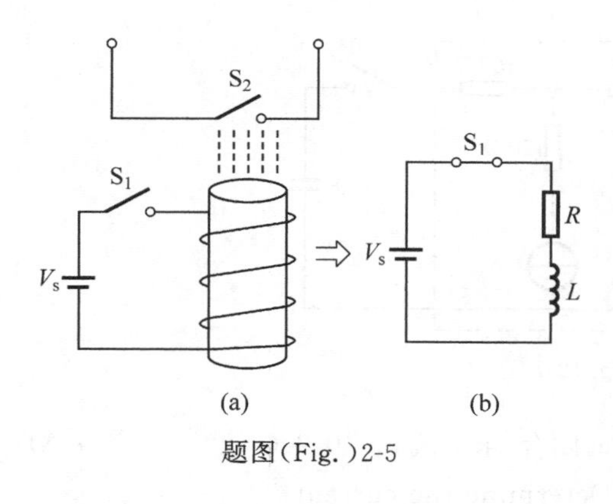

题图(Fig.)2-5

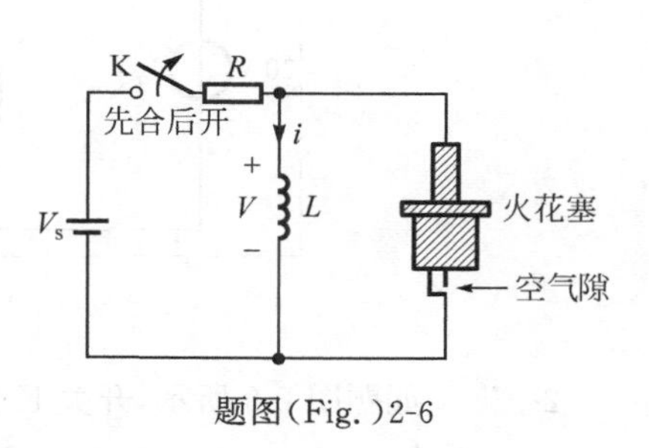

题图(Fig.)2-6

2-6*** 电感电流连续变化的特性可用于电弧或火花发生器中，汽车点火电路就是利用了这个特性。汽车的汽油发动机启动时要求气缸中的燃料被火花塞点燃，如题图 2-6 所示，它原理上是一对电极，间隔一定的空气间隙，当两个电极间产生一个高压(几千伏特)时，空气间隙就会产生火花而点燃发动机。由于汽车电池只有 12 V，试分析该装置如何能产生那么高的电压。已知线圈的电阻为 4 Ω，$L=6$ mH，如果电击时间为 1 μs，试计算：

(1) 开关合上线圈的终值电流；(3 A)

(2) 产生火花时空气间隙的电压。(18 kV)

A firing circuit is shown in Fig. 2-6. It is a pair of electrodes, between which is air. When a high voltage across the electrodes is produce(several kilovolt), the spark appears in the air gap and ignites the engine. Since the voltage of the battery is only 12 V, try to explain why the voltage across the electrodes is so high. Let the resistance is 4 Ω, inductance is 6 mH and the electric shock time is 1 μs.

(1) Determine the final value of the current when the switch is closed;

(2) The voltage across the air gap when igniting.

2-7** 题图 2-7 电路在 $t<0$ 时开关是断开的，电路已达稳态，电容上无电荷积累。在 $t=0$ 时开关闭合，求 $t>0$ 时电容两端的电压。$(44(1-e^{-t/\tau})u(t)$ V)(2003 年秋试题)

In Fig. 2-7, when $t<0$, the switch is open, the circuit is in steady state, and there is no charge on the capacitor. When $t=0$ the switch is closed and determine the voltage across the capacitor when $t>0$.

2-8** 题图 2-8 电路中已知电容器初始储能为零，电路在 $t=0$ 之前已达到稳态，开关在 $t=0$ 时动作，试建立求解电路电流响应 $i_L(t)$ 的微分方程和初值条件。($i_L(0)=$ 2 A, $i_L'(0)=60$ V/H)(2014 年春试题)

The initial stored energy in the capacitor(in Fig. 2-8) is 0, and the circuit is in the steady state when $t=0$. If the switch is switched at $t=0$, determine the differential equation for $i_L(t)$ and the initial condition.

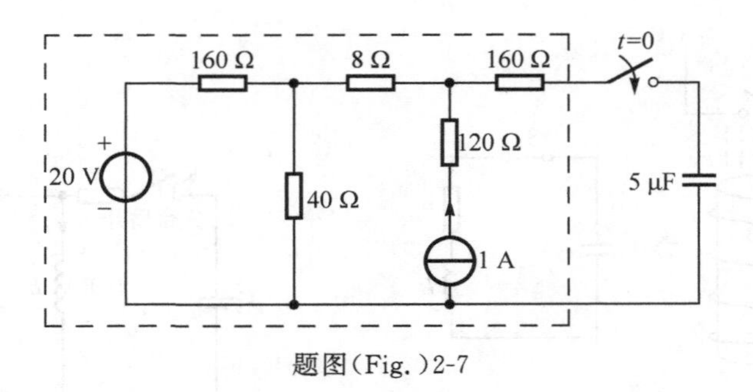

题图(Fig.)2-7

2-9** 如题图 2-9 所示,开关 K 在 $t=0$ 时闭合,求电流 i。($0.24(e^{-500t}-e^{-1000t})$ A)

A switch is closed at $t=0$ in Fig. 2-9. Determine the current i.

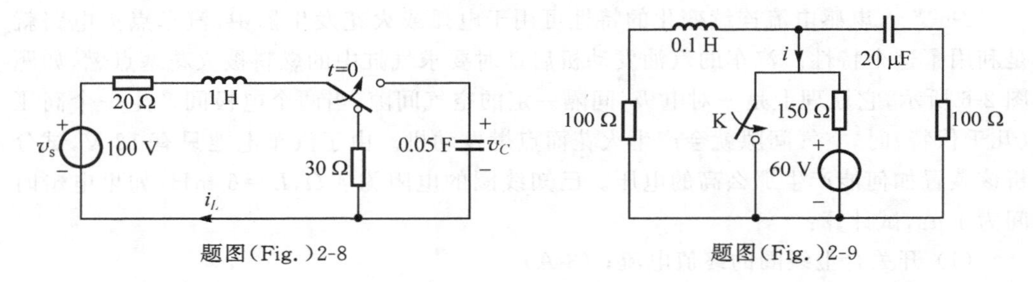

题图(Fig.)2-8　　　　题图(Fig.)2-9

2-10* 一 200 Ω 电阻与一电感串联放电。电感中电流的初始值为 5 mA,且 5 ms 后电感电流降至 2 mA,求电感值 L。(1.09 H)

A series connection discharging circuit is composed of a resistor of 200 Ω and an inductor. The initial current in the inductor is 5 mA, which decreases to 2 mA after 5 ms. Determine the inductance L.

2-11** 如题图 2-10 所示电路原处于稳态,$t=0$ 时开关 K_1 闭合,$t=0.1$ s 时开关 K_2 闭合。求电流 $i_L(t)$ 和 $i_1(t)$,并大致画出 $i_L(t)$ 曲线。($2u(-t)+2e^{-t/0.06}[u(t)-u(t-0.1)]+0.378e^{-(t-0.1)/0.1}u(t-0.1)$ A)

The circuit in Fig. 2-10 is in steady state. When $t=0$ K_1 is closed and when $t=0.1$ s K_2 is closed. Determine the current $i_L(t)$ and $i_1(t)$, and sketch $i_L(t)$.

2-12*** 如题图 2-11 所示,R,L 分别表示电磁铁线圈的电阻和电感。D 是一理想二极管,当电路工作时它如同断开,在电感放电时便导通。试选择放电电阻 R_f 的数值,使得:(1)放电开始时线圈两端的瞬时电压不超过正常工作电压 V_s 的 5 倍;(2)整个放电过程在 1 s 内基本结束。已知 $V_s=200$ V,$R=3$ Ω,$L=2$ H。($7\ \Omega\leqslant R_f\leqslant 15\ \Omega$)

In Fig. 2-11, the resistance and inductance of the electromagnet coil is R and L, respectively. D is an ideal diode and when the circuit works, it is equivalent to open circuit. while the inductor is discharging, it is conductive. Let $V_s=200$ V, $R=3$ Ω, and $L=2$ H, try to choose the value of R_f to make sure that (1) The instantaneous voltage across the coil when discharging begins is less than 5 times of the voltage V_s; (2) The discharging ends within 1 s.

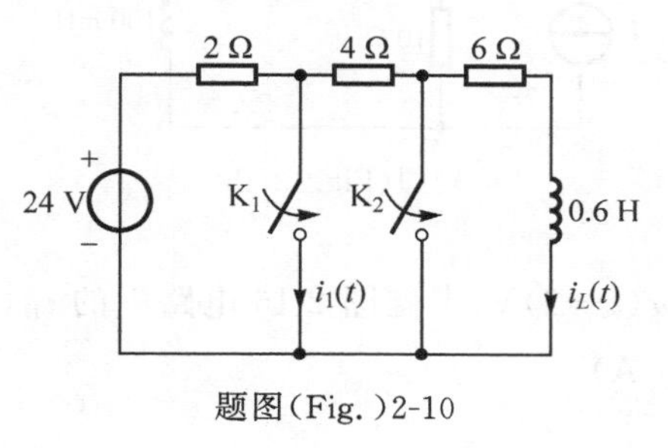

题图(Fig.)2-10

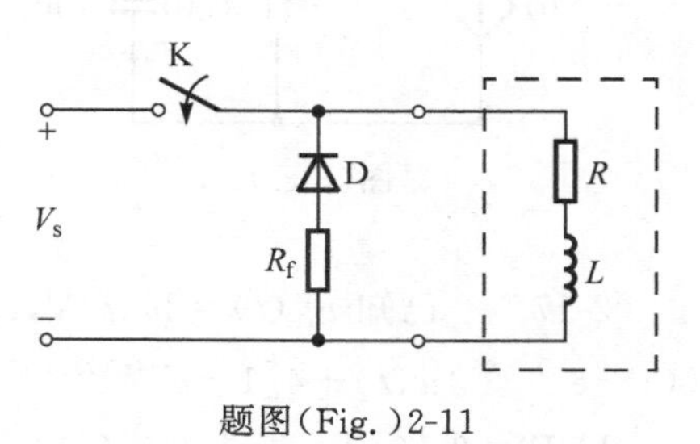

题图(Fig.)2-11

2-13*** 如题图 2-12 所示，$v_C(0_-)=0$，$t=0$ 时开关 K_1 闭合，$t=1$ s 时开关 K_2 闭合，求 $v_C(t)$，并大略画出它的波形图。($10(1-e^{-t})[u(t)-u(t-1)]+(5+1.32e^{-2(t-1)})u(t-1)$ V)

In Fig. 2-12, $v_C(0_-)=0$. When $t=0$ the switch K_1 is closed and when $t=1$ s the switch K_2 is closed. Determine $v_C(t)$ and sketch its waveform.

2-14** 如题图 2-13 所示，电路在开关闭合前处于稳态，$t=0$ 时开关 K 闭合，经过多长时间电流 $i_1(t)$ 与电流 $i_2(t)$ 相等？这时 i_1 为多大？(0.375 s, 1 A)

The circuit in Fig. 2-13 is in steady state before the switch is closed at $t=0$. How long will the current $i_1(t)$ equals to $i_2(t)$? Determine i_1 when the two currents are equal.

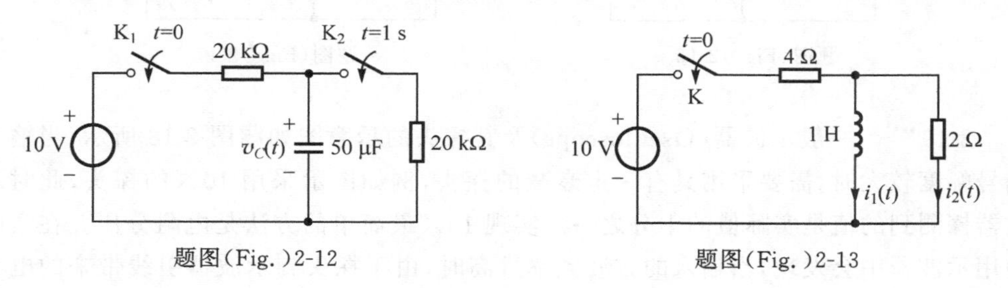

题图(Fig.)2-12 题图(Fig.)2-13

2-15** 题图 2-14 的电路中含有一流控电压源，电容有初始储能，$v_C(0)=9$ V，求电路中的电流 $i(t)$。($-2.5e^{-t/(1.8\times10^{-4})}$ A)

The circuit in Fig. 2-14 has a CCVS. The 50 μF capacitor is charged with an initial voltage of 9 V. Find $i(t)$.

2-16** 计算如题图 2-15 电路电感电流的单位阶跃响应和单位冲激响应。($(1-e^{-600t})u(t)$ A, $600e^{-600t}u(t)$ A)

Determine the $i_L(t)$ of the unit-step response and the unit-impulse response in Fig. 2-15.

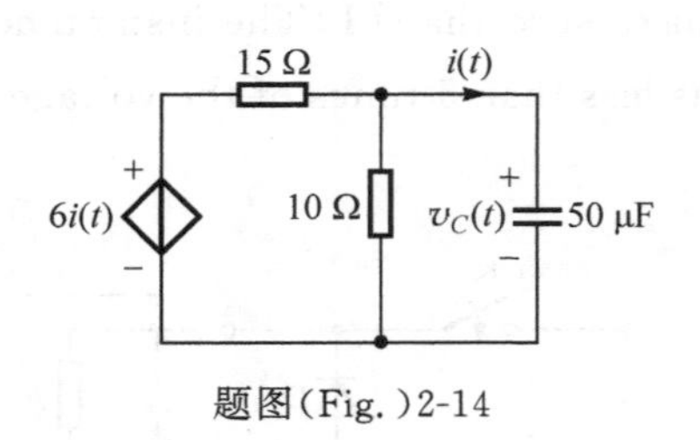

题图(Fig.)2-14

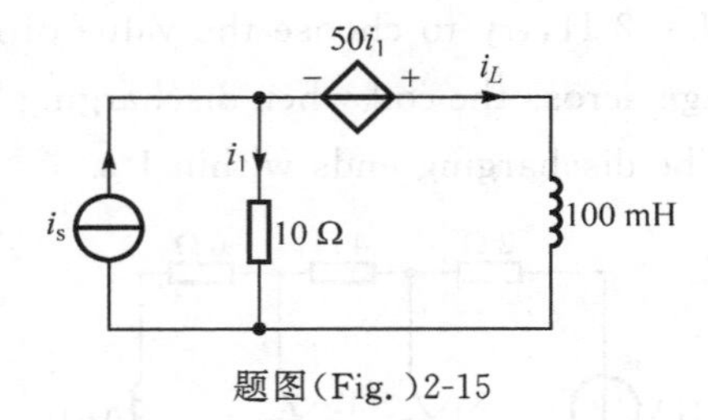

题图(Fig.)2-15

2-17** 已知 $v_{s1}(t)=2u(t)$V,$v_{s2}(t)=2u(t-2)$V,求题图 2-16 电路中的 $i_L(t)$。($(1-e^{-t/0.75})u(t)+4[1-e^{-(t-2)/0.75}]u(t-2)$ A)

In Fig. 2-16, determine $i_L(t)$.

2-18*** 题图 2-17 的电路中已知 $C=5$ μF,求电流源激励的电容电压的单位阶跃响应和单位冲激响应。($4(1-e^{-t/\tau})u(t)$ kV,$80e^{-t/\tau}u(t)$ kV,$\tau=50$ ms)

In Fig. 2-17, $C=5$ μF. Determine the unit-step response and the unit impulse response of the current source.

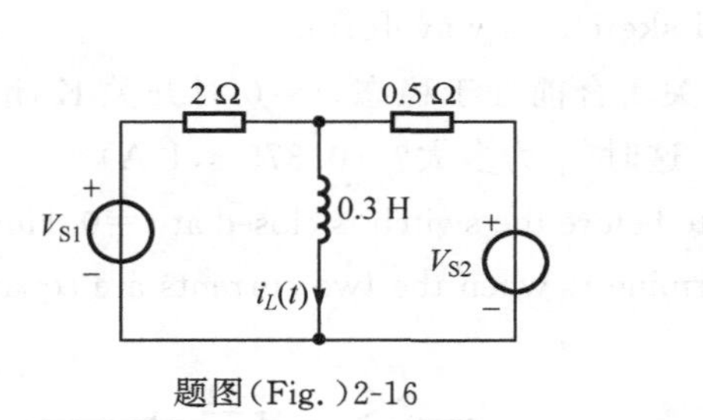

题图(Fig.)2-16

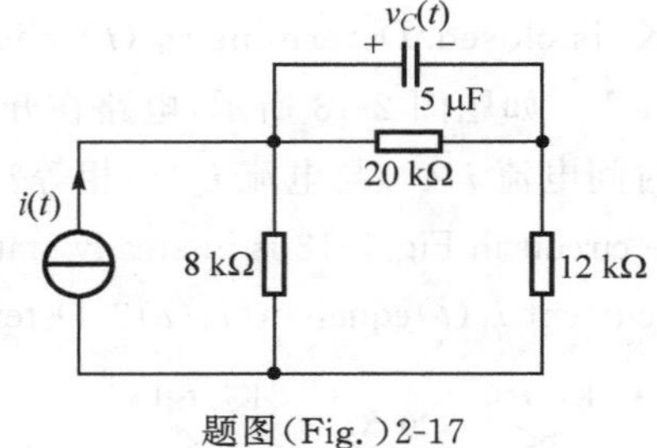

题图(Fig.)2-17

2-19*** 一般示波器(Oscilloscope)及其探头的示意图如题图 2-18 所示,当输入信号幅度较大时,需要采用具有一定衰减的探头,例如图示采用 10× 的探头,此时示波器探测到的值是实际值的十分之一。实现 10× 最简单的方法是电阻分压。在实际使用示波器中会发现,当输入的方波频率过高时,由于探头到示波器引线带来的电容效应,示波器上的显示已不是边沿陡峭的方波(图示中虚线为输入方波,实线为显示波形),假设探头传输线引入的电容为 1 pF。

(1) 画出从示波器向外看去,探头和信号源组成的电路。

(2) 做出探头和信号源组成的戴维南等效源电路。

(3) 计算电路中 RC 时间常数,估计可输入方波的最高频率。(最高频率定义为此频率下显示方波峰值可以达到输入的 99%以上。$\ln(0.01)\approx-4.6$)

(4) 如果在探头上接一个附加电容,可以消除由于探头传输线带来的电容影响,请给出该电容的大小。(提供:张诚)

The schematic diagram of a oscilloscope and its probe is shown in the Fig. 2-18.

When large signals are input, the attenuating probe should be used to reduce the amplitude of the signal. For example, when the 10× probe is used, the signal will be reduced to one-tenth of the original one. The 10× probe can be realized by using voltage division resistors. Due to the capacitance effect, when high-frequency square wave signal is input, it will turn to a smooth waveform. If the capacitance is 1 pF:

(1) Draw the circuit of the probe and the signal source;

(2) Draw the Thevenin equivalent circuit of the probe and the signal source;

(3) Determine the RC characteristic time of the circuit, and estimate the maximum frequency of the input square wave signal; (When the square wave signal at the maximum frequency is input, the displayed amplitude will be 99% of the original one. $\ln(0.01)\approx -4.6$)

(4) The capacitance effect can be eliminated by parallelly connected an additional capacitor to the probe. Determine the value of the capacitance.

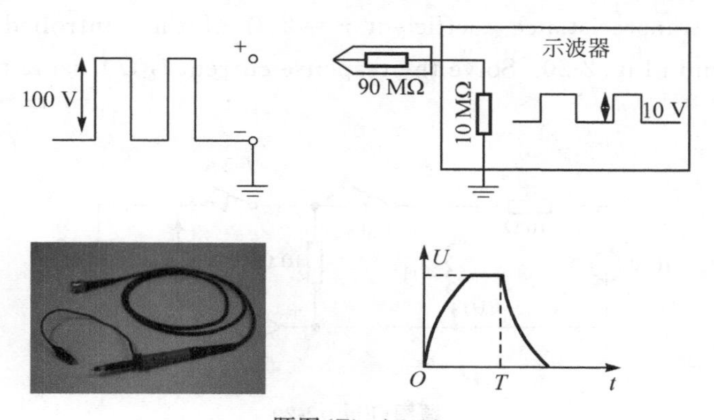

题图(Fig.)2-18

2-20*** 试利用单位冲激信号的筛分特性式 $\int_{-\infty}^{+\infty} f(t)\delta(t-t_0)\mathrm{d}t=f(t_0)$ 和电路的因果律证明：线性电路的响应 $y(t)$ 是任意激励信号 $f(t)$ 与电路的单位冲激响应 $h(t)$ 的卷积积分 $y(t)=\int_0^t f(\tau)\cdot h(t-\tau)\cdot \mathrm{d}\tau$。(提供：毛舒宇)

Use the sampling characteristics $\int_{-\infty}^{+\infty} f(t)\delta(t-t_0)\mathrm{d}t = f(t_0)$ and the causality of the circuit to prove that the response $y(t)$ is the convolution integral of the excitation signal $f(t)$ with the unit-impulse response $h(t)$ of the circuit $y(t)=\int_0^t f(\tau)\cdot h(t-\tau)\cdot \mathrm{d}\tau$.

2-21** (1)试求题图 2-19(a)电路中虚框内含源单口网络的戴维南等效电路。(2)如果电流源激励信号改为题图 2-19(b)，开关 K 在 $t=0$ 秒时闭合，试求 $t\geqslant 0$ 秒响应电压 $v(t)=$? 定性画出时域响应曲线。(2020 年秋试题)

A circuit is shown in Fig. 2-19 (a). (1) Find the Thevenin's equivalent circuit of the single-port network in the dash-line box. (2) If the excitation signal of the current source changes to the signal in Fig. 2-19 (b), and the switch K is closed when $t=0$. Solve the response voltage $v(t)$ and qualitatively draw the curve in the time domain.

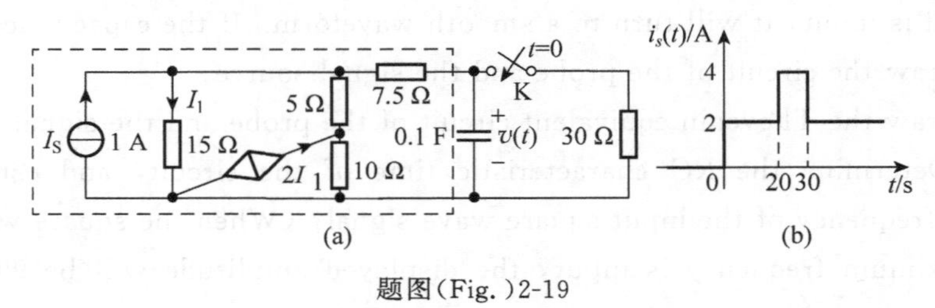

题图(Fig.)2-19

2-22** 已知题图 2-20 电路中受控源的跨阻系数 $r=2\ \Omega$，试用三要素法求响应电流 $i_L(t)=?$（2018 年秋试题）

Given the transresistance coefficient $r=2\ \Omega$ of the controlled source in the circuit as shown in Fig. 2-20. Solve the response current $i_L(t)$ using the three-factor method.

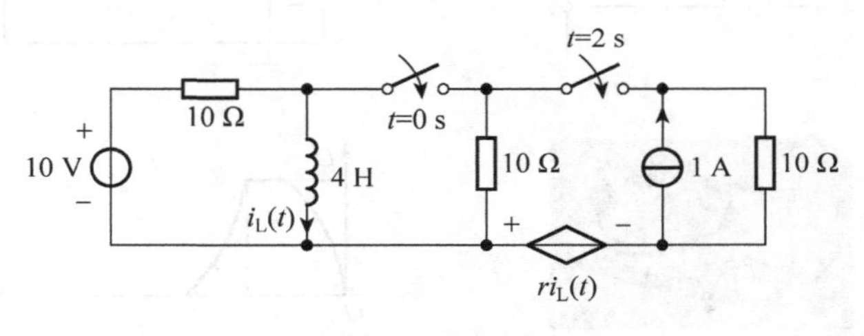

题图(Fig.)2-20

2-23** 已知题图 2-21 电路中开关 K1 在 $t=0$ s 时由下打到上端，开关 K2 在 $t=5$ s 时闭合。试求 $t>0$ s 虚框内含源单口网络的诺顿等效电路，以及响应电压 $v(t)=?$（2019 年秋试题）

As shown in Fig. 2-21, the switch K1 switches from bottom side to top side when $t=0$ s, and switch K2 closes when $t=5$ s. Find the Norton's equivalent circuit in the dash-line box and $v(t)$ when $t>0$.

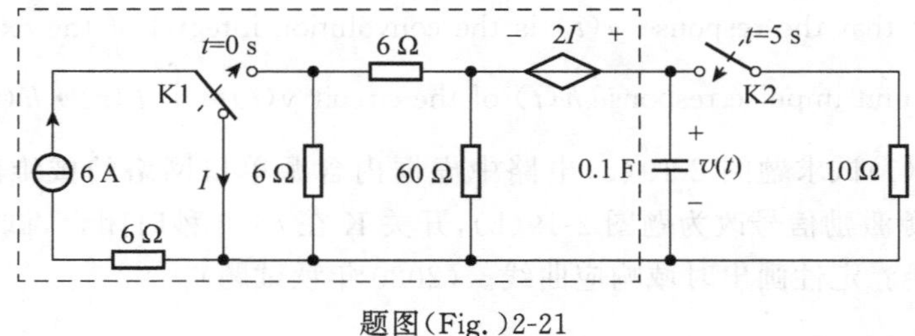

题图(Fig.)2-21

2-24*** 题图 2-22 所示电路中，两个用电器并联在一起共用一个电压源供电，负载 $R_L=100\ \Omega$。(1)开关处于闭合状态时电路达到稳态，试计算稳态条件下负载 R_L 两端的电压 V_L 和流过两个用电器上的电流 I_1、I_2(10 V，1 A，0.1 A)；(2)计算开关在 $t=0$ 时断开的瞬间，负载 R_L 两端的电压和流过两个用电器上的电流(−100 V，1 A，−1 A)；(3)如果负载 R_L 的反向耐压为 1 V，试问该设备是否烧坏？为避免烧坏负载 R_L 在不增加电路稳态功耗的条件下，如何修改电路？(提示：允许增加一个元件，试给出关键参数。提供：王大雨总工程师(原 2005 级本科生))

(背景：本题取自电子工程实际，一般导航等电子产品的反向耐压不高，由于感性负载在断电的瞬间可能会产生很大的自感电动势，所以，不能把导航等电子产品和电机类的感性强电设备共用电源，否则极易烧坏产品。如果非要这么做，可以并一个大功率的泄流二极管，其最大导通电流不低于电机的工作电流，是很实用的低成本简单保护电路)

Two electrical appliances are parallel connected sharing a voltage source as shown in Fig. 2-22. $R_L=100\ \Omega$. (1) When the switch is closed and the circuit is in a steady state. Find V_L, I_1, and I_2. (2) When the switch is opened at $t=0$ s, again find V_L, I_1, and I_2 at $t=0$ s. (3) If, the tolerance reverse voltage of load R_L is 1 V, is it damaged? How to modify the circuit to avoid the damage without increasing the power of the circuit?

2-25*** 一位三年级的本科生进入实验室参加研究小组，教授要求她用一个 1 V 的直流电压源和必要的电阻、电容及电感，实现一个脉冲幅度为 10 V、脉冲宽度小于 100 μs 的短脉冲信号发生器。试通过理论分析帮助这位同学提出一个设计方案。

A junior student is required to realize a high-voltage (10 V) short pulse (pulse width less than 100 μs) generator using a 1 V DC voltage source and any other resistors, capacitors and inductors. Help her propose a scheme.

2-26** 题图 2-23 电路中开关 K1 在 $t=0$ s 时闭合，开关 K2 在 $t=5$ s 时闭合，$r=14\ \Omega$，试用三要素法求 $t\geqslant 0$ s 电感上的响应电流 $i(t)=$？(2021 年冬试题)($\tau_1=\frac{1}{2}$ s，$i(0)=0$ A，$i(\infty)=4$ A；$\tau_2=\frac{1}{3}$ s，$i(5)=4$ A，$i(\infty)=6$ A)

As shown in Fig. 2-23, the switch K1 is closed at $t=0$ s, the switch K2 is closed at $t=5$ s, and $r=14\ \Omega$. Use the three-factor method to find $i(t)$ when $t\geqslant 0$.

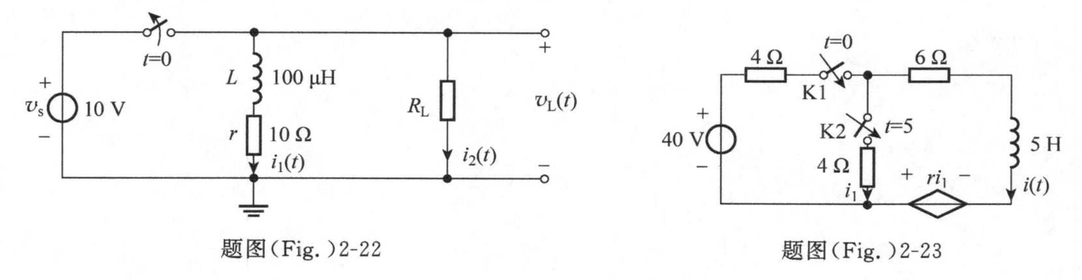

题图(Fig.)2-22

题图(Fig.)2-23

第3章

正弦稳态电路分析

Sinusoidal Steady-State Analysis

本章介绍正弦稳态电路分析中一些重要的概念和方法，并将基本定律、定理推广至正弦稳态电路的分析之中，希望达到的目标是：

- 明白正弦稳态电路分析中复数法的引入机理。
- 掌握基本定律、定理、概念和方法在正弦稳态电路分析中的推广。
- 掌握并理解传递函数，会利用传递函数判断电路的稳定性、分析滤波器的频率响应特性。
- 掌握正弦稳态电路分析。

In this chapter, we'll help learner understand the following contents.

- The principle of sinusoidal steady-state analysis.
- The concepts of phasor method, impedance and admittance.
- How to approximate a frequency response curve.
- The sinusoidal steady-state response.

正弦信号激励下电路的稳态响应称为**正弦稳态响应**(**Sinusoidal Steady-State Response**)。正弦信号激励下电路的稳态响应问题是电路分析中的重要课题,这是因为:

(1) 正弦信号比较容易产生和获得,在科学研究和工程技术中,许多电气设备和仪器都是以正弦信号为基本信号的。

(2) 根据傅里叶级数的数学理论(第5章),任何周期信号都能分解为一系列不同频率正弦信号的叠加。因此,利用线性电路的叠加性,可以把正弦信号激励下电路的稳态响应分析,推广到周期信号激励下电路的稳态响应分析。

(3) 不同频率的正弦信号作用于电路所产生的响应是不同的,电路的这种不同频率响应特性,是电路分析和电路综合的一个重要内容,也是电路特性的重要指标。

前面对线性微分方程的全解分析告诉我们,本章描述的正弦信号激励下网络的稳态响应问题,在数学上,就是正弦信号激励下网络方程的特解问题。前面2.3.1节对复指数信号激励下一阶电路稳态响应问题的分析,可以推广至一般动态电路,假设激励为$x(t)=X_0\mathrm{e}^{\mathrm{j}(\omega t+\varphi_x)}=X(\mathrm{j}\omega)\mathrm{e}^{\mathrm{j}\omega t}$,稳态解为$y(t)=Y_0\mathrm{e}^{\mathrm{j}(\omega t+\varphi_y)}=Y(\mathrm{j}\omega)\mathrm{e}^{\mathrm{j}\omega t}$,其中$X_0$,$Y_0$,$\omega$,$\varphi_x$,$\varphi_y$均为常数,由于$\mathrm{d}^{(n)}[\mathrm{e}^{\mathrm{j}(\omega t+\phi)}]/\mathrm{d}t^n=(\mathrm{j}\omega)^n\mathrm{e}^{\mathrm{j}(\omega t+\phi)}$的微分特性,则微分方程式(2-4-2)可写为

$$[a_n(\mathrm{j}\omega)^n+\cdots+a_1(\mathrm{j}\omega)+a_0]Y(\mathrm{j}\omega)\mathrm{e}^{\mathrm{j}\omega t}=[b_m(\mathrm{j}\omega)^m+\cdots+b_1(\mathrm{j}\omega)+b_0]X(\mathrm{j}\omega)\mathrm{e}^{\mathrm{j}\omega t}\tag{3-1}$$

所以

$$Y(\mathrm{j}\omega)=\frac{b_m(\mathrm{j}\omega)^m+\cdots+b_1(\mathrm{j}\omega)+b_0}{a_n(\mathrm{j}\omega)^n+\cdots+a_1(\mathrm{j}\omega)+a_0}X(\mathrm{j}\omega)\tag{3-2}$$

以上简单而有效的代数求解方法充满吸引力,只要正弦信号可以用复指数信号表示,正弦稳态响应问题就可以转换为简单的复指数信号激励的稳态响应问题,由此引出这一章将要讨论的求取正弦稳态响应的方法——**复数分析法**或称为**相量分析法**(简称**复数法**或**相量法**)。

比较式(3-2)和式(2-4-2),除了变微分为代数求解的便利之外,特别地,复数法将读者的注意力从以时间t为自变量的**时域**(**Time Domain**)描述,转移到以频率ω为自变量的**频域**(**Frequency Domain**)描述上来。

复数(**Complex Numbers**)的发明是为了表示负数开方运算,它的引入使很多复杂问题得到简化。复数A有两种表示形式:笛卡儿坐标系(直角坐标系)的实部a加虚部b表示、极坐标系的模c和相角θ表示:

$$A=a+\mathrm{j}b=c\mathrm{e}^{\mathrm{j}\theta}\tag{3-3}$$

其中,$c=\sqrt{a^2+b^2}$,$\tan\theta=b/a$。两种表示的互换依据是著名而神奇的欧拉公式(Euler's Formula)(3-1-2)。发现这个被誉为"上帝公式"的关系并不容易,但证明却非常简单,只需将$\cos\theta$、$\sin\theta$和e^x的麦克劳林展开式写出来即可得证:

$$\cos\theta=1-\frac{\theta^2}{2!}+\frac{\theta^4}{4!}-\frac{\theta^6}{6!}+\cdots\tag{3-4}$$

$$\sin\theta=\theta-\frac{\theta^3}{3!}+\frac{\theta^5}{5!}-\frac{\theta^7}{7!}+\cdots \tag{3-5}$$

$$e^x=1+\frac{x}{1!}+\frac{x^2}{2!}+\frac{x^3}{3!}+\cdots \tag{3-6}$$

读者会在以后的练习中体会到，复数做加减运算时直角坐标表示比较简便、做乘除运算时极坐标表示比较便利。本书电路分析理论中，多采用极坐标系的表示形式。

3.1 正弦稳态电路/Sinusoidal Steady-State Circuit

3.1.1 正弦信号的复数表示——相量/Phasor

以正弦电压为例，其数学表达式为

$$v(t)=V_m\cos(\omega t+\varphi) \tag{3-1-1}$$

其中，振幅 V_m、角频率 ω、初相位 φ 为描述一个正弦量的三个要素，三要素一旦确定，正弦量也就被唯一地确定了。根据欧拉公式

$$e^{j\theta}=\cos\theta+j\sin\theta \tag{3-1-2}$$

式(3-1-1)可用复数形式表示为

$$\begin{aligned}v(t)&=\mathrm{Re}[V_m e^{j(\omega t+\varphi)}]=\mathrm{Re}(V_m e^{j\varphi}\cdot e^{j\omega t})=\mathrm{Re}[V_m(j\omega)e^{j\omega t}]\\&=\mathrm{Re}(\sqrt{2}\cdot Ve^{j\varphi}\cdot e^{j\omega t})=\mathrm{Re}[V(j\omega)\sqrt{2}e^{j\omega t}]\end{aligned} \tag{3-1-3}$$

其中，定义**最大值相量**为

$$V_m(j\omega)=V_m e^{j\varphi} \tag{3-1-4}$$

定义**有效值相量**为

$$V(j\omega)=Ve^{j\varphi} \tag{3-1-5}$$

简称“**相量**”(**Phasor**)，为简化分析，将电路中所有变量共有的 $e^{j\omega t}$ 项不纳入相量定义。因此，相量是一个表示正弦信号的幅度和初相位两个要素的复数，还可以简写为

$$V_m(j\omega)=V_m\angle\varphi \quad 或 \quad V(j\omega)=V\angle\varphi \tag{3-1-6}$$

比较式(3-1-1)和式(3-1-4)可见，正弦信号的复数形式(或相量表示)将关注的重心从**时域**(**Time Domain**)描述转移到以频率 ω 为自变量的“**频域**”(**Frequency Domain**)描述上，因此，本书统一用自变量为 $j\omega$ 的变量形式来表示相量①。

如图 3-1-1 所示，可以用**复平面**(**Complex Plane**)上的有向线段来表示相量。即以有向线段的长度来表示幅度 V_m，以与水平轴的夹角来表示相位 φ，称复平面上这样的图为“**相量图**”(**Phasor Diagram**)。相量图 3-1-1 所对应的时域波形如图 3-1-2 所示。

若相量 $V_{m1}(j\omega)$ 和 $V_{m2}(j\omega)$ 的相位如图 3-1-1(a)所示，则 $\varphi_1=\varphi_2$，称两个正弦电压

---

① 有很多教材用头上有一点的变量符号来表示相量：$\dot{V}=Ve^{j\varphi}$。

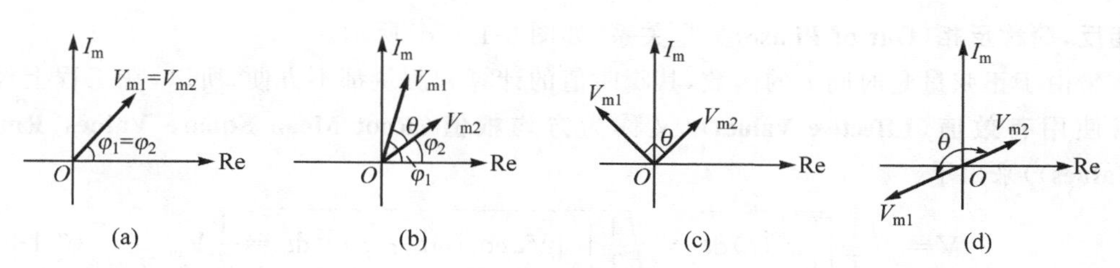

图　3-1-1

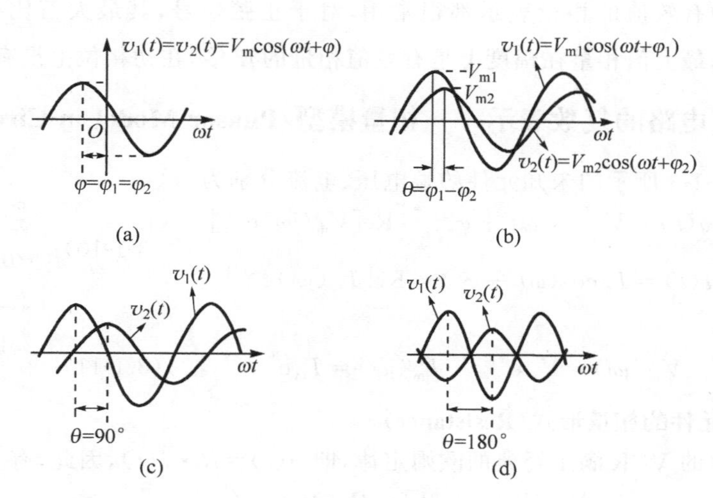

图　3-1-2

同相位，简称**同相**(**In Phase**)。同相时，$v_1(t)$和 $v_2(t)$同时达到最大值和最小值，如图 3-1-2(a)所示。

若相量 $V_{m1}(j\omega)$和 $V_{m2}(j\omega)$的相位如图 3-1-1(b)所示，则 $\varphi_1>\varphi_2$，称 $\theta=\varphi_1-\varphi_2$ 为 $v_1(t)$和 $v_2(t)$的**相位差**(**Phase Difference**)，并说 $v_1(t)$**超前**(**Leading**)$v_2(t)\theta$ 相位，或者说 $v_2(t)$**滞后**(**Lagging**)$v_1(t)\theta$ 相位，如图 3-1-2(b)所示。

如果 $v_1(t)$和 $v_2(t)$的相位差 $\theta=90°$，即 $\varphi_1=\varphi_2+90°$，如图 3-1-2(c)所示，则有

$$\begin{aligned}V_{m1}(j\omega)&=V_{m1}e^{j\varphi_1}=V_{m1}e^{j(\varphi_2+90°)}\\&=V_{m1}e^{j\varphi_2}(\cos 90°+j\sin 90°)\\&=jV_{m1}e^{j\varphi_2}=j\frac{V_{m1}}{V_{m2}}V_{m2}(j\omega)\end{aligned}\tag{3-1-7}$$

式(3-1-7)表示一个相量乘以因子 j，在相量图(图 3-1-1(c))上表现为逆时针方向旋转 90°；一个相量乘以因子 −j，则表现为顺时针旋转 90°。所以称 $j=e^{j90°}$ 为 90°**旋转因子**。

如果 $v_1(t)$和 $v_2(t)$的相位差 $\theta=\varphi_1-\varphi_2=180°$，如图 3-1-2(d)所示，则有

$$V_{m1}(j\omega)=V_{m1}e^{j\varphi_1}=V_{m1}e^{j(\varphi_2+180°)}=-V_{m1}e^{j\varphi_2}=-\frac{V_{m1}}{V_{m2}}V_{m2}(j\omega)\tag{3-1-8}$$

即 $v_1(t)$达到正的最大值时，$v_2(t)$达到负的最大值。这时，称 $v_1(t)$和 $v_2(t)$相位互为

相反，简称**反相**(**Out of Phase**)矢量关系，如图 3-1-1(d)所示。

由于正弦量是时间 t 的函数，其瞬时值的计算和测量都不方便，所以，在工程上经常使用**有效值**(**Effective Values**)(又称为**方均根值**(**Root Mean Square Values, Rms Values**))来表示。

$$V=\sqrt{\frac{1}{T}\int_0^T v^2(t)\mathrm{d}t}=\sqrt{\frac{1}{T}\int_0^T [V_{\mathrm{m}}\cos(\omega t+\varphi)]^2\mathrm{d}t}=\frac{1}{\sqrt{2}}V_{\mathrm{m}} \tag{3-1-9}$$

最大值和有效值的相量表示都很常用，对于正弦信号，其最大值比有效值大$\sqrt{2}$倍，也就是说，最大值相量在幅度上是有效值相量的$\sqrt{2}$倍，在初相位上没有区别。

3.1.2 电路的复数表示——相量模型/Phasor Model in Circuit

设如图 3-1-3 所示的未知元件的端电压、电流分别为

$$\begin{cases} v(t)=V_{\mathrm{m}}\cos(\omega t+\varphi_v)=\mathrm{Re}[V_{\mathrm{m}}(\mathrm{j}\omega)\mathrm{e}^{\mathrm{j}\omega t}] \\ i(t)=I_{\mathrm{m}}\cos(\omega t+\varphi_i)=\mathrm{Re}[I_{\mathrm{m}}(\mathrm{j}\omega)\mathrm{e}^{\mathrm{j}\omega t}] \end{cases} \tag{3-1-10}$$

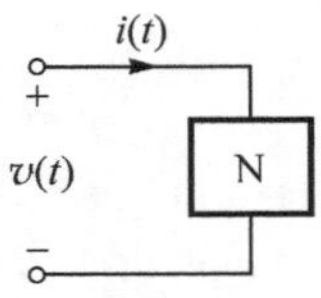

图 3-1-3

其中，

$$V_{\mathrm{m}}(\mathrm{j}\omega)=V_{\mathrm{m}}\mathrm{e}^{\mathrm{j}\varphi_v},\quad I_{\mathrm{m}}(\mathrm{j}\omega)=I_{\mathrm{m}}\mathrm{e}^{\mathrm{j}\varphi_i} \tag{3-1-11}$$

1. 电阻元件的相量形式(Resistance)

电阻元件的 VCR 满足经典的欧姆定律，即 $v(t)=R\cdot i(t)$，因此，有

$$\mathrm{Re}[V_{\mathrm{m}}(\mathrm{j}\omega)\mathrm{e}^{\mathrm{j}\omega t}]=R\cdot\mathrm{Re}[I_{\mathrm{m}}(\mathrm{j}\omega)\mathrm{e}^{\mathrm{j}\omega t}] \tag{3-1-12}$$

所以，有

$$V_{\mathrm{m}}(\mathrm{j}\omega)=RI_{\mathrm{m}}(\mathrm{j}\omega) \tag{3-1-13}$$

式(3-1-13)说明电阻元件上的电压相量与电流相量之间的关系仍然符合欧姆定律，且电压和电流同相，如图 3-1-4 所示。

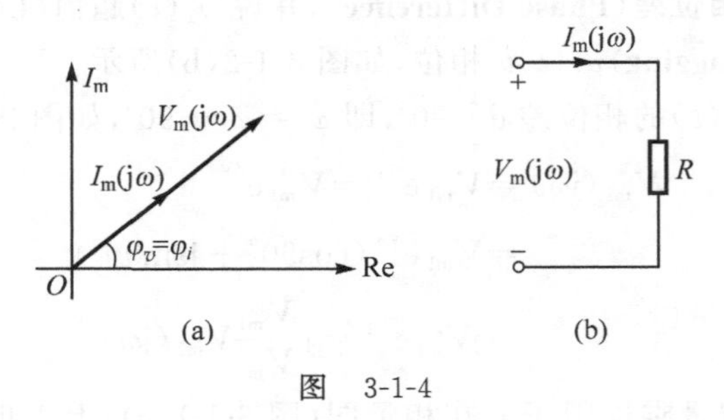

图 3-1-4

2. 电容元件的相量形式(Capacitance)

电容元件的 VCR 满足微分关系，即 $i(t)=C\dfrac{\mathrm{d}v(t)}{\mathrm{d}t}$，因此，有

$$\mathrm{Re}[I_{\mathrm{m}}(\mathrm{j}\omega)\mathrm{e}^{\mathrm{j}\omega t}]=C\frac{\mathrm{d}}{\mathrm{d}t}\mathrm{Re}[V_{\mathrm{m}}(\mathrm{j}\omega)\mathrm{e}^{\mathrm{j}\omega t}]=\mathrm{Re}[\mathrm{j}\omega CV_{\mathrm{m}}(\mathrm{j}\omega)\mathrm{e}^{\mathrm{j}\omega t}] \tag{3-1-14}$$

所以，有

$$I_{\mathrm{m}}(\mathrm{j}\omega)=\mathrm{j}\omega C V_{\mathrm{m}}(\mathrm{j}\omega) \quad \text{或} \quad V_{\mathrm{m}}(\mathrm{j}\omega)=(\mathrm{j}\omega C)^{-1} I_{\mathrm{m}}(\mathrm{j}\omega) \tag{3-1-15}$$

式(3-1-15)说明电容元件上的电压相量与电流相量之间相差 90°，电流振幅是电压振幅的 ωC 倍，电流的相位超前电压 90°，如图 3-1-5 所示。式(3-1-15)也具有欧姆定律的形式，可以看成欧姆定律的推广称为**广义欧姆定律**的相量形式。由于 ωC 具有电导的量纲，定义 $B_C=\omega C$ 为电容的电纳，简称**容纳**(Capacitive Susceptance)，单位是西门子(S)。反过来，定义 $X_C=\dfrac{1}{\omega C}=\dfrac{1}{B_C}$ 为电容的电抗，简称**容抗**(Capacitive Reactance)，单位是欧姆(Ω)。

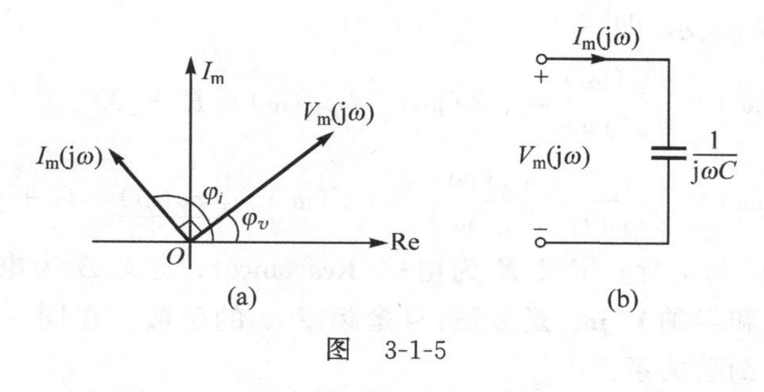

图　3-1-5

容抗 X_C 与电容 C、频率 ω 成反比，当电容 C 一定时，电容元件对高频电流呈现很小的容抗，而对直流($\omega=0$)呈现的容抗为无穷大($X_C\to\infty$)，可视作开路。因此，电容器具有隔直作用。

3. 电感元件的相量形式(Inductance)

与电容相对偶，电感元件的 VCR 满足微分关系，即 $v(t)=L\dfrac{\mathrm{d}i(t)}{\mathrm{d}t}$，因此，有

$$\mathrm{Re}[V_{\mathrm{m}}(\mathrm{j}\omega)\mathrm{e}^{\mathrm{j}\omega t}]=L\frac{\mathrm{d}}{\mathrm{d}t}\mathrm{Re}[I_{\mathrm{m}}(\mathrm{j}\omega)\mathrm{e}^{\mathrm{j}\omega t}]=\mathrm{Re}[\mathrm{j}\omega L I_{\mathrm{m}}(\mathrm{j}\omega)\mathrm{e}^{\mathrm{j}\omega t}] \tag{3-1-16}$$

所以，有

$$V_{\mathrm{m}}(\mathrm{j}\omega)=\mathrm{j}\omega L I_{\mathrm{m}}(\mathrm{j}\omega) \quad \text{或} \quad I_{\mathrm{m}}(\mathrm{j}\omega)=(\mathrm{j}\omega L)^{-1} V_{\mathrm{m}}(\mathrm{j}\omega) \tag{3-1-17}$$

式(3-1-17)说明电感元件上的电压相量与电流相量之间相差 90°，电压振幅是电流振幅的 ωL 倍，电压的相位超前电流 90°，如图 3-1-6 所示。式(3-1-17)也具有欧姆定律的形式，可以看成欧姆定律的推广称为广义欧姆定律的相量形式。由于 ωL 具有电阻的量纲，定义 $X_L=\omega L$ 为电感的电抗，简称**感抗**(Inductive Reactance)，单位是欧姆(Ω)；反过来，定义 $B_L=1/X_L$ 为电感的电纳，简称**感纳**(Inductive Susceptance)，单位是西门子(S)。感抗 X_L 与电感 L、频率 ω 成正比，因此，电感对高频率电流的阻碍作用最大，而对直流($\omega=0$)可视为短路，即 $X_L=0$。

4. 阻抗和导纳(Impedance and Admittance)

假设一个线性定常无源单口网络如图 3-1-7 所示，在正弦稳态情况下，定义口电

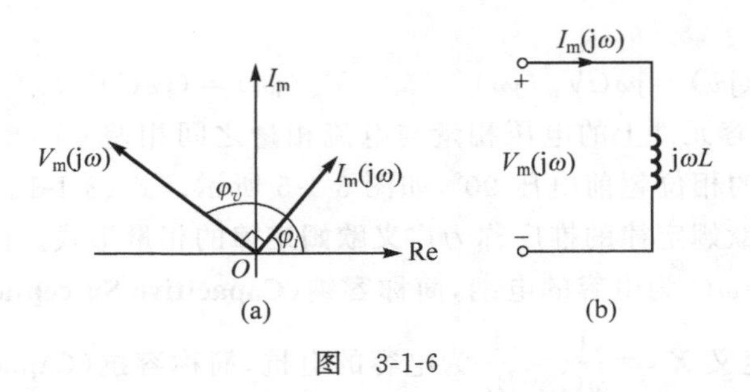

图 3-1-6

压相量 $V_m(j\omega)$ 与口电流相量 $I_m(j\omega)$ 之比为阻抗，用符号 $Z(j\omega)$ 表示，定义其倒数为导纳，用符号 $Y(j\omega)$ 表示，即

$$Z(j\omega)=\frac{V_m(j\omega)}{I_m(j\omega)}=|Z(j\omega)|\underline{/\varphi_Z(\omega)}=R+jX \tag{3-1-18}$$

$$Y(j\omega)=\frac{1}{Z(j\omega)}=\frac{I_m(j\omega)}{V_m(j\omega)}=|Y(j\omega)|\underline{/\varphi_Y(\omega)}=G+jB \tag{3-1-19}$$

其中，R 为电阻；G 为电导；定义 X 为**电抗**(**Reactance**)；定义 B 为**电纳**(**Susceptance**)。显然，**阻抗 $Z(j\omega)$ 和导纳 $Y(j\omega)$ 是复数，且是频率 ω 的函数**。在同一频率的正弦信号作用下，它们互为倒数关系。

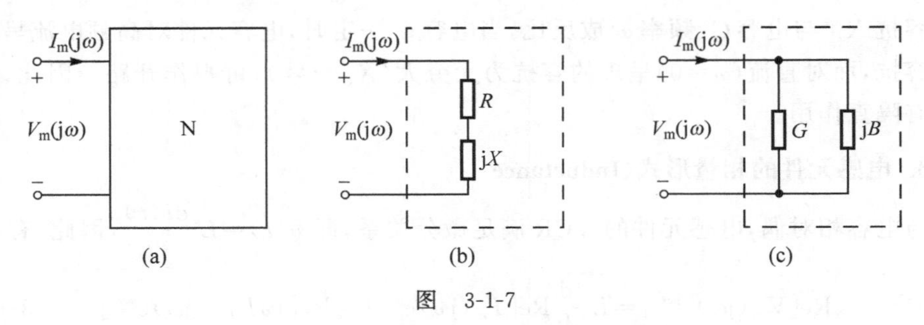

图 3-1-7

式(3-1-18)和式(3-1-19)显示出同一个网络对不同的频率 ω 呈现出不同的阻抗或导纳，这种变化不仅有大小的变化(模 $|Z(j\omega)|$、$|Y(j\omega)|$ 的变化)，也有相位的变化(**阻抗角**(**Impedance Angle**)$\varphi_Z(\omega)$、$\varphi_Y(\omega)$ 的变化)，从而使同一个网络呈现出不同的阻抗性质，即**网络是有频率特性的，网络的相位信息也很重要**，这一点，在以往的学习中从未涉及或关注过。

例如，当 $X=X_L-X_C=0$ 时(即 $X_L=X_C$)时，$\varphi_Z=0$，网络呈电阻性，电压、电流同相；当 $X=X_L-X_C>0$(即 $X_L>X_C$)时，$\varphi_Z>0$，电压超前电流，网络呈**感性**(**Inductive**)；当 $X=X_L-X_C<0$(即 $X_L<X_C$)时，$\varphi_Z<0$，电压滞后电流，网络呈**容性**(**Capacitive**)①。因此，在进行正弦稳态分析时，首先要有相位的概念，而相位关系又反

① 注：关于 X_L、X_C、B_L、B_C 的定义，有些教材从阻抗和导纳的角度采用 $X_C<0$、$B_L<0$ 的定义方法，两种定义均不影响电容与电感在阻抗和导纳上面的计算。

映在阻抗角上，它和阻抗的模一起被称为阻抗，用来反映网络本身的固有特性，与口电压或口电流无关。值得一提的是，阻抗不同于正弦变量的复数表示，它不是相量，而是一个复数计算量。这些概念，同样适用于导纳。

【例 3-1-1】 如图 3-1-8(a)所示的单口网络中，已知 $Z_1=10+\text{j}10\ \Omega$，$Y_2=2-\text{j}2\ \text{S}$，试计算该网络的阻抗及网络的阻抗特性。如果该结果是网络工作在 $f=5\ \text{Hz}$ 的频率下测得的，试画出该网络等效的电路元件模型，以及此时各电压电流的相量图。

解：此单口网络为 Z_1 和 Y_2 串联的简单网络，所以，网络呈现的阻抗为

$$Z=Z_1+1/Y_2=10+\text{j}10+1/(2-2\text{j})=10.25+\text{j}10.25\ (\Omega)$$

此为感性网络，可由一个 $R=10.25\ \Omega$ 的电阻和一个 $L=10.25/2\pi f=2.05/2\pi\ (\text{H})$ 的电感的串联来等效(图 3-1-8(b))。此时各电压电流的相量图(图 3-1-8(c))满足 $|V_R(\text{j}\omega)|=|V_L(\text{j}\omega)|=10.25|I(\text{j}\omega)|$。

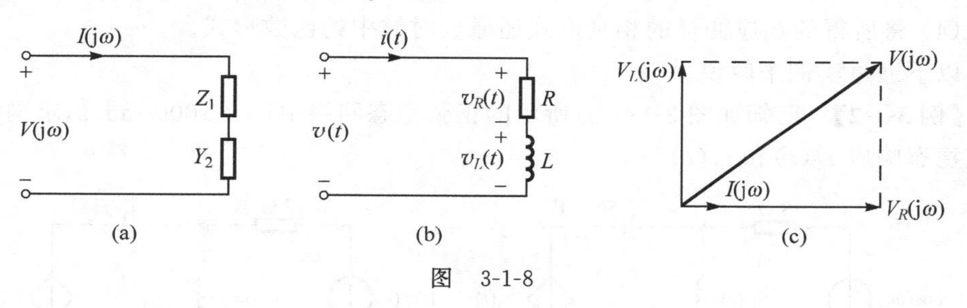

图　3-1-8

5. 定律的相量形式(Law's Phasor Model)

当电路中各处的电压和电流都是同一频率的正弦量时，KCL 的时域表达式(1-1-9)可以表示为

$$\sum_{k=1}^{K} i_k(t)=\sum_{k=1}^{K}\text{Re}[I_{mk}(\text{j}\omega)\text{e}^{\text{j}\omega t}]=\text{Re}\left\{\left[\sum_{k=1}^{K} I_{mk}(\text{j}\omega)\right]\text{e}^{\text{j}\omega t}\right\}=0 \tag{3-1-20}$$

所以，有

$$\sum_{k=1}^{K} I_{mk}(\text{j}\omega)=0 \tag{3-1-21}$$

当电路中各处的电压和电流都是同一频率的正弦量时，KVL 的时域表达式(1-1-13)可以表示为

$$\sum_{k=1}^{K} v_k(t)=\sum_{k=1}^{K}\text{Re}[V_{mk}(\text{j}\omega)\text{e}^{\text{j}\omega t}]=\text{Re}\left\{\left[\sum_{k=1}^{K} V_{mk}(\text{j}\omega)\right]\text{e}^{\text{j}\omega t}\right\}=0 \tag{3-1-22}$$

所以，有

$$\sum_{k=1}^{K} V_{mk}(\text{j}\omega)=0 \tag{3-1-23}$$

因此，在正弦稳态电路中，基尔霍夫定律可以直接用电压和电流的相量形式替换它们的时域形式。

3.1.3 稳态电路分析/Steady-State Circuit Analysis

观察正弦稳态电路中的基尔霍夫定律和欧姆定律的相量形式，与我们在第 1 章中学习的电阻电路定律的数学形式相同，不同之处仅仅是用电压、电流相量替换了直流电压、电流；用阻抗、导纳替换了电阻、电导。根据这种对应关系，完全可以把分析电阻电路的一整套基本原理和方法(包括戴维南定理和诺顿定理)用到正弦稳态网络的分析中来。

因此，正弦稳态网络的相量分析法的主要步骤可归结为：

(1) 将时域网络变换成网络的相量模型(称相量模型电路为**符号电路**)；

(2) 根据基尔霍夫定律和欧姆定律的相量形式建立代数方程；

(3) 复数运算，求解方程；

(4) 将所得的响应变量的相量形式还原成时域中的函数形式。

以下通过实例来解说。

【例 3-1-2】 已知如图 3-1-9(a)所示的正弦稳态网络中，$\omega=1000$ rad/s，求网络的正弦稳态响应 $i_1(t)$ 和 $i_2(t)$。

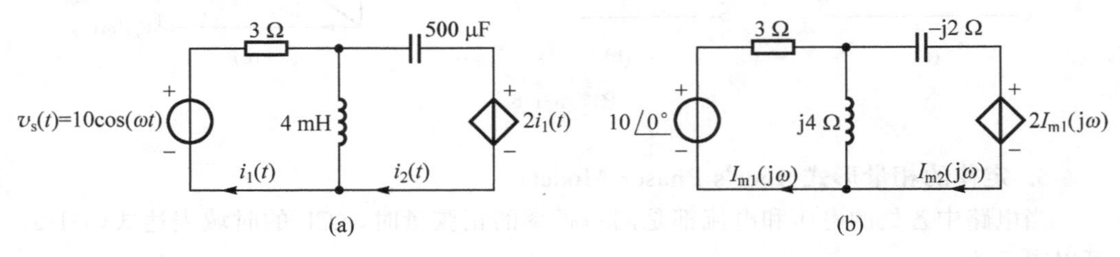

图 3-1-9

解：正弦稳态问题的求解可以借助相量法简化分析，做出该网络的相量模型电路如图 3-1-9(b)所示，接下来可以像静态电路的求解一样，对符号电路建立 KVL 方程。

$$\begin{cases}3I_{m1}(j\omega)+j4[I_{m1}(j\omega)-I_{m2}(j\omega)]=10\\ j2I_{m2}(j\omega)+j4[I_{m1}(j\omega)-I_{m2}(j\omega)]=2I_{m1}(j\omega)\end{cases}\tag{3-1-24}$$

解得

$$I_{m1}(j\omega)=\frac{j20}{8+j14}=\frac{20\angle 90^\circ}{16.12\angle 60.3^\circ}=1.24\angle 29.7^\circ\tag{3-1-25}$$

$$I_{m2}(j\omega)=\frac{-20+j40}{8+j14}=\frac{44.72\angle 116.6^\circ}{16.12\angle 60.3^\circ}=2.77\angle 56.3^\circ\tag{3-1-26}$$

将式(3-1-25)和式(3-1-26)还原为时域正弦稳态响应，有

$$i_1(t)=1.24\cos(1000t+29.7^\circ)\ \text{A}$$

$$i_2(t)=2.77\cos(1000t+56.3^\circ)\ \text{A}$$

可见，用相量法分析正弦稳态响应是非常简便有效的。

由于任何周期信号都能分解为一系列不同频率上正弦信号的叠加(详见第5章"傅里叶分析")。因此,利用线性电路的叠加性,可以把正弦信号激励下网络的稳态响应的相量分析法,推广到一般周期信号激励下网络的稳态响应分析。

3.2 正弦稳态功率/Powers

网络分析的实质是研究信号的传输及信号在传输过程中能量的转换,因此功率分配无疑是一个很重要的分析对象。在正弦稳态网络中,由于存在电容、电感以及电源之间的能量往返交换,这种现象在纯电阻网络中是没有的,因此正弦稳态网络的功率分析要更复杂一些。

对于某个给定的单口网络,设其口电流电压为

$$i(t)=I_{\mathrm{m}}\cos\omega t=\sqrt{2}I\cos\omega t \quad \text{和} \quad v(t)=V_{\mathrm{m}}\cos(\omega t+\varphi)=\sqrt{2}V\cos(\omega t+\varphi_Z) \tag{3-2-1}$$

其中,$\varphi_Z=\varphi_v-\varphi_i=\varphi$,以下给出该单口网络的功率定义,并具体分析其功率特性。

1. 瞬时功率(Instantaneous Power)

定义网络的瞬时功率为网络的瞬时电压和电流的乘积。

$$\begin{aligned}p(t)=v(t)i(t)&=\frac{1}{2}I_{\mathrm{m}}V_{\mathrm{m}}\cos\varphi+\frac{1}{2}I_{\mathrm{m}}V_{\mathrm{m}}\cos(2\omega t+\varphi)\\&=IV\cos\varphi+IV\cos(2\omega t+\varphi)\end{aligned} \tag{3-2-2}$$

表达式(3-2-2)在一个周期内有正有负,由于一致参考方向下为正表示网络吸收功率、为负表示网络输出功率,因此瞬时功率的表达式显示了单口网络与源之间能量的周期性的往返交换。表达式的第一项 $IV\cos\varphi$ 是常量,与时间无关,体现出网络的平均消耗。表达式的第二项 $IV\cos(2\omega t+\varphi)$ 呈正弦周期变化,体现出网络与源之间的能量往返。

令 $\varphi=0$,则单口网络为纯电阻网络,表达式(3-2-2)简化为 $p(t)=IV[1+\cos(2\omega t)]>0$,始终是大于零的,可见纯电阻网络始终是耗能的,不断吸收来自源的能量;令 $\varphi=90°$,则单口网络为纯电抗网络,表达式(3-2-2)简化为 $p(t)=-IV\sin(2\omega t)$,在一个周期内时正时负,且正负互等。表示只含有动态元件的纯电抗网络并不消耗能量,但始终保持与源之间的周期性能量往返交换。

由于瞬时功率无法在工程中实际测量获得,因此没有赋予单位的定义,但它的数学和物理含义非常清晰,并且是其他可测量功率和可计算功率的基础。

2. 平均功率或有功功率(Average Power)

定义网络的**平均功率**为瞬时功率在一个周期内消耗的平均值。

$$P=\frac{1}{T}\int_0^T p(t)\,\mathrm{d}t=IV\cos\varphi \tag{3-2-3}$$

正如前面对瞬时功率的分析一样,平均功率的表达式(3-2-3)正是瞬时功率的表

达式(3-2-2)中的第一项。在实际工程中,平均功率可以通过功率计或瓦特计实际测量获得,它是网络真实消耗的功率,因此,又称为**有功功率**(**Active Power**),单位为瓦特(W)。

式(3-2-3)显示了正弦稳态网络的平均功率并不等于口电压、电流有效值的乘积,还要乘以 $\cos\varphi$,因此称 $\cos\varphi$ 为**功率因数**(**Power Factor**),称阻抗角 φ 为**功率因数角**。在频率一定的情况下,功率因数完全由网络参数和拓扑结构所决定,它是由网络中的电容和电感引起的。电容和电感在网络中虽不消耗能量,但会使网络与电源之间出现能量往返交换现象,这种无功的能量往返使网络的功率因数永远低于纯电阻网络的功率因数($\cos\varphi=1$)。另外,在相同电压的作用下,为了使负载获得同样大小的功率,功率因数 $\cos\varphi$ 越小,所需的电流就越大,它将加重电源电流的负担。此时,如能改变阻抗角,使 $\varphi\to 0$ 就能减小电流。一种简单的办法是对容性负载并联电感、对感性负载并联电容。例如,一般使用的电器都是感性的,因此常通过对电器并联电容来达到减小阻抗角的目的。

3. 无功功率(Reactive Power)

如果有功功率反映网络中电阻消耗能量的能力,那么可以定义**无功功率**来反映网络中动态元件与电源之间能量往返交换的能力。考虑网络为纯电抗元件时 $\cos\varphi=0$,$\sin\varphi=1$,定义无功功率

$$Q=IV\sin\varphi \tag{3-2-4}$$

这个定义的来源,在以下描述的复功率里得到完美的数学形式上的符合。从物理角度解释,可以将瞬时功率式(3-2-2)的第二项展开,并改写为

$$p(t)=IV\cos\varphi[1+\cos(2\omega t)]-IV\sin\varphi\sin(2\omega t) \tag{3-2-5}$$

式(3-2-5)的第一项始终大于零,表现为网络中电阻耗能的有功功率部分,表达式的第二项在一个周期内时正时负,且正负互等,表现为网络中纯电抗元件与源之间能量往返的无功功率部分。为区别于有功功率,无功功率的单位为"**无功伏安**",简称**乏**(**Volt-Ampere-Reactive,VAR**)。

在这个定义下,可以获得纯电容元件网络的无功功率 Q_C 和纯电感元件网络的无功功率 Q_L 为

$$Q_C=-IV=-\omega CV^2=-2\omega W_C \tag{3-2-6}$$

$$Q_L=IV=\omega LI^2=2\omega W_L \tag{3-2-7}$$

其中,$W_C=\frac{1}{2}CV^2$、$W_L=\frac{1}{2}LI^2$ 分别表示电容和电感的平均储能。

4. 视在功率(Apparent Power)

定义有功功率的最大值为**视在功率**。

$$S=IV \tag{3-2-8}$$

事实上,每一个电设备或电器都有"一定条件下的安全运行的限额",即额定电压和额定电流,额定电压和额定电流均是有效值,它们的乘积定义为视在功率是电表可视的最大限额,因此,视在功率也常常用来表示**额定功率**(Power Rating)。单位定义

为伏安(VA)。显然,有功功率、无功功率、视在功率满足关系

$$S^2 = P^2 + Q^2 \tag{3-2-9}$$

5. 复功率(Complex Power)

为了根据电压相量和电流相量直接计算功率,并简单表示单口网络的全部功率信息,定义了**复功率**。

$$\begin{aligned} P_C &= \frac{1}{2}V_m(j\omega)I_m^*(j\omega) = V(j\omega)I^*(j\omega) \\ &= VI\cos\varphi + jVI\sin\varphi = P + jQ = S\underline{/\varphi} \end{aligned} \tag{3-2-10}$$

可见,复功率完美地概括了有功功率、无功功率、视在功率、功率因数,在功率分析和计算中非常方便有用。由于它不是实际可测的功率,因此,同样是不需要在意它的单位定义的。又由于它的模是视在功率,因此,可以用视在功率的单位伏安(VA)来表示。

【例 3-2-1】 图 3-2-1 为一个 220 V 交流电压源给两个负载供电的电路。已知 $Z_1 = (4+j2)\ \Omega$, $Z_2 = (15-j10)\ \Omega$,试分别计算源和负载吸收的有功功率、无功功率、复功率。

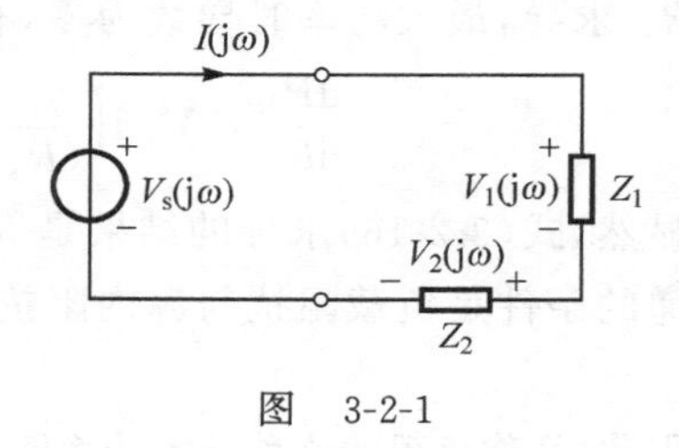

图　3-2-1

解:220 V 是有效值,因此,为简化计算本题采用有效值相量,电压源相量可以表示为 $V_s(j\omega) = 220\underline{/0^\circ}$ V。于是,

$$Z(j\omega) = Z_1 + Z_2 = 4 + j2 + 15 - j10 = 20.62\underline{/-22.83^\circ}\ \Omega$$

$$I(j\omega) = \frac{V_s(j\omega)}{Z(j\omega)} = \frac{220\underline{/0^\circ}}{20.62\underline{/-22.83^\circ}} = 10.67\underline{/22.83^\circ}\ \text{A}$$

所以源和负载**吸收的**复功率分别为

$$P_{Cs} = -V_s(j\omega)I^*(j\omega) = (-2163.5 + j910.8)\ \text{VA} \tag{3-2-11}$$

$$P_{C1} = V_1(j\omega)I^*(j\omega) = Z_1(j\omega)I(j\omega)I^*(j\omega) = (455.4 + j227.7)\ \text{VA} \tag{3-2-12}$$

$$P_{C2} = V_2(j\omega)I^*(j\omega) = Z_2(j\omega)I(j\omega)I^*(j\omega) = (1708 - j1139)\ \text{VA} \tag{3-2-13}$$

式(3-2-11)、式(3-2-12)和式(3-2-13)的实部分别为源和负载的有功功率,虚部分别为源和负载的无功功率。并且,通过这个简单的电路例子可以证实,在一致的参考方向下,电路的复功率、有功功率、无功功率满足

$$P_{Cs} + P_{C1} + P_{C2} = 0,\quad P_s + P_1 + P_2 = 0,\quad Q_s + Q_1 + Q_2 = 0$$

一般地,可以表示为

$$\sum_{k=1}^{n} P_{Ck} = 0,\quad \sum_{k=1}^{n} P_k = 0,\quad \sum_{k=1}^{n} Q_k = 0 \tag{3-2-14}$$

其中,n 为元件个数。这便是电路的**功率守恒原理**,即电源提供的功率等于各个独立负载上获得的功率之和。

6. 最大功率传递原理(Maximum Power Transfer Theorem)

就源与负载的功率传递而言,最大功率传递自然是非常值得关注的课题。如图 3-2-2 所示的电路中,忽略源的内阻可变的情况(因为如果可变,则内阻取零一定是最大功率传递),只讨论在源内阻一定的情况下,如何改变负载阻抗,使之获得最大功率传递。

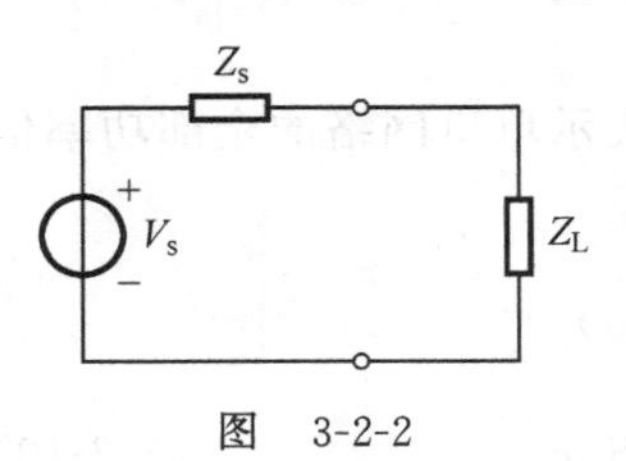

图 3-2-2

(1) 负载 $Z_L=R_L+jX_L$ 中电阻和电抗可以独立调节

写出负载获得有功功率的表达式为

$$P_L=I^2R_L=\frac{V_s^2R_L}{(R_s+R_L)^2+(X_s+X_L)^2} \tag{3-2-15}$$

显然,使式(3-2-15)最大的负载电抗的选取,是使 $X_s+X_L=0$。接下来,将式(3-2-15)对 R_L 求导,最大功率时导数为零,有

$$\frac{dP_L}{dR_L}=V_s^2 d\left(\frac{R_L}{(R_s+R_L)^2}\right)\Big/ dR_L=V_s^2\frac{R_s-R_L}{(R_s+R_L)^3}=0 \tag{3-2-16}$$

显然,式(3-2-16)求导的结果是 $R_s=R_L$。综合两个分析结果,使负载获得最大功率传递的条件是负载阻抗与源内阻抗**互为共轭**复数,即

$$Z_L=Z_s^* \tag{3-2-17}$$

因此,又称负载的这种最大功率匹配为**共轭匹配**(**Conjugate Matching**)。此时,最大功率为

$$P_{\text{Lmax}}=V_s^2/4R_L=V_{\text{ms}}^2/8R_L \tag{3-2-18}$$

(2) 负载 $Z_L=R_L+jX_L=|Z_L|\underline{/\varphi_Z}$ 中阻抗角 φ_Z 一定,但模 $|Z_L|$ 可以调节

写出负载获得有功功率的表达式为

$$P_L=I^2R_L=\frac{V_s^2|Z_L|\cos\varphi_Z}{(R_s+|Z_L|\cos\varphi_Z)^2+(X_s+|Z_L|\sin\varphi_Z)^2} \tag{3-2-19}$$

同理,将式(3-2-19)对 $|Z_L|$ 求导,最大功率时导数为零,有

$$\begin{aligned}\frac{dP_L}{d|Z_L|}&=\frac{(R_s+|Z_L|\cos\varphi_Z)^2+(X_s+|Z_L|\sin\varphi_Z)^2-2|Z_L|[(R_s+|Z_L|\cos\varphi_Z)\cos\varphi_Z+(X_s+|Z_L|\sin\varphi_Z)\sin\varphi_Z]}{[(R_s+|Z_L|\cos\varphi_Z)^2+(X_s+|Z_L|\sin\varphi_Z)^2]^2}V_s^2\cos\varphi_Z\\&=0\end{aligned} \tag{3-2-20}$$

整理可得

$$|Z_L|=\sqrt{R_s^2+X_s^2} \tag{3-2-21}$$

因此,负载阻抗仅仅是模可调节的时候,获得最大功率传递的条件是负载阻抗的模等同于源内阻抗的模。则称负载的这种最大功率匹配为**模匹配**。此时,最大功率为

$$P_{\text{Lmax}}=\frac{V_s^2\cos\varphi_Z}{2(|Z_s|+R_s\cos\varphi_Z+X_s\sin\varphi_Z)} \tag{3-2-22}$$

例如,当源的内阻抗是复数,而负载是纯电阻 R_L 时,负载获得最大功率传递的条件是

$R_L=\sqrt{R_s^2+X_s^2}$，而不是 $R_s=R_L$。

3.3　网络函数与频率响应/Network Functions and Frequency Responses

从电容和电感的阻抗关系式(3-1-15)、式(3-1-17)可以看出，电容和电感的阻抗大小与网络的工作频率有关，换句话说，不同频率的正弦信号激励下网络的稳态响应是不同的。也就是说，网络的稳态响应与工作频率有关，网络的稳态响应对不同频率的激励信号有抽选或抑制作用，为了清楚地分析网络的这种频率特性，引入**网络函数**、**频率响应**，以及 3.4 节描述的**滤波器**的概念。

网络函数可以定义为网络的输出相量与网络的输入相量之比，即响应相量与激励相量之比，通常用大写字母 N 表示。

$$N(\mathrm{j}\omega)=\frac{Y(\mathrm{j}\omega)}{X(\mathrm{j}\omega)}=|N(\mathrm{j}\omega)|\underline{/\varphi(\omega)} \tag{3-3-1}$$

网络函数可分为两大类，第一类称为**驱动点函数**(**Driving Point Functions**)，即响应相量和激励相量位于网络的同一端口，可以是输入端，也可以是输出端；第二类称为**转移函数**(**Transfer Functions**)，即响应相量和激励相量位于网络的不同端口，因此，又称为**传递函数**，常用大写字母 H 表示①。激励为输入端响应为输出端的称为正向转移或正向传递函数；反之，称为反向转移函数或反向传递函数。

1. 驱动点函数(Driving Point Functions)

在网络的同一端口，若激励信号为电流相量 $I(\mathrm{j}\omega)$，响应信号为电压相量 $V(\mathrm{j}\omega)$，如图 3-3-1(a)所示，则驱动点函数就是驱动点阻抗 $Z(\mathrm{j}\omega)$，即

$$N(\mathrm{j}\omega)=\frac{V(\mathrm{j}\omega)}{I(\mathrm{j}\omega)}=Z(\mathrm{j}\omega) \tag{3-3-2}$$

若激励信号为电压相量 $V(\mathrm{j}\omega)$，响应信号为电流相量 $I(\mathrm{j}\omega)$，如图 3-3-1(b)所示，则驱动点函数就是驱动点导纳 $Y(\mathrm{j}\omega)$，即

$$N(\mathrm{j}\omega)=\frac{I(\mathrm{j}\omega)}{V(\mathrm{j}\omega)}=Y(\mathrm{j}\omega) \tag{3-3-3}$$

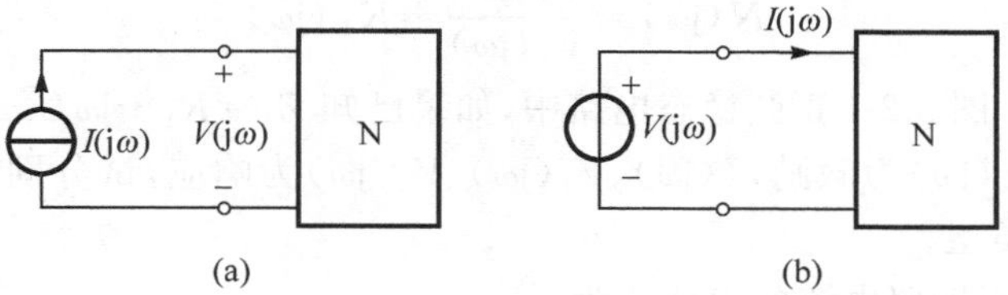

图　3-3-1

① 网络函数用字母 N 表示，取自 Network 的首字母，用 H 表示取自式(2-3-16)中 $h(t)$ 在频域的表示 $H(\mathrm{j}\omega)$。

2. 转移函数(Transfer Functions)

转移函数是响应相量与激励相量位于网络不同端口时的网络函数，以正向转移函数为例共有4种定义，如图3-3-2所示。若激励信号为端口1的电流相量 $I_1(\mathrm{j}\omega)$，响应信号是端口2的电压相量 $V_2(\mathrm{j}\omega)$，如图3-3-2(a)所示，则网络函数就是**转移阻抗** $Z_{\mathrm{T}}(\mathrm{j}\omega)$，即

$$N(\mathrm{j}\omega)=\frac{V_2(\mathrm{j}\omega)}{I_1(\mathrm{j}\omega)}=Z_{\mathrm{T}}(\mathrm{j}\omega) \tag{3-3-4}$$

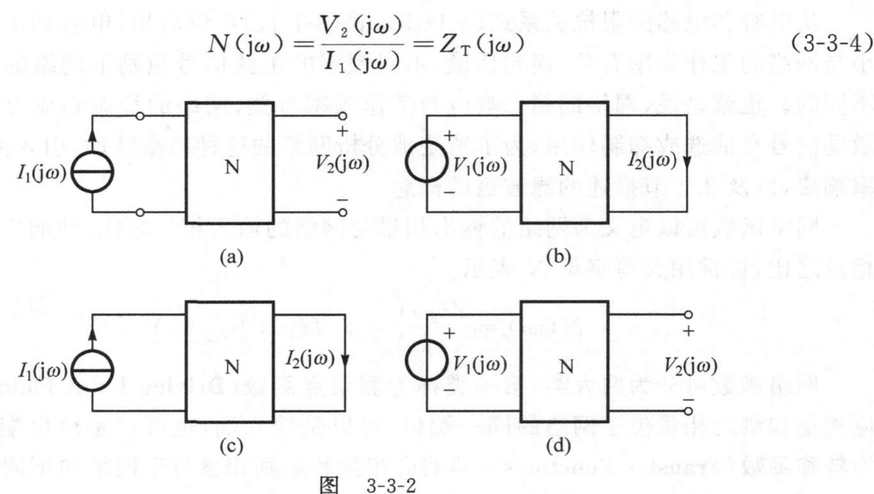

图 3-3-2

如果激励信号是端口1的电压相量 $V_1(\mathrm{j}\omega)$，响应信号是端口2的电流相量 $I_2(\mathrm{j}\omega)$，如图3-3-2(b)所示，则网络函数就是**转移导纳** $Y_{\mathrm{T}}(\mathrm{j}\omega)$，即

$$N(\mathrm{j}\omega)=\frac{I_2(\mathrm{j}\omega)}{V_1(\mathrm{j}\omega)}=Y_{\mathrm{T}}(\mathrm{j}\omega) \tag{3-3-5}$$

若激励信号是端口1的电流相量 $I_1(\mathrm{j}\omega)$，响应信号是端口2的电流相量 $I_2(\mathrm{j}\omega)$，如图3-3-2(c)所示，则转移函数就是**转移电流比** $K_I(\mathrm{j}\omega)$，即

$$N(\mathrm{j}\omega)=\frac{I_2(\mathrm{j}\omega)}{I_1(\mathrm{j}\omega)}=K_I(\mathrm{j}\omega) \tag{3-3-6}$$

如果激励信号是端口1的电压相量 $V_1(\mathrm{j}\omega)$，响应信号是端口2的电压相量 $V_2(\mathrm{j}\omega)$，如图3-3-2(d)所示，于是有**转移电压比** $K_V(\mathrm{j}\omega)$，即

$$N(\mathrm{j}\omega)=\frac{V_2(\mathrm{j}\omega)}{V_1(\mathrm{j}\omega)}=K_V(\mathrm{j}\omega) \tag{3-3-7}$$

【例 3-3-1】 图3-2-1正弦稳态电路中，如果已知 $Z_1=R_1+\mathrm{j}\omega L$，$Z_2=R_2+1/\mathrm{j}\omega C$，以交流电压源 $V_{\mathrm{s}}(\mathrm{j}\omega)$ 为激励，$I(\mathrm{j}\omega)$、$V_1(\mathrm{j}\omega)$、$V_2(\mathrm{j}\omega)$ 为响应，试分别计算对应的网络函数，并指出其类型。

解：容易获得回路电流的表达式为

$$I(\mathrm{j}\omega)=\frac{V_{\mathrm{s}}(\mathrm{j}\omega)}{Z_1(\mathrm{j}\omega)+Z_2(\mathrm{j}\omega)}=\frac{V_{\mathrm{s}}(\mathrm{j}\omega)}{R_1+R_2+\mathrm{j}(\omega L-1/\omega C)} \tag{3-3-8}$$

由此可获得各网络函数及类型分别为

$$N(\mathrm{j}\omega)=\frac{I(\mathrm{j}\omega)}{V_{\mathrm{s}}(\mathrm{j}\omega)}=\frac{1}{R_1+R_2+\mathrm{j}(\omega L-1/\omega C)}=Y(\mathrm{j}\omega) \tag{3-3-9}$$

$$N_1(\mathrm{j}\omega)=\frac{V_1(\mathrm{j}\omega)}{V_{\mathrm{s}}(\mathrm{j}\omega)}=\frac{R_1+\mathrm{j}\omega L}{R_1+R_2+\mathrm{j}(\omega L-1/\omega C)}=K_{V1}(\mathrm{j}\omega) \tag{3-3-10}$$

$$N_2(\mathrm{j}\omega)=\frac{V_2(\mathrm{j}\omega)}{V_{\mathrm{s}}(\mathrm{j}\omega)}=\frac{R_2-\mathrm{j}/\omega C}{R_1+R_2+\mathrm{j}(\omega L-1/\omega C)}=K_{V2}(\mathrm{j}\omega) \tag{3-3-11}$$

仔细观察各网络函数式(3-3-9)～式(3-3-11)可以发现，网络函数特别是转移函数的分母是相同的，更准确地说是使分母取零时对应的 $\mathrm{j}\omega$ 取值点(称为**极点 Pole**)是相同的。这个现象并非偶然，观察式(2-4-2)和式(3-2)，一般地，根据网络函数的定义有

$$N(\mathrm{j}\omega)=\frac{Y(\mathrm{j}\omega)}{X(\mathrm{j}\omega)}=\frac{b_m(\mathrm{j}\omega)^m+\cdots+b_1(\mathrm{j}\omega)+b_0}{a_n(\mathrm{j}\omega)^n+\cdots+a_1(\mathrm{j}\omega)+a_0} \tag{3-3-12}$$

式(3-3-12)分母取零时对应的 $\mathrm{j}\omega$ 取值点实为微分方程通解所对应的特征根，即网络的固有频率。由于网络的固有频率是网络自身所固有的，由网络的元件参数和拓扑结构所决定，反映网络自身的频率特性，它与是否有或者是什么样的激励与响应无关，因此，网络函数的分母通常对应相同的 $\mathrm{j}\omega$ 取值点。

由于网络函数可以描述网络的频率响应特性，因此，以下进一步用曲线和图的形式、以频率 ω 为自变量，来描述网络对不同频率成分的正弦信号的稳态响应特性。

3. 频率响应(Frequency Response)

网络函数的定义式(3-3-1)中 $|N(\mathrm{j}\omega)|$ 为网络函数的**模**，表示了响应与激励振幅之比与频率的关系，称为**幅频(Amplitude-Frequency)响应特性**。$\varphi(\omega)$ 为网络函数的**幅角**，表示了响应与激励的**相移(Phase Shift)**与频率的关系，称为**相频(Phase-Frequency)响应特性**。把网络函数在所有频率 ω 下的模量与相位的信息统称为**频率响应**。

将 $|N(\mathrm{j}\omega)|$ 随频率 ω 变化的规律用曲线表示，称为网络的**幅频特性曲线**；同样，将 $\varphi(\omega)$ 随频率 ω 变化规律的曲线称为网络的**相频特性曲线**。网络的幅频和相频特性曲线构成了网络的**频率响应特性曲线(Frequency Response Curve)**，它完全由网络自身的参数和结构来决定，对不同的激励信号进行筛选或滤除。

【例 3-3-2】 图 3-2-1 的正弦稳态电路中，如果已知 $Z_1=(1+\mathrm{j}\omega)\ \Omega$，$Z_2=(2+1/\mathrm{j}\omega)\ \Omega$，以交流电压源 $V_{\mathrm{s}}(\mathrm{j}\omega)$ 为激励，$V_1(\mathrm{j}\omega)$ 为响应，试定性做出网络的频率响应特性曲线。

解：可以利用式(3-3-10)写出该网络函数的表达式为

$$N(\mathrm{j}\omega)=\frac{V_1(\mathrm{j}\omega)}{V_{\mathrm{s}}(\mathrm{j}\omega)}=\frac{1+\mathrm{j}\omega}{3+\mathrm{j}(\omega-1/\omega)}=\sqrt{\frac{1+\omega^2}{9+(\omega-1/\omega)^2}}\angle\varphi(\omega) \tag{3-3-13}$$

其中，幅频特性为

$$|N(\mathrm{j}\omega)|=\sqrt{\frac{1+\omega^2}{9+(\omega-1/\omega)^2}} \tag{3-3-14}$$

相频特性为

$$\varphi(\omega)=\arctan(\omega)-\arctan\left(\frac{\omega-\frac{1}{\omega}}{3}\right) \tag{3-3-15}$$

定性做出网络的频率响应特性曲线如图3-3-3所示。从响应曲线可见，$\omega=0$ 时模为0，$\omega\to\infty$时模为1，表示该输入输出网络对直流信号的完全抑制和对高频信号的全通选择。

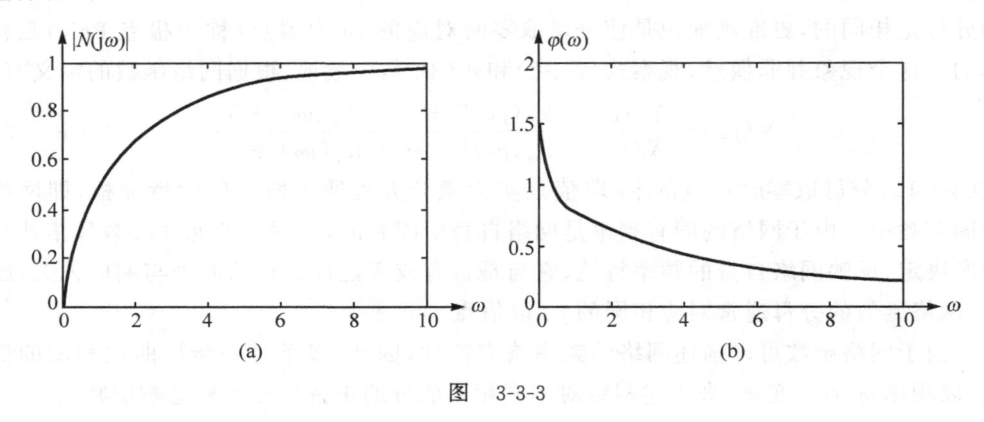

图 3-3-3

3.4 滤波器/Filter

滤波器是按一定要求对输入信号进行频率选择的电路。因此，可以实现对不同频率成分的正弦信号有不同幅度和相位响应特性的网络器件，就可以称为滤波器。显然，网络的传递函数可以完全描述滤波器的频率选择特性。

从选频的角度，滤波器可以分为高通滤波器(**High-Pass Filter, HPF**)、低通滤波器(**Low-Pass Filter, LPF**)、带通滤波器(**Band-Pass Filter, BPF**)、带阻滤波器(**Band-Stop Filter, BSF**)、全通滤波器(**All-Pass Filter, APF**)。

从数学的角度，滤波器可以分为一阶滤波器(**First-Order Filter**)、二阶滤波器(**Second-Order Filter**)、高阶滤波器；从能量的角度，滤波器可以分为有源滤波器(**Active Filter**)和无源滤波器(**Passive Filter**)等。

总的来说，网络的频率响应特性、滤波器的选频特性都可以用网络函数来描述，它们描述网络对不同频率正弦信号的稳态响应特征。

3.4.1 一阶滤波器/First-Order Filter(Low-Pass, High-Pass)

一阶滤波器只含有一个动态元件，是最简单的滤波器，可以实现低通或高通的滤波功能。一阶网络只有 RC 和 RL 两种，限于篇幅，这里只讨论 RC 滤波器(RL 滤波器的频率响应分析与 RC 滤波器完全类似，并且，还可以通过对偶关系由 RC 滤波器的关系式直接对偶获得)。

1. *RC* 低通滤波器(*RC* Low-Pass Filter)

如图 3-4-1(a)所示的 RC 网络,设网络函数为电容电压 $V_o(j\omega)$ 与输入电压 $V_i(j\omega)$ 之比(转移电压比),即

$$N(j\omega)=K_V(j\omega)=\frac{V_o(j\omega)}{V_i(j\omega)}=\frac{\dfrac{1}{j\omega C}}{R+\dfrac{1}{j\omega C}}=\frac{1}{1+j\omega RC} \tag{3-4-1}$$

令 $\omega_c=1/RC$,则有

$$N(j\omega)=\frac{1}{1+j(\omega/\omega_c)}=\frac{1}{\sqrt{1+(\omega/\omega_c)^2}}\angle -\arctan(\omega/\omega_c)$$

$$=|N(j\omega)|\angle\varphi(\omega) \tag{3-4-2}$$

其中,$|N(j\omega)|$ 为幅频特性(特性曲线如图 3-4-1(b)所示);$\varphi(\omega)$ 为相频特性(特性曲线如图 3-4-1(c)所示)。

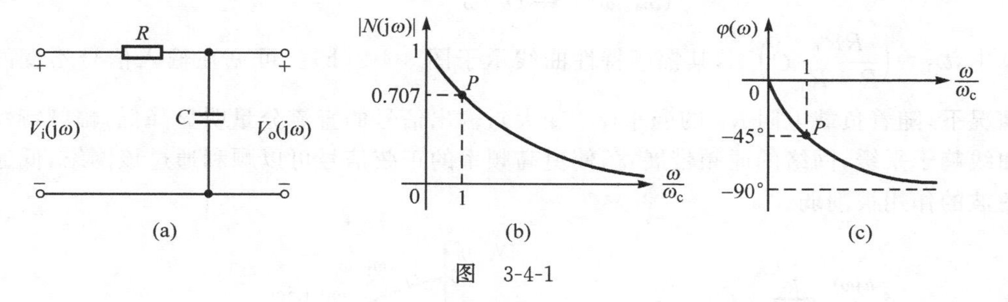

图 3-4-1

由式(3-4-2)可知,当 $\omega=0$ 时,输入为直流信号,$|N(j\omega)|_{\omega=0}=1$ 为最大,$\varphi(0)=0$,输入与输出大小相等,相位相同;随着 ω 的增大,$|N(j\omega)|$ 和 $\varphi(\omega)$ 都将单调地减小;当 $\omega=\omega_c$ 时,$\varphi(\omega_c)=-45°$,$|N(j\omega_c)|=\dfrac{1}{\sqrt{2}}|N(j\omega)|_{\omega=0}$,输出电压为输入电压的 70.7%,由于功率与电压的平方成正比,则对应于输出功率衰减一半,因此称 $\omega=\omega_c$ 为**半功率点**(图 3-4-1(b)、图 3-4-1(c)中的 P 点);当 $\omega\to\infty$ 时,$|N(j\omega)|\to 0$,$\varphi(\omega)\to -90°$。

从网络的幅频特性曲线可见,对相同振幅的输入电压而言,频率越高输出电压就越小,低频正弦信号比高频正弦信号容易通过,显然这样的网络就是低通网络。换句话说,多种不同频率的正弦信号通过这样的网络时,低频信号容易通过,高频信号受到抑制,甚至被滤除。因此称为**低通滤波器**。

为了度量滤波器的选频范围和抑制能力,除了指标**半功率点**,工程上还引入**截止频率**和**通频带**的概念。把频率从 0 到半功率点 ω_c 的范围定义为低通滤波器的**通频带**(**Pass Band**),并用 BW 表示其**频带宽度**(**Band Width**),显然,本例 $BW=\omega_c-0=\omega_c$,定义 ω_c 为**截止频率**(**Cut off Frequency**)也形象地称为**滚降频率**(**Roll-off Frequency**)。当输入正弦信号的频率小于截止频率,即 $\omega<\omega_c$ 时,认为输入信号可以顺利地通过这一

网络；当输入正弦信号的频率大于截止频率，即 $\omega>\omega_c$ 时，认为输入信号不能顺利地通过称为**阻带**(**Stop Band**)。显然，这只是一个人为设定的边界，用以给出滤波器的指标描述标准，实际上幅频特性曲线上并没有信号能否顺利通过的明显界线。①

总的来说，**最大值点**、**截止频率**和**通频带**是一阶滤波器的三个重要指标，由此可以定性做出频率响应特性曲线。

从相频特性曲线可见，RC 低通网络的相位角 $\varphi(\omega)$ 总是负的，即输出电压的相位滞后与输入电压。因此也称这种网络为**滞后网络**。

下面进一步讨论负载电阻对这一 RC 低通网络的影响。如图 3-4-2(a)所示，由于在电容 C 两端并联了负载电阻 R_L，转移电压比变为

$$N(j\omega)=\frac{V_o(j\omega)}{V_i(j\omega)}=\frac{1/RC}{\left(\dfrac{RR_L}{R+R_L}C\right)^{-1}+j\omega}=\frac{\omega_c}{\omega_1+j\omega}$$

$$=\frac{1}{\sqrt{(\omega_1/\omega_c)^2+(\omega/\omega_c)^2}}\underline{/-\arctan(\omega/\omega_1)} \tag{3-4-3}$$

其中，$\omega_1=\left(\dfrac{RR_L}{R+R_L}C\right)^{-1}$，其幅频特性曲线示于图 3-4-2(b)。可见在输入信号不变的情况下，随着负载电阻 R_L 的变小(ω_1 变大)，输出信号的直流分量明显降低，幅频特性曲线趋于平缓，网络的通频带展宽，使更高频率的正弦信号可以顺利通过该网络，低通滤波的作用被削弱。

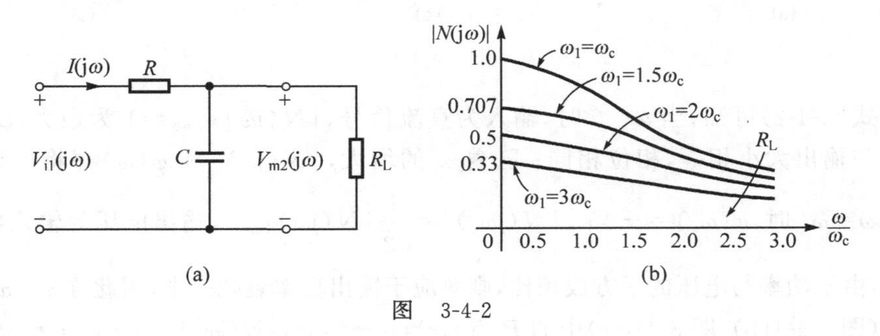

图 3-4-2

2. *RC* 高通滤波器(*RC* High-pass Filter)

对 RC 电路取 R 两端的电压为输出电压，就构成 RC 高通滤波器(图 3-4-3(a))，其转移电压比为

$$N(j\omega)=\frac{V_o(j\omega)}{V_i(j\omega)}=\frac{R}{R+1/j\omega C}=\frac{j\omega}{\omega_c+j\omega}=\frac{\omega/\omega_c}{\sqrt{1+(\omega/\omega_c)^2}}\underline{/\frac{\pi}{2}-\arctan(\omega/\omega_c)}$$

$$=|N(j\omega)|\underline{/\varphi(\omega)} \tag{3-4-4}$$

---

① 事实上，截止频率两边并非绝对意义上的“通过”和“截止”，信号从被选择通过到被抑制之间，还有一个指标称为**过渡带**(**Transition Band**)，这个频带越窄，滤波器的性能越好。

其中，$\omega_c = 1/RC$，$|N(j\omega)|$为幅频特性（特性曲线如图 3-4-3(b)所示）；$\varphi(\omega)$为相频特性（特性曲线如图 3-4-3(c)所示）。

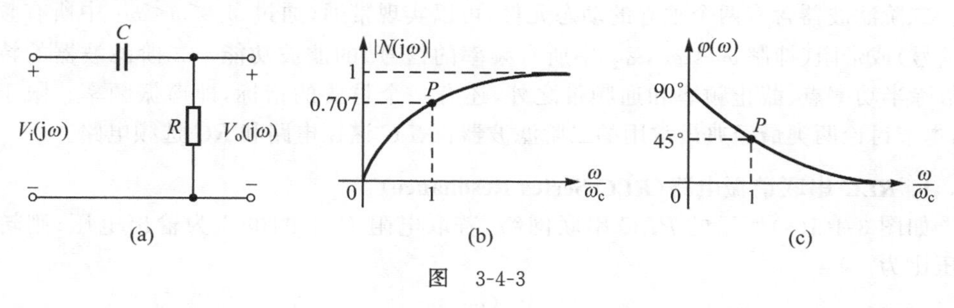

图　3-4-3

由式(3-4-4)可知，当 $\omega=0$ 时，$|N(j\omega)|_{\omega=0}=0$，$\varphi(0)=90°$；当 $\omega=\omega_c$ 时，$|N(j\omega_c)|=\frac{1}{\sqrt{2}}=0.707$，$\varphi(\omega_c)=45°$；当 $\omega\to\infty$时，$|N(j\omega)|\to 1$，$\varphi(\omega)\to 0$。类比于一阶低通滤波器，$\omega_c=1/RC$ 为截止频率，通频带为 $\omega\geq\omega_c$。相频响应特性曲线上，输出相位总是超前输入相位，且在 90°～0 范围取值，也称这种网络为**超前网络**。

【例 3-4-1】 用一个 RC 低通滤波器和一个 RC 高通滤波器的有效并联，可以实现一个带阻滤波器，如图 3-4-4(a)所示，该滤波器称为**双 T 桥滤波器**（**Twin-T Filter**）。试计算其电压传递函数，并定性画出幅频响应曲线。

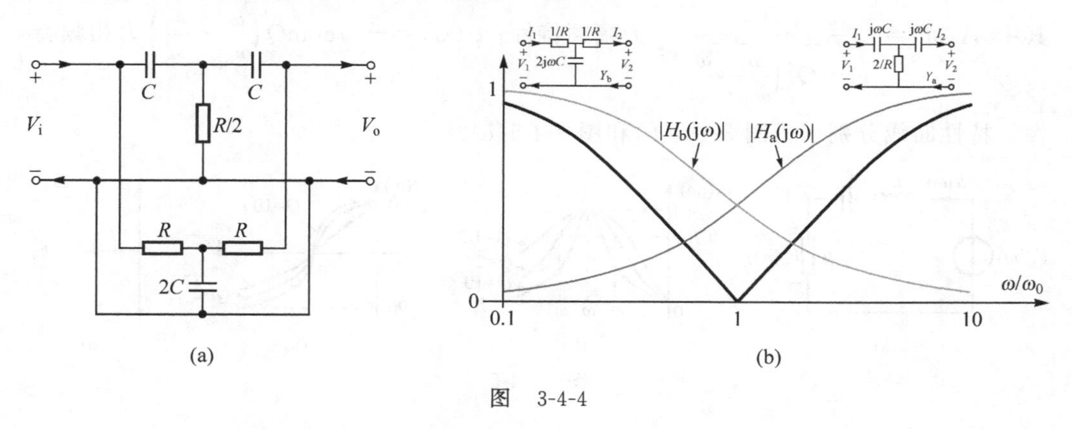

图　3-4-4

解：取 $\omega_0=1/RC$，其电压传递函数可以表示为

$$H(j\omega)=\frac{V_o(j\omega)}{V_i(j\omega)}=\frac{1-(\omega/\omega_0)^2}{1-(\omega/\omega_0)^2+j4(\omega/\omega_0)} \tag{3-4-5}$$

$$|H(j\omega)|=\frac{1-(\omega/\omega_0)^2}{\sqrt{1+14(\omega/\omega_0)^2+(\omega/\omega_0)^4}} \tag{3-4-6}$$

幅频响应曲线如图 3-4-4(b)所示，该滤波器在 $\omega=\omega_0$ 时对信号传输有很强的阻碍作用，为带阻滤波器（Band-Stop Filter）。（本例直接计算较为复杂，利用第 8 章双口网络并联结构特点，即可简单求解。）

3.4.2 二阶滤波器/Second-Order Filter(Band Pass,Band Stop)

二阶滤波器含有两个独立的动态元件,可以实现带通(通过 $\omega_1<\omega<\omega_2$ 中所有频率的信号)或带阻(抑制 $\omega_1<\omega<\omega_2$ 中所有频率的信号)的滤波功能。二阶滤波器的特性参数除半功率点、截止频率和通频带之外,还有一个重要的指标,即谐振频率。限于篇幅,本节讨论两类最经典最常用的二阶滤波器:*RLC* 谐振电路和 *RC* 选频电路。

1. *RLC* 串联谐振电路(*RLC* Series Resonance)

如图 3-4-5(a)所示的 *RLC* 串联网络,若取电阻 *R* 上的电压为输出电压,则转移电压比为

$$N(\mathrm{j}\omega)=K_V(\mathrm{j}\omega)=\frac{V_R(\mathrm{j}\omega)}{V_\mathrm{s}(\mathrm{j}\omega)}=\frac{R}{R+\mathrm{j}(\omega L-1/\omega C)} \tag{3-4-7}$$

从式(3-4-7)的分母可见,当 $\omega_c=1/\sqrt{LC}$ 时模值最大,此时网络的电抗为零,产生**谐振**[①],此时的频率 ω_c 称为**谐振频率(Resonant Frequency)**。取

$$Q=\omega_0 L/R=1/\omega_0 RC \tag{3-4-8}$$

则式(3-4-7)可表示为

$$N(\mathrm{j}\omega)=K_V(\mathrm{j}\omega)=\frac{1}{1+\mathrm{j}Q\left(\frac{\omega}{\omega_0}-\frac{\omega_0}{\omega}\right)}=A(\omega)\underline{/\varphi(\omega)} \tag{3-4-9}$$

其中,$A(\omega)=\dfrac{1}{\sqrt{1+Q^2\left(\frac{\omega}{\omega_0}-\frac{\omega_0}{\omega}\right)^2}}$为幅频特性;$\varphi(\omega)=-\arctan Q\left(\frac{\omega}{\omega_0}-\frac{\omega_0}{\omega}\right)$为相频特性。特性曲线分别示于图 3-4-5(b)和图 3-4-5(c)。

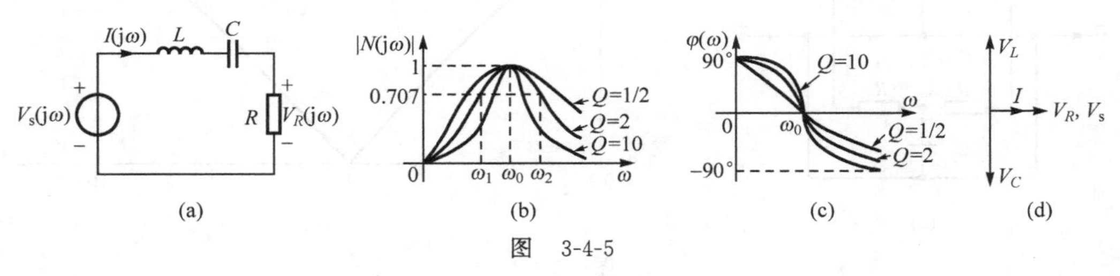

图 3-4-5

从图中可以看到,在谐振频率 ω_0 附近,幅频特性曲线出现峰值;而离开这个谐振频率 ω_0 时,曲线急剧下降。因此,也称 ω_0 为**中心频率(Center Frequency)**。在中心频率两侧,当 $A(\omega)=\frac{1}{\sqrt{2}}=0.707$ 时,对应的频率 ω_1 和 ω_2 分别称为网络的**下截止频率**(也有用 ω_l 表示)和**上截止频率**(也有习惯用 ω_h 表示),可以写为

---

① 物理学中,当作用力的频率和被作用系统的固有频率一致时,系统受迫振动产生的振幅最大,这种现象称为共振。电路中谐振的物理本质也是这样的。即当激励的频率等于电路的固有频率时,电路响应的振幅或者是传递函数的模值达到峰值,这种现象称为谐振。

$$\omega_1=\omega_0\left[\sqrt{1+\left(\frac{1}{2Q}\right)^2}-\frac{1}{2Q}\right],\quad \omega_2=\omega_0\left[\sqrt{1+\left(\frac{1}{2Q}\right)^2}+\frac{1}{2Q}\right] \tag{3-4-10}$$

网络的通频带为 $\mathrm{BW}=\omega_2-\omega_1$。具有这种特性的网络，习惯上称为**带通滤波器**(或**带通网络**)。根据式(3-4-10)有

$$\mathrm{BW}=\omega_2-\omega_1=\frac{\omega_0}{Q}\quad 或\quad Q=\frac{\omega_0}{\mathrm{BW}}=\frac{\omega_0}{\omega_2-\omega_1} \tag{3-4-11}$$

式(3-4-11)表示通频带 BW 与 Q 成反比，Q 越大带宽 BW 越小，幅频曲线在谐振频率 ω_0 附近的形状越尖锐，网络的选频性越好，可见，Q 值的大小可以体现通带的**品质**，因此，称 Q 为**品质因数**(**Quality Factor**)。由定义式(3-4-8)可知，网络的损耗 R 与 Q 成反比，R 越小 Q 越大。事实上，在谐振时，网络中的储能在电容和电感之间存储交换，并不和源之间有往返交换。网络的选频**品质**是由网络在一个周期内的最大储能和损耗之比体现出来的，因此，**品质因数**的严格定义为

$$\begin{aligned}Q&=2\pi\,\frac{网络存储的能量峰值}{一个周期内网络消耗的能量}\\&=2\pi\,\frac{谐振时网络的储能}{谐振时一个周期内网络的耗能}\end{aligned} \tag{3-4-12}$$

由式(3-4-12)可以推导并获得式(3-4-8)和式(3-4-11)，但对于更复杂的 RLC 电路，式(3-4-11)更偏于由幅频曲线而工程地获取，它与式(3-4-12)的准确计算结果通常是近似相等的。

RLC 串联网络在发生谐振($\omega=\omega_0$)时，网络的阻抗呈纯电阻性，并达到最大值 R，此时，电容电压和电感电压都是信号源电压幅值的 Q 倍，因此，串联谐振也称为**电压谐振**。谐振网络的这种特性在无线电接收机中得到广泛的应用。谐振时各电压电流相量的相位关系如图 3-4-5(d)所示。

2. *RLC* 并联谐振电路(*RLC* Parallel Resonance)

如图 3-4-6(a)所示的 RLC 并联网络，输入为理想电流源，输出为流过电导 G 的电流。该网络可以利用对偶原理由前面的 RLC 串联谐振电路得出转移电流比。

$$N(\mathrm{j}\omega)=K_I(\mathrm{j}\omega)=\frac{I_R(\mathrm{j}\omega)}{I_\mathrm{s}(\mathrm{j}\omega)}=\frac{G}{G+\mathrm{j}(\omega C-1/\omega L)} \tag{3-4-13}$$

取 $\omega_0=1/\sqrt{LC}$，$Q=\omega_0 C/G=1/\omega_0 GL$，则

$$N(\mathrm{j}\omega)=K_I(\mathrm{j}\omega)=\frac{1}{1+\mathrm{j}Q\left(\dfrac{\omega}{\omega_0}-\dfrac{\omega_0}{\omega}\right)}=A(\omega)\underline{/\varphi(\omega)} \tag{3-4-14}$$

其中，$A(\omega)=\dfrac{1}{\sqrt{1+Q^2\left(\dfrac{\omega}{\omega_0}-\dfrac{\omega_0}{\omega}\right)^2}}$ 为幅频特性；$\varphi(\omega)=-\arctan Q\left(\dfrac{\omega}{\omega_0}-\dfrac{\omega_0}{\omega}\right)$ 为相频特性。特性曲线分别示于图 3-4-6(b)和图 3-4-6(c)。谐振时各电压电流相量的相位关系示于图 3-4-6(d)。

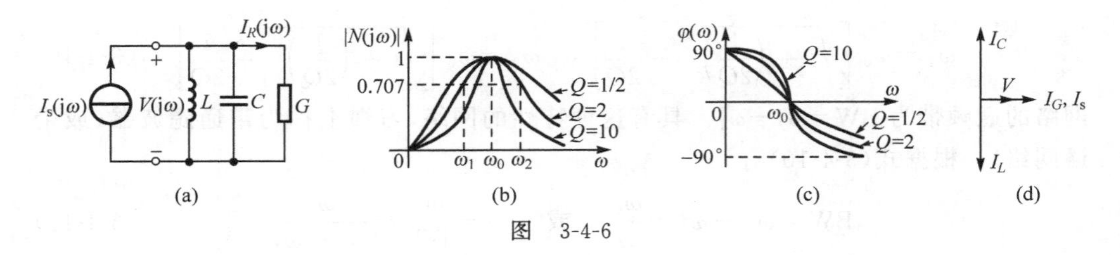

图 3-4-6

3. *RC* 选频电路

除了利用 *RC* 网络的幅频特性实现选取或抑制某一频段的滤波网络之外，也可以利用它的相频特性，对某一频率的信号产生指定的相移，从而选出所需频率的信号。这样的选频网络多出现在需要正反馈（相移 0）或负反馈（相移 180°）的放大和振荡电路里。相比于 *RLC* 谐振电路，*RC* 选频网络的一个优点，是可以不使用集成电路里相对难实现的电感器件。以下简单介绍最常见的 *RC* 选频网络：**倒 L 形网络（Γ-type Network，Γ-Network）**和**文氏电桥（Wien Bridge Circuit）**。

倒 L 形 *RC* 电路由 *RC* 串联和 *RC* 并联电路组成如图 3-4-7(a)所示，该网络的电压传递函数可以表示为

$$H(j\omega)=\frac{V_o(j\omega)}{V_i(j\omega)}=\frac{1}{3+j\left(\frac{\omega}{\omega_0}-\frac{\omega_0}{\omega}\right)} \tag{3-4-15}$$

其中，$\omega_0=\frac{1}{RC}$ 为自然频率；$|H(j\omega)|=\frac{1}{\sqrt{9+\left(\frac{\omega}{\omega_0}-\frac{\omega_0}{\omega}\right)^2}}$ 为幅频特性；$\varphi(\omega)=-\arctan\frac{1}{3}\left(\frac{\omega}{\omega_0}-\frac{\omega_0}{\omega}\right)$ 为相频特性，特性曲线分别示于图 3-4-7(b)和图 3-4-7(c)。观察网络的频率特性曲线，易见它是一个带通滤波器。当 $\omega=\omega_0$ 时，电路的电压传递幅值最大，且相移为零，选频特性最好。

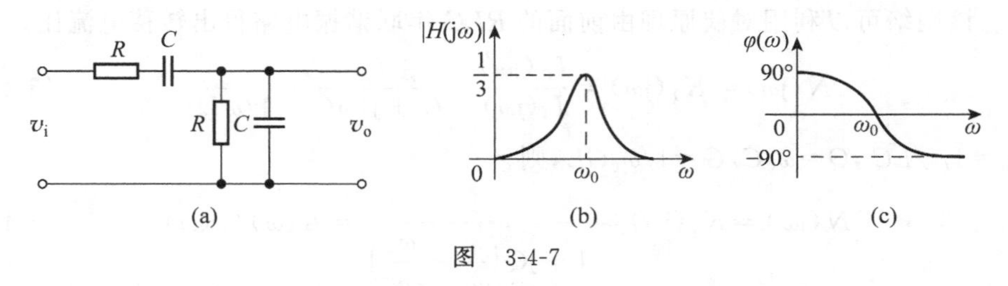

图 3-4-7

这样的选频电路的幅频特性并非最佳，因为即使是在最大值输出时，它的幅值也只有输入信号幅值的 1/3。如果用它来实现一个正弦振荡器，则一定要有一个电压放大倍数大于 3 的放大电路来帮助起振。然而，从相频特性来看，在 ω_0 附近信号通过网络所产生的相移对频率比较“敏感”。所以，这样的电路作为选频网络，主要是利用它这一敏感的相频特性。

倒 L 形 RC 电路与电阻元件组成电桥即为著名的文氏桥，可以应用在比较“敏感”的电桥测量上如图 3-4-8(a)所示(RC 并联支路也可以是 RC 串联)，用来确定一个未知的电阻或电容。如上分析，使电桥达到平衡的条件是 $2R_1=R_2$，$\omega_0=1/RC$。此时在 ω_0 附近有 $v_{BE}=v_i/3$，$v_d=v_{BA}=0$，且相位相同。

文氏桥的典型应用是作为 RC 振荡器的正反馈选频网络，如图 3-4-8(b)所示，其中理想运算放大器满足“虚短”“虚断”(见本书第 10 章)，$v_a\approx v_b$，在 ω_0 附近有 $v_b=v_o/3$，电桥的等效电路如图 3-4-8(c)所示。振荡器达到起振的条件是 $2R_1=R_2$。

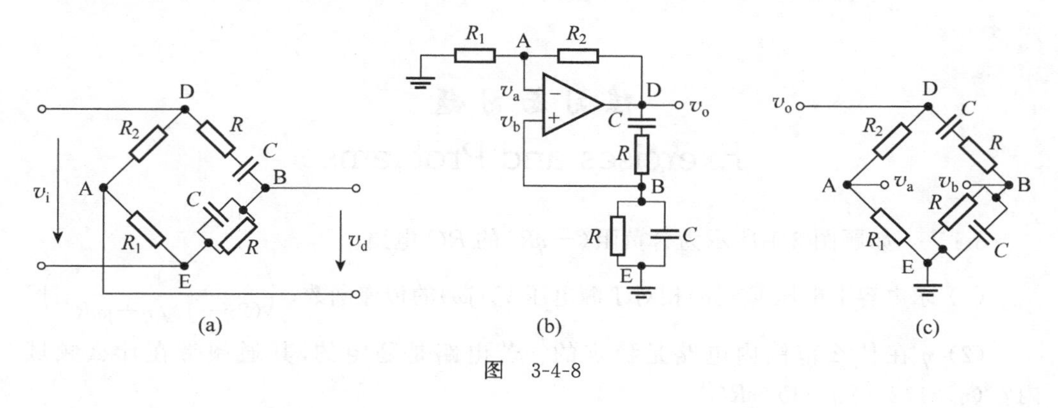

图　3-4-8

总结与回顾
Summary and Review

本章希望同学们带着以下的思考去回顾和总结：

- ♣ 总结正弦稳态电路的复数分析方法，理解复数法的实质，在什么条件下常参量线性电路可用复数解法？
- ♣ 为什么要学习从频域的角度分析电路？
- ♣ 为什么要学习网络函数，如何利用网络函数判断电路是否稳定？扼要说明线性常参量电路的微分方程的特征根与电路稳定性的关系。
- ♣ 何谓滤波器？滤波器是否是稳定的电路？是否可以是不稳定的电路？

学生研讨题选
Topics of Discussion

- 如何直观判断电路是否稳定？如何判断含负阻电路是否稳定？
- 阐述正弦稳态分析方法，研讨复数解法的适用范围和优缺点。

- 一阶滤波器响应的特点,能否用一阶滤波器产生带通滤波器?
- 阶跃信号、正弦信号驱动的 RLC 电路响应研究与应用。
- LC 谐振电路的应用举例。
- 研讨品质因数 Q 的多种定义(能量定义和带宽定义等)之间的关联。
- 通常根据电路求传递函数,能否反过来根据传递函数画出电路图?如果能,电路是唯一的吗?是否有通用的方法?
- 试从数学和物理两个角度分析,为何传递函数的极点对应网络的固有频率?

练习与习题
Exercises and Problems

3-1** 如题图 3-1 所示为含负阻($-\eta R$)的 RC 电路。

(1) 求电容上电压 $V_o(\mathrm{j}\omega)$ 相对于源电压 $V_s(\mathrm{j}\omega)$ 的传递函数;$\left(\dfrac{1}{(2\eta-1)/\eta+\mathrm{j}\omega RC}\right)$

(2) η 在什么范围内电路是稳定的?若电路是稳定的,其通频带在什么频域内?($\eta>1/2$,$(2\eta-1)/\eta RC$)

The RC circuit contains a negative resistor of $-\eta R$ in Fig. 3-1.

(1) Determine the transfer function $V_o(\mathrm{j}\omega)/V_s(\mathrm{j}\omega)$;

(2) If the circuit is steady, determine the range of η and the circuit's pass-band.

3-2*** 求题图 3-2 电路的电压传递函数 $H(\mathrm{j}\omega)=\dfrac{V_o(\mathrm{j}\omega)}{V_i(\mathrm{j}\omega)}$,并定性画出其幅频响应特性曲线。如果电路可以发生谐振,分别计算其谐振频率 ω_0 和带宽 BW。$\left(\dfrac{1}{\sqrt{LC}}\sqrt{1+\dfrac{R+r_0}{R_0}},\dfrac{R+r_0}{L}+\dfrac{1}{CR_0}\right)$(提示:可以近似认为 $\omega_0\gg\dfrac{1}{CR_0}$)(2013 年秋试题)

Determine the voltage transfer function $H(\mathrm{j}\omega)=\dfrac{V_o(\mathrm{j}\omega)}{V_i(\mathrm{j}\omega)}$ in Fig. 3-2, and draw its amplitude-frequency response. If resonance could happen in this circuit, determine the resonant frequency ω_0 and the bandwidth BW.

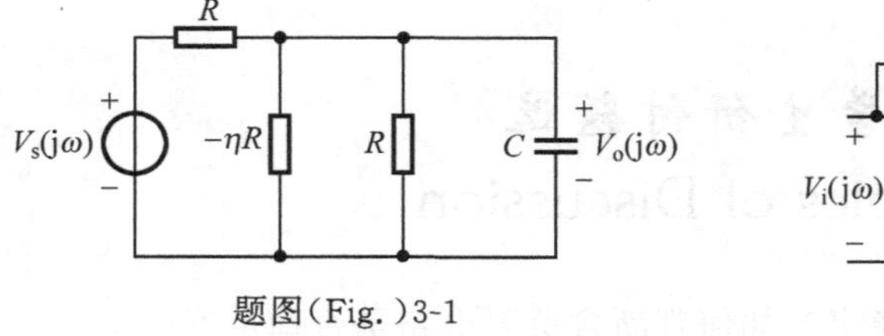

题图(Fig.)3-1

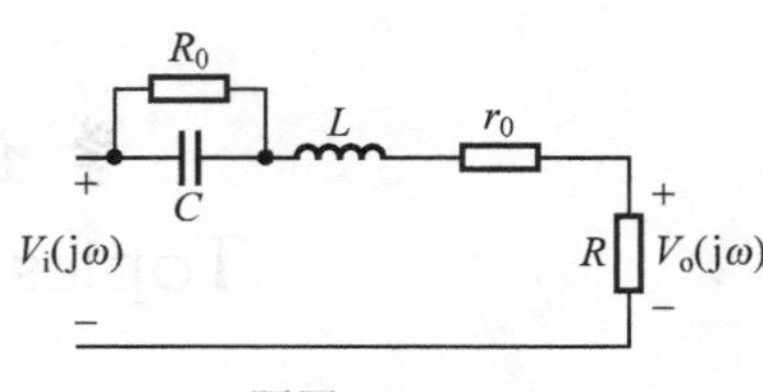

题图(Fig.)3-2

3-3* 　题图 3-3 是电压源激励的 RL 电路。

(1) 求该电路电感上的电压 $V_o(j\omega)$；$\left(\dfrac{1}{1-jR/\omega L},(R/L,\infty)\right)$

(2) 求以电感电压、电流为输出信号的传递函数和通频带。$\left(\dfrac{1}{R+j\omega L},(0,R/L)\right)$

Fig. 3-3 shows a RL circuit driven by a voltage source.

(1) Determine the voltage $V_o(j\omega)$ across the inductor;

(2) Let the voltage and current of the inductor be the output signal respectively. Determine the transfer functions and the pass-bands.

3-4* 　题图 3-4 是电流源激励的 RC 电路，G 和 C 为正参量。

(1) 若以电容上的电压 $V_o(j\omega)$ 为输出信号，求它的传递函数与通频带；$\left(\dfrac{1}{G+j\omega C},(0,G/C)\right)$

(2) 若以通过电容的电流 $I_o(j\omega)$ 为输出信号，求它的传递函数与通频带。$\left(\dfrac{1}{1-jG/\omega C},(G/C,\infty)\right)$

Fig. 3-4 shows a RC circuit driven by a current source, and G and C are positive parameters.

(1) Let the voltage across the capacitor $V_o(j\omega)$ be the output signal, determine the transfer function and the pass-band;

(2) Let the current through the capacitor $I_o(j\omega)$ be the output signal, determine the transfer function and the pass-band.

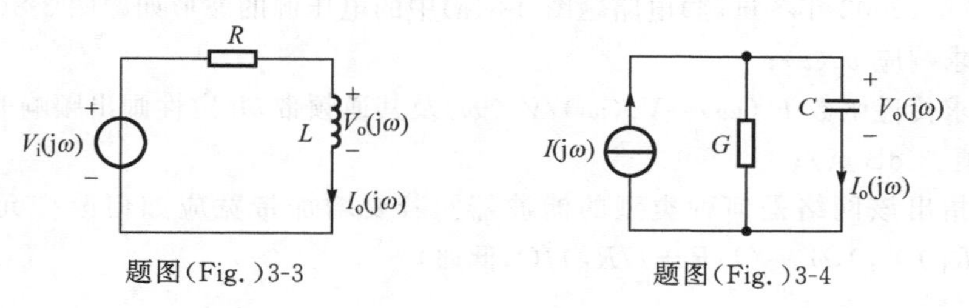

题图(Fig.)3-3　　　题图(Fig.)3-4

3-5** 　如题图 3-5 所示的 RC 选频电路，求在什么频率下 $V_o(j\omega)$ 和 $V_i(j\omega)$ 同相位？此频率下 $V_o(j\omega)/V_i(j\omega)$ 的比值是多大？$(1/RC, 1/3)$

Fig. 3-5 shows a RC frequency-selecting circuit. If $V_o(j\omega)$ and $V_i(j\omega)$ are in phase, determine the frequency and the value of $V_o(j\omega)/V_i(j\omega)$.

3-6** 　单口电路参数如题图 3-6 所示。

(1) 求电源供给该单口电路的平均功率 P、无功功率 Q 和视在功率 S；(240 W, −320 var, 400 VA)；

(2) 做出各支路电流电压的相量图。

A circuit is shown in Fig. 3-6.

(1) Determine the circuit's average power P, reactive power Q and apparent power S;

(2) Sketch each branch's phasor diagram of current and voltage.

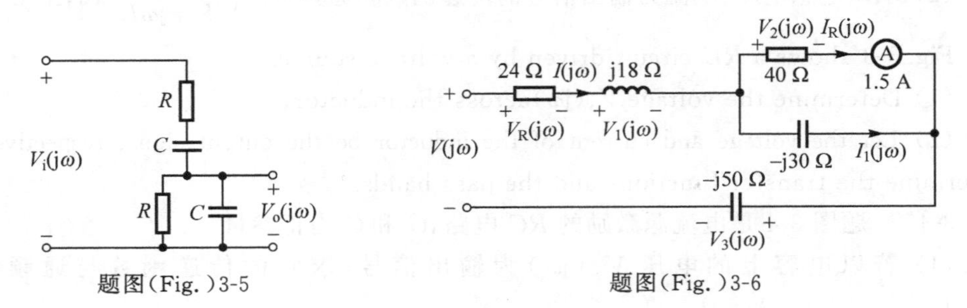

题图(Fig.)3-5　　题图(Fig.)3-6

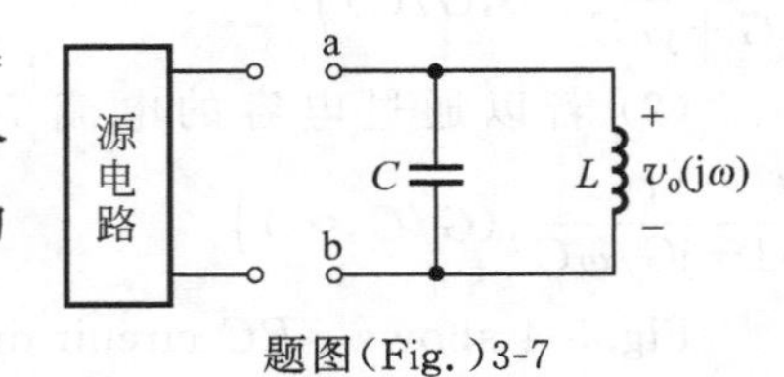

题图(Fig.)3-7

3-7*** 题图 3-7 的电路中，$C=250$ pF，$L=470$ μH，$Q_L=30$，$R_0=30$ kΩ 是信号源的内阻。分析有耗信号源在 ab 点加入后，谐振电路 Q 值的变化。

(1) 求谐振频率；(465 kHz)

(2) 求信号源接入后电路的Q值。(提示：电路结构不同，可能导致Q值不同，诺顿结构 12.7，戴维南结构 17.3)

In Fig. 3-7, let $C=250$ pF, $L=470$ μH and $Q_L=30$. The equivalent internal resistance $R_0=30$ kΩ. Determine the resonance frequency and Q factor.

3-8** (2002年冬试题)电路题图 3-8(a)中的电压源的波形如题图 3-8(b)所示。

(1) 求响应 $v_o(t)$；

(2) 求传递函数 $H(j\omega)=V_o(j\omega)/V_s(j\omega)$ 及其通频带，并定性画出频响曲线(最大值、最小值、3 dB 点)；

(3) 指出该网络是何种类型的滤波器？若要增加带宽应如何改变元件参数？

($(1+R/R_L)^{-1}$，0，$\omega_c=(1/R+1/R_L)/C$，低通)

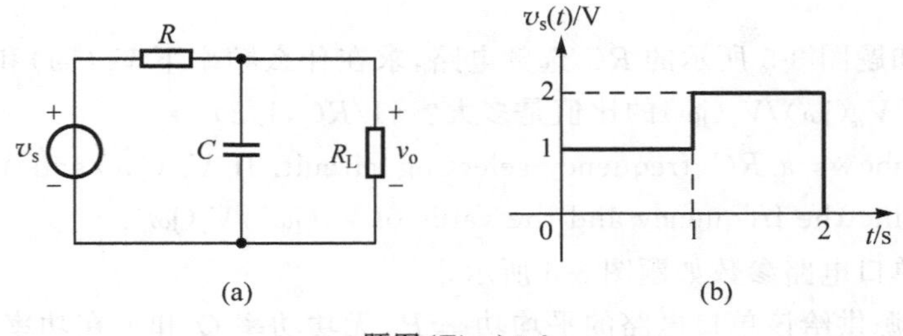

题图(Fig.)3-8

The waveform of the voltage source in Fig. 3-8(a) is shown in Fig. 3-8(b).

(1) Determine the output voltage $v_o(t)$;

(2) Determine the transfer function $H(j\omega)=V_o/V_s$ and the pass-band. Sketch the frequency response including maximum point, minimum point and 3 dB point;

(3) Indicate what kind of filter it is. Analyze how to increase the bandwidth by changing the parameters of devised.

3-9*** 已知单口电路参数如题图 3-9 所示，安培计测得电流为 10 A，伏特计测得电压为 100 V。试利用相量性质，用几何作图的方法，通过绘制各元件电压电流相量图，获得各电压电流相量。

The display of the amperemeter in Fig. 3-9 is 10 A, and the display of the voltameter is 100 V. By using geometric construction, draw the voltage and current phasor diagrams of the elements in the figure, and then determine the voltage and current phasor.

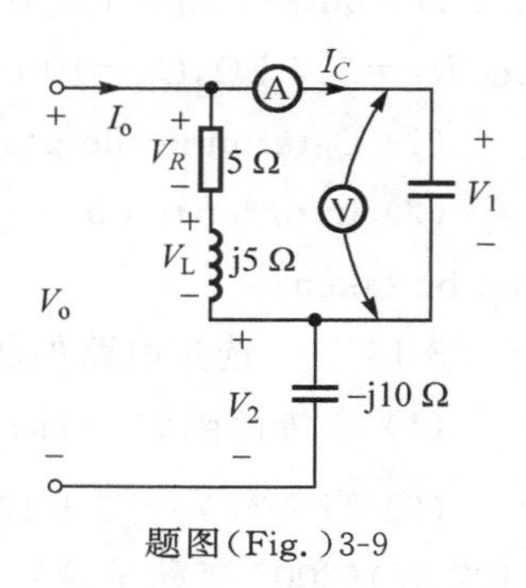

题图(Fig.)3-9

3-10** 如题图 3-10 所示为并联谐振电路。证明：

(1) 在谐振时通过电导的电流等于电流源的源电流；

(2) 在谐振时通过电感或电容上的电流等于电流源的源电流的 Q 倍。

Fig. 3-10 shows a parallel resonant circuit. Prove:

(1) When resonance happens, the current of the inductor equals to the current of the current source;

(2) When resonance happens, the current of the capacitor or the current of the inductor is Q times higher than the current of the current source.

3-11** 如题图 3-11 所示为串联谐振电路。证明：

(1) 在谐振时，电阻上的电压等于电压源的源电压；

(2) 在谐振时，电感或电容上的电压等于电压源的源电压的 Q 倍。

Fig. 3-11 shows a serial resonant circuit. Prove:

(1) When resonance happens, the voltage of the resistor equals to the voltage of the voltage source;

(2) When resonance happens, the voltage of the capacitor or the voltage of the inductor is Q times higher than the voltage of the voltage source.

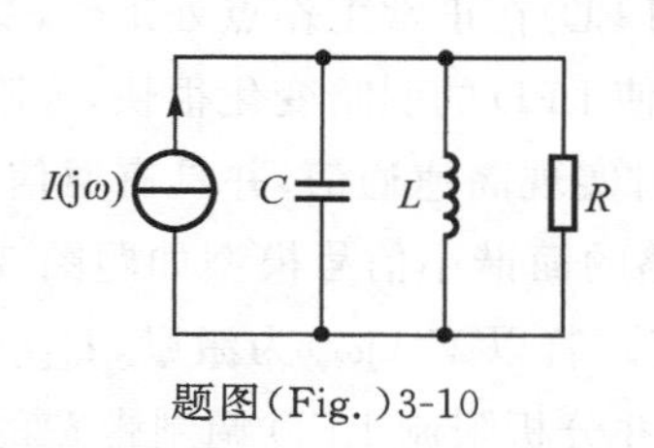

题图(Fig.)3-10

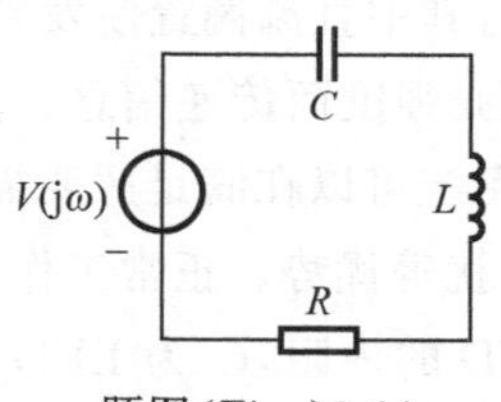

题图(Fig.)3-11

3-12** 题图 3-12 是受控源与 R_L 组成的电路，以 R_L 上的电压为输出信号，C_0 是分布电容。已知 $R_L=1.5\ k\Omega, C_0=10\ pF$。

(1) 求该电路的通频带；$(0, 1/R_LC_0)$

(2) 若要求在通频带内有较平坦的幅频特性，可以采取哪些改进的措施？

The circuit in Fig. 3-12 is composed of a controlled source and a load resistor R_L. The output signal is the voltage across R_L, and C_0 is the distributed capacitor. Let $R_L=1.5\ k\Omega, C_0=10\ pF$.

(1) Determine the pass-band of the circuit;

(2) In order to obtain a flat amplitude-frequency response curve, what measures can be taken?

3-13*** 选频电路如题图 3-13 所示，响应为流过 R_2 电阻的电流。

(1) 求传递函数 $H(j\omega)=I_R(j\omega)/I_s(j\omega)$；

(2) 当 $i_s(t)=[5+10\sqrt{2}\cos t+\sqrt{2}\cos(2t)]$ A 时，求电流源发出的平均功率。(127 W)(2007 年秋试题)

A frequency selective circuit is shown in Fig. 3-13. The response is the current through R_2.

(1) Determine the transfer function $H(j\omega)=I_R(j\omega)/I_s(j\omega)$;

(2) When $i_s(t)=[5+10\sqrt{2}\cos t+\sqrt{2}\cos(2t)]$ A, determine the average power of the current source.

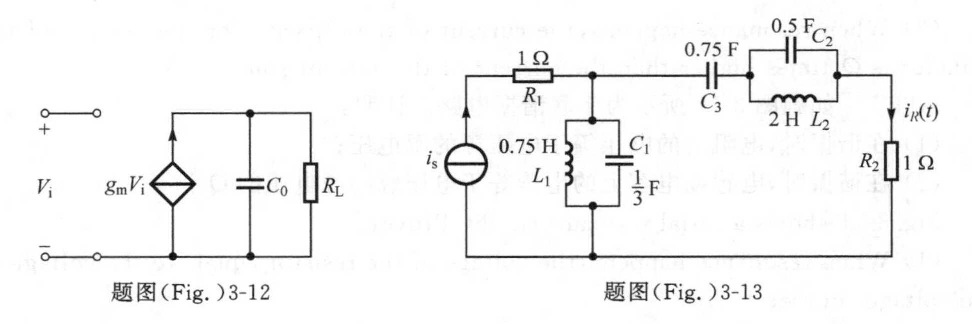

题图(Fig.)3-12　　题图(Fig.)3-13

3-14*** 室内可见光通信(Visible Light Communication, VLC)的典型系统如题图 3-14(a)所示，其中直流偏置使发光二极管(LED)在正常工作点处工作，交流信号通过改变 LED 的发光强度而传递信息。由于信号使 LED 的明暗变化很快，人眼完全感觉不到，因此 VLC 系统可以在满足照明需求的同时实现高速通信，并具有通信速率高、保密性好、无电磁干扰等优势。正常工作 LED 电路的简谐小信号模型如题图 3-14(b)所示，其中 R_0 为 LED 的内阻，C 为 LED 的结电容。若以 $V_s(j\omega)$ 为激励，$I_{LED}(j\omega)$ 为响应，试推导传递函数 $H(j\omega)=I_{LED}(j\omega)/V_s(j\omega)$，并分析限制 LED 调制带宽的因素及可能

的解决方法。(提供：陈特)

Fig. 3-14(a) shows a typical Visible Light Communication (VLC) system in which the DC bias provides a working point for the LED, and the AC signal is transmitted by altering the luminance of the LED light. Human eyes cannot feel the flicker due to its high frequency, so the VLC system can realize illumination and high-data-rate communication simultaneously. VLC has drawn extensive interest because of its advantages of high transmission rate, enhanced security and higher immunity to electromagnetic interference. The limited modulation bandwidth of the LED (ranging from several MHz to dozens of MHz) is one of the challenges for VLC. Fig. 3-14(b) shows the small-signal model of the LED driving circuit in which R_0 is the internal resistance of the LED, and C is the junction capacitance of the

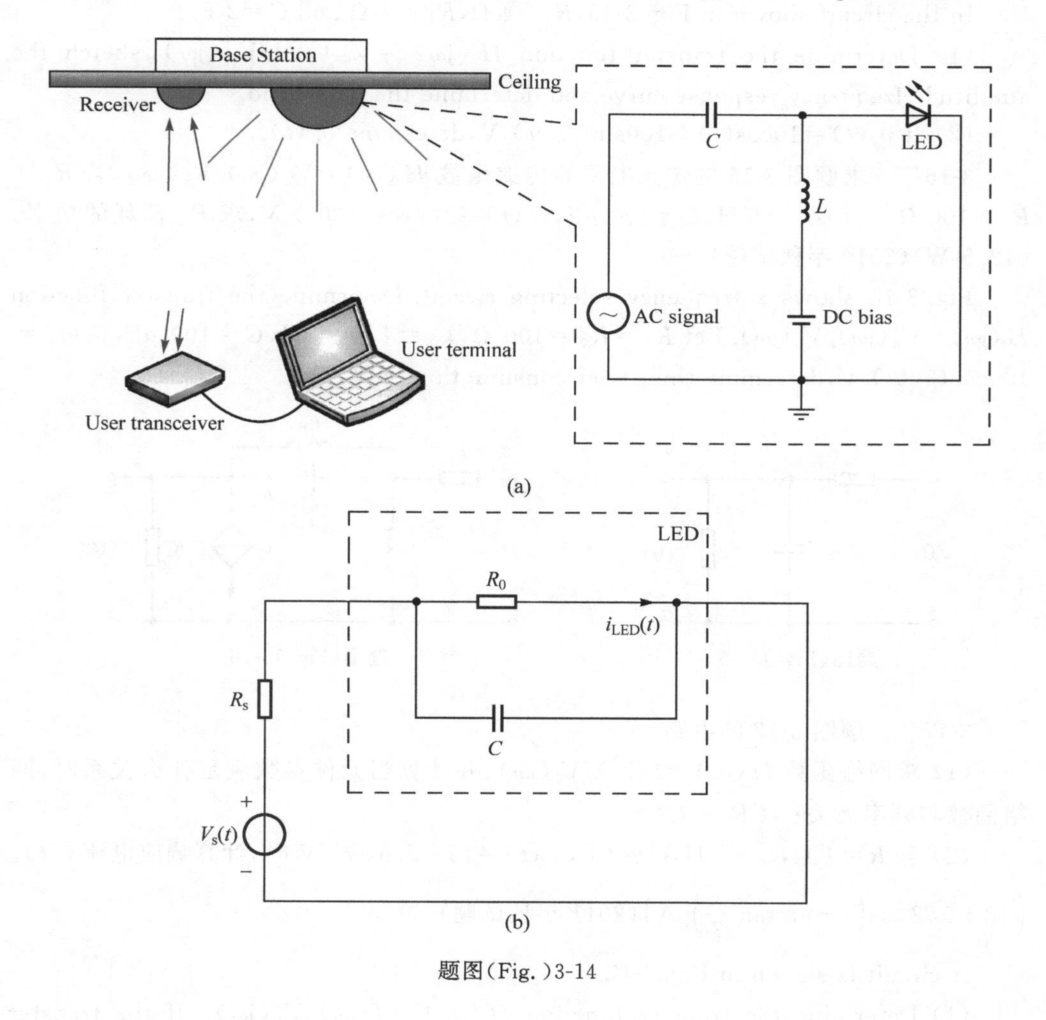

题图(Fig.)3-14

LED. Let $V_s(\mathrm{j}\omega)$ be the input signal, and $I_{\mathrm{LED}}(\mathrm{j}\omega)$ be the response. Determine the transfer function $\mathrm{H}(\mathrm{j}\omega)=I_{\mathrm{LED}}(\mathrm{j}\omega)/V_s(\mathrm{j}\omega)$, analyze the cause of the limited bandwidth, and offer the potential solution.

3-15* 题图 3-15 中，电路已知 $R_s=4\ \Omega, R_C=4\ \Omega, C=2\ \mathrm{F}$。

(1) 求电压传递函数 $H(\mathrm{j}\omega)=V_C(\mathrm{j}\omega)/V_s(\mathrm{j}\omega)$，定性画出幅频特性曲线，给出通带范围；$\left(\dfrac{1}{2+\mathrm{j}8\omega}\right)$

(2) 若 $v_s(t)=10\cos(t)+100\sin(100t)\ \mathrm{V}$，求响应 $v_C(t)$。$\left(\dfrac{5}{\sqrt{17}}\cos(t-\arctan 4)+\dfrac{1}{8}\sin(100t-\arctan 400)\ \mathrm{V}\right)$（2009 年秋试题）

In the circuit shown in Fig. 3-15, $R_s=4\ \Omega$, $R_C=4\ \Omega$ and $C=2\ \mathrm{F}$.

(1) Determine the transfer function $H(\mathrm{j}\omega)=V_C(\mathrm{j}\omega)/V_s(\mathrm{j}\omega)$, sketch the amplitude-frequency response curve and determine the pass-band.

(2) If $v_s(t)=10\cos(t)+100\sin(100t)\ \mathrm{V}$, determine $v_C(t)$.

3-16** 求题图 3-16 的选频电路的传递函数 $H(\mathrm{j}\omega)=V_o(\mathrm{j}\omega)/V_s(\mathrm{j}\omega)$，若 $R_1=R_2=100\ \Omega, L_1=L_2=1\ \mathrm{H}, C=100\ \mu\mathrm{F}, v_s(t)=100\cos(100t)\ \mathrm{V}$，求 R_2 消耗的功率。(12.5 W)（2010 年秋试题）

Fig. 3-16 shows a frequency selecting circuit. Determine the transfer function $H(\mathrm{j}\omega)=V_o(\mathrm{j}\omega)/V_s(\mathrm{j}\omega)$. Let $R_1=R_2=100\ \Omega$, $L_1=L_2=1\ \mathrm{H}$, $C=100\ \mu\mathrm{F}$, $v_s(t)=100\cos(100t)\ \mathrm{V}$, determine the power consumption of R_2.

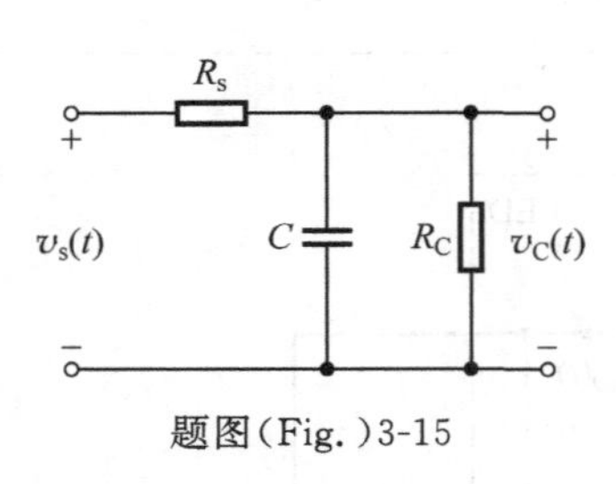

题图(Fig.)3-15

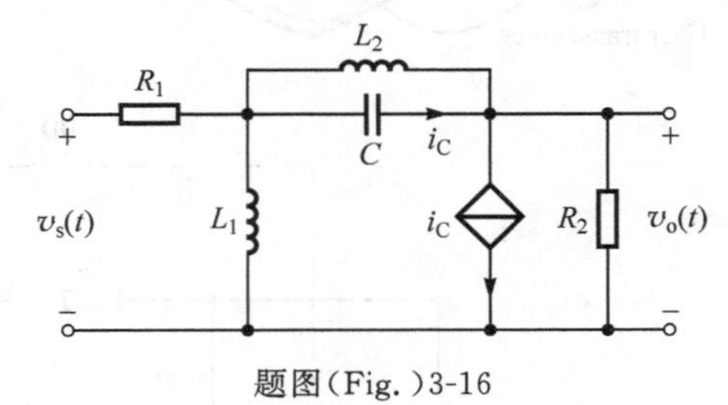

题图(Fig.)3-16

3-17** 题图 3-17 的电路：

(1) 求网络函数 $H(\mathrm{j}\omega)=I(\mathrm{j}\omega)/V_i(\mathrm{j}\omega)$，并计算当元件参数满足什么关系时，网络函数与频率无关；($CR^2=L$)

(2) 若 $R=1\ \Omega, L=1\ \mathrm{H}, C=2\ \mathrm{F}, v_i(t)=10+5\cos(t)\ \mathrm{V}$ 时，计算响应电流 $i(t)$。$\left(10+5\sqrt{2}\cos\left(t-\arctan\dfrac{1}{7}\right)\ \mathrm{A}\right)$（2011 年秋试题）

A circuit is shown in Fig. 3-17.

(1) Determine the transfer function $H(\mathrm{j}\omega)=I(\mathrm{j}\omega)/V_i(\mathrm{j}\omega)$. If the transfer

function is frequency independent, determine the relationships of the component parameters;

(2) Let $R=1\ \Omega, L=1\ \text{H}, C=2\ \text{F}, v_{\text{i}}(t)=10+5\cos(t)\ \text{V}$, determine $i(t)$.

3-18** 题图 3-18 所示电路,(1)求传递函数 $H(\text{j}\omega)=V_{\text{o}}(\text{j}\omega)/V_{\text{s}}(\text{j}\omega)$;(2)定性画出频率响应特性曲线,指出滤波特性。$\left(\dfrac{1}{3+\text{j}\left(\omega-\dfrac{1}{\omega}\right)}, \text{BPF}\right)$(2021 年秋试题)

The circuit is shown in Fig. 3-18. (1) Find $H(\text{j}\omega)=V_{\text{o}}(\text{j}\omega)/V_{\text{s}}(\text{j}\omega)$. (2) Draw the frequency-response curve qualitatively, and point out the filtering characteristic.

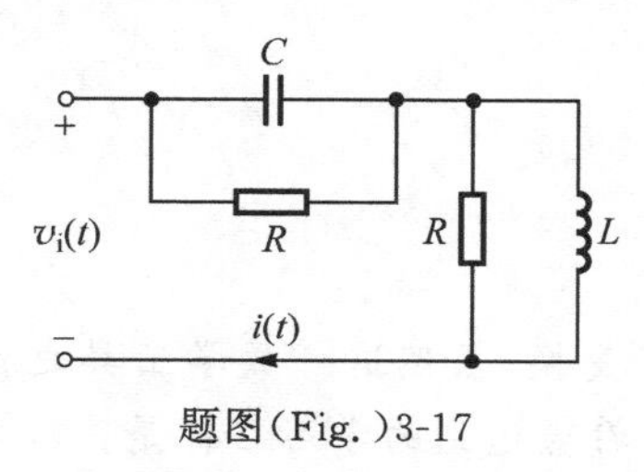

题图(Fig.)3-17

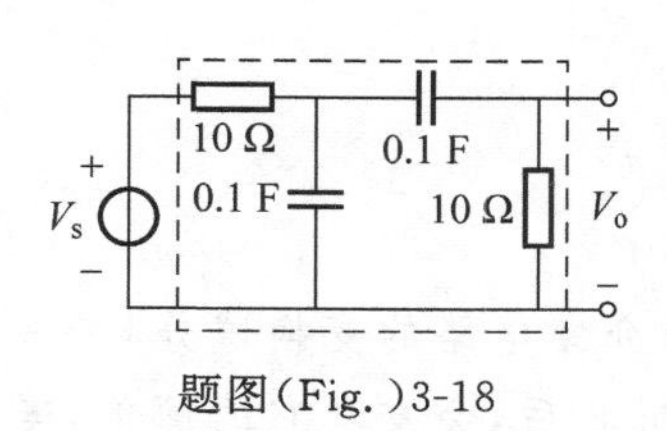

题图(Fig.)3-18

3-19*** 数字信号经过数模转换器(D/A)成为接近于模拟信号的分段线性信号,如题图 3-19 系统框图所示,试用无源器件(不少于 2 个)定性设计一个平滑电路,使输出信号平滑连续,给出设计思路,并指出滤波特性。(2021 年秋试题)

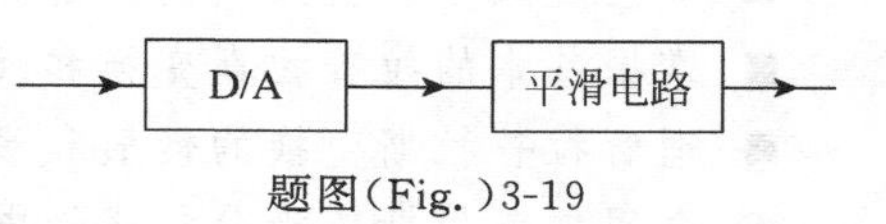

题图(Fig.)3-19

Digital signal is converted into piecewise-linear signal similar to analog signal through a digital-to-analog converter (D/A), as shown in the block diagram in Fig. 3-19. Using passive devices (no less than two), qualitatively design a smoothing circuit to make the output signal smooth and continuous, and point out the filter characteristics.

3-20*** 分析由电流源激励的 RLC 并联电路的响应特性,试选择合适的输出抽头,分别构成 LPF、HPF、BPF 和 BSF。同理,分析选择由电压源激励的 RLC 串联电路。

Analyze the frequency responses of the RLC parallel and series circuit respectively. Select the appropriate positions of the output plugs to construct filters of LPF, HPF, BPF, and BSF respectively.

第4章

电路的变换域分析——拉普拉斯[①]变换

Laplace Transform

本章介绍电路的变换域分析——拉普拉斯[①]变换，虽然这一数学工具之前完全陌生，但掌握之后，会发现它的简单、美妙和有效。希望达到的学习目标是：

■ 掌握复频率和复频域的概念。
■ 掌握基本的拉普拉斯变换和反变换。
■ 理解拉普拉斯变换的性质和线性电路分析之间的关系。
■ 会用拉普拉斯变换分析线性电路的响应。
■ 较以往更进一步地理解和掌握利用网络函数分析电路。

In this chapter, we'll help learner understand the following contents.

■ Concept of complex frequency and *s* domain.
■ Simple Laplace transform and inverse Laplace transform.
■ Relationship between Laplace transform theorems and linear circuits.
■ Time-domain expressions using Laplace transform techniques.
■ Concept of Network function and frequency response in *s* domain.

---

① 拉普拉斯(Pierre Simon Laplace,1749—1827)，法国数学家、天文学家。1779年以他的名字命名拉普拉斯变换。

到目前为止,已经学习了线性电路分析的一些基本原理和方法,例如等效、时域分析、复数分析。在时域分析中,需要先建立并求解电路的微分方程,再根据初始条件确定积分常数。当输入信号波形不是简单的波形或动态元件多于两个时,求解变得非常令人头疼。当然,在有了计算机的今天,可以把这件头疼的事交给它去做。但这仍然不能阻止我们找寻把微分方程的求解变为代数方程求解的极具诱惑力的简单方法,特别是当输入信号波形是任意信号的时候。

正弦稳态电路分析中的复数法首次展现了变换分析的魅力,通过把正弦信号变为复数,从而使得电路在正弦信号激励下的稳态响应易于求解。这就提出了一个问题:电路在任意信号激励时,能否找到一种变换来简化问题分析?虽然可以把复数法推广到直流信号激励、周期信号激励,但对于任意信号激励仍然存在着两个重要的基本问题:①某些时域信号是否满足绝对可积,即收敛问题;②电路的初始储能问题难以解决。

拉普拉斯变换不仅把微分方程的求解变为代数方程求解,它还克服了以上两方面的困难,使变换法在线性电路分析中得到很好的应用,即使在计算机能提供快速计算的手段、使时域分析中的某些繁复计算不再成为困难的今天,拉普拉斯变换分析仍然是有效分析线性常参量电路的基本手段之一。这是因为它有以下优点:

- 不需建立电路的微分方程,只需建立代数方程。
- 电路的初始状态能够自动计入电路方程之中。
- 用物理可实现的网络函数取代理想概念上的冲激响应。
- 将复杂的卷积积分变换成两个像函数的简单乘积。

4.1　拉普拉斯变换/Laplace Transform

4.1.1　变换域分析/Transform Analysis

对于要分析的电路来说,引入变换域分析无疑是为了将复杂问题(有时甚至是无法常规求解的问题)变得简单、并易于求解,其基本思路可以用图 4-1-1 来描述。

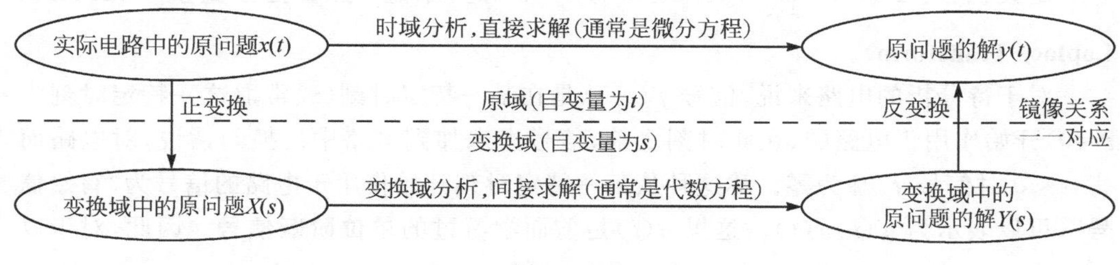

图　4-1-1

举一个熟悉的例子,一般地,一个线性常参量二阶电路的激励与响应问题可以表示为以下微分方程:

$$\left(a_2\frac{\mathrm{d}^2}{\mathrm{d}t^2}+a_1\frac{\mathrm{d}}{\mathrm{d}t}+a_0\right)y(t)=\left(b_1\frac{\mathrm{d}}{\mathrm{d}t}+b_0\right)x(t)$$

其中，a_i 和 b_i 为常参量。求解一个正弦信号 $x(t)=A_m\cos(\omega t+\varphi_x)$ 作用于该二阶电路的稳态响应问题，就是求解以上微分方程的特解问题。直接求解微分方程较为复杂，通过变换，把 $x(t)$ 改写为它的复数形式 $X(\mathrm{j}\omega)=A_m\angle\varphi_x$，从而将以上微分方程的求解变换为以下代数方程求解：

$$[a_2(\mathrm{j}\omega)^2+a_1\mathrm{j}\omega+a_0]Y(\mathrm{j}\omega)=(b_1\mathrm{j}\omega+b_0)X(\mathrm{j}\omega)$$

求解代数方程自然比求解微分方程要容易得多，可以很容易地获得响应 $Y(\mathrm{j}\omega)=B_m\angle\varphi_y$。最后，只需将复数形式的解 $Y(\mathrm{j}\omega)$ 还原为正弦信号 $y(t)=B_m\cos(\omega t+\varphi_y)$ 即可。

这个例子告诉我们，复数法是变换域分析方法中的一种，$x(t)$ 和 $y(t)$ 是以时间 t 为自变量的原域中的函数，这个原域是熟悉的**时域**(**Time-Domain**)，$X(\mathrm{j}\omega)$ 和 $Y(\mathrm{j}\omega)$ 是以 $\mathrm{j}\omega$ 为自变量的变换域中的函数，称这个以 $\mathrm{j}\omega$ 为自变量的变换域为**频域**(**Frequency-Domain**)，由 $x(t)$ 到 $X(\mathrm{j}\omega)$ 的变换称为**正变换**(**Transform**)，由 $Y(\mathrm{j}\omega)$ 到 $y(t)$ 的变换称为**反变换**(**Inverse Transform**)，称 $x(t)$ 和 $y(t)$ 分别是 $X(\mathrm{j}\omega)$ 和 $Y(\mathrm{j}\omega)$ 的**原函数**(**Original Function**)，称 $X(\mathrm{j}\omega)$ 和 $Y(\mathrm{j}\omega)$ 分别是 $x(t)$ 和 $y(t)$ 的**像函数**(**Transform Function**)，并且，原函数和像函数满足一一对应的镜像关系。

同样，拉普拉斯变换也是变换域分析方法中的一种，与复数法不同的地方是，将时域中的函数 $x(t)$ 变换到以复数 $s=\sigma+\mathrm{j}\omega$ 为自变量的变换域中 $X(s)$ 来分析，称这个以 $s=\sigma+\mathrm{j}\omega$ 为自变量的变换域为**复频域或 *s* 域**(**Complex Frequency Domain or *s* Domain**)。

4.1.2 拉普拉斯变换定义/Definition of the Laplace Transform

定义积分：$F(s)=\int_{-\infty}^{\infty}f(t)\mathrm{e}^{-st}\mathrm{d}t$ 为 $f(t)$ 的**"双边"拉普拉斯变换**(**Two-sided Laplace Transform**)。

定义积分：$F(s)=\int_{0-}^{\infty}f(t)\mathrm{e}^{-st}\mathrm{d}t$ 为 $f(t)$ 的**"单边"拉普拉斯变换**(**One-sided Laplace Transform**)。

对于待分析的电路来说，信号 $f(t)$ 总是在某一特定时刻(通常取这一特定时刻为 $t=0$)开始作用于电路的，在此时刻之前，信号尚未加到电路中。换句话说，对电路而言，$t<0$ 时信号 $f(t)$ 为零。称这种从某一特定时刻开始作用于电路的信号为**"有始信号"**，可以表示为 $f(t)u(t)$。这里 $u(t)$ 是前面学习过的**单位阶跃信号**。因此，对于以上双边拉普拉斯变换式，也可以写为 $F(s)=\int_{-\infty}^{\infty}f(t)u(t)\mathrm{e}^{-st}\mathrm{d}t=\int_{0_-}^{\infty}f(t)\mathrm{e}^{-st}\mathrm{d}t$。可见，**有始信号的拉普拉斯变换均为"单边"拉普拉斯变换**。

本章引入拉普拉斯变换，服务于因果电路的分析，所涉及的激励信号除特别指明外均为有始信号，拉普拉斯变换均为单边拉普拉斯变换，因此，为了简化书写，$f(t)u(t)$常简写为$f(t)$，单边拉普拉斯变换式的积分下限“0_-”也常常简写为“0”。

定义**单边拉普拉斯变换对**(One-sided Laplace Transform Pair)为

$$\mathcal{L}[f(t)]=F(s)=\int_{0_-}^{\infty} f(t)\mathrm{e}^{-st}\mathrm{d}t \tag{4-1-1}$$

$$\mathcal{L}^{-1}[F(s)]=f(t)=\frac{1}{2\pi\mathrm{j}}\int_{\sigma-\mathrm{j}\infty}^{\sigma+\mathrm{j}\infty} F(s)\mathrm{e}^{st}\mathrm{d}s \tag{4-1-2}$$

称$F(s)$为$f(t)$的像函数，$f(t)$为$F(s)$的原函数，习惯上，用大写字母表示变换域的像函数，用小写字母表示原函数，二者一一对应、互为镜像。

【例4-1-1】　求信号$\delta(t)$、$u(t)$和$\mathrm{e}^{\alpha t}$(α为某一复常数)的拉普拉斯变换。

解：由拉普拉斯变换的定义可得

$$\mathcal{L}[\delta(t)]=\int_{0_-}^{\infty}\delta(t)\mathrm{e}^{-st}\mathrm{d}t=\mathrm{e}^{0}\int_{0_-}^{0+}\delta(t)\mathrm{d}t=1 \tag{4-1-3}$$

$$\mathcal{L}[u(t)]=\int_{0_-}^{\infty}u(t)\mathrm{e}^{-st}\mathrm{d}t=\int_{0_-}^{\infty}\mathrm{e}^{-st}\mathrm{d}t=\frac{1}{-s}\mathrm{e}^{-st}\Big|_{0_-}^{\infty}=\frac{1}{s} \tag{4-1-4}$$

$$\mathcal{L}[\mathrm{e}^{\alpha t}]=\int_{0_-}^{\infty}\mathrm{e}^{\alpha t}\mathrm{e}^{-st}\mathrm{d}t=\int_{0_-}^{\infty}\mathrm{e}^{-(s-\alpha)t}\mathrm{d}t=\frac{1}{s-\alpha} \tag{4-1-5}$$

【练习】　利用拉普拉斯变换的积分定义求信号$\delta(t-1)$和$2u(t-5)$的拉普拉斯变换。(e^{-s},$2\mathrm{e}^{-5s}/s$)

应当指出的是，并不是所有的有始信号都可以进行拉普拉斯变换。信号$f(t)$的拉普拉斯变换存在的充分条件是$f(t)\mathrm{e}^{-\sigma t}$满足绝对可积，也就是说，要存在一个有限的$\sigma(>0)$，使收敛因子$\mathrm{e}^{-\sigma t}$能够抑制$|f(t)|$随时间的增长。如果$|f(t)|$随时间增长的速度超过指数函数，以致收敛因子$\mathrm{e}^{-\sigma t}$不能将其抑制下来，即$\lim\limits_{t\to\infty}|f(t)|\mathrm{e}^{-\sigma t}>0$，则这样的$f(t)$就不一定能进行拉普拉斯变换；或者说，其拉普拉斯变换不一定存在。例如信号$f(t)=\mathrm{e}^{t^2}$，有$|f(t)|\mathrm{e}^{-\sigma t}=\mathrm{e}^{t(t-\sigma)}$，当$t>\sigma/2$之后，$|f(t)|\mathrm{e}^{-\sigma t}$开始单调上升，因而$f(t)$的拉普拉斯变换不存在。但即使如此，也并不影响利用拉普拉斯变换进行电路的瞬态分析，这是因为分析电路的瞬态响应，一般只需要计算到某一有限的时刻，如t_1。虽然t_1可能很大，但毕竟是有限的。这样对于在$0\sim t_1$内的电路响应来说，$f(t)u(t)$和$f_1(t)=f(t)[u(t)-u(t-t_1)]$的作用是一样的。注意当$t>t_1$后$f_1(t)=0$，因而即使$f(t)$的拉普拉斯变换不存在，$f_1(t)$的拉普拉斯变换却是存在的。而用$f_1(t)$来取代$f(t)$，将不会影响$0\sim t_1$内的电路响应分析。

为了方便学习，表4-1-1给出常用信号的拉普拉斯变换，其中，α为复常数，n为自然数。读者也可以根据此表熟悉拉普拉斯变换的积分公式。如果对每一个原函数都按定义来求其拉普拉斯变换，或对每一个像函数都按反变换公式来求其原函数，那就太复杂了。事实上，可以利用简单函数的拉普拉斯变换，并根据接下来将要描述的拉普拉斯变换的基本性质，无须积分，便可获得足够多的拉普拉斯变换对。

表 4-1-1 常用函数的拉普拉斯变换对

$f(t)$	$F(s)$	$f(t)$	$F(s)$
$\delta(t)$	1	t^n	$\frac{n!}{s^{n+1}}$
$\delta^{(n)}(t)$	s^n	$t\sin(\omega t)$	$\frac{2\omega s}{(s^2+\omega^2)^2}$
$u(t)$	$\frac{1}{s}$	$t\cos(\omega t)$	$\frac{s^2-\omega^2}{(s^2+\omega^2)^2}$
$e^{\alpha t}$	$\frac{1}{s-\alpha}$	$e^{-\alpha t}t^n$	$\frac{n!}{(s+\alpha)^{n+1}}$
$\cos(\omega t)$	$\frac{s}{s^2+\omega^2}$	$e^{-\alpha t}\cos(\omega t)$	$\frac{s+\alpha}{(s+\alpha)^2+\omega^2}$
$\sin(\omega t)$	$\frac{\omega}{s^2+\omega^2}$	$e^{-\alpha t}\sin(\omega t)$	$\frac{\omega}{(s+\alpha)^2+\omega^2}$
$\mathrm{ch}(\alpha t)$	$\frac{s}{s^2-\alpha^2}$	$\mathrm{sh}(\alpha t)$	$\frac{\alpha}{s^2-\alpha^2}$

4.1.3 拉普拉斯变换的基本性质/Basic Properties and Theorems of the Laplace Transform

学习拉普拉斯变换的基本性质，不仅可以从数学上一定程度地简化拉普拉斯变换的计算，更重要的是从数学的角度揭示为什么可以用拉普拉斯变换分析、求解线性电路的响应问题。

1. 唯一性(Uniqueness)

只要积分式(4-1-1)存在(如前分析，工程中遇到的电信号都可以满足)，则拉普拉斯变换的像函数 $F(s)$和原函数 $f(t)$满足一一对应关系①。即给定 $f(t)$，可以通过积分式(4-1-1)唯一地确定 $F(s)$；反之，给定 $F(s)$，可以通过积分式(4-1-2)唯一地确定 $f(t)$。这就保证了利用拉普拉斯变换分析、求解电路响应的唯一性。

2. 线性定理(Linearity Theorem)

如果

$$\mathcal{L}[f_1(t)]=F_1(s),\quad \mathcal{L}[f_2(t)]=F_2(s)$$

且 α_1 和 α_2 为常数，则有

$$\mathcal{L}[\alpha_1 f_1(t)+\alpha_2 f_2(t)]=\alpha_1 F_1(s)+\alpha_2 F_2(s) \tag{4-1-6}$$

证明：

$$\mathcal{L}[\alpha_1 f_1(t)+\alpha_2 f_2(t)]=\int_{0_-}^{\infty}[\alpha_1 f_1(t)+\alpha_2 f_2(t)]e^{-st}dt$$

① 由于拉普拉斯变换是积分变换，因此，在不连续点处取值不同的原函数对应相同的像函数。所以，严格地说，拉普拉斯变换并不满足唯一性。好在这一数学现象在实际工程中并无意义。

$$=\alpha_1\int_{0_-}^{\infty} f_1(t)\mathrm{e}^{-st}\mathrm{d}t+\alpha_2\int_{0_-}^{\infty} f_2(t)\mathrm{e}^{-st}\mathrm{d}t$$
$$=\alpha_1 F_1(s)+\alpha_2 F_2(s)$$

证毕。

推而广之，可得

$$\mathcal{L}\left[\sum_{k=1}^{n}\alpha_k f_k(t)\right]=\sum_{k=1}^{n}\alpha_k F_k(s) \tag{4-1-7}$$

利用拉普拉斯变换的线性特性，可以方便地由一些简单函数的拉普拉斯变换推导出复杂函数的拉普拉斯变换。

【例 4-1-2】 已知指数函数的拉普拉斯变换$\mathcal{L}(\mathrm{e}^{at})=\dfrac{1}{s-a}$，利用拉普拉斯变换的线性特性，求解三角函数 $\cos(\omega t)$和 $\sin(\omega t)$的拉普拉斯变换。

解：因为$\mathcal{L}(\mathrm{e}^{at})=\dfrac{1}{s-a}$，所以$\mathcal{L}(\mathrm{e}^{\mathrm{j}\omega t})=\dfrac{1}{s-\mathrm{j}\omega}$，$\mathcal{L}(\mathrm{e}^{-\mathrm{j}\omega t})=\dfrac{1}{s+\mathrm{j}\omega}$。

利用拉普拉斯变换的线性特性，所以有

$$\mathcal{L}[\cos(\omega t)]=\mathcal{L}\left[\frac{1}{2}(\mathrm{e}^{\mathrm{j}\omega t}+\mathrm{e}^{-\mathrm{j}\omega t})\right]=\frac{1}{2}\left(\frac{1}{s-\mathrm{j}\omega}+\frac{1}{s+\mathrm{j}\omega}\right)=\frac{s}{s^2+\omega^2} \tag{4-1-8}$$

$$\mathcal{L}[\sin(\omega t)]=\mathcal{L}\left[\frac{1}{2\mathrm{j}}(\mathrm{e}^{\mathrm{j}\omega t}-\mathrm{e}^{-\mathrm{j}\omega t})\right]=\frac{1}{2\mathrm{j}}\left(\frac{1}{s-\mathrm{j}\omega}-\frac{1}{s+\mathrm{j}\omega}\right)=\frac{\omega}{s^2+\omega^2} \tag{4-1-9}$$

【练习】 已知指数函数的拉普拉斯变换$\mathcal{L}(\mathrm{e}^{at})=\dfrac{1}{s-a}$，利用拉普拉斯变换的线性特性，求双曲函数 $\mathrm{ch}(\alpha t)$和 $\mathrm{sh}(\alpha t)$的拉普拉斯变换。

进一步，利用拉普拉斯变换的唯一性和线性特性，获得线性电路分析中三个重要的基本定律（基尔霍夫电压、电流定律和欧姆定律）的拉普拉斯变换形式称为基本定律的复频域形式或 s 域形式。

【例 4-1-3】 已知欧姆定律在时域的关系为 $v(t)=Ri(t)$，证明其 s 域形式为 $V(s)=RI(s)$。

证明：因为$\mathcal{L}[i(t)]=I(s)$，利用拉普拉斯变换的线性特性，所以有$\mathcal{L}[Ri(t)]=RI(s)$。

已知$\mathcal{L}[v(t)]=V(s)$，$v(t)=Ri(t)$，利用拉普拉斯变换的唯一性特性，所以有$V(s)=RI(s)$。证毕。

【例 4-1-4】 已知基尔霍夫电压定律在时域的表达式为$\sum\limits_{k=1}^{n}v_k(t)=0$，证明其 s 域形式为$\sum\limits_{k=1}^{n}V_k(s)=0$。

证明：因为 $\mathcal{L}[v_k(t)]=V_k(s)$，利用拉普拉斯变换的线性特性，所以有$\mathcal{L}\left[\sum\limits_{k=1}^{n}v_k(t)\right]=\sum\limits_{k=1}^{n}V_k(s)$。

已知$\sum_{k=1}^{n} v_k(t)=0$,利用拉普拉斯变换的唯一性特性,所以有$\sum_{k=1}^{n} V_k(s)=0$。证毕。

【练习】 已知基尔霍夫电流定律在时域的表达式为$\sum_{k=1}^{n} i_k(t)=0$,证明其s域形式为$\sum_{k=1}^{n} I_k(s)=0$。

3. 时域微分特性(Time Differentiation)

已知$\mathcal{L}[f(t)]=F(s)$,则有

$$\mathcal{L}\left[\frac{\mathrm{d}}{\mathrm{d}t}f(t)\right]=sF(s)-f(0_-) \tag{4-1-10}$$

证明:利用拉普拉斯变换的定义,有

$$\begin{aligned}\mathcal{L}\left[\frac{\mathrm{d}}{\mathrm{d}t}f(t)\right]&=\int_{0_-}^{\infty}\frac{\mathrm{d}}{\mathrm{d}t}f(t)\mathrm{e}^{-st}\mathrm{d}t\\&=\mathrm{e}^{-st}f(t)\Big|_{0_-}^{\infty}-\int_{0_-}^{\infty}f(t)(-s\mathrm{e}^{-st})\mathrm{d}t\\&=0-f(0_-)+s\int_{0_-}^{\infty}f(t)\mathrm{e}^{-st}\mathrm{d}t\\&=sF(s)-f(0_-)\end{aligned}$$

证毕。

由式(4-1-4)已知$\mathcal{L}[u(t)]=\frac{1}{s}$,应用时域微分特性可推出

$$\begin{cases}\mathcal{L}[\delta(t)]=\mathcal{L}\left[\frac{\mathrm{d}}{\mathrm{d}t}u(t)\right]=s\cdot\frac{1}{s}-u(0_-)=1\\\mathcal{L}[\delta'(t)]=\mathcal{L}\left[\frac{\mathrm{d}}{\mathrm{d}t}\delta(t)\right]=s\cdot 1-\delta(0_-)=s\\\vdots\\\mathcal{L}[\delta^{(n)}(t)]=s^n\end{cases} \tag{4-1-11}$$

拉普拉斯变换的时域微分特性提供了一个非常有用的结论:**时域中存在微分关系的函数,变换到s域可以表示为代数关系,并且保留了原来时域的"0_-"信息。**

【例 4-1-5】 已知具有初始储能$v(0_-)$的电容元件在时域的 VCR 为$i(t)=C\frac{\mathrm{d}v(t)}{\mathrm{d}t}$,证明此 VCR 的$s$域形式为$I(s)=CsV(s)-Cv(0_-)$。

证明:利用拉普拉斯变换的时域微分特性,有$\mathcal{L}\left[C\frac{\mathrm{d}v(t)}{\mathrm{d}t}\right]=C[sV(s)-v(0_-)]$。

因为$i(t)=C\frac{\mathrm{d}v(t)}{\mathrm{d}t}$,所以有$I(s)=CsV(s)-Cv(0_-)$。证毕。

【练习】 已知具有初始储能$i(0_-)$的电感元件在时域的 VCR 为$v(t)=L\frac{\mathrm{d}i(t)}{\mathrm{d}t}$,证明此 VCR 的$s$域形式为$V(s)=LsI(s)-Li(0_-)$。

到此已经豁然开朗，因为例4-1-3至例4-1-5已经利用拉普拉斯变换解决线性电路分析中最基本的几个关系式(VCR、KCL、KVL)的拉普拉斯变换形式。如果再仔细想一想式(4-1-10)中的最后一项"$f(0_-)$"，就会发现拉普拉斯变换可以**自然而然地**包含$t=0_-$时这一换路前的信息。因此，拉普拉斯变换的引入，省去了第2章时域电路分析中在$t=0_+$换路后初值的确定。

4. 时域积分特性(Time Integration)

如果$\mathcal{L}[f(t)]=F(s)$，则有

$$\mathcal{L}\left[\int_{0_-}^{t} f(\tau)\mathrm{d}\tau\right]=\frac{1}{s}F(s) \tag{4-1-12}$$

证明：利用拉普拉斯变换的定义，有

$$\begin{aligned}\mathcal{L}\left[\int_{0_-}^{t} f(\tau)\mathrm{d}\tau\right]&=\int_{0_-}^{\infty}\left[\int_{0_-}^{t} f(\tau)\mathrm{d}\tau\right]\mathrm{e}^{-st}\mathrm{d}t=\frac{1}{-s}\int_{0_-}^{\infty}\left[\int_{0_-}^{t} f(\tau)\mathrm{d}\tau\right]\mathrm{d}\mathrm{e}^{-st}\\&=\int_{0_-}^{t} f(\tau)\mathrm{d}\tau\,\frac{1}{-s}\mathrm{e}^{-st}\Big|_{0_-}^{\infty}-\int_{0_-}^{\infty}\frac{1}{-s}\mathrm{e}^{-st}f(t)\mathrm{d}t\\&=0-0+\frac{1}{s}\int_{0_-}^{\infty} f(t)\mathrm{e}^{-st}\mathrm{d}t=\frac{1}{s}F(s)\end{aligned}$$

证毕。

积分特性还可以由微分特性推出，令

$$\mathcal{L}\left[\int_{0_-}^{t} f(\tau)\mathrm{d}\tau\right]=G(s)$$

则由微分特性可得

$$\mathcal{L}\left[\frac{\mathrm{d}}{\mathrm{d}t}\int_{0_-}^{t} f(\tau)\mathrm{d}\tau\right]=sG(s)-\int_{0_-}^{0_-} f(\tau)\mathrm{d}\tau$$

即

$$\mathcal{L}[f(t)]=sG(s)$$

所以

$$G(s)=\frac{1}{s}\mathcal{L}[f(t)]=\frac{1}{s}F(s)$$

应用积分特性和$\mathcal{L}[u(t)]=\dfrac{1}{s}$，可推出$t$的各次幂函数的拉普拉斯变换。因为

$$t=\int_{0_-}^{t} u(\tau)\mathrm{d}\tau,\ \frac{1}{2!}t^2=\int_{0_-}^{t}\tau\mathrm{d}\tau,\ \frac{1}{3!}t^3=\int_{0_-}^{t}\frac{1}{2!}\tau^2\mathrm{d}\tau,\cdots,\ \frac{1}{n!}t^n=\int_{0_-}^{t}\frac{1}{(n-1)!}\tau^{n-1}\mathrm{d}\tau$$

故逐次应用积分特性，则有

$$\mathcal{L}[t]=\frac{1}{s}\mathcal{L}[u(t)]=\frac{1}{s}\cdot\frac{1}{s}=\frac{1}{s^2}$$

$$\mathcal{L}\left[\frac{1}{2!}t^2\right]=\frac{1}{s}\mathcal{L}[t]=\frac{1}{s}\cdot\frac{1}{s^2}=\frac{1}{s^3}$$

$$\vdots$$

$$\mathcal{L}\left[\frac{1}{n!}t^n\right]=\frac{1}{s}\mathcal{L}\left[\frac{1}{(n-1)!}t^{n-1}\right]=\frac{1}{s^{n+1}} \quad 或 \quad \mathcal{L}[t^n]=\frac{n!}{s^{n+1}} \quad (n=1,2,\cdots)$$

5. 频域微分特性(Frequency Differentiation)

如果 $F(s)=\mathcal{L}[f(t)]$,则有

$$\frac{\mathrm{d}}{\mathrm{d}s}F(s)=\mathcal{L}[(-t)f(t)] \tag{4-1-13}$$

证明:

$$\frac{\mathrm{d}}{\mathrm{d}s}F(s)=\frac{\mathrm{d}}{\mathrm{d}s}\int_{0_-}^{\infty}f(t)\mathrm{e}^{-st}\mathrm{d}t=\int_{0_-}^{\infty}\frac{\mathrm{d}}{\mathrm{d}s}[f(t)\mathrm{e}^{-st}]\mathrm{d}t$$

$$=\int_{0_-}^{\infty}f(t)(-t)\mathrm{e}^{-st}\mathrm{d}t=\mathcal{L}[(-t)f(t)]$$

证毕。

推而广之,一般地,有

$$\frac{\mathrm{d}^n}{\mathrm{d}s^n}F(s)=\mathcal{L}[(-t)^n f(t)] \quad 或 \quad \mathcal{L}^{-1}\left[\frac{\mathrm{d}^n}{\mathrm{d}s^n}F(s)\right]=(-t)^n f(t) \tag{4-1-14}$$

【应用举例】

(1) $\mathcal{L}[t^n]=\mathcal{L}[(-t)^n(-1)^n u(t)]=(-1)^n\frac{\mathrm{d}^n}{\mathrm{d}s^n}\mathcal{L}[u(t)]=(-1)^n\frac{\mathrm{d}^n}{\mathrm{d}s^n}(s^{-1})=\frac{n!}{s^{n+1}}$

(2) $\mathcal{L}[t\sin(\omega t)]=\mathcal{L}[(-1)(-t)\sin(\omega t)]=-\frac{\mathrm{d}}{\mathrm{d}s}\mathcal{L}[\sin(\omega t)]$

$$=-\frac{\mathrm{d}}{\mathrm{d}s}\left(\frac{\omega}{s^2+\omega^2}\right)=\frac{2\omega s}{(s^2+\omega^2)^2}$$

(3) $\mathcal{L}[t\cos(\omega t)]=-\frac{\mathrm{d}}{\mathrm{d}s}\mathcal{L}[\cos(\omega t)]=-\frac{\mathrm{d}}{\mathrm{d}s}\left(\frac{s}{s^2+\omega^2}\right)=\frac{s^2-\omega^2}{(s^2+\omega^2)^2}$

6. 频域积分特性(Frequency Integration)

如果 $F(s)=\mathcal{L}[f(t)]$,则有

$$\int_s^{\infty}F(\varepsilon)\mathrm{d}\varepsilon=\mathcal{L}\left[\frac{1}{t}f(t)\right] \tag{4-1-15}$$

证明:

$$\int_s^{\infty}F(\varepsilon)\mathrm{d}\varepsilon=\int_s^{\infty}\left[\int_{0_-}^{\infty}f(t)\mathrm{e}^{-\varepsilon t}\mathrm{d}t\right]\mathrm{d}\varepsilon=\int_{0_-}^{\infty}\left[\int_s^{\infty}f(t)\mathrm{e}^{-\varepsilon t}\mathrm{d}\varepsilon\right]\mathrm{d}t$$

$$=\int_{0_-}^{\infty}\left[\frac{1}{-t}f(t)\mathrm{e}^{-\varepsilon t}\right]_{\varepsilon=s}^{\varepsilon=\infty}\mathrm{d}t=\int_{0_-}^{\infty}\frac{1}{t}f(t)\mathrm{e}^{-st}\mathrm{d}t=\mathcal{L}\left[\frac{1}{t}f(t)\right]$$

证毕。

也可以由频域微分特性推证,令

$$\int_s^{\infty}F(\varepsilon)\mathrm{d}\varepsilon=\mathcal{L}[g(t)]$$

则

$$\mathcal{L}[(-t)g(t)]=\frac{\mathrm{d}}{\mathrm{d}s}\int_s^{\infty}F(\varepsilon)\mathrm{d}\varepsilon=\frac{\mathrm{d}}{\mathrm{d}s}\left[-\int_{\infty}^{s}F(\varepsilon)\mathrm{d}\varepsilon\right]=-F(s)=\mathcal{L}[-f(t)]$$

故

$$(-t)g(t)=-f(t) \quad 或 \quad g(t)=\frac{1}{t}f(t)$$

所以

$$\int_s^{\infty}F(\varepsilon)\mathrm{d}\varepsilon=\mathcal{L}\left[\frac{1}{t}f(t)\right]$$

【应用举例】

(1) $\mathcal{L}\left[\frac{1}{t}\sin(\omega t)\right]=\int_s^{\infty}[\mathcal{L}\sin(\omega t)]\mathrm{d}\varepsilon=\int_s^{\infty}\frac{\omega}{\varepsilon^2+\omega^2}\mathrm{d}\varepsilon=\arctan\frac{\varepsilon}{\omega}\Big|_s^{\infty}=\frac{\pi}{2}-\arctan\frac{s}{\omega}$

(2) $\mathcal{L}\left[\frac{1-\mathrm{e}^{\alpha t}}{t}\right]=\int_s^{\infty}\left[\frac{1}{\varepsilon}-\frac{1}{\varepsilon-\alpha}\right]\mathrm{d}\varepsilon=\ln\frac{\varepsilon}{\varepsilon-\alpha}\Big|_s^{\infty}=\ln\left(1-\frac{\alpha}{s}\right)$

7. 时域延迟特性——延迟定理(Time-Shift Theorem)

如果$\mathcal{L}[f(t)u(t)]=F(s)$，$\tau>0$，则有

$$\mathcal{L}[f(t-\tau)u(t-\tau)]=F(s)\mathrm{e}^{-s\tau} \tag{4-1-16}$$

证明：根据定义有

$$\mathcal{L}[f(t-\tau)u(t-\tau)]=\int_{0-}^{\infty}f(t-\tau)u(t-\tau)\mathrm{e}^{-st}\mathrm{d}t=\int_{\tau-}^{\infty}f(t-\tau)\mathrm{e}^{-st}\mathrm{d}t$$

令 $t'=t-\tau$ 换元，则 $t=t'+\tau$，$\mathrm{d}t=\mathrm{d}t'$，于是有

$$\int_{\tau-}^{\infty}f(t-\tau)\mathrm{e}^{-st}\mathrm{d}t=\int_{0-}^{\infty}f(t')\mathrm{e}^{-s(t'+\tau)}\mathrm{d}t'=\mathrm{e}^{-s\tau}\int_{0-}^{\infty}f(t)\mathrm{e}^{-st}\mathrm{d}t=F(s)\mathrm{e}^{-s\tau}$$

证毕。

【例 4-1-6】 已知周期为 T 的因果周期信号 $f(t)$ 的第一个周期 $f_1(t)=f(t)[u(t)-u(t-T)]$ 的像函数为 $F_1(s)$，求该信号的拉普拉斯变换。

解：用已知像函数的第一个周期信号 $f_1(t)$ 来表示周期信号 $f(t)$。

$$\begin{aligned}f(t)&=f_1(t)u(t)+f_1(t-T)u(t-T)+\cdots+f_1(t-kT)u(t-kT)+\cdots\\&=\sum_{k=0}^{\infty}f_1(t-kT)u(t-kT)\end{aligned}$$

因为$\mathcal{L}[f_1(t)]=F_1(s)$，所以，利用延迟定理，有

$$\mathcal{L}[f(t)]=F_1(s)\sum_{k=0}^{\infty}\mathrm{e}^{-kTs}=F_1(s)\frac{1}{1-\mathrm{e}^{-Ts}} \tag{4-1-17}$$

8. 频域位移特性——频移定理(Frequency Shift)

如果 $F(s)=\mathcal{L}[f(t)]$，则有

$$F(s+\alpha)=\mathcal{L}[\mathrm{e}^{-\alpha t}f(t)] \tag{4-1-18}$$

证明：利用拉普拉斯变换的定义，有

$$F(s+\alpha)=\int_{0_-}^{\infty}f(t)\mathrm{e}^{-(s+\alpha)t}\mathrm{d}t=\int_{0_-}^{\infty}\mathrm{e}^{-\alpha t}f(t)\mathrm{e}^{-st}\mathrm{d}t=\mathcal{L}[\mathrm{e}^{-\alpha t}f(t)]$$

证毕。

【应用举例】 $\mathcal{L}[e^{-\alpha t}\sin(\omega t)]=\dfrac{\omega}{(s+\alpha)^2+\omega^2}$

9. 尺度变换特性——展缩定理(Scaling Theorem)

如果$\mathcal{L}[f(t)]=F(s)$,系数$\alpha>0$,则有

$$\mathcal{L}[f(\alpha t)]=\frac{1}{\alpha}F\left(\frac{s}{\alpha}\right),\quad \alpha>0 \tag{4-1-19}$$

证明:$\mathcal{L}[f(\alpha t)]=\int_{\alpha}^{\infty}f(\alpha t)e^{-st}dt$。换元,令$\tau=\alpha t$,则$t=\dfrac{1}{\alpha}\tau$,$dt=\dfrac{1}{\alpha}d\tau$,于是

$$\mathcal{L}[f(\alpha t)]=\int_{0_-}^{\infty}f(\tau)e^{-s\left(\frac{\tau}{\alpha}\right)}\frac{1}{\alpha}d\tau=\frac{1}{\alpha}\int_{0_-}^{\infty}f(\tau)e^{-\left(\frac{s}{\alpha}\right)\tau}d\tau=\frac{1}{\alpha}F\left(\frac{s}{\alpha}\right)$$

证毕。

10. 卷积积分特性——卷积定理(Convolution Theorem)

如果$\mathcal{L}[f(t)]=F(s)$,$\mathcal{L}[h(t)]=H(s)$,且$t<0$时$f(t)=h(t)=0$,则有

$$\mathcal{L}[f(t)*h(t)]=F(s)\cdot H(s) \tag{4-1-20}$$

证明:由卷积积分和拉普拉斯变换的定义,有

$$\begin{aligned}
\mathcal{L}\{f(t)*h(t)\}&=\int_0^{\infty}\int_0^{t}f(\tau)\cdot h(t-\tau)d\tau\cdot e^{-st}dt \quad (\text{根据定义})\\
&=\int_0^{\infty}\int_0^{\infty}f(\tau)\cdot h(t-\tau)d\tau\cdot e^{-st}dt \quad (\text{当}\ t-\tau<0\ \text{时},h(t-\tau)=0)\\
&=\int_0^{\infty}\int_0^{\infty}f(\tau)h(t-\tau)e^{-st}dt\cdot d\tau \quad (\text{交换积分})\\
&=\int_0^{\infty}\int_{\tau}^{\infty}f(\tau)h(t-\tau)e^{-st}dt\cdot d\tau \quad (\text{当}\ t-\tau<0\ \text{时},h(t-\tau)=0)\\
&=\int_0^{\infty}f(\tau)\int_0^{\infty}h(u)e^{-s(\tau+u)}du\,d\tau \quad (\text{取}\ u=t-\tau)\\
&=\int_0^{\infty}f(\tau)e^{-s\tau}d\tau\int_0^{\infty}h(u)e^{-su}du\\
&=F(s)\cdot H(s) \quad (\text{根据定义})
\end{aligned}$$

证毕。

【例 4-1-7】 已知某线性电路的单位冲激响应为$h(t)=3e^{-t}u(t)$,求在输入信号$f(t)=u(t)-u(t-1)$的激励下,电路的零状态响应$y(t)$。

解:由时域的卷积定理,有$y(t)=h(t)*f(t)$,为了避免卷积积分的计算,可以利用拉普拉斯变换的卷积积分特性,先求$h(t)$和$f(t)$的拉普拉斯变换。

$$H(s)=3/(s+1)\quad F(s)=1/s-e^{-s}/s$$

所以

$$Y(s)=H(s)F(s)=\frac{3}{s(s+1)}-\frac{3e^{-s}}{s(s+1)}=\frac{3}{s}-\frac{3}{s+1}-\frac{3e^{-s}}{s}+\frac{3e^{-s}}{s+1}$$

利用式(4-1-4)和拉普拉斯变换的时域延迟及频域延迟特性，上式的拉普拉斯反变换为

$$y(t)=3u(t)-3\mathrm{e}^{-t}u(t)-3u(t-1)+3\mathrm{e}^{-t+1}u(t-1)$$

拉普拉斯变换的卷积积分特性，把时域的卷积积分关系变换为 s 域的乘积关系。拉普拉斯变换的这些微分变代数、积分变乘积的特性，给利用拉普拉斯变换求解线性电路任意信号激励的响应问题，带来了数学上的极大简化。

拉普拉斯变换的基本性质整理在表 4-1-2 中，方便读者查阅。

表 4-1-2　拉普拉斯变换的基本性质

性　质	原函数	像函数
唯一性	$f(t)=\dfrac{1}{2\pi\mathrm{j}}\int_{\sigma-\mathrm{j}\infty}^{\sigma+\mathrm{j}\infty}F(s)\mathrm{e}^{st}\mathrm{d}s$	$F(s)=\int_{0_-}^{\infty}f(t)\mathrm{e}^{-st}\mathrm{d}t$
线性(线性定理)	$\alpha_1 f_1(t)+\alpha_2 f_2(t)$	$\alpha_1 F_1(s)+\alpha_2 F_2(s)$
时域微分	$\mathrm{d}f(t)/\mathrm{d}t$	$sF(s)-f(0_-)$
时域积分	$\int_{0_-}^{t}f(\tau)\mathrm{d}\tau$	$\dfrac{1}{s}F(s)$
频域积分	$\dfrac{f(t)}{t}$	$\int_{s}^{\infty}F(\varepsilon)\mathrm{d}\varepsilon$
频域微分	$(-t)f(t)$	$\mathrm{d}F(s)/\mathrm{d}s$
时域延迟(延迟定理)	$f(t-\tau)u(t-\tau)$ $\sum_{k=0}^{\infty}f_1(t-kT)u(t-kT)$	$F(s)\mathrm{e}^{-\tau s}$ $\dfrac{F_1(s)}{1-\mathrm{e}^{-Ts}}$
频域位移(频移定理)	$\mathrm{e}^{-\alpha t}f(t)$	$F(s+\alpha)$
尺度变换(展缩定理)	$f(\alpha t)(\alpha>0)$	$\dfrac{1}{\alpha}F(s/\alpha)$
卷积积分(卷积定理)	$f(t)*h(t)$	$F(s)H(s)$

4.1.4　拉普拉斯反变换/Inverse Laplace Transform

拉普拉斯变换将时域分析变换为 s 域分析，由于最终的目的是要分析、求解电路的真实响应，所以用拉普拉斯变换进行电路分析时，只求出响应的像函数是不够的，还要通过拉普拉斯反变换获得响应的原函数形式。原理上说，可以应用反变换公式(4-1-2)求解原函数，但这需要计算复变函数的积分，通常是很麻烦的。

在电路分析中，方程的数学形式取决于元件支路的 VCR 和电路结构的 KCL、KVL 关系，从前面可以判断，在 s 域中，电路的 VCR、KCL、KVL 关系是代数关系而不是微分关系，因此，线性定常电路分析中的像函数具有实系数有理分式的形式。此时，如果将该有理分式展开成部分分式之和的形式，由于每一个部分分式的原函数比较简单，并且可以从基本变换表(4-1-1)中查到，那么，该有理分式的原函数即可容易获得。于是，电路分析中反变换的积分求解问题，就转化成为将像函数的有理分式分解为部分分式之和的分解问题。

具有实系数有理分式形式的像函数可以表示为

$$F(s)=\frac{P(s)}{Q(s)}=\frac{b_m s^m+b_{m-1}s^{m-1}+\cdots+b_1 s+b_0}{a_n s^n+a_{n-1}s^{n-1}+\cdots+a_1 s+a_0}=\frac{b_m}{a_n}\frac{\prod_{i=1}^{m}(s-z_i)}{\prod_{i=1}^{n}(s-p_i)} \tag{4-1-21}$$

其中，$z_i(i=1,2,\cdots,m)$为分子多项式$P(s)=\sum_{k=0}^{m}b_k s^k$的根，称为$F(s)$的**零点(Zeros)**；$p_i(i=1,2,\cdots,n)$为分母多项式$Q(s)=\sum_{k=0}^{n}a_k s^k$的根，称为$F(s)$的**极点(Poles)**，这里只讨论$m<n$的情况，单根称为单极点，重根称为重极点，复根称为复极点。

如果$m\geqslant n$，可以先整理，使新产生的分式满足$m<n$。

$$F(s)=\frac{P(s)}{Q(s)}=A(s)+\frac{B(s)}{Q(s)}$$

其中，$A(s)$为$P(s)$除$Q(s)$所得的商式，其阶次为$l=m-n\geqslant 0$；$B(s)$为$P(s)$除以$Q(s)$所得的余式，其阶次总是小于$Q(s)$的阶次n。一般地，有

$$A(s)=c_l s^l+c_{l-1}s^{l-1}+\cdots+c_1 s+c_0$$

其中，c_i为常数，则其反变换为

$$\mathcal{L}^{-1}[A(s)]=c_l\delta^{(l)}(t)+c_{l-1}\delta^{(l-1)}(t)+\cdots+c_1\delta'(t)+c_0\delta(t)$$

分解定理将式(4-1-21)分解为部分分式之和，其形式按照$F(s)$极点的性质可以概括为以下单极点、重极点和共轭极点三种情况。

1. $F(S)$的全部极点为单极点

$$F(s)=\frac{P(s)}{Q(s)}=\frac{P(s)}{a_n\prod_{i=1}^{n}(s-p_i)}=\sum_{i=1}^{n}\frac{K_i}{s-p_i}$$

其中，K_i为待定系数，称为$F(s)$的留数，为

$$K_i=(s-p_i)F(s)\big|_{s=p_i}=\frac{(s-p_i)P(s)}{Q(s)}\bigg|_{s=p_i} \tag{4-1-22}$$

式(4-1-22)即为分解定理的单极点描述。

【例 4-1-8】 求$F(s)=\dfrac{s+1}{s^2+s-2}$的拉普拉斯反变换$f(t)$。

解：先由$s^2+s-2=0$计算$F(s)$的极点，得$s_1=1,s_2=-2$。由分解定理，$F(s)$可以写为

$$F(s)=\frac{s+1}{(s-1)(s+2)}=\frac{k_1}{s-1}+\frac{k_2}{s+2}$$

由式(4-1-22)确定系数k_1、k_2，有

$$k_1=(s-1)F(s)\big|_{s=1}=2/3,\quad k_2=(s+2)F(s)\big|_{s=-2}=1/3$$

因此，$F(s)$可以写为

$$F(s)=\frac{2/3}{s-1}+\frac{1/3}{s+2}$$

由基本变换表 4-1-1 可以查得

$$f(t)=\frac{2}{3}e^{t}+\frac{1}{3}e^{-2t}$$

2. $F(s)$的单极点含有共轭复极点

$$F(s)=\frac{P(s)}{Q(s)}=\frac{P(s)}{a_n\prod_{i=1}^{n}(s-p_i)}=\frac{K_1}{s-p_1}+\frac{K_2}{s-p_2}+\sum_{i=3}^{n}\frac{K_i}{s-p_i}$$

其中,K_i 为待定系数；p_1 和 p_2 为共轭复极点,可以表示为 $p_1=\alpha_1+j\omega_1$,$p_2=\alpha_1-j\omega_1$,则有

$$K_i=(s-p_i)F(s)\big|_{s=p_i}\qquad(i=1,2)\tag{4-1-23}$$

可见,只要是单极点情况,共轭复极点和实极点的系数确定方法是相同的。另外,由于复极点都是共轭出现的,其待定系数满足共轭关系,进而两项可以只求一项,其结果也可以合并,取 $K_1=Ke^{j\beta}$,有

$$\frac{K_1}{s-p_1}+\frac{K_2}{s-p_2}=\frac{K_1}{s-p_1}+\frac{K_1^*}{s-p_1^*}=K\left[\frac{e^{j\beta}}{s-(\alpha_1+j\omega_1)}+\frac{e^{-j\beta}}{s-(\alpha_1-j\omega_1)}\right]$$

其拉普拉斯反变换为

$$K\left[e^{j\beta}e^{(\alpha_1+j\omega_1)t}+e^{-j\beta}e^{(\alpha_1-j\omega_1)t}\right]=2Ke^{\alpha_1 t}\cos(\omega_1 t+\beta)\tag{4-1-24}$$

【例 4-1-9】 求 $F(s)=\dfrac{-5s^2+6s-14}{s^3+s^2+4s+4}$的拉普拉斯反变换 $f(t)$。

解：先由 $s^3+s^2+4s+4=0$ 计算 $F(s)$的极点,得 $s_1=-1$,$s_2=-2j$,$s_3=2j$。

由分解定理 $F(s)$可以写为

$$F(s)=\frac{-5s^2+6s-14}{s^3+s^2+4s+4}=\frac{K_1}{s+2j}+\frac{K_2}{s-2j}+\frac{K_3}{s+1}$$

由式(4-1-22)和式(4-1-23)确定系数,有

$$K_1=(s+2j)F(s)\big|_{s=-2j}=\frac{3}{2}j$$

$$K_2=(s-2j)F(s)\big|_{s=2j}=-\frac{3}{2}j$$

$$K_3=(s+1)F(s)\big|_{s=-1}=-5$$

因此有

$$F(s)=\frac{3j/2}{s+2j}+\frac{-3j/2}{s-2j}+\frac{-5}{s+1}$$

于是,得其拉普拉斯反变换为

$$f(t)=3\sin(2t)-5e^{-t}$$

3. $F(s)$的极点含有 n 重极点

$$F(s)=\frac{P(s)}{Q(s)}=\frac{P(s)}{C(s)(s-p_i)^{n_i}}=D(s)+\sum_{j=1}^{n_i}\frac{K_{ij}}{(s-p_i)^j}$$

其中，

$$K_{ij}=\frac{1}{(n_i-j)!}\frac{\mathrm{d}^{(n_i-j)}}{\mathrm{d}s^{(n_i-j)}}[(s-p_i)^{n_i}F(s)]\Big|_{s=p_i} \tag{4-1-25}$$

【例 4-1-10】 求 $F(s)=\dfrac{10(s+3)}{(s+2)(s+1)^3}$ 的拉普拉斯反变换 $f(t)$。

解：由分解定理 $F(s)$ 可以写为

$$F(s)=\frac{10(s+3)}{(s+2)(s+1)^3}=\frac{K_{11}}{s+1}+\frac{K_{12}}{(s+1)^2}+\frac{K_{13}}{(s+1)^3}+\frac{K_2}{s+2}$$

解法 1：利用分解定理确定系数。

由式(4-1-22)、式(4-1-25)有

$$K_{11}=\frac{1}{2}\frac{\mathrm{d}^2}{\mathrm{d}s^2}[(s+1)^3F(s)]\big|_{s=-1}=10 \quad K_{12}=\frac{\mathrm{d}}{\mathrm{d}s}[(s+1)^3F(s)]\big|_{s=-1}=-10$$

$$K_{13}=(s+1)^3F(s)\big|_{s=-1}=20 \quad K_2=(s+2)F(s)\big|_{s=-2}=-10$$

因此，$F(s)$ 可以写为

$$F(s)=\frac{10}{s+1}+\frac{-10}{(s+1)^2}+\frac{20}{(s+1)^3}+\frac{-10}{s+2}$$

容易写出其反变换为

$$f(t)=10\mathrm{e}^{-t}-10\mathrm{e}^{-t}t+10\mathrm{e}^{-t}t^2-10\mathrm{e}^{-2t}$$

解法 2：利用待定系数法确定系数。

$$\begin{aligned}
&F(s)\\
=&\frac{10(s+3)}{(s+2)(s+1)^3}=\frac{K_{11}}{s+1}+\frac{K_{12}}{(s+1)^2}+\frac{K_{13}}{(s+1)^3}+\frac{K_2}{s+2}\\
=&\frac{K_{11}(s+2)(s+1)^2+K_{12}(s+2)(s+1)+K_{13}(s+2)+K_2(s+1)^3}{(s+2)(s+1)^3}\\
=&\frac{(K_{11}+K_2)s^3+(4K_{11}+K_{12}+3K_2)s^2+(5K_{11}+3K_{12}+K_{13}+3K_2)s+(2K_{11}+2K_{12}+2K_{13}+K_2)}{(s+2)(s+1)^3}
\end{aligned}$$

比较分子中多项式的系数，有

$$\begin{cases}30=2K_{11}+2K_{12}+2K_{13}+K_2\\ 10=5K_{11}+3K_{12}+K_{13}+3K_2\\ 0=4K_{11}+K_{12}+3K_2\\ 0=K_{11}+K_2\end{cases} \Rightarrow \begin{cases}K_{11}=10\\ K_{12}=-10\\ K_{13}=20\\ K_2=-10\end{cases}$$

因此，$F(s)$ 可以写为

$$F(s)=\frac{10}{s+1}+\frac{-10}{(s+1)^2}+\frac{20}{(s+1)^3}+\frac{-10}{s+2}$$

容易写出其反变换为

$$f(t)=10\mathrm{e}^{-t}-10\mathrm{e}^{-t}t+10\mathrm{e}^{-t}t^2-10\mathrm{e}^{-2t}$$

可见，利用分解定理和待定系数法都可以把 $F(s)$ 展开为部分分式之和，从而可以

较容易地获得 $F(s)$的反变换 $f(t)$。分解定理可以直接利用公式；待定系数法需要求解各系数建立的多元方程组。由于方程的个数取决于 $F(s)$极点的个数，因此当极点增多时，待定系数法变得相当复杂。

4.2　线性电路的 *s* 域求解/Circuit Analysis in the *s* Domain

用拉普拉斯变换来分析求解线性电路的方法称为 **s 域方法**，用元件和变量的拉普拉斯变换形式来表示电路称为 **s 域模型电路**（***s* Domain Equivalent Circuit**）。由于 s 域等效电路并非实际电路，因此，拉普拉斯反变换是电路求解的不可或缺的最后一步。

在 4.1 节拉普拉斯变换的基本性质的描述中，初步分析了线性电路的 s 域模型，下面进一步归纳，给出线性电路的 s 域模型。

4.2.1　元件的 *s* 域模型/Elements in the *s* Domain

1. 独立电压源

时域方程：

$$v(t)=v_{s}(t)$$

变换域方程：

$$V(s)=V_{s}(s) \tag{4-2-1}$$

2. 独立电流源

时域方程：

$$i(t)=i_{s}(t)$$

变换域方程：

$$I(s)=I_{s}(s) \tag{4-2-2}$$

3. 受控源

表 4-2-1 列出了 4 种不同的受控源的时域方程和变换域方程的形式。

表 4-2-1　受控源的 s 域模型

受控源类型	VCVS	VCCS	CCVS	CCCS
时域方程	$v(t)=\mu v_k(t)$	$i(t)=gv_k(t)$	$v(t)=ri_k(t)$	$i(t)=\alpha i_k(t)$
变换域方程	$V(s)=\mu V_k(s)$	$I(s)=gV_k(s)$	$V(s)=rI_k(s)$	$I(s)=\alpha I_k(s)$

其中下标 k 表示控制受控源的第 k 条支路，系数 μ、g、r、α 分别表示转移电压比、跨电导、跨电阻、转移电流比。

可见，源的 s 域模型就是把时域的原函数形式变换为 s 域的像函数形式。由于线性电路满足唯一性和线性特性，因此原函数和像函数之间存在一一对应的关系。

4. 电阻元件

时域方程：

$$v(t)=R\cdot i(t) \quad 或 \quad i(t)=G\cdot v(t)$$

变换域方程：

$$V(s)=RI(s) \quad 或 \quad I(s)=GV(s) \tag{4-2-3}$$

可见对电阻元件来说，电流和电压的像函数之间的关系仍然具有欧姆定律的形式。

5. 电感元件

时域方程：

$$v(t)=L\frac{\mathrm{d}i(t)}{\mathrm{d}t}$$

变换域方程：

$$V(s)=L[sI(s)-i(0_-)]=LsI(s)-Li(0_-) \tag{4-2-4}$$

6. 电容元件

时域方程：

$$i(t)=C\frac{\mathrm{d}v(t)}{\mathrm{d}t}$$

变换域方程：

$$I(s)=C[sV(s)-v(0_-)]=CsV(s)-Cv(0_-) \tag{4-2-5}$$

在有初值的电容和电感元件上，s 域形式告诉我们，在 $V(s)$ 和 $I(s)$ 的约束方程中还含有与 $V(s)$ 和 $I(s)$ 毫无关系的项（即独立源特征），这一项只取决于电容元件上的初始电压和电感元件上的初始电流。于是，初值电流为 $i(0_-)$ 的电感元件，在 s 域表现为一个无初值的电感元件和一个大小为 $-Li(0_-)$ 的电压源的串联；初值电压为 $v(0_-)$ 的电容元件，在 s 域表现为一个无初值的电容元件和一个大小为 $-Cv(0_-)$ 的电流源的并联。

有初值的电容和电感元件的约束方程还可以表示如下。

电感元件的时域方程：

$$i(t)=i(0_-)+\frac{1}{L}\int_{0_-}^{t}v(\tau)\mathrm{d}\tau$$

对应的变换域方程：

$$I(s)=\frac{i(0_-)}{s}+\frac{1}{Ls}V(s) \tag{4-2-6}$$

电容元件的时域方程：

$$v(t)=v(0_-)+\frac{1}{C}\int_{0_-}^{t}i(\tau)\mathrm{d}\tau$$

对应的变换域方程：

$$V(s)=\frac{v(0_-)}{s}+\frac{1}{Cs}I(s) \tag{4-2-7}$$

以上时域方程表示，可以把有初值的电感元件等效为一个无初值的电感元件和一个电流为其初始电流的电流源的并联；把有初值的电容元件等效为一个无初值的电容元件和一个电压为其初始电压的电压源的串联。由于初值等效的源是在 $t=0$ 时刻加到电路上的，因此，它是一个有始信号，利用 $u(t)$ 的像函数为 $1/s$，从而获得有初值的电容和电感元件在 s 域的另一种表示。

表 4-2-2 归纳整理了电路基本元件的 s 域模型，以方便查阅。

表 4-2-2　基本元件的 s 域模型

时域	s 域	时域	s 域
$v_s(t)$ + −	$V_s(s)$ + −	$i_s(t)$	$I_s(s)$
$uv_k(t)$ + −	$uV_k(s)$ + −	$ai_k(t)$	$aI_k(s)$
G	G	R	R
C	$Y=sC$	L	$Z=sL$
$i(t)$ $v(0_-)$ C + $v(t)$ −	$Cv(0_-)$ $I(s)$ $Y=sC$ + $V(s)$ −	$i(t)$ $i(0_-)$ L + $v(t)$ −	$I(s)$ $Li(0_-)$ $Z=sL$ − + + $V(s)$ −
$i(t)$ $v(0_-)$ C + − + $v(t)$ −	$I(s)$ $\frac{i(0_-)}{s}$ $Y=sC$ + − + $V(s)$ −	$i(0_-)$ $i(t)$ L + $v(t)$ −	$\frac{i(0_-)}{s}$ $I(s)$ $Z=sL$ + $V(s)$ −

4.2.2　定律的 s 域形式/Laws in the s Domain

1. 广义欧姆定律的 s 域形式

将上面动态元件的初值分别取零，就可以获得 R、C、L 三个元件的 VCR 的 s 域形式。

$$R: V(s)=RI(s) \quad \text{或} \quad I(s)=GV(s) \tag{4-2-8}$$

$$C: V(s)=1/sC \cdot I(s) \quad \text{或} \quad I(s)=sCV(s) \tag{4-2-9}$$

$$L: V(s)=sLI(s) \quad \text{或} \quad I(s)=1/sL \cdot V(s) \tag{4-2-10}$$

一般地，定义

$$V(s)=Z(s)I(s) \quad \text{或} \quad I(s)=Y(s)V(s) \tag{4-2-11}$$

其中，称 $Z(s)$ 为 **s 域阻抗**；称 $Y(s)$ 为 **s 域导纳**，并且满足 $Z(s)=1/Y(s)$。因此，R、C、L 三个元件的 s 域阻抗分别为 R、$1/sC$、sL，s 域导纳分别为 G、sC、$1/sL$。

2. 基尔霍夫定律的 s 域形式

例 4-1-4 已经证明，时域形式为 $\sum i(t)=0$ 的 KCL 的 s 域形式为

$$\sum I(s)=0 \tag{4-2-12}$$

时域形式为$\sum v(t)=0$的 KVL 的 s 域形式为

$$\sum V(s)=0 \tag{4-2-13}$$

3. 戴维南定理和诺顿定理的 s 域形式

当元件参数和基本定律的 s 域形式是线性的代数形式确定之后，戴维南定理和诺顿定理的 s 域形式也就自然确定了。定理揭示线性含源二端网络的"等效"的实质依然不变，只是描述形式上从时域变换到了 s 域。

对于任何一个线性含源二端网络的 s 域电路（图 4-2-1(a)），如果已知其端口上的开路电压 $V_{oc}(s)$、短路电流 $I_{sc}(s)$和等效阻抗 $Z_{eq}(s)$（图 4-2-1(d)），则该网络可以用一个电压源为 $V_{oc}(s)$和一个阻抗为 $Z_{eq}(s)$的串联来等效替换（称为戴维南定理，图 4-2-1(b)）；也可用一个电流源为 $I_{sc}(s)$和阻抗为 $Z_{eq}(s)$的并联来等效替换（称为诺顿定理，图 4-2-1(c)），并且有 $V_{oc}(s)=I_{sc}(s)Z_{eq}(s)$。

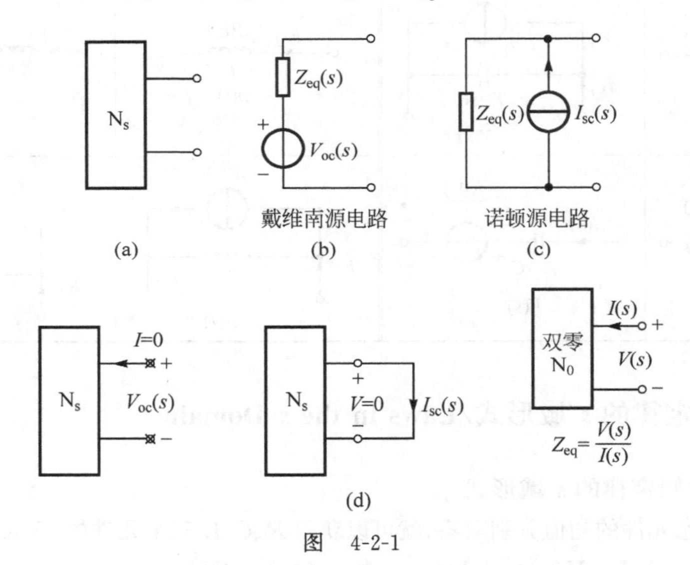

图 4-2-1

端口上的开路电压 $V_{oc}(s)$、短路电流 $I_{sc}(s)$和等效电阻 $Z_{eq}(s)$的获得如图 4-2-1(d)所示，其中 N_s 表示含源网络，N_0 表示该含源二端网络内部所有的独立源和初始值置零（称为"双零"）时的网络。端口开路时，意味着端钮上的电流为零；端口短路时，意味着端钮上的电压为零。等效阻抗 $Z_{eq}(s)$是双零网络所呈现的阻抗值。

【例 4-2-1】 在图 4-2-2(a)所含源二端网络中，已知 $\alpha=1/2\ \Omega$，$v_s(t)=10u(t)$ V，$i_s(t)=2u(t)$ A。计算其 s 域等效电路的开路电压 $V_{oc}(s)$、短路电流 $I_{sc}(s)$和等效电阻 $Z_{eq}(s)$，并绘出其 s 域戴维南等效电路。

解：先将该含源二端网络变换为 s 域等效电路（图 4-2-2(b)），其中 $V_s(s)=10/s$，$I_s(s)=2/s$。接下来的求解步骤(1)～(4)是我们在第 1 章学习中所熟悉的，依次如下：

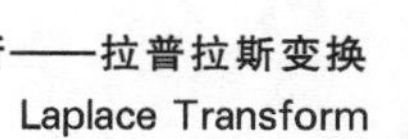

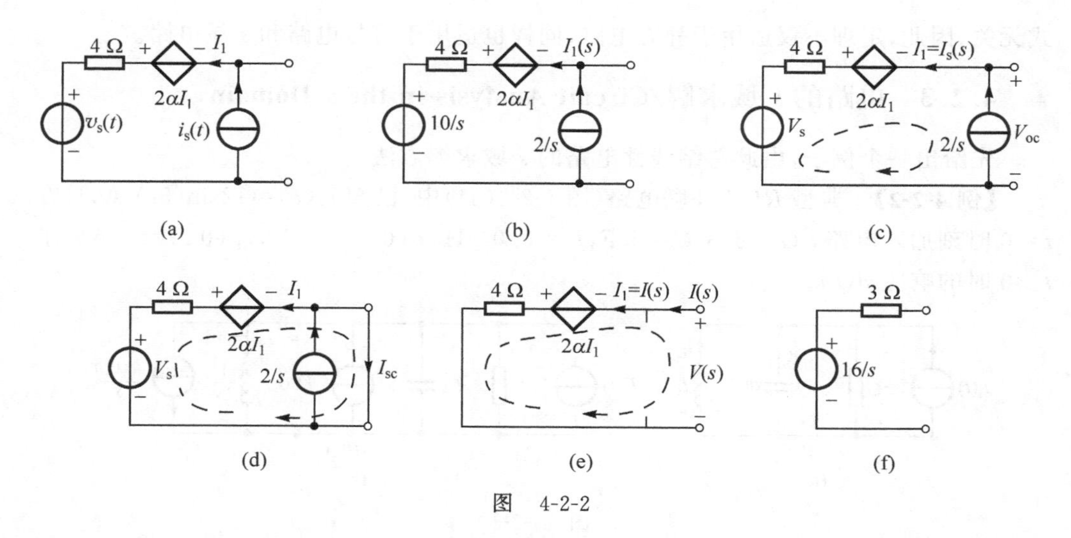

图 4-2-2

(1) 求开路电压 $V_{oc}(s)$(图 4-2-2(c))。端口开路时,要求的开路电压就是电流源两端的电压。由于端口开路时端钮上的电流为零,因此电流源的电流全部流向 I_1。通过建立一个 KVL 方程,容易获得

$$V_{oc}(s)=V_s(s)+4\times I_1(s)-2\alpha I_1(s)=\frac{16}{s}\ \text{V}$$

(2) 求短路电流 $I_{sc}(s)$(图 4-2-2(d))。端口短路时,可以通过建立一个节点的 KCL 方程和一个回路的 KVL 方程,容易获得 I_{sc},则

$$\begin{cases}V_s(s)+4\times I_1(s)-2\alpha I_1(s)=0\\ I_1(s)=2/s-I_{sc}(s)\end{cases}\Rightarrow\quad I_{sc}(s)=\frac{16}{3s}\ \text{A}$$

(3) 求等效阻抗 $Z_{eq}(s)$(图 4-2-2(e))。等效阻抗 $Z_{eq}(s)$是含源二端网络内部所有的独立源和初始值置零时二端网络所呈现的阻抗值。由于本例中没有动态元件,所以没有初始值,所以只需要独立源置零,即图 4-2-2(b)中将电压源短路、电流源开路。

注意:受控源取决于控制电流 I_1 不是独立源,所以不能置零。

为了获得源置零后无源二端网络的等效阻抗 $Z_{eq}(s)$,给它外加一个假想的电压 $V(s)$,于是就有一个一致参考方向的流入的电流 $I(s)$,同样建立 KVL 方程,容易获得 $Z_{eq}(s)$,则

$$\begin{cases}V(s)=4\times I_1(s)-2\alpha I_1(s)\\ I_1(s)=I(s)\end{cases}\Rightarrow\quad Z_{eq}(s)=V(s)/I(s)=3\ \Omega$$

关系 $V_{oc}(s)=I_{sc}(s)Z_{eq}(s)$可以用来验证计算结果。此外,利用这一关系,在等效电路参数 $V_{oc}(s)$、$I_{sc}(s)$、$Z_{eq}(s)$的计算中,只求解其中两个即可。

(4) 绘出 s 域戴维南等效电路(图 4-2-2(f))。

事实上,戴维南定理和诺顿定理是对任何线性含源二端网络等效的精辟概括,定理成立的条件是二端口上电压和电流所满足的线性关系,与电路采用什么样的运算形

式无关，因此，定理不仅适用于静态电路，同样也适用于符号电路和 s 域电路。

4.2.3 电路的 s 域求解/Circuit Analysis in the s Domain

先给出一个例子，由此总结线性电路的 s 域求解方法。

【例 4-2-2】 典型 RLC 并联电路(图 4-2-3(a))中，已知 $i_s(t)=12\sin(5t)$ A，且在 $t=0$ 时刻加入电路，$G=6$ S，$C=1$ F，$L=0.04$ H，$v(0_-)=5$ V，$i_L(0_-)=1$ A。求 $t\geqslant 0$ 时的响应 $v(t)$。

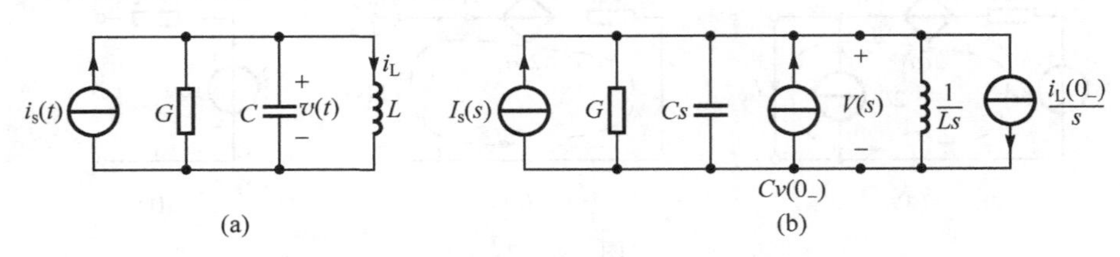

图 4-2-3

解：这是一个典型的 RLC 并联电路，在有始的正弦信号激励下求解电路全响应的问题。如果用第 3 章正弦稳态电路分析方法(复数法)，必将丢失电路在开始时的暂态响应情况。如果用第 2 章时域分析方法，就需要建立一个二阶微分方程，先求独立源置零即无信号激励下电路的零输入响应(由初值确定解的系数)；再求冲激信号激励下电路的强迫响应(零状态响应)；然后，利用卷积积分进一步求解有始的正弦信号激励下电路的强迫响应问题；最后，利用线性电路的全响应＝零输入响应＋零状态响应获得全解。(晕不晕啊?)下面给出用 s 域求解的步骤。

(1) 将时域电路变换为 s 域电路(图 4-2-3(b))，本题为方便，s 域电路模型均采用并联形式，其中 $I_s(s)=60/(s^2+25)$ A。

(2) 建立 KCL、KVL 方程(本题是 KCL 方程)。

$$\left(G+Cs+\frac{1}{Ls}\right)V(s)=I_s(s)+Cv(0_-)-\frac{i_L(0_-)}{s}$$

(3) 解代数方程，展开为部分分式的形式。

$$V(s)=\left[\frac{-10}{(s+3)^2+4^2}+\frac{10}{s^2+25}\right]+\left[\frac{5(s+3)-16}{(s+3)^2+4^2}\right]$$

(4) 反变换获得时域解。

$$\begin{aligned}v(t)&=\mathcal{L}^{-1}[V(s)]\\&=\underbrace{[-2.5\mathrm{e}^{-3t}\sin(4t)+2\sin(5t)]}_{\text{零状态响应}}+\underbrace{[5\mathrm{e}^{-3t}\cos(4t)-4\mathrm{e}^{-3t}\sin(4t)]}_{\text{零输入响应}}\\&=\underbrace{\mathrm{e}^{-3t}[5\cos(4t)-6.5\sin(4t)]}_{\text{暂态响应}}+\underbrace{2\sin(5t)}_{\text{稳态响应}}\ \mathrm{V},\quad t>0\end{aligned}$$

为对应以往的学习，上式特别按不同响应结果归类，实际计算无须如此。另外，当 $t\to\infty$ 系统达到稳态时的解，可以利用第 3 章的复数法获得，读者可以验证一下。

以上步骤(1)～(4)即为线性电路的 s 域求解方法，当电路的动态元件不断增加时，这个方法的简便之处尤为明显。

RLC 电路的自然响应特性是滤波器设计和通信网络学习所必备的重要基础，接下来，我们继续利用 s 域求解方法来分析典型的 *RLC* 串联电路的自然响应问题。

【例 4-2-3】 典型的 *RLC* 串联电路(图 4-2-4(a))中，电路在电容和电感的初始储能的激励下产生响应，该响应在电路的元件参数不同时会有不同的响应特征，一般可分为过阻尼、临界阻尼和欠阻尼三种情况。已知电容上的初始电压为 $v_C(0)=V_0$，电感上的初始电流为 $i(0)=I_0$，试分析电路在 $t>0$ 时的响应 $i(t)$。

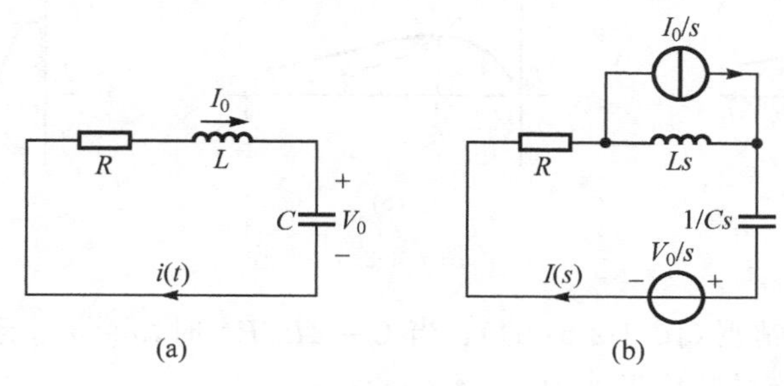

图　4-2-4

解：根据初始条件，将时域电路变换为 s 域电路(图 4-2-4(b))。

建立 KVL 方程

$$\left(R+Ls+\frac{1}{Cs}\right)I(s)-LI_0+\frac{V_0}{s}=0$$

解代数方程

$$I(s)=\frac{LI_0-V_0/s}{R+Ls+\dfrac{1}{Cs}}=\frac{I_0s-V_0/L}{s^2+\dfrac{R}{L}s+\dfrac{1}{CL}}=\frac{A_1}{s-s_1}+\frac{A_2}{s-s_2} \tag{4-2-14}$$

$$s_1=-\alpha+\sqrt{\alpha^2-\omega_0^2},\quad s_2=-\alpha-\sqrt{\alpha^2-\omega_0^2} \tag{4-2-15}$$

其中，$\alpha=\dfrac{R}{2L}$，$\omega_0=\dfrac{1}{\sqrt{LC}}$。

其中，s_1 和 s_2 为网络的固有频率；ω_0 为网络的振荡频率；A_1 和 A_2 为待定系数。对式(4-2-15)反变换得

$$i(t)=A_1e^{s_1t}+A_2e^{s_2t},\quad t>0 \tag{4-2-16}$$

不同的元件参数可以使 $I(s)$ 对应实数单极点、共轭复极点(复数单极点)和重极点的情况，如果用网络的固有频率 s_1 和 s_2 来描述，分别是两个不同的实数(此时 $\alpha>\omega_0$)、两个共轭复数(此时 $\alpha<\omega_0$)和两个相等的实数情况(此时 $\alpha=\omega_0$)。

定义：当 $\alpha>\omega_0$ 时(固有频率 s_1 和 s_2 分别是两个不同的实数)，电路响应为**过阻尼**(**Over Damped**)；当 $\alpha=\omega_0$ 时(两个实数根相等)，电路响应为**临界阻尼**(**Critical**

Damped)；当 $\alpha<\omega_0$ 时(两个根是共轭复数)，电路响应为**欠阻尼**(**Under Damped**)；当 $\alpha=0$ 时，电路响应为**无阻尼**(**Lossless**)。以下分别具体分析这 4 种情况：

(1) 过阻尼情况(图 4-2-5(a))：由式(4-2-15)知，在 $C>4L/R^2$ 时，$\alpha>\omega_0$，根 s_1、s_2 均为负实数，响应为指数式衰减信号，即响应 $i(t)$ 随着时间 t 的增大而衰减到近于零，电路由于过度的阻尼作用而没有振荡产生。图 4-2-5(a)为典型的过阻尼响应情况。

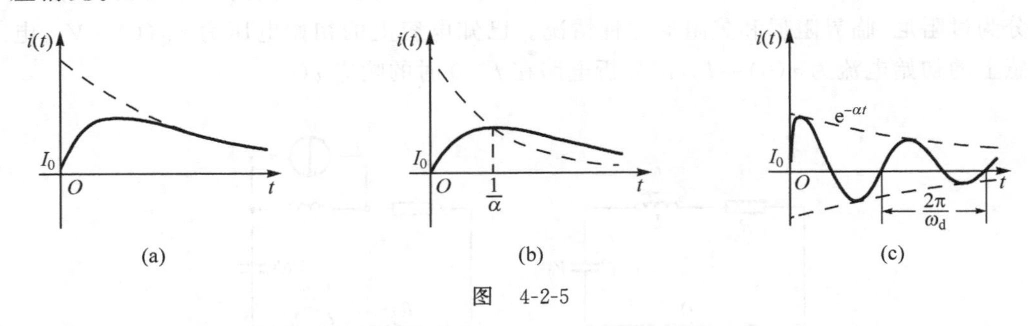

图 4-2-5

(2) 临界阻尼情况(图 4-2-5(b))：当 $C=4L/R^2$ 时，$\alpha=\omega_0$，且 $s_1=s_2=-\alpha=-R/(2L)$。重极点的响应形式为

$$i(t)=(A_2+A_1t)\mathrm{e}^{-\alpha t}$$

图 4-2-5(b)是取 $I_0=0$ 时函数 $i(t)=t\mathrm{e}^{-\alpha t}$ 的图形，在 $t=1/\alpha$(即 1 个时间常数)时，$i(t)$达到最大值为 e^{-1}/α，之后就衰减，一直到零。临界阻尼介于过阻尼和欠阻尼之间。

(3) 欠阻尼情况(图 4-2-5(c))：当 $C<4L/R^2$ 时，$\alpha<\omega_0$，复共轭根可写为 $s_1=-\alpha+\mathrm{j}\omega_\mathrm{d}$，$s_2=-\alpha-\mathrm{j}\omega_\mathrm{d}$，其中 $\omega_\mathrm{d}=\sqrt{\omega_0^2-\alpha^2}$ 称为阻尼频率。ω_0 和 ω_d 都是**自然频率**(**Natural Frequency**)，ω_0 常称为**无阻尼自然频率**(**Undamped Natural Frequency**)，ω_d 称为**阻尼自然频率**(**Damped Natural Frequency**)。电路的响应形式为

$$i(t)=\mathrm{e}^{-\alpha t}[B_1\cos(\omega_\mathrm{d}t)+B_2\sin(\omega_\mathrm{d}t)]$$

这种情况下的响应有自然振荡且指数衰减的特征。响应函数的时间常数是 $1/\alpha$，其振荡周期是 $T=2\pi/\omega_\mathrm{d}$。图 4-2-5(c)(假设 $i(0)=0$)给出了一个典型的欠阻尼电路的响应曲线。

(4) 无阻尼情况：当 $R=0$ 时，$\alpha=0$，$\omega_0=\omega_\mathrm{d}=1/\sqrt{LC}>0$，电路产生一个理想的正弦响应，为 LC 无阻尼振荡电路。由于 L、C 都必然存在损耗，因此 $R=0$ 无耗电路(Lossless Circuit)的理想响应一般是不可能实现的。

本例利用"**阻尼衰减**"的概念讨论分析 RLC 网络的响应特征。"衰减"表示响应幅度不断下降，电路的储能在逐渐消去；"阻尼"的存在是由于电阻 R 的存在，阻尼因子 $\alpha=R/(2L)$决定了响应受阻的速率，调整 R 的取值，可以使电路的响应处在无阻尼、过阻尼、临界阻尼、欠阻尼中的任一种状态。

阻尼振荡响应是很容易实现的，因为电路存在两类储能元件，L 和 C 有来回传送

和转移它们之间能量的能力，称这种响应为**振铃响应**；过阻尼和临界阻尼状态很难从响应波形上区分；临界阻尼处于过阻尼和欠阻尼的交界处，是衰减最快的一种状态；在初始状态一样的情况下，过阻尼消耗完初始能量所需的时间最长。所以，若希望产生最快的响应而又不产生振荡，最好选择临界阻尼电路。

4.3　网络函数的 s 域描述/Network Function in the s Domain

4.3.1　定义/Definition

我们已在前面正弦稳态电路分析中学习了频域中网络函数的描述，这里同样可以把网络函数的概念推广到更一般意义的复频域，对应地，给出线性定常电路网络函数的 s 域定义为

$$H(s)=\frac{\text{零状态响应的拉普拉斯变换}}{\text{输入信号的拉普拉斯变换}}=\frac{Y(s)}{X(s)} \tag{4-3-1}$$

同样，根据响应和激励的不同，各驱动点函数和转移函数如下。

(1) 驱动点阻抗函数和驱动点导纳函数(图 4-3-1(a)和图 4-3-1(b))分别定义为

$$Z(s)=\frac{V_1(s)}{I_1(s)},\quad Y(s)=\frac{I_1(s)}{V_1(s)} \tag{4-3-2}$$

(2) 转移阻抗函数和转移导纳函数(图 4-3-1(c)和图 4-3-1(d))分别定义为

$$Z_T(s)=\frac{V_2(s)}{I_1(s)},\quad Y_T(s)=\frac{I_2(s)}{V_1(s)} \tag{4-3-3}$$

(3) 转移电压比(或电压传递函数)和转移电流比(或电流传递函数)(图 4-3-1(e)和图 4-3-1(f))分别定义为

$$K_V(s)=\frac{V_2(s)}{V_1(s)},\quad K_I(s)=\frac{I_2(s)}{I_1(s)} \tag{4-3-4}$$

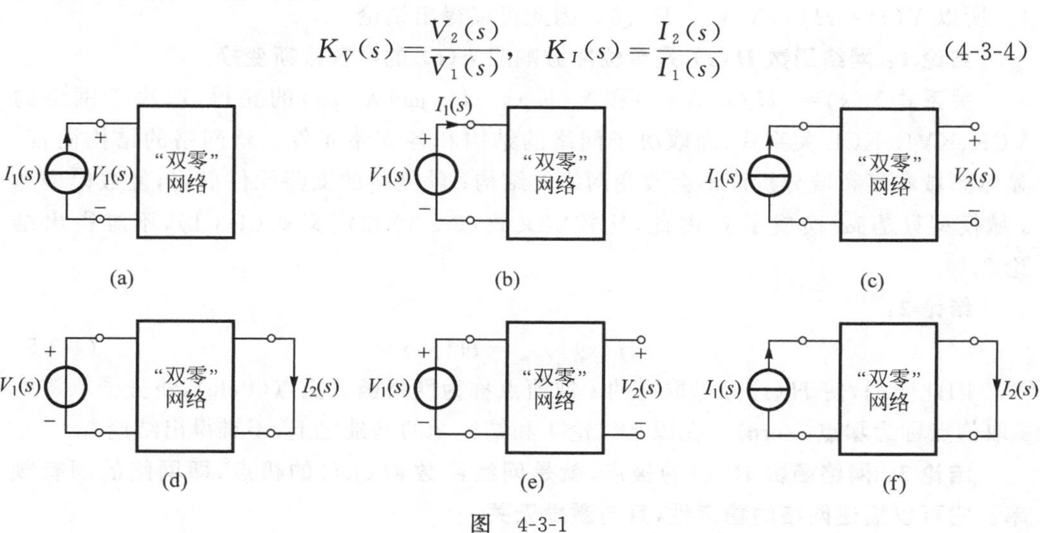

图　4-3-1

需要强调的是，网络函数是在单一激励和单一响应下定义的，因此，同一个网络结构，当激励或响应选择在电路的不同支路时，可以有不同的网络函数表达式。

【例 4-3-1】 求如图 4-3-2(a)所示电路的电压传递函数 $H(s)=V_o(s)/V_i(s)$，并通过极点分析电路的稳定性。

解：先根据电路图 4-3-2(a)做出 s 域电路图 4-3-2(b)，则

$$H(s)=\frac{V_o(s)}{V_i(s)}=\frac{2s}{2s+1}\frac{\dfrac{(2s+1)/s}{2s+1+1/s}}{2+\dfrac{(2s+1)/s}{2s+1+1/s}}=\frac{2s}{4s^2+4s+3}$$

由 $4s^2+4s+3=0$ 计算 $H(s)$的极点，得

$$s_1=s_2^*=-\frac{1}{2}+\mathrm{j}\frac{\sqrt{2}}{2}$$

因为 $\sigma_1=\sigma_2=-\dfrac{1}{2}<0$，所以该电路是稳定电路。

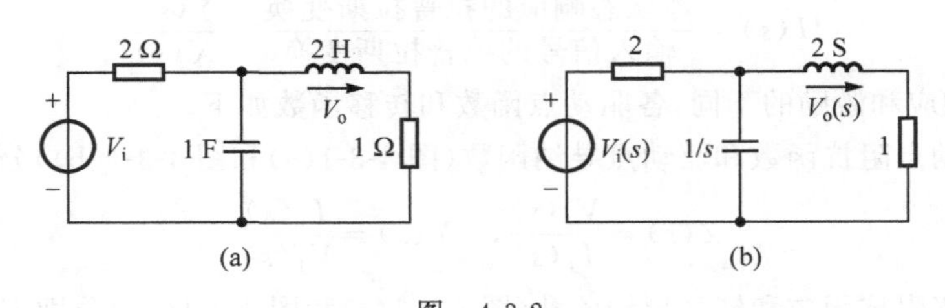

图 4-3-2

4.3.2 网络函数的特性/Characteristic Analysis

由网络函数的定义可知，$Y(s)=H(s)X(s)$。由于 $\mathcal{L}[\delta(t)]=1$，取激励 $X(s)=1$。所以 $Y(s)=H(s)X(s)=H(s)$。因此可以得出结论 1。

结论 1：网络函数 $H(s)$ 是单位冲激响应 $h(t)$ 的拉普拉斯变换。

关系式 $Y(s)=H(s)X(s)$ 和 $Y(\mathrm{j}\omega)=H(\mathrm{j}\omega)X(\mathrm{j}\omega)$ 的获得，取决于网络的 VCR、KVL、KCL 关系式，即取决于网络的结构和各支路元件。就网络的结构而言，显然频域和复频域分析都不会改变网络的结构；就网络的支路元件而言，复数模型和 s 域模型只是 $\mathrm{j}\omega$ 换成了 s，因此，比较定义式(3-3-1)和定义式(4-3-1)，不难得出结论 2。

结论 2：

$$H(s)\big|_{s=\mathrm{j}\omega}=H(\mathrm{j}\omega) \tag{4-3-5}$$

因此同理，使 $H(s)$分母取零的 s 取值点称为网络函数**极点(Pole)**，使分子取零的 s 取值点称为**零点(Zero)**。在以上结论 1 和结论 2 的基础之上，不难得出结论 3。

结论 3：网络函数 $H(s)$的极点，就是网络函数 $H(\mathrm{j}\omega)$的极点，即网络的固有频率。它可以描述网络的稳定性，且与激励无关。

由于网络函数 $H(s)$ 是单位冲激响应 $h(t)$ 的拉普拉斯变换，因此，也可以通过对网络极点的分析，来获知网络的冲激响应的情况。和以往分析一样，可以通过极点在 **s 平面(s-plane)** 的位置，直观地分析冲激响应的情况，归纳如下：

(1) 若网络函数的极点全都落在 s 平面的开左半平面内，则冲激响应随着时间的增长而趋零，网络是稳定的。因为在这种情况下，有

$$h(t)=\mathcal{L}^{-1}[H(s)]=K_1\mathrm{e}^{-\alpha_1 t}\cos(\omega_1 t+\theta_1)+K_2\mathrm{e}^{-\alpha_2 t}\cos(\omega_2 t+\theta_2)+\cdots$$

其中，

$$\alpha_i>0,\quad i=1,2,\cdots$$

故

$$\lim_{t\to\infty}h(t)=0$$

(2) 若网络函数的极点有一个(实极点)或一对(共轭复极点)落在开右半平面内，则冲激响应随着时间的增长而趋于无穷大，网络是不稳定的。因为在这种情况下，与右半平面上的极点相对应，在冲激响应中将含有分量 $K_1\mathrm{e}^{-\alpha_1 t}\cos(\omega_1 t+\theta_1)$ 或 $K_2\mathrm{e}^{-\alpha_2 t}$，其中 $\alpha_1<0,\alpha_2<0$，故

$$\lim_{t\to\infty}h(t)=\infty$$

(3) 若网络函数的极点全都落在闭左半平面内，且位于 $\mathrm{j}\omega$ 轴上的极点都是单极点，则冲激响应随着时间的增长趋于一恒定常数或等幅振荡，网络是临界稳定的或振荡的。因为在这种情况下，与 $\mathrm{j}\omega$ 轴上的单极点相对应，在冲激响应中将含有分量 $K_1\cos(\omega_1 t+\theta_1)$ 或 K_2，有

$$\lim_{t\to\infty}h(t)\neq 0$$

(4) 若网络函数有位于 $\mathrm{j}\omega$ 轴上的多重极点，则无论其他极点的位置如何，冲激响应都将随着时间的增长而趋于无穷大，网络是不稳定的。因为在这种情况下，与 $\mathrm{j}\omega$ 轴上的多重极点相对应，在冲激响应中将含有 $(K_1+K_2t+\cdots)\cos(\omega_1 t+\theta_1)$ 或 $K_1+K_2t+\cdots$ 这样的项，故

$$\lim_{t\to\infty}h(t)\to\infty$$

归纳一下，对于一个稳定网络(包括临界稳定网络在内)来说，它的任何一个网络函数的极点都必须位于 s 平面的开左半平面内。

图解法是电路分析三大基本方法之一，如果把网络函数所有的零点和极点都标示在 s 复平面上(用“×”表示极点，用“•”表示零点)，可以得到网络函数的零点与极点的分布图，称为**零极图**(Pole-Zero Plot)；反过来，如果已知一个网络的零极图，便知道了这个网络的网络函数。最清楚直观的是，看一眼零极图就知道这个网络是否稳定(你就可以这么牛!)。

【例 4-3-2】 图 4-3-3 是一个网络的零极图，试写出对应的网络函数，并判断网络是否稳定。

解：根据零极点定义，由零极图可以写出网络函数为

$$H(s)=\frac{K(s-\mathrm{j}\sqrt{2})(s+\mathrm{j}\sqrt{2})}{(s+1)(s+2-\mathrm{j}2)(s+2+\mathrm{j}2)}=\frac{K(s^2+2)}{(s+1)(s^2+4s+8)}$$

由于该网络函数所有的极点都位于 s 平面的左开平面上，因此，该网络是稳定的。

示意图 4-3-4 形象地归纳总结了 s 平面上各处极点对应的网络固有频率的波形特征。

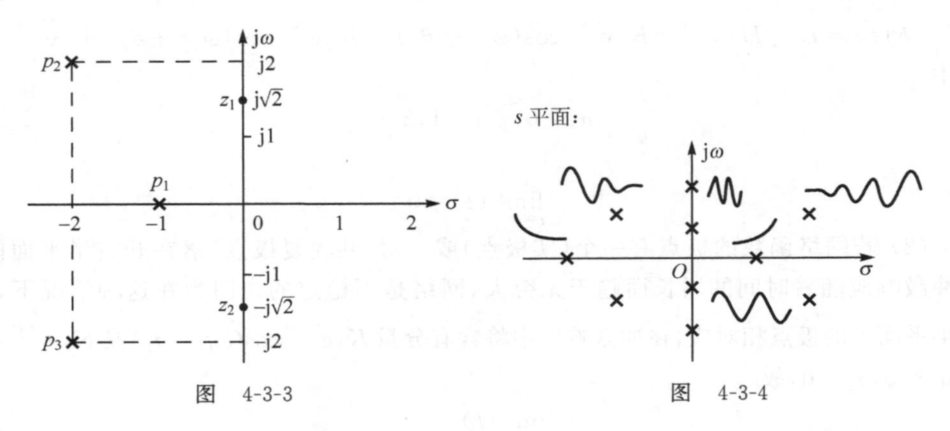

图 4-3-3　　　　图 4-3-4

思考一下： 电路不稳定的条件是什么？试观察生活，列举这种不稳定电路中的自激现象。你能在现在听课的教室里发现一种不稳定电路吗？

注意到同一对端钮上的驱动点阻抗函数和驱动点导纳函数互为倒数，因此驱动点阻抗函数的零点就是驱动点导纳函数的极点。所以对一个稳定网络来说，它的驱动点阻抗函数（或驱动点导纳函数）的零点和极点都必须位于 s 平面的左半平面内（极点位于 jω 轴上的情况是一种理想状态，它表明网络中存在一个 LC 振荡回路，且 $R=0$；由于 L、C 总是非理想的、有耗的，所以这种 $R=0$ 的无源振荡回路一般是不存在的）。

总结与回顾
Summary and Review

请同学们带着以下的思考去回顾和总结：

- 拉普拉斯变换和反变换的公式、积分域、应用范围是什么？
- 为什么拉普拉斯变换可以求解线性电路的响应问题？
- 为什么要学习网络函数？如何利用网络函数判断电路是否稳定？
- 思考、总结电路的冲激响应 $h(t)$、阶跃响应 $s(t)$ 的物理意义，并证明它们之间满足的微分关系。

学生研讨题选
Topics of Discussion

- 拉普拉斯变换、电路的 s 域解法总结。用拉普拉斯变换求解电路时，初始/边界条件的使用方法归纳。如果激励始于 $t=0$ 之前，用 s 域解法如何操作？
- 利用典型电路验证时域分析、正弦稳态分析、拉普拉斯分析的一致性。
- 电路中发生换路时，是否一定需要分段求解？什么时候可以用借助 $u(t)$ 来表示换路？
- 对于正弦信号激励，为什么复数法只能得到稳态解，而拉普拉斯变换可以得到稳态解和暂态解？两者的区别是什么？
- $\sigma=0$ 时，$s=\mathrm{j}\omega$，那么由频域引出的传递函数 $H(\mathrm{j}\omega)$ 中，把 $\mathrm{j}\omega$ 换成 s 的结果是否就是复频域下的 $H(s)$？
- $s=\sigma+\mathrm{j}\omega$ 和前面固有频率 s 的形式和符号相同，两者有什么联系吗？
- 为什么频域分析只适用于正弦稳态，而推广的复频域分析可适用于暂态？拉普拉斯度换适用于暂态的原因是什么？

练习与习题
Exercises and Problems

4-1** 分别利用拉普拉斯变换的定义和基本性质求有始信号 $f(t)=\mathrm{e}^{-\beta t}\cos\omega_0 t$（$\beta$、$\omega_0$ 为常数）的像函数 $F(s)$。$\left(\dfrac{s+\beta}{(s+\beta)^2+w_0^2}\right)$

Determine the image function $F(s)$ of the signal $f(t)=\mathrm{e}^{-\beta t}\cos\omega_0 t$ (β、ω_0 are constants) based on the definition and basic properties of Laplace transformation.

4-2** 利用性质求下列函数的拉普拉斯变换。

Determine the Laplace transformation of the following functions.

(a) $f_1(t)=t\mathrm{e}^{-t+2}u(t-2)$　(b) $f_2(t)=(1-\mathrm{e}^{-at})/t$　(c) $f_3(t)=\sin(5t)/t$

(d) $f_4(t)=t\cos^2(3t)$　(e) $f_5(t)=\mathrm{e}^{-t}u(t-2)$　(f) $f_6(t)=\sin(2t)u(t-\tau)$

$\left(\dfrac{\mathrm{e}^{-2s}}{s+1}\left(2+\dfrac{1}{s+1}\right), \ln(s+a)-\ln s, \dfrac{\pi}{2}-\arctan\dfrac{s}{5}, \dfrac{s^2-36}{2(s^2+36)^2}+\dfrac{1}{2s^2}, \dfrac{\mathrm{e}^{-2(s+1)}}{s+1}, \dfrac{2\cos 2\tau+s\sin 2\tau}{s^2+4}\mathrm{e}^{-s\tau}\right)$

4-3** 求下列函数的拉普拉斯反变换。

Determine the inverse Laplace transformation of the following functions.

(a) $F_1(s)=\dfrac{s+3}{(s+1)^3(s+2)}$ (b) $F_2(s)=\dfrac{1}{(s^2+3)^2}$

(c) $F_3(s)=\dfrac{\omega_0}{(s^2+\omega_0^2)(RCs+1)}$($RC$、$\omega_0$ is a constant) (d) $F_4(s)=\dfrac{s}{s^2+w_0^2}$

(e) $F_5(s)=\dfrac{2s}{s^2+6s+8}$ (f) $F_6(s)=\dfrac{4}{(s+1)(s+4)}$

$\left([e^{-t}(t^2-t+1)-e^{-2t}]u(t), \dfrac{\sqrt{3}}{18}\sin\sqrt{3}t-\dfrac{t}{6}\cos\sqrt{3}t)u(t), \dfrac{\omega_0 RC}{1+(\omega_0 RC)^2}\cdot\right.$

$\left.\left(-\cos\omega_0 t+\dfrac{\sin\omega_0 t}{\omega_0 RC}+e^{-t/RC}\right)u(t), \cos\omega_0 t, (4e^{-4t}-2e^{-2t})u(t), \dfrac{4}{3}(e^{-t}-e^{-4t})u(t)\right)$

4-4*** 求函数 $f(t)=e^{-t}u(t+2)$ 的像函数 $F(s)$；如果该信号在 $t=-2$ s时作用于电路,用拉普拉斯变换解题怎么去解？其像函数 $F(s)$ 又是多少？$\left(\dfrac{1}{s+1}, \dfrac{e^{2(s+1)}}{s+1}\right)$

Determine the image function $F(s)$ of $f(t)=e^{-t}u(t+2)$; If the signal adds to the circuit at $t=-2$ s, what's its image function?

4-5** 利用常见函数的拉普拉斯变换和拉普拉斯变换的基本性质求题图 4-1 函数的像函数 $F(s)$。$\left(\dfrac{a}{Ts^2}(1-e^{-Ts}), \dfrac{a}{Ts^2}(1-2e^{-Ts}+e^{-2Ts})\right)$

Determine the image function $F(s)$ of the signal shown in Fig. 4-1 based on the basic properties of Laplace transformation.

4-6** 题图 4-2 含受控源电路中,$R=1\ \Omega$,$C=1$ F,$L=1$ H。

(1) 若 $i_L(0_-)=1$ A,$u_c(0_-)=0$ V,$u_s(t)=10u(t)$ V,试求 $t>0$ 时的输出电压 $u_o(t)$。$(3\sqrt{3}(e^{(\sqrt{3}-1)t/2}-e^{-(\sqrt{3}+1)t/2})u(t))$

(2) 求该电路的零状态响应。$\left(\dfrac{10}{\sqrt{3}}(e^{-(\sqrt{3}-1)t/2}-e^{-(\sqrt{3}+1)t/2})u(t)\right)$(2013 年秋试题)

The circuit contains a controlled source in Fig. 4-2, $R=1\ \Omega$, $C=1$ F, and $L=1$ H.

(1) If $i_L(0_-)=1$ A, $u_c(0_-)=0$ V, and $u_s(t)=10u(t)$ V, determine the output voltage $u_o(t)$ when $t>0$;

(2) Determine the zero-state response.

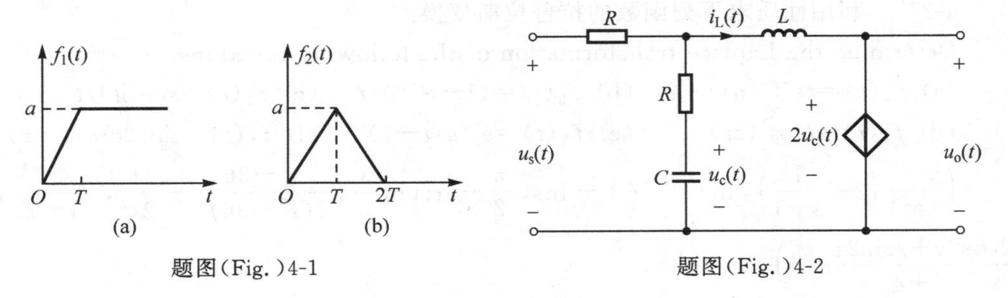

题图(Fig.)4-1

题图(Fig.)4-2

4-7** 题图 4-3 电路中电感有初始电流 I_0。求受控源的输出电压 $v_o(t)$，并讨论该电路的稳定性。$\left(\dfrac{ARLI_0}{(1-A)L}e^{s_1 t}\right)$

The initial current through the inductor is I_0 in Fig. 4-3. Determine the output voltage $v_o(t)$ of the controlled source, and discuss the circuit's stability.

4-8*** 电流源激励的无初值的带阻滤波器电路如题图 4-4 所示。画出该电路的单位阶跃响应 $v_o(t)$ 的图形。

A current-source-driven no-initial-value band-stop filter is shown in Fig. 4-4. Draw the waveform of unit step response $v_o(t)$.

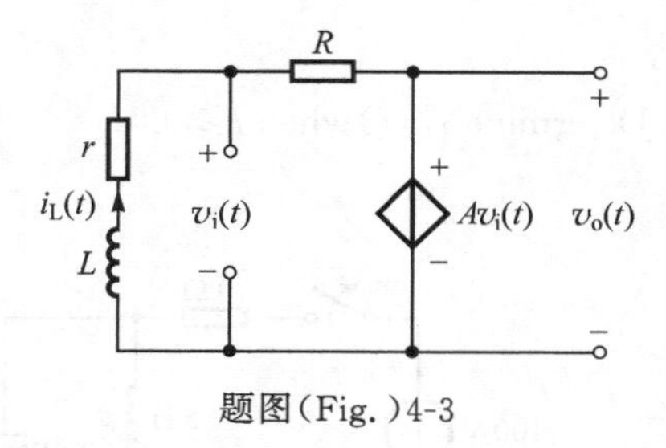

题图(Fig.)4-3

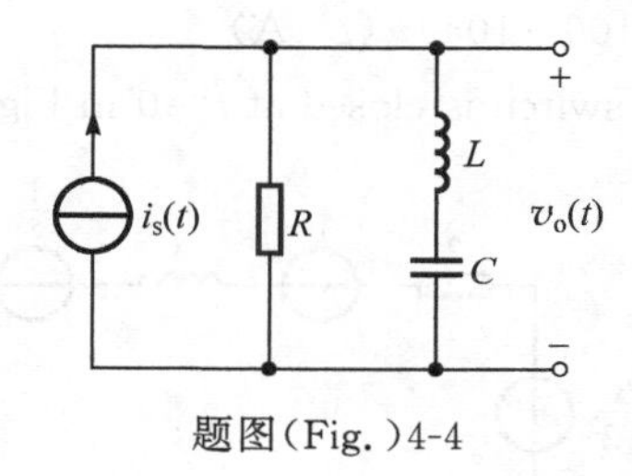

题图(Fig.)4-4

4-9** 题图 4-5 电路在开关闭合前已达到稳定，$t=0$ 时开关闭合，求闭合后的电流 $i(t)$。$\left(\dfrac{1}{2}\left(1+\dfrac{\sqrt{5}-5}{10}e^{\frac{-(3+\sqrt{5})t}{2}}+\dfrac{-\sqrt{5}-5}{10}e^{\frac{-(3-\sqrt{5})t}{2}}\right)u(t)\ \text{A}\right)$

The circuit is in steady state before the switch is closed at $t=0$ in Fig. 4-5. Determine $i(t)$ after the switch is closed.

4-10*** 题图 4-6 中已知 $v_s(t)=e^{-t}\cos(2t)u(t)$ V，当 $i_s(t)=2$ A 和 $i_s(t)=2u(t)$A，$v_C(0_-)=10$ V 时，分别求 $v_C(t)$。$\left(32+\dfrac{1}{2}e^{-t}\sin 2tu(t)\ \text{V}, \left(\dfrac{1}{2}e^{-t}\sin 2t-22e^{-t}+32\right)u(t)\ \text{V}\right)$

Let $v_s(t)=e^{-t}\cos(2t)u(t)$ V, determine the value of $v_C(t)$ in Fig. 4-6 when (1) $i_s(t)=2$ A, (2) $i_s(t)=2u(t)$ A, $v_C(0_-)=10$ V.

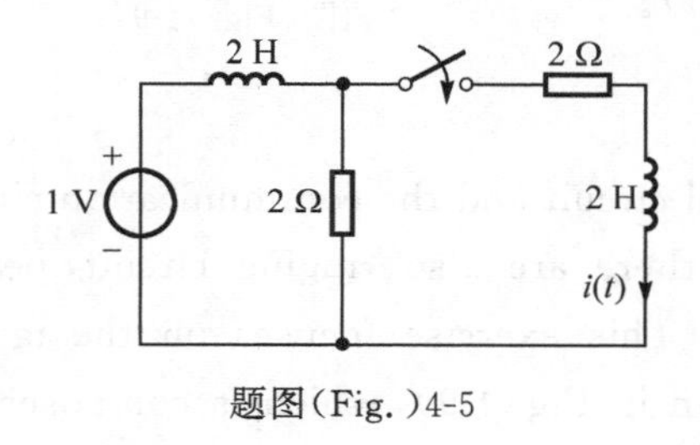

题图(Fig.)4-5

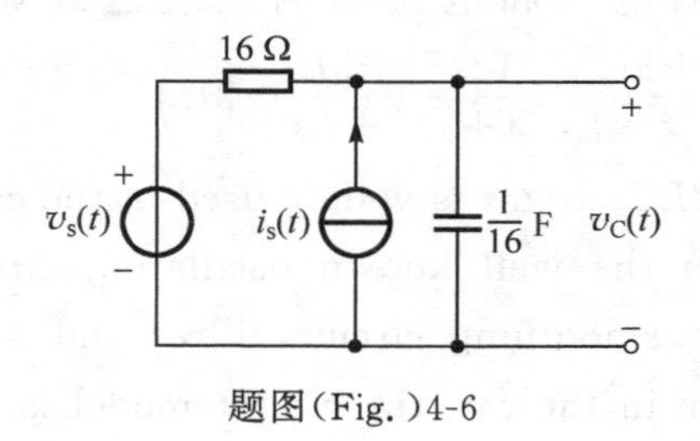

题图(Fig.)4-6

4-11** 题图 4-7 s 域电路中，阻抗的单位为欧姆，已知该实际电路是在 $t=0$ 时与 $v_s(t)=2\cos 2t$ V 的电压源接通的，试证明实际电路的元件参数为 $R=2\ \Omega, L=1$ H，$C=1/4$ F，$i(0)=1$ A，$v_C(0)=1$ V，并求响应 $i(t)$。$\left(\left(\cos 2t-\frac{\sin\sqrt{3}t}{\sqrt{3}}e^{-t}\right)u(t)\ \mathrm{A}\right)$

In the operational circuit shown in Fig. 4-7, the unit of the operational impedance is Ohm. The voltage source of $v_s=2\cos 2t$ V works on the circuit at $t=0$. Prove that the component parameters are $R=2\ \Omega, L=1$ H, $C=1/4$ F, $i(0)=1$ A and $v_C(0)=1$ V, and determine the value of $i(t)$.

4-12** 题图 4-8 电路在 $t=0$ 时开关打开，求 $t\geqslant 0$ 的 $i_L(t)$，并解释物理机理。($10\cos(100\sqrt{10}t)u(t)$ A)

The switch is closed at $t=0$ in Fig. 4-8. Determine $i_L(t)$ when $t\geqslant 0$.

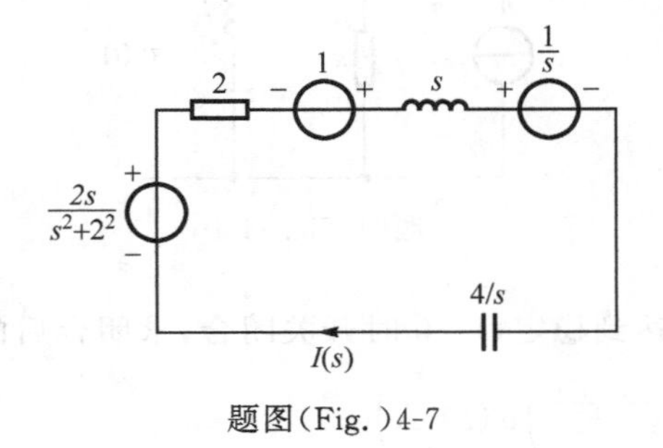

题图(Fig.)4-7

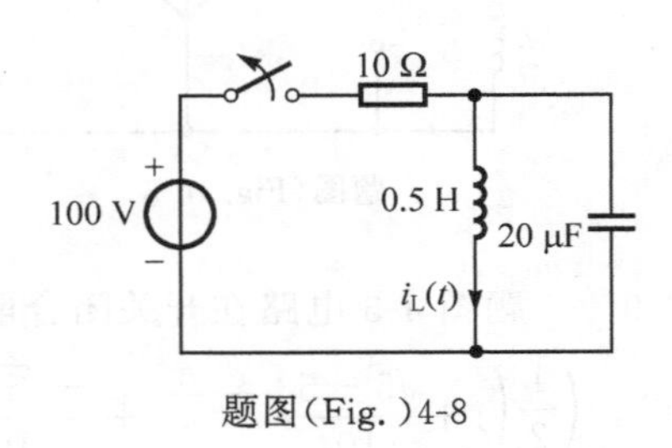

题图(Fig.)4-8

4-13*** RLC 电路可以应用于控制和通信电路的许多方面，除了我们熟悉的振荡电路，还有振铃电路、峰值电路、平滑电路和滤波器等。本题再议汽车点火系统（电路模型如题图 4-9 所示），包括充电系统和电压发生系统。12 V 电源来自于汽车电池和交流发电机，4 Ω 电阻是系统导线的电阻值，点火线圈用一个 8 mH 的电感表示，与开关（电子点火器）并联的为 1 μF 的电容器，试说明这个 RLC 电路是如何产生高压的，电容器起到什么作用。求电感上的电压和电流的响应表达式（$t\geqslant 0$）。$\left(\frac{12L+3L^2s}{4+s^{-1}+Ls}, \frac{12s^{-1}+3L}{4+s^{-1}+Ls}-3L\right)$

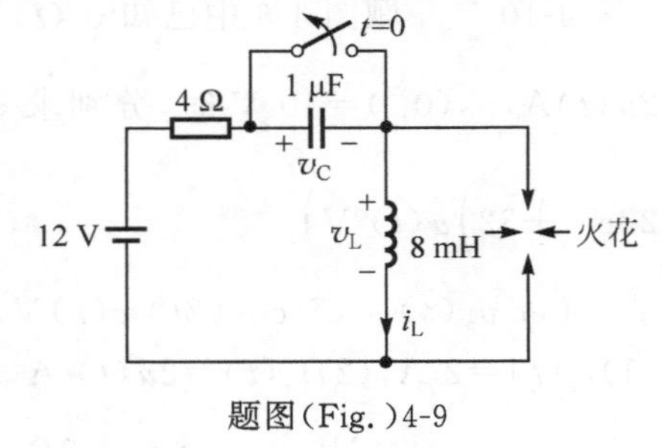

题图(Fig.)4-9

RLC circuit is widely used in the control circuit and the communication circuit. Except the well known oscillating circuit, there are also ringing circuit, peaking circuit, smoothing circuit, fillter and so on. This exercise focuses on the ignition system in the car (the circuit model is shown in Fig. 4-9), which is composed of a charging system and a voltage system. Explain how this RLC circuit generates high voltage. Determine the equation of the voltage and current of the inductor ($t \geqslant 0$).

4-14** 如题图4-10所示电路在开关打开前已处于稳态，其中压控电流源的跨导系数 $g_m = 2$ S。开关在 $t=0$ 时断开，求开关断开后响应 $v_C(t)$。($25e^{-3t} - 24e^{-2.5t}$)(2011年秋试题)

The circuit in Fig. 4-10 is in steady state before the switch is open, and the transconductance $g_m = 2$ S. The switch is opened at $t=0$, determine $v_C(t)$.

4-15** 如题图4-11所示电路中已知电容器初始储能为零，电路在 $t=0$ 之前已达到稳态，开关在 $t=0$ 时闭合，试计算：

(1) 开关闭合后电路的传递函数 $H(s)=V_C(s)/V_s(s)$；$\left(\dfrac{20}{20+20s+s^2}\right)$

(2) 求 $t>0$ 时电路的响应 $i_L(t)$，$v_C(t)$。$\left(100-10\left(\dfrac{12+5\sqrt{5}}{\sqrt{5}}e^{-(10-4\sqrt{5})t}-\dfrac{12-5\sqrt{5}}{\sqrt{5}}e^{-(10+4\sqrt{5})t}\right)\right)$(2010年秋试题)

In the circuit shown in Fig. 4-11, the initial charge of the capacitor is zero, and the circuit is in steady state before $t=0$. The switch is closed at $t=0$, determine (1) the transfer function $H(s)=V_C(s)/V_s(s)$ after the switch is closed; (2) the response $i_L(t)$ and $v_C(t)$ when $t>0$.

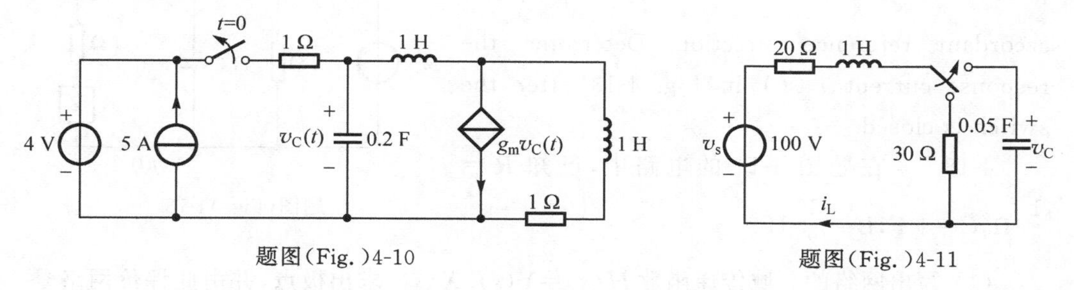

题图(Fig.)4-10　　题图(Fig.)4-11

4-16*** 如题图4-12(a)所示的电路中，开关K在 $t=1$ s之前一直打在 a 点，在 $t=1$ s时从 a 点转而打向 b 点，并在此后一直保持在 b 点。已知整个电路在 $t=-5$ s时已经处于开关切换前的稳定状态，且 $C_1=C_2=1$ F，$R_1=2$ Ω，$R_2=R_3=3$ Ω，$v_s(t)$ 是持续时间为4 s的矩形脉冲信号(如题图4-12(b)所示)。求 $t>0$ 时电阻 R_2 上电压 $v_2(t)$ 的表达式。$\left(\dfrac{1}{5}[2e^{-(t+2)/6}+3e^{-(t+2)}]u(t+2)+\dfrac{6}{5}[e^{-(t-1)/6}-e^{-(t-1)}]u(t-1)-\dfrac{1}{5}[2e^{-(t-2)/b}+3e^{-(t-2)}]u(t-2)\right)$(2010年秋试题)

In the circuit shown in Fig. 4-12(a), the switch K is at a before $t=1$ s, and it switches to b at $t=1$ s. When $t=5$ s, the circuit is in steady state. Let $C_1=C_2=1$ F, $R_1=2$ Ω, $R_2=R_3=3$ Ω, and the waveform of $v_s(t)$ is shown in Fig. 4-12(b).

Determine the equation of $v_2(t)$ when $t>0$.

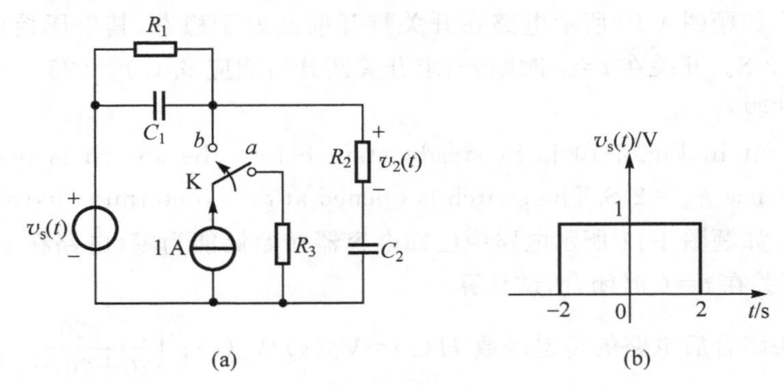

题图(Fig.)4-12

4-17** 题图 4-13 所示电路在开关闭合前已达到稳定，开关在$t=0$时闭合。未知元件 Z 在一致的参考方向下约束关系满足 $v(t)=\frac{\mathrm{d}i(t)}{\mathrm{d}t}$。求开关闭合后响应电流 $i(t)$。$\left(\frac{1}{2}(1-\mathrm{e}^{-t}\cos t+\mathrm{e}^{-t}\sin t)u(t)\ \mathrm{A}\right)$(2009 年秋试题)

A circuit is in steady state before the switch is closed at $t=0$. The unknown component Z is restricted by $v(t)=\frac{\mathrm{d}i(t)}{\mathrm{d}t}$ under accordant reference direction. Determine the response current $i(t)$ in Fig. 4-13 after the switch is closed.

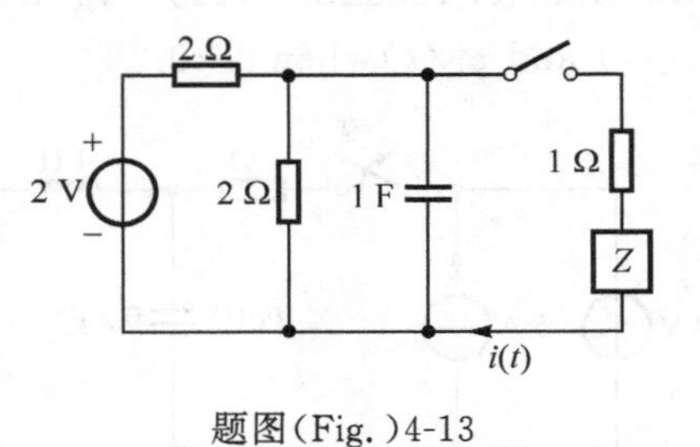

题图(Fig.)4-13

4-18** 在题图 4-14 的电路中，已知 $R=\frac{1}{3}\ \Omega, C=1\ \mathrm{F}, L=\frac{1}{2}\ \mathrm{H}$。

(1) 写出网络的 s 域传递函数 $H(s)=Y(s)/X(s)$，求出极点，并由此评价网络是否稳定；$\left(\frac{2}{s^2+3s+2}\right)$

(2) 求网络的单位阶跃响应。$((1+\mathrm{e}^{-2t}-2\mathrm{e}^{-t})u(t)\ \mathrm{V})$(2008 年秋试题)

In the circuit shown in Fig. 4-14, $R=\frac{1}{3}\ \Omega, C=1\ \mathrm{F}, L=\frac{1}{2}\ \mathrm{H}$.

(1) Determine the transfer function $H(s)=Y(s)/X(s)$ and its pole, and discuss if the circuit is steady.

(2) Determine the unit step response of this circuit.

4-19** 如题图 4-15 电路中，已知 $v_C(0_-)=1\ \mathrm{V}, i_L(0_-)=1\ \mathrm{A}, R=\frac{1}{3}\ \Omega, C=1\ \mathrm{F}, L=\frac{1}{2}\ \mathrm{H}$，求 $i_L(t)$。$((1+2\mathrm{e}^{-t}-2\mathrm{e}^{-2t})u(t)-(1-2\mathrm{e}^{-(t-3)}+\mathrm{e}^{-2(t-3)})$

$u(t-3)$ A)(2007 年秋试题)

In the circuit shown in Fig. 4-15, $v_C(0\_)=1$ V, $i_L(0\_)=1$ A, $R=\frac{1}{3}$ Ω, $C=1$ F, $L=\frac{1}{2}$ H. Determine $i_L(t)$.

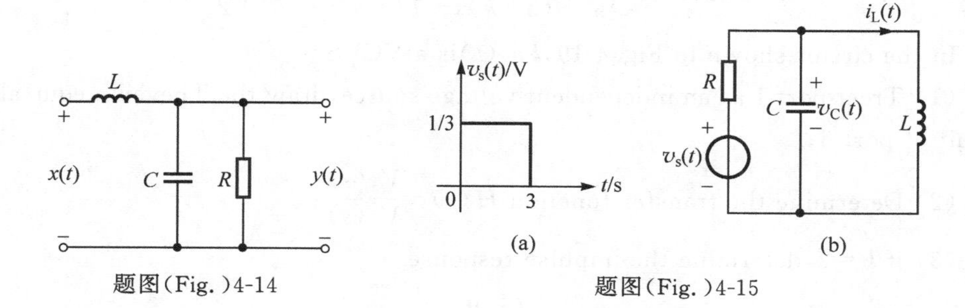

题图(Fig.)4-14　　　　题图(Fig.)4-15

4-20[**]　题图 4-16 所示为**格形网络**或称为 X 形网络，元件参数间满足 $L/C=R^2$，试写出网络的传递函数 $H(s)=V_2(s)/V_1(s)$。$\left(\frac{1-RCs}{1+RCs}\right)$

In the Lattice network shown in Fig. 4-16, $L/C=R^2$. Determine the transfer function $H(s)=V_2(s)/V_1(s)$.

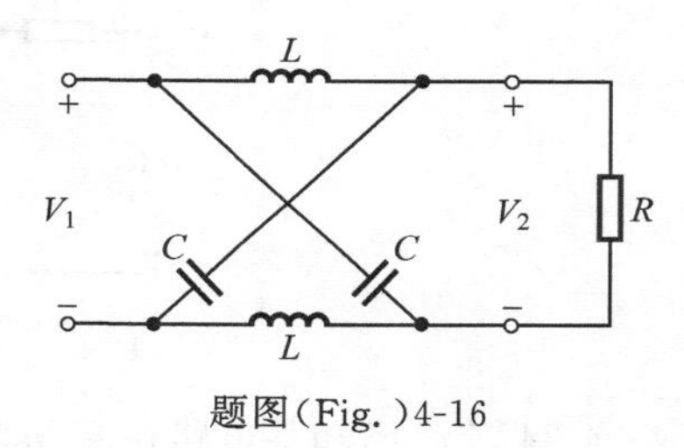

题图(Fig.)4-16

4-21[***]　求题图 4-17 所示电路的单位冲激响应 $h(t)$。

In the circuit shown in Fig. 4-17, determine the unit-impulse response $h(t)$.

4-22[***]　题图 4-18 电路中含有互感耦合电路，其输入和输出的电压和电流的关系满足图右侧写出的关系式。求互感电路的输出信号 $v_R(t)$ 的单位冲激响应。$\left(\frac{R}{2}\left(\frac{1}{L-M}e^{\frac{-R}{L-M}t}-\frac{1}{L+M}e^{\frac{-R}{L+M}t}\right)u(t)\ \mathrm{V}\right)$

The circuit shown in Fig. 4-18 contains a mutual inductive coupled circuit, and the equations show the relationship between the input and output. Let the input signal $V(t)=\delta(t)$, determine the output signal $v_R(t)$.

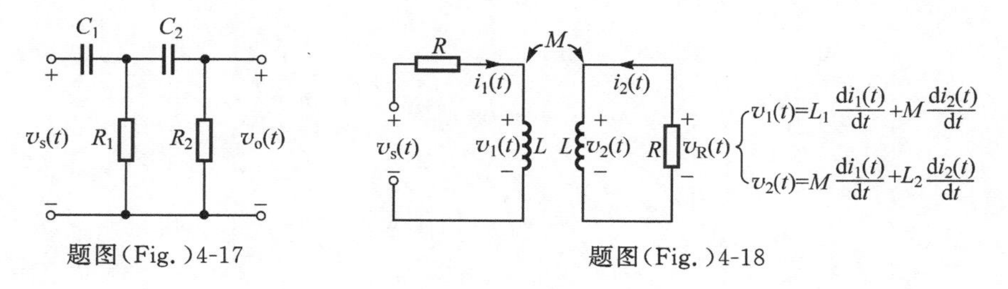

题图(Fig.)4-17　　　　题图(Fig.)4-18

4-23*** 题图4-19电路中$kv_2(t)$是受控源(VCVS)。

(1) 将1端看作激励的独立电压源，求3端s域模型的戴维南源等效电路；

(2) 求网络函数$H(s)=\dfrac{V_3(s)}{V_1(s)}$；

(3) 若$k=2$，求冲激响应。$\left(\dfrac{k}{s^2+(3-k)s+1}\right)\left(\dfrac{4}{\sqrt{3}}e^{-t/2}\sin\left(\dfrac{\sqrt{3}}{2}t\right)u(t)\right)$

In the circuit shown in Fig. 4-19, $kv_2(t)$ is a VCVS.

(1) Treat port 1 as an independent voltage source, draw the Thevenin equivalent circuit of port 3;

(2) Determine the transfer function $H(s)=\dfrac{V_3(s)}{V_1(s)}$;

(3) if $k=2$, determine the impulse response.

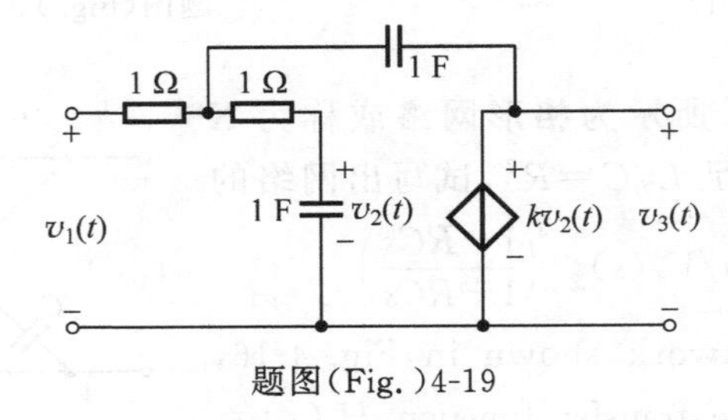

题图(Fig.)4-19

4-24*** 已知某电路在$e^{-t}u(t)$作用下产生的全响应为$(t+1)e^{-t}u(t)$；在$e^{-2t}u(t)$作用下产生的全响应为$(2e^{-t}-e^{-2t})u(t)$，求单位阶跃电压作用下的全响应。($u(t)$)

When the input is $e^{-t}u(t)$, the complete response of a circuit is $(t+1)e^{-t}u(t)$, while when the input is $e^{-2t}u(t)$, the complete response is $(2e^{-t}-e^{-2t})u(t)$. Determine the complete response of the unit step voltage signal.

第5章

信号的变换域分析——傅里叶[1]分析

Fourier Analysis

本章介绍信号的变换域分析——傅里叶[1]级数和傅里叶变换，将从一个全新的角度，来认识信号的频域特征，以及信号的频域特征与时域特征之间的关系。希望达到的目标是：

- 能够利用傅里叶级数分析周期信号的频谱特性。
- 能够利用傅里叶变换分析非周期信号的频谱特性。
- 掌握常见信号的频谱特性。
- 了解周期信号的对称性与傅里叶级数的关系。
- 了解信号通过电路的尺度变换、延迟、频移等现象。
- 能够利用傅里叶变换的性质分析信号。
- 了解拉普拉斯变换和傅里叶变换的异同。

In this chapter, we'll help learner understand the following contents.

- Representation of a periodic function using the trigonometric and complex form of the Fourier series.
- Even and odd symmetry, and even and odd harmonics.
- Spectrum of a signal in Fourier analysis.
- Simple Fourier transform and inverse Fourier transform.
- Relationship between Fourier transform theorems and signals in linear circuits.
- Relationship between Laplace transform and Fourier transform.

---

① 傅里叶(Jean Baptiste Joseph Fourier，1768—1830)，法国数学家、物理学家。他在研究热的传播时创立了一套数学理论。1807年向巴黎科学院呈交《热的传播》论文，推导出著名的热传导方程，并在求解该方程时发现解函数可以由三角函数构成的级数形式表示，从而提出任一函数都可以展开为三角函数的无穷级数。1822年以他的名字命名傅里叶级数。

在电子技术、自动控制、计算机等领域中，电信号(电压或电流)的波形往往不是简单的正弦波，而可能是其他周期性或非周期性的波形，如锯齿波信号、方波信号、脉冲信号等。我们已经习惯了用示波器直接观察信号的时域表示(以时间 t 为自变量)。本章将开始学习从频域的角度去观察它们(以角频率 ω 或频率 $f=\omega/2\pi$ 为自变量，用频谱仪观察)。事实上，信号的能量分布、畸变和滤波等问题，从频域的角度去观察和分析会变得简单、清晰和明了。

5.1 傅里叶级数/The Fourier Series

5.1.1 周期信号的傅里叶级数表示/Three Forms of the Fourier Series

用傅里叶级数来表示周期函数(Periodic Function)称为函数的傅里叶级数展开。从数学角度来说，展开必须是收敛的，一个周期为 T 的周期函数 $f(t)$($f(t)=f(t+T)$)的**狄利克雷收敛条件**(**Dirichlet Conditions**)可以表示为 $f(t)$在一个周期内：

(1) 是 t 的单值函数；

(2) 有有限个第一类间断点；

(3) 有有限个极值点；

(4) 积分$\int_{t_0}^{t_0+T}|f(t)|\mathrm{d}t$ 存在(t_0 为任一时刻)。

上述数学条件对电路中很多实际的周期信号而言都是容易满足的。收敛条件中第(4)条是傅里叶级数存在的充分条件，而不是必要条件；也就是说，有些信号并不满足该条件，却可以通过间接方式获得傅里叶级数展开。

满足狄利克雷收敛条件的周期为 T 的周期信号 $f(t)=f(t+T)$可以用一组**完备的正交函数集**(**Complete Set of Orthogonal Function**)来表示，傅里叶在 1822 年，证明了以下定理。

傅里叶展开定理：满足狄利克雷收敛条件的周期为 T 的周期信号 $f(t)$，可以用一组完备的三角函数来表示(称为傅里叶级数)。

$$f(t)=\frac{a_0}{2}+\sum_{n=1}^{\infty}[a_n\cos(\omega_n t)+b_n\sin(\omega_n t)] \tag{5-1-1}$$

其中，$\omega_0=2\pi f_0=\dfrac{2\pi}{T}$称为**基波角频率**(简称**基频**(**Fundamental Frequency**))，$\omega_n=n\omega_0(n=1,2,\cdots)$称为**谐波频率**(**Harmonic Frequency**)，a_n 和 b_n($n=0,1,2,\cdots$)称为**傅里叶系数**(**Fourier Coefficient**)，表示为

$$a_n=\frac{2}{T}\int_{t_0}^{t_0+T}f(t)\cos(n\omega_0 t)\mathrm{d}t,\quad b_n=\frac{2}{T}\int_{t_0}^{t_0+T}f(t)\sin(n\omega_0 t)\mathrm{d}t \tag{5-1-2}$$

系数关系式(5-1-2)可以如下证明。

对式(5-1-1) 在任意一个周期内取积分，为简单取$\int_0^T$，有

$$\int_0^T f(t)\cos(m\omega_0 t)\mathrm{d}t=\frac{a_0}{2}\int_0^T\cos(m\omega_0 t)\mathrm{d}t+\sum_{n=1}^{\infty}\left[a_n\int_0^T\cos(\omega_n t)\cos(m\omega_0 t)\mathrm{d}t+\right.$$
$$\left.b_n\int_0^T\sin(\omega_n t)\cos(m\omega_0 t)\mathrm{d}t\right]\tag{5-1-3}$$

上述表达式当 $m=0$ 时,可简化为

$$\int_0^T f(t)\mathrm{d}t=\frac{a_0}{2}\int_0^T\mathrm{d}t=\frac{a_0}{2}T$$

即

$$a_0=\frac{2}{T}\int_{t_0}^{t_0+T}f(t)\mathrm{d}t\tag{5-1-4}$$

当 $m\geqslant 1$ 时,利用三角函数的正交性,即

$$\begin{cases}\int_0^T\cos(n\omega_0 t)\cos(m\omega_0 t)\mathrm{d}t=\begin{cases}0, & m\neq n\\ T/2, & m=n\end{cases}\\ \int_0^T\sin(n\omega_0 t)\sin(m\omega_0 t)\mathrm{d}t=\begin{cases}0, & m\neq n\\ T/2, & m=n\end{cases}\\ \int_0^T\cos(n\omega_0 t)\sin(m\omega_0 t)\mathrm{d}t=0\\ \int_0^T\cos(n\omega_0 t)\mathrm{d}t\int_0^T\sin(m\omega_0 t)\mathrm{d}t=0\end{cases}\tag{5-1-5}$$

式(5-1-3)可简化为

$$\int_0^T f(t)\cos(m\omega_0 t)\mathrm{d}t=a_m\int_0^T\cos(\omega_m t)\cos(m\omega_0 t)\mathrm{d}t=a_m\frac{T}{2}$$

因此有

$$a_m=\frac{2}{T}\int_0^T f(t)\cos(m\omega_0 t)\mathrm{d}t,\quad m\geqslant 1\tag{5-1-6}$$

综合式(5-1-4)和式(5-1-6)可得式(5-1-2)a_n 的表达式。同理,对式(5-1-1)等号两边同乘以 $\sin(m\omega_0 t)$ 再求积分 $\int_0^T$,不难证得 b_n 的表达式。

式(5-1-1)是周期信号 $f(t)$ 展开为傅里叶级数的一种表示,称为**三角函数形式(Trigonometric Form)**。利用三角函数的和角公式

$$\cos(\alpha\pm\beta)=\cos\alpha\cos\beta\mp\sin\alpha\sin\beta$$

式(5-1-1)可以改写为

$$f(t)=\frac{a_0}{2}+\sum_{n=1}^{\infty}\sqrt{a_n^2+b_n^2}\left[\frac{a_n}{\sqrt{a_n^2+b_n^2}}\cos(\omega_n t)+\frac{b_n}{\sqrt{a_n^2+b_n^2}}\sin(\omega_n t)\right]$$

取

$$A_0=a_0/2,\quad A_n=\sqrt{a_n^2+b_n^2}\tag{5-1-7}$$
$$\tan\varphi_n=-b_n/a_n,\quad |\varphi_n|\leqslant\pi\tag{5-1-8}$$

得傅里叶级数的第二种三角函数表示形式，即**振幅-相位形式**(**Amplitude-Phase Form**)。

$$f(t)=A_0+\sum_{n=1}^{\infty}A_n\cos(n\omega_0 t+\varphi_n) \tag{5-1-9}$$

为了避免在利用式(5-1-8)确定 φ_n 时丢失相位信息，可以将 A_n 和 φ_n 的关系合写为

$$A_n\underline{/\varphi_n}=a_n-\mathrm{j}b_n \tag{5-1-10}$$

傅里叶级数的第二种表示，更清楚地说明，一个满足狄利克雷收敛条件的周期为 T 的周期信号 $f(t)$，可以看成一系列不同频率的正弦信号的叠加，这些信号从频率的角度可以分为以下 3 种：

(1) 直流分量，$A_0=\dfrac{a_0}{2}$，这是信号在整个时间域保持常量的部分，也是信号的积分平均值。

(2) 基波分量(简称**基波**(**Fundamental Wave, First Harmonic**))，$A_1\cos(\omega_0 t+\varphi_1)$，其周期为 T。

(3) 谐波分量(简称 ***n* 次谐波**，**Harmonics**)，$A_n\cos(n\omega_0 t+\varphi_n)(n=2,3,\cdots)$，其中 $n=2,4,\cdots$ 时称为**偶次谐波**，$n=3,5,\cdots$ 时称为**奇次谐波**；其周期为 T/n。

基波分量和 n 次谐波分量都是简谐信号，合为信号的**交流分量**。交流分量是信号在整个时间域积分平均值为零的部分，它们决定了信号的变化频率、变化幅度和变化形态，分别体现在角频率 $n\omega_0$、振幅 A_n 和初相位 φ_n 上。因此，一组确定的 A_n 和 φ_n 对应一个确定的信号 $f(t)$。

以角频率 ω 为横坐标，画出周期信号 $f(t)$ 对应各个不同的频率上的 A_n 和 φ_n 的分布图，称为信号 $f(t)$ 的**频谱图**(**Frequency Spectrogram**，频谱)，图 5-1-1 为示意图。A_n 关于 ω 的分布图称为信号的**振幅谱**(**Amplitude Spectrum**(图 5-1-1(a))；φ_n 关于 ω 的分布图称为信号的**相位谱**(**Phase Spectrum**)(图 5-1-1(b))。由于 n 的整数特性，周期信号的频谱是频率间隔至少为 ω_0 的**离散谱**(**Discrete Spectrum**，又称**线状谱**(**Line Spectrum**))。由于 A_n 和 φ_n 都是实数，所以称这样的频谱为**实频谱**(**Real Spectrum**)。

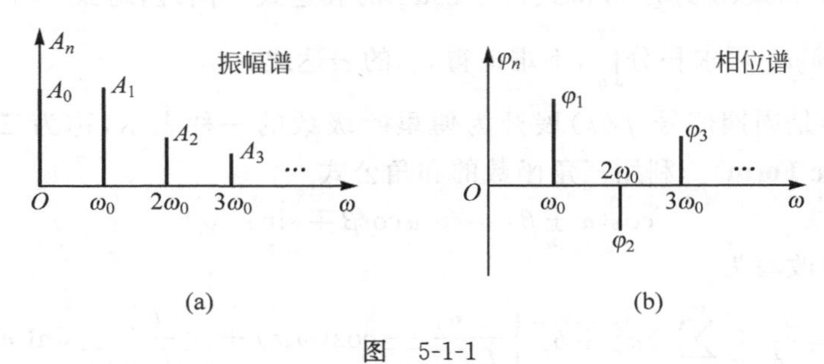

图 5-1-1

【例 5-1-1】 已知周期信号一个周期的波形如图 5-1-2(a)所示，其中 T 为周期、a 为正常数，试计算其频谱(傅里叶级数展开)，并画出频谱图。

解：利用傅里叶级数展开式(5-1-2)，可得

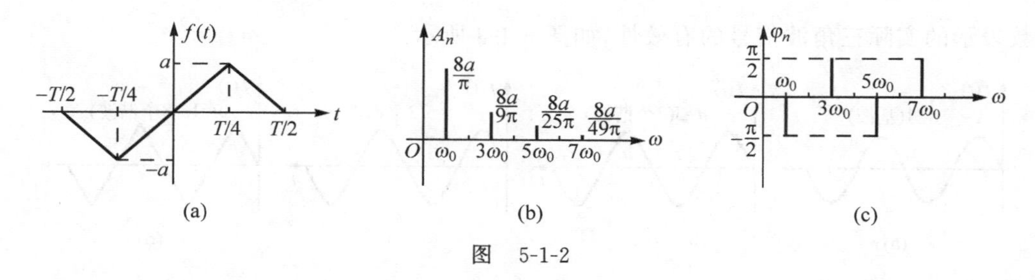

图　5-1-2

$$
\begin{aligned}
a_n &= \frac{2}{T}\int_{-T/2}^{T/2} f(t)\cos(n\omega_0 t)\,\mathrm{d}t \\
&= \frac{2}{T}\int_{-T/2}^{-T/4}\left(-\frac{4a}{T}t - 2a\right)\cos(n\omega_0 t)\,\mathrm{d}t + \frac{2}{T}\int_{-T/4}^{T/4}\frac{4a}{T}t\cos(n\omega_0 t)\,\mathrm{d}t + \\
&\quad \frac{2}{T}\int_{T/4}^{T/2}\left(-\frac{4a}{T}t + 2a\right)\cos(n\omega_0 t)\,\mathrm{d}t \\
&= 0 \\
b_n &= \frac{2}{T}\int_{-T/2}^{T/2} f(t)\sin(n\omega_0 t)\,\mathrm{d}t \\
&= \frac{2}{T}\int_{-T/2}^{-T/4}\left(-\frac{4a}{T}t - 2a\right)\sin(n\omega_0 t)\,\mathrm{d}t + \frac{2}{T}\int_{-T/4}^{T/4}\frac{4a}{T}t\sin(n\omega_0 t)\,\mathrm{d}t + \\
&\quad \frac{2}{T}\int_{T/4}^{T/2}\left(-\frac{4a}{T}t + 2a\right)\sin(n\omega_0 t)\,\mathrm{d}t \\
&= (-1)^{(n-1)/2}\,\frac{8a}{\pi^2 n^2} \quad (n = 1, 3, \cdots)
\end{aligned}
$$

所以

$$
f(t) = \frac{8a}{\pi^2}\left[\sin(\omega_0 t) - \frac{1}{3^2}\sin(3\omega_0 t) + \frac{1}{5^2}\sin(5\omega_0 t) - \cdots\right] \tag{5-1-11}
$$

以上计算省去了繁复的积分运算步骤。由式(5-1-10)计算 A_n 和 φ_n，得

$$
A_n = \sqrt{a_n^2 + b_n^2} = |b_n| = \begin{cases} 8a/\pi^2 n^2, & n = 1, 3, \cdots \\ 0, & n = 0, 2, 4, \cdots \end{cases} \tag{5-1-12}
$$

$$
\varphi_n = \arctan(-b_n/a_n) = \begin{cases} (-1)^{\frac{n+1}{2}}\pi/2, & n = 1, 3, \cdots \\ 0, & n = 0, 2, 4, \cdots \end{cases} \tag{5-1-13}
$$

此题特别地，由于 $a_n = 0$，所以展开的振幅-相位形式，也可以直接由式(5-1-11)写出。

$$
\begin{aligned}
f(t) = \frac{8a}{\pi^2}\Big[&\cos\left(\omega_0 t - \frac{\pi}{2}\right) - \frac{1}{3^2}\cos\left(3\omega_0 t - \frac{\pi}{2}\right) + \\
&\frac{1}{5^2}\cos\left(5\omega_0 t - \frac{\pi}{2}\right) - \cdots\Big]
\end{aligned} \tag{5-1-14}
$$

画出频谱图，如图 5-1-2(b)(振幅谱)和图 5-1-2(c)(相位谱)所示。

为了验证展开式(5-1-14)，分别取 $n = 1, 3, 5, 15$ 时的叠加结果，观察用傅里叶级数表示的实际三角波信号的有效性，如图 5-1-3 所示。

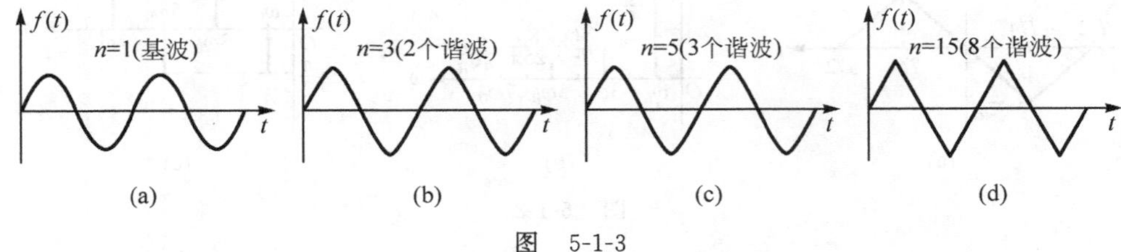

图 5-1-3

由图 5-1-3 可见，随着 n 的增大，式(5-1-14)越来越逼近实际的三角波信号，显然当 $n\to\infty$ 时式(5-1-14)是成立的。工程上，可以认为 $n=15$ 就足够表示实际的三角波信号了。观察振幅谱(图 5-1-2(b))，n 越大，A_n 就越小；$n\to\infty$ 时，$A_n\to 0$。即当 n 比较大时，极小的 A_n 对波形的影响微乎其微。这种振幅随频率增加而衰减的特性是满足狄利克雷收敛条件的周期信号所共有的特质。

从频谱图可以直观地看出一个信号所具有的频率成分；也就是说信号的频谱一旦决定，信号也就唯一地确定了。因此，信号的频谱图确定地和直观地表示了这个信号的频谱特性。

傅里叶级数还可以有第三种表示形式，即**复数形式(Complex Form)**①。对复数形式的热衷，来源于一直以来复指数信号在电路分析中所带来的奇妙的便利。

$$f(t)=\sum_{n=-\infty}^{\infty}C_n\mathrm{e}^{\mathrm{j}n\omega_0 t} \tag{5-1-15}$$

其中，

$$C_n=\frac{1}{T}\int_{t_0}^{t_0+T}f(t)\mathrm{e}^{-\mathrm{j}n\omega_0 t}\mathrm{d}t \tag{5-1-16}$$

式(5-1-16)可以容易地通过对式(5-1-15)两边取积分获得，下面推导 C_n 与 A_n 之间的关系。将式(5-1-15)分解为实部和虚部，有

$$\begin{aligned}
f(t)&=\sum_{n=-\infty}^{\infty}[C_n\cos(n\omega_0 t)+\mathrm{j}C_n\sin(n\omega_0 t)]\\
&=\sum_{n=1}^{\infty}[C_n\cos(n\omega_0 t)+C_{-n}\cos(-n\omega_0 t)]+\\
&\quad \mathrm{j}\sum_{n=1}^{\infty}[C_n\sin(n\omega_0 t)+C_{-n}\sin(-n\omega_0 t)]+C_0\\
&=\sum_{n=1}^{\infty}[(C_n+C_{-n})\cos(n\omega_0 t)]+\\
&\quad \mathrm{j}\sum_{n=1}^{\infty}[(C_n-C_{-n})\sin(n\omega_0 t)]+C_0
\end{aligned} \tag{5-1-17}$$

比较第一种表示式(5-1-1)，有

---

① 也有教材称这种形式为指数形式(Exponential Form)，而将前面第二种形式称为复数形式。

$$a_n=C_n+C_{-n},\quad b_n=\mathrm{j}(C_n-C_{-n}),\quad a_0=2C_0$$

于是可得

$$C_n=\frac{1}{2}(a_n-\mathrm{j}b_n)=\frac{1}{2}A_n\mathrm{e}^{\mathrm{j}\varphi_n} \tag{5-1-18}$$

$$C_{-n}=\frac{1}{2}(a_n+\mathrm{j}b_n)=\frac{1}{2}A_n\mathrm{e}^{-\mathrm{j}\varphi_n}$$

也可以把 C_n 写成振幅-相位的形式，即 $C_n=|C_n|\angle\phi_n$，则有

$$|C_n|=|C_{-n}|=A_n/2,\quad \phi_n=\varphi_n,\quad \phi_{-n}=-\varphi_n \tag{5-1-19}$$

由于 C_n 是复数，因此，把全体 C_n 在频率上的分布称为信号的**复频谱**(**Complex Spectrum**)，$|C_n|$在频率上的分布称为信号的**振幅谱**，ϕ_n 在频率上的分布称为信号的**相位谱**。另外，从式(5-1-19)可见，C_n 的振幅谱$|C_n|$为偶对称函数，相位谱 ϕ_n 为奇对称函数。因此，在这样的对称规律下，只要给出 $\omega\geqslant0$ 的频谱分布，就可以唯一地确定信号 $f(t)$所包含的各频率分量。

【例 5-1-2】 已知脉宽为 τ、脉幅为 a、周期为 T 的矩形脉冲信号 $f(t)$波形如图 5-1-4 所示，试计算其三角函数和复数展开形式，并画出复频谱图。

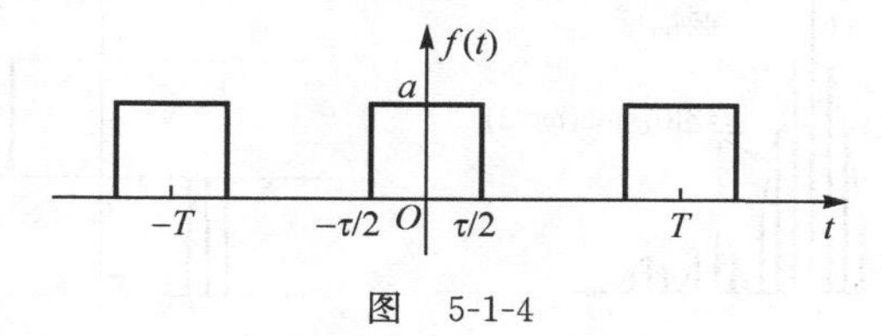

图　5-1-4

解：由式(5-1-2)有

$$a_n=\frac{2}{T}\int_{-\tau/2}^{\tau/2}a\cos(n\omega_0t)\mathrm{d}t=\frac{2a\tau}{T}\frac{\sin(n\omega_0\tau/2)}{n\omega_0\tau/2}=\frac{2a\tau}{T}\mathrm{Sa}(n\omega_0\tau/2)$$

$$b_n=\frac{2}{T}\int_{t_0}^{t_0+T}f(t)\sin(n\omega_0t)\mathrm{d}t=0$$

其中，$\omega_0=\dfrac{2\pi}{T}$，$\mathrm{Sa}(x)=\mathrm{sinc}(x)=\dfrac{\sin x}{x}$称为 **sinc 函数**(**Sinc Function**)，也称为**采样函数**(**Sampling Function**)①，故

---

① 在本例引入的**采样函数**(又称为取样函数、抽样函数)$\mathrm{Sa}(x)=\mathrm{sinc}(x)=\dfrac{\sin x}{x}$，是一个常用的重要函数，在现代通信理论中有着重要地位(图 5-1-5)。"采样"的由来是当它所表示的周期窄脉冲信号和任意信号相乘时，可以"采样"该信号的特征。$\mathrm{sinc}(x)$函数具有下列典型性质：

- 是偶函数；
- 是收敛函数，$\mathrm{sinc}(x)$随 $x\to\pm\infty$而波动衰减趋于零，并且有 $\int_0^{+\infty}\mathrm{Sa}(x)\mathrm{d}x=\int_{-\infty}^0\mathrm{Sa}(x)\mathrm{d}x=\dfrac{\pi}{2}$；
- 在$(-\pi,\pi)$带域的积分聚集了函数的大部分能量，可达总能量的 90%；
- 最大值点为$\mathrm{sinc}(0)=1$；
- 零点 $\mathrm{sinc}(n\pi)=0$。

$$f(t)=\frac{a\tau}{T}+\frac{2a\tau}{T}[\mathrm{Sa}(\omega_0\tau/2)\cos(\omega_0 t)+\mathrm{Sa}(2\omega_0\tau/2)\cos(2\omega_0 t)+\cdots] \quad (5\text{-}1\text{-}20)$$

由式(5-1-16)或式(5-1-18)可得

$$c_n=\frac{a\tau}{T}\mathrm{Sa}(n\omega_0\tau/2)$$

$$f(t)=\frac{a\tau}{T}\sum_{n=-\infty}^{\infty}\mathrm{Sa}(n\omega_0\tau/2)\mathrm{e}^{\mathrm{j}n\omega_0 t}$$

$$\phi_n=-\phi_{-n}=\begin{cases}0, & \mathrm{Sa}(n\omega_0\tau/2)>0\\ \pi, & \mathrm{Sa}(n\omega_0\tau/2)<0\end{cases} \quad (5\text{-}1\text{-}21)$$

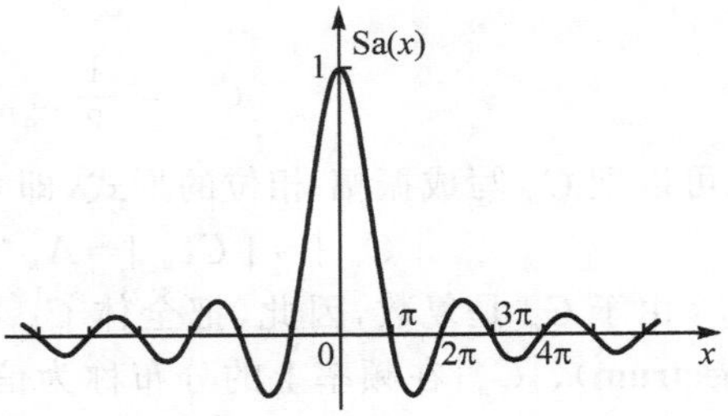

图 5-1-5　sinc(x) 函数

可以证明,式(5-1-20)和式(5-1-21)两种表达是相等的。

为作图方便,取 $T=4\tau$,则 $\omega_0=\pi/2\tau$,作频谱图如图 5-1-6(a)和图 5-1-6(b)所示。

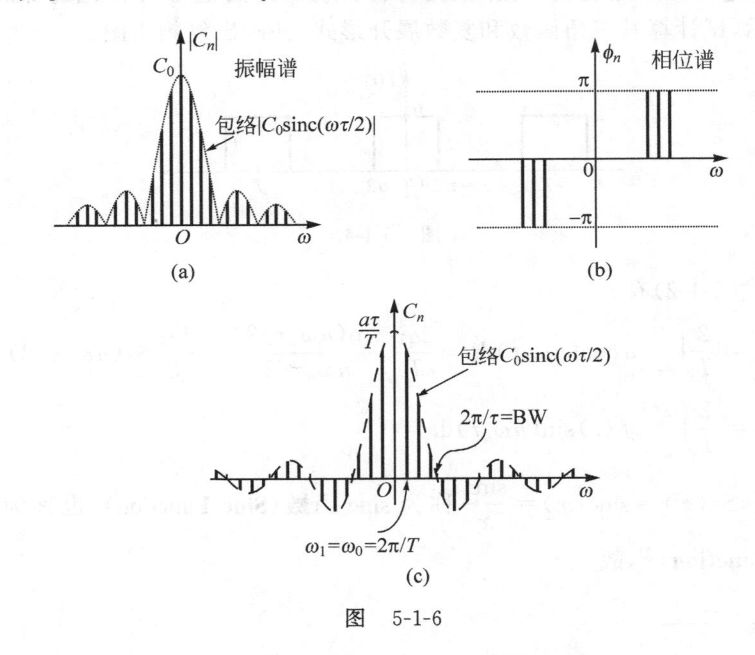

图　5-1-6

特别地,在本例中 C_n 是实数,它的相位谱可以通过 C_n 的正负值表现出来($C_n>0$ 时,$\phi_n=0$;$C_n<0$ 时,$\phi_n=\pm\pi$),因此,可以简单地把上面的振幅谱和相位谱用一个实频谱图表示,如图 5-1-6(c)所示。

图中可见,复频谱的谱线也是离散的,各离散谱线的最小间隔为 ω_0,离散谱线的包络是幅度为 C_0 的 sinc(x)函数,谱线的第一个零点,即 sinc(x)函数的第一个零点为 $2\pi/\tau$。当 $T/\tau=k$(k 为整数)时,从零频到第一个零点之间会有 k 条谱线,并且 T 越大,谱线间隔越小,谱线越趋于密集。信号的能量分布特征也和 sinc(x)函数一样,在零频到频谱包络的第一个零点之间聚集了信号的大部分能量，可达总能量的约 90%，而之后高频区的能量分量越来越弱，因此，工程上定义信号的**频带宽度 BW**（简称**频宽**）为从零频到频谱包络第一个零点之间的距离（本例即为 $\mathrm{BW}=2\pi/\tau$）。注意到一个有趣的关联，即时域脉宽 τ 和频域带宽 BW 之间的乘积满足一个确定不变的常数关系式，即

$$\tau \cdot \mathrm{BW}=2\pi \tag{5-1-22}$$

通常周期性的脉冲信号都具有这一重要特性，即**时域脉宽与频宽之积为常数**。这个有趣的关联并不难理解，即当信号的时域脉宽变窄时，意味着信号在短时间内急剧变化，显然高频成分的能量增加，因此导致频带展宽；相反，时域脉宽较大的信号，对应于变化缓慢，意味着缺少高频成分的能量，显然频带较窄。

再做一个有趣的验证，观察傅里叶级数是否可以准确表示例 5-1-2 中的矩形脉冲信号。图 5-1-7 展示了随着谐波分量增加的叠加波形，虽然随着 n 的增加叠加波形越来越接近于图 5-1-4 的矩形脉冲信号，但遗憾的是（与例 5-1-1 不同），无论 n 取多大，在叠加出的矩形脉冲波形中有跃变（第一类间断点）的地方总有过冲现象，吉布斯（Gibbs）计算出这个过冲的超量为 9%，并且无论 n 取多大（只要是有限值），这个超量均不变，后人称这个现象为**吉布斯现象**（**Gibbs Phenomenon**，又称为**吉布斯效应**）。

> **思考一下：** 为什么例 5-1-1 中没有吉布斯现象，而例 5-1-2 中却有吉布斯现象？这个现象是怎样造成的？为什么说傅里叶级数是在能量（面积积分）意义下收敛于原信号？

为了再次强调信号的相位谱和振幅谱**共同**决定了信号，我们将图 5-1-7 中的合成情况再现在图 5-1-8 中。观察图中不连续点处和平滑区域的相位特性，不难发现，为了实现矩形脉冲的阶跃，不连续点处各谐波分量的相位都是一致的；为了实现矩形脉冲的平滑，平滑区域各谐波分量的相位是相互制约的。因此，信号的相位谱在信号的合成过程中和振幅谱一样起着至关重要的作用，不可或缺。

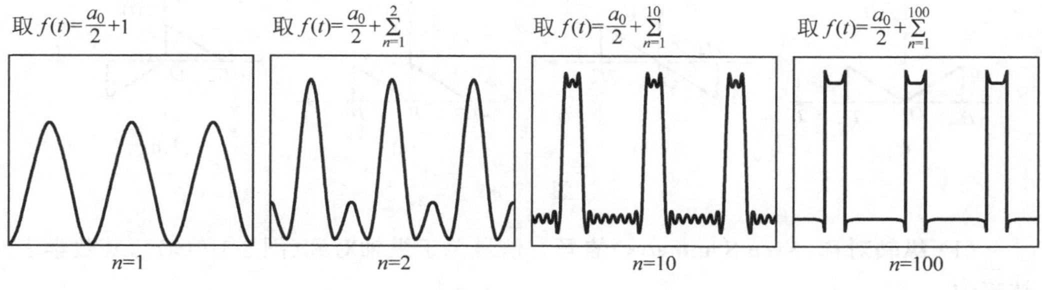

图 5-1-7

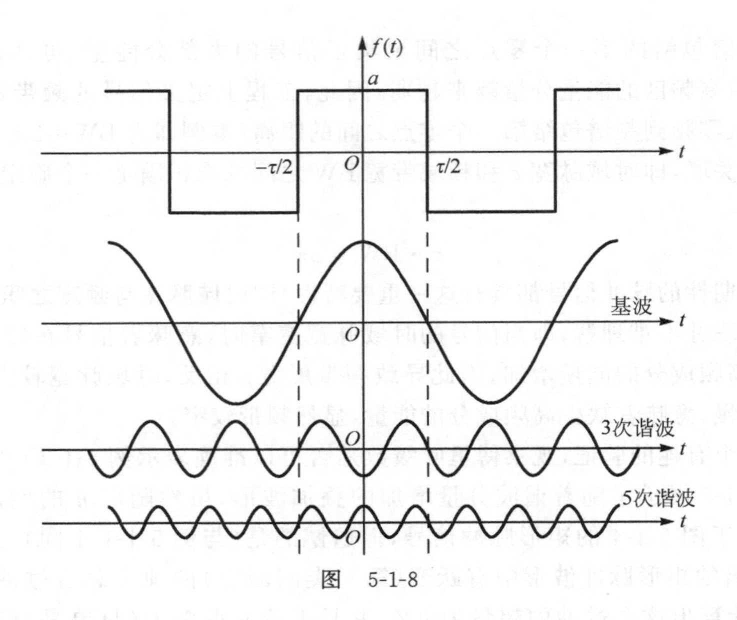

图 5-1-8

5.1.2 周期信号的对称性与傅里叶级数之间的关系/Symmetry of Fourier Series

工程中遇到的很多周期信号(如半波整流信号、全波整流信号、矩形波信号、锯齿波信号等)往往具有某种时域上的对称性,波形的这些对称性和其展开系数的特征是有关联的。在进行傅里叶级数展开时,善于发现波形的对称性并充分加以利用,一方面可以大大简化计算,另一方面可以进一步揭示信号的时域和频域特征。

由于余弦函数为偶函数,正弦函数为奇函数,因此傅里叶级数的第一种表示式(5-1-1),可以比较清楚地揭示信号的对称性与傅里叶级数展开系数之间的关系。下面针对图 5-1-9 示意的各种对称信号,分析周期信号 $f(t)$(周期为 T)的傅里叶级数展开的系数特性。

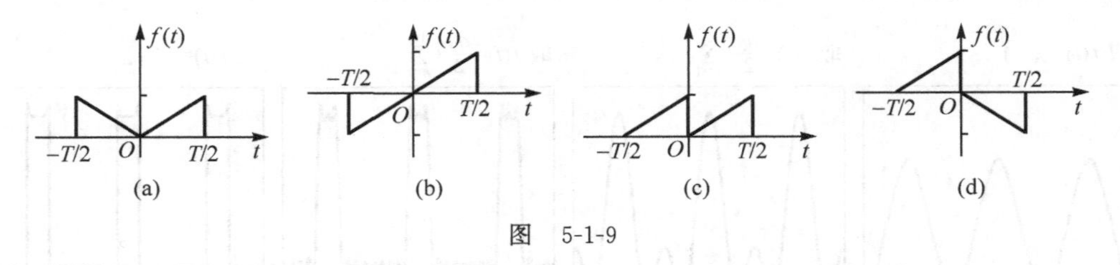

图 5-1-9

(1) **纵轴对称(Even Symmetry)信号**。信号关于纵轴对称(图 5-1-9(a)),其数学表达式为

$$f(t)=f(-t) \tag{5-1-23}$$

显然,纵轴对称信号是偶函数,观察式(5-1-1),其中体现奇函数特征的系数应该为零,因此,无须计算,必然有

$$\begin{cases} b_n = 0 \\ a_n = \dfrac{4}{T}\displaystyle\int_0^{T/2} f(t)\cos(n\omega_0 t)\mathrm{d}t \end{cases} \tag{5-1-24}$$

(2) **原点对称(Odd Symmetry)信号**。信号关于原点对称(图 5-1-9(b)),其数学表达式为

$$f(t) = -f(-t) \tag{5-1-25}$$

显然,原点对称信号也是奇函数,观察式(5-1-1),其中体现偶函数特征的系数应该为零,因此,无须计算,必然有

$$\begin{cases} a_n = 0 \\ b_n = \dfrac{4}{T}\displaystyle\int_0^{T/2} f(t)\sin(n\omega_0 t)\mathrm{d}t \end{cases} \tag{5-1-26}$$

(3) **半周期重叠(Half-Wave Repeat)信号**。信号(图 5-1-9(c))不仅满足经过一个周期 T 的重复,而且满足经过半个周期就开始重复,其数学表达式为

$$f(t) = f(t + T/2) \tag{5-1-27}$$

此时重复频率较基频增加 1 倍,$\omega = 2\omega_0$,所以,在展开式(5-1-1)中不可能存在奇次项谐波分量,故有

$$\begin{cases} a_{2n+1} = b_{2n+1} = 0 \\ a_{2n} = \dfrac{4}{T}\displaystyle\int_0^{T/2} f(t)\cos(2n\omega_0 t)\mathrm{d}t \\ b_{2n} = \dfrac{4}{T}\displaystyle\int_0^{T/2} f(t)\sin(2n\omega_0 t)\mathrm{d}t \end{cases} \tag{5-1-28}$$

(4) **半周期镜像对称(Half-Wave Symmetry)信号**。也称为**半波镜像对称信号**(图 5-1-9(d))或半波对称信号,表现为后半周期信号是前半周期信号关于时间轴的镜像对称,其数学表达式为

$$f(t) = -f(t + T/2) \tag{5-1-29}$$

由于全体偶次谐波的三角函数均不满足半波镜像对称特性,而全体奇次谐波的三角函数却都满足,因此,半波镜像对称信号展开的系数特征是无偶次项谐波分量。

$$\begin{cases} a_{2n} = b_{2n} = 0 \\ a_{2n+1} = \dfrac{4}{T}\displaystyle\int_0^{T/2} f(t)\cos[(2n+1)\omega_0 t]\mathrm{d}t \\ b_{2n+1} = \dfrac{4}{T}\displaystyle\int_0^{T/2} f(t)\sin[(2n+1)\omega_0 t]\mathrm{d}t \end{cases} \tag{5-1-30}$$

【例 5-1-3】 利用周期信号的对称性,重解例 5-1-1。

解:观察图 5-1-2 信号波形可见,该信号既关于原点对称、也呈半周期镜像对称,由式(5-1-26)和式(5-1-30),其傅里叶级数满足

$$a_n = 0,\quad b_{2n} = 0$$

$$b_{2n+1} = \frac{8}{T}\int_0^{T/4} \frac{4a}{T} t\sin[(2n+1)\omega_0 t]\mathrm{d}t = \frac{8a(-1)^n}{(2n+1)^2\pi^2}$$

故有

$$f(t)=\frac{8a}{\pi^2}\left[\sin(\omega_0 t)-\frac{1}{3^2}\sin(3\omega_0 t)+\frac{1}{5^2}\sin(5\omega_0 t)-\cdots\right]$$

本例利用周期信号的对称性，不仅减去了不必要的计算，而且可以将积分区间减小到 $T/4$ 周期，使整个计算过程得到大大简化。

5.1.3 常见周期信号的傅里叶级数/Some Useful Fourier Series

对于如图 5-1-10 所示一些典型的周期信号波形(其中，振幅为 a，周期为 T，τ 为时延，$\omega_0=2\pi/T$)，以下分别给出其傅里叶级数展开式，以方便读者练习、查阅。

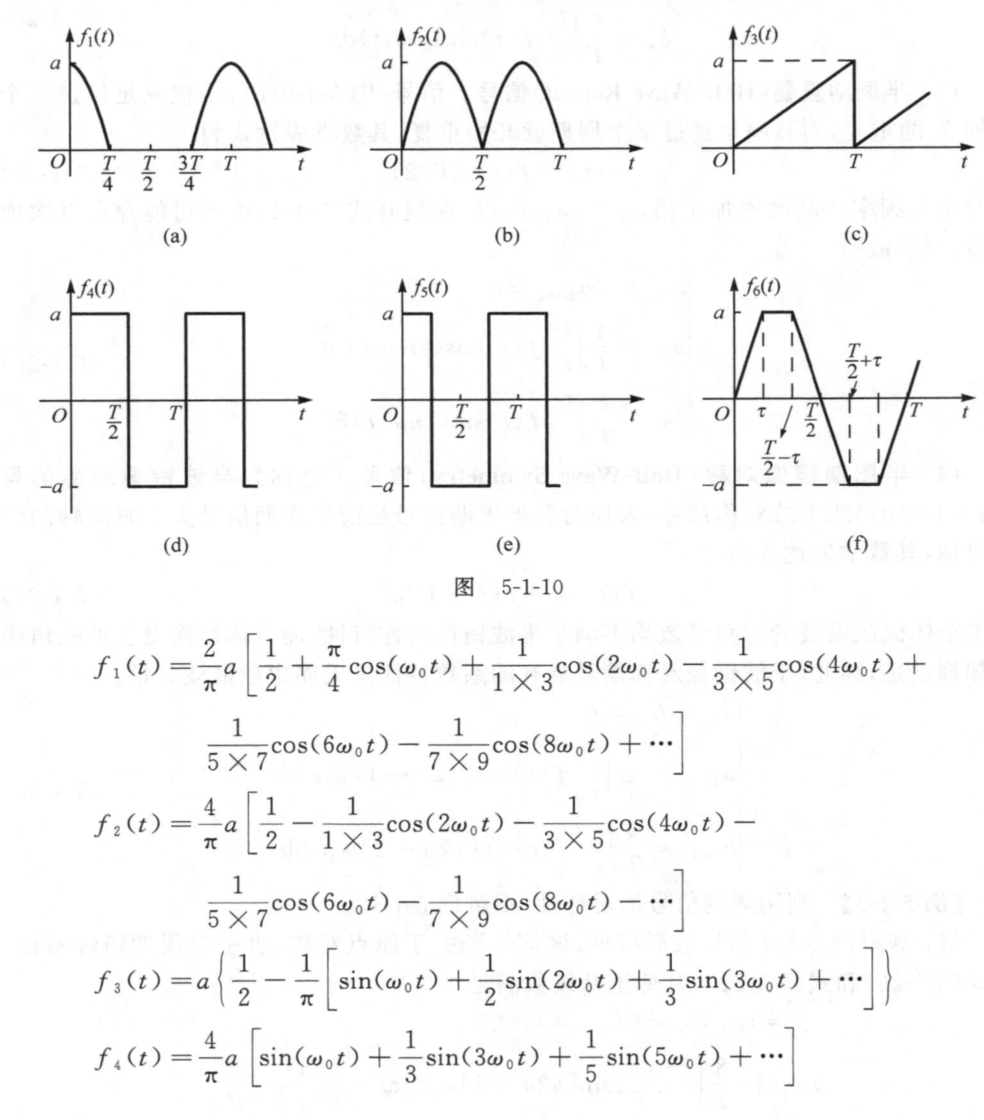

图 5-1-10

$$f_1(t)=\frac{2}{\pi}a\left[\frac{1}{2}+\frac{\pi}{4}\cos(\omega_0 t)+\frac{1}{1\times3}\cos(2\omega_0 t)-\frac{1}{3\times5}\cos(4\omega_0 t)+\frac{1}{5\times7}\cos(6\omega_0 t)-\frac{1}{7\times9}\cos(8\omega_0 t)+\cdots\right]$$

$$f_2(t)=\frac{4}{\pi}a\left[\frac{1}{2}-\frac{1}{1\times3}\cos(2\omega_0 t)-\frac{1}{3\times5}\cos(4\omega_0 t)-\frac{1}{5\times7}\cos(6\omega_0 t)-\frac{1}{7\times9}\cos(8\omega_0 t)-\cdots\right]$$

$$f_3(t)=a\left\{\frac{1}{2}-\frac{1}{\pi}\left[\sin(\omega_0 t)+\frac{1}{2}\sin(2\omega_0 t)+\frac{1}{3}\sin(3\omega_0 t)+\cdots\right]\right\}$$

$$f_4(t)=\frac{4}{\pi}a\left[\sin(\omega_0 t)+\frac{1}{3}\sin(3\omega_0 t)+\frac{1}{5}\sin(5\omega_0 t)+\cdots\right]$$

$$f_5(t)=\frac{4}{\pi}a\left[\cos(\omega_0 t)-\frac{1}{3}\cos(3\omega_0 t)+\frac{1}{5}\cos(5\omega_0 t)-\cdots\right]$$

$$f_6(t)=\frac{4a}{\omega_0\tau\pi}\left[\sin(\omega_0\tau)\sin(\omega_0 t)+\frac{1}{3^2}\sin(3\omega_0\tau)\sin(3\omega_0 t)+\frac{1}{5^2}\sin(5\omega_0\tau)\sin(5\omega_0 t)-\cdots\right]$$

5.1.4 周期信号的平均功率和有效值/Average Power and Effective Values of Periodic Functions

如果我们把信号 $f(t)$看成一个电压或电流信号，对式(5-1-15)取平方、再在一个周期内求积分，利用三角函数的正交性有

$$\frac{1}{T}\int_0^T f^2(t)\mathrm{d}t=\frac{1}{T}\int_0^T\left[\sum_{n=-\infty}^{\infty}C_n\mathrm{e}^{\mathrm{j}n\omega_0 t}\right]^2\mathrm{d}t=\sum_{n=-\infty}^{\infty}|C_n|^2 \tag{5-1-31}$$

上式的物理意义可以描述为：**信号在一周期中消耗或提供的平均功率，等于其各谐波分量消耗或提供的平均功率之和**。这个结论称为信号的**帕斯瓦尔(Parseval)功率守恒定理**。

对于电路中呈周期性的电压和电流信号，用傅里叶级数可以分别表示为

$$v(t)=V_0+\sum_{n=1}^{\infty}[V_{mn}\cos(n\omega_0 t+\varphi_{Vn})],\quad i(t)=I_0+\sum_{n=1}^{\infty}[I_{mn}\cos(n\omega_0 t+\varphi_{In})] \tag{5-1-32}$$

其中，V_{mn} 和 I_{mn} 分别为电压和电流信号 n 次谐波的振幅，φ_{Vn} 和 φ_{In} 分别为 n 次谐波的初相位，则平均功率为

$$P=\frac{1}{T}\int_0^T p(t)\mathrm{d}t=\frac{1}{T}\int_0^T v(t)i(t)\mathrm{d}t=V_0I_0+\frac{1}{2}\sum_{n=1}^{\infty}[V_{mn}I_{mn}\cos(\varphi_{Vn}-\varphi_{In})] \tag{5-1-33}$$

即周期信号的平均功率等于各谐波分量的平均功率之和。式(5-1-33)是帕斯瓦尔定理的另一种表述形式。

我们知道，定义信号的方均根值为信号的有效值，因此，以电压为例，周期信号 $v(t)$的有效值可以写为

$$V=\sqrt{\frac{1}{T}\int_0^T v(t)^2\mathrm{d}t}=\sqrt{\sum_{n=0}^{\infty}V_n{}^2} \tag{5-1-34}$$

其中，V_n 表示 n 次谐波分量的有效值。由此可见，**周期信号的有效值等于各谐波分量有效值的方均根值**。

5.1.5 周期信号作用于线性电路的稳态响应/Steady-State Responses

由于周期性非正弦信号可以傅里叶展开为一系列正弦信号的叠加，因此，线性电路的**周期性非正弦激励**(**Nonsinusoidal Periodic Excitation**)的稳态响应，可以利用第 3 章

复数法求解其第 n 次谐波的响应，然后利用线性电路的叠加原理求和，其步骤为如下。

(1) 将线性电路用复数形式表示成符号电路；

(2) 将周期信号 $f(t)$ 展开成傅里叶级数形式；

(3) 写出各谐波分量的复数形式 $F(j\omega_i)$，求解符号电路各谐波作用的响应 $Y(j\omega_i)=F(j\omega_i)H(j\omega_i)$；

(4) 叠加获得周期信号 $f(t)$ 作用于线性电路的稳态响应 $y(t)$。

【例 5-1-4】 已知周期性电压信号 $v_s(t)$(波形如图 5-1-10(d)所示，其中 $T=2$ s，$a=1$ V)作用于如图 5-1-11(a)所示的电路。试计算电感线圈上产生的稳态响应 $v_0(t)$。

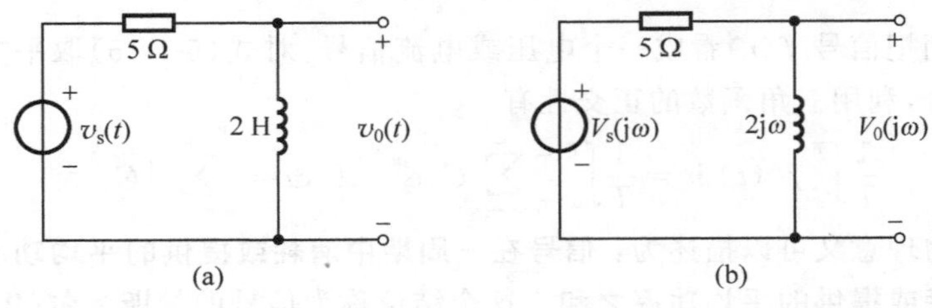

图 5-1-11

解：写出 $v_s(t)$ 的傅里叶级数展开式，因为 $\omega_0=2\pi/T=\pi$，有

$$v_s(t)=\frac{4}{\pi}\sum_{n=1}^{\infty}\frac{\sin[(2n-1)\omega_0 t]}{2n-1}=\frac{4}{\pi}\sum_{n=1}^{\infty}\frac{\sin[(2n-1)\pi t]}{2n-1} \tag{5-1-35}$$

画出符号电路(图 5-1-11(b))，有

$$H(j\omega)=\frac{V_0(j\omega)}{V_s(j\omega)}=\frac{2j\omega}{5+2j\omega},\quad V_s(j\omega)=\frac{-4j}{\omega}$$

所以

$$V_0(j\omega_n)=\frac{2j\omega_n}{5+2j\omega_n}V_s(j\omega_n) \tag{5-1-36}$$

式(5-1-35)显示 $\omega_n=(2n-1)\pi$，代入式(5-1-36)，有

$$V_0(j\omega_n)=\frac{2j\omega_n}{5+2j\omega_n}\cdot\frac{-4j}{\omega_n}=\sum_{n=1}^{\infty}\frac{8}{\sqrt{5^2+4\omega_n^2}}\angle -\arctan(2\omega_n/5)$$

于是

$$\begin{aligned}v_0(t)&=\sum_{n=1}^{\infty}\frac{8}{\sqrt{25+4\omega_n^2}}\cos[\omega_n t-\arctan(2\omega_n/5)]\\&\approx[0.99\cos(\pi t-51.49°)+0.41\cos(3\pi t-75.14°)+\\&\quad 0.25\cos(5\pi t-80.96°)+\cdots]\text{ V}\end{aligned}$$

由结果可见，电路对低频信号有一定的衰减；当 n 较大时，高频信号分量几乎无损耗地传输，因此该网络是一个高通滤波器。事实上，利用前几章所学的知识，从传递函数的频率特性也可以获得这一结论。

5.2　傅里叶变换：非周期信号的频谱分析/Fourier Transform

5.2.1　从傅里叶级数到傅里叶变换/From Fourier Series to Fourier Transform

非周期信号可以视为周期趋向无穷大($T\to\infty$)时的周期信号①。前面的例子已指出，当 $T\to\infty$时，周期信号的谱线将无限密集，离散频谱趋于**连续频谱**(**Continuous Spectrum**)，即 $f(t)$在每一个频率 ω 上都有一定的频率分量。虽然这些频率分量的幅度都趋于无穷小，但彼此之间的规律和差别还是存在的；也就是说，谱线的包络仍满足一定的规律，具有一定的特征。

如果定义**频谱密度**(**Spectrum Density**)为每单位频率 ω_0 上谱线幅度的 2π 倍(因子 2π 的选取不影响公式推导)，则当 $T\to\infty$时，有 $\omega_0\to\mathrm{d}\omega$，$n\omega_0\to\omega$，由傅里叶级数的复数形式(5-1-16)，可以写出非周期信号 $f(t)$的频谱密度，为

$$\lim_{T\to\infty}\frac{2\pi C_n}{\omega_0}=\lim_{T\to\infty}TC_n=\lim_{T\to\infty}\int_{-T/2}^{T/2}f(t)\mathrm{e}^{-\mathrm{j}n\omega_0 t}\,\mathrm{d}t=\int_{-\infty}^{\infty}f(t)\mathrm{e}^{-\mathrm{j}\omega t}\,\mathrm{d}t=F(\omega)$$

由式(5-1-15)，非周期信号 $f(t)$ 可以写为

$$\begin{aligned}f(t)&=\lim_{T\to\infty}\sum_{n=-\infty}^{\infty}C_n\mathrm{e}^{\mathrm{j}n\omega_0 t}=\frac{1}{2\pi}\lim_{T\to\infty}\sum_{n=-\infty}^{\infty}TC_n\mathrm{e}^{\mathrm{j}n\omega_0 t}\omega_0\\&=\frac{1}{2\pi}\sum_{n=-\infty}^{\infty}\lim_{T\to\infty}TC_n\mathrm{e}^{\mathrm{j}n\omega_0 t}\omega_0=\frac{1}{2\pi}\int_{-\infty}^{\infty}F(\omega)\mathrm{e}^{\mathrm{j}\omega t}\,\mathrm{d}\omega\end{aligned}$$

如果定义 $F(\omega)$为信号 $f(t)$的**傅里叶变换**，则其物理意义可以理解为：傅里叶变换 $F(\omega)$是信号 $f(t)$的频谱密度。它描述了信号 $f(t)$的频谱信息。

5.2.2　傅里叶变换与反变换/Some Useful Fourier Transform Pairs

若信号 $f(t)$在区间$(-\infty,\infty)$上满足狄利克雷收敛条件，则可写出

$$\mathcal{F}[f(t)]=F(\omega)=\int_{-\infty}^{\infty}f(t)\mathrm{e}^{-\mathrm{j}\omega t}\,\mathrm{d}t$$

$$\mathcal{F}^{-1}[F(\omega)]=f(t)=\frac{1}{2\pi}\int_{-\infty}^{\infty}F(\omega)\mathrm{e}^{\mathrm{j}\omega t}\,\mathrm{d}\omega \tag{5-2-1}$$

其中，$F(\omega)$是 $f(t)$在频域上的映射，称为 $f(t)$的傅里叶变换，称 $f(t)$为 $F(\omega)$的反变换；也称 $F(\omega)$为 $f(t)$的像函数，称 $f(t)$为原函数。称 $f(t)$和 $F(\omega)$为**傅里叶变换对**(**Fourier Transform Pair**)。其狄利克雷收敛条件为：$f(t)$在 t 的$(-\infty,\infty)$内，满足：

① 工程上认可的“无穷大”并非数学上严格意义的无穷大，而是一个比较长的有限时间，这个时间足以在下一个周期的信号到来之前，让前一个周期的信号对电路的作用已经消失或趋于零，在这一情况下的一个“长”周期信号，从物理意义上说，就可以认为是周期趋向于无穷大的非周期信号。

(1) 是 t 的单值函数;

(2) 有有限个间断点;

(3) 有有限个极值点;

(4) 积分$\int_{-\infty}^{\infty} |f(t)| \mathrm{d}t$ 存在。

狄利克雷收敛条件对电路中很多实际的非周期信号特别是能量信号而言都是满足的,但有一些信号特别是功率信号不满足收敛条件中的第(4)条,由于收敛条件只是傅里叶变换存在的充分条件,而不是必要条件,因此,可以通过间接方式获得这些信号的傅里叶变换,此时的变换表达式中通常含有冲激函数。以下,通过对一些典型信号的傅里叶变换计算,可以进一步证实这一点。

1. 单位冲激信号 $\boldsymbol{\delta(t)}$ 的频谱(The Unit-Impulse Function)

$\delta(t)$虽然是奇异函数,但它满足绝对可积条件,因此可以直接利用式(5-2-1),获得其傅里叶变换。

$$F(\omega)=\mathcal{F}[\delta(t)]=1 \tag{5-2-2}$$

$$\delta(t)=\frac{1}{2\pi}\int_{-\infty}^{\infty} \mathrm{e}^{\mathrm{j}\omega t}\,\mathrm{d}\omega \tag{5-2-3}$$

式(5-2-3)也可以作为单位冲激信号 $\delta(t)$ 的另一种定义形式。式(5-2-2)表示 $\delta(t)$的频谱(图 5-2-1(a))是一个平坦谱,显示出它在整个频域 ω 的$(-\infty,\infty)$内有完全均匀的能量分布,或者说,单位冲激信号的频带宽度为无穷大。因此,这样一个在整个频域有完全均匀的能量分布的信号激励一个电路,就如同一台扫频仪,把电路在整个频域的频率特性全部扫描一次。如此不难理解为什么冲激响应 $h(t)$ 的复数形式 $H(\mathrm{j}\omega)$(就是我们熟悉的传递函数),可以完整、全面地描述电路的频率选择特性。

2. 直流信号 1 的频谱(The Constant Forcing Function)

直流信号不满足绝对可积条件,因此,无法直接利用傅里叶变换定义求解。

$$\mathcal{F}[1]=F(\omega)=\int_{-\infty}^{\infty} 1\cdot \mathrm{e}^{-\mathrm{j}\omega t}\,\mathrm{d}t \tag{5-2-4}$$

注意到式(5-2-3)和式(5-2-4)的相似性,对式(5-2-3)做变量替换,有

$$\delta(-\omega)=\frac{1}{2\pi}\int_{-\infty}^{\infty} 1\cdot \mathrm{e}^{-\mathrm{j}\omega t}\,\mathrm{d}t \tag{5-2-5}$$

由于 $\delta(t)$是偶函数,比较式(5-2-5)和式(5-2-4)不难得出

$$\mathcal{F}[1]=F(\omega)=\int_{-\infty}^{\infty} 1\cdot \mathrm{e}^{-\mathrm{j}\omega t}\,\mathrm{d}t=2\pi\delta(\omega) \tag{5-2-6}$$

式(5-2-6)告诉我们,直流信号的频谱(图 5-2-1(b))能量全部集中在 $\omega=0$ 处,这一数学解释完全符合信号的物理意义。另外,注意到单位冲激信号 $\delta(t)$和直流信号都是偶函数,它们的傅里叶变换也都是实偶函数,因此其相位谱非 0 即 π,可以由幅度谱的正负值体现出来,偶函数的这一特性和傅里叶级数是一样的。

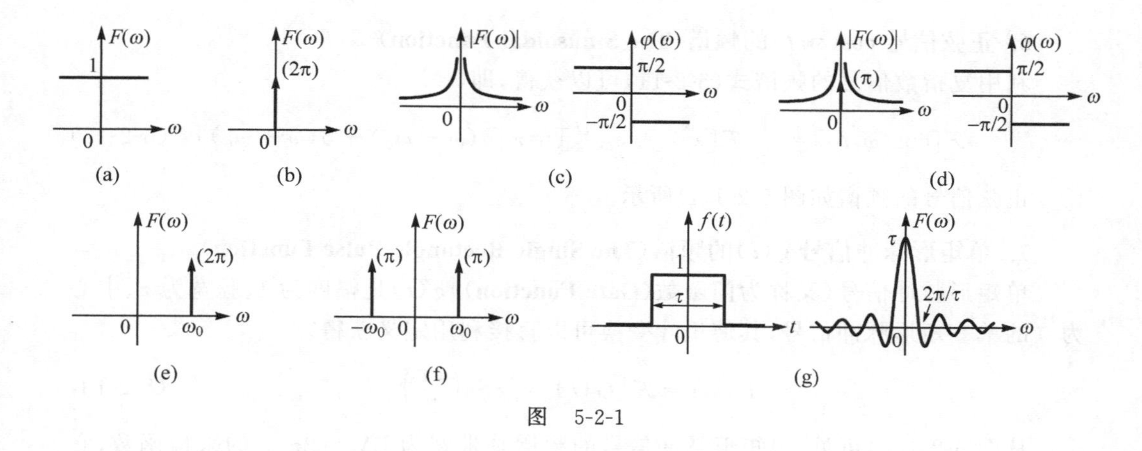

图 5-2-1

3. 符号函数 sgn(t)的频谱(The Signum Function)

$$\operatorname{sgn}(t)=u(t)-u(-t)=\begin{cases}1, & t>0\\ -1, & t<0\end{cases} \tag{5-2-7}$$

表示符号函数的单位阶跃信号 $u(t)$不满足绝对可积条件,因此直接将式(5-2-7)代入定义式(5-2-1)无法求解。可以考虑另一种表示,即计算 $e^{-at}u(t)-e^{-a(-t)}u(-t)$的傅里叶变换,并将结果令 $a=0$,可得

$$\mathcal{F}[\operatorname{sgn}(t)]=\frac{2}{\mathrm{j}\omega} \tag{5-2-8}$$

符号函数的频谱如图 5-2-1(c)所示。

4. 单位阶跃信号 $u(t)$的频谱(The Unit-Step Function)

先用已知傅里叶变换的符号函数和常量函数来表示单位阶跃信号 $u(t)$,于是

$$u(t)=[1+\operatorname{sgn}(t)]/2 \tag{5-2-9}$$

所以

$$F(\omega)=\mathcal{F}[u(t)]=\pi\delta(\omega)+\frac{1}{\mathrm{j}\omega} \tag{5-2-10}$$

可见,数学上由于单位阶跃信号不满足绝对可积条件,因此它的谱(图 5-2-1(d))特性比符号函数多了一个冲激函数。从物理的角度说,单位阶跃信号所具有的直流成分,使得它在零频处汇集了大量的能量。

5. 复指数信号 $e^{\mathrm{j}\omega_0 t}$ 的频谱(The Complex Exponential Function)

复指数信号的频谱(图 5-2-1(e))可以利用冲激函数 $\delta(\omega)$的定义式(5-2-6)获得。

$$\mathcal{F}[e^{\mathrm{j}\omega_0 t}]=2\pi\delta(\omega-\omega_0) \tag{5-2-11}$$

可见,实部为正弦信号的复指数信号的频谱能量集中在 $\omega=\omega_0$ 处。这一数学解释完全符合信号的物理意义。

6. 正弦信号 $\cos(\omega_0 t)$ 的频谱(The Sinusoidal Function)

利用复指数信号的频谱式(5-2-11)可以获得,即

$$\mathcal{F}[\cos(\omega_0 t)]=\frac{1}{2}\mathcal{F}[e^{j\omega_0 t}+e^{-j\omega_0 t}]=\pi[\delta(\omega-\omega_0)+\delta(\omega+\omega_0)] \quad (5\text{-}2\text{-}12)$$

正弦信号的频谱如图 5-2-1(f)所示。

7. 单矩形脉冲信号 $g(t)$ 的频谱(The Single Rectangle Pulse Function)

单矩形脉冲信号(又称为**门函数(Gate Function)**)$g(t)$是幅度为 1、脉宽为 τ、中心为 0 的单一矩形脉冲信号,其傅里叶变换可以直接利用定义获得。

$$F(\omega)=\mathcal{F}[G(t)]=\tau \mathrm{Sa}\left(\frac{\omega\tau}{2}\right) \quad (5\text{-}2\text{-}13)$$

从图 5-2-1(g)可见,单矩形脉冲信号的频谱是带宽为 $\mathrm{BW}=2\pi/\tau$ 的采样函数,它的频谱分布蕴含了通常单脉冲信号的频谱分布的一般规律。依然满足**信号的时域脉冲宽度与频域频带宽度的乘积为常数**。该信号既是时限信号,也是带限信号,在带宽内聚集了信号的大部分能量,并且随着频率的增加 $F(\omega)$不断减弱并最终趋于零。

5.2.3 傅里叶变换的基本性质与定理/Basic Properties and Theorems of the Fourier Transform

1. 能量定理(Parseval's Theorem)

能量定理(也称为帕斯瓦尔定理)可以叙述为:如果信号 $f(t)$表示电压或电流,其傅里叶变换为 $F(\omega)=\mathcal{F}[f(t)]$,则信号传送到 1 Ω 电阻上的总能量可以表示为

$$W_{1\Omega}=\int_{-\infty}^{\infty} f^2(t)\mathrm{d}t=\frac{1}{2\pi}\int_{-\infty}^{\infty}|F(\omega)|^2\mathrm{d}\omega \quad (5\text{-}2\text{-}14)$$

即信号传送到 1 Ω 电阻上的总能量,既等于时域的能量总和,也等于频域的能量总和。

上式表明,信号的能量计算不但可以由时域积分来描述,也可以用频域积分描述。这一定理把信号的能量与其傅里叶变换联系起来,也进一步给出了 $F(\omega)$的物理意义,即$|F(\omega)|^2$ 是与其对应的信号 $f(t)$的能量谱密度的度量。由于 $1/2\pi$ 只是一个常数因子,因此$|F(\omega)|^2$ 完全描述了信号 $f(t)$的能量谱密度。

2. 线性(Linearity)

若信号满足$\mathcal{F}[f_1(t)]=F_1(\omega)$; $\mathcal{F}[f_2(t)]=F_2(\omega)$,$a$ 和 b 分别为常数,则有

$$\mathcal{F}[af_1(t)+bf_2(t)]=aF_1(\omega)+bF_2(\omega) \quad (5\text{-}2\text{-}15)$$

3. 对称性(Symmetry)

把傅里叶变换式(5-2-1)写成

$$\begin{aligned}F(\omega)&=\int_{-\infty}^{\infty} f(t)e^{-j\omega t}\mathrm{d}t\\&=\int_{-\infty}^{\infty} f(t)\cos(\omega t)\mathrm{d}t-j\int_{-\infty}^{\infty} f(t)\sin(\omega t)\mathrm{d}t\end{aligned} \quad (5\text{-}2\text{-}16)$$

可见，如果 $f(t)=f(-t)$，即 $f(t)$ 是 t 的偶函数，则 $F(\omega)$ 是 ω 的实偶函数；如果 $f(t)=-f(-t)$，即 $f(t)$ 是 t 的奇函数，则 $F(\omega)$ 是 ω 的虚奇函数。进一步观察，当 $f(t)$ 是 t 的偶函数时，其反变换可以写为

$$f(-t)=\frac{1}{2\pi}\int_{-\infty}^{\infty}F(\omega)\mathrm{e}^{-\mathrm{j}\omega t}\mathrm{d}\omega \tag{5-2-17}$$

它和傅里叶变换式(5-2-1)除因子$\frac{1}{2\pi}$之外形式完全相同，只要把 ω 和 t 互换即可。因此，偶函数 $f(t)$ 的傅里叶变换 $F(\omega)$ 的频谱图形如果与偶函数 $g(t)$ 的波形相同，则 $G(\omega)$ 的频谱图形除因子$\frac{1}{2\pi}$之外和 $f(t)$ 的波形完全相同。即偶函数 $f(t)$ 经两次傅里叶变换后，还原为原来的波形。

【例 5-2-1】　利用冲激信号 $\delta(t)$ 的傅里叶变换，求信号$\frac{1}{2\pi}$的傅里叶变换。

解：已知

$$\delta(t)=\frac{1}{2\pi}\int_{-\infty}^{\infty}1\cdot\mathrm{e}^{\mathrm{j}\omega t}\mathrm{d}\omega$$

做变量互换($t\to\omega$)可得

$$\delta(\omega)=\frac{1}{2\pi}\int_{-\infty}^{\infty}1\cdot\mathrm{e}^{\mathrm{j}\omega t}\mathrm{d}t$$

所以，直流信号$\frac{1}{2\pi}$的傅里叶变换为 $\delta(\omega)$。

图 5-2-2(a)，图 5-2-2(b)给出冲激信号 $\delta(t)$ 及其频谱；图 5-2-2(c)和图 5-2-2(d)给出直流信号$\frac{1}{2\pi}$及其频谱。信号“$\frac{1}{2\pi}$”与频谱“1”除因子$\frac{1}{2\pi}$之外图形相同；信号 $\delta(t)$ 与频谱 $\delta(\omega)$ 图形相同。换句话说，信号 $\delta(t)$ 经过两次傅里叶变换后图形还原。

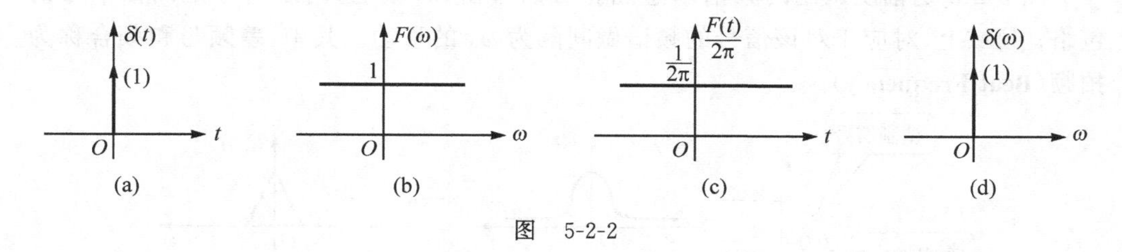

图　5-2-2

4. 尺度变换性(Scaling Theorem)

如果 $F(\omega)=\mathcal{F}[f(t)]$，则

$$\begin{aligned}\mathcal{F}[f(at)]&=\int_{-\infty}^{\infty}f(at)\mathrm{e}^{-\mathrm{j}\omega t}\mathrm{d}t=\frac{1}{a}\int_{-\infty}^{\infty}f(at)\mathrm{e}^{-\mathrm{j}\frac{\omega}{a}\cdot at}\mathrm{d}(at)\\&=\frac{1}{a}F(\omega/a)\end{aligned} \tag{5-2-18}$$

式中 a 为常数。上式表示，信号的时域压缩对应于频域的频带展宽。这个现象和前面学到的“**频宽×脉宽=常数**”是一致的。

5. 延迟定理(Time-Shift Theorem)

如果 $F(\omega)=\mathcal{F}[f(t)]$，则

$$
\begin{aligned}
\mathcal{F}[f(t-t_0)] &= \int_{-\infty}^{\infty} f(t-t_0)\mathrm{e}^{-\mathrm{j}\omega t}\mathrm{d}t \\
&= \left[\int_{-\infty}^{\infty} f(t-t_0)\mathrm{e}^{-\mathrm{j}\omega(t-t_0)}\mathrm{d}(t-t_0)\right]\mathrm{e}^{-\mathrm{j}\omega t_0} \\
&= F(\omega)\mathrm{e}^{-\mathrm{j}\omega t_0}
\end{aligned} \tag{5-2-19}
$$

延迟定理表示，当信号通过某一线性系统而产生 t_0 的时延后，其频域的振幅谱保持不变，只是在相位谱上引入了一个相位为 ωt_0 的相移。

6. 频移定理(Frequency-Shift Theorem)

如果 $F(\omega)=\mathcal{F}[f(t)]$，则

$$F(\omega-\omega_0)=\mathcal{F}[f(t)\mathrm{e}^{\mathrm{j}\omega_0 t}] \tag{5-2-20}$$

频移定理表示，信号在时域与某个频率为 ω_0 的复指数信号的乘积，相当于该信号的频谱在频域搬移一个 ω_0 的间隔。由此可推出

$$\mathcal{F}[f(t)\cos(\omega_0 t)]=\frac{1}{2}[F(\omega-\omega_0)+F(\omega+\omega_0)] \tag{5-2-21}$$

$$\mathcal{F}[f(t)\sin(\omega_0 t)]=\frac{1}{2\mathrm{j}}[F(\omega-\omega_0)-F(\omega+\omega_0)] \tag{5-2-22}$$

比较信号 $f(t)\cos(\omega_0 t)$ 与幅度为 A_m 的正弦信号 $A_\mathrm{m}\cos(\omega_0 t)$，前者相当于把后者的幅度 A_m **调制**为 $f(t)$，即把正弦信号 $A_\mathrm{m}\cos(\omega_0 t)$ 的幅度用 $f(t)$ 做了**幅度调制**(**Amplitude Modulation, AM**，调幅)。

图 5-2-3 是幅度调制的频谱示意图。可以看出，时域上，调制信号是调幅信号的包络；频域上，对应于对该信号的频谱做间隔为 ω_0 的移动。其中，**差频**与**和频**合称为**拍频**(**Beat Frequency**)。

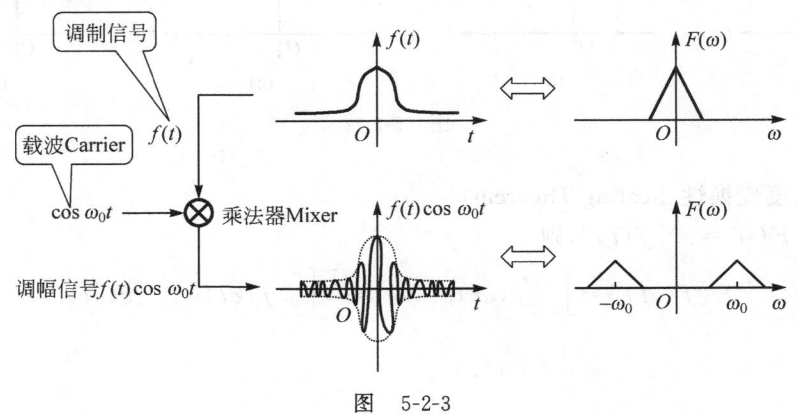

图 5-2-3

在通信技术中，信号的调制与解调是传送信号过程中必不可少的基本方式，也是提高信号传输质量和有效利用频率资源的不可或缺的重要技术手段。关于这部分内容，读者在以后课程的继续学习中会逐步接触，这里不再进一步叙述。

思考一下：参考幅度调制的定义，如何实现频率调制？相位调制？

5.2.4 傅里叶变换与拉普拉斯变换/Fourier Transform and Laplace Transform

比较拉普拉斯变换 $F(s)=\int_{-\infty}^{\infty} f(t)\cdot \mathrm{e}^{-st}\mathrm{d}t$ 与傅里叶变换 $F(\omega)=\int_{-\infty}^{\infty} f(t)\cdot \mathrm{e}^{-\mathrm{j}\omega t}\mathrm{d}t$，可以看出

$$F(s)\big|_{s=\mathrm{j}\omega}=F(\omega) \tag{5-2-23}$$

可见，傅里叶变换是当 $s=\mathrm{j}\omega$ 时拉普拉斯变换的特例。由两者的对应关系可以推出，傅里叶变换和拉普拉斯变换具有相似的运算规则、性质和定理。

将拉普拉斯变换写为

$$F(s)=\int_{-\infty}^{\infty} f(t)\mathrm{e}^{-st}\mathrm{d}t=\int_{-\infty}^{\infty} f(t)\mathrm{e}^{-\sigma t}\mathrm{e}^{-\mathrm{j}\omega t}\mathrm{d}t \tag{5-2-24}$$

可以看出，对于不满足绝对可积条件的信号 $f(t)$（例如单位阶跃信号 $u(t)$），其拉普拉斯变换总是存在的。这是因为，如果信号 $f(t)$ 是发散的，即积分$\int_{-\infty}^{\infty}|f(t)|\mathrm{d}t$ 不存在，通常可以找到一个 σ 使得 $\int_{-\infty}^{\infty}|f(t)\mathrm{e}^{-\sigma t}|\mathrm{d}t$ 绝对可积。从这个意义上说，拉普拉斯变换比傅里叶变换有更广泛的适用性。

对于不满足绝对可积条件的信号 $f(t)$，可以通过间接的方法获得其傅里叶变换。由于此时信号不满足绝对可积条件，因此它的傅里叶变换存在奇异点。绝对可积条件只是傅里叶变换的充分条件，而不是必要条件。

本章引入的傅里叶级数和傅里叶变换主要用来分析信号的频谱。但对信号作用于线性电路时所引起的全响应来说，傅里叶分析则远不如拉普拉斯分析方便，这是因为：

（1）某些问题虽可用傅里叶分析得出全响应，但其表达式甚为复杂，不易从中获得有关响应的清晰图形；

（2）某些信号的傅里叶变换根本就不存在；

（3）网络的初始储能（初始状态）难以考虑。

对于傅里叶分析与拉普拉斯分析，可以简单概括为：傅里叶级数用来分析周期信号的频谱特性；傅里叶变换用来分析非周期信号的频谱特性；拉普拉斯变换用来分析任意信号激励线性电路的响应问题以及网络特性。

5.3 信号通过常参量线性电路/Signal Forcing in Linear Circuits

5.3.1 信号通过电路的波形失真/Wave Distortion

信号通过电路的**无失真传输**，是指电路的响应 $y(t)$ 在幅度上与激励 $x(t)$ 相比为一个常量 A，即信号在传输中只有幅度的放大和衰减；响应在时间上与激励相比为一个延迟 τ，即信号在传输中只有时间延迟而无波形规律变化，可以表示为

$$y(t)=Ax(t-\tau) \tag{5-3-1}$$

利用傅里叶变换容易获得式(5-3-1)表示的无失真传输电路的传递函数为

$$H(\omega)=A\mathrm{e}^{-\mathrm{j}\omega\tau} \tag{5-3-2}$$

可见，无失真传输电路的传递函数的幅频特性是幅度为 A 的**全通滤波器**(**All Pass Filter**)，其相频特性曲线是过原点的第Ⅱ、Ⅳ象限上的一条直线，否则便是有失真的电路。

实际电路通常总是有失真的，电路的失真分线性失真和非线性失真两种。信号通过电路，仅在其原有频率成分的幅度和相位发生变化，称为**线性失真**(**Linear Distortion**)；如果还附加了频率成分的变化，就称为**非线性失真**(**Nonlinear Distortion**)。因此，信号通过线性电路产生的失真称为线性失真，信号通过非线性电路产生的失真称为非线性失真。

5.3.2 电路的因果律与理想滤波器/Causality and Ideal Filter

因果电路是指电路在激励信号到达之前，由激励信号导致的响应为零，即如果激励信号 $x(t)$ 在 $t=t_0$ 时作用于电路，则电路的响应 $y(t)$ 发生在 $t\geqslant t_0$ 之后，所谓有因才有果。显然，任何物理可实现电路的响应必然滞后于激励，**因果律**是物理可实现的电路必须遵循的基本规律。

理想低通滤波器定义为：其幅频响应 $|H(\omega)|$ 在 0 到截止频率 ω_c 之间为 1，在通带外 $\omega>\omega_c$ 时为 0；其相频响应 $\varphi(\omega)$ 在通带内表现为一段时延 τ，即在通带内与 ω 呈线性关系。

$$H(\omega)=\begin{cases}\mathrm{e}^{-\mathrm{j}\omega\tau}, & |\omega|\leqslant\omega_c \\ 0, & |\omega|>\omega_c\end{cases} \tag{5-3-3}$$

式(5-3-3)的傅里叶反变换即为电路的冲激响应 $h(t)$，因此有

$$h(t)=\frac{1}{2\pi}\int_{-\infty}^{\infty}H(\omega)\mathrm{e}^{\mathrm{j}\omega t}\mathrm{d}\omega=\frac{1}{2\pi}\int_{-\omega_c}^{\omega_c}\mathrm{e}^{-\mathrm{j}\omega\tau}\mathrm{e}^{\mathrm{j}\omega t}\mathrm{d}\omega=\frac{\omega_c}{\pi}\mathrm{sinc}[\omega_c(t-\tau)] \tag{5-3-4}$$

注意到式(5-3-4)中的 sinc 函数无论是否时延，其描述都是时间全域的，即在 t 小于零时不为零，由于冲激信号只在 $t=0$ 时作用于电路，因此理想低通滤波器电路的冲激响应是无理的，换句话说，**理想滤波器是物理不可实现的**。

*5.4　采样定理/Sampling Theorem

在通信和信息处理技术中，人们希望在有限的信息通道里传送尽可能多的信息。一方面不断地提高速率；另一方面不断地开发各种各样的复用技术。在被传送的信息方面，则希望在不失真的前提下用最少的资源表达。

例如如果用一系列点状采样来表示一个连续函数 $f(t)$时(图 5-4-1)，当然是采样点越密越准确；如果我们希望用最少的资源，就是采样点越少越好。当采样点少到一定程度时，函数 $f(t)$将无法无失真地恢复，因此，我们需要找到一个用最少的采样点不失真恢复信号的标准。这就是奈奎斯特(Nyquist)采样定理。

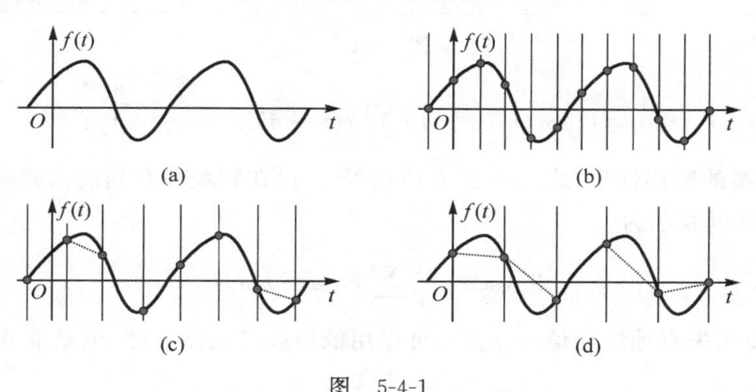

图　5-4-1

图 5-4-2 中，$f(t)$是我们要传送的带限信号(Band-Limited Signal，信号 $f(t)$的频谱只分布在带宽为 ω_c 的频带范围内)，$m(t)$是用来采样的周期为 $T=2\pi/\omega_0$、脉宽为 $\tau(T\gg\tau)$的矩形窄脉冲信号，其中 ω_0 为**采样频率(Sampling Frequency)**，其频谱是包络线为取样函数的间距 ω_0 的离散谱线。由频移定理可以容易地获得 $f(t)m(t)$的傅里叶变换 $F_s(\omega)=\mathcal{F}[f(t)m(t)]$。从频谱图上可见，要想在接收端用低通或带通滤波器不失真地提取并恢复信号 $f(t)$，必须使谱线不产生交叠，即满足 $\omega_0>2\omega_c$。

奈奎斯特时域采样定理：若带限信号 $f(t)$的带宽为 ω_c，只要满足 $\omega_0>2\omega_c$，则 $f(t)$可以用采样周期为 $T=2\pi/\omega_0$ 的脉冲信号来唯一地表示。

数学上，可以用理想化的单位冲激序列 $\delta_T(t)=\sum\limits_{-\infty}^{\infty}\delta(t-nT)$ 来替代周期矩形窄脉冲信号(工程上，当 $T\gg\tau$ 时，就可以看作冲激序列)。取 $m(t)=\sum\limits_{-\infty}^{\infty}\delta(t-nT)$，利用冲激序列傅里叶展开公式

$$\sum_{-\infty}^{\infty}\delta(t-nT)=\frac{1}{T}\sum_{-\infty}^{\infty}\mathrm{e}^{\mathrm{j}n\omega_0 t} \tag{5-4-1}$$

则有

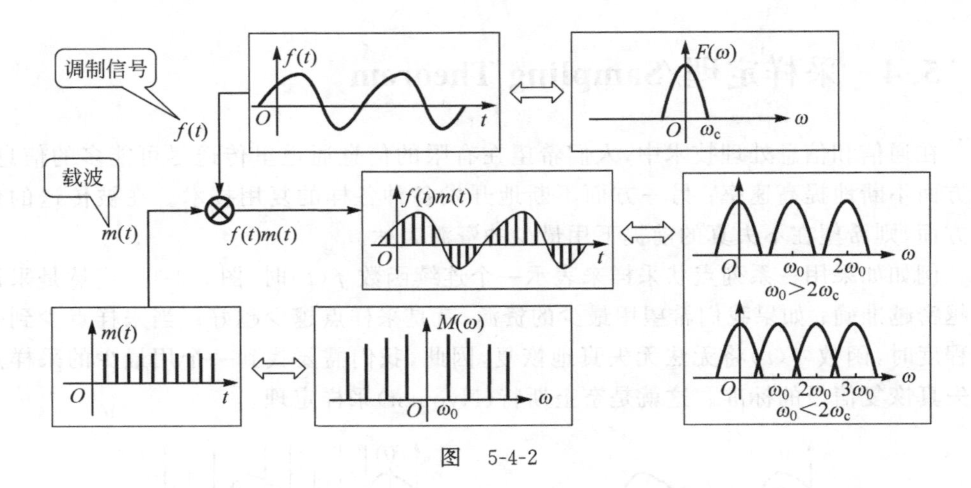

图 5-4-2

$$f_s(t)=f(t)m(t)=f(t)\sum_{-\infty}^{\infty}\delta(t-nT)=\frac{f(t)}{T}\sum_{-\infty}^{\infty}e^{jn\omega_0 t} \tag{5-4-2}$$

由傅里叶变换的频移性质，式(5-4-2)对应信号 $f(t)$ 在频域一系列的谱搬移，且谱搬移间隔为 ω_0，可以表示为

$$F_s(\omega)=\frac{1}{T}\sum_{-\infty}^{\infty}F(\omega-n\omega_0) \tag{5-4-3}$$

显然，要无失真地恢复信号 $f(t)$，可以用低通或带通滤波器，但是需要满足

$$\omega_0>2\omega_c \tag{5-4-4}$$

总结与回顾
Summary and Review

请同学们带着以下的思考去回顾和总结：

- 什么是傅里叶级数？什么是傅里叶变换？两者有什么区别和内在联系？
- 如何、为何分析一个信号的频谱？
- 如何分析周期信号的频谱与功率？
- 如何分析非周期信号的频谱与能量？
- 信号的时域特征和频谱特性之间的对应关系是什么？
- 信号的高频分量和低频分量分别对应于信号的什么特征？
- 信号通过什么样的电路，会产生尺度变换、延迟、频移等现象？
- 拉普拉斯变换和傅里叶变换有何同异？

学生研讨题选
Topics of Discussion

- 探讨傅里叶级数与傅里叶变换，如何利用它分析信号的频谱？对周期信号是否可以做傅里叶变换？什么情况下时域信号的傅里叶变换中含有类似于δ函数的奇异函数？探讨单脉冲与周期矩形信号的频谱与应用。
- 如何理解傅里叶级数？你还能想到什么类似的方法？哪些信号的傅里叶变换就是它自己？这样的信号有什么特点？
- 探讨脉宽×频宽＝常数，这个常数与什么因素有关？试联想一个非常有名的物理学原理。
- 探讨傅里叶变换和拉普拉斯变换的关系，为什么傅里叶变换的结果不是把拉普拉斯变换结果中的s换成$\mathrm{j}\omega$？在复频域中"$\mathrm{j}\omega$"是什么物理意义？为什么没有拉普拉斯级数？
- 按照证明理想滤波器不存在的逻辑，证明物理可实现滤波器的谱特性应该是什么样子的？
- 假设两个滤波器的幅频特性相同相频特性不同，如果它们对同一声音信号进行变换，输出信号听起来会是怎样的不同？
- 探讨电路的固有频率和谐振频率的关系和区别，哪些因素可以改变电路的固有频率？
- 探讨正弦稳态分析、拉普拉斯分析、傅里叶分析的关系、区别和应用范围。

练习与习题
Exercises and Problems

5-1** 求题图5-1的周期性锯齿形信号和周期性矩形信号的复频谱，并画出频谱图，比较两信号的频谱各有什么特点。$\left[C_{01}=0, C_{02}=a/2, C_{n1}=\mathrm{j}a(-1)^n/\pi n;\ C_{n2}=\frac{a}{2}\mathrm{Sa}(n\pi/2)\right]$

Determine the complex frequency spectrum of the signals shown in Fig. 5-1, draw the frequency spectrum, and compare them.

5-2** 求题图5-2的三角形脉冲信号和矩形脉冲信号的频谱，估计带宽并画出频谱图，比较两信号的波形和频谱各有什么特点，分析当脉宽$\tau\to 0$时的信号波形和频谱特点。$\left(\frac{a\tau}{2}\mathrm{Sa}^2\left(\frac{\omega\tau}{4}\right), a\tau\mathrm{Sa}\left(\frac{\omega\tau}{2}\right)\right)$

Determine the frequency spectrum of the signals shown in Fig. 5-2, estimate the bandwidth, draw the frequency spectrum, and compare the waveforms and frequency spectrums. Analyze the signal waveform and characteristics of the frequency spectrum when $\tau \to 0$.

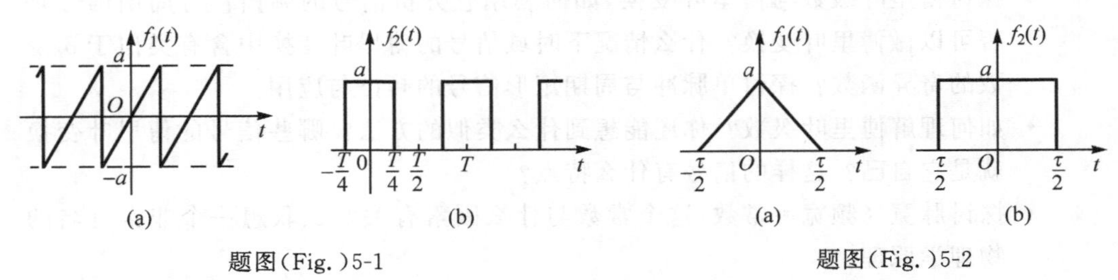

题图(Fig.)5-1　　　　题图(Fig.)5-2

5-3*** 已知一个周期性矩形脉冲信号通过一个线性滤波器，滤波器的幅频特性 $|H(\mathrm{j}\omega)|$ 和相频特性 $\varphi(\omega)$ 如题图 5-3 所示。

（1）试求该周期性矩形脉冲信号的谱特性，并画出频谱图。

（2）试求该信号通过滤波器后的输出信号的表达式。(2013 年秋试题)

$$\left(\frac{16}{25}\mathrm{Sa}(\omega_0\pi)\cos\left(\omega_0 t+\frac{\pi}{2}\right)+\frac{4}{5}\mathrm{Sa}(2\omega_0\pi)\cos\left(2\omega_0 t+\frac{\pi}{2}\right)+\right.$$

$$\left.\frac{4}{5}\mathrm{Sa}(3\omega_0\pi)\cos\left(3\omega_0 t-\frac{\pi}{2}\right)+\frac{16}{25}\mathrm{Sa}(4\omega_0\pi)\cos\left(4\omega_0 t-\frac{\pi}{2}\right)\right)$$

A periodic rectangular pulse signal is filtered by a linear filter, whose amplitude-frequency characteristic $|H(\mathrm{j}\omega)|$ and phase-frequency characteristic $\varphi(\omega)$ is shown in the Fig. 5-3.

(1) Determine the spectrum of the signal and draw it;

(2) Determine the expression of the output signal of the filter.

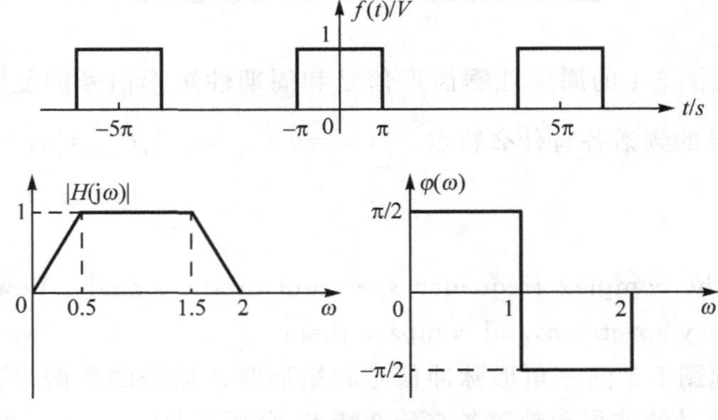

题图(Fig.)5-3

5-4*** 试用两种以上的方法求证 $F[u(t)]=\pi\delta(\omega)+\frac{1}{j\omega}$。

Try to prove $F[u(t)]=\pi\delta(\omega)+\frac{1}{j\omega}$ using two or more different methods.

5-5*** 证明：

(1) 满足奇对称和半波镜像对称的周期信号，其傅里叶级数满足 $b_n=\frac{8}{T}\int_0^{T/4} f(t)\sin(n\omega_0 t)\mathrm{d}t$（其中，偶次谐波分量为零）和 $a_n=0$；

(2) 满足偶对称和半波镜像对称的周期信号，其傅里叶级数满足 $a_n=\frac{8}{T}\int_0^{T/4} f(t)\cos(n\omega_0 t)\mathrm{d}t$（其中，偶次谐波分量为零）和 $b_n=0$。

Prove:

(1) For a periodic signal that is odd symmetric and half wave mirror symmetric, its Fourier series satisfy $b_n=\frac{8}{T}\int_0^{T/4} f(t)\sin(n\omega_0 t)\mathrm{d}t$ and $a_n=0$;

(2) For a periodic signal that is even symmetric and half wave mirror symmetric, its Fourier series satisfy $a_n=\frac{8}{T}\int_0^{T/4} f(t)\cos(n\omega_0 t)\mathrm{d}t$ and $b_n=0$.

5-6** 试用延迟定理与叠加定理证明脉冲序列振幅谱的包络线正比于单脉冲的振幅谱。

Prove that the amplitude spectrum envelope of a pulse sequence is proportional to the amplitude spectrum of a single pulse based on time-shift theorem and superposition theorem.

5-7*** 试利用延迟定理和叠加定理，由矩形单脉冲信号（脉宽为 τ，脉幅为 A）求周期性矩形脉冲信号（周期为 T）的频谱，并定性画出频谱图。$\left(\omega_0 A\tau \mathrm{Sa}\left(\frac{\omega\tau}{2}\right)\sum_{n=-\infty}^{\infty}\delta(\omega-n\omega_0)\right)$

Determine the frequency spectrum of the periodic rectangular pulse signal (period is T) from the rectangular pulse signal (pulse width is τ, and pulse amplitude is A) based on time-shift theorem and superposition theorem, and sketch its frequency spectrum.

5-8** 题图 5-4 的 $f(t)$ 是持续在时间区间 $(-\tau/2,\tau/2)$ 内的余弦信号 $(T\ll\tau)$，试定性地画出它的频谱图，并用频移定理给予说明。

$f(t)$ in Fig. 5-4 is a cosine signal lasting from $-\tau/2$ to $\tau/2$ $(T\ll\tau)$. Sketch its frequency spectrum and explain it based on frequency shift theorem.

5-9*** 在光纤传输系统中，矩形脉冲的非归零开关键控（Non-Return-to-Zero On-Off Keying，NRZ-OOK）信号是一种常用的信号，其时域波形如题图 5-5(a)所示。为了进一步提高系统容量，可以采用 Nyquist 脉冲信号代替 NRZ-OOK 信号，它的基本思想是通过滤波等手段生成矩形频谱的脉冲信号(如题图 5-5(b)所示),从而提高频谱利用率,增加系统容量。试从时域和频域的角度讨论两种信号的特点,并比较其优缺点。(提供:陈特)

In the optical fiber transmission system, the Non-Return-to-Zero On-Off Keying (NRZ-OOK) signal is commonly used, whose time-domain waveform is shown in Fig. 5-5(a). In order to improve the system capacity, the Nyquist pulse signal, which has a rectangle spectral (shown in Fig. 5-5(b)) by using filtering method, is used to improve the spectral efficiency. Analyze the two kinds of signal from the perspective of time-domain and frequency-domain, and discuss their advantages and disadvantages.

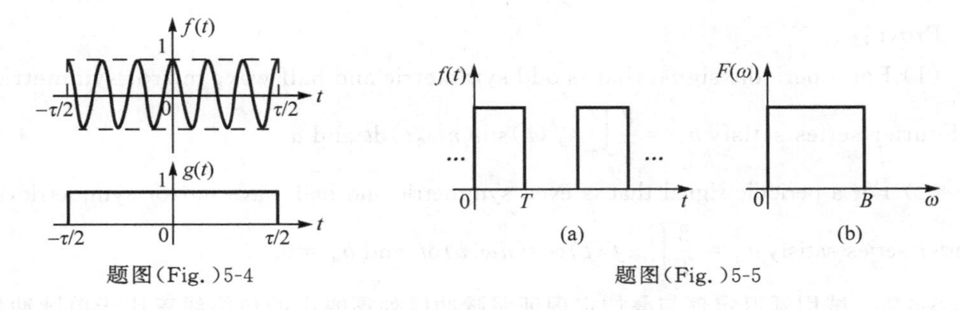

题图(Fig.)5-4　　　　题图(Fig.)5-5

5-10** 信号 $f_1(t)$,$f_2(t)$ 的波形如题图 5-6 所示,求两脉冲信号的频谱。$\left(\mathrm{Sa}^2\left(\frac{\omega}{2}\right),\mathrm{Sa}^2\left(\frac{\omega}{2}\right)\mathrm{e}^{-\mathrm{j}3\omega}\right)$(2003 年秋试题)

The waveforms of $f_1(t)$ and $f_2(t)$ are shown in Fig. 5-6. Determine their frequency spectrum.

5-11** 若题图 5-7 是一种理想的带通滤波器的传递函数。设该电路的输入信号为 $\delta(t)$,求电路的冲激响应的频谱和波形,并由因果律分析此 BPF 是否可以实现。$\left(\frac{1}{\pi t}(\sin\omega_h t-\sin\omega_l t)\right)$

The transfer function of a band pass filter is shown in Fig. 5-7. Let the input signal be $\delta(t)$, determine the frequency spectrum and waveform of the impulse response, and describe the relationship between the spectrum and waveform.

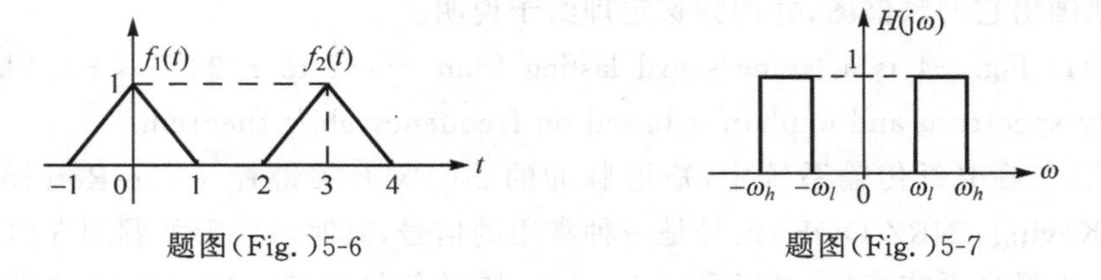

题图(Fig.)5-6　　　　题图(Fig.)5-7

5-12*** 若 RC 高通滤波器的输入电压是单位阶跃信号，试定性分析并画出输出信号波形；若输入电压是起始于 $t=0$ 时刻的单极性矩形脉冲串（0、1，脉宽为 a，间隔为 T），试定性分析并画出输出电压的波形。

The input voltage of a RC high pass filter is a unit step signal, qualitatively analyze and draw the waveform of the output signal; If the input voltage is a unipolarity rectangular pulse sequence (pulse width is a, and period is T) starting from $t=0$, qualitatively analyze and draw the waveform of the output voltage.

5-13*** 已知传给一设备的信号是伴随较强的**白噪声**的高斯脉冲，若该设备只能检测脉冲的大小，试调研白噪声特性，应选用什么类型的滤波器才可能提高检测的可靠性？

The input signal of a device is a Gaussian pulse with strong white noise. If this device can only detect the intensity of the input signal, what kind of filter should be chosen to improve the responsibility of the detection?

5-14** 在接收机中常用 LC 带通滤波器选出一路需要接收的调幅信号，试问：信号通过该带通滤波器是否产生了失真？主要是什么类型的失真？电路的品质因数（Q 值）对信号的失真有何影响？

An LC band pass filter is used to select the received AM signal. Will distortion happens to the signal? What kind of distortion it is? What's the effect of the quality factor on the signal distortion?

5-15*** 用光传送电信号需要用到光电调制器把电信号调制到极高频的光波上，一位研究生在做光通信研究课题时，需要传送的电信号如题图 5-8 所示，其中 $T_a=2\tau=T_b/100$，$f_b=1/T_b=1$ MHz。试从两信号频谱特性的角度帮助这位研究生分析，为保证这两种信号的无失真传输，选择的光电调制器应该分别具有什么样的频率特征？

When transmitting electrical signal via light wave, the electrical signal is modulated to the ultra-high-frequency light wave by an electrooptical modulator. A graduate student wants to transmit a signal shown in Fig. 5-8 when doing research on optical communication. $T_a=2\tau=T_b/100$, $f_b=1/T_b=1$ MHz. Help the graduate student analyze what frequency characteristics should the modulator have to guarantee that the two signals can be recovered.

5-16** 求题图 5-9 所示的梯形脉冲信号的频谱密度，并定性画出频谱图。$\left(3A\,\mathrm{Sa}\left(\frac{3\omega}{2}\right)\mathrm{Sa}\left(\frac{\omega}{2}\right)\right)$（2011 年秋试题）

Determine the spectrum density of the signal in Fig. 5-9, and sketch its frequency spectrum.

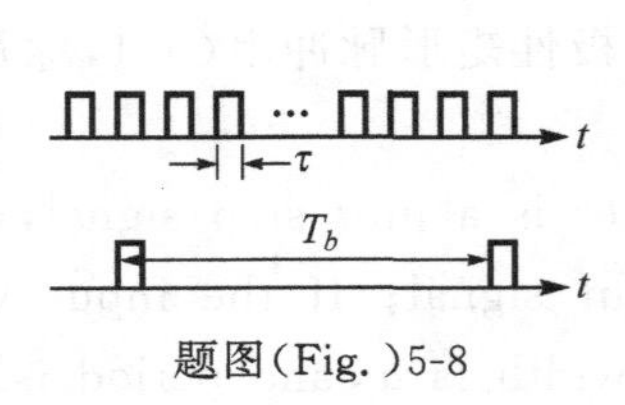

题图(Fig.)5-8

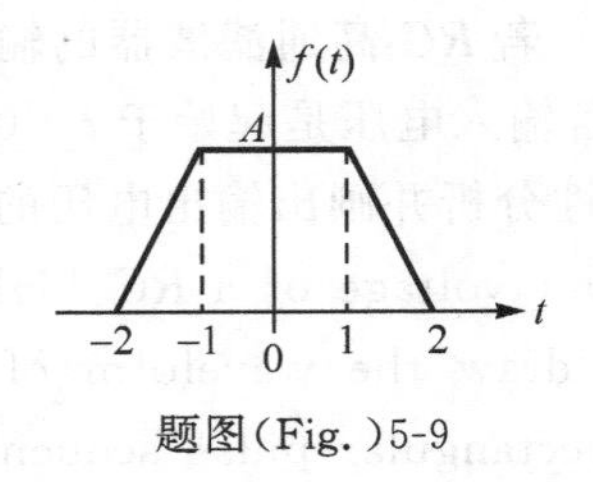

题图(Fig.)5-9

5-17*** 美国大片《谍中谍Ⅲ》中，特工 Ethan Hunt 戴上面具扮作“巨头”，并要模仿巨头的声音说话，若已知两人的音频资料(声音的频谱特性)，假设两人的频带相同，试设计一个电路实现的方案(原理框图)。

In the movie *Mission Impossible Ⅲ*, Agent Ethan Hunt wears a mask to pretend a magnate, and imitates the voice of the magnate. If the audio data of the two persons are available, and the two persons have the same frequency band, design a circuit (block diagram) to realize it.

5-18** 周期为 T 的周期性矩形脉冲信号，若保持电平差不变，抬高或降低低电平，其频谱中的什么成分将发生变化？若只改变电平差，其频谱中的什么成分将发生变化？若只改变脉宽，其频谱中的什么成分将发生变化？这些现象说明了什么问题？

A periodic rectangular pulse signal's period is T. If the low level is increased or decreased while keeping the level difference constant, what will change in the frequency spectrum? If the level difference is changed, what will change? If the pulse width is changed, what will change? What can you get from these phenomena?

5-19** 题图 5-10 中 $f_1(t)$ 是脉宽为 τ 的三角波信号，$f_2(t)$ 是周期为 T 的三角波信号($\tau<T$)。分别求信号 $f_1(t)$ 的频谱密度、信号 $f_2(t)$ 的复频谱，定性画出幅频谱图，比较两者的区别和联系。$\left(\frac{\tau}{2}\mathrm{Sa}^2\left(\frac{\omega\tau}{4}\right),\ C_n=\frac{\omega_0\tau}{4\pi}\mathrm{Sa}^2\left(\frac{n\omega_0\tau}{4}\right)\right)$(2010 年秋试题)

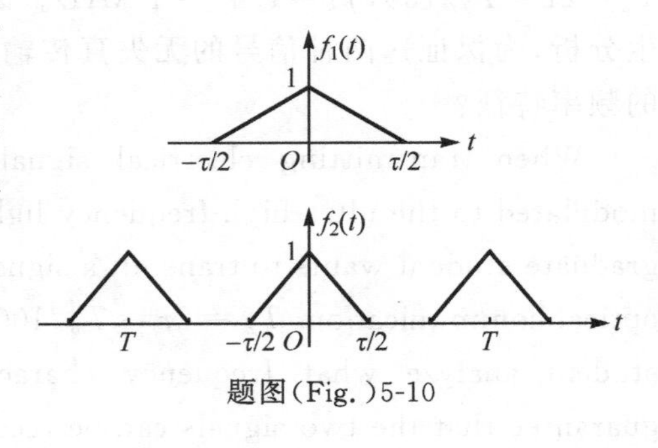

题图(Fig.)5-10

$f_1(t)$ in Fig. 5-10 is a triangular signal with pulse width of τ, and $f_2(t)$ is a triangular signal with period of $T(\tau<T)$. Determine the spectrum density of $f_1(t)$ and the complex frequency spectrum of $f_2(t)$. Sketch their frequency spectrum, and compare them.

5-20** 求题图 5-11 所示信号的频谱密度，并定性画出幅频谱图。($2\mathrm{Sa}(\omega)+4\mathrm{Sa}(2\omega)$)(2009 年秋试题)

Determine the spectrum density of the signal in Fig. 5-11, and sketch the amplitude spectrum.

5-21** 已知信号波形如题图 5-12 所示，其数学表达式为：$f(t)=\begin{cases}1+\cos\omega t, & t_1\leqslant|t|\leqslant t_2\\0, & 其他\end{cases}$，如果 t_1、t_2、ω 为已知，试求该信号的频谱，定性画出频谱图。(2008 年秋试题)

A signal is shown in Fig. 5-12, and its expression is $f(t)=\begin{cases}1+\cos\omega t, & t_1\leqslant|t|\leqslant t_2\\0, & \text{Others}\end{cases}$. If t_1, t_2 and ω are known, determine its frequency spectrum, and sketch it.

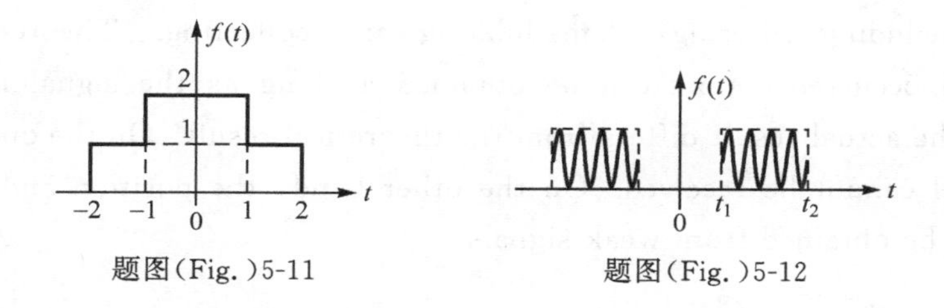

题图(Fig.)5-11　　题图(Fig.)5-12

5-22*** 在一般的介质当中，不同的频率(波长)的光在介质中传播的速度是不相同的，通常长波长的光波传播速度快、短波长的光波传播速度慢，介质的这种现象称为**色散**。飞秒激光是在时间域上脉冲宽度达到飞秒量级(10^{-15} s)的周期性光脉冲信号。飞秒激光脉冲在一般的介质中传播，光脉冲的脉冲宽度会不断地展宽、不断地变大，直至最后能量完全耗散，出现光脉冲坍塌现象。

(1) 试从傅里叶分析的角度解释这种现象。

(2) 为了避免这种坍塌现象，可以采取什么样的措施？(提供：杨暐健)

Dispersion is a physical phenomenon that the light propagation velocity varies in different mediums. The femtosecond laser is a periodic optical pulse whose width is in the order of femtosecond (10^{-15} s). When the femtosecond laser propagates in the normal medium, the pulse width enlarges, and finally the energy is dissipated.

(1) Explain the phenomenon by using Fourier analysis;

(2) Give some solutions to avoid the dissipation.

5-23*** 某国防预研课题需要实现目标到达的准确定位和迅速反应，研究生们为一个方案能否实现而争论不休，试通过分析给出你的看法，帮助他们做出正确判断和设计。方案如题图 5-13 所示各方位的信息是已知的，并用不同频率 ω_i 的振荡器代表不同方位，各目标位感知目标后立刻发出一段频率为 ω_i 持续时间为 1 s 的信号，信号通过光电调制经过光纤送到信号处理中心进行滤波、解调、提取，道理上应该是只要收到某个信号，就会知道事件发生的地点和时间，但实际结果却与设计有很大出入，一来始终收不到明显的强信号，二来收到的弱信号也不对应事件发生的时间。

A pre-research national defense project is to realize accurate positioning and quick reaction of the arrived target, and some graduate students are arguing if a scheme is feasible. Present your opinion and help the graduate student make the correct judgment and design. The scheme is shown in Fig. 5-13, the information of each direction is known, and the oscillators with different frequencies ω_i represent different directions. If the target is detected, the oscillator will send a signal with frequency of ω_i and duration of 1 s. The signal is modulated by the electrooptic modulator and then sent to the signal processing centre via optical fiber, where it is processed including filtering, demodulating and collecting. Theoretically, the position and occurrence time can be obtained as long as the signal is received. However, the actual result differs from the theoretical result. On the one hand, the strong signal cannot be received. On the other hand, the position and occurrence time cannot be obtained from weak signals.

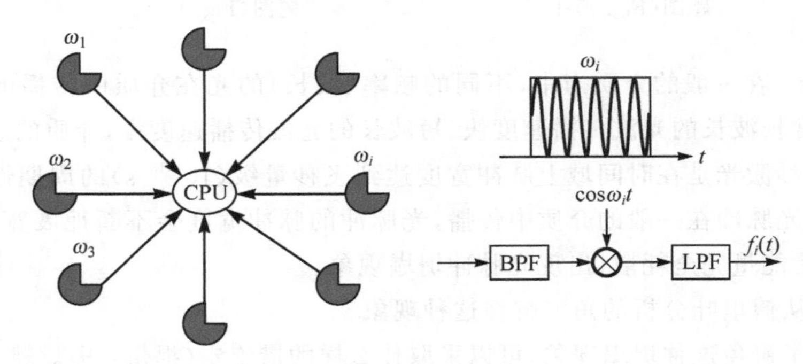

题图(Fig.)5-13

5-24*** **飞秒激光光学频率梳**(简称**飞秒光梳**)的研究是国际光学频率测量和光学频率综合领域的前沿课题，如题图 5-14 所示，可用于光钟等对时间、频率和长度的超高精度测量，在导航定位、引力波探测、光通信等领域有着重要的作用。实现光梳的基本原理是用超短脉冲实现具有大量连续振荡频率(纵模)的超宽光谱。假设某个飞秒激光器的光脉冲宽度为 25 fs，重复频率为 1 GHz(对应脉冲时间间隔 1 ns)，试估算其谱宽和纵模间距。($2\pi\times10^9$)

Femtosecond optical comb (Fig. 5-14) is an international research focus in the area of optical frequency measurement, which can be used in high-accuracy measurement of time, frequency and length, such as light clock and so on. Femtosecond optical comb plays an important role in the field of navigation and positioning, gravitational-wave detection and optical communication. Femtosecond optical comb is realized from an ultra-short pulse, which can produce a ultra-wide optical spectrum with continuous oscillation frequencies (longitudinal mode). If the pulse width of a femtosecond laser is 25 fs, and the repetition frequency is 1 GHz, determine the spectrum width and the spacing of the longitudinal modes.

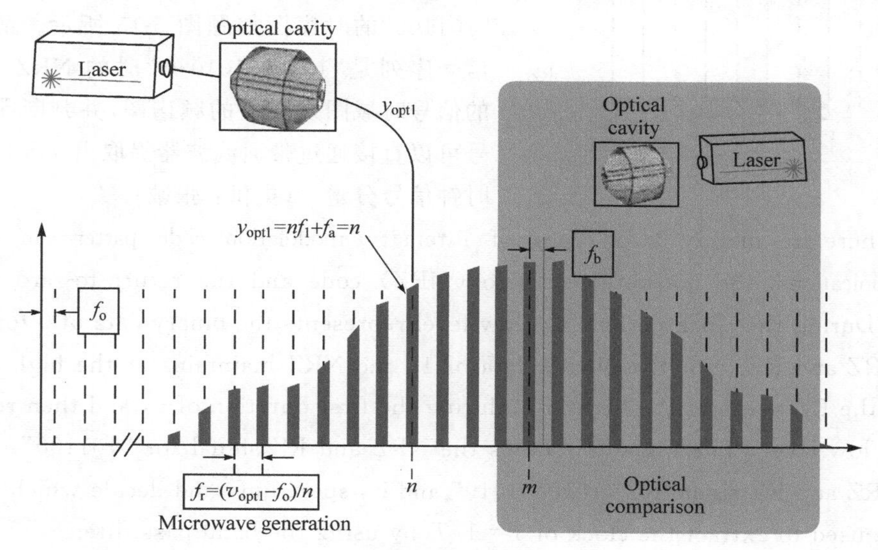

题图(Fig.)5-14

5-25*** 一个飞秒激光光脉冲在时间域上可以写成 $f(t)=\sqrt{I(t)}\exp\{j[\omega_0 t-\varphi(t)]\}$的形式，其中 $I(t)$为脉冲强度包络，ω_0 为中心频率，$\varphi(t)$为位相。利用傅里叶变换，这个光脉冲在频率域上可以表示为 $F(\omega)=S(\omega)\exp\{-j\varphi(\omega)\}$，其中 $S(\omega)$表示频谱强度，$\varphi(\omega)$为频域位相。一般地，可以对 $\varphi(\omega)$进行泰勒展开：$\varphi(\omega)=\varphi_0+\varphi_1\dfrac{\omega-\omega_0}{1!}+\varphi_2\dfrac{(\omega-\omega_0)^2}{2!}+\cdots$试结合傅里叶变换的性质和色散的概念，解释 φ_0、φ_1 及 φ_2 的含义。(提供：杨暐健)

A femtosecond laser pulse can be represented as $f(t)=\sqrt{I(t)}\exp\{j[\omega_0 t-\varphi(t)]\}$ in the time domain, where $I(t)$ is the envelope of the amplitude, ω_0 is the center frequency, and $\varphi(t)$ is the phase. By using Fourier transformation, it can be represented as $F(\omega)=S(\omega)\exp\{-j\varphi(\omega)\}$ in the frequency domain, where $S(\omega)$ is the amplitude spectrum, and $\varphi(\omega)$ is the phase spectrum. Generally, $\varphi(\omega)$ can be expanded by using Taylor expansion: $\varphi(\omega)=\varphi_0+\varphi_1\dfrac{\omega-\omega_0}{1!}+\varphi_2\dfrac{(\omega-\omega_0)^2}{2!}+\cdots$ According to the property of Fourier transformation and the concept of dispersion, explain the meaning of φ_0, φ_1, and φ_2.

5-26*** 在光通信中常用的有两种强度调制码型：非归零码(NRZ)和归零码

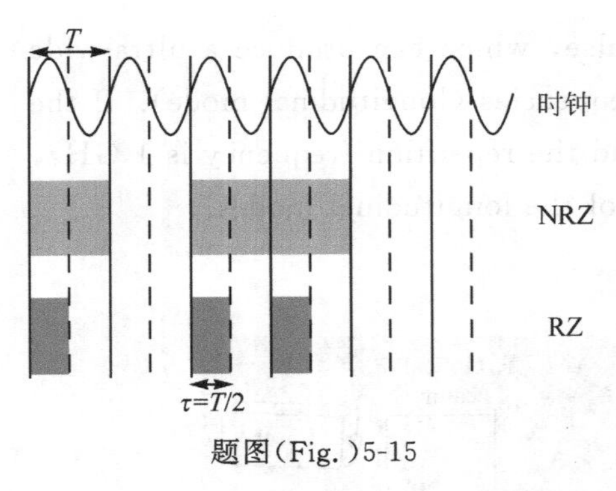

题图(Fig.)5-15

(RZ)。在一个时钟周期 T 中,NRZ 和 RZ 均用 0 电平来表示 0 码;对于 1 码,NRZ 在一个 T 内保持 1 电平,RZ 则在起始的 τ 内保持 1 电平,然后恢复为 0 电平。典型的信号序列“101100”的时序图如题图 5-15 所示。请做出信号序列是“1010101010…”时的 NRZ 和 RZ 的信号时域图及对应的频谱图,并判断哪种信号可以直接通过带通滤波器提取出 $f=1/T$ 的时钟信号分量。(提供:张诚)

There are mainly two types of intensity modulation code pattern in optical communications, the non-return-to-zero (NRZ) code and the return-to-zero (RZ) code. During the clock period, the low level represents the binary data of 0 for both the NRZ and RZ. For the binary data of 1, the NRZ maintains at the high level, while the RZ keeps at the high level during the first duration of τ, and then returns to the low level. The Fig. 5-15 shows the NRZ and RZ signal for “101100”. Draw the NRZ and RZ signal for “1010101010” and its spectrum, and decide which signal can be used to extract the clock of $f=1/T$ by using the band-pass filter.

5-27*** 2018 年诺贝尔物理学奖颁给了美法加三位科学家,其中一半奖金颁给了法国科学家热拉尔·穆鲁和他的学生加拿大科学家唐娜·斯特里克兰,以表彰他们在“产生高强度超短光脉冲方法”方面的工作。由于飞秒脉冲太短,即使只有微焦量级的脉冲能量,其峰值功率也可能达到几十兆瓦量级,因而在传输过程中有非常大的非线性效应,或者破坏光学元器件,或者脉冲本身的特性受到影响。采用啁啾脉冲放大(CPA)技术可以解决以上问题,原理如题图 5-16 所示。已知脉宽为 20 fs 的某超短脉冲信号利用 CPA 技术放大,假设选择的展宽/压缩光栅对的频带宽度为 100 GHz/mm,试估算至少需要多长的光栅?(提示:超短光脉冲通常是双曲正割脉冲,其脉宽×带宽≈0.315,158 mm)(2018 年秋试题)

The 2018 Nobel Prize in Physics was awarded to three scientists. Half of the prize was given to the French scientist Gerard Mourou and his Canadian student Donna Strickland for their works on producing high-intensity ultra-short optical pulses. Since femtosecond pulses are so short, even with the pulse energy of $\sim 1\mu J$, its peak power may reach tens of megawatts. It will bring a great nonlinear effect in the transmission and damage optical components. The characteristics of the pulse itself will also be affected. The chirped pulse amplification (CPA) technique can solve the above problems, as shown in Fig. 5-16. An ultra-short pulse signal with a pulse width of 20 femtoseconds is amplified by CPA technology. Suppose the bandwidth of the selected expanded/compressed grating pair is 100 GHz/mm. Try to estimate the minimum length of gratings required?（Note：Ultra-short optical pulses are usually hyperbolic secant pulses，whose pulsewidth × bandwidth is about 0.315.）

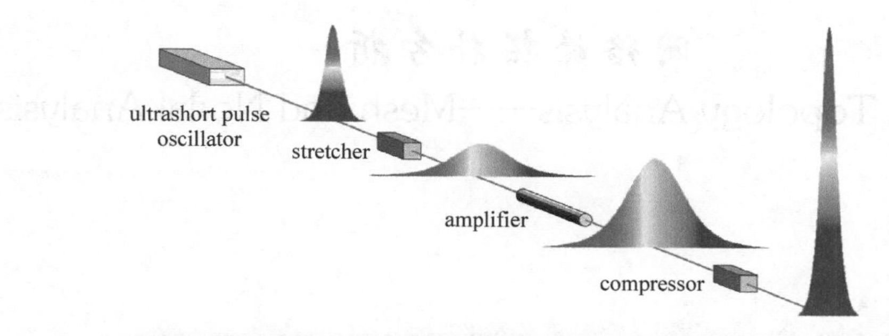

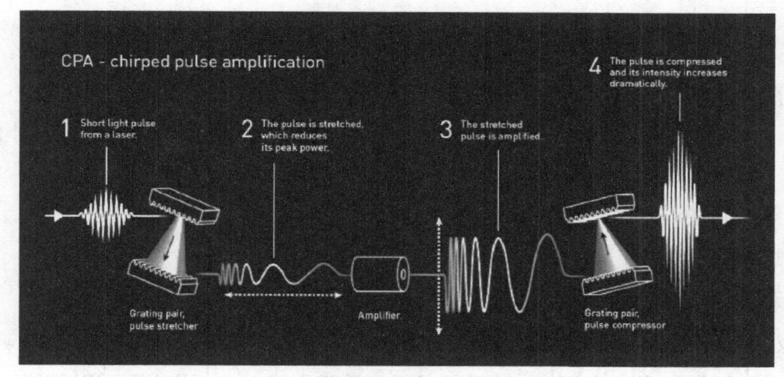

题图(Fig.)5-16

第6章

网络的拓扑分析

Network Topology Analysis——Mesh and Nodal Analysis

本章介绍网络拓扑分析的一些基本原理和方法，将会接触到大量拓扑分析的名词，例如图、连通图、树、树支、连支、割集、平面/非平面网络等，希望达到的学习目标是：

- 了解拓扑分析的基本思路和方法。
- 掌握拓扑分析的基本知识和名词。
- 掌握网孔电流法、回路电流法、节点电压法。
- 会用网孔电流法、回路电流法、节点电压法建立矩阵方程，分析网络。

In this chapter, we'll help learner understand the following contents.

- Tree and network topology analysis.
- The methods of nodal analysis, mesh analysis, and loop analysis.
- The differences of nodal analysis, mesh analysis, and loop analysis.
- Circuit analysis using the three methods.

给定网络的结构和参数，计算网络各部分的电压和电流、分析网络的特性称为**网络分析**。原则上，由于任何网络（无论简单与复杂）都服从结构上的基尔霍夫定律和支路元件的约束方程，因此可以应用这三个关系建立网络的 VCR、KCL、KVL 方程，从而获得网络各部分的电压和电流，而不需要学习新的分析方法。然而事实上，当网络的结构稍微复杂起来时，需要计算的参数和变量会随着结构的复杂而幂次地增加，简单、直观地建立方程已无法有效地解决网络分析问题。

本章将从基本定律出发，推导出有规律的网络分析方法，并进一步将网络的拓扑分析引入电路分析中，以适应复杂网络的计算机求解。

由于网络分析的基础是欧姆定律和基尔霍夫定律，由此建立的方程是代数方程，因此，**分析中所涉及的网络元件均以阻抗和导纳的形式描述，对应的网络模型电路为线性电阻电路、符号电路和 s 域电路**。

6.1　支路电流法/Branch Current Analysis

以网络中各支路电流为**待求变量**，根据基尔霍夫定律和支路元件的约束关系建立网络方程，从而求解网络各支路的电压和电流的方法称为**支路电流法**。

如图 6-1-1 所示的网络含有 6 条支路和 4 个节点，节点、支路和待求变量支路电流 $I_i(i=1,2,\cdots,6)$ 的编号和参考方向如图 6-1-1 所示。在 1.1.4 节曾经描述，4 个节点的网络可以对任意 $4-1=3$ 个节点建立相互独立（线性无关）的 KCL 方程，如果选择节点①、②、③建立 KCL 方程，有

$$\begin{cases}-I_1-I_4-I_6=0\\-I_2+I_4-I_5=0\\-I_3+I_5+I_6=0\end{cases}\tag{6-1-1}$$

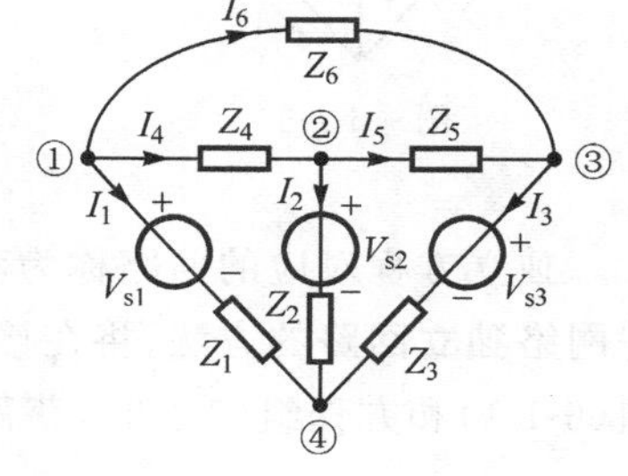

图　6-1-1

式(6-1-1)中三个方程是线性无关或相互独立的（表现在方程矩阵上，是一个秩为 3 的 3×6 的矩阵），可以称这三个方程为**独立方程**(**Independent Equation**)，称与独立方程对应的节点为**独立节点**(**Independent Node**)，余下的节点为**参考节点**(**Reference Node**)。对应图 6-1-1 和式(6-1-1)，则称节点①、②、③为独立节点，节点④为参考节点。

一般地，对于一个节点数为 n 的网络，其独立节点数 n_t 满足

$$n_t=n-1\tag{6-1-2}$$

证明(用归纳法)：

考虑一个节点数 $n=2$ 的网络（图 6-1-2(a)），显然，网络的独立节点数 $n_t=1$，满足式(6-1-2)；考虑在这个网络上增加一个节点（图 6-1-2(b)），则网络的节点数为 $n=2+1=3$，由于原网络的节点无法包含新节点的信息，所以，网络的独立节点数至少为原网络的独立节点数加 1 即为 2，则式(6-1-2)成立；以此类推，一般地，考虑在

具有 n 个节点的网络上增加一个节点(图 6-1-2(c)),此时,由于原网络的节点无法包含新节点的信息,所以,网络的独立节点数至少为原网络的独立节点数加 1,因此,式(6-1-2)的等号两边同时加 1,等号依然成立。**证毕**。

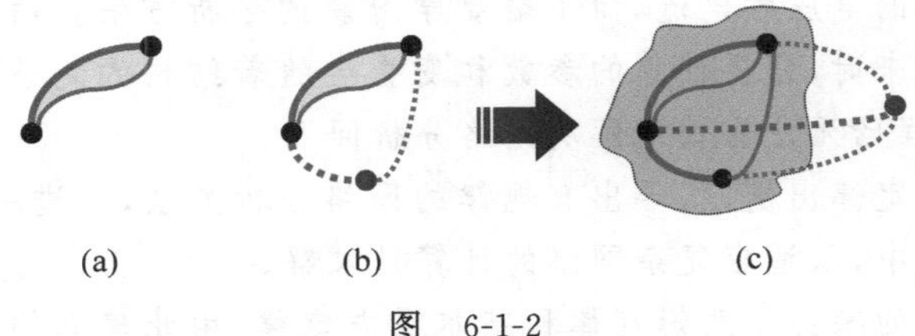

图 6-1-2

一般地,选择连接支路数最多的节点作为参考节点,以简化方程的建立。参考节点的电位可任意选定,通常选为零(接地),这样,其他各独立节点的节点电压的大小和节点电位相同。

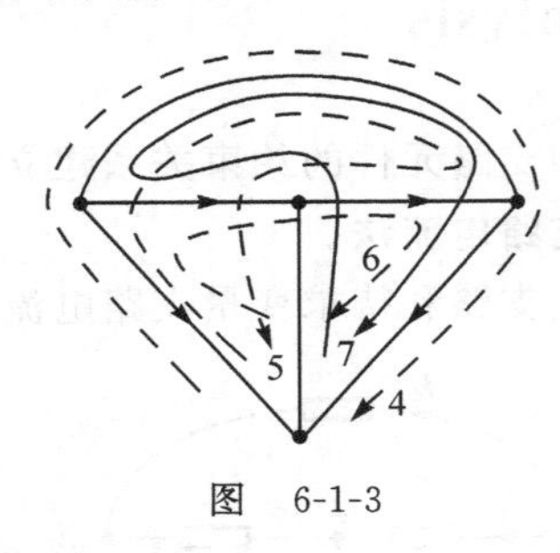

图 6-1-3

数学上,当未知变量数与独立方程数相等时,未知变量才可能有唯一解。观察图 6-1-1 中含有 7 个回路,如图 6-1-3 所示,虽然 7 个回路可以建立 7 个 KVL 电流方程,但正如 1.1.4 节曾经描述的那样,其中最多只存在三个方程是彼此独立的。

$$\begin{cases}-Z_1I_1-V_{s1}+Z_4I_4+Z_2I_2+V_{s2}=0\\-Z_2I_2-V_{s2}+Z_5I_5+Z_3I_3+V_{s3}=0\\-Z_4I_4+Z_6I_6-Z_5I_5=0\end{cases}\tag{6-1-3}$$

独立方程对应的回路称为**独立回路**(**Independent Loop**),它们彼此线性无关。获得网络**独立回路**的方法,将在接下来第 6.2 节网络的拓扑分析中给予描述。合并方程组(6-1-1)和方程组(6-1-3),获得求解支路电流的 6 个独立方程。

$$\begin{cases}-I_1-I_4-I_6=0\\-I_2+I_4-I_5=0\\-I_3+I_5+I_6=0\\-Z_1I_1+Z_4I_4+Z_2I_2=V_{s1}-V_{s2}\\-Z_2I_2+Z_5I_5+Z_3I_3=V_{s2}-V_{s3}\\-Z_4I_4+Z_6I_6-Z_5I_5=0\end{cases}\tag{6-1-4}$$

式(6-1-4)中前三个是由独立节点建立的方程,后三个是由独立回路建立的方程。在接下来的第 6.2 节网络的拓扑分析中将指出,对于一个支路数为 b、节点数为 n 的网络,一定存在 $n-1$ 个独立节点、$b-n+1$ 个独立回路,可以建立 $n-1$ 个 KCL 方程和 $b-n+1$ 个 KVL 方程,因此,对于有 b 条支路的网络一共可以建立 b 个独立方程,对应 b 个支路电流未知变量的求解。

支路电流法的优点是可以直接求出各支路电流,再利用支路的 VCR 约束方便地确定支路电压；缺点是对于支路数为 b 的网络来说，就必须建立 b 个独立方程、计算 $b\times b$ 矩阵，当网络复杂时计算量相当繁重。事实上，式(6-1-4)是式(6-1-1)和式(6-1-3)的集合，即在支路数为 b、节点数为 n 的网络中，分别存在 $n-1$ 个独立节点和 $b-n+1$ 个独立回路。由于支路数总是大于独立节点数和独立回路数，特别对于复杂网络，支路数更是远远大于独立节点数和独立回路数，因此，只由独立节点或只由独立回路建立方程的求解思路，显然可以大大规范和简化网络计算。

6.2　网络拓扑分析的基本知识/An Introduction to Network Topology

拓扑学(图论)是近代数学的一个分支，它研究图的拓扑性质，即非量度的几何性质。拓扑学用"点"代表各种各样的事物，用"线"代表这些事物之间的某种联系，这些"点"和"线"的集合就构成了**拓扑图**，简称**图**。

电路分析基本方程的建立基础是基尔霍夫定律，它与支路元件的性质无关，只取决于网络的结构，也就是说，只取决于网络"图"的拓扑性质。因此，可以把图论思想引入网络分析中来。

6.2.1　图论分析中的名词/Some Definitions in Network Topology Analysis

(1) **网络图(Network Graph)**：将网络(图 6-2-1(a))中的每一个二端元件都用一个线段取代，并称这些线段为**支路(Branch)**；支路的端点称为**节点(Node)**，这些节点和支路的集合称为**网络图**(也称为**拓扑图**或**线图(Line Graph)**，见图 6-2-1(b))。

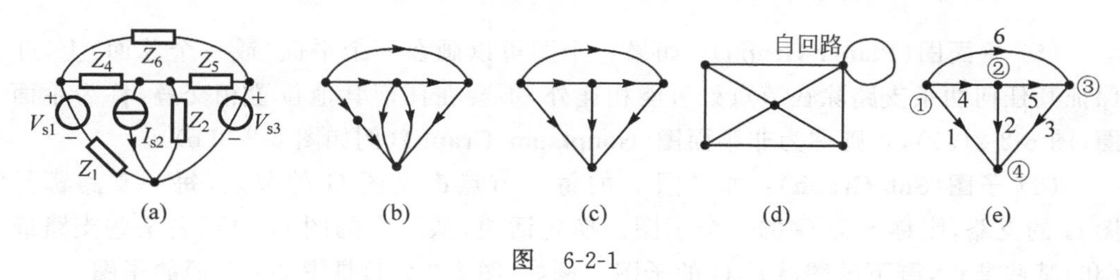

图　6-2-1

需要强调的是，引入网络拓扑分析的目的是应用图论知识来分析实际网络问题，因此并不关心只有数学意义而在电路上没有意义或不可实现的"图"。因此，从电路分析的角度，对网络图补充以下说明：

① 支路的长短曲直无关紧要，重要的是支路特性和方向。

② 每一条支路的两端都终止在不同的节点上。也就是说，不存在孤立支路，或终止在同一节点上的"自回路"(图 6-2-1(d))。

③ 除节点外，支路之间不存在其他公共点。

④ 网络图全面反映了网络的拓扑性质，即支路与节点的关联方式，但不涉及各网络

元件的特性,元件特性必须用它们各自的特性方程(VCR 约束方程)或特性曲线来描述。

⑤ 在网络图中,一般不把独立源单独作为支路处理(当然,允许单源支路(图 6-2-1(b))存在),而是让它和其他无源元件一起构成一条支路(图 6-2-1(c)),好处是这样得出的网络图和将独立源置零(即电流源开路、电压源短路)后得出的网络图是相同的。

(2) **有向图(Directed Graph)**:各支路标有参考方向的网络图(支路电流和电压采用一致的参考方向,在支路上用箭头标注)称为**有向图**(图 6-2-1(b)、图 6-2-1(c)、图 6-2-1(e)),否则称为**无向图**。

(3) **标号图(Labeled Graph)**:给网络图中的节点和支路分别标上编号的图(图 6-2-1(e))。

(4) **连通图(Connected Graph)**:网络图的任意两个节点之间至少存在一条由支路连成的路径(通路)的图(图 6-2-2(a)～图 6-2-2(d))。否则称为**非连通图**(图 6-2-2(e)、图 6-2-2(f))。换句话说,在连通图上,从任一节点都可沿着某一支路到达另一任意节点。

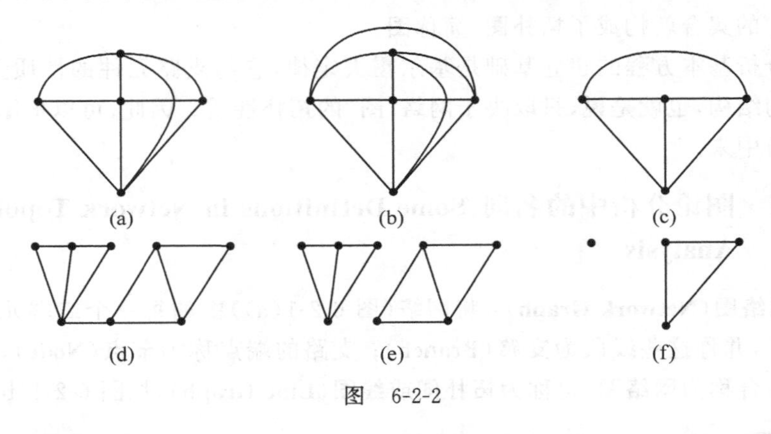

图 6-2-2

(5) **平面图(Planar Graph)**:如果一个图可以画在一个平面(或一个球面)上,并保证其任何两条支路除在节点处可能相连外,不会在任何其他位置相交叠,称为**平面图**(图 6-2-2(a)),否则称为**非平面图(Nonplanar Graph)**(例如图 6-2-2(b))。

(6) **子图(Sub-Graph)**:如果图 S 的每一节点都是图 G 的节点,每一支路都是图 G 的支路,则称 S 为 G 的一个子图。换句话说,从给定的图 G 中移去某些支路或(和)某些节点,剩下的图就是 G 的子图。例如,图 6-2-2(f)是图 6-2-2(c)的**子图**。

(7) **树(Tree)**:连通图中一个无回路的连通子图,称为该连通图的一棵**树**或**自由树**。如果在树中选定一个节点做根称为**有根树**。如果从树根开始,为每一个节点规定顺序,称为**有序树**。

连通图 G 中符合下列条件的子图称为 G 的**生成树**(以下简称树):①是连通的;②包含 G 的全部节点;③不含回路。

称树中所有的支路为**树支(Tree Branch)**,称连通图 G 中不在子图树上的所有支路为**连支(Link)**。全部连支的集合也称为**余树**或**补树**(**Cotree**)。例如图 6-2-3(b)～图 6-2-3(f)的实线部分均为连通图 6-2-3(a)的树。

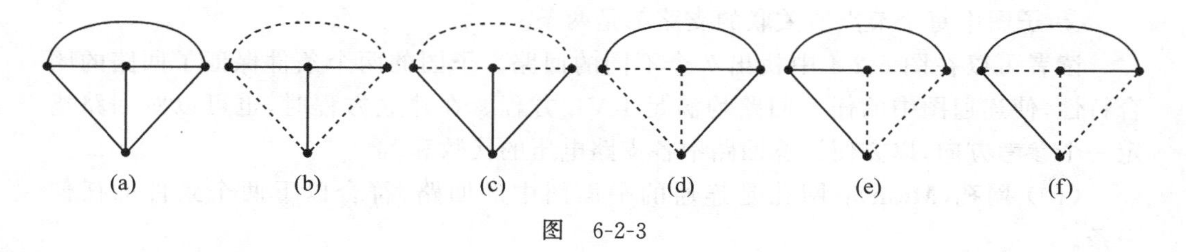

图　6-2-3

树有以下性质：

① 其任意两个节点之间必有一条且只有一条通路；

② 移去任意一条树支，树不连通；

③ 树支数比节点数少 1。

(8) **割集(Cut Set)**：割集是连通图的一个只含有支路的子图，符合以下两个条件：

① 移去这些支路(不包括支路两端的节点)，使原连通图一分为二，即变成两个独立的连通子图；

② 只要将移去的支路集合中的任何一条支路保留，两个独立的子图便会连通。

一个形象且简便有效的确定割集的方法是假想用一个闭合曲面(称为高斯面，对于平面网络可简化为闭合曲线)，将原连通图一分为二，则闭合曲面切割到的所有支路的集合即满足以上两个条件，这个集合就是一组割集。例如，图 6-2-4(a)中的支路集合(1,4,6)、(3,5,6)、图 6-2-3(b)中的支路集合(2,3,4,6)、图 6-2-4(c)中的支路集合(2, 4,5)、(1,2,3)等都是割集，而图 6-2-4(d)中的支路集合(1,2,3,5,6)就不是割集，因为它将原连通图一分为三。

需要注意的是，获取割集的闭合曲面只切割支路而不切割节点，并且，每条支路只能被切割一次，如果一条支路被切割两次，就会出现如图 6-2-4(d)所示的一分为三的错误。

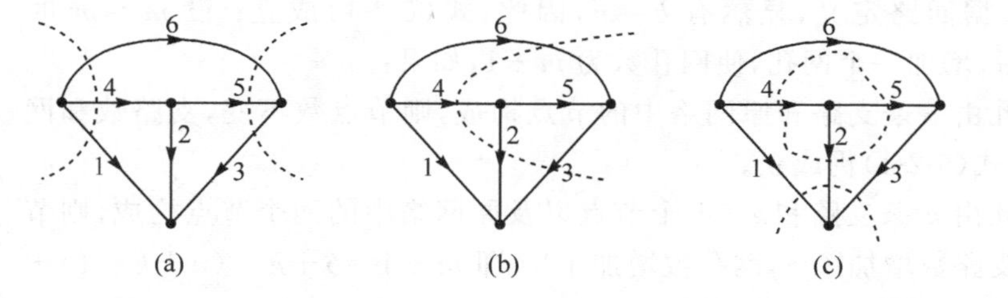

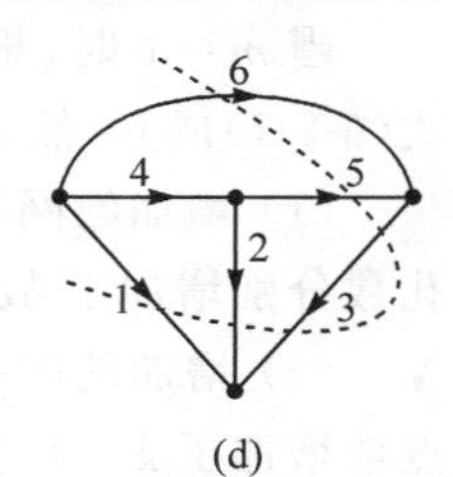

图　6-2-4

从割集的获得方法不难看出，该集合的支路电流满足 KCL 方程。在建立方程时，可以对割集指定一个参考方向(例如，指定从闭合曲面内到闭合曲面外的方向为割集的方向)，以便计算割集中各支路电流的代数和。例如，对于图 6-2-4(b)的割集，KCL 方程可以写为 $I_2+I_3-I_4-I_6=0$。

(9) **回路(Loop)**：回路是连通图中一个含有支路和节点的子图，符合以下两个条件。

① 子图的支路数和节点数相同；

② 子图中每个节点所关联的支路都是两条。

读者可以在图 6-2-4 中找出 7 个不同的回路。子图的两个条件保证了回路的闭合特性,使连通图中的任一回路均满足 KVL 方程。在建立方程时,也可以对回路指定一个参考方向,以方便计算回路中各支路电压的代数和。

(10) **网孔(Mesh)**：网孔是连通的平面图中的回路,符合以下两个条件的任何一条。

① 在该回路内既无其他支路亦无其他节点(内网孔)；

② 在该回路外既无其他支路亦无其他节点**外网孔(Outer Mesh)**。

通常,一个平面图中有很多内网孔和一个外网孔。事实上,内网孔和外网孔并无本质上的区别,任何一个内网孔换一种画法都可以变成外网孔(想一想：把一个平面图包裹在一个球面上,并尽量收缩外网孔,从球心位置观察这个图,就无所谓内外网孔了。并且,从任何一个网孔摊开平铺网络图,这个网孔就变成外网孔了)。

由于网孔是一种特殊的回路,因此也满足 KVL 方程。在建立方程时,可以对网孔指定一个参考方向,以便计算网孔中各支路电压的代数和。

6.2.2 基本公式与推论/Formula and Conclusions

利用树、割集、网孔、回路的定义和性质,不难证明以下重要公式和结论。

1. 欧拉公式(Euler's Formula)

对于一个支路数为 b、节点数为 n 的连通平面图来说,其(内)网孔数 m 满足

$$m=b-n+1 \tag{6-2-1}$$

该式称为**欧拉公式**。

证明(用归纳法)：

当 $m=1$ 时,根据回路定义,显然有 $b=n$,因此,式(6-2-1)成立；设 $m=m$ 时式(6-2-1)成立,然后,增加一个网孔,使网孔数为 $m+1$,如果：

(1) 增加的网孔由一条支路和原网络中的节点构成,则节点数不变,支路数和网孔数分别增加 1,故式(6-2-1)仍成立。

(2) 增加的网孔由 k 条支路和 $k-1$ 个节点以及原网络中的两个节点构成,则节点数增加了 $k-1$,支路数增加了 k,网孔数增加了 1,即 $m+1=b+k-(n+k-1)+1$,故式(6-2-1)仍成立。证毕。

推论 1：

由于网孔是回路,且每个网孔都有区别于其他网孔的自身特性,所以根据欧拉公式可以获得以下重要推论：对于一个支路数为 b、节点数为 n 的连通平面图来说,其独立与完备的网孔数为

$$\textbf{平面网络的独立网孔数}=b-n+1 \tag{6-2-2}$$

2. 独立性与完备性

已知任一连通图 G 的支路数为 b、节点数为 n(例如图 6-2-5(a)中 $b=6,n=4$)。

取图 G 中的任意一棵树 T，则有：

(1) 图 G 的任意两个节点之间都存在一条且只存在一条仅由树支构成的路径；

(2) 树支数 $n_t=n-1$(即独立节点数)，连支数 $n_l=b-n+1$(例如图 6-2-5(a)中 $n_t=3$，$n_l=3$)；

(3) 每个树支可以同若干个连支构成一个唯一的割集，称为**单树支割集**或**基本割集(Fundamental Cut-Set)**(图 6-2-5(b))；

(4) 每个连支可以同若干个树支构成一个唯一的回路，称为**单连支回路**或**基本回路(Fundamental Loop)**(图 6-2-5(c))。

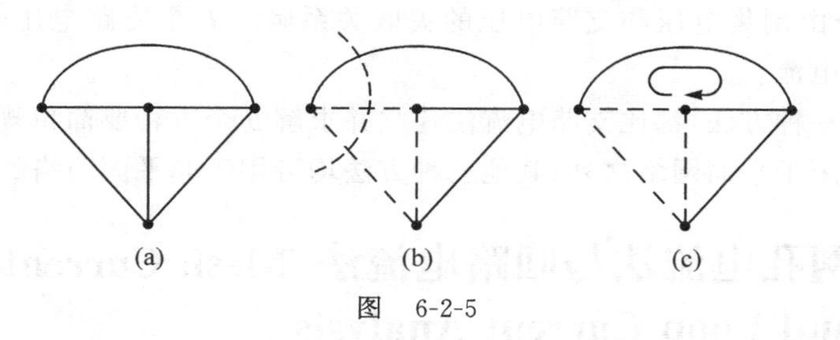

图　6-2-5

推论 2：

对于一个有 n 个节点的连通图来说，由于其任一棵树的树支数都是 $n_t=n-1$，而每一个树支所确定的基本割集又是唯一的(独立性)，因此，全部基本割集的数目也是 n_t(完备性)。又由于在每个基本割集的 KCL 方程中都只含有一个树支电压，而这个树支电压不会出现在其他基本割集的 KCL 方程之中，因此，由基本割集建立的 KCL 方程是线性无关的。因此有

$$\textbf{线性无关的完备的 KCL 方程数}=\textbf{基本割集数}=\textbf{独立割集数}=n_t \tag{6-2-3}$$

推论 3：

对于一个有 b 条支路、n 个节点的连通图来说，任意选定一棵树，其连支数都是 $n_l=b-n+1$，而每一连支所确定的基本回路又是唯一的(独立性)，因此，全部基本回路的数目也是 n_l(完备性)。又由于在每个基本回路的 KVL 方程中都含有一个连支电流，而这个连支电流不会出现在其他基本回路的 KVL 方程之中，因此，由基本回路建立的 KVL 方程是线性无关的。因此有

$$\textbf{线性无关的完备的 KVL 方程数}=\textbf{基本回路数}=\textbf{独立回路数}=n_l \tag{6-2-4}$$

推论 4：

由推论 1 和推论 3 可得，对于平面网络有

$$\textbf{线性无关的完备的 KVL 方程数}=\textbf{独立网孔数}=n_l \tag{6-2-5}$$

以上基本推论解决了建立方程的独立性和完备性问题，至此，可以总结出利用拓扑思想进行网络分析的 4 类方法。

(1) 网孔电流法：以假想的网孔电流为求解变量(n_l 个)，建立并求解 KVL 方程(n_l 个)→由网孔电流和支路电流的关联关系确定 b 个支路电流→由支路 VCR 确定 b

个支路电压。

(2) 节点电压法：以独立节点电压为求解变量(n_t 个)，建立并求解 KCL 方程(n_t 个)→由节点电压和支路电压的关联关系确定 b 个支路电压→由支路 VCR 确定 b 个支路电流。

(3) 回路电流法：以假想的基本回路电流为求解变量(n_l 个)，建立并求解 KVL 方程(n_l 个)→由回路电流和支路电流的关联关系确定 b 个支路电流→由支路 VCR 确定 b 个支路电压。

(4) 割集分析法：以假想的基本割集电压为求解变量(n_t 个)，建立并求解 KCL 方程(n_t 个)→由割集电压和支路电压的关联关系确定 b 个支路电压→由支路 VCR 确定 b 个支路电流。

以上任何一种方法，都比支路电流法建立并求解 b 个方程要简单规范；其中除网孔电流法只适用于平面网络之外，其他三种方法均可用于非平面网络的分析。

6.3 网孔电流法与回路电流法/Mesh Current Analysis and Loop Current Analysis

回路电流法中的独立回路可以由基本回路来实现，因为基本回路是由单连支和一些树支构成的。图 6-3-1 给出了三种不同的树(实线支路)和其对应的基本回路。其中，图 6-3-1(a)的树比较特别，它使得每一个基本回路都是一个内网孔，由这棵特别的树建立基本回路方程组的方法可以称为网孔电流法。网孔电流法只需要画出网孔无须找树，可能是回路电流法的一个特例，也可能不是(图 6-3-1(d))。虽然画网孔方法简单，但它局限于**平面电路(Planar Circuit)**。

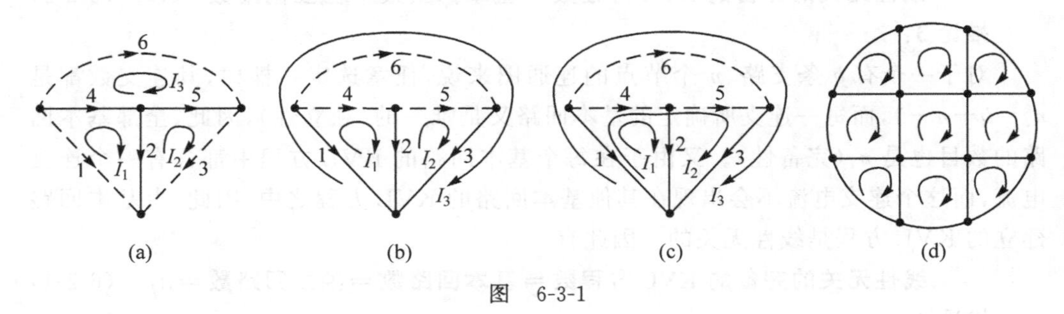

图 6-3-1

6.3.1 回路电流法/Loop Current Analysis

定义：对于一个有 b 条支路、n 个节点的连通图来说，以假想的沿每个独立回路流动的回路电流 $I_i(i=1,2,\cdots,n_l)$ 为待求变量($n_l=b-n+1$)，建立 KVL 方程，从而求解回路电流和支路电流 $I_{bj}(j=1,2,\cdots,b)$ 的方法称为**回路电流法**。

为了推导出回路电流方程、获得建立方程的一般规律，仍以网络图 6-1-1 为例，取其对应的图6-3-1(b)的树建立方程,则三个基本回路分别为(1,2,4)、(2,3,5)、(1,3,6),显然,基本回路是独立回路。假想的回路电流变量为 I_1, I_2, I_3,电流方向与连支方向相同。建立基本回路的KVL方程,有

$$\begin{cases} Z_1(I_1+I_3)-V_{s1}+Z_2(I_1-I_2)+Z_4I_1+V_{s2}=0 \\ Z_2(-I_1+I_2)-V_{s2}+Z_5I_2+V_{s3}+Z_3(I_2+I_3)=0 \\ Z_1(I_1+I_3)-V_{s1}+Z_6I_3+V_{s3}+Z_3(I_2+I_3)=0 \end{cases} \tag{6-3-1}$$

整理后,表示为矩阵形式,有

$$\begin{pmatrix} Z_1+Z_4+Z_2 & -Z_2 & Z_1 \\ -Z_2 & Z_2+Z_3+Z_5 & Z_3 \\ Z_1 & Z_3 & Z_1+Z_3+Z_6 \end{pmatrix}\begin{pmatrix} I_1 \\ I_2 \\ I_3 \end{pmatrix}=\begin{pmatrix} V_{s1}-V_{s2} \\ V_{s2}-V_{s3} \\ V_{s1}-V_{s3} \end{pmatrix}$$

或

$$\boldsymbol{Z}\,\boldsymbol{I}=\boldsymbol{V}_s \tag{6-3-2}$$

其中,$\boldsymbol{Z}$ 称为**回路阻抗矩阵(Loop Impedance Matrix)**,是 $n_l \times n_l$ 的方阵,当网络不含受控源时,它是对称矩阵;$\boldsymbol{I}$ 称为**回路电流列向量**,$\boldsymbol{V}_s$ 称为**回路电压源列向量**,是 $n_l \times 1$ 的矩阵。

进一步分析式(6-3-2)可以获得以下规律和特点:回路阻抗矩阵的对角线元素 $z_{ii}(i=1,2,\cdots,n_l)$ 称为**自阻抗(Self Impedance)**,它是第 i 基本回路中所有支路阻抗之和,并且满足 $z_{ii}>0$;非对角线元素 $z_{ij}(i,j=1,2,\cdots,n_l;\ i\neq j)$ 称为**互阻抗(Mutual Impedance)**;它是第 i、第 j 基本回路所共用的所有支路阻抗的代数和,代数和的正负取决于两个基本回路的回路电流方向是否一致,方向一致时取正,反之取负。回路电压源列向量的元素 $V_{si}(i=1,2,\cdots,n_l)$,是第 i 基本回路中所有电压源沿回路电流方向电压升的代数和。

根据这些规律和特点,可以用观察的方法快速直接列出给定网络的回路电流方程的矩阵形式(6-3-2),并求得回路电流为

$$I_i=\sum_{k=1}^{n_l}\frac{\Delta_{ki}}{|\boldsymbol{Z}|}V_{sk},\quad i=1,2,\cdots,n_l \tag{6-3-3}$$

网络的各支路电流可以由回路电流求出。例如本例中,各支路电流分别为

$$I_{b1}=-I_1-I_3,\quad I_{b2}=I_1-I_2,\quad I_{b3}=I_2+I_3,\quad I_{b4}=I_1,\quad I_{b5}=I_2,\quad I_{b6}=I_3 \tag{6-3-4}$$

6.3.2 网孔电流法/Mesh Current Analysis

定义:对于一个有 b 条支路、n 个节点的平面连通图来说,以假想的沿每个网孔流动的网孔电流 $I_i(i=1,2,\cdots,n_l)$ 为待求变量($n_l=b-n+1$),建立KVL方程,从而求解网孔电流和支路电流 $I_{bj}(j=1,2,\cdots,b)$ 的方法称为**网孔电流法**。

仍以网络图6-1-1为例,取其对应的拓扑图6-3-1(a)建立方程,无须选树,可以直观地获得三个网孔为(1,2,4)、(2,3,5)、(4,5,6),假想的网孔电流变量为 I_1, I_2, I_3,为了方程建立和推导的方便,**网孔电流的方向统一选为顺时针方向**。建立网孔回路的

KVL 方程，有

$$\begin{cases}Z_1 I_1 - V_{s1} + Z_4(I_1 - I_3) + Z_2(I_1 - I_2) + V_{s2} = 0 \\ Z_2(-I_1 + I_2) - V_{s2} + Z_3 I_2 + V_{s3} + Z_5(I_2 - I_3) = 0 \\ Z_4(I_3 - I_1) + Z_6 I_3 + Z_5(I_3 - I_2) = 0\end{cases} \tag{6-3-5}$$

整理后，表示为矩阵形式，有

$$\begin{pmatrix} Z_1 + Z_4 + Z_2 & -Z_2 & -Z_4 \\ -Z_2 & Z_2 + Z_3 + Z_5 & -Z_5 \\ -Z_4 & -Z_5 & Z_4 + Z_5 + Z_6 \end{pmatrix} \begin{pmatrix} I_1 \\ I_2 \\ I_3 \end{pmatrix} = \begin{pmatrix} V_{s1} - V_{s2} \\ V_{s2} - V_{s3} \\ 0 \end{pmatrix}$$

或

$$\boldsymbol{Z}\,\boldsymbol{I} = \boldsymbol{V}_s \tag{6-3-6}$$

其中，$\boldsymbol{Z}$ 称为**网孔阻抗矩阵（Mesh Impedance Matrix）**，是 $n_l \times n_l$ 的方阵，当网络不含受控源时，它是对称矩阵；$\boldsymbol{I}$ 称为**网孔电流列向量**，$\boldsymbol{V}_s$ 称为**网孔电压源列向量**，是 $n_l \times 1$ 的矩阵。

进一步分析式(6-3-6)可以获得以下规律和特点：网孔阻抗矩阵的对角线元素 z_{ii} $(i=1,2,\cdots,n_l)$ 称为**自阻抗**，它是第 i 网孔中所有支路阻抗之和，并且满足 $z_{ii}>0$；非对角线元素 z_{ij} $(i,j=1,2,\cdots,n_l;\ i\neq j)$ 称为**互阻抗**；它是第 i、第 j 网孔所共用的所有支路阻抗之和的负值，和回路电流法不同，由于各网孔电流方向一致，使得两个相邻网孔支路上流过的网孔电流方向始终是反向的，因此，总是存在互阻抗取负；网孔电压源列向量的元素 V_{si} $(i=1,2,\cdots,n_l)$，是第 i 网孔中所有电压源沿网孔电流方向电压升的代数和。

根据这些规律和特点，可以用观察的方法快速直接列出给定网络的网孔电流方程的矩阵形式(6-3-6)，并求得网孔电流为

$$I_i = \sum_{k=1}^{n_l} \frac{\Delta_{ki}}{|\boldsymbol{Z}|} V_{sk}, \quad i=1,2,\cdots,n_l \tag{6-3-7}$$

网络的各支路电流可以由网孔电流求出。例如本例中，各支路电流分别为

$$I_{b1} = -I_1, \quad I_{b2} = I_1 - I_2, \quad I_{b3} = I_2, \quad I_{b4} = I_1 - I_3, \quad I_{b5} = I_2 - I_3, \quad I_{b6} = I_3 \tag{6-3-8}$$

比较网孔电流法和回路电流法，可以获得以下结论：

(1) 网孔电流法和回路电流法的思想依据均是由独立回路建立 KVL 方程，完备数为 $n_l = b - n + 1$；

(2) 网孔电流法无须选树，回路电流法需要先确定树；

(3) 网孔电流法建立阻抗矩阵简单，在一致的网孔电流方向条件下，总是存在 $z_{ij} < 0$；

(4) 网孔电流法更加简单、直观，但只适用于平面网络，回路电流法则无此局限。

【例 6-3-1】 已知电路如图 6-3-2(a)所示，试利用网孔电流法假设网孔电流，并写出网孔电流方程的矩阵形式。

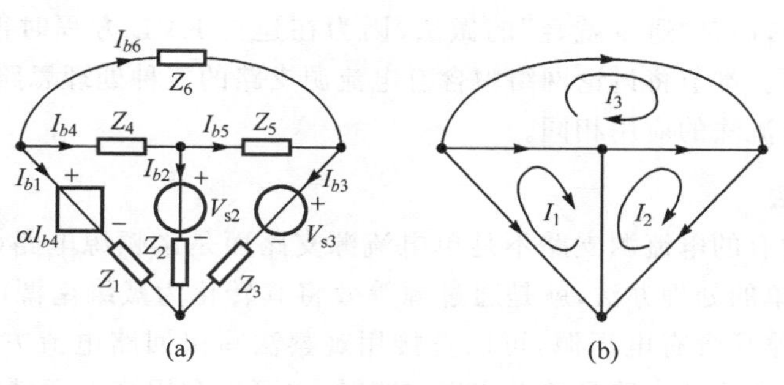

图　6-3-2

解：本例涉及**含受控源电路的分析**，在"1"支路上含有一个电流控制电压源，由于受控源的源特性，可以先将它看成源来处理。假设网孔电流变量为 I_1, I_2, I_3 如图 6-3-2(b)所示，利用观察法直接写式(6-3-6)，写出含受控源的网孔电流方程的矩阵形式为

$$\begin{pmatrix} Z_1+Z_4+Z_2 & -Z_2 & -Z_4 \\ -Z_2 & Z_2+Z_3+Z_5 & -Z_5 \\ -Z_4 & -Z_5 & Z_4+Z_5+Z_6 \end{pmatrix}\begin{pmatrix} I_1 \\ I_2 \\ I_3 \end{pmatrix}=\begin{pmatrix} \alpha I_{b4}-V_{s2} \\ V_{s2}-V_{s3} \\ 0 \end{pmatrix} \tag{6-3-9}$$

式(6-3-9)的右边并非都是已知量，因为它包含的受控源分量不是独立源，而是受控于外支路的电压或电流，为了不产生新的待求变量，可以将受控源的控制量用网络中的已知变量和待求变量(网孔电流)来表示，本例中，受控源的控制量为 I_{b4}，显然，它可以表示为

$$I_{b4}=I_1-I_3 \tag{6-3-10}$$

将式(6-3-10)代入式(6-3-9)，整理得

$$\begin{pmatrix} Z_1+Z_4+Z_2-\alpha & -Z_2 & -Z_4+\alpha \\ -Z_2 & Z_2+Z_3+Z_5 & -Z_5 \\ -Z_4 & -Z_5 & Z_4+Z_5+Z_6 \end{pmatrix}\begin{pmatrix} I_1 \\ I_2 \\ I_3 \end{pmatrix}=\begin{pmatrix} -V_{s2} \\ V_{s2}-V_{s3} \\ 0 \end{pmatrix} \tag{6-3-11}$$

式(6-3-11)即为网络网孔电流方程的矩阵形式，由此可求得网孔电流。

观察比较式(6-3-6)和式(6-3-11)的回路阻抗矩阵，不难发现在不含有受控源的网络中，回路阻抗矩阵是对称矩阵，即元素 $z_{ij}=z_{ji}$；在含有受控源的网络中，回路阻抗矩阵的对称性消失(即 $z_{ij}\neq z_{ji}$)。换句话说，如果一个网络的回路阻抗矩阵不是对称矩阵，则这个网络中一定含有受控源支路。

当网络中不含受控源支路时，自阻抗 $z_{ii}>0$ 恒成立，它表示网络中除独立源之外的参量都是耗能元件；当网络中含有受控源支路时，自阻抗的值就有可能为负，这表示网络中可能存在提供能量而并非独立源的元件(受控源)。

6.3.3　含电流源支路的处理/Solution Involving Current Sources

上述两节网络分析方法的推导中，出现的源支路都是电压源而不是电流源，这不是举例上的巧合，而是“避重就轻”的做法，因为在建立 KVL 方程时很难直接写出电流源两端的电压。本节将讨论网络中含有电流源支路的三种处理思路，该思路对网孔电流法和回路电流法的应用相同。

1. 源等效法

当网络中含有的电流源支路不是单电流源支路而是诺顿源电路(图 6-3-3(a))的形式时，一个简单的处理办法，就是通过源等效将其转化为戴维南源电路的形式。这样，等效后的电路只含有电压源，可以直接用观察法写出回路电流方程的矩阵形式。当网络中含有的电流源支路是单电流源支路时，也可以利用第 1 章描述的源的转移的等效方法处理，将单电流源支路转化为诺顿源电路。需要注意的是，等效的方法势必改变了原网络的结构和元件信息。

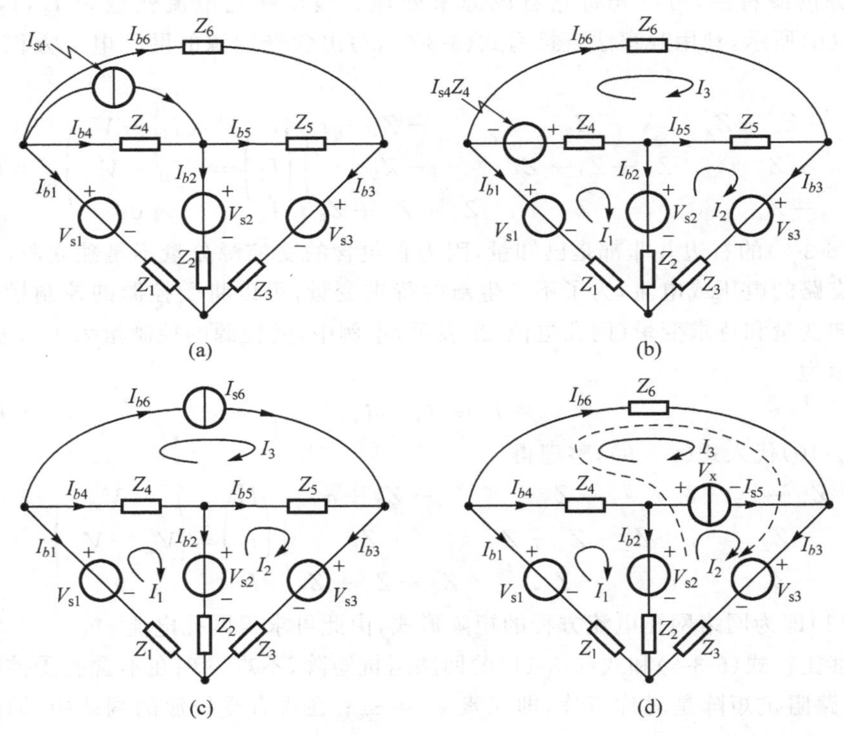

图 6-3-3

【例 6-3-2】 已知电路如图 6-3-3(a)所示，试利用网孔电流法，假设网孔电流，并写出网孔电流方程的矩阵形式。

解：将原网络支路 4 的诺顿源电路形式等效为戴维南源电路的形式(图 6-3-3(b))。假设网孔电流变量为 I_1、I_2、I_3，如图 6-3-3(b)所示，利用观察法和式(6-3-6)可以直接写出网孔电流方程的矩阵形式：

$$\begin{pmatrix} Z_1+Z_4+Z_2 & -Z_2 & -Z_4 \\ -Z_2 & Z_2+Z_3+Z_5 & -Z_5 \\ -Z_4 & -Z_5 & Z_4+Z_5+Z_6 \end{pmatrix}\begin{pmatrix} I_1 \\ I_2 \\ I_3 \end{pmatrix}=\begin{pmatrix} V_{s1}+I_{s4}Z_4-V_{s2} \\ V_{s2}-V_{s3} \\ -I_{s4}Z_4 \end{pmatrix} \tag{6-3-12}$$

事实上,等效的方法还可能附带一个好处,就是把原来网络的网孔数减少一个,从而为建立和求解方程矩阵带来简化。然而需要注意的是,这样的等效改变了原网络的拓扑结构,也就有可能隐藏或消去原网络的结构和元件信息。例如,图 6-3-3(b)中就消去了原网络图 6-3-3(a)中的 I_{b4}。特别是当网络中含有受控源时,使用这个方法更需要特别仔细,必须准确建立原网络和等效后网络之间的关系。例如本例中,网络 a 和 b 存在电流关系:$I_{b4}+I_{s4}=I_1-I_3$。

2. 虚回路电流法

当网络的边界支路上含有单电流源支路(图 6-3-3(c)),且不希望网络的结构和元件信息被改变时,由于该支路的电流已知,可以直接将一个回路电流或网孔电流变量假设为该支路的已知电流,称为**虚回路电流**。

【例 6-3-3】 已知电路如图 6-3-3(c)所示,试利用网孔电流法假设网孔电流,并写出网孔电流方程的矩阵形式。

解:假设网孔电流变量为 I_1,I_2,I_3 如图 6-3-3(c)所示,由于此时网孔电流 $I_3=I_{s6}$ 已知,可以利用观察法直接写式(6-3-6),写出网孔电流方程矩阵形式的前两行,而第三行用 $I_3=I_{s6}$ 替换,则网孔电流方程的矩阵形式为

$$\begin{pmatrix} Z_1+Z_2+Z_4 & -Z_2 & -Z_4 \\ -Z_2 & Z_2+Z_3+Z_5 & -Z_5 \\ 0 & 0 & 1 \end{pmatrix}\begin{pmatrix} I_1 \\ I_2 \\ I_3 \end{pmatrix}=\begin{pmatrix} V_{s1}-V_{s2} \\ V_{s2}-V_{s3} \\ I_{s6} \end{pmatrix} \tag{6-3-13}$$

注意到式(6-3-13)中最后一行的已知性,因此该矩阵还可以做"降秩化简",即将 $I_3=I_{s6}$ 代入矩阵的前两行,整理后阻抗矩阵由 3×3 降为 2×2 的方阵,则网孔电流方程的矩阵形式为

$$\begin{pmatrix} Z_1+Z_4+Z_2 & -Z_2 \\ -Z_2 & Z_2+Z_3+Z_5 \end{pmatrix}\begin{pmatrix} I_1 \\ I_2 \end{pmatrix}=\begin{pmatrix} V_{s1}-V_{s2}+I_{s6}Z_4 \\ V_{s2}-V_{s3}+I_{s6}Z_5 \end{pmatrix} \tag{6-3-14}$$

3. 假设支路电压法

虚回路电流法只适合于单电流源支路在外网孔或连支上的网络情况,当单电流源支路出现在有两个或两个以上回路电流流过的支路时(图 6-3-3(d)),由于支路电压未知而给 KVL 方程的建立带来了困难,这时可考虑**假设支路电压**。假设支路电压法是在建立 KVL 方程时回避电流源的另一种方法,虽然我们还不知道电流源两端的电压是多少,但电流源两端存在一个确定的电压是不变的事实,因此可以假设这个电压。可见给单电流源支路假设一个支路电压的前提是:**网络是有唯一解(确定解)的**。

【例 6-3-4】 已知电路如图 6-3-3(d)所示,试利用网孔电流法假设网孔电流,并写出网孔电流方程的矩阵形式。

解：假设网孔电流变量为 I_1、I_2、I_3，如图 6-3-3(d)所示，对于电流源支路假设其支路电压为 V_x，利用观察法直接写式(6-3-6)，得网孔电流方程矩阵形式为

$$\begin{pmatrix} Z_1+Z_4+Z_2 & -Z_2 & -Z_4 \\ -Z_2 & Z_2+Z_3 & 0 \\ -Z_4 & 0 & Z_4+Z_6 \end{pmatrix}\begin{pmatrix} I_1 \\ I_2 \\ I_3 \end{pmatrix}=\begin{pmatrix} V_{s1}-V_{s2} \\ V_{s2}-V_x-V_{s3} \\ V_x \end{pmatrix} \tag{6-3-15}$$

注意到式(6-3-15)中 V_x 是未知的，可以利用矩阵各行的代数运算消去。本例可以将式(6-3-15)中的第二行与第三行相加为一行，即

$$\begin{pmatrix} Z_1+Z_4+Z_2 & -Z_2 & -Z_4 \\ -Z_2-Z_4 & Z_2+Z_3 & Z_4+Z_6 \end{pmatrix}\begin{pmatrix} I_1 \\ I_2 \\ I_3 \end{pmatrix}=\begin{pmatrix} V_{s1}-V_{s2} \\ V_{s2}-V_{s3} \end{pmatrix} \tag{6-3-16}$$

式(6-3-16)无法求解三个网孔电流未知变量，考虑到电流源支路满足的约束条件：$I_{s5}=I_2-I_3$，可以补入式(6-3-16)作为矩阵的第三行，因此，最终可得网孔电流方程矩阵形式为

$$\begin{pmatrix} Z_1+Z_4+Z_2 & -Z_2 & -Z_4 \\ -Z_2-Z_4 & Z_2+Z_3 & Z_4+Z_6 \\ 0 & 1 & -1 \end{pmatrix}\begin{pmatrix} I_1 \\ I_2 \\ I_3 \end{pmatrix}=\begin{pmatrix} V_{s1}-V_{s2} \\ V_{s2}-V_{s3} \\ I_{s5} \end{pmatrix} \tag{6-3-17}$$

矩阵式(6-3-17)的第二行，可以引入**超网孔**(**Supermesh**)的概念获得。所谓超网孔即不含电流源支路的大一点的网孔。由于图 6-3-3(d)中电流源支路为网孔 2 和网孔 3 共有，为了消除支路上的电流源，可以将这两个网孔合并为超网孔，如图中虚线闭合路径所示。z_{22} 项为网孔 2 的自阻抗 Z_2+Z_3，z_{23} 项为网孔 3 的自阻抗 Z_4+Z_6，z_{21} 项为超网孔与其他网孔(网孔 1)的互阻抗 $-(Z_2+Z_4)$，等号右边的电压源是沿该超网孔方向所有电压源电压升的代数和。

至此，本书描述了网孔电流法和回路电流法可能遇到的各种常见网络情况的处理，然而对这些方法的深入理解和应用，还需读者进一步思考和练习。

6.4 节点分析法/Nodal Analysis

6.4.1 节点电压法/Nodal Voltage Analysis

定义：在一个有 n 个节点的网络中，任取一节点为参考节点，以其余节点的节点电压 $V_i(i=1,2,\cdots,n-1)$ 为待求变量，根据 KCL 定律建立完备而独立的约束节点电压的方程，从而求解节点电压的方法称为**节点电压法**。

为了推导出节点电压方程、获得建立方程的一般规律，以电路图 6-4-1 为例，选定支路数较多的节点 4 为参考节点，前面已经分析，参考节点一旦确定，其余 1、2、3 节点便都是独立节点。如图作闭合曲面，方向以背离节点为正，则对各独立节点建立 KCL 方程，有

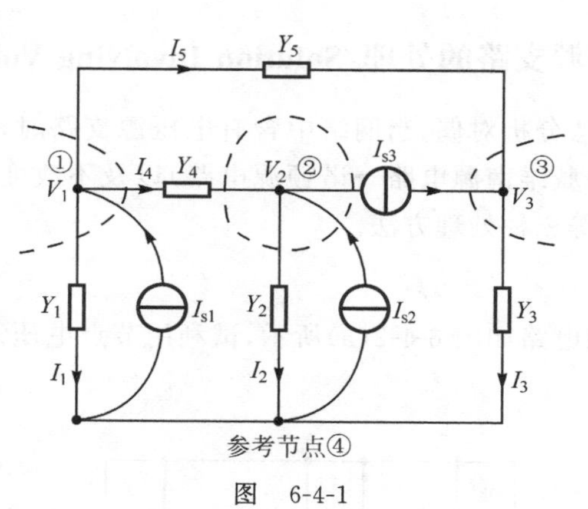

图　6-4-1

$$
\begin{cases}
Y_1(V_1-0)+Y_4(V_1-V_2)+Y_5(V_1-V_3)-I_{s1}=0 \\
Y_4(V_2-V_1)+Y_2(V_2-0)-I_{s2}+I_{s3}=0 \\
Y_3(V_3-0)+Y_5(V_3-V_1)-I_{s3}=0
\end{cases}
\tag{6-4-1}
$$

整理后写成矩阵形式为

$$
\begin{pmatrix}
Y_1+Y_4+Y_5 & -Y_4 & -Y_5 \\
-Y_4 & Y_2+Y_4 & 0 \\
-Y_5 & 0 & Y_3+Y_5
\end{pmatrix}
\begin{pmatrix} V_1 \\ V_2 \\ V_3 \end{pmatrix}
=
\begin{pmatrix} I_{s1} \\ I_{s2}-I_{s3} \\ I_{s3} \end{pmatrix}
$$

或

$$
\boldsymbol{YV}=\boldsymbol{I}_s \tag{6-4-2}
$$

其中，$\boldsymbol{Y}$ 称为**节点导纳矩阵**（**Nodal Admittance Matrix**），是 $n_t\times n_t$ 的方阵，当网络不含受控源时，它是对称矩阵；$\boldsymbol{V}$ 称为**节点电压列向量**，$\boldsymbol{I}_s$ 称为**节点电流源列向量**，是 $n_t\times 1$ 的矩阵。

进一步分析式(6-4-2)可以获得以下规律和特点：节点导纳矩阵的对角线元素 $y_{ii}(i=1,2,\cdots,n_t)$ 称为**自导纳**（**Self Admittance**），它是与第 i 节点连接的所有支路导纳之和，满足 $y_{ii}>0$；非对角线元素 $y_{ij}(i,j=1,2,\cdots,n_t;\ i\neq j)$ 称为**互导纳**（**Mutual Admittance**）；它是第 i、第 j 节点之间相连的所有支路导纳之和的负值；并且总是存在 $y_{ij}<0$；节点电流源列向量的元素 $I_{si}(i=1,2,\cdots,n_t)$，是所有流向第 i 节点的电流源支路的代数和。

根据这些规律和特点，可以很容易地通过观察快速直接写出节点电压方程的矩阵形式(6-4-2)，并求得节点电压为

$$
V_i=\sum_{k=1}^{n_t}\frac{\Delta_{ki}}{|\boldsymbol{Y}|}I_{sk},\quad i=1,2,\cdots,n_t \tag{6-4-3}
$$

从而各支路电压、电流也就不难求出了。例如本例中，各支路电流分别为

$$
I_1=Y_1V_1,\quad I_2=Y_2V_2,\quad I_3=Y_3V_3,\quad I_4=Y_4(V_1-V_2),\quad I_5=Y_5(V_1-V_3) \tag{6-4-4}
$$

当网络中含有受控源支路时，分析方法与回路电流法类同，这里不再赘述。

6.4.2 含电压源支路的处理/Solution Involving Voltage Sources

和前述回路电流法分析对偶，当网络中含有电压源支路时，可以采用改变原网络拓扑结构的源等效法(戴维南源电路→诺顿源电路)以及不改变网络结构的虚节点电压法和假设支路电流等三种处理方法。

1. 源等效法

【例 6-4-1】 已知电路如图 6-4-2(a)所示，试利用节点电压法，写出节点电压方程的矩阵形式。

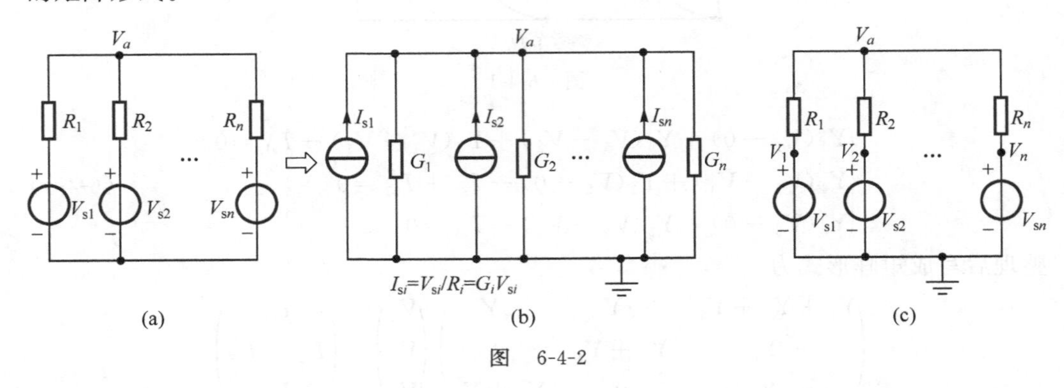

图 6-4-2

解：如图 6-4-2(a)所示的电路中含有的电压源支路可以利用源等效的方法将戴维南源电路转化为诺顿源电路，等效后的电路只含有电流源(图 6-4-2(b))，可以利用式(6-4-2)通过观察直接写出方程矩阵。本例电路比较特别，除去参考节点(接地)之外，只含有一个节点，使节点电压列向量、节点电流源列向量、节点导纳矩阵都最大限度地化简。取该节点电压为 V_a，可以通过观察直接写出节点电压方程的矩阵形式为

$$\left(\sum_{i=1}^{n} G_i\right) V_a = \sum_{i=1}^{n} I_{si} \tag{6-4-5}$$

从而很容易求出该节点电压 V_a 为

$$V_a = \frac{\sum_{i=1}^{n} I_{si}}{\sum_{i=1}^{n} G_i} = \frac{\sum_{i=1}^{n} G_i V_{si}}{\sum_{i=1}^{n} G_i} = \frac{\sum_{i=1}^{n} V_{si}/R_i}{\sum_{i=1}^{n} 1/R_i} \tag{6-4-6}$$

式(6-4-6)称为**弥尔曼定理(Millman's Theorem)**。

2. 虚节点电压法

当电压源与参考节点相连时，如果不改变图 6-4-2(a)的网络结构，可以在每一个有电压源的支路上增加一个节点，即相当于将每个电压源取为单电压源支路(图 6-4-2(c))，此时网络的独立节点数为 $n+1$，利用式(6-4-2)，通过观察直接写出节点电压方程的矩阵形式为

$$\begin{pmatrix} \sum_{i=1}^{n} G_i & -G_1 & -G_2 & \cdots & -G_n \\ 0 & 1 & 0 & \cdots & 0 \\ 0 & 0 & 1 & \cdots & 0 \\ \vdots & \vdots & \vdots & \ddots & \vdots \\ 0 & 0 & 0 & \cdots & 1 \end{pmatrix} \begin{pmatrix} V_a \\ V_1 \\ V_2 \\ \vdots \\ V_n \end{pmatrix} = \begin{pmatrix} 0 \\ V_{s1} \\ V_{s2} \\ \vdots \\ V_{sn} \end{pmatrix} \tag{6-4-7}$$

由于电压源 $V_{si}(i=1,2,\cdots,n)$ 是已知的，所以增加的相应节点电压 $V_i=V_{si}$。此时，式(6-4-7)中第一行是用观察法直接建立的，以下的 n 行满足 $V_i=V_{si}$。因此，式(6-4-7)不难简化为

$$\left(\sum_{i=1}^{n} G_i\right) V_a - \sum_{i=1}^{n} G_i V_{si} = 0 \tag{6-4-8}$$

比较式(6-4-5)与式(6-4-7)结果相同，即以上两种思路是自洽的。

3. 假设支路电流法

当单电压源支路不与参考节点相连时，如果不改变网络结构，可以假设该电压源支路的支路电流。

【例 6-4-2】 已知电路如图 6-4-3 所示，试利用节点电压法，写出节点电压方程的矩阵形式。

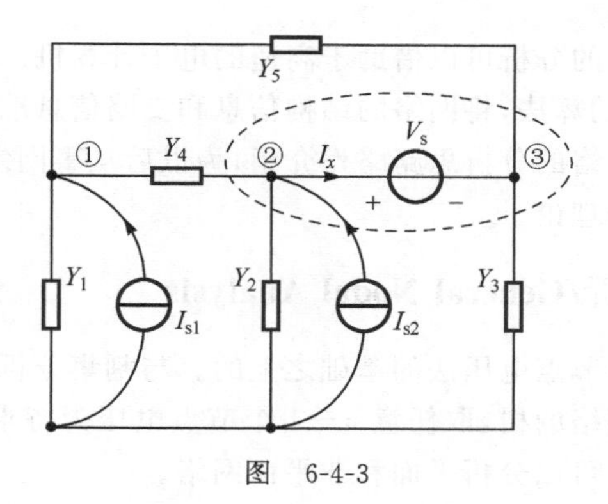

图　6-4-3

解：对电压源支路假设支路电流为 I_x 利用式(6-4-2)，通过观察直接写出节点电压方程的矩阵形式为

$$\begin{pmatrix} Y_1+Y_4+Y_5 & -Y_4 & -Y_5 \\ -Y_4 & Y_2+Y_4 & 0 \\ -Y_5 & 0 & Y_3+Y_5 \end{pmatrix} \begin{pmatrix} V_1 \\ V_2 \\ V_3 \end{pmatrix} = \begin{pmatrix} I_{s1} \\ I_{s2}-I_x \\ I_x \end{pmatrix} \tag{6-4-9}$$

注意到式(6-4-9)中 I_x 是未知的，可以利用矩阵各行的代数运算消去。本例可以将式(6-4-9)中的第二行与第三行相加为一行，即

$$\begin{pmatrix} Y_1+Y_4+Y_5 & -Y_4 & -Y_5 \\ -Y_4-Y_5 & Y_2+Y_4 & Y_3+Y_5 \end{pmatrix} \begin{pmatrix} V_1 \\ V_2 \\ V_3 \end{pmatrix} = \begin{pmatrix} I_{s1} \\ I_{s2} \end{pmatrix} \tag{6-4-10}$$

式(6-4-10)无法求解三个节点电压未知变量,考虑到电压源支路满足的约束条件:$V_s=V_2-V_3$,可以将其补入式(6-4-10)作为矩阵的第三行,因此,最终可得节点电压方程矩阵形式为

$$\begin{pmatrix} Y_1+Y_4+Y_5 & -Y_4 & -Y_5 \\ -Y_4-Y_5 & Y_2+Y_4 & Y_3+Y_5 \\ 0 & 1 & -1 \end{pmatrix} \begin{pmatrix} V_1 \\ V_2 \\ V_3 \end{pmatrix} = \begin{pmatrix} I_{s1} \\ I_{s2} \\ V_s \end{pmatrix} \tag{6-4-11}$$

矩阵式(6-4-11)的第二行,可以引入**超节点**(**Supernode**)或称为**广义节点**(**Generalized Node**)的概念获得。所谓超节点即吞掉电压源支路的大一点的节点,如图6-4-3中虚线闭合路径所示。由于图中电压源支路连接在节点2和节点3之间,为了消除支路上的电压源,可以将这两个节点合并为一个超节点。y_{22}项为节点2的自导纳Y_2+Y_4,y_{23}项为节点3的自导纳Y_3+Y_5,y_{21}项为超节点与其他节点(节点1)的互导纳$-(Y_5+Y_4)$,等号右边的电流源是流入该超节点的所有电流源的代数和。

*6.5 大网络拓扑分析/Topology Analysis

现代大型复杂网络的分析可以借助于高速的电子计算机。针对任意复杂的网络,建立一套系统的、完备的算法,将网络的结构信息和支路信息准确地输入计算机,并有效计算。本节仅对大网络的分析思路略作介绍,为以后从事网络拓扑分析工作和研究的读者提供初步的基础理论。

6.5.1 节点分析/General Nodal Analysis

节点分析是建立在节点电压法的基础之上的。与割集分析和回路分析相比较,它的好处是不需要确立网络的树,取任意$n-1$个节点电压为待求变量便可以构成独立且完备的节点方程组。可以分析平面和非平面网络。

用计算机进行网络分析,首先需要输入网络的结构信息和支路信息,即输入网络的拓扑结构(支路、节点、回路信息)和网络参数(支路信息)。

1. 标准支路(Typical Branch)

在拓扑图中一般支路用一条有向线段表示。通常不把电压源和电流源单独作为支路处理,而是将它们和其他无源元件一起构成一条可以表示任何支路的一般支路,图6-5-1示出网络中第K条支路的两种表达形式。图6-5-1(a)用于节点分析和割集分析,图6-5-1(b)用于回路分析。

由图6-5-1(a)写出其支路电压和支路电流的VCR为

$$I_K=Y_K(V_K-V_{sK})+I_{sK} \tag{6-5-1}$$

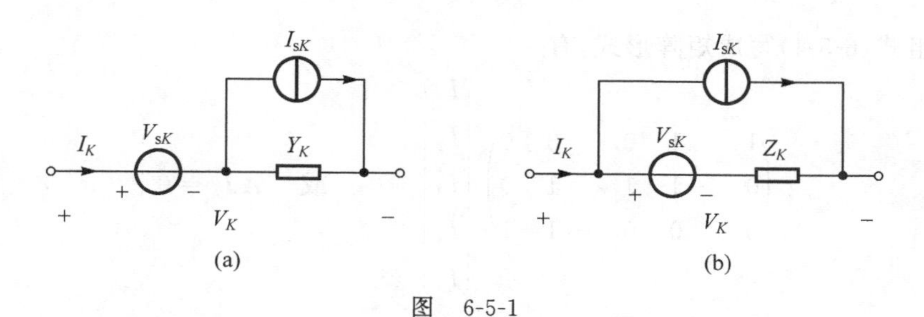

图　6-5-1

对于一个含有 b 条支路的网络，式(6-5-1)中的 $K=1,2,\cdots,b$，可以归纳写出以下的矩阵式

$$\boldsymbol{I}_b=\boldsymbol{Y}_b(\boldsymbol{V}_b-\boldsymbol{V}_{sb})+\boldsymbol{I}_{sb} \tag{6-5-2}$$

其中，$\boldsymbol{I}_b$ 为支路电流列向量，是 $b\times1$ 的矩阵，其每一行表示对应支路的支路电流；$\boldsymbol{V}_b$ 为支路电压列向量，也是 $b\times1$ 的矩阵，其每一行表示对应支路的支路电压；$\boldsymbol{I}_{sb}$ 为支路电流源列向量，是 $b\times1$ 的矩阵，其每一行表示对应支路的电流源；$\boldsymbol{V}_{sb}$ 为支路电压源列向量，是 $b\times1$ 的矩阵，其每一行表示对应支路的电压源；$\boldsymbol{Y}_b$ 为支路导纳矩阵，为 $b\times b$ 的方阵，在不考虑受控源的影响时，其对角线上的值表示对应支路的导纳，非对角线上的值总是为零，它是一个对角矩阵，可以写为

$$\boldsymbol{Y}_b=\begin{pmatrix}Y_1 & 0 & 0 & 0\\ 0 & Y_2 & 0 & 0\\ 0 & 0 & \cdots & 0\\ 0 & 0 & 0 & Y_b\end{pmatrix}=\mathrm{diag}(Y_1,Y_2,\cdots,Y_b) \tag{6-5-3}$$

2. 关联矩阵(Incidence Matrix)

对于任意一个含有 b 条支路、n 个节点的复杂网络，可以用支路和节点的**关联矩阵**把网络的拓扑结构表示出来。可以通过下面的一个例子来引出**关联矩阵**的描述形式：

图 6-5-2 网络含有 5 条支路、4 个节点。取底部节点④为参考节点，则由以往结论知其他 3 个节点为独立节点，对每一个独立节点依次建立 KCL 方程(以电流流出为正)，有

$$\begin{cases}I_1+I_2=0\\ -I_2+I_3+I_4=0\\ -I_4+I_5=0\end{cases} \tag{6-5-4}$$

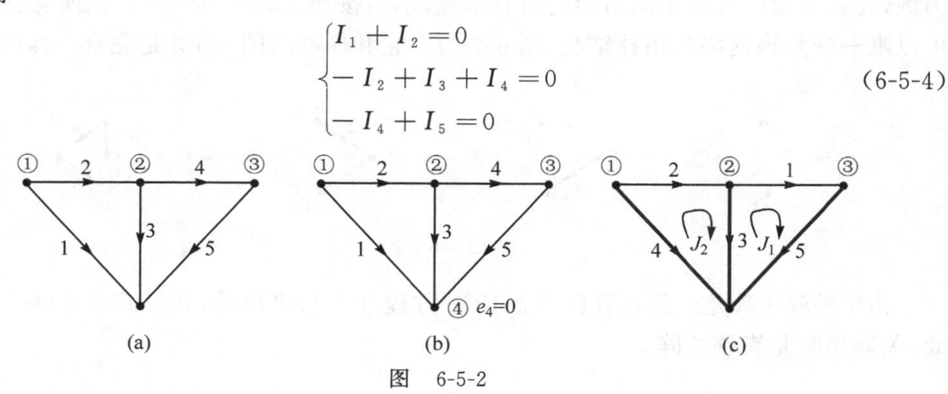

图　6-5-2

将方程组式(6-5-4)写成矩阵形式，有

$$\begin{pmatrix}1 & 1 & 0 & 0 & 0\\0 & -1 & 1 & 1 & 0\\0 & 0 & 0 & -1 & 1\end{pmatrix}\begin{bmatrix}I_1\\I_2\\I_3\\I_4\\I_5\end{bmatrix}=0 \quad 或 \quad \boldsymbol{A}\boldsymbol{I}_b=0 \tag{6-5-5}$$

$$\boldsymbol{A}=\begin{pmatrix}1 & 1 & 0 & 0 & 0\\0 & -1 & 1 & 1 & 0\\0 & 0 & 0 & -1 & 1\end{pmatrix} \tag{6-5-6}$$

其中，称矩阵 $\boldsymbol{A}$ 为**关联矩阵**。它是一个 $n_t \times b$ 的矩阵，它的行与 n_t 个节点分别对应，列与 b 条支路分别对应，是名副其实的"支路和节点的关联矩阵"。

矩阵单元 a_{ij} ($i=1,2,\cdots,n_t$；$j=1,2,\cdots,b$)的取值有以下规律：

$$a_{ij}=\begin{cases}1 & (\text{节点 } i \text{ 与支路 } j \text{ 关联，且支路电流的参考方向背离该节点})\\-1 & (\text{节点 } i \text{ 与支路 } j \text{ 关联，且支路电流的参考方向指向该节点})\\0 & (\text{节点 } i \text{ 与支路 } j \text{ 不关联})\end{cases} \tag{6-5-7}$$

关联矩阵的每一列对应一条支路，由于网络图的每一条支路起止在两个不同的节点上，因此其参考方向必然是背离一个节点而指向另一个节点的，考虑到另一个节点可能是参考节点，所以关联矩阵的每一列都至少有一个、最多有两个非零元素，如果一个取值为1，则另一个一定取值为−1。从关联矩阵的这一特性，可以推出参考节点与网络图中各支路的关联关系。以式(6-5-6)为例，有

$$\begin{array}{c}\text{支路：}\quad 1 \quad\; 2 \quad\; 3 \quad\; 4 \quad\; 5\\ \boldsymbol{A}=\begin{bmatrix}1 & 1 & 0 & 0 & 0\\0 & -1 & 1 & 1 & 0\\0 & 0 & 0 & -1 & 1\end{bmatrix}\\ \text{节点 ④：} -1 \quad 0 \quad -1 \quad 0 \quad -1\end{array}$$

可以利用关联矩阵的性质，由它**唯一**地勾画出该网络的拓扑结构。以式(6-5-6)为例，先在任意位置画出网络图的所有节点，然后按照关联矩阵依次画出所有支路，就可以**唯一**恢复该网络的拓扑结构(图 6-5-3)。它和原网络图 6-5-2 是完全一样的。

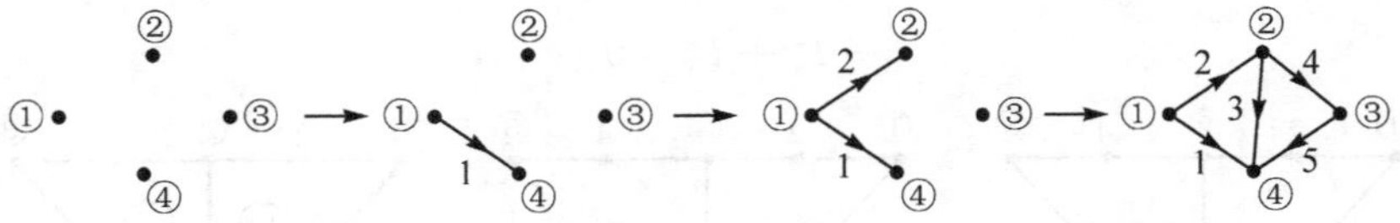

图 6-5-3

由于关联矩阵是由独立节点建立 KCL 方程(6-5-4)推出的，并且满足式(6-5-5)，因此，关联矩阵是**满秩**矩阵。

3. 节点电位 $\boldsymbol{E}_n$ 和支路电压 $\boldsymbol{V}_b$ 的关系（Nodal Voltage and Branch Voltage）

用符号 E 来表示各节点电位，为简化分析取参考节点的电位为零，以网络图 6-5-2(b)为例，即 $e_4=0$。仍然以网络图 6-5-2(b)为例，推导节点电位 $\boldsymbol{E}_n$[①] 和支路电压 $\boldsymbol{V}_b$ 之间的关系，对于图中每一条支路可以写出

$$\begin{cases} V_1=e_1-e_4=e_1 \\ V_2=e_1-e_2 \\ V_3=e_2-e_4=e_2 \\ V_4=e_2-e_3 \\ V_5=e_3-e_4=e_3 \end{cases} \tag{6-5-8}$$

整理成矩阵形式，有

$$\begin{pmatrix} V_1 \\ V_2 \\ V_3 \\ V_4 \\ V_5 \end{pmatrix}=\begin{pmatrix} 1 & 0 & 0 \\ 1 & -1 & 0 \\ 0 & 1 & 0 \\ 0 & 1 & -1 \\ 0 & 0 & 1 \end{pmatrix}\begin{pmatrix} e_1 \\ e_2 \\ e_3 \end{pmatrix}=0 \quad 或 \quad \boldsymbol{V}_b=\boldsymbol{A}^{\mathrm{T}}\boldsymbol{E}_n \tag{6-5-9}$$

其中，$\boldsymbol{A}^{\mathrm{T}}$ 为 $\boldsymbol{A}$ 的转置矩阵；$\boldsymbol{E}_n$ 为节点电位列向量，是 $n_t\times 1$ 的矩阵，其每一行表示对应节点的节点电位。

4. 节点分析矩阵（Nodal Analysis Matrix）

将式(6-5-9)代入式(6-5-2)得

$$\boldsymbol{I}_b=\boldsymbol{Y}_b(\boldsymbol{A}^{\mathrm{T}}\boldsymbol{E}_n-\boldsymbol{V}_{sb})+\boldsymbol{I}_{sb} \tag{6-5-10}$$

将式(6-5-10)代入式(6-5-5)得

$$\boldsymbol{A}\left[\boldsymbol{Y}_b(\boldsymbol{A}^{\mathrm{T}}\boldsymbol{E}_n-\boldsymbol{V}_{sb})+\boldsymbol{I}_{sb}\right]=\boldsymbol{0} \quad 或简写为 \quad \boldsymbol{Y}_n\boldsymbol{E}_n=\boldsymbol{I}_s \tag{6-5-11}$$

式(6-5-11)称为**节点分析矩阵**。其中，$\boldsymbol{Y}_n=\boldsymbol{A}\boldsymbol{Y}_b\boldsymbol{A}^{\mathrm{T}}$ 称为**节点导纳矩阵**，是 $n_t\times n_t$ 的方阵，当网络中不含受控源时，它是一个对称矩阵；$\boldsymbol{I}_s=\boldsymbol{A}(\boldsymbol{Y}_b\boldsymbol{V}_{sb}-\boldsymbol{I}_{sb})$ 称为节点电流源列向量，是 $n_t\times 1$ 的矩阵。

观察式(6-5-11)可见，除待求变量节点电位之外，其他均为已知参量。在获得节点电位 $\boldsymbol{E}_n$ 之后，利用式(6-5-9)和式(6-5-10)可以依次获得最终需要求解的支路电压和支路电流。

需要指出的是，当网络中含有受控源时，问题就变得复杂很多，此时节点导纳矩阵不再是对称矩阵。有兴趣的读者可以试着推导或查阅相关参考文献（推导方法提示：①在向计算机输入网络参数时，输入受控源的位置（支路号）、性质（是 4 种类型中的哪一种）、控制支路的位置；②先将受控源看作独立源建立节点分析矩阵；③根据受控

---

① 电位的高低总是相对于一个参考电平的，当参考节点电位取零时，节点电位和节点电压的称谓是等价的。

源的性质和信息调整矩阵。整理之后的节点导纳矩阵将不再是对称矩阵)。

6.5.2 回路分析/Loop Analysis

回路分析可适用于平面和非平面网络,与回路电流法的分析思想一样,在回路分析中,首先要确立网络的树,然后才能确定完备且相互独立的基本回路,并以基本回路中假想的回路电流为待求变量建立网络方程矩阵。

1. 标准支路(Typical Branch)

图 6-5-1(b)为用于回路分析的一般支路模型,其支路电压和支路电流的 VCR 可以表示为

$$V_K = Z_K(I_K - I_{sK}) + V_{sK} \tag{6-5-12}$$

对于一个含有 b 条支路的网络,式(6-5-12)中 $K=1,2,\cdots,b$,可以统一写出以下的矩阵式

$$\boldsymbol{V}_b = \boldsymbol{Z}_b(\boldsymbol{I}_b - \boldsymbol{I}_{sb}) + \boldsymbol{V}_{sb} \tag{6-5-13}$$

其中,$\boldsymbol{Z}_b$ 为支路阻抗矩阵,是 $b\times b$ 的方阵,在不考虑受控源的影响时,其对角线上的值表示对应支路的阻抗,非对角线上的值总是为零,它是一个对角矩阵,可以写为

$$\boldsymbol{Z}_b = \begin{bmatrix} Z_1 & 0 & 0 & 0 \\ 0 & Z_2 & 0 & 0 \\ 0 & 0 & \cdots & 0 \\ 0 & 0 & 0 & Z_b \end{bmatrix} = \mathrm{diag}(Z_1, Z_2, \cdots, Z_b) \tag{6-5-14}$$

2. 基本回路矩阵 *B*(Fundamental Loop Matrix)

6.2 节中已经证明,一个支路数为 b,节点数为 n 的连通图的基本回路数为 $b-n+1$,且等于该连通图的连支数 n_l,一个连支可以和若干树支构成一个基本回路。如果把基本回路的参考方向与连支的参考方向取为一致,并且有意对网络的支路以“先连支后树支”的顺序编号,如图 6-5-2(c)所示(仍然以举例的方式导出基本规律),支路 3、4、5 为树支,支路 1、2 为连支,写出由基本回路建立的 KVL 方程为

$$\begin{cases} \text{基本回路 1(连支 1)}: V_1 + V_5 - V_3 = 0 \\ \text{基本回路 2(连支 2)}: V_2 + V_3 - V_4 = 0 \end{cases} \tag{6-5-15}$$

式(6-5-15)整理成矩阵的形式为

$$\begin{pmatrix} 1 & 0 & -1 & 0 & 1 \\ 0 & 1 & 1 & -1 & 0 \end{pmatrix} \begin{bmatrix} V_1 \\ V_2 \\ V_3 \\ V_4 \\ V_5 \end{bmatrix} = 0 \quad \text{或} \quad \boldsymbol{BV}_b = \boldsymbol{0} \tag{6-5-16}$$

定义 $\boldsymbol{B}$ 为**基本回路矩阵**,是一个 $n_l\times b$ 的矩阵,基本回路矩阵的每一行分别对应各基本回路,每一列分别对应各支路。由于编号顺序采用了先连支后树支,因此 $\boldsymbol{B}$ 矩

阵可分为两个子矩阵，即

$$\boldsymbol{B}=\left(\begin{array}{cc:ccc}1 & 0 & -1 & 0 & 1\\ 0 & 1 & 1 & -1 & 0\end{array}\right) \tag{6-5-17}$$

第一部分 $n_l \times n_l$ 方阵为连支部分的单位矩阵，第二部分为树支部分的 $n_l \times n_t$ 矩阵。基本回路矩阵的单元 $b_{ij}(i=1,2,\cdots,n_l,j=1,2,\cdots,b)$ 的取值有以下规律：

$$b_{ij}=\begin{cases}1 & \text{（回路 } i \text{ 与支路 } j \text{ 关联，且支路电压的参考方向与回路方向相同）}\\ -1 & \text{（回路 } i \text{ 与支路 } j \text{ 关联，且支路电压的参考方向与回路方向相反）}\\ 0 & \text{（回路 } i \text{ 与支路 } j \text{ 不关联）}\end{cases} \tag{6-5-18}$$

如同关联矩阵 $\boldsymbol{A}$ 可以描述网络图的全部拓扑结构一样，基本回路矩阵 $\boldsymbol{B}$ 也是网络图拓扑结构的另一种描述，因此，$\boldsymbol{A}$ 和 $\boldsymbol{B}$ 之间一定存在某种关系，为了便于比较，写出图 6-5-2(c)的关联矩阵，即

$$\boldsymbol{A}=\begin{pmatrix}0 & 1 & 0 & 1 & 0\\ 1 & -1 & 1 & 0 & 0\\ -1 & 0 & 0 & 0 & 1\end{pmatrix} \tag{6-5-19}$$

可以证明：关联矩阵的任一行与基本回路矩阵的任一行对应元素乘积之和都是零。

3. 回路电流 $\boldsymbol{J_l}$ 和支路电流 $\boldsymbol{I_b}$ 的关系(Loop Current and Branch Current)

由于基本回路是单连支回路，且基本回路的参考方向即为该连支的方向，因此，为了简化分析，可以取基本回路电流等于连支电流，并用符号 J 来表示。仍然以图 6-5-2(c)为例导出回路电流 J 和支路电流 I 之间的关系式。对于图 6-5-2(c)中的每一条支路，可以写出

$$\begin{cases}I_1=J_1\\ I_2=J_2\\ I_3=J_2-J_1\\ I_4=-J_2\\ I_5=J_1\end{cases}$$

整理成矩阵形式为

$$\begin{pmatrix}I_1\\ I_2\\ I_3\\ I_4\\ I_5\end{pmatrix}=\begin{pmatrix}1 & 0\\ 0 & 1\\ -1 & 1\\ 0 & -1\\ 1 & 0\end{pmatrix}\begin{pmatrix}J_1\\ J_2\end{pmatrix} \quad \text{或} \quad \boldsymbol{I}_b=\boldsymbol{B}^{\mathrm{T}}\boldsymbol{J}_l \tag{6-5-20}$$

其中，$\boldsymbol{B}^{\mathrm{T}}$ 为 $\boldsymbol{B}$ 的转置矩阵；$\boldsymbol{J}_l$ 为回路电流列向量，是 $n_l \times 1$ 的矩阵。

4. 回路分析矩阵(Loop Analysis Matrix)

将式(6-5-20)代入式(6-5-13)得

$$V_b = Z_b(B^T J_1 - I_{sb}) + V_{sb} \tag{6-5-21}$$

将式(6-5-21)代入式(6-5-16)得

$$B[Z_b(B^T J_l - I_{sb}) + V_{sb}] = 0 \quad 或 \quad Z_l J_l = V_s \tag{6-5-22}$$

式(6-5-22)称为**回路分析矩阵**。其中，$Z_l = BZ_bB^T$ 称为**回路阻抗矩阵**，是 $n_l \times n_l$ 的方阵，当网络不含受控源时，它是对称矩阵；$V_s = B(Z_b I_{sb} - V_{sb})$ 称为回路电压源列向量，是 $n_l \times l$ 的矩阵。

式(6-5-22)中除待求变量回路电流之外，其他均为已知参量，因此可以求解获得回路电流。进一步利用式(6-5-20)和式(6-5-21)获得最终需要求解的各支路电流和支路电压。

需要指出的是，本节对节点分析和回路分析的描述非常简浅，只是给出了大网络拓扑分析的基本思想，以帮助读者拓展视野。

总结与回顾
Summary and Review

请同学们带着以下的思考去回顾和总结：

- ♣ 线性电路系统的分析方法是要求解什么问题？
- ♣ 为什么拓扑分析方法可以用来分析线性电路？
- ♣ 什么是连通图、平面网络、非平面网络？
- ♣ 什么是树、树支、连支、割集？
- ♣ 什么是独立节点、独立回路、单树支割集、单连支回路、基本割集、基本回路？为什么建立方程必须是完备的和独立的？
- ♣ 总结支路电流法、网孔电流法、回路电流法的异同。
- ♣ 总结回路电流法与节点电压法的异同，网络的回路方程和节点方程是否在一定程度上描述了网络的结构？

学生研讨题选
Topics of Discussion

- 总结网络拓扑分析方法，比较一下 2B 法、支路法、支路电压法、节点电压法、回路电流法、网孔电流法。
- 拓扑分析可以分析非线性电路吗？

- 平面网络的网孔是否一定是某个基本回路？
- 方程为什么必须是“完备的”“独立的”？引入基本回路电流作为变量的合理性是什么？
- 试讨论通过网孔电流、回路电流和节点电压矩阵复原网络的存在性和唯一性。
- 试总结网络分析方法具有的对偶性，探讨该对偶性在解决问题中对选择方法能起到什么帮助？
- 网络函数与回路阻抗矩阵、节点导纳矩阵有什么关系？

练习与习题
Exercises and Problems

6-1** 试为题图 6-1 所示的网络有向图选择两棵树，验证树支数等于$(n-1)$；以节点⑥为参考节点，写出节点-支路关联矩阵 $\boldsymbol{A}$，并利用关联矩阵 $\boldsymbol{A}$ 看看能否恢复网络的有向图。

Find two trees for the network shown in Fig. 6-1, and prove that $n_t=n-1$. Let Node ⑥ be the reference node, determine the node-branch matrix $\boldsymbol{A}$, and determine whether the directed graph can be restored from the $\boldsymbol{A}$.

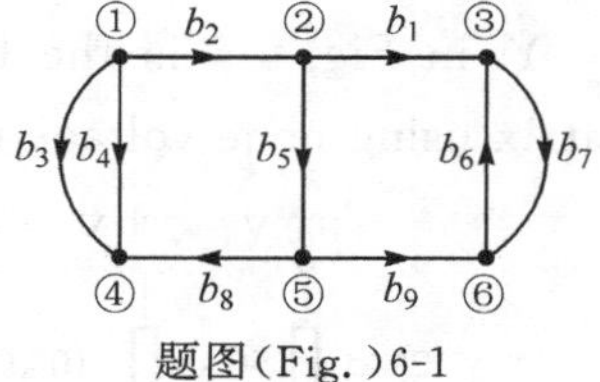

题图(Fig.)6-1

6-2** 对题 6-1 选择的两棵树，分别写出基本回路（单连支回路）、基本割集（单树支割集），并验证基本回路数＝连支数，基本割集数＝树支数。

Find the fundamental loop and the fundamental cut set of the two trees in Fig. 6-1, and prove that the number of the fundamental loops equals to the number of the links, and that the number of the fundamental cut sets equals to the number of the branches.

6-3** 用节点电压法列出题图 6-2 所示电路中 V_1、V_2 和 V_3 所需方程的矩阵形式。$\left(\begin{pmatrix} Y_2+Y_3 & -Y_2 & 0 \\ -Y_2-g & Y_2+Y_4+g & Y_6 \\ 0 & 1 & -1 \end{pmatrix}\begin{pmatrix} V_1 \\ V_2 \\ V_3 \end{pmatrix}=\begin{pmatrix} I_{s2} \\ -I_{s2} \\ V_{s1} \end{pmatrix}\right)$（2013 年冬试题）

Determine the matrix equation to solve V_1, V_2 and V_3 in Fig. 6-2.

6-4** 用至少两种方法求题图 6-3 梯形网络中的电压 V_o，并比较优劣。(1 V)

Determine the voltage V_o of the ladder network in Fig. 6-3 using at least two methods, and compare the methods.

6-5* 用至少两种方法求题图 6-4 电路中的电压 V_o，并比较优劣。(50/3 V)

Determine the voltage V_o in Fig. 6-4 using at least two methods, and compare the methods.

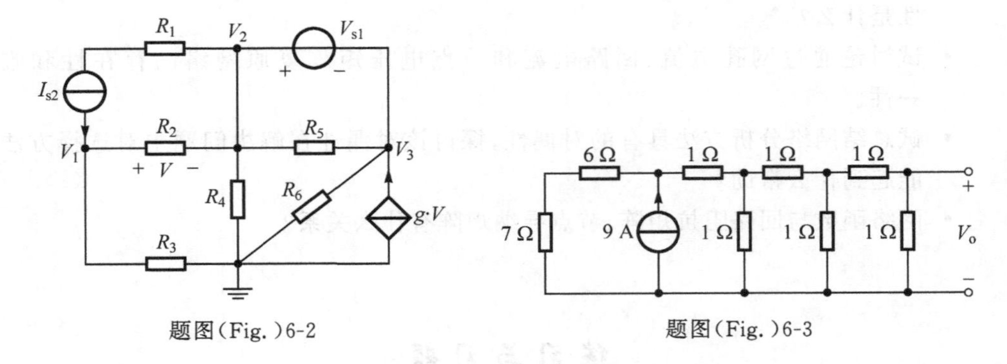

题图(Fig.)6-2　　　　题图(Fig.)6-3

6-6* 题图 6-5 网络中 Y_i 为支路导纳，用节点电压法写出图中网络的节点电压方程的矩阵形式。$\left(\begin{pmatrix} Y_1+Y_2+Y_4 & -Y_2 & -Y_1 \\ -Y_2 & Y_2+Y_5 & 0 \\ -Y_1 & 0 & Y_1+Y_6 \end{pmatrix}\begin{pmatrix} V_1 \\ V_2 \\ V_3 \end{pmatrix}=\begin{pmatrix} V_{s4}Y_4 \\ I_{s5}-I_{s3} \\ I_{s3} \end{pmatrix}\right)$ (2002 年冬试题)

Y_i in Fig. 6-5 is the branch admittance. Determine the node voltage equation matrix using node voltage method.

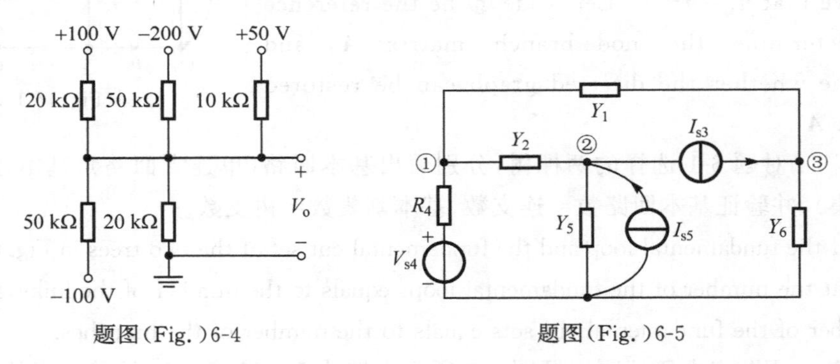

题图(Fig.)6-4　　　　题图(Fig.)6-5

6-7** 题图 6-6 网络中 Z_i 为支路阻抗，分别用网孔电流法和节点电压法，写出网络的网孔电流方程矩阵和节点电压方程矩阵。(2003 年秋试题)

Z_i in Fig. 6-6 is the branch impedance. Determine the mesh current equation matrix using mesh current method, and determine the node voltage equation matrix using node voltage method.

6-8** 求题图 6-7 电路中 2 Ω 电阻上的电压 V。(20 V)

Determine the voltage V across the 2 Ω resistor in Fig. 6-7.

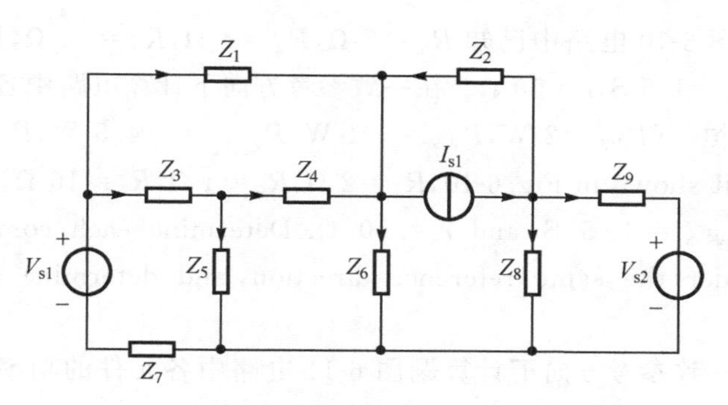

题图(Fig.)6-6

6-9** 　求题图 6-8 电路中 3 kΩ 电阻上的电压 V。(3 V)

Determine the voltage V across the 3 kΩ resistor in Fig. 6-8.

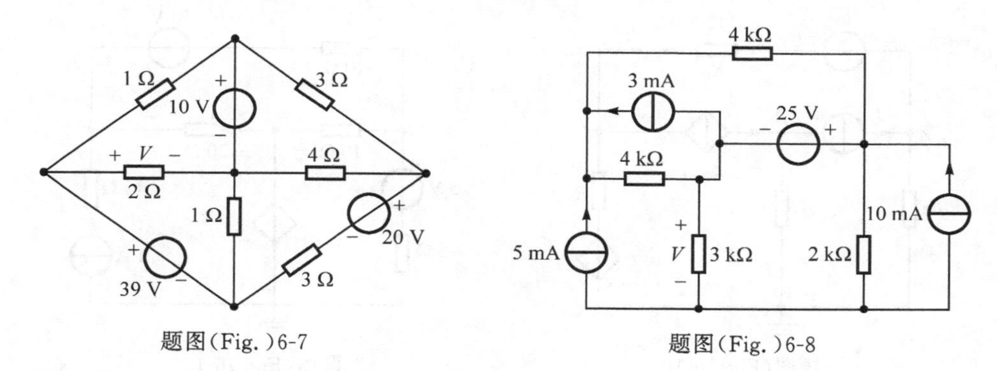

题图(Fig.)6-7　　　　题图(Fig.)6-8

6-10*** 　“四腿鸟笼线圈”(题图 6-9) 是一个无源线性网络，它由两个端环(电容均为 C，忽略端环电阻、电感)和 4 个腿(电感均为 $L=0.168\ \mu\text{H}$，电阻为 $R=0.1\ \Omega$)组成。

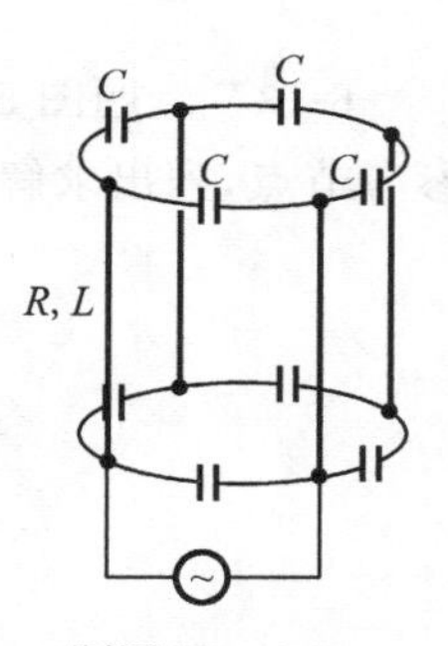

题图(Fig.)6-9

(1) 你是否有办法获得该网络的全部谐振频率？

(2) 如果给网络加一个正弦电压，要求电路工作频率为 21 MHz(谐振频率为 21 MHz)，请给出最佳的电容值并说明理由。

(3) 在获得电容取值的基础上，计算该网络全部的固有频率。(提供：王达)

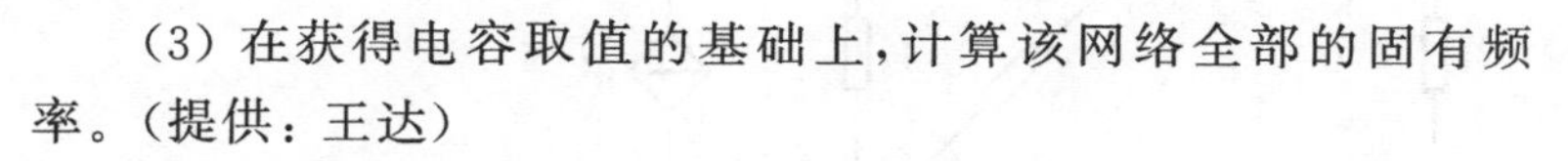

Figure 6-9 shows a passive linear network which contains two circles (composed of capacitors C) and four legs ($L=0.168\ \mu\text{H}$, and $R=0.1\ \Omega$).

(1) Can you determine all the resonant frequencies?

(2) The circuit is driven by a sinusoidal voltage, if the resonant frequency is 21 MHz, determine C and explain.

(3) Determine all the resonant frequencies.

6-11** 题图 6-10 电路中已知 $R_1=2\ \Omega, R_2=4\ \Omega, R_3=16\ \Omega, R_4=10\ \Omega, V_s=2\ \text{V}, I_s=1\ \text{A}, g_m=1.5\ \text{S}, r=50\ \Omega$。在一致参考方向下计算电路中各元件的功率，并检验功率是否守恒。($P_{1\text{A}}=2\ \text{W}, P_{2\text{V}}=-1\ \text{W}, P_{g_mV_1}=-4.5\ \text{W}, P_{rI}=-50\ \text{W}$)

In the circuit shown in Fig. 6-10, $R_1=2\ \Omega, R_2=4\ \Omega, R_3=16\ \Omega, R_4=10\ \Omega, V_s=2\ \text{V}, I_s=1\ \text{A}, g_m=1.5\ \text{S}$, and $r=50\ \Omega$. Determine each component's power consumption under the same reference direction, and determine if the power is conserved.

6-12** 在一致参考方向下计算题图 6-11 电路中各元件的功率，并检验功率是否守恒。

Determine each component's power consumption under the same reference direction in Fig. 6-11, and determine if the power is conserved.

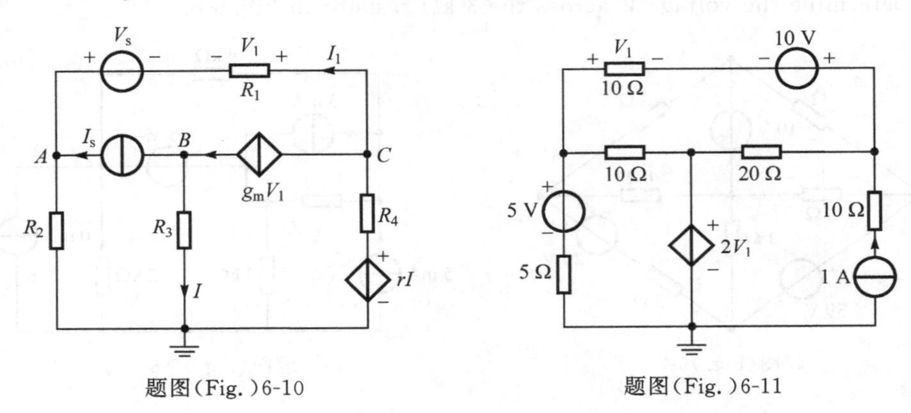

题图(Fig.)6-10 题图(Fig.)6-11

6-13** 题图 6-12 所示的电路中，Y_i 均为导纳，V 为导纳 Y_2 上的电压。以 n_0 为参考节点，列出求解电路所需的节点电压方程。(2012 年冬试题)

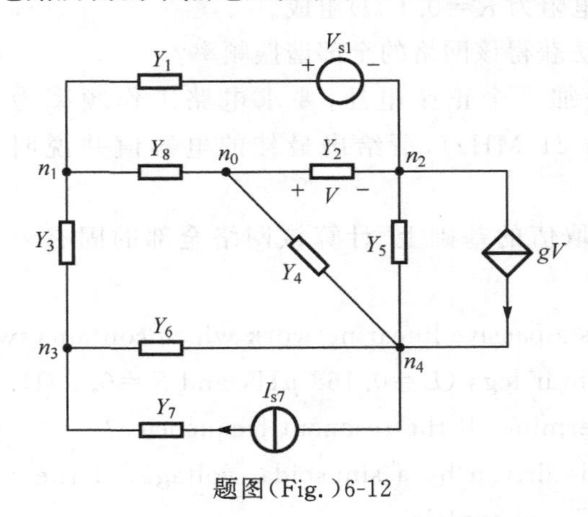

题图(Fig.)6-12

$$\left(\begin{bmatrix} Y_1+Y_3+Y_8 & -Y_1 & -Y_3 & 0 \\ -Y_1 & Y_1+Y_2+Y_5-g & 0 & -Y_5 \\ -Y_3 & 0 & Y_3+Y_6 & -Y_6 \\ 0 & g-Y_5 & -Y_6 & Y_4+Y_5+Y_6 \end{bmatrix}\begin{bmatrix} V_1 \\ V_2 \\ V_3 \\ V_4 \end{bmatrix}=\begin{bmatrix} V_{s1}Y_1 \\ -V_{s1}Y_1 \\ I_{s7} \\ -I_{s7} \end{bmatrix}\right)$$

Y_i in Fig. 6-12 is the admittance, and V is the voltage across Y_2. Let n_0 be the reference node, determine the node voltage equation.

6-14*** 求题图 6-13 电路中的电流 I_x。(1.5 A)

Determine the current I_x in Fig. 6-13.

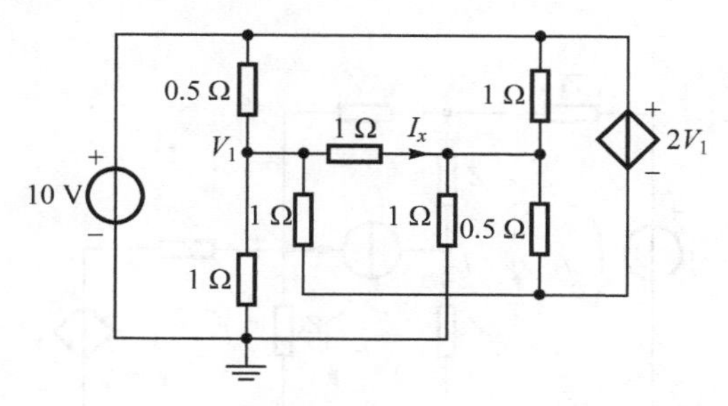

题图(Fig.)6-13

6-15** 题图 6-14 网络中 Z_i 为支路阻抗,用节点电压法写出网络的节点电压方程矩阵。(2007 年秋试题)

$$\left(\begin{bmatrix} Y_1+Y_3+Y_7 & -Y_3 & -Y_1 & 0 \\ -Y_3 & Y_3+Y_4 & -Y_4 & 0 \\ -Y_1 & -Y_4 & Y_1+Y_2+Y_4+Y_6 & -Y_2 \\ -\alpha Y_1 & 0 & \alpha Y_1-Y_2 & Y_2 \end{bmatrix}\begin{bmatrix} V_1 \\ V_2 \\ V_3 \\ V_4 \end{bmatrix}=\begin{bmatrix} V_{s7}Y_7 \\ -I_{s5} \\ -I_{s2} \\ I_{s2} \end{bmatrix}\right)$$

Z_i in Fig. 6-14 is the branch impedance. Determine the node voltage equation matrix using node voltage method.

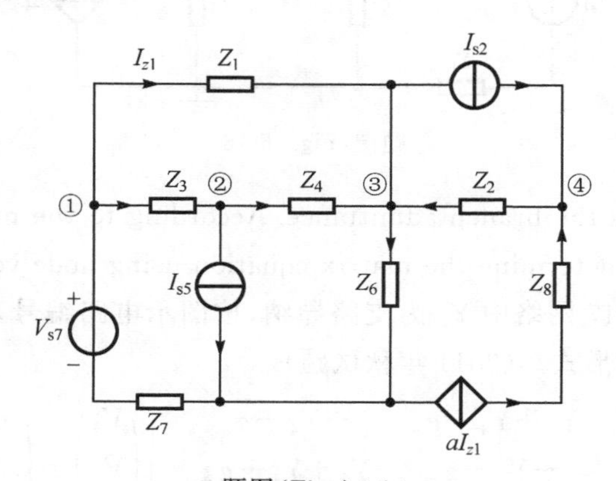

题图(Fig.)6-14

6-16** 题图 6-15 网络中 Z_i 为支路阻抗，一位同学用回路电流法对电路建立矩阵方程，已经完成了图示三个回路电流的设定，请问这三个回路是独立回路吗？回路数完备了吗？试帮助该同学完成工作，并写出网络的回路电流矩阵方程。（2008 年秋试题）

Z_i in Fig. 6-15 is the branch impedance. A student wants to establish the matrix equation using loop current method, and has already set three of the currents as shown in the figure. Are the three loops independent loops? Is the number of the loops complete? Help the student finish the work, and determine the loop current matrix equation.

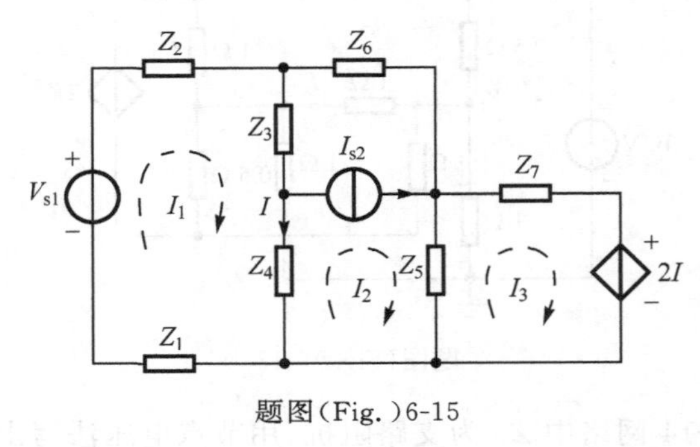

题图(Fig.)6-15

6-17** 题图 6-16 网络中 Y_i 为支路导纳，按图示电路编号，写出节点电压法方程的矩阵形式。（2009 年秋试题）

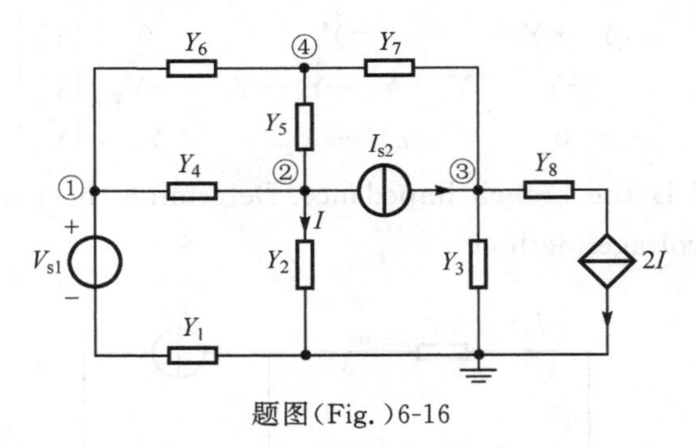

题图(Fig.)6-16

Y_i in Fig. 6-16 is the branch admittance. According to the number in the circuit shown in the figure, determine the matrix equation using node voltage method.

6-18** 题图 6-17 网络中 Y_i 为支路导纳，按图示电路编号，用节点电压法写出节点电压方程的矩阵形式。（2011 年秋试题）

$$\left(\begin{pmatrix} Y_1 & Y_2+Y_4+g_m & -Y_4-g_m \\ 0 & -Y_4-g_m & Y_3+Y_4+g_m \\ 1 & -1 & 0 \end{pmatrix}\begin{pmatrix} V_1 \\ V_2 \\ V_3 \end{pmatrix}=\begin{pmatrix} 0 \\ 0 \\ V_s \end{pmatrix}\right)$$

Y_i in Fig. 6-17 is the branch admittance. According to the number in the circuit shown in the figure, determine the node voltage matrix equation using node voltage method.

6-19** 题图 6-18 网络图含有 5 个节点 10 条支路。已确定支路 1、4、5 为生成树的树支，试完成树的确定，并指出该生成树所对应的基本回路(单连支回路)。(多解)(2011 年秋试题)

The network in Fig. 6-18 has 5 nodes and 10 branches. Branch 1, 4 and 5 are some of the branches of a tree. Determine the tree and indicate the fundamental loop of the tree.

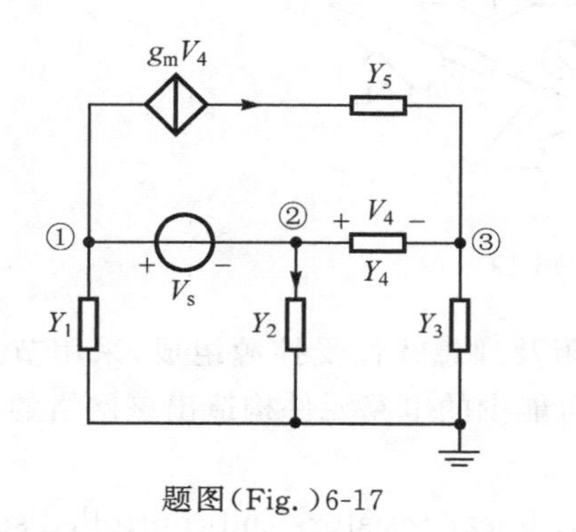

题图(Fig.)6-17

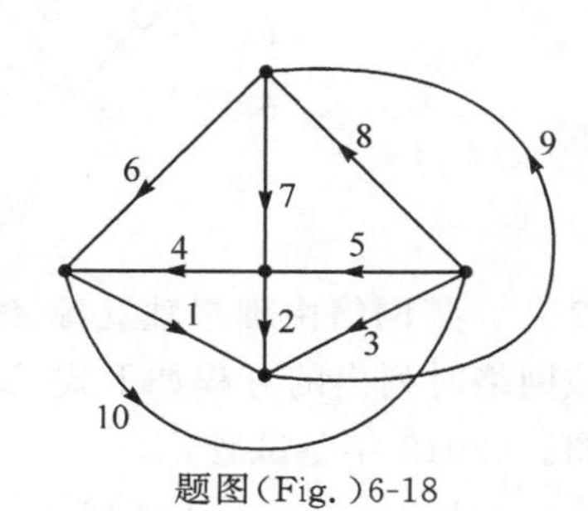

题图(Fig.)6-18

6-20*** 某网络仅含独立源和线性电阻。若在用节点电压法求解该网络时，列出的矩阵形式方程为

$$\begin{bmatrix} 7\ \text{S} & 3\ \text{S} & -5\ \text{S} & -4\ \text{S} \\ -1 & 1 & 0 & 0 \\ -3\ \text{S} & -2\ \text{S} & 10\ \text{S} & -5\ \text{S} \\ -4\ \text{S} & 0 & -5\ \text{S} & 15\ \text{S} \end{bmatrix} \begin{bmatrix} V_1 \\ V_2 \\ V_3 \\ V_4 \end{bmatrix} = \begin{bmatrix} 0 \\ 3\ \text{V} \\ 2\ \text{A} \\ 0 \end{bmatrix}$$

(其中 $S=\Omega^{-1}$)，试绘出该网络一种可能的电路图。(2010 年冬试题)

电路图答案：

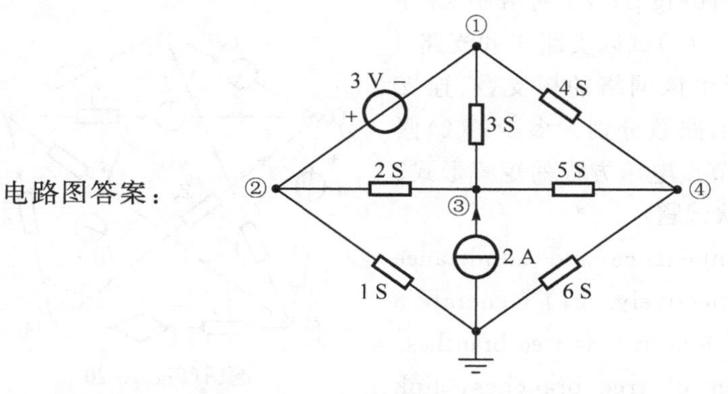

A network contains only independent sources and linear resistors. The matrix equation is determined using node voltage method. Draw a possible circuit diagram.

6-21** 已知题图 6-19 网络中 Z_i 表示阻抗、Y_i 表示导纳。(1)假设节点电压，写出节点电压方程的矩阵形式。(2)试生成一棵树，并指出其树支数、连支数、独立节点数和基本回路数分别为多少。(3,6,3,6)(2020 年秋试题)

In Figure 6-19, Z_i stand for impedance and Y_i stand for admittance. (1) Assume the node voltages and write down the node voltage equation matrix. (2) Find a tree, indicate the number of branches, links, independent nodes, and fundamental loops.

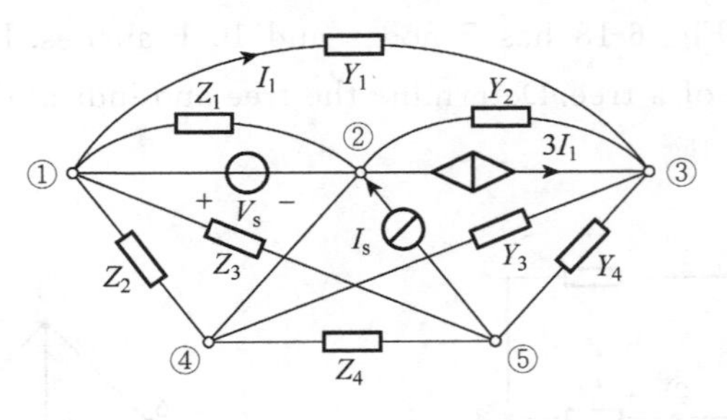

题图(Fig.)6-19

6-22*** 某网络由理想独立源、线性电阻及理想线性受控源组成，采用节点电压法求解该网络时列出的方程如下式，试用尽可能少的电路元件构造出该网络的一种可能电路图。(2018 年冬试题)

A network is composed of ideal sources, linear resistors and controlled sources. The following matrix is the node voltage equation matrix. Determine a possible circuit with as few elements as possible.

$$\begin{bmatrix} 2 & 0 & 0 & -1 \\ -2\ \text{S} & 15\ \text{S} & -4\ \text{S} & -3\ \text{S} \\ 0 & -4\ \text{S} & 16\ \text{S} & -5\ \text{S} \\ -1\ \text{S} & -3\ \text{S} & -5\ \text{S} & 9\ \text{S} \end{bmatrix} \begin{bmatrix} V_1 \\ V_2 \\ V_3 \\ V_4 \end{bmatrix} = \begin{bmatrix} -1\ \text{V} \\ 0 \\ 2\ \text{A} \\ 1\ \text{A} \end{bmatrix}$$

6-23*** 已知题图(Fig.)6-20 网络中 Z_i、r 表示阻抗、Y_i 表示导纳。(1)试以支路 4 和支路 6 为树支生成一棵树，指出该网络的树支数、连支数、独立节点数和基本回路数分别为多少；(2)假设⑤为参考节点，写出节点电压方程的矩阵形式。(3, 5, 3, 5)(2021 年秋试题)

Z_i and Y_i are impedance and admittance shown in Fig. 6-20 respectively. (1) Generate a tree with branch 4 and branch 6 as tree branches. Figure out the number of tree branches, link branches, independent nodes, and fundamental loops. (2) Assume that node ⑤ is the reference node, determine the node voltage equation matrix.

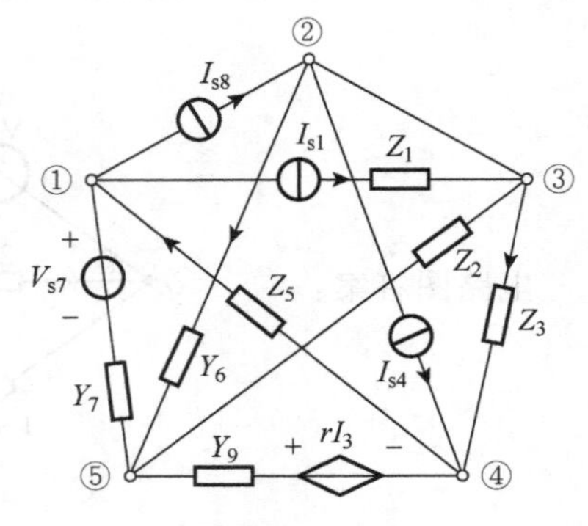

题图(Fig.)6-20

第7章

网络定理

Theorems in Circuit Analysis

本章将接触到电路分析一些重要的基本定理和推理，有的在以往的学习中或多或少有些接触，但在这一章中将给出系统的描述。希望达到的目标是：

- 了解电路分析各定理的基本依据，清楚各定理的适用范围（约束条件）。
- 了解各定理的物理意义，并在实际练习中理清概念。
- 能灵活运用定理分析电路。

In this chapter, we'll help learner understand the following contents.

- The limitations and differences of circuit theorems.
- Circuit analysis using substitution theorem, superposition theorem, and reciprocal theorem.

7.1 存在和唯一性/Existence and Uniqueness

对于一个实际的线性电路，似乎没有必要来讨论电路中激励与响应的唯一性问题，因为实际电路不允许有非唯一解或是解不存在。然而，如果用模型电路来描述实际电路时，如前所述，需要在一定的约束条件下做一些理想化的假设和近似，于是就难以确定模型电路能否真实反映实际电路，特别是在网络中含有受控源以及多源支路时，尤其需要注意。

图 7-1-1 列举了几个建模失败的模型电路例子。图 7-1-1(a)电路含有受控源，该电路仅在输出端短路或 $I=0$ 时满足基尔霍夫定律；图 7-1-1(b)当 $R=1\ \Omega$ 时回路电阻为零，网络无解；图 7-1-1(c)含有纯电压源回路，使得电压源的电流没有唯一解；图 7-1-1(d)含有纯电流源节点，使得电流源的电压没有唯一解；图 7-1-1(e)含有一个电压控制电流源，电压 V_R 没有唯一解。

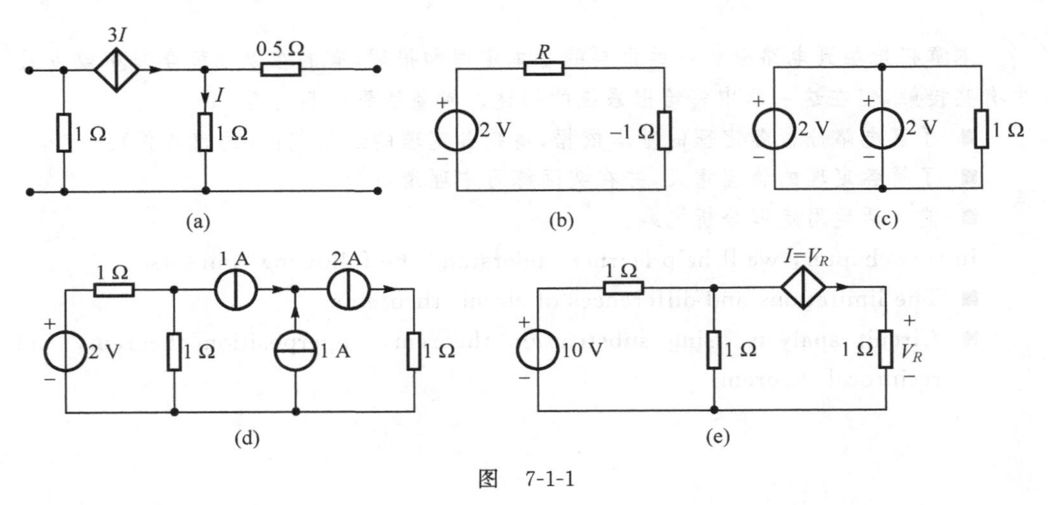

图 7-1-1

模型电路不能正确描述实际电路是非常可悲的，模型电路是否唯一是建模的必要条件。通常可以把电路问题转化为数学问题，即数学方程的解是否唯一对应于电路是否有唯一解。

一个不含有受控源、所有电阻都是正电阻的电路，其解一定是有限的。因为从物理的角度来说，电路中的正电阻不断消耗能量；从数学的角度来说，其建立的代数方程组的系数行列式不为零。而一个不含有受控源、不含有纯电压源回路、不含有纯电流源节点、所有电阻都是正电阻的电路，其解一定是有限的。如果所有电阻都是线性正电阻，其解一定是有限且唯一的。

线性电阻电路解的存在与唯一性：由线性正电阻及独立源组成、不含纯电压源回路及纯电流源节点的电路，其解存在且是唯一的。

线性电路解的存在与唯一性推理：由电路建立的一组线性非齐次方程组，当且仅当其系数行列式不为零时，方程组的解存在且是唯一的，电路的解也存在且是唯一的。

由以上分析可知，当电路中含有负电阻或受控源时，电路的解可能是唯一的也可能不是唯一的，要想唯一，从数学上判断就是线性非齐次方程组的系数行列式不为零；从电路上来说，至少可以有以下几种判断方法：

(1) 不存在零电阻回路(只需在含有负电阻或受控源支路的回路中做电阻求和判断)；

(2) 不存在纯电压源回路(切断网络中不是电压源的所有支路后，网络无回路)；

(3) 不存在纯电流源节点(去除网络中所有电流源支路后，网络依然连通)。

需要指出的是，唯一性条件是电路分析理论的必要条件，通常电路都是满足这一条件的，这也是很多教材并不论述或忽略它的原因之一。

7.2　置换定理/Substitution Theorem

置换定理(替代定理)：任何一个有唯一解的网络，若某一支路的电压和电流分别为 V_k 和 I_k，则不论该支路是由什么元件组成的，都可以分别用一个电压为 V_k 的电压源或一个电流为 I_k 的电流源来置换。置换后，网络中其他支路不受影响(即其他支路的电压或电流保持原有数值)。

定理可以用图 7-2-1 解释。对于一个有唯一解的含源网络 N_s，不管其内部结构如何，若已知其中某一支路(图 7-2-1(a)，支路元件可以未知，用框图 k 代替)的电压和电流分别为 V_k 和 I_k，则该支路可以被相同数值的电压源(图 7-2-1(b))或电流源(图 7-2-1(c))置换，置换后，网络 N_s 中其他支路的支路电压或支路电流不受影响。

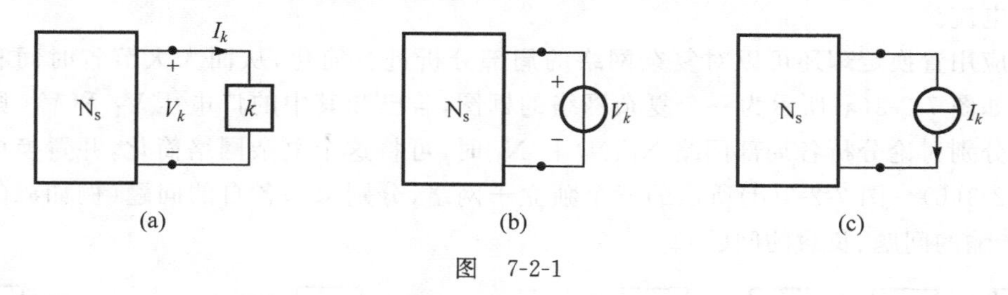

图　7-2-1

证明：假设电路图 7-2-1(a)中含有 b 条支路，支路电压和电流分别为 $V_1, V_2, \cdots, V_k, \cdots, V_b$ 和 $I_1, I_2, \cdots, I_k, \cdots, I_b$。显然，它们满足基尔霍夫定律。考虑网络中第 k 条支路被一个电流源(I_k)置换的情况，由于原网络和电流源置换后的网络的几何结构是相同的，因此，基尔霍夫定律建立起来的方程仍然相同。在支路的 VCR 上，除了第 k 条支路，其他支路的伏安关系没有改变。对于第 k 条支路，置换后的 VCR 变为：支路电流等于电流源的电流值 I_k，电压可以任意取值(当然可以取 V_k)。如果将该支路的电压作为未知量来求解，由于网络是有唯一解的网络，根据基尔霍夫定律求解方程，其解必然仍为 V_k。因此，置换前后网络的各支路电压和电流仍然是一样的。证毕。

同理可以证明电压源置换时的情况。由证明过程也可看出，置换定理要求网络在置换前后均满足唯一解。

思考一下：什么是置换？什么是等效？两者的异同是怎样的？

图 7-2-2 给出一个简单的电路例子，用来清楚验证这个定理的正确性。图 7-2-2(b)所示电路是一个有唯一解的网络。可以解得流过 10 V 电压源的电流为 5 A，2 Ω 电阻上获得 5 V 的电压。于是，可以利用定理将 2 Ω 的电阻支路置换成一个电压为 5 V 的电压源支路(图 7-2-2(a))；也可以将 10 V 电压源支路置换成一个电流为 5 A 的电流源支路(图 7-2-2(c))。可以验证，置换后网络的其他支路均不受影响，即其他支路的电压或电流保持原有数值。

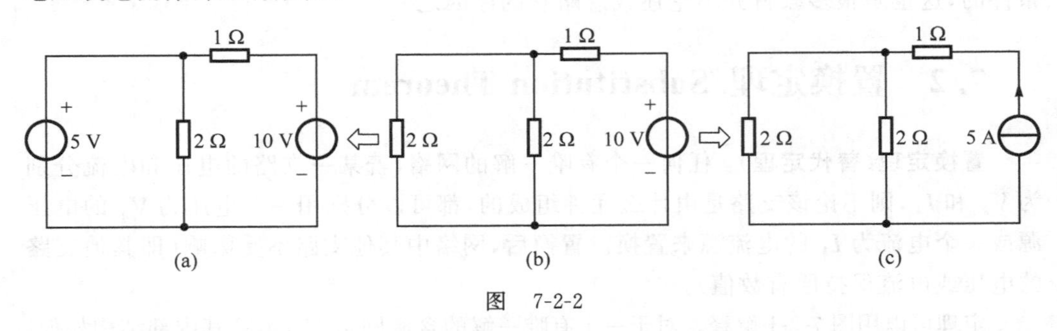

图 7-2-2

事实上，读者在之前的学习中已经或多或少地应用过这个定理。例如，在第 6 章“回路电流法”的描述中，针对网络中含有单电流源支路时，采用“假设支路电压”的处理方法(图 6-3-3(d))，即把该支路置换成一个电压为 V_x 的电压源，再通过方程组解出回路电流。

应用置换定理还可以对复杂网络的局部分析进行简化，从而大大节省时间和精力。如图 7-2-3(a)所示为一个复杂网络的框图，若已知其中的口电压 V_1 和 V_2，则在需要分别讨论分析各局部网络 N_1、N_2 和 N_3 时，可将这个复杂网络简化，并置换成如图 7-2-3(b)～图 7-2-3(d)所示的三个独立子网络，分别求解各自的问题(例如源的问题、传输的问题、负载的问题)。

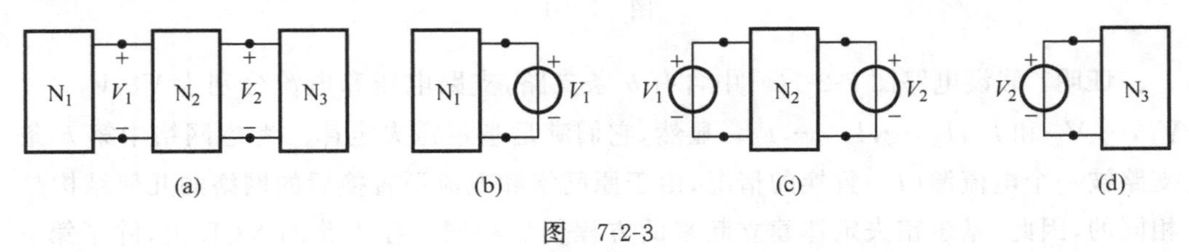

图 7-2-3

另外，由于置换定理的约束条件为“任何一个有唯一解的网络”，因此，它对线性和非线性网络都是适用的。可以利用这个性质分析含有非线性元件的网络。例如，图 7-2-4(a)的网络中含有一个非线性元件的支路，已知支路电流为 I，如果网络是有唯一解的，则可以利用置换定理将非线性元件进行置换(图 7-2-4(b))，置换后的网络不含非线性元件，从而可以使用线性分析方法分析电路。

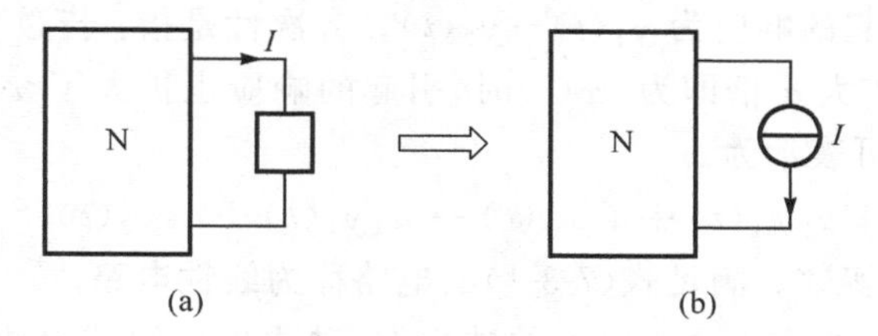

图　7-2-4

置换定理同样可以应用在含有受控源的网络，只要置换后控制量没有消失、网络仍然是有唯一解的网络。图 7-2-5(b)的网络是一个含有受控源、有唯一解的网络，可以计算获得其中的电流 I 为 4 A，因此，流过受控源的电流为 2 A、方向向上，其端电压为 8 V。图 7-2-5(a)、图 7-2-5(c)、图 7-2-5(d)是分别利用置换定理置换后的三个电路，可以验证置换后网络中的其他支路不受影响(即其他支路的电压或电流保持原有数值)。

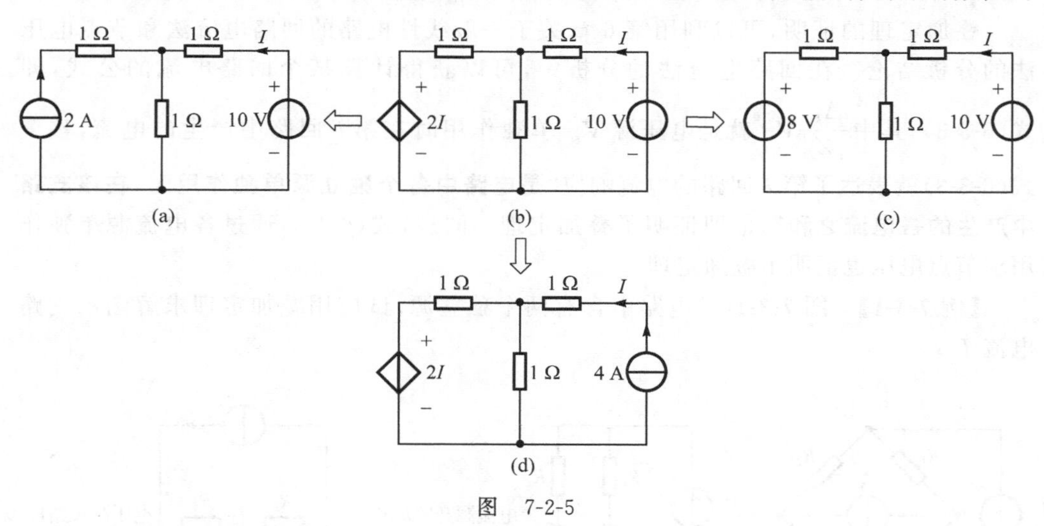

图　7-2-5

思考一下：为什么置换定理要求网络是有唯一解的网络？试对以上非线性器件，分析总结压控型和流控型器件的置换规则。

7.3　叠加定理/Superposition Theorem

叠加定理和"线性"概念密切相关。"线性电路"是满足叠加定理的电路，从电路元件的构成角度来说，是指由独立源(扮演电路的激励角色，无须线性约束)和线性元件(包括线性受控源)构成的电路；从激励和响应的角度来说，是指可以同时满足**可加性**(**Additivity**)和**均匀性**(也称**齐次性 Homogeneity**)的电路。可加性是指：如果激励(独立电压源或电流源)$x_1(t)$引起的电路响应为 $y_1(t)$、$x_2(t)$引起的响应为 $y_2(t)$，则激励为 $x_1(t)+x_2(t)$引起的响应为 $y_1(t)+y_2(t)$。齐次性是指：若激励 $x(t)$引起的响应为 $y(t)$，则当激励扩大 a 倍即为 $ax(t)$时，引起的响应也扩大了 a 倍即 $ay(t)$。把这两个性质结合起来可表示为

$$a_1x_1(t)+a_2x_2(t)\rightarrow a_1y_1(t)+a_2y_2(t) \tag{7-3-1}$$

其中，a_1，a_2 为任意实数。满足式(7-3-1)的电路称为**线性电路**。

叠加定理：在由两个或两个以上的独立源(独立电压源或电流源)激励的线性电路中，任意支路的电流(或任意两点间的电压)，都可以认为是电路中各个独立源单独作用(其他独立源置零)时，在该支路中产生的各电流(或该两点间各电压)之和。如果用 x_i 表示各激励源，y_i 表示分别引起的响应，其中，$i=1,2,\cdots,n$，n 为电路中独立源的个数，则叠加定理可以表示为

$$y(x_1,x_2,\cdots,x_n)=\sum_{i=1}^{n}y_i(x_i) \tag{7-3-2}$$

叠加定理的证明，可以利用第 6 章关于一般线性电路的回路电流法和节点电压法的分析结论。在回路电流法的分析中，可以获得计算某个回路电流的公式，即式(6-3-3)，其中$\dfrac{\Delta_{ki}}{|Z|}V_{si}$ 就是电压源 V_{si} 单独作用时在第 i 回路中产生的电流，整个式(6-3-3)就表达了第 i 回路的电流响应"**是电路中各个独立源单独作用时，在该支路中产生的各电流之和**"，也即证明了叠加定理。同理，式(6-4-3)通过各电流源单独作用求节点电压也证明了叠加定理。

【例 7-3-1】 图 7-3-1(a)电路中含有两个独立源，试应用叠加定理求解图示支路电流 I。

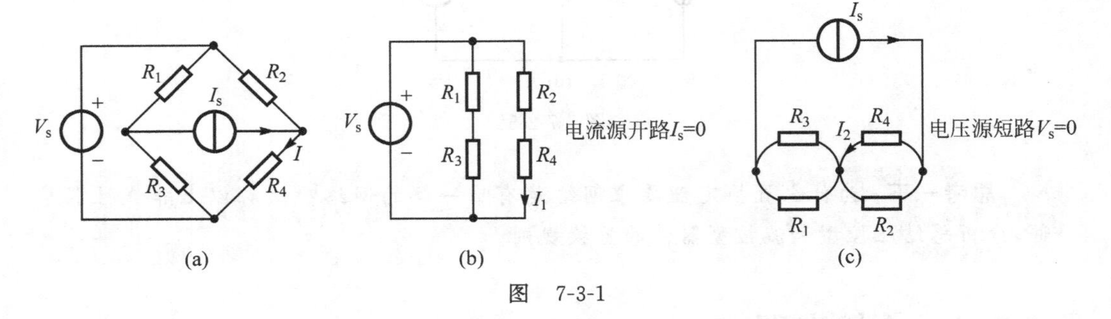

图 7-3-1

解：应用叠加定理分析电路的规则是先确定电路中的独立电流源或电压源，在求一个电源对某一支路作用时，将其他电源置零(置零的方法是令电流源开路、电压源短路)。依次求出每一个电源在该支路的响应，再叠加获得总响应。本例含有两个独立源，将图 7-3-1(a)电路中独立电流源置零得到电压源单独激励的电路(图 7-3-1(b))；同理，将图 7-3-1(a)电路中独立电压源置零得到电流源单独激励的电路(图 7-3-1(c))，分别求解 I_1、I_2，则叠加获得总响应为 $I=I_1+I_2$。

$$I_1=\frac{V_s}{R_2+R_4},\quad I_2=\frac{I_sR_2}{R_2+R_4} \tag{7-3-3}$$

所以，

$$I=I_1+I_2=\frac{V_s+I_sR_2}{R_2+R_4} \tag{7-3-4}$$

叠加定理的约束条件是线性网络，因此，任何线性电路，无论它是处于暂态、稳态，还是使用了时域、频域、复频域分析手段，叠加定理都可以使用。例如，如果将图 7-3-1(a) 电路改为 s 域电路，且 $V_s(s)=1/s$ V，$I_s(s)=1$ A，$R\to Z$，$Z_1(s)=Z_2(s)=1\ \Omega$，$Z_3(s)=Z_4(s)=(s+2)\ \Omega$，则由式(7-3-3)、式(7-3-4)可以写为

$$I(s)=I_1(s)+I_2(s)=\frac{V_s(s)+I_s(s)Z_2(s)}{Z_2(s)+Z_4(s)}=\frac{1}{3}\frac{1}{s}+\frac{2}{3}\frac{1}{s+3}\ \text{A} \tag{7-3-5}$$

从时域来看，它是一个含有线性电阻、线性电感和独立源的电路，其中，$v_s(t)=u(t)$ V，$i_s(t)=\delta(t)$ A，式(7-3-5)对应的时域响应为

$$i(t)=\frac{1}{3}u(t)+\frac{2}{3}\mathrm{e}^{-3t}u(t)\ \text{A} \tag{7-3-6}$$

【例 7-3-2】 试应用叠加定理做出图 7-3-2(a)电路中求解支路电流 I 的独立源单独作用的分解电路。

解：本例含有一个受控源，因为网络中的受控源依赖于控制它的支路电压或电流，所以，受控源是不能单独作用的，**不能像独立源那样单独作用或置零处理**。而是和阻抗元件一样，保留在电路中。图 7-3-2(b)和图 7-3-2(c)示出求解支路电流 I 的独立源单独作用的分解电路。应用叠加定理，有 $I=I_1+I_2$。

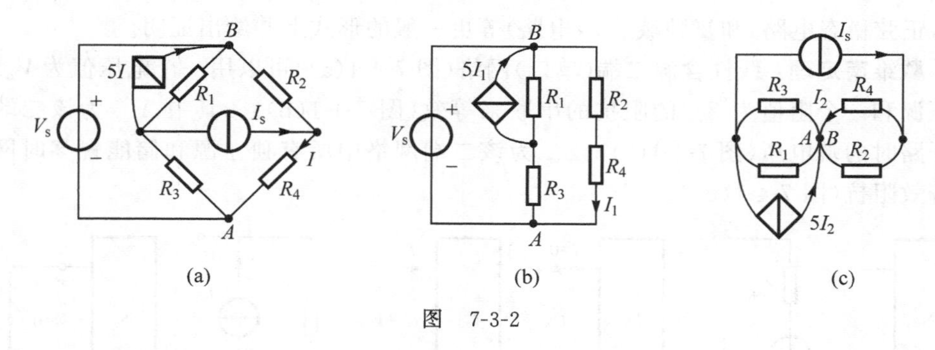

图　7-3-2

需要提醒的是，在独立源置零的过程中，由于电路结构的简化和变化，需要注意保持支路的参考方向不被改变。另外，当受控源的控制支路被简化时，需要保持控制支路不被消去。例如，如果应用叠加定理做出图 7-3-3(a)电路中求解支路电流 I 的独立源单独作用的分解电路，在独立电压源置零处理时，被短路的支路不能像之前图 7-3-1(c)和图 7-3-2(c)那样简化为一个节点，而是需要保留该短路支路，因为它包含了受控源的控制电流 I_V 的信息。

叠加定理化整为零可以简化网络的分析，应用非常广泛。例如在前述的电路时域

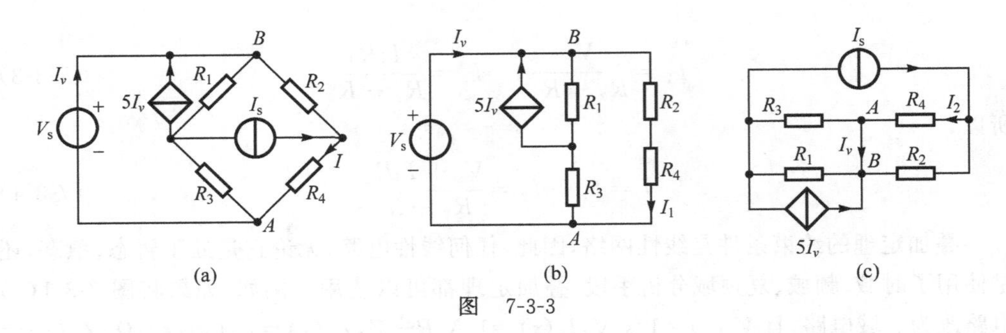

图 7-3-3

分析中,电路的零输入响应 $y_{zi}(t)$ 就是独立源置零由初值作用产生的响应,电路的零状态响应 $y_{zs}(t)$ 就是初值置零由独立源作用产生的响应,因此由叠加定理也可以获得,电路的全响应为 $y(t)=y_{zi}(t)+y_{zs}(t)$。

需要注意的是,叠加定理只适用于网络中电流或电压的叠加,电路的功率由于是电流和电压的乘积关系,因此不满足叠加原则。但是,众所周知,电路满足能量守恒原则,即在一致参考方向下,电路消耗的功率总和为零,或者,换句话说,网络提供功率的总和等于网络消耗的功率总和。

7.4 戴维南定理和诺顿定理/Thevenin's Theorem and Norton's Theorem

由单口网络等效的概念,可以引出线性网络源的等效定理——戴维南定理和诺顿定理。早在第 1 章电阻电路时就描述了这两个定理,本节将这两个定理推广到频域($j\omega$,正弦稳态电路)和复频域(s 域电路)等更一般的形式上并给出证明。

戴维南定理:线性含源二端(单口)网络(图 7-4-1(a))可以用一个电压值为 V_{oc} 的电压源和一个阻值为 Z_{eq} 的阻抗的串联来等效(图 7-4-1(b))。其中,V_{oc} 为该二端网络开路时的端电压(图 7-4-1(c)),Z_{eq} 为该二端网络中所有独立源和储能置零时网络的等效阻抗(图 7-4-1(d))。

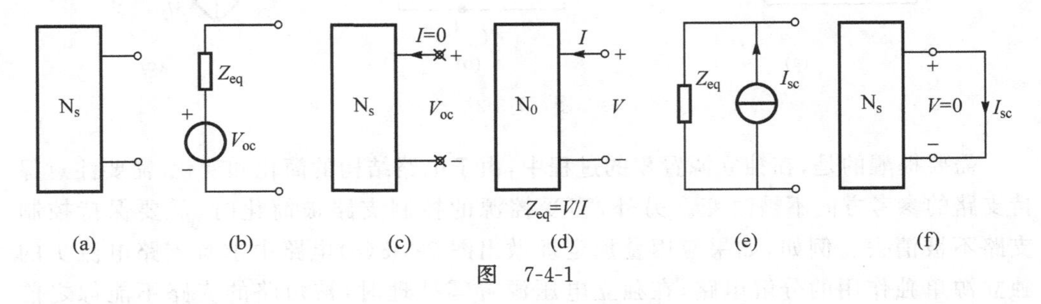

图 7-4-1

诺顿定理:线性含源二端(单口)网络(图 7-4-1(a))可以用一个电流值为 I_{sc} 的电流源和一个阻值为 Z_{eq} 的阻抗的并联来等效(图 7-4-1(e))。其中,I_{sc} 为该二端网络短路时的端电流(图 7-4-1(f)),Z_{eq} 为该二端网络中所有独立源和储能置零时网络的等效阻抗(图 7-4-1(d))。

以上定理描述适合直流电路、符号电路和 s 域电路。当 $Z_{eq} \neq 0$ 时,戴维南电路和诺顿电路可以等效互换,且满足

$$V_{oc} = I_{sc} Z_{eq} \tag{7-4-1}$$

证明(戴维南定理):设线性含源二端网络与任意负载相连(图 7-4-2(a)),网络有唯一解。由于二端网络的 VCR 与负载无关,所以可以利用置换定理将该负载置换为一个电流为 I 的电流源(图 7-4-2(b))。

因为网络是线性的,因此可以利用叠加定理求解图 7-4-2(b)网络的端电压 V。可以分解为两个源单独作用的电路:①由电流源 I 单独作用产生的电压 V_1(图 7-4-2(c)),此时,需将线性含源二端网络 N_s 内部所有独立源置零即为 N_0,显然有 $V_1 = -Z_{eq} I$;②由网络 N_s 内部所有独立源作用产生的电压 V_2(图 7-4-2(d)),此时,电流源 I 置零(开路),显然有 $V_2 = V_{oc}$。

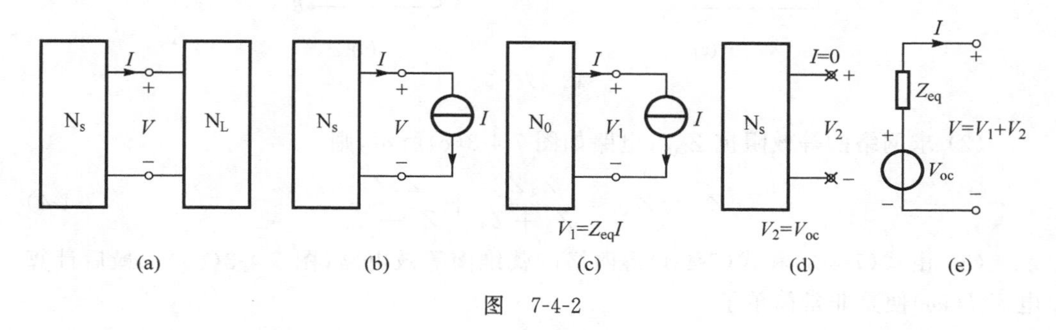

图 7-4-2

因此,由叠加定理可得

$$V = V_{oc} - Z_{eq} I \tag{7-4-2}$$

可见这就是线性含源二端网络 N_s 端口的 VCR 一般形式,这个形式与一个电压源对外供电时的端电压形式一致。这就说明,就外部特性而言,线性含源二端网络 N_s 可以等效成一个电压等于该网络的开路电压 V_{oc} 的电压源和阻抗为网络等效阻抗 Z_{eq} 的串联(图 7-4-2(e))。证毕。

同理,可以证明诺顿定理(略)。

【例 7-4-1】 利用戴维南定理求解图 7-4-3(a)符号电路中的电流 $I(j\omega)$。

解:可将原电路上除负载 Z_L 以外的电路利用戴维南定理简化为简单的等效电路,然后再求解。

(1) 求开路电压 V_{oc},电路如图 7-4-3(b)所示,则

$$V_{oc}(j\omega) = V_{AC} + V_{CB} = -\frac{V_s(j\omega)}{Z_1 + Z_2} Z_1 + \frac{V_s(j\omega)}{Z_3 + Z_4} Z_3 = V_s(j\omega) \frac{Z_2 Z_3 - Z_1 Z_4}{(Z_1 + Z_2)(Z_3 + Z_4)} \tag{7-4-3}$$

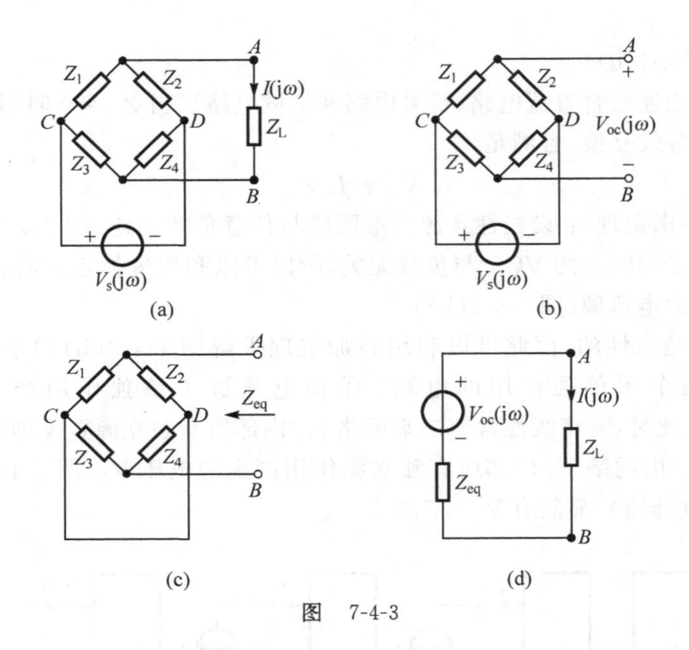

图 7-4-3

(2) 求网络的等效阻抗 Z_{AB},电路如图 7-4-3(c)所示,则

$$Z_{eq}=Z_{AB}=\frac{Z_1Z_2}{Z_1+Z_2}+\frac{Z_3Z_4}{Z_3+Z_4} \tag{7-4-4}$$

(3) 由式(7-4-3)和式(7-4-4)得网络的戴维南等效电路(图 7-4-3(d))。最后计算电流 $I(j\omega)$便是非常简单了。

$$I(j\omega)=\frac{V_{oc}(j\omega)}{Z_{eq}+Z_L}=\frac{V_s(j\omega)(Z_2Z_3-Z_1Z_4)}{Z_1Z_2(Z_3+Z_4)+Z_3Z_4(Z_1+Z_2)+Z_L(Z_1+Z_2)(Z_3+Z_4)} \tag{7-4-5}$$

利用诺顿定理等效化简电路,可采用类似步骤(略)。

本例是一个简单电路,可以直接利用分压求得开路电压 V_{oc},求网络等效阻抗 Z_{eq} 时也很简单。但是在很多情况下可能会遇到更为复杂的电路,这就需要结合前面章节所讲的其他电路分析法(例如网孔分析、节点分析等),根据电路特点选择最为合适的分析方法。可见,只有熟悉各种基本的电路分析原理和方法,才能有效地解决实际问题。

由于二端网络的开路电压 V_{oc}、短路电流 I_{sc} 和网络的等效阻抗 Z_{eq} 满足关系式(7-4-1),因此,事实上,只要获得其中的任意两个,便可以做出戴维南或诺顿等效电路。

戴维南定理和诺顿定理是由叠加定理推导出来的,定理成立的条件为"线性"电路,与分析电路的"域"无关,因此它们不仅适用于静态电路分析,也同样适用于频域分析和拉普拉斯变换的复频域分析,也正是因为定理是由叠加定理推导出来的,当网络中含有受控源时,其处理方法和阻抗相同,即保留受控源不可置零。

【例 7-4-2】 网络如图 7-4-4(a)所示,已知 $v_s(t)=u(t)$ V,$C=1$ F,$v_C(0_-)=1$ V。

试利用诺顿定理获得其虚线左面单口网络的等效 s 域电路。

解：做出图 7-4-4(a)的 s 域电路如图 7-4-4(b)所示，利用图 7-4-4(c)和图 7-4-4(d)分别求解等效阻抗 Z_{eq} 和短路电流 I_{sc}。

$$\begin{cases} V(s)=4I_1-2\alpha I_1 \\ I(s)=I_1+sV(s) \end{cases} \rightarrow Z_{\text{eq}}=\frac{V(s)}{I(s)}=\frac{4-2\alpha}{1+s(4-2\alpha)} \tag{7-4-6}$$

$$\begin{cases} 1/s+4I_1-2\alpha I_1=0 \\ 1/s-(I_1+I_{\text{sc}})/s=0 \end{cases} \rightarrow I_{\text{sc}}=\frac{1+s(4-2\alpha)}{s(4-2\alpha)} \tag{7-4-7}$$

由此做出等效电路如图 7-4-4(e)所示。

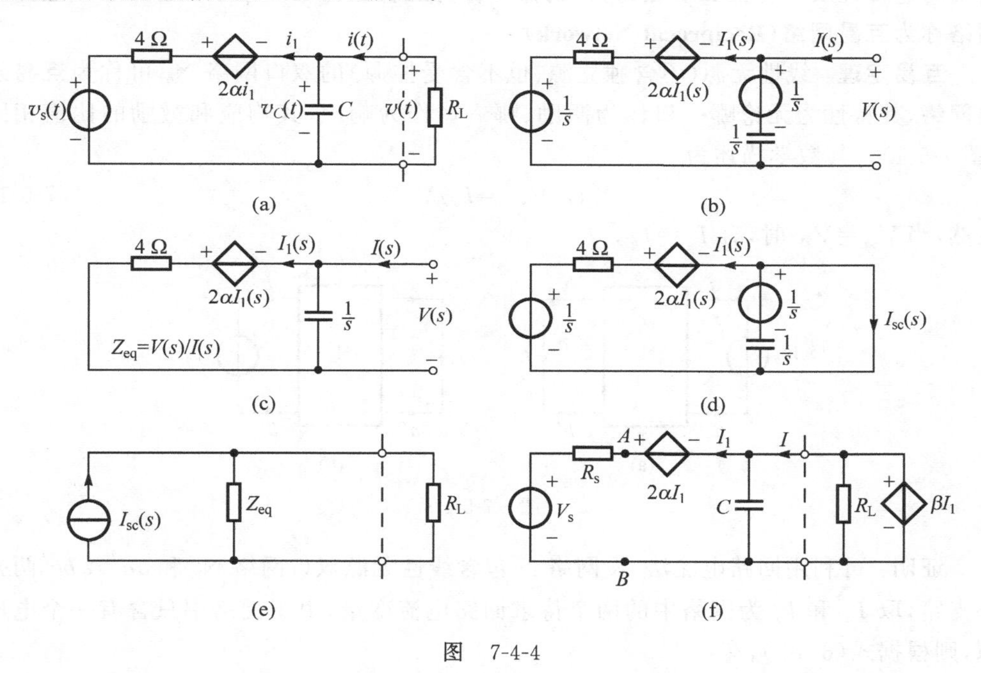

图 7-4-4

由于戴维南和诺顿等效电路都是对源电路的等效化简，等效后的二端网络已基本上不含有原二端网络的结构和元件信息，因此，在处理含有受控源电路时，需要注意被等效的电路一般不能和外电路有耦合关系，否则是无法简化的。如图 7-4-4(f)所示的电路中，虚线右边负载电路中含有被等效电路受控源的控制量 I_1，若等效化简虚线左边电路而将控制量 I_1 消去，就很容易出错。等效的目的是为了简化电路分析，如果换个角度观察电路，从图中 AB 向右等效化简电路，由于控制变量和受控源同处于被等效的电路中，等效后 AB 端不过就是一个阻抗元件。

思考一下：在定理的证明中有一句话"由于二端网络的 VCR 与负载无关"，试参考图 7-4-4(f)分析定理的适用范围。

7.5 互易定理/Reciprocity Theorem

在实际的电路实验和理论研究中，常常会遇到以下的现象：对于一些有输入（激励）和输出（响应）端口的器件（简称双口器件），必须确认其端口的方向性。例如放大器的输入端和输出端绝不能随便使用，信号必须从输入端进从输出端出；然而，还有一些双口器件可以不考虑它的端口方向性（例如衰减器）。换句话说，无论它哪一端作为输入（激励）、哪一端作为输出（响应），在相同的激励下可以得到相同的输出响应。网络的这种性质可称为**互易性**，这样的器件称为**互易器件**（**Reciprocal Device**），这样的网络称为**互易网络**（**Reciprocal Network**）。

互易定理：线性无源（不含独立源、也不含受控源）的双口网络 N_0 可称为**互易双口网络**，其特性为无论哪一口作为激励、哪一口作为响应，其响应和激励的比值相同（图 7-5-1）。其数学描述为

$$I_b/V_{sa}=I_a/V_{sb} \tag{7-5-1}$$

显然，当 $V_{sa}=V_{sb}$ 时，有 $I_a=I_b$。

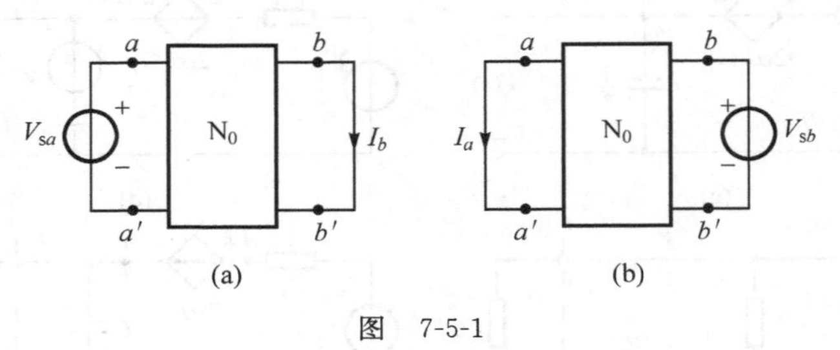

图 7-5-1

证明：可利用回路电流法，设网络 N 包含线性无源双口网络 N_0 和 aa' 及 bb' 两条外支路，取 I_a 和 I_b 为网络中的两个待求回路电流变量，由于网络中只含有一个电压源，则根据式(6-3-3)，有

$$I_b=\frac{\Delta_{ab}}{|\boldsymbol{Z}_1|}\boldsymbol{V}_{sa},\quad I_a=\frac{\Delta_{ba}}{|\boldsymbol{Z}_2|}\boldsymbol{V}_{sb} \tag{7-5-2}$$

其中，$\boldsymbol{Z}_1$，$\boldsymbol{Z}_2$ 分别为图 7-5-1(a)和图 7-5-1(b)网络的回路阻抗矩阵；Δ_{ab} 和 Δ_{ba} 分别为回路阻抗矩阵的代数余子式。由于网络的回路阻抗矩阵是由回路编号和回路方向、回路结构和回路上的阻抗元件决定的，对于图 7-5-1(a)和图 7-5-1(b)两个网络，当然可以取相同的回路编号和回路方向，而回路结构和回路上的阻抗元件是否相同，取决于两个网络在独立源置零后的结构和回路上的阻抗元件是否相同。将图 7-5-1(a)和图 7-5-1(b)两个网络中的电压源置零，比较可得两个网络是相同的，于是有 $\boldsymbol{Z}_1=\boldsymbol{Z}_2=\boldsymbol{Z}$；另外，由于网络 N_0 是线性无源也不含受控源的，所以网络的回路阻抗矩阵是对称矩阵，其元素满足 $z_{ij}=z_{ji}$，因此有 $\Delta_{ab}=\Delta_{ba}$。所以有

$$\Delta_{ab}/|\boldsymbol{Z}_1|=\Delta_{ba}/|\boldsymbol{Z}_2| \tag{7-5-3}$$

比较式(7-5-2)和式(7-5-3)，所以有 $I_b/V_{sa}=I_a/V_{sb}$；且当 $V_{sa}=V_{sb}$ 时，有 $I_a=I_b$。证毕。

可见，互易网络具有这样的特点：

① 无论它哪一端作为激励，激励源置零时，两种情况电路结构相同；

② 除激励源外，网络全部由线性元件组成，且不含有受控源；

③ 网络对相同信号在两个方向传播产生相同的响应。

思考一下：在第1章"元件的分类"中学习过双向元件和单向元件，试问：双向元件是互易器件吗？单向元件是非互易器件吗？

通过以上互易定理的描述和证明，可以不难得出以下性质：

性质1　互易网络的参数矩阵(回路阻抗矩阵 $\boldsymbol{Z}$ 和节点导纳矩阵 $\boldsymbol{Y}$)均为对称矩阵。

性质2　互易网络的传递函数满足双向对称性，即互易网络双向的 $H(\mathrm{j}\omega)$ 相同。

互易定理的电路描述除最常见的电压源形式(图7-5-1，可定义它为**形式一**)之外，还有常用形式二(图7-5-2)和形式三(图7-5-3)。形式二满足关系式

$$V_b/I_{sa}=V_a/I_{sb}\text{。当 } I_{sa}=I_{sb} \text{ 时，}\quad\text{有 } V_a=V_b \tag{7-5-4}$$

形式三满足关系式

$$I_b/I_{sa}=V_a/V_{sb}\text{。仅在数值上当 } I_{sa}=V_{sb} \text{ 时，}\quad\text{有 } V_a=I_b \tag{7-5-5}$$

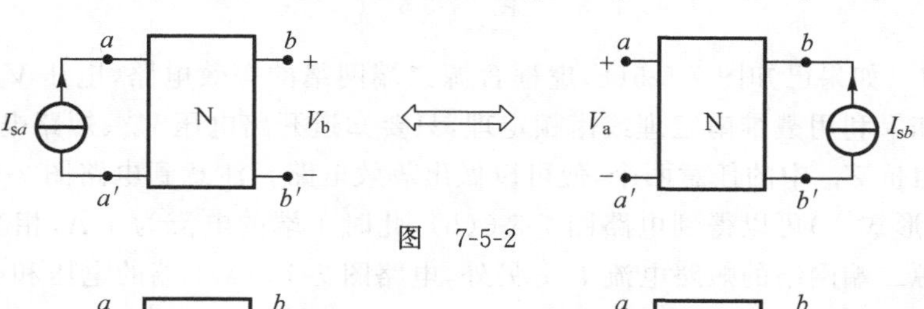

图　7-5-2

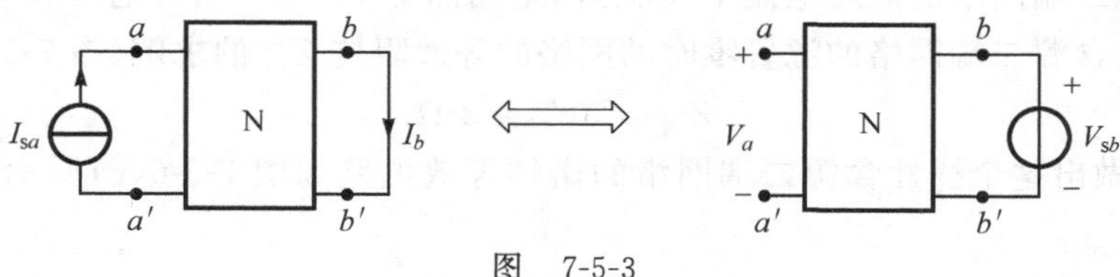

图　7-5-3

应用互易定理分析解决网络问题，常常可以使复杂问题变得相当简单，下面的例子刚好可以说明这一点。需要提醒读者的是，在使用互易定理时需要注意输入输出电压或电流的方向。

【例7-5-1】　试利用互易定理求解如图7-5-4(a)所示电路的电流 I。

解：本例为桥型电路，在不满足电桥平衡时，计算是非常复杂的。然而，这里利用互易定理将待求电流支路(响应)和电压源支路(激励)交换(图7-5-4(b))，利用互易定理可知，图7-5-4(b)的电流 I 等同于待求的图7-5-4(a)的电流 I，而图7-5-4(b)的计算非常简单，从细化的图7-5-4(c)可容易得出 $I=0.5\ \mathrm{A}$。

【例7-5-2】　如图7-5-5所示电路中 N_R 为只含线性电阻元件的网络，试利用互易定理求解电压 V_R。

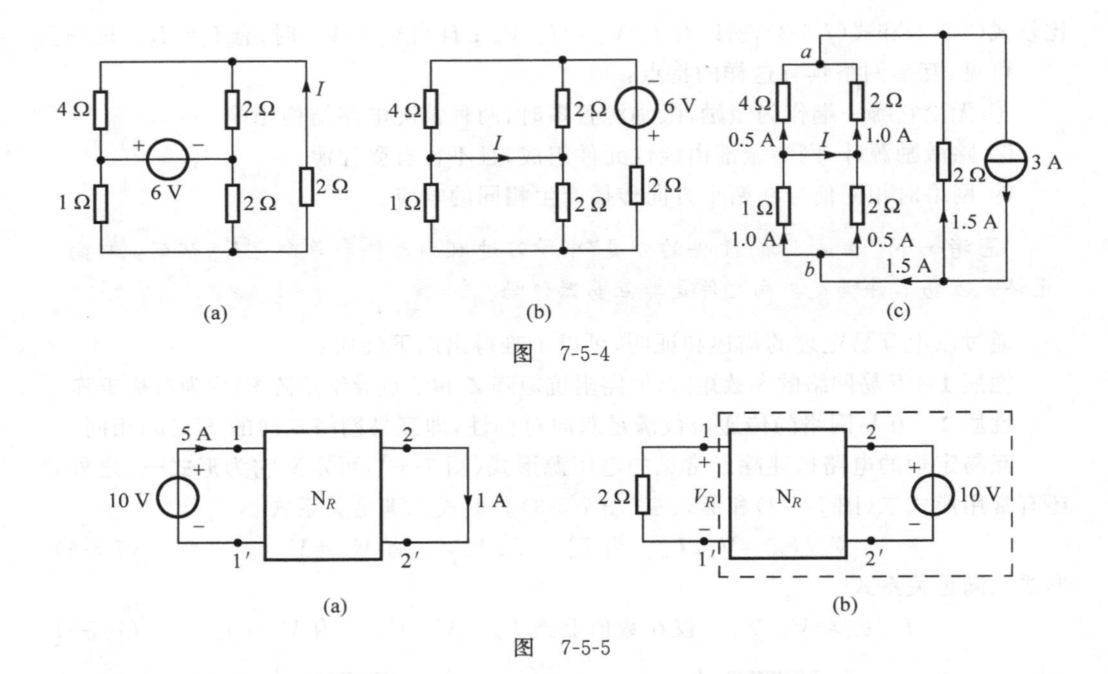

图 7-5-4

图 7-5-5

解法 1 如果已知图 7-5-5(b)虚框含源二端网络的等效电路,电压 V_R 就很容易求解了。如果利用戴维南定理或诺顿定理,只要知道开路电压 V_{oc}、短路电流 I_{sc} 和网络的等效阻抗 Z_{eq} 中的任意两个,便可以做出等效电路。注意到电路图 7-5-5(a)利用互易定理(形式一)可以得到电路图 7-5-6(b),此时 1 端的电流为 1 A,相当于虚框内的线性含源二端网络的短路电流 I_{sc};另外,电路图 7-5-5(a)1 端的电压和电流提供了当这个线性含源二端网络的源置零时的网络的等效阻抗 Z_{eq} 的求解(图 7-5-6(a)):

$$Z_{eq}=10/5=2\ \Omega \tag{7-5-6}$$

于是,可以做出这个线性含源二端网络的诺顿等效电路如图 7-5-6(c)所示。由此,容易获得

$$V_R=2\times 0.5=1\ \mathrm{V} \tag{7-5-7}$$

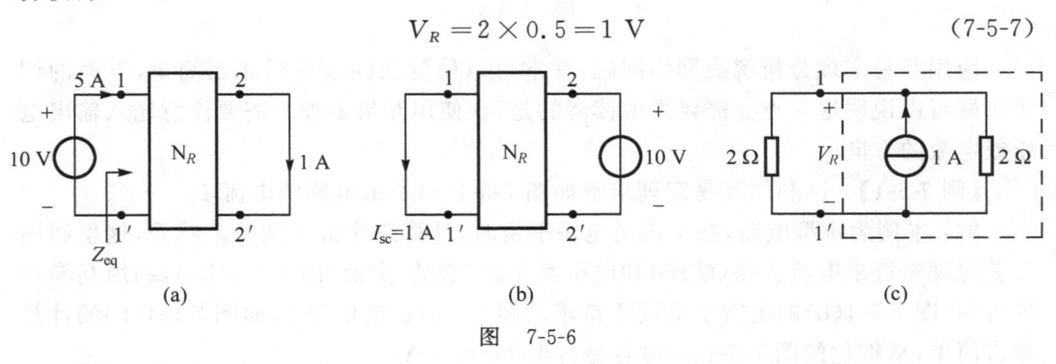

图 7-5-6

解法 2 如果已知图 7-5-7(a)网络的电流,电压 V_R 就很容易求解了。观察已知电路图 7-5-5(a)并利用线性关系可知,图 7-5-7(b)网络"2"端的电流为 0.5 A,对虚线

内网络使用互易定理(形式一)可以得到图 7-5-7(c)，此时“1”端的电流为 0.5 A。于是，容易获得 $V_R = 2 \times 0.5 = 1$ V。

解法 3　如果已知图 7-5-8(c)网络的开路电压，V_R 自然就已经求解了。观察已知电路图 7-5-5(a)可知 1 端向右单口网络可以等效为一个阻值为 2 Ω 的电阻，因此利用线性关系可以得到图 7-5-8(a)的网络，由于已知流过 10 V 电压的电流为 10 A，因此，可以利用置换定理将电压源置换为电流源，得到图 7-5-8(b)，对虚线内网络使用互易定理(形式三)可以得到图 7-5-8(c)。于是在数值上，$V_R = 1$ V。

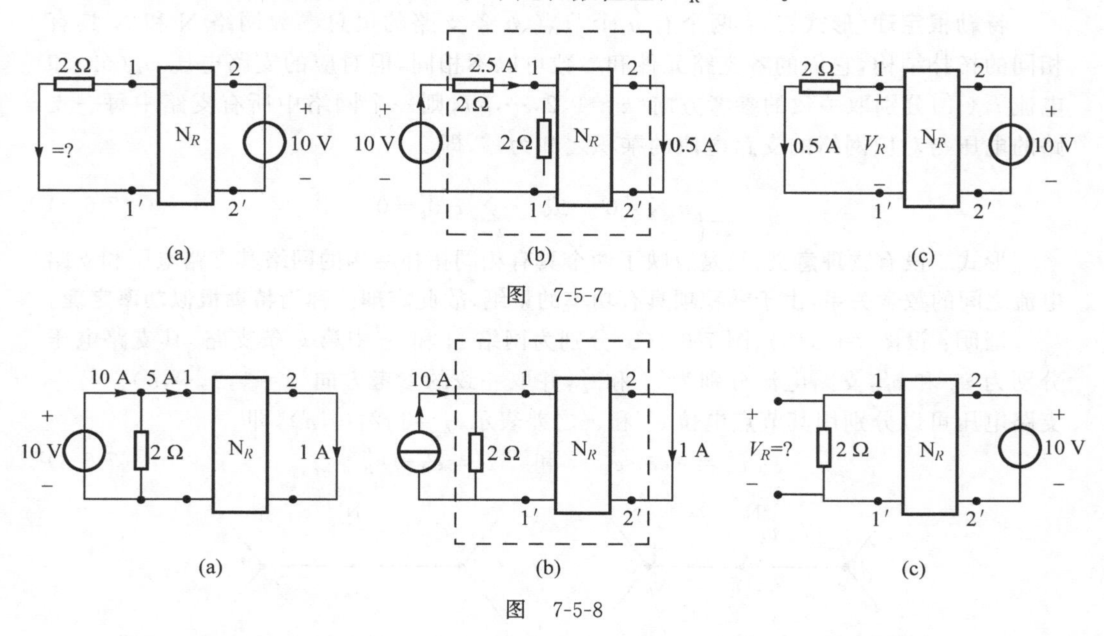

图　7-5-7

图　7-5-8

可见，一个命题的求解可以有多种方法。例 7-5-1 还可以利用源的等效转移(第 1 章)将单电压源支路化为有电阻串联的含源支路，从而可以轻松解决问题；即便是利用网络定理，例 7-5-2 的解法也是不下三种，在以后的学习中还可以利用双口网络参量及特勒根定理求解。学习的目的不是面对各种方法束手无策，而是通过深入理解各种定理和方法，将一个摆在面前的复杂命题，得到简单而有效的处理。

*7.6　特勒根定理/Tellegen's Theorem

特勒根定理是电路理论中的一个重要定理，它反映了集总参数电路中最基本的功率守恒原理。定理从基尔霍夫定律导出，因此它和基尔霍夫定律一样具有普遍的适用性，其描述形式有以下两种：

特勒根定理(形式一)：任意一个具有 n 个节点、b 条支路的集总参数网络，如果其各支路电压 v_k 和电流 i_k 取关联的参考方向($k = 1, 2, \cdots, b$)，则在任一时刻电路中

所有支路所吸收的瞬时功率 $p_k = v_k i_k$ 的代数和为零，即

$$\sum_{k=1}^{b} p_k = \sum_{k=1}^{b} v_k i_k = 0 \tag{7-6-1}$$

定理的物理意义可以解释为：任何一个电路在工作时，一定是有一些支路吸收功率，另一些支路发出功率(即吸收的功率为负值)，发出和吸收的功率满足功率平衡。最简单的情形是电源发出功率与负载吸收的功率相等。因此，特勒根定理又被称为**功率守恒定理**。

特勒根定理(**形式二**)：两个有 n 个节点、b 条支路的集总参数网络 N 和 N′具有相同的拓扑结构，它们的各支路元件和参数可以不相同，但对应的支路电压 $v_k(v'_k)$ 和电流 $i_k(i'_k)$ 分别取一致的参考方向($k=1,2,\cdots,b$)，则一个网络中所有支路中每一支路的电压与对应网络的支路电流的乘积之和为零，即

$$\sum_{k=1}^{b} v_k i'_k = 0 \quad 或 \quad \sum_{k=1}^{b} i_k v'_k = 0 \tag{7-6-2}$$

形式二没有物理意义，只是反映了两个具有相同拓扑结构的网络其支路电压和支路电流之间的数学关系，由于乘积项具有功率的量纲，故此定理又称为**特勒根似功率定理**。

证明：设图 7-6-1(a)、图 7-6-1(b)分别为网络 N 和 N′中第 k 条支路，其支路电压分别为 v_k 和 v'_k，支路电流分别为 i_k 和 i'_k，并取一致的参考方向($k=1,2,\cdots,b$)。每一支路电压可以分别用其节点电位 e_j 和 e'_j 之差表示($j=1,2,\cdots,n$)，即

$$v_k = e_A - e_B \quad 和 \quad v'_k = e'_A - e'_B \tag{7-6-3}$$

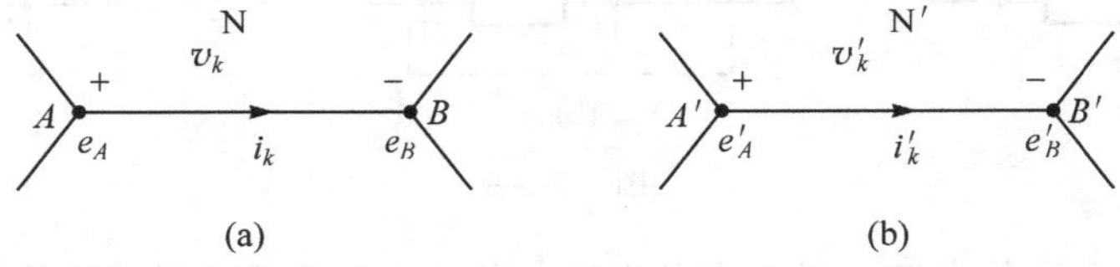

图 7-6-1

因而有

$$v_k i'_k = (e_A - e_B) i'_k = (e_A - e_B) i'_{AB} \tag{7-6-4}$$

式(7-6-4)中记 $i'_k = i'_{AB}$，i'_{AB} 表示支路电流 i'_k 是从节点 A' 流向节点 B' 的，因此，显然有 $i'_{AB} = -i'_{BA}$。对所有支路求和，有

$$\sum_{k=1}^{b} v_k i'_k = \sum_{所有支路} (e_A i'_{AB} + e_B i'_{BA}) \tag{7-6-5}$$

考察式(7-6-5)右端的求和式，节点 A 若与节点 B 之间有一条支路 k 相连，就在式中有一项 $e_A i'_{AB}$，对所有与节点 A 相连的支路都会有类似的一项相加，因此，与 e_A 相乘的各项之和一定是 $e_A \sum i'_A$，这里 $\sum i'_A$ 表示由节点 A 流出的各支路电流之和，根据 KCL，这个和一定为零，所以上式中与每一节点电位相乘的各项之和均为零，因此有 $\sum_{k=1}^{b} v_k i'_k = 0$。同理可以证明 $\sum_{k=1}^{b} i_k v'_k = 0$。证毕 。

事实上，比较式(7-6-1)和式(7-6-2)可以看出，特勒根定理形式一是形式二的一个特例，即当电路 N 和 N′是同一个电路时，即可由形式二导出形式一。

【例 7-6-1】　如图 7-6-2 所示为两个具有相同拓扑的电路，已知电路参数均已如图给定，试验证其满足特勒根定理(形式二)。

解：利用 KCL、KVL 解出各支路电流并注明在图 7-6-2(b)、图 7-6-2(c)中，两电路均采用如图 7-6-2(a)所示的支路编号和一致的参考方向，验证如下：

$$\begin{aligned}\sum_{k=1}^{6} v_k i_k' &= 10\times 2+6\times(-7)+(-2)\times 5+(-4)\times 4+8\times 3+12\times 2\\ &=0\end{aligned} \tag{7-6-6}$$

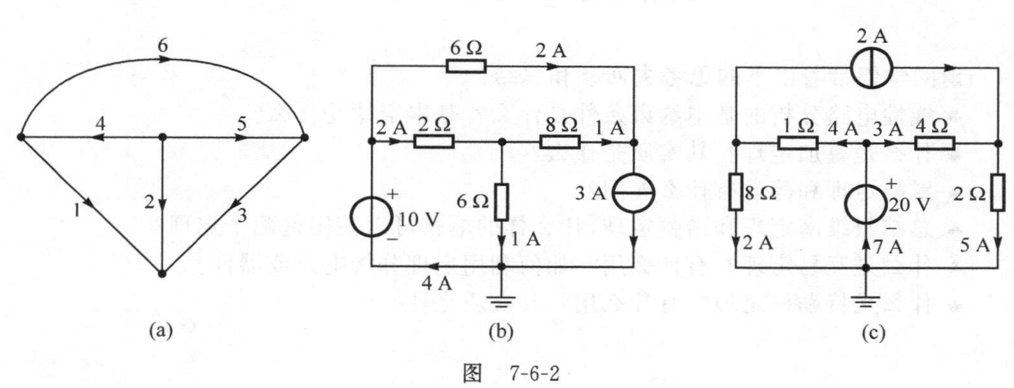

图　7-6-2

【例 7-6-2】　如图 7-6-3 所示的框图为线性电阻网络 N_R，已知当 $R_2=2\ \Omega, V_1=6\ \text{V}$ 时，测得 $I_1=2\ \text{A}, V_2=2\ \text{V}$；当 $R_2=4\ \Omega, V_1=10\ \text{V}$ 时，测得 $I_1=3\ \text{A}$，求此时的 V_2。

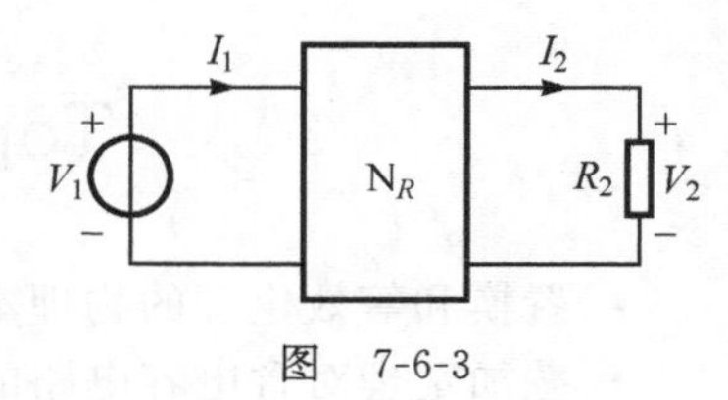

图　7-6-3

解：设网络 N_R 有 b 条支路，将两次测量所对应的电路看成两个具有相同拓扑结构的电路 N 和 N′，根据特勒根定理有

$$\sum_{k=1}^{b+2} v_k i_k' = V_1\times(-I_1')+V_2\times I_2'+\sum_{k=1}^{b} V_k I_k'=0 \tag{7-6-7}$$

$$\sum_{k=1}^{b+2} i_k v_k' = (-I_1)\times V_1'+I_2\times V_2'+\sum_{k=1}^{b} I_k V_k'=0 \tag{7-6-8}$$

由于网络 N_R 由线性电阻构成，求和式中有

$$\sum_{k=1}^{b} I_k V_k' = \sum_{k=1}^{b} I_k R I_k' = \sum_{k=1}^{b} V_k I_k' \tag{7-6-9}$$

因此，将式(7-6-7)与式(7-6-8)相减，得

$$V_1\times(-I_1')+V_2\times I_2' = (-I_1)\times V_1'+I_2\times V_2' \tag{7-6-10}$$

代入数值，有

$$-6\times 3+2\times\left(\frac{V_2}{4}\right)=-10\times 2+V_2\times 1 \quad\rightarrow\quad V_2=4\ \text{V} \qquad (7\text{-}6\text{-}11)$$

如果用特勒根定理求解例 7-5-2，只需一个公式，就完全解决了，读者可以练习一下。

特勒根定理与基尔霍夫定律一样是一个具有普遍意义的定理，在电路理论、电路的灵敏度分析、计算机的辅助设计等领域有着广泛的应用。

总结与回顾
Summary and Review

请同学们带着以下的思考去回顾和总结：

♣ 线性电路分析的基本约束条件是什么？基本定律是什么？

♣ 什么是叠加定理？其实质是什么？

♣ 置换定理和等效有什么异同？

♣ 总结戴维南定理和诺顿定理，什么样的电路可以使用这两个定理？

♣ 什么是互易定理？有什么用？如何利用定理分析电路或器件？

♣ 什么是特勒根定理？有什么用？其实质是什么？

学生研讨题选
Topics of Discussion

- 置换和等效定理的物理本质是什么？可以画图辅以说明。
- 叠加定理对含电容电路的时域解法是否适应？叠加定理为什么只是独立源作用效果叠加而不包括受控源？
- 功率满足叠加性吗？什么条件下可以满足？
- 互易定理的本质？含受控源的网络有没有可能是互易的？
- 互易定理有无三种形式之外的形式，如两边都是电流源激励电流响应的形式？

练习与习题
Exercises and Problems

7-1** 求题图 7-1 所示电路中的电流 I。（$-7/6$ A）（2013 年冬试题）

Determine the current I in Fig. 7-1.

7-2** 　求题图 7-2 电路中虚线框图的戴维南等效电路，并求解流过电阻 R 的电流 I。$\left(-\dfrac{10}{26+9R}\ \mathrm{A}\right)$(2004 年夏试题)

Determine the Thevenin equivalent circuit of the circuit in the dashed-line box in Fig. 7-2, and determine the current I.

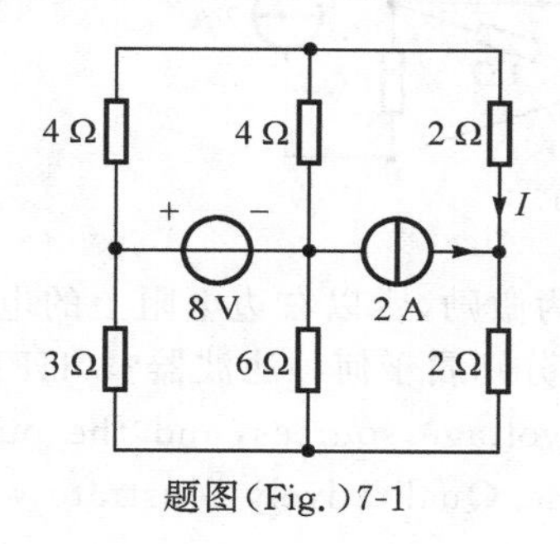

题图(Fig.)7-1

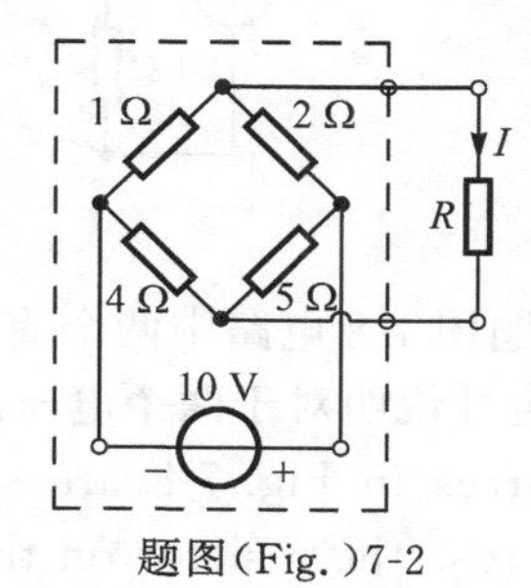

题图(Fig.)7-2

7-3** 　求题图 7-3 电路中的 I_1。(−0.15 A)(2004 年夏试题)

Determine I_1 in Fig. 7-3.

7-4** 　求题图 7-4 电路的诺顿等效电路。(1.5 A；6 Ω)

Determine the Norton equivalent circuit in Fig. 7-4.

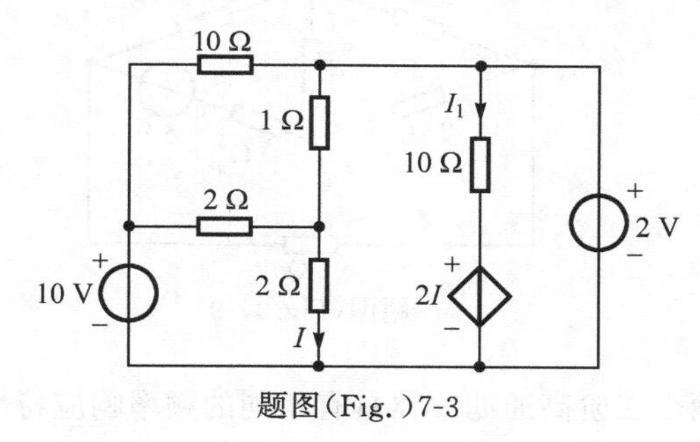

题图(Fig.)7-3

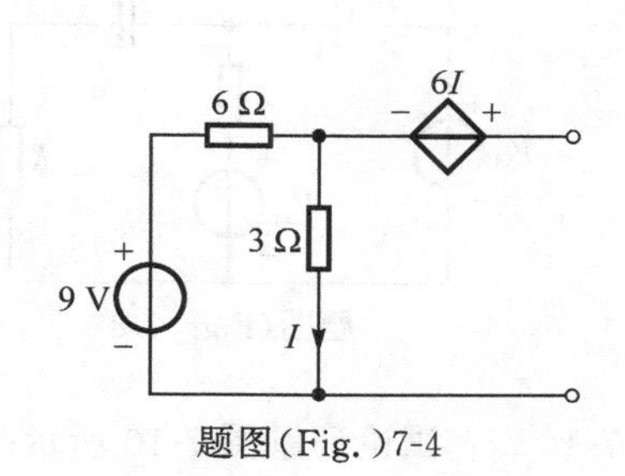

题图(Fig.)7-4

7-5** 　试用互易定理求题图 7-5 电路中 8 Ω 电阻上的电流。(0.75 A)

Determine the current through the 8 Ω resistor using reciprocity theory in Fig. 7-5.

7-6** 　求题图 7-6 梯形电路中的电压 V_o。(1 V)

Determine the voltage V_o of the ladder circuit in Fig. 7-6.

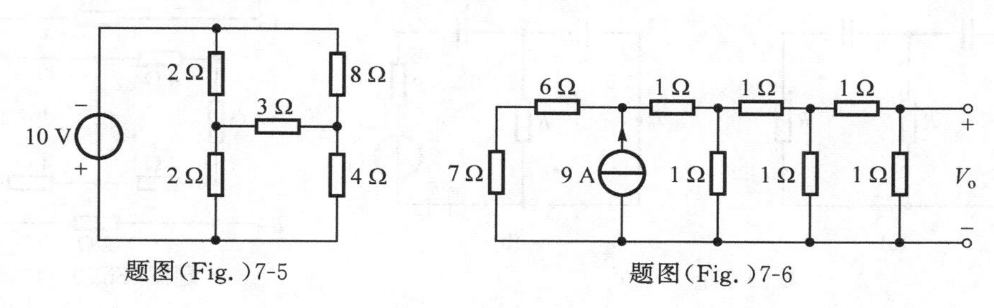

题图(Fig.)7-5　　　题图(Fig.)7-6

7-7** 求题图 7-7 所示电路中的电流 I_x。(0 A)(2014 年春试题)

Determine the current I_x in Fig. 7-7.

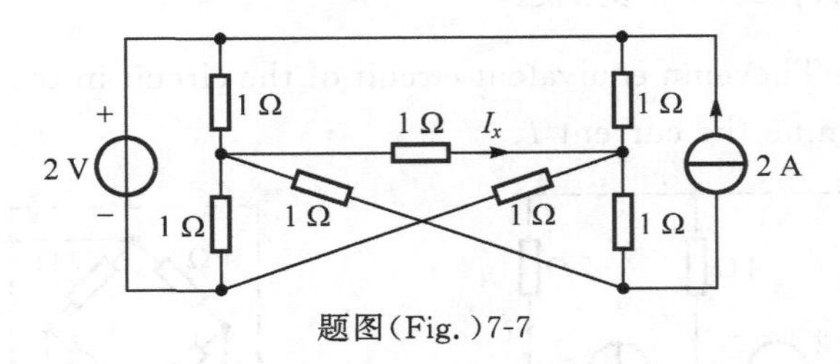

题图(Fig.)7-7

7-8** 题图 7-8 电路中两个简谐电压源为激励,皆以右边电阻上的电压 V_o 为响应输出。试定性说明对于两个电压源,该电路分别属于何种滤波器?(HPF,BPF)

The sources in Fig. 7-8 are sinusoidal voltage sources, and the output is the voltage V_o across the resistor on the right side. Qualitatively illustrate what kind of filter the circuit is for the two sources.

7-9** 在题图 7-9 惠斯通桥形电路中串联了一个 5 V 的电压源。求流过 8 Ω 电阻的电流 I。(5/17 A)(2003 年秋试题)

A 5 V voltage source in Fig. 7-9 is connected in the Wheatstone bridge. Determine I.

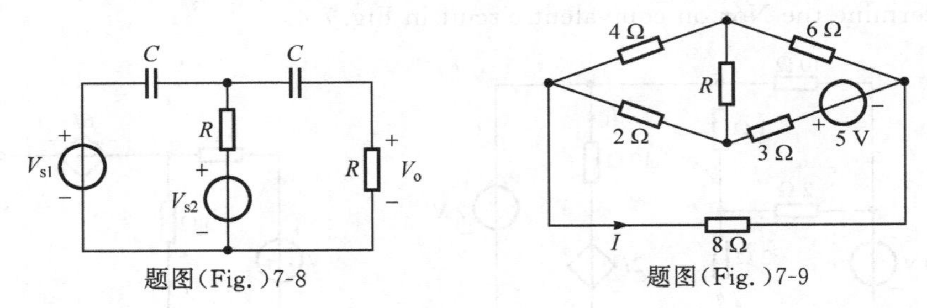

7-10** 试论证题图 7-10 所示的两个二阶高通滤波器具有相同的频率响应特性。

Prove that the two 2-order high-pass filters in Fig. 7-10 have the same frequency response characteristic.

7-11** 题图 7-11 电路中 $V_{AB}=8$ V,求电压 V_{AC},V_{CD},V_{DB}。(4 V,2 V,2 V)

$V_{AB}=8$ V in Fig. 7-11. Determine the voltages V_{AC},V_{CD} and V_{DB}.

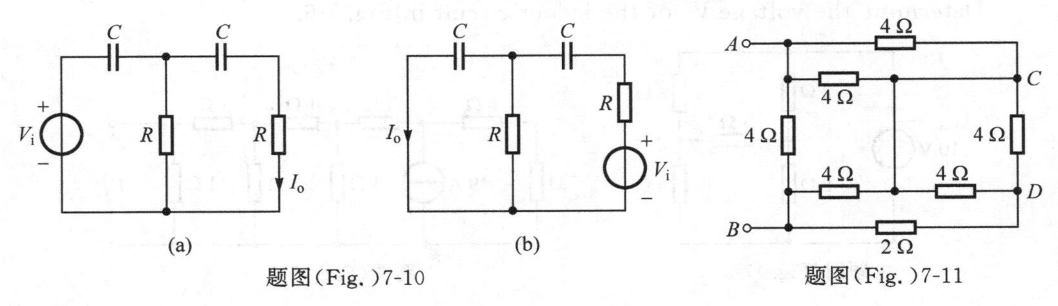

7-12*** 题图7-12所示的电路,已知开关S断开时,$I=5$ A,求开关连通后I值。(4 A)(2006年秋试题)

When the switch S in Fig. 7-12 is open, $I=5$ A. Determine the current I when S is closed.

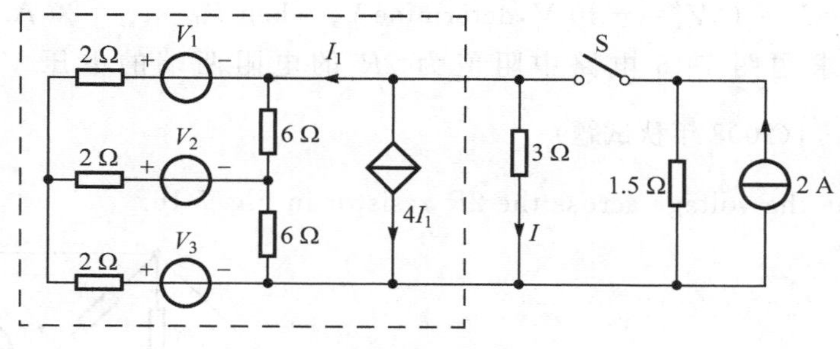

题图(Fig.)7-12

7-13*** 如题图7-13所示的电路中含有一个非线性电阻,加反向电压时其电流为零,其正向特性为:$I=4\times10^{-3}V^2(V>0)$。试求电压V。(20 V)(2005年秋试题)

The circuit in Fig. 7-13 contains a nonlinear resistor, whose current is zero when inverse voltage is applied, and the forward current is $I=4\times10^{-3}V^2(V>0)$. Determine the voltage V.

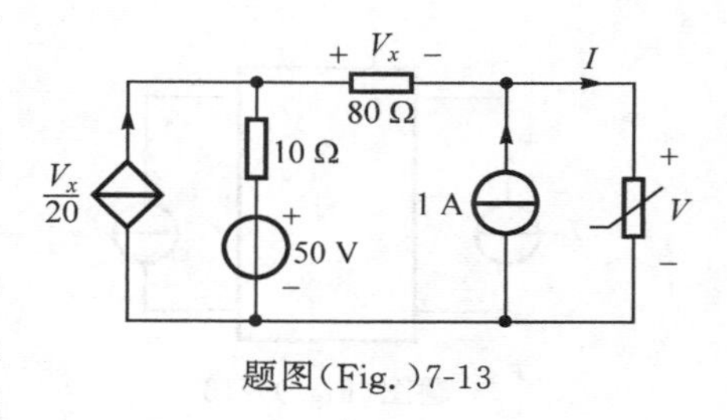

题图(Fig.)7-13

7-14** 题图7-14电路中N是纯电阻网络,试利用网络定理求出V_x。(1 V)(2009年秋试题)

N is a pure-resistance network in Fig. 7-14. Determine V_x using the network theorem.

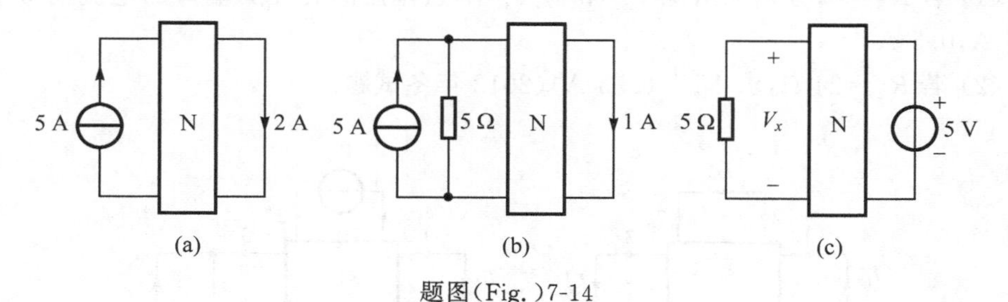

题图(Fig.)7-14

7-15*** (1) 若题图7-15所示网络N只含有线性电阻,当$I_{s1}=8$ A,$I_{s2}=12$ A时,V_x为80 V;当$I_{s1}=-8$ A,$I_{s2}=4$ A时,V_x为0。求当$I_{s1}=I_{s2}=20$ A时V_x的值。

(2) 若该线性电阻网络N还含有一个独立源,所有(1)中的测试结果依然满足,且当$I_{s1}=I_{s2}=0$时,$V_x=-40$ V。求当$I_{s1}=I_{s2}=20$ A时V_x的值。(150 V,160 V)

(1) The network N in Fig. 7-15 contains only linear resistors. When $I_{s1}=8$ A and $I_{s2}=12$ A, $V_x=80$ V. When $I_{s1}=-8$ A and $I_{s2}=4$ A, $V_x=0$. Determine V_x when $I_{s1}=I_{s2}=20$ A.

(2) If N also contains an independent source, the results in (1) is still satisfied, and when $I_{s1}=I_{s2}=0$, $V_x=-40$ V, determine V_x when $I_{s1}=I_{s2}=20$ A.

7-16** 求题图 7-16 电路中阻值为 $2R$ 的电阻两端的电压 V 的表达式。$\left(\frac{2}{7}(V_{s2}-2V_{s1})\right)$(2008 年秋试题)

Determine the voltage across the $2R$ resistor in Fig. 7-16.

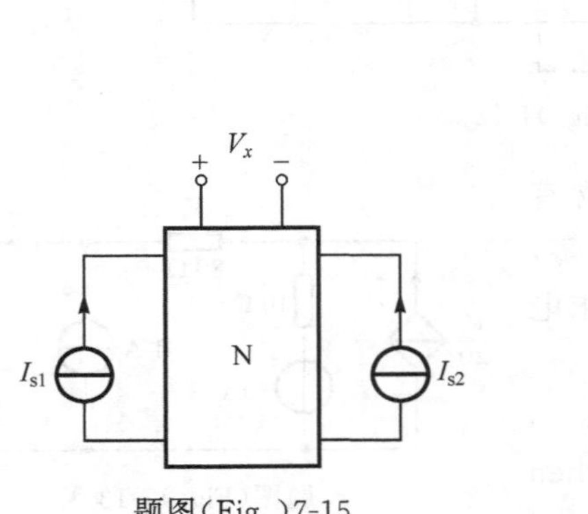

题图(Fig.)7-15

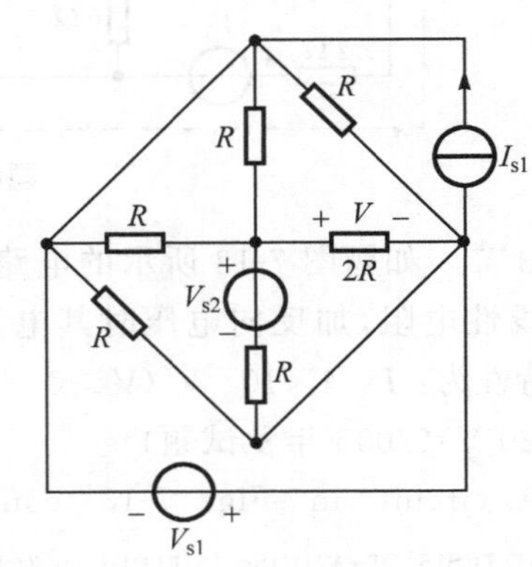

题图(Fig.)7-16

7-17*** (本题用两种方法求解)已知 N 为内部不含独立源的线性互易网络。当连接如题图 7-17(a)所示时,$V_{s1}=12$ V,$I_{1a}=I_{2a}=I_{3a}=1$ A,$R_1=3\ \Omega$。现将 N 连接如题图 7-17(b)所示,$V_{s2}=18$ V,$I_{s3}=2$ A,R_1 不变,则:

(1) 若 $R_2=0$,分别求出源 V_{s2} 和源 I_{s3} 单独作用时在 1-1′端口的电流响应 I_{1b};(1.5 A,0.5 A)

(2) 若 $R_2=24\ \Omega$,求 I_{1b}。(2/3 A)(2012 年冬试题)

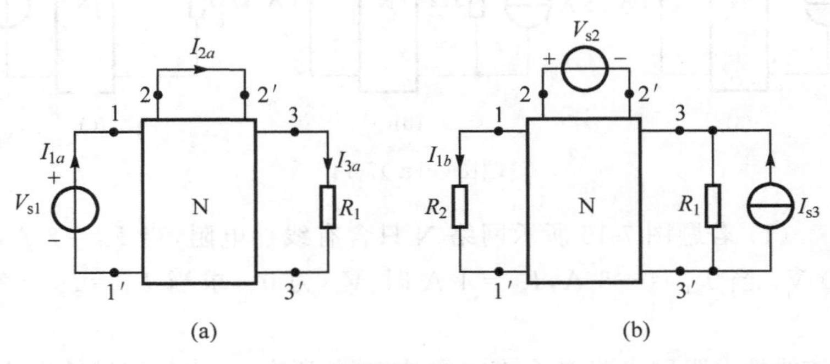

题图(Fig.)7-17

N is a linear reciprocal network contains no independent source. When connected as Fig. 7-17(a), $V_{s1}=12$ V, $I_{1a}=I_{2a}=I_{3a}=1$ A and $R_1=3$ Ω. Now N is connected as Fig. 7-17(b), $V_{s2}=18$ V, $I_{s3}=2$ A and $R_1=3$ Ω.

(1) If $R_2=0$, determine the response current I_{1b} when V_{s2} and I_{s3} works on 1-1′ respectively;

(2) If $R_2=24$ Ω, determine I_{1b}.

7-18[**]　题图 7-18 所示网络中有 4 个未知电阻和一个已知电阻，对该网络进行两次测量：第一次(图 7-18(a))结果为 $I_1=0.6I_s$ 和 $I_1'=0.3I_s$；第二次(图 7-18(b))结果为 $I_2=0.2I_s$ 和 $I_2'=0.5I_s$。

(1) 用互易定理求 R_1。(15 Ω)

(2) 设两个电流源同时作用于该网络(图 7-18(c))，调节 β 值，使得 R_3 两端电压为零(即 $I_3=I_3'$)。运用叠加定理确定 β 的值。(−1)

(3) 利用两次测量计算 R_2、R_3 和 R_4。(3.75 Ω, 12.5 Ω, 2.5 Ω)

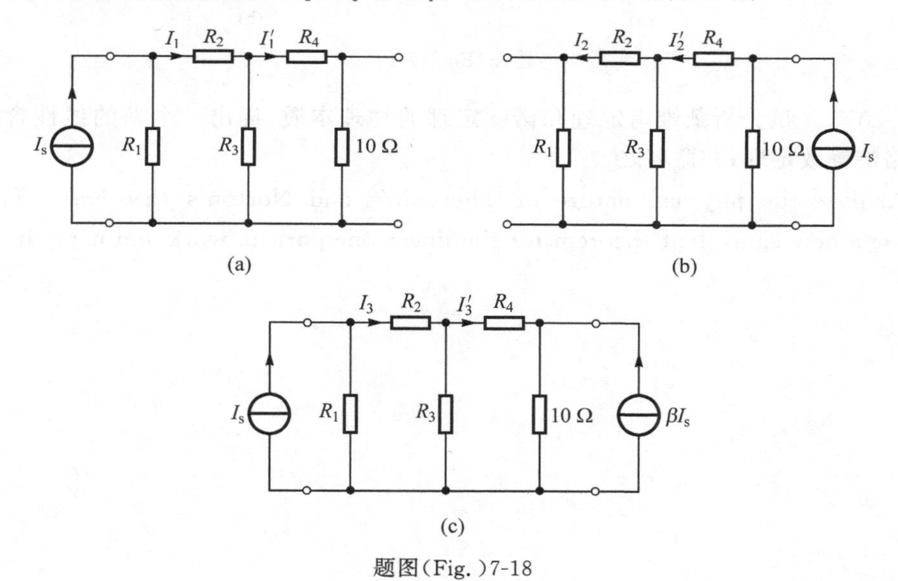

题图(Fig.)7-18

The network in Fig. 7-18 contains 4 unknown resistors and a known resistor, and it is measured twice. The first(Fig. 7-18(a)) result is $I_1=0.6I_s$ and $I_1'=0.3I_s$, and the second(Fig. 7-18(b))result is $I_2=0.2I_s$ and $I_2'=0.5I_s$.

(1) Determine R_1 using the reciprocity theory;

(2) Two current sources works on the network simultaneously(Fig. 7-18(c)). Determine the value of β to let $I_3=I_3'$ using the superposition theorem;

(4) Determine R_2 R_3 and R_4.

7-19[***]　题图 7-19 电路中 N_R 为电阻网络(可含有负阻)，在图 7-19(a)、图 7-19(b)

两次测量电路时，有 $I_{1a}=3$ A，$I_{3a}=1$ A，$V_{1a}=6$ V，$V_{2a}=10$ V，$I_{2b}=6$ A，$V_{3b}=6$ V，$R_{1b}=1$ Ω。试利用互易定理求图 7-19(b)中电流 I_{1b} 的值。(7.33 A)(2007 年秋试题)

N_R is a passive resistor network in Fig. 7-19. When measured as Fig. 7-19(a) and Fig. 7-19(b), the results are $I_{1a}=3$ A, $I_{3a}=1$ A, $V_{1a}=6$ V, $V_{2a}=10$ V, $I_{2b}=6$ A, $V_{3b}=6$ V, $R_{1b}=1$ Ω. Determine I_{1b} in Fig. 7-19(b) using the reciprocity theorem.

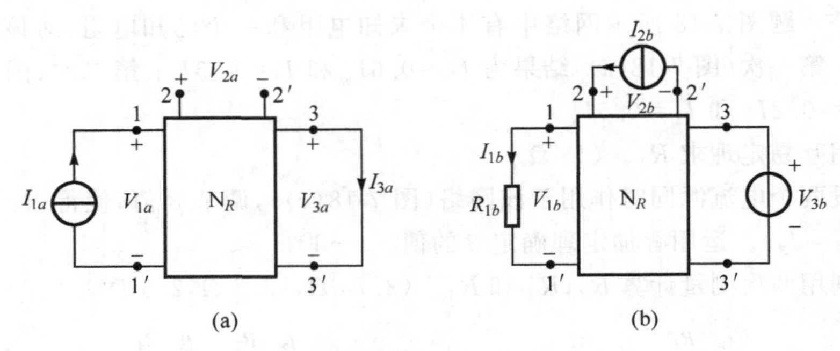

题图(Fig.)7-19

7-20*** 试分析戴维南定理和诺顿定理的物理本质，提出一个新的线性含源单口网络的等效定理，并命名之。

Analyze the physical nature of Thevenin's and Norton's theorems. Try to propose a new equivalent theorem for the linear one-port network and name it.

第8章

双口网络分析

Two-Port Network Analysis

本章介绍电路分析中等效概念最完美的体现——双口网络分析，希望达到的目标是：

- 明白双口网络分析的方法本质。
- 掌握双口网络6组基本参量的定义、等效电路、互易条件。
- 清楚各基本参量的特点，能够灵活运用各基本参量分析、解决双口网络问题。

In this chapter, we'll help learner understand the following contents.

- Relationship between ***Z***, ***Y***, ***H***, ***G*** and ***T*** parameters.
- Distinction between ***Z***, ***Y***, ***H***, ***G*** and ***T*** parameters.
- Network analysis using ***Z***, ***Y***, ***H***, ***G*** and ***T*** parameters.

只研究网络端口外部呈现的电压、电流特性，而对于网络内部的结构和特性不关心，称为电路的黑盒子分析方法，其实质就是等效原理(读者可以复习一下第1章的等效概念)。如果用一个简单的双口网络去等效实际被研究的双口网络，前者与后者在外部端口上呈现相同的VCR特性，则这个简单的等效双口网络完全可以描述或表示实际双口网络的外部特性——不管这个黑盒子里放了多少电子器件！

读者对“口”并不陌生，很多二端器件(图8-1(a))，将其两端拉扯到一端时就变成了单口网络(图8-1(b))。“口”的概念强调流入一端的电流等于另一端流出的电流，即 $I_1=I_2$。单口网络里一般可能包含很多器件，前述含源电路(戴维南和诺顿源电路)和无源电路(负载电路)等都是单口网络。

一个**三端网络(Three-Terminal Network)**(图8-1(d))可以直接生成一个双口网络，因为总是存在 $I_3=I_1-I_2$。一个**四端网络(Four-Terminal Network)**(图8-1(c))并非就一定是“双口网络”，只有在满足**口电流条件**，即 $I_1=I_3, I_2=I_4$ 时，该四端网络才能称为“双口网络”。所以严格地说，**双口网络**是必须满足口电流条件的四端网络。本章随之而来描述的双口网络分析方法，均是建立在口电流条件基础之上的。

事实上，并不需要过分紧张于“满足口电流条件”，因为有大量满足口电流条件的双口网络等待分析，如图8-1(e)所示，由于信号源网络和负载网络都是单口网络，因此，其中信号处理网络一定是满足口电流条件的双口网络。除传输功能之外，双口网络还可以实现放大、滤波、移相、去噪、信号恢复等功能。

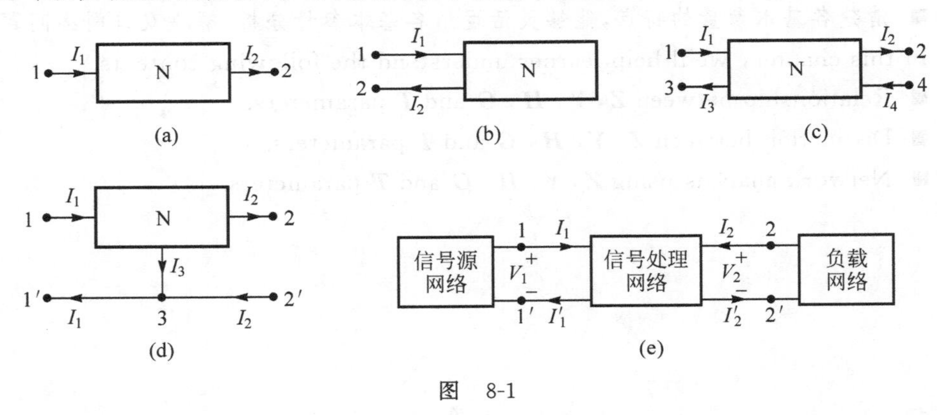

图 8-1

本章所研究的双口网络**限定在其内部不含独立源**的情况。当网络内部有储能或独立源时，可以利用叠加定理将网络分解为不含独立源的双口网络和独立源支路的叠加。

本章所研究的双口网络一般在 s 域中描述。当然，有很多电路工作在正弦稳态情况(特别是作频率响应分析时)下，由于正弦稳态可以是 s 域描述的特例，所以，可以简单地把双口网络 s 域方程中的自变量 s 用 $\mathrm{j}\omega$ 替代。

8.1　双口网络参量概述/Introduction

8.1.1　双口网络参量及其相互转换/Two-Port Network Parameters

双口网络的外部特性可以用其两个端口的电压和电流关系来描述，习惯上分别用下标“1”和“2”表示输入端口和输出端口的变量，于是双口网络外部端口的 4 个变量可相应记为输入端变量 V_1, I_1 和输出端变量 V_2, I_2（图 8-1-1(a)）。

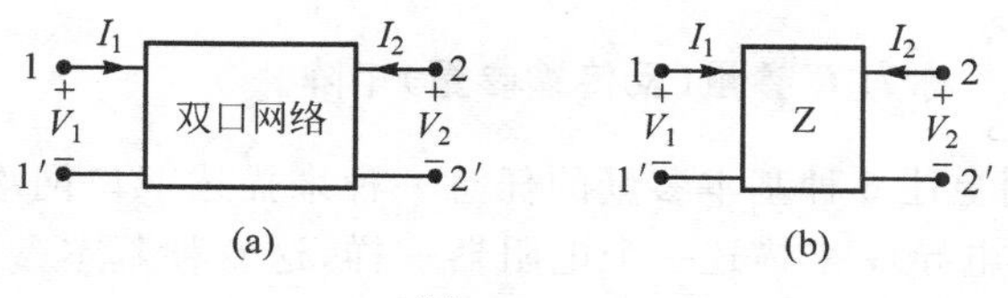

图　8-1-1

双口网络内部结构和元件参数约束了口电压和口电流这 4 个变量中只可能有两个是独立的，也就是说，这 4 个变量之间存在两个 VCR 约束方程。

思考一下：为什么说双口网络口电压和电流 4 个变量中只可能有两个是独立的？试用后接负载的方法证明之。

如果任意取其中两个作为自变量，另外两个作为因变量，则一共有 $C_4^2=6$ 种组合。由此可以写出 6 种**双口网络参量**（也有很多教材称为**双口网络参数**），在如图 8-1-1(a)所示的一致参考方向下，约束方程的矩阵形式分别为

$$\begin{bmatrix}V_1\\V_2\end{bmatrix}=\begin{bmatrix}z_{11} & z_{12}\\z_{21} & z_{22}\end{bmatrix}\begin{bmatrix}I_1\\I_2\end{bmatrix}\quad 或 \quad \begin{bmatrix}V_1\\V_2\end{bmatrix}=\boldsymbol{Z}\begin{bmatrix}I_1\\I_2\end{bmatrix} \tag{8-1-1}$$

其中，$\boldsymbol{Z}=\begin{bmatrix}z_{11} & z_{12}\\z_{21} & z_{22}\end{bmatrix}$ 称为 **Z 参量（Impedance Parameters，阻抗参量）**矩阵；

$$\begin{bmatrix}I_1\\I_2\end{bmatrix}=\begin{bmatrix}y_{11} & y_{12}\\y_{21} & y_{22}\end{bmatrix}\begin{bmatrix}V_1\\V_2\end{bmatrix}\quad 或 \quad \begin{bmatrix}I_1\\I_2\end{bmatrix}=\boldsymbol{Y}\begin{bmatrix}V_1\\V_2\end{bmatrix} \tag{8-1-2}$$

其中，$\boldsymbol{Y}=\begin{bmatrix}y_{11} & y_{12}\\y_{21} & y_{22}\end{bmatrix}$ 称为 **Y 参量（Admittance Parameters，导纳参量）**矩阵；

$$\begin{bmatrix}V_1\\I_2\end{bmatrix}=\begin{bmatrix}h_{11} & h_{12}\\h_{21} & h_{22}\end{bmatrix}\begin{bmatrix}I_1\\V_2\end{bmatrix}\quad 或 \quad \begin{bmatrix}V_1\\I_2\end{bmatrix}=\boldsymbol{H}\begin{bmatrix}I_1\\V_2\end{bmatrix} \tag{8-1-3}$$

其中，$\boldsymbol{H}=\begin{bmatrix}h_{11} & h_{12}\\h_{21} & h_{22}\end{bmatrix}$ 称为 **H 参量（Hybrid Parameters，混合参量）**矩阵；

$$\begin{bmatrix}I_1\\V_2\end{bmatrix}=\begin{bmatrix}g_{11} & g_{12}\\g_{21} & g_{22}\end{bmatrix}\begin{bmatrix}V_1\\I_2\end{bmatrix}\quad 或 \quad \begin{bmatrix}I_1\\V_2\end{bmatrix}=\boldsymbol{G}\begin{bmatrix}V_1\\I_2\end{bmatrix} \tag{8-1-4}$$

其中，$\boldsymbol{G}=\begin{bmatrix} g_{11} & g_{12} \\ g_{21} & g_{22} \end{bmatrix}$ 称为 **G 参量(混合参量)**矩阵；

$$\begin{bmatrix} V_1 \\ I_1 \end{bmatrix}=\begin{bmatrix} A & B \\ C & D \end{bmatrix}\begin{bmatrix} V_2 \\ -I_2 \end{bmatrix} \quad 或 \quad \begin{bmatrix} V_1 \\ I_1 \end{bmatrix}=\boldsymbol{T}\begin{bmatrix} V_2 \\ -I_2 \end{bmatrix} \tag{8-1-5}$$

其中，$\boldsymbol{T}=\begin{bmatrix} A & B \\ C & D \end{bmatrix}$ 称为 **T 参量(Transmission Parameters，传输参量①)**矩阵；

$$\begin{bmatrix} V_2 \\ -I_2 \end{bmatrix}=\begin{bmatrix} A' & B' \\ C' & D' \end{bmatrix}\begin{bmatrix} V_1 \\ I_1 \end{bmatrix} \quad 或 \quad \begin{bmatrix} V_2 \\ -I_2 \end{bmatrix}=\boldsymbol{T}'\begin{bmatrix} V_1 \\ I_1 \end{bmatrix} \tag{8-1-6}$$

其中，$\boldsymbol{T}'=\begin{bmatrix} A' & B' \\ C' & D' \end{bmatrix}$ 称为 **T′参量(反传输参量)**矩阵。

一般地，可以用上述 6 种基本参量的任意一种来描述双口网络的特性。显然，如同可以用电阻 R 和电导 G 来描述一个电阻器一样，这 6 种基本参量之间必然是相互关联的。由上述基本定义不难得出以下互逆的转换关系：

$$\boldsymbol{Z}=\boldsymbol{Y}^{-1}; \quad \boldsymbol{H}=\boldsymbol{G}^{-1}; \quad \boldsymbol{T}=\boldsymbol{T}'^{-1} \tag{8-1-7}$$

另一方面，可以从各基本参量的定义式出发，将一种参量的方程形式转化成另一种参量的方程形式，便可以得到两参量之间的转换关系。例如，如果将 **Z** 参量转换成 **H** 参量，则由 **Z** 参量的定义式(8-1-1)出发，按照 **H** 参量的方程形式以 V_2，I_1 为自变量重写方程，可得

$$\begin{bmatrix} 1 & -z_{12} \\ 0 & z_{22} \end{bmatrix}\begin{bmatrix} V_1 \\ I_2 \end{bmatrix}=\begin{bmatrix} z_{11} & 0 \\ -z_{21} & 1 \end{bmatrix}\begin{bmatrix} I_1 \\ V_2 \end{bmatrix} \tag{8-1-8}$$

于是

$$\boldsymbol{H}=\begin{bmatrix} h_{11} & h_{12} \\ h_{21} & h_{22} \end{bmatrix}=\begin{bmatrix} 1 & -z_{12} \\ 0 & z_{22} \end{bmatrix}^{-1}\begin{bmatrix} z_{11} & 0 \\ -z_{21} & 1 \end{bmatrix}=\frac{1}{z_{22}}\begin{bmatrix} \det(\boldsymbol{Z}) & z_{12} \\ -z_{21} & 1 \end{bmatrix} \tag{8-1-9}$$

其中，$\det(\boldsymbol{Z})=z_{11}z_{22}-z_{12}z_{21}$。表 8-1-1 给出 6 种参量之间的转换关系以方便查询。

一旦一个双口网络参量被确定之后，例如已知 **Z** 参量，就可以把实际的双口网络简单表示为如图 8-1-1(b)所示的图形符号。于是，这个简单的 **Z** 参量就可以完全描述实际的双口网络了——不管该网络中实际含有多少个电子器件！

8.1.2 双口网络参量与网络连接/Two-Port Network Connections

在求解电阻值时，遇到的常常不是一个简单电阻，而是若干电阻的串联、并联、或以更为复杂的方式的连接。在网络分析时，同样也会遇到一些复杂的双口网络由若干较简单的双口网络以一定方式连接而成的情况。另外，在网络综合时，也常将一个复杂的双口网络分解为若干个简单的双口网络。以下研究双口网络的几种连接方式，并讨论各种连接的成立条件。

---

① 有些教材用变量符号"**A**"表示传输参量，$\boldsymbol{A}=\begin{pmatrix} a_{11} & a_{12} \\ a_{21} & a_{22} \end{pmatrix}$ 等价于 $\boldsymbol{T}=\begin{pmatrix} A & B \\ C & D \end{pmatrix}$。

表 8-1-1　双口网络参量之间的关系

	$\boldsymbol{Z}$	$\boldsymbol{Y}$	$\boldsymbol{H}$	$\boldsymbol{G}$	$\boldsymbol{T}$ 或 A	$\boldsymbol{T}'$ 或 A'
$\boldsymbol{Z}$	$\begin{matrix} z_{11} & z_{12} \\ z_{21} & z_{22} \end{matrix}$	$\begin{matrix} \frac{y_{22}}{\det(\boldsymbol{Y})} & \frac{-y_{12}}{\det(\boldsymbol{Y})} \\ \frac{-y_{21}}{\det(\boldsymbol{Y})} & \frac{y_{11}}{\det(\boldsymbol{Y})} \end{matrix}$	$\begin{matrix} \frac{\det(\boldsymbol{H})}{h_{22}} & \frac{h_{12}}{h_{22}} \\ \frac{-h_{21}}{h_{22}} & \frac{1}{h_{22}} \end{matrix}$	$\begin{matrix} \frac{1}{g_{11}} & \frac{-g_{12}}{g_{11}} \\ \frac{g_{21}}{g_{11}} & \frac{\det(\boldsymbol{G})}{g_{11}} \end{matrix}$	$\begin{matrix} \frac{a_{11}}{a_{21}} & \frac{\det(\boldsymbol{T})}{a_{21}} \\ \frac{1}{a_{21}} & \frac{a_{22}}{a_{21}} \end{matrix}$	$\begin{matrix} \frac{-a'_{22}}{a'_{21}} & \frac{-1}{a'_{21}} \\ \frac{-\det(\boldsymbol{T}')}{a'_{21}} & \frac{-a'_{11}}{a'_{21}} \end{matrix}$
$\boldsymbol{Y}$	$\begin{matrix} \frac{z_{22}}{\det(\boldsymbol{Z})} & \frac{-z_{12}}{\det(\boldsymbol{Z})} \\ \frac{-z_{21}}{\det(\boldsymbol{Z})} & \frac{z_{11}}{\det(\boldsymbol{Z})} \end{matrix}$	$\begin{matrix} y_{11} & y_{12} \\ y_{21} & y_{22} \end{matrix}$	$\begin{matrix} \frac{1}{h_{11}} & \frac{-h_{12}}{h_{11}} \\ \frac{h_{21}}{h_{11}} & \frac{\det(\boldsymbol{H})}{h_{11}} \end{matrix}$	$\begin{matrix} \frac{\det(\boldsymbol{G})}{g_{22}} & \frac{g_{12}}{g_{22}} \\ \frac{-g_{21}}{g_{22}} & \frac{1}{g_{22}} \end{matrix}$	$\begin{matrix} \frac{a_{22}}{a_{12}} & \frac{-\det(\boldsymbol{T})}{a_{12}} \\ \frac{-1}{a_{12}} & \frac{a_{11}}{a_{12}} \end{matrix}$	$\begin{matrix} \frac{-a'_{11}}{a'_{12}} & \frac{1}{a'_{12}} \\ \frac{\det(\boldsymbol{T}')}{a'_{12}} & \frac{-a'_{22}}{a'_{12}} \end{matrix}$
$\boldsymbol{H}$	$\begin{matrix} \frac{\det(\boldsymbol{Z})}{z_{22}} & \frac{z_{12}}{z_{22}} \\ \frac{-z_{21}}{z_{22}} & \frac{1}{z_{22}} \end{matrix}$	$\begin{matrix} \frac{1}{y_{11}} & \frac{-y_{12}}{y_{11}} \\ \frac{y_{21}}{y_{11}} & \frac{\det(\boldsymbol{Y})}{y_{11}} \end{matrix}$	$\begin{matrix} h_{11} & h_{12} \\ h_{21} & h_{22} \end{matrix}$	$\begin{matrix} \frac{g_{22}}{\det(\boldsymbol{G})} & \frac{-g_{12}}{\det(\boldsymbol{G})} \\ \frac{-g_{21}}{\det(\boldsymbol{G})} & \frac{g_{11}}{\det(\boldsymbol{G})} \end{matrix}$	$\begin{matrix} \frac{a_{12}}{a_{22}} & \frac{\det(\boldsymbol{T})}{a_{22}} \\ \frac{-1}{a_{22}} & \frac{a_{21}}{a_{22}} \end{matrix}$	$\begin{matrix} \frac{-a'_{12}}{a'_{11}} & \frac{1}{a'_{11}} \\ \frac{-\det(\boldsymbol{T}')}{a'_{11}} & \frac{-a'_{21}}{a'_{11}} \end{matrix}$
$\boldsymbol{G}$	$\begin{matrix} \frac{1}{z_{11}} & \frac{-z_{12}}{z_{11}} \\ \frac{z_{21}}{z_{11}} & \frac{\det(\boldsymbol{Z})}{z_{11}} \end{matrix}$	$\begin{matrix} \frac{\det(\boldsymbol{Y})}{y_{22}} & \frac{y_{12}}{y_{22}} \\ \frac{-y_{21}}{y_{22}} & \frac{1}{y_{22}} \end{matrix}$	$\begin{matrix} \frac{h_{22}}{\det(\boldsymbol{H})} & \frac{-h_{12}}{\det(\boldsymbol{H})} \\ \frac{-h_{21}}{\det(\boldsymbol{H})} & \frac{h_{11}}{\det(\boldsymbol{H})} \end{matrix}$	$\begin{matrix} g_{11} & g_{12} \\ g_{21} & g_{22} \end{matrix}$	$\begin{matrix} \frac{a_{21}}{a_{11}} & \frac{-\det(\boldsymbol{T})}{a_{11}} \\ \frac{1}{a_{11}} & \frac{a_{12}}{a_{11}} \end{matrix}$	$\begin{matrix} \frac{-a'_{21}}{a'_{22}} & \frac{-1}{a'_{22}} \\ \frac{\det(\boldsymbol{T}')}{a'_{22}} & \frac{-a'_{12}}{a'_{22}} \end{matrix}$
$\boldsymbol{T}$	$\begin{matrix} \frac{z_{11}}{z_{21}} & \frac{\det(\boldsymbol{Z})}{z_{21}} \\ \frac{1}{z_{21}} & \frac{z_{22}}{z_{21}} \end{matrix}$	$\begin{matrix} \frac{-y_{22}}{y_{21}} & \frac{-1}{y_{21}} \\ \frac{-\det(\boldsymbol{Y})}{y_{21}} & \frac{-y_{11}}{y_{21}} \end{matrix}$	$\begin{matrix} \frac{-\det(\boldsymbol{H})}{h_{21}} & \frac{-h_{11}}{h_{21}} \\ \frac{-h_{22}}{h_{21}} & \frac{-1}{h_{21}} \end{matrix}$	$\begin{matrix} \frac{1}{g_{21}} & \frac{g_{22}}{g_{21}} \\ \frac{g_{11}}{g_{21}} & \frac{\det(\boldsymbol{G})}{g_{21}} \end{matrix}$	$\begin{matrix} a_{11} & a_{12} \\ a_{21} & a_{22} \end{matrix}$	$\begin{matrix} \frac{a'_{22}}{\det(\boldsymbol{T}')} & \frac{-a'_{12}}{\det(\boldsymbol{T}')} \\ \frac{-a'_{21}}{\det(\boldsymbol{T}')} & \frac{a'_{11}}{\det(\boldsymbol{T}')} \end{matrix}$
$\boldsymbol{T}'$	$\begin{matrix} \frac{z_{22}}{z_{12}} & \frac{-\det(\boldsymbol{Z})}{z_{12}} \\ \frac{-1}{z_{12}} & \frac{z_{11}}{z_{12}} \end{matrix}$	$\begin{matrix} \frac{-y_{11}}{y_{12}} & \frac{1}{y_{12}} \\ \frac{\det(\boldsymbol{Y})}{y_{12}} & \frac{-y_{22}}{y_{12}} \end{matrix}$	$\begin{matrix} \frac{1}{h_{12}} & \frac{-h_{11}}{h_{12}} \\ \frac{-h_{22}}{h_{12}} & \frac{\det(\boldsymbol{H})}{h_{12}} \end{matrix}$	$\begin{matrix} \frac{-\det(\boldsymbol{G})}{g_{12}} & \frac{g_{22}}{g_{12}} \\ \frac{g_{11}}{g_{12}} & \frac{-1}{g_{12}} \end{matrix}$	$\begin{matrix} \frac{a_{22}}{\det(\boldsymbol{T})} & \frac{-a_{12}}{\det(\boldsymbol{T})} \\ \frac{-a_{21}}{\det(\boldsymbol{T})} & \frac{a_{11}}{\det(\boldsymbol{T})} \end{matrix}$	$\begin{matrix} a'_{11} & a'_{12} \\ a'_{21} & a'_{22} \end{matrix}$

1. 串联(Series Connection)

两个双口网络(假设其 $\boldsymbol{Z}$ 参量分别为 $\boldsymbol{Z}_a$ 和 $\boldsymbol{Z}_b$)的入口和出口分别串联(图 8-1-2),如果口电流条件不因连接被破坏,则该连接方式称为双口网络的**串联**。串联形成的复合双口网络的 $\boldsymbol{Z}$ 参量满足

$$\boldsymbol{Z}=\boldsymbol{Z}_a+\boldsymbol{Z}_b \tag{8-1-10}$$

图 8-1-2

证明:由图 8-1-2 双口网络的连接方式可得,串联后端电压也满足电压的串联特性$\begin{cases}V_1=V_{1a}+V_{1b}\\V_2=V_{2a}+V_{2b}\end{cases}$,如果连接后仍然满足口电流条件$\begin{cases}I_{1a}=I_{1a'},I_{1b}=I_{1b'}\\I_{2a}=I_{2a'},I_{2b}=I_{2b'}\end{cases}$,于是有$\begin{cases}I_1=I_{1a}=I_{1b}\\I_2=I_{2a}=I_{2b}\end{cases}$,则对于串联后的网络来说,$\begin{bmatrix}V_1\\V_2\end{bmatrix}=\begin{bmatrix}V_{1a}\\V_{2a}\end{bmatrix}+\begin{bmatrix}V_{1b}\\V_{2b}\end{bmatrix}=\boldsymbol{Z}_a\begin{bmatrix}I_{1a}\\I_{2a}\end{bmatrix}+\boldsymbol{Z}_b\begin{bmatrix}I_{1b}\\I_{2b}\end{bmatrix}=[\boldsymbol{Z}_a+\boldsymbol{Z}_b]\begin{bmatrix}I_1\\I_2\end{bmatrix}=\boldsymbol{Z}\begin{bmatrix}I_1\\I_2\end{bmatrix}$,可见,串联形成的复合双口的阻抗参量矩阵为两个子双口网络阻抗参量矩阵之和,即 $\boldsymbol{Z}=\boldsymbol{Z}_a+\boldsymbol{Z}_b$。证毕。

证明中需要利用子网络的口电流条件,也就是说,只有满足口电流条件,才能使用式(8-1-10)分析复合双口。图 8-1-3 给出一种方法来判断子网络是否满足串联的有效性,即在网络两个端口分别加电流源,分析电压 V_p,V_q,如果满足 $V_p=V_q=0$,则满足口电流条件,即$\begin{cases}I_{1a}=I_{1a'},I_{1b}=I_{1b'}\\I_{2a}=I_{2a'},I_{2b}=I_{2b'}\end{cases}$,于是串联有效。

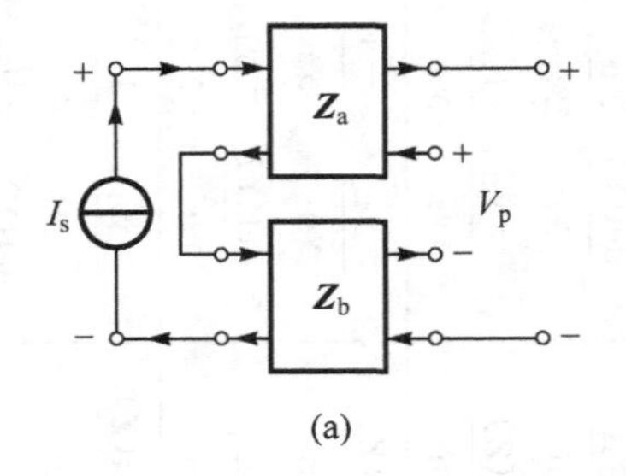

(a)

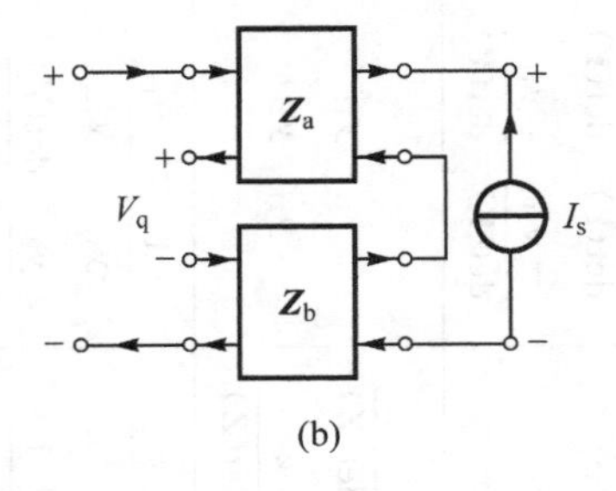

(b)

图 8-1-3

需要注意的是,无论串联连接的口电流条件是否满足、串联连接是否有效,复合双口网络以及它的 $\boldsymbol{Z}$ 参量都是存在的。只是在串联连接有效的情况下,式(8-1-10)才成立而已。

【例 8-1-1】 如果如图 8-1-4(a)所示的网络是由 z_1,z_2,z_3 和 z_4,z_5,z_6 两个子网络组成的复合网络,试判断该连接是否满足串联的有效性。

解:按照图 8-1-3 连接判断电路如图 8-1-4(b)所示,由于 z_5、z_6 的存在,使 $V\neq0$,

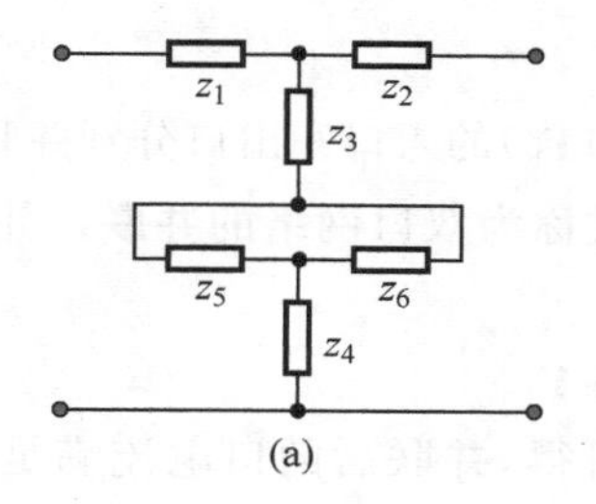

(a)

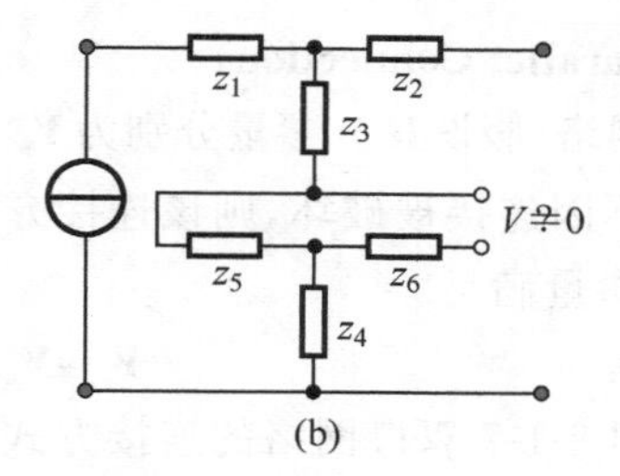

(b)

图 8-1-4

所以该连接不是有效的串联连接,因此,式(8-1-10)不成立。

为了帮助读者清楚理解,设由 z_1,z_2,z_3 和 z_4,z_5,z_6 构成的两个子网络的 $\boldsymbol{Z}$ 参量分别为 $\boldsymbol{Z}_a$ 和 $\boldsymbol{Z}_b$,复合网络参量为 $\boldsymbol{Z}$,利用定义式(8-1-1)计算可得

$$\boldsymbol{Z}_a=\begin{bmatrix} z_1+z_3 & z_3 \\ z_3 & z_2+z_3 \end{bmatrix},\quad \boldsymbol{Z}_b=\begin{bmatrix} z_5+z_4 & z_4 \\ z_4 & z_6+z_4 \end{bmatrix},\quad \boldsymbol{Z}=\begin{bmatrix} z_1+z_{33} & z_{33} \\ z_{33} & z_2+z_{33} \end{bmatrix} \tag{8-1-11}$$

其中,$z_{33}=z_3+z_4+\dfrac{z_5 z_6}{z_5+z_6}$。比较式(8-1-11),显然有,$\boldsymbol{Z}\neq\boldsymbol{Z}_a+\boldsymbol{Z}_b$。

图 8-1-5 复合网络的连接是有效的串联连接,读者可以自行练习判断。为了保证任何复合网络连接的有效性,图 8-1-6 采用了一个 1∶1 的理想变压器以约束口电流满足条件,从而使串联连接始终有效。

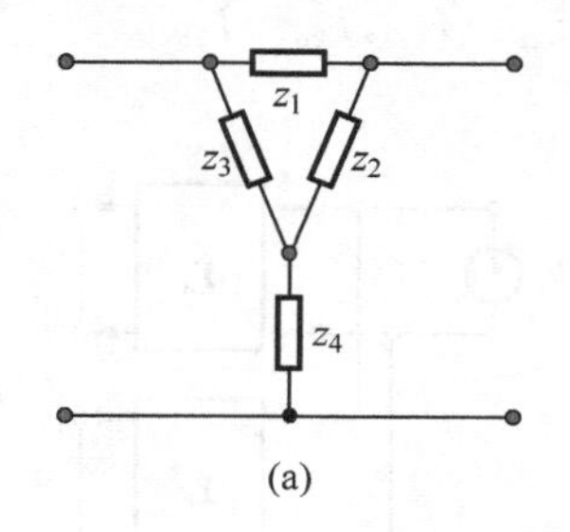

(a)

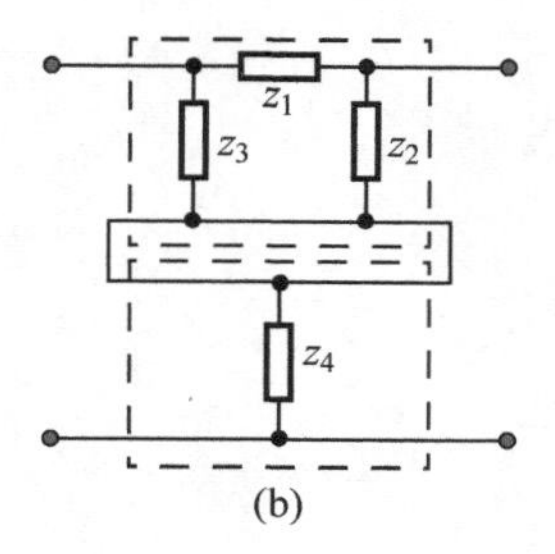

(b)

图 8-1-5

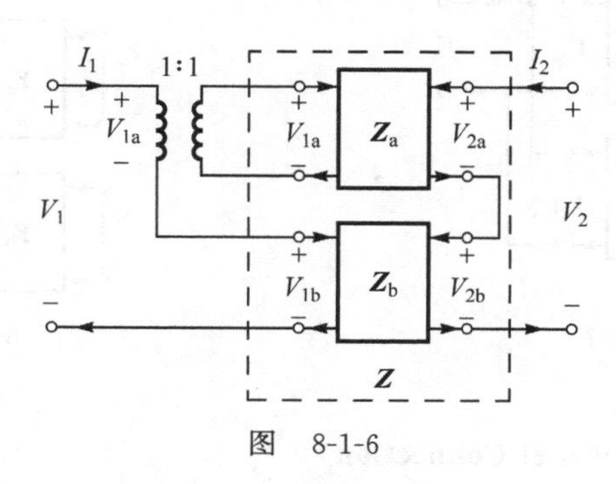

图 8-1-6

2. 并联(Parallel Connection)

两个双口网络(假设其 $\boldsymbol{Y}$ 参量分别为 $\boldsymbol{Y}_a$ 和 $\boldsymbol{Y}_b$)的入口和出口分别并联(图 8-1-7),如果口电流条件不因连接被破坏,则该连接方式称为双口网络的**并联**。并联形成的复合双口网络的 $\boldsymbol{Y}$ 参量满足

$$\boldsymbol{Y}=\boldsymbol{Y}_a+\boldsymbol{Y}_b \tag{8-1-12}$$

证明:由图 8-1-7 双口网络的连接方式可得,并联后的口电流满足电流的并联特性 $\begin{cases}I_1=I_{1a}+I_{1b}\\ I_2=I_{2a}+I_{2b}\end{cases}$,端电压满足电压的并联特性,即 $\begin{cases}V_1=V_{1a}=V_{1b}\\ V_2=V_{2a}=V_{2b}\end{cases}$,如果连接后仍然满足口电流条件 $\begin{cases}I_{1a}=I_{1a'},I_{1b}=I_{1b'}\\ I_{2a}=I_{2a'},I_{2b}=I_{2b'}\end{cases}$,于是有 $\begin{cases}I_1=I_{1'}\\ I_2=I_{2'}\end{cases}$ 并满足 $\begin{cases}I_1=I_{1a}+I_{1b}\\ I_2=I_{2a}+I_{2b}\end{cases}$,则对于并联后的网络来说,$\begin{bmatrix}I_1\\ I_2\end{bmatrix}=\begin{bmatrix}I_{1a}\\ I_{2a}\end{bmatrix}+\begin{bmatrix}I_{1b}\\ I_{2b}\end{bmatrix}=\boldsymbol{Y}_a\begin{bmatrix}V_{1a}\\ V_{2a}\end{bmatrix}+\boldsymbol{Y}_b\begin{bmatrix}V_{1b}\\ V_{2b}\end{bmatrix}=[\boldsymbol{Y}_a+\boldsymbol{Y}_b]\begin{bmatrix}V_1\\ V_2\end{bmatrix}=\boldsymbol{Y}\begin{bmatrix}V_1\\ V_2\end{bmatrix}$,可见,由并联形成的复合双口网络,其导纳矩阵为两个子双口网络的导纳矩阵之和,即 $\boldsymbol{Y}=\boldsymbol{Y}_a+\boldsymbol{Y}_b$。证毕。

同理,判断并联是否有效的条件依然是两个子双口网络必须满足口电流条件。图 8-1-8 示出一种判断方法,如图在网络两个端口分别加电压源 V_s,测量电压值 V_p,V_q,如果 $V_p=V_q=0$,则满足口电流条件,即 $\begin{cases}I_{1a}=I_{1a'},I_{1b}=I_{1b'}\\ I_{2a}=I_{2a'},I_{2b}=I_{2b'}\end{cases}$。此时并联有效,满足式(8-1-12)。

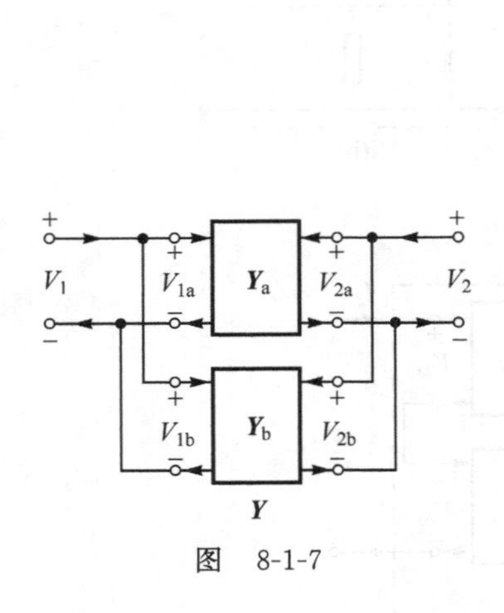

图 8-1-7

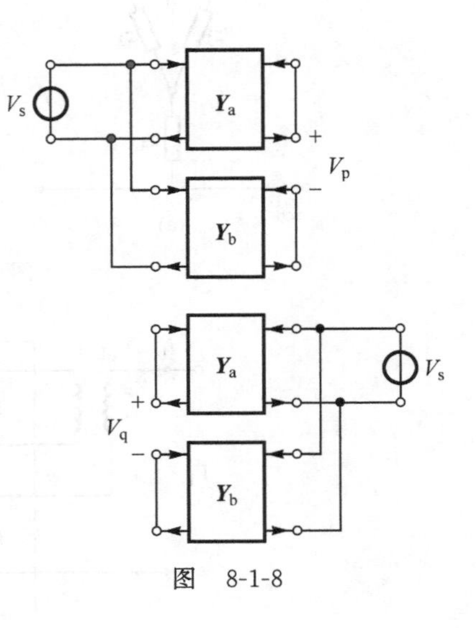

图 8-1-8

3. 串并联(Series-Parallel Connection)

两个双口网络(假设其 $\boldsymbol{H}$ 参量分别为 $\boldsymbol{H}_a$ 和 $\boldsymbol{H}_b$)入口相互串联、出口相互并联

(图 8-1-9),如果口电流条件不因连接被破坏,则该连接方式称为双口网络的**串并联**。

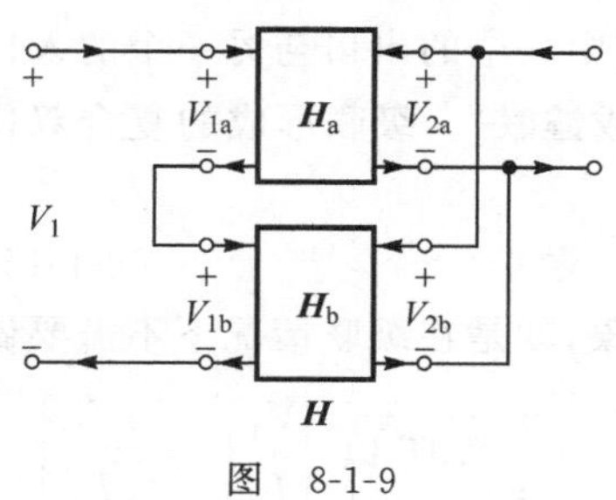

图　8-1-9

串并联形成的复合双口网络的 $\boldsymbol{H}$ 参量满足

$$\boldsymbol{H}=\boldsymbol{H}_a+\boldsymbol{H}_b \tag{8-1-13}$$

证明:由图 8-1-9 的连接方式可得,双口网络串并联后,入口端电压和出口端电压分别满足电压的串联和并联特性,即 $\begin{cases}V_1=V_{1a}+V_{1b}\\ V_2=V_{2a}=V_{2b}\end{cases}$,如果连接后仍然满足口电流条件 $\begin{cases}I_{1a}=I_{1a'},I_{1b}=I_{1b'}\\ I_{2a}=I_{2a'},I_{2b}=I_{2b'}\end{cases}$,于是有 $\begin{cases}I_1=I_{1'}\\ I_2=I_{2'}\end{cases}$ 并满足 $\begin{cases}I_1=I_{1a}=I_{1b}\\ I_2=I_{2a}+I_{2b}\end{cases}$,则对串并联后的网络来说,$\begin{bmatrix}V_1\\ I_2\end{bmatrix}=\begin{bmatrix}V_{1a}\\ I_{2a}\end{bmatrix}+\begin{bmatrix}V_{1b}\\ I_{2b}\end{bmatrix}=\boldsymbol{H}_a\begin{bmatrix}I_{1a}\\ V_{2a}\end{bmatrix}+\boldsymbol{H}_b\begin{bmatrix}I_{1b}\\ V_{2b}\end{bmatrix}=[\boldsymbol{H}_a+\boldsymbol{H}_b]\begin{bmatrix}I_1\\ V_2\end{bmatrix}=\boldsymbol{H}\begin{bmatrix}I_1\\ V_2\end{bmatrix}$,可见,由串并联形成的复合双口,其开路 $\boldsymbol{H}$ 矩阵为两个部分双口的开路 $\boldsymbol{H}$ 矩阵之和,即 $\boldsymbol{H}=\boldsymbol{H}_a+\boldsymbol{H}_b$。证毕。

同理,串并联的有效性依然需要满足口电流条件。读者可以类比于以上串联形式和并联形式,自行尝试搭建一个判断电路,并举例验证是否正确。

4. 并串联(Parallel-Series Connection)

两个双口网络(假设其 $\boldsymbol{G}$ 参量分别为 $\boldsymbol{G}_a$ 和 $\boldsymbol{G}_b$)入口相互并联、出口相互串联(图 8-1-10),如果口电流条件不因连接被破坏,则该连接方式称为双口网络的**并串联**。并串联形成的复合双口网络的 $\boldsymbol{G}$ 参量满足

$$\boldsymbol{G}=\boldsymbol{G}_a+\boldsymbol{G}_b \tag{8-1-14}$$

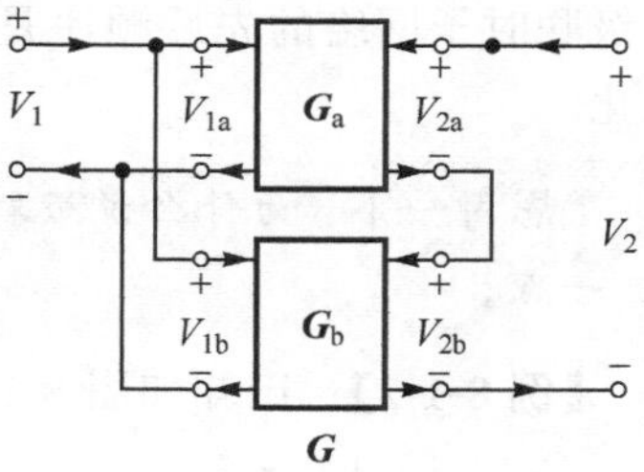

图　8-1-10

证明:由图 8-1-10 的连接方式可得,并串联后入口端电压和出口端电压分别满足电压的并联和串联特性,即 $\begin{cases}V_1=V_{1a}=V_{1b}\\ V_2=V_{2a}+V_{2b}\end{cases}$,如果连接后仍然满足口电流条件 $\begin{cases}I_{1a}=I_{1a'},I_{1b}=I_{1b'}\\ I_{2a}=I_{2a'},I_{2b}=I_{2b'}\end{cases}$,于是有 $\begin{cases}I_1=I_{1'}\\ I_2=I_{2'}\end{cases}$ 并满足 $\begin{cases}I_1=I_{1a}+I_{1b}\\ I_2=I_{2a}=I_{2b}\end{cases}$,则对并串联后的网络来说,$\begin{bmatrix}I_1\\ V_2\end{bmatrix}=\begin{bmatrix}I_{1a}\\ V_{2a}\end{bmatrix}+\begin{bmatrix}I_{1b}\\ V_{2b}\end{bmatrix}=\boldsymbol{G}_a\begin{bmatrix}V_{1a}\\ I_{2a}\end{bmatrix}+\boldsymbol{G}_b\begin{bmatrix}V_{1b}\\ I_{2b}\end{bmatrix}=[\boldsymbol{G}_a+\boldsymbol{G}_b]\begin{bmatrix}V_1\\ I_2\end{bmatrix}=\boldsymbol{G}\begin{bmatrix}V_1\\ I_2\end{bmatrix}$,可见,由并串联形成的复合双口,其开路 $\boldsymbol{G}$ 矩阵为两个部分双口的开路 $\boldsymbol{G}$ 矩阵之和,即 $\boldsymbol{G}=\boldsymbol{G}_a+\boldsymbol{G}_b$。证毕。

同理,并串联的有效性依然需要满足口电流条件。

5. 级联(Cascade Connection)

两个双口网络(假设其 $\boldsymbol{T}$ 参量分别为 $\boldsymbol{T}_a$ 和 $\boldsymbol{T}_b$),其中一个的出口与另一个的入口相连(图 8-1-11),则该连接方式称为双口网络的**级联(或链联)**。级联形成的复合双口网络的 $\boldsymbol{T}$ 参量满足

$$\boldsymbol{T}=\boldsymbol{T}_a\boldsymbol{T}_b \tag{8-1-15}$$

证明:由图 8-1-11 的连接方式可得一个可喜的现象,就是在级联情况下不需要做口电流条件的判断,其口电流条件总是满足 $\begin{cases}V_{2a}=V_{1b}\\I_{2a}=-I_{1b}\end{cases}$,所以 $\begin{bmatrix}V_1\\I_1\end{bmatrix}=\begin{bmatrix}V_{1a}\\I_{1a}\end{bmatrix}=\boldsymbol{T}_a\begin{bmatrix}V_{2a}\\-I_{2a}\end{bmatrix}=\boldsymbol{T}_a\begin{bmatrix}V_{1b}\\I_{1b}\end{bmatrix}=\boldsymbol{T}_a\boldsymbol{T}_b\begin{bmatrix}V_{2b}\\-I_{2b}\end{bmatrix}=\boldsymbol{T}_a\boldsymbol{T}_b\begin{bmatrix}V_2\\-I_2\end{bmatrix}$,可见级联形成的复合双口网络的传输矩阵等于两个子双口网络传输矩阵之积,即 $\boldsymbol{T}=\boldsymbol{T}_a\boldsymbol{T}_b$。证毕。

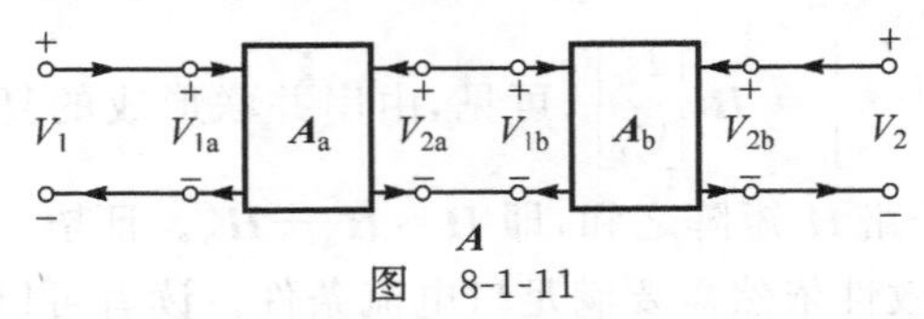

图 8-1-11

需要强调的是,式(8-1-15)一般不满足交换律,即一般情况下 $\boldsymbol{T}_a\boldsymbol{T}_b\neq\boldsymbol{T}_b\boldsymbol{T}_a$,所以在级联时子网络的先后顺序是不可以颠倒的,否则复合双口网络的传输特性会发生变化。

思考一下:为什么说级联的情况下口电流条件总是满足的?试利用 KCL 证明这一点。

【例 8-1-2】 已知如图 8-1-12(a)、图 8-1-12(b)所示参考方向下子网络参量分别为 $\boldsymbol{Y}_a=sC\begin{bmatrix}1&-1\\-1&1\end{bmatrix}$ 和 $\boldsymbol{T}_b=\begin{bmatrix}1&0\\1/R&1\end{bmatrix}$,试分别计算如图 8-1-12(c)、图 8-1-12(d)所示的级联网络的 $\boldsymbol{T}$ 参量。

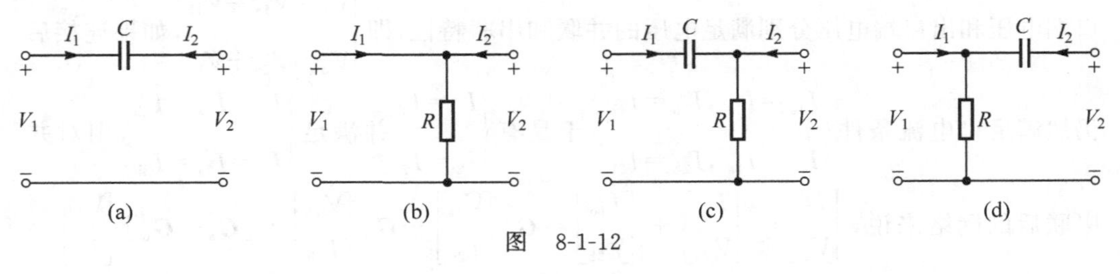

图 8-1-12

解:级联网络利用式(8-1-15)计算复合网络的 $\boldsymbol{T}$ 参量最合适,利用换算表 8-1-1 由子网络 a 的 $\boldsymbol{Y}$ 参量获得 $\boldsymbol{T}$ 参量,$\boldsymbol{T}_a=\begin{bmatrix}1&1/sC\\0&1\end{bmatrix}$。因此,如图 8-1-12(c)所示的级联

网络的 $\boldsymbol{T}$ 参量为

$$\boldsymbol{T}_{\mathrm{c}}=\boldsymbol{T}_{\mathrm{a}}\boldsymbol{T}_{\mathrm{b}}=\begin{bmatrix}1 & 1/sC\\0 & 1\end{bmatrix}\begin{bmatrix}1 & 0\\1/R & 1\end{bmatrix}=\begin{bmatrix}1+1/sRC & 1/sC\\1/R & 1\end{bmatrix}\tag{8-1-16}$$

如图 8-1-12(d)所示的级联网络的 $\boldsymbol{T}$ 参量为

$$\boldsymbol{T}_{\mathrm{d}}=\boldsymbol{T}_{\mathrm{b}}\boldsymbol{T}_{\mathrm{a}}=\begin{bmatrix}1 & 0\\1/R & 1\end{bmatrix}\begin{bmatrix}1 & 1/sC\\0 & 1\end{bmatrix}=\begin{bmatrix}1 & 1/sC\\1/R & 1+1/sRC\end{bmatrix}\tag{8-1-17}$$

显然，无论是电路结构，还是表达式(8-1-16)和式(8-1-17)均是不满足交换律的。

8.2　Z 参量和 Y 参量/Z and Y Parameters

阻抗参量和导纳参量常用于滤波器的综合与分析，并在阻抗匹配网络和功率分布网络的设计和分析中也有应用。参量对网络的描述简单、清晰，物理意义明确，并可以通过测量容易获取，是十分常用的双口网络参量。

8.2.1　Z 参量的定义/Z Parameters

如图 8-1-1 所示参考方向的双口网络中，以两个口电流 I_1、I_2 为自变量，则双口网络的两个口电压(因变量)可以写成以下方程：

$$\begin{cases}V_1=z_{11}I_1+z_{12}I_2\\V_2=z_{21}I_1+z_{22}I_2\end{cases}\tag{8-2-1}$$

其中，$\boldsymbol{Z}=\begin{pmatrix}z_{11} & z_{12}\\z_{21} & z_{22}\end{pmatrix}$具有阻抗的量纲，称为双口网络的**阻抗参量**，简称 **Z 参量**。其物理意义可由定义给出。

$$z_{11}=\left.\frac{V_1}{I_1}\right|_{I_2=0}\text{，为出口开路时入口的驱动点阻抗}\tag{8-2-2}$$

$$z_{12}=\left.\frac{V_1}{I_2}\right|_{I_1=0}\text{，为入口开路时的反向转移阻抗}\tag{8-2-3}$$

$$z_{21}=\left.\frac{V_2}{I_1}\right|_{I_2=0}\text{，为出口开路时的正向转移阻抗}\tag{8-2-4}$$

$$z_{22}=\left.\frac{V_2}{I_2}\right|_{I_1=0}\text{，为入口开路时出口的驱动点阻抗}\tag{8-2-5}$$

由于参量的定义和测量方法是在端口开路的情况下获得的，因此 $\boldsymbol{Z}$ 参量又称为**开路阻抗参量(Open-circuit Impedance Parameters)**。

【例 8-2-1】　求如图 8-2-1(a)所示参考方向下 T 形双口网络的 $\boldsymbol{Z}$ 参量。

解：由定义式(8-2-2)～式(8-2-5)直接计算，可得

$$z_{11}=\left.\frac{V_1}{I_1}\right|_{I_2=0}=Z_1+Z_3;\quad z_{12}=\left.\frac{V_1}{I_2}\right|_{I_1=0}=Z_3$$

$$z_{21}=\left.\frac{V_2}{I_1}\right|_{I_2=0}=Z_3;\quad z_{22}=\left.\frac{V_2}{I_2}\right|_{I_1=0}=Z_2+Z_3 \tag{8-2-6}$$

所以，T 形双口网络的 $\boldsymbol{Z}$ 参量可以表示为

$$\boldsymbol{Z}=\begin{bmatrix} Z_1+Z_3 & Z_3 \\ Z_3 & Z_2+Z_3 \end{bmatrix} \tag{8-2-7}$$

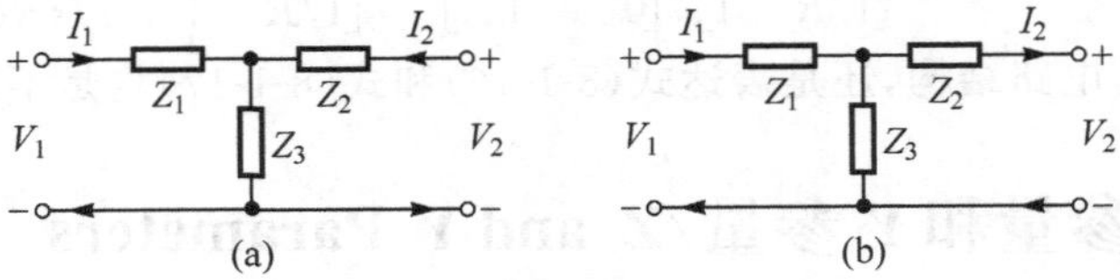

图 8-2-1

讨论 1：分析式(8-2-7)注意到有 $z_{12}=z_{21}$，这个现象并非巧合，由于该双口网络不含受控源，因此它是互易网络。也就是说，**互易双口网络 $\boldsymbol{Z}$ 参量满足** $z_{12}=z_{21}$，这一点在第 8.2.2 节双口网络等效电路的推导中将进一步证实。因此，互易双口网络的 $\boldsymbol{Z}$ 参量的 4 个分量只有 3 个是独立的。

讨论 2：分析式(8-2-7)并比较网络结构可见，当网络参数 $Z_1=Z_2$ 即网络表示为关于中心的**镜像对称**结构时，$\boldsymbol{Z}$ 参量满足 $z_{11}=z_{22}$。由于受控源的控制量总是外支路的电压或电流，因此含有受控源的网络一般无法实现对称，也就是说，**对称双口网络 $\boldsymbol{Z}$ 参量满足** $z_{11}=z_{22}$ 和 $z_{12}=z_{21}$。因此，对称双口网络的 $\boldsymbol{Z}$ 参量的 4 个分量只有两个是独立的。

讨论 3：在口电压和口电流采用一致参考方向的条件下(图 8-2-1(a))，不含受控源的双口网络的 $\boldsymbol{Z}$ 参量分量都是正值。

如果口电压和口电流的参考方向不一致(图 8-2-1(b)，有教材这样定义双口网络的参考方向，与图 8-2-1(a)的不同之处只是 I_2 的方向)，仍利用定义式(8-2-1)和式(8-2-2)～式(8-2-5)求解 $\boldsymbol{Z}$ 参量，有

$$\boldsymbol{Z}=\begin{bmatrix} Z_1+Z_3 & -Z_3 \\ Z_3 & -(Z_2+Z_3) \end{bmatrix} \tag{8-2-8}$$

比较式(8-2-7)和式(8-2-8)可见，由于参考方向的选择不同，导致在 $\boldsymbol{Z}$ 参量矩阵中出现负值的形式，需要强调的是这一**负值并非表示负阻抗**(因为我们知道本例题中的双口网络不含有受控源)，而完全是由于参考方向的选择造成的。更清楚地，将式(8-2-1)改写为以下的形式：

$$\begin{cases} V_1=z_{11}I_1+z_{12}I_2 \\ V_2=z_{21}I_1+z_{22}I_2 \end{cases} \rightarrow \begin{cases} V_1=z_{11}I_1+(-z_{12})(-I_2) \\ V_2=z_{21}I_1+(-z_{22})(-I_2) \end{cases} \tag{8-2-9}$$

由此可以清楚地看出两个具有不同参考方向的双口网络的 $\boldsymbol{Z}$ 参量之间的对应关系。由于没有统一规定，所以在套用一个公式之前，首先需要确定它的成立条件(当发现你的计算结果和权威教材答案不同时，不一定要怀疑你自己)。为不引起误解，本书统一采用口电压和电流的参考方向一致。

8.2.2　T 形等效电路/T-type Equivalent Circuit

既然双口网络的口电压和电流的伏安关系可用 Z 参量简单表示，那么根据等效原理，就可以构造一个等效的网络，这个网络中只含有简单地用 Z 参量表示的等效元件，只要在端口上与实际的双口网络满足相同的口电压和电流的伏安关系式即可。

简单地，可以直接由具有电压代数和形式的式(8-2-1)构建基本的串联电路，即入口和出口都是串联形式的等效电路(图 8-2-2)。式(8-2-1)中，分量与该支路的电压、电流相关的，表现为阻抗；不相关的则表现为受控源，可以称为**第一种等效形式**。

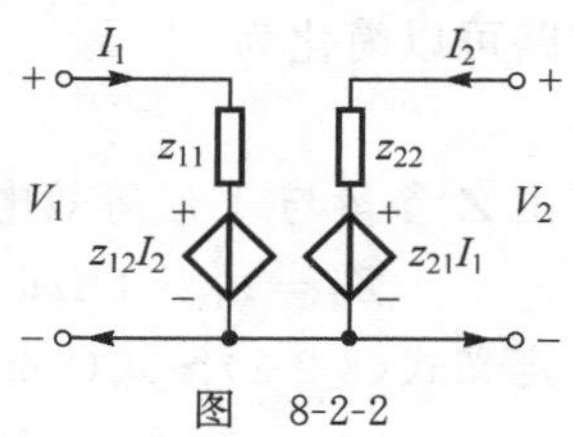

图　8-2-2

为了**构造** T 形等效电路(图 8-2-3(a))，可以将入口电压表示为分别含有变量 I_1 和 I_1+I_2 的分量的代数和，将出口电压表示为分别含有变量 I_2 和 I_1+I_2 的分量的代数和，即将基本方程式(8-2-1)改写为

$$\begin{cases} V_1 = z_{11}I_1 + z_{12}I_2 = (z_{11}-z_{12})I_1 + z_{12}(I_1+I_2) \\ V_2 = z_{21}I_1 + z_{22}I_2 = z_{12}(I_1+I_2) + (z_{22}-z_{12})I_2 + (z_{21}-z_{12})I_1 \end{cases} \tag{8-2-10}$$

由式(8-2-10)可以得到 **T 形等效电路**，如图 8-2-3(b)所示。

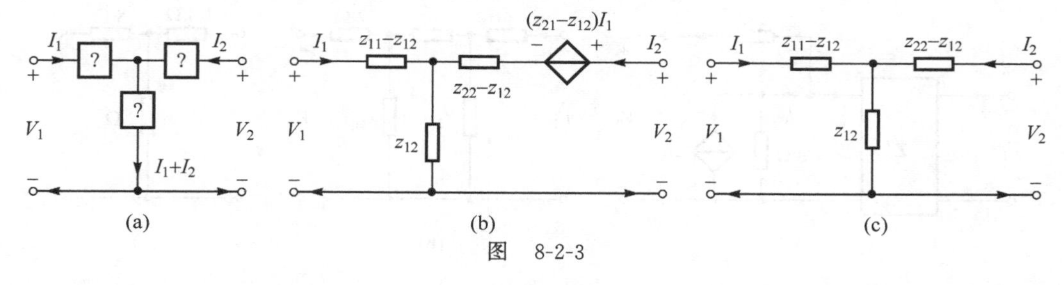

图　8-2-3

分析 1：T 形等效电路(图 8-2-3(b))由基本方程式(8-2-1)直接导出，没有附加任何约束条件。也就是说，**任何复杂的双口网络，都可以用其 Z 参量的 T 形等效电路来表示**(不论这个双口网络实际含有多少电子器件)。

分析 2：互易网络的等效电路中不应含有受控源，因此图 8-2-3(b)中必然有 $z_{12}=z_{21}$。进一步证明：互易双口网络的 Z 参量满足 $z_{12}=z_{21}$(图 8-2-3(c))。

分析 3：由图 8-2-3(b)分析可见，**对称双口网络 Z** 参量满足 $z_{11}=z_{22}$ 和 $z_{12}=z_{21}$。

分析 4：由图 8-2-3(b)分析可见，双口网络等效后不含受控源的 T 形等效电路的阻抗值**可能是正值也可能是负值**。

思考一下：如何理解“等效后不含受控源”这句话？试列举一个这样的电路。“不含受控源的双口网络一定是互易的”“互易的双口网络一定不含受控源”这两句话对不对？

【例 8-2-2】 已知如图 8-2-4(a)所示参考方向下 $\boldsymbol{Z}'=\begin{pmatrix} z'_{11} & z'_{12} \\ z'_{21} & z'_{22} \end{pmatrix}=\begin{bmatrix} 2 & 1 \\ 1 & 4 \end{bmatrix}\ \Omega$，求该复合双口网络的 $\boldsymbol{Z}=\begin{pmatrix} z_{11} & z_{12} \\ z_{21} & z_{22} \end{pmatrix}$ 参量，并画出 T 形等效电路。

解：先将如图 8-2-4(a)所示的网络简化为如图 8-2-4(b)所示的网络，含受控源的支路可以简化为

$$Z_{\mathrm{eq}}=8\times(1-2)=-8\ \Omega \tag{8-2-11}$$

并由 $\boldsymbol{Z}$ 参量与 T 形等效电路的元件关系获得

$$Z_3=z'_{12}=1\ \Omega;\quad Z_1=z'_{11}-z'_{12}=1\ \Omega;\quad Z_2=z'_{22}-z'_{12}=3\ \Omega \tag{8-2-12}$$

由定义式(8-2-2)～式(8-2-5)直接计算复合双口网络的 $\boldsymbol{Z}$ 参量分量，得

$$\begin{aligned} z_{11}&=\left.\frac{V_1}{I_1}\right|_{I_2=0}=\frac{9}{4}\ \Omega;\quad z_{12}=\left.\frac{V_1}{I_2}\right|_{I_1=0}=2\ \Omega \\ z_{21}&=\left.\frac{V_2}{I_1}\right|_{I_2=0}=2\ \Omega;\quad z_{22}=\left.\frac{V_2}{I_2}\right|_{I_1=0}=10\ \Omega \end{aligned} \tag{8-2-13}$$

所以，复合双口网络的 T 形等效电路的元件为

$$z_{12}=2\ \Omega;\quad z_{11}-z_{12}=1/4\ \Omega;\quad z_{22}-z_{12}=8\ \Omega \tag{8-2-14}$$

由此做出 T 形等效电路如图 8-2-4(c)所示。

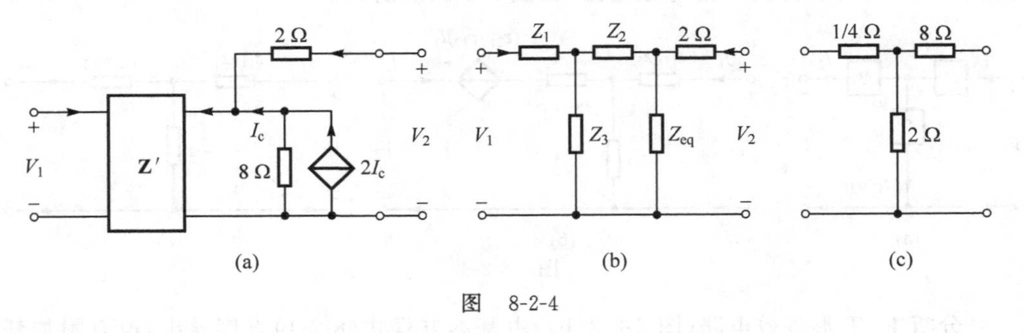

图 8-2-4

8.2.3 Y 参量的定义/Y Parameters

如图 8-1-1(a)所示参考方向的双口网络中，以两个口电压 V_1，V_2 为自变量，则双口网络的两个口电流(因变量)可以写成以下方程：

$$\begin{cases} I_1=y_{11}V_1+y_{12}V_2 \\ I_2=y_{21}V_1+y_{22}V_2 \end{cases} \tag{8-2-15}$$

其中，$\boldsymbol{Y}=\begin{pmatrix} y_{11} & y_{12} \\ y_{21} & y_{22} \end{pmatrix}$ 具有导纳的量纲，称为双口网络的**导纳参量**，简称 **Y 参量**，其物理意义可由定义给出。

$$y_{11}=\left.\frac{I_1}{V_1}\right|_{V_2=0}\text{，为出口短路时入口的驱动点导纳} \tag{8-2-16}$$

$$y_{12}=\left.\frac{I_1}{V_2}\right|_{V_1=0}\text{，为入口短路时的反向转移导纳} \tag{8-2-17}$$

$$y_{21}=\left.\frac{I_2}{V_1}\right|_{V_2=0}\text{，为出口短路时的正向转移导纳} \tag{8-2-18}$$

$$y_{22}=\left.\frac{I_2}{V_2}\right|_{V_1=0}\text{，为入口短路时出口的驱动点导纳} \tag{8-2-19}$$

由于参量的定义和测量方法是在端口短路的情况下获得的，因此 $\boldsymbol{Y}$ 参量又称为**短路导纳参量（Short-Circuit Admittance Parameters）**。

8.2.4　π 形等效电路/π-type Equivalent Circuit

类比于 $\boldsymbol{Z}$ 参量，具有电流代数和的方程式对应于并联结构，由双口网络用 $\boldsymbol{Y}$ 参量描述的方程式(8-2-15)，构成并联形式的等效电路如图 8-2-5 所示。

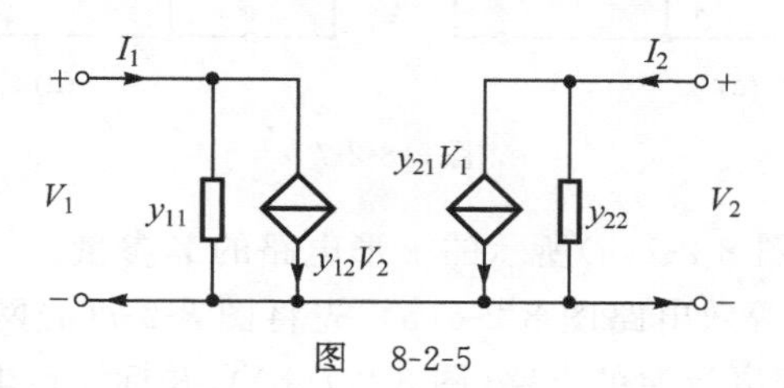

图　8-2-5

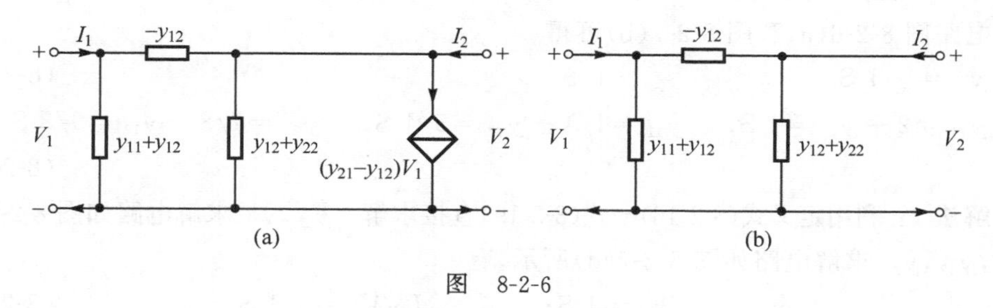

图　8-2-6

为了构成 π 形等效电路，将基本方程式(8-2-15)变形得

$$\begin{cases}I_1=y_{11}V_1+y_{12}V_2=(y_{12}+y_{11})V_1-y_{12}(V_1-V_2)\\ I_2=y_{21}V_1+y_{22}V_2=(y_{22}+y_{12})V_2-y_{12}(V_2-V_1)+(y_{21}-y_{12})V_1\end{cases} \tag{8-2-20}$$

由此得到其 π 形等效电路如图 8-2-6(a)所示。

分析 1：等效电路由基本方程式(8-2-15)直接导出，没有附加任何约束条件。也就是说，**任何复杂双口网络都可用其 $\boldsymbol{Y}$ 参量表示的 π 形等效电路来表示**（不论这个双口网络实际含有多少个电子器件）。

分析 2：如果网络是互易的，即 π 形等效电路（图 8-2-6(a)）中不含受控源（图 8-2-6(b)），因此有：$y_{12}=y_{21}$。也就是说，互易双口网络 $\boldsymbol{Y}$ 参量满足 $y_{12}=y_{21}$，即

互易双口网络 **Y** 参量的 4 个分量中只有 3 个是独立的。

分析 3：由图 8-2-6(b)分析可见，对称双口网络 **Y** 参量满足 $y_{11}=y_{22}$ 和 $y_{12}=y_{21}$，即对称双口网络的 **Y** 参量的 4 个分量中只有两个是独立的。

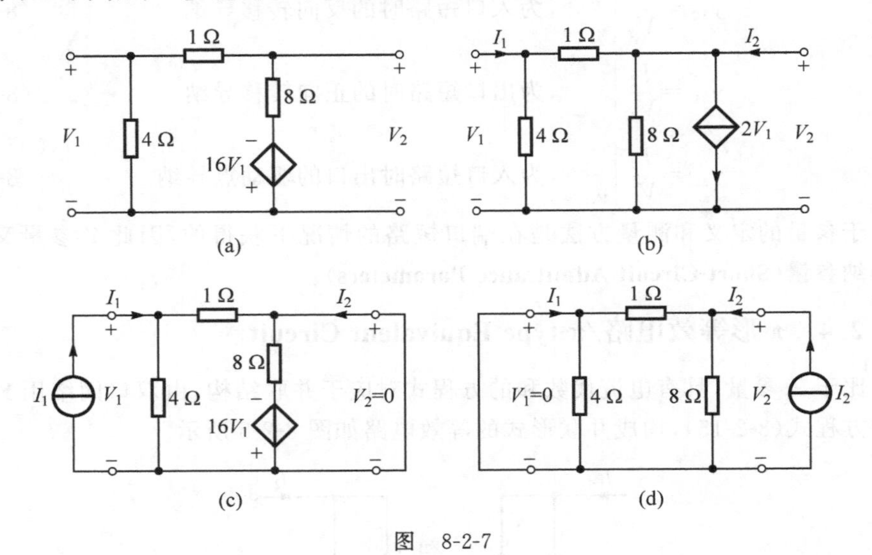

图 8-2-7

【例 8-2-3】 求如图 8-2-7(a)所示的 π 形电路的 **Y** 参量。

解法 1：利用 π 形等效电路图 8-2-6(a)，先将图 8-2-7(a)网络中含受控电压源的支路等效转化为含受控电流源的支路(图 8-2-7(b))，并标注口电压、电流的参考方向。比较电路图 8-2-6(a)和图 8-2-7(b)可得

$$y_{12}=-1\ \mathrm{S} \tag{8-2-21}$$

$$y_{21}=2+y_{12}=1\ \mathrm{S};\quad y_{11}=1/4-y_{12}=5/4\ \mathrm{S};\quad y_{22}=1/8-y_{12}=9/8\ \mathrm{S} \tag{8-2-22}$$

解法 2：利用定义式(8-2-16)～式(8-2-19)直接求解。y_{11}，y_{21} 求解电路如图 8-2-7(c)所示，y_{12}，y_{22} 求解电路如图 8-2-7(d)所示，有

$$y_{21}=I_2/V_1=1\ \mathrm{S};\quad y_{11}=I_1/V_1=5/4\ \mathrm{S} \tag{8-2-23}$$

$$y_{12}=I_1/V_2=-1\ \mathrm{S};\quad y_{22}=I_2/V_2=9/8\ \mathrm{S} \tag{8-2-24}$$

因此，如图 8-2-7(a)所示网络的 **Y** 参量为 $\boldsymbol{Y}=\begin{bmatrix}5/4 & -1\\ 1 & 9/8\end{bmatrix}$ S，由于含有受控源，因此 $y_{12}\neq y_{21}$。

8.3 混合参量/Hybrid Parameters

一个双口网络的 **Z** 参量和 **Y** 参量并非总是存在或是可测的，例如变压器就无法用 **Z** 参量表示。另外，一些特殊性质的电子器件用与之特性对应的双口网络参量描

述会清楚、容易得多。

混合参量在描述一类工作在线性区的非线性电子器件是非常有效的。例如，晶体三极管可以用实验的方法测量出它的 $\boldsymbol{H}$ 参量，且物理意义清晰(其 $\boldsymbol{Z}$ 参量表示没有明确的物理意义)；再有，读者熟悉的运算放大器用 $\boldsymbol{G}$ 参量来描述其口特性也是非常贴切合适的。

8.3.1 *H* 参量的定义/*H* Parameters

如图 8-1-1(a)所示参考方向的双口网络中，以 I_1, V_2 为自变量，则双口网络的入口电压和出口电流(因变量)可以写成以下方程：

$$\begin{cases} V_1 = h_{11}I_1 + h_{12}V_2 \\ I_2 = h_{21}I_1 + h_{22}V_2 \end{cases} \tag{8-3-1}$$

其中，系数 $\boldsymbol{H}=\begin{bmatrix} h_{11} & h_{12} \\ h_{21} & h_{22} \end{bmatrix}$ 称为双口网络的**混合参量**，简称 **$\boldsymbol{H}$ 参量**。**"混合"**一词来源于这一组参量分量既不是阻抗也不是导纳，而是量纲、端口、方向等全方位的混合，其物理意义可由定义给出。

$$h_{11}=\left.\frac{V_1}{I_1}\right|_{V_2=0}\text{，为出口短路时入口的驱动点阻抗} \tag{8-3-2}$$

$$h_{12}=\left.\frac{V_1}{V_2}\right|_{I_1=0}\text{，为入口开路时的反向电压转移函数} \tag{8-3-3}$$

$$h_{21}=\left.\frac{I_2}{I_1}\right|_{V_2=0}\text{，为出口短路时的正向电流转移函数} \tag{8-3-4}$$

$$h_{22}=\left.\frac{I_2}{V_2}\right|_{I_1=0}\text{，为入口开路时出口的驱动点导纳} \tag{8-3-5}$$

8.3.2 *G* 参量的定义/*G* Parameters

同理，如图 8-1-1(a)所示参考方向的双口网络中，以 V_1, I_2 为自变量，则双口网络的入口电流和出口电压(因变量)可以写成以下方程：

$$\begin{cases} I_1 = g_{11}V_1 + g_{12}I_2 \\ V_2 = g_{21}V_1 + g_{22}I_2 \end{cases} \tag{8-3-6}$$

其中，系数 $\boldsymbol{G}=\begin{bmatrix} g_{11} & g_{12} \\ g_{21} & g_{22} \end{bmatrix}$ 也称为双口网络的**混合参量**，简称 **$\boldsymbol{G}$ 参量**，其物理意义可由定义给出。

$$g_{11}=\left.\frac{I_1}{V_1}\right|_{I_2=0}\text{，为出口开路时入口的驱动点导纳} \tag{8-3-7}$$

$$g_{12}=\left.\frac{I_1}{I_2}\right|_{V_1=0}\text{，为入口短路时的反向电流转移函数}\tag{8-3-8}$$

$$g_{21}=\left.\frac{V_2}{V_1}\right|_{I_2=0}\text{，为出口开路时的正向电压转移函数}\tag{8-3-9}$$

$$g_{22}=\left.\frac{V_2}{I_2}\right|_{V_1=0}\text{，为入口短路时出口的驱动点阻抗}\tag{8-3-10}$$

8.3.3 等效电路/ Equivalent Circuit

由式(8-3-1)可以推出双口网络的 ***H*** 参量等效电路，如图 8-3-1 所示；由式(8-3-6)可以推出双口网络的 ***G*** 参量等效电路，如图 8-3-2 所示。

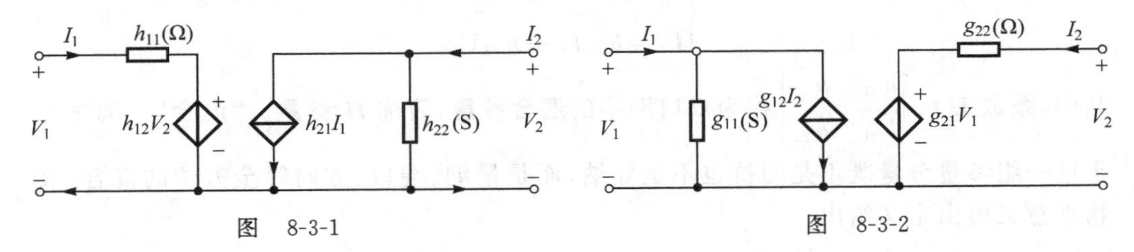

图 8-3-1　　图 8-3-2

利用互易定理，可容易证得，对于互易网络有 $h_{12}=-h_{21}$，$g_{12}=-g_{21}$。

8.4 传输参量/Transmission Parameters

前述 4 种参量(***Z***、***Y***、***H***、***G***)的共同特点是两个自变量分别取自入口和出口，而两个因变量也分别来自两个不同的端口。如果将两个自变量取为同一个端口的电压和电流，则两个因变量也取自另一个端口，描述这种从一端口“传输”到另一端口特性的参量叫作**传输参量**。

双口网络的传输参量在信号传输系统设计中非常有用，例如在分析传输线特性(第 9 章)时非常有效。传输参量包含正向传输参量和反向传输参量，由于“正”和“反”在不同规定方向时可以相互转换，因此，本书只讨论正向传输参量(注意，不讨论反向传输参量不是因为反向传输参量不重要，恰恰相反，任何一个正向传输系统都不能忽视它的反向特性)。

目前多数教材使用的传输参量的变量符号有两类，即 ***T*** 或 ***A*** 参量，虽然变量符号不同，但表示是完全等价的，本书不做褒贬，均可使用。

$$\boldsymbol{T}=\begin{bmatrix}A & B\\ C & D\end{bmatrix}\quad\text{等价于}\quad\boldsymbol{A}=\begin{bmatrix}a_{11} & a_{12}\\ a_{21} & a_{22}\end{bmatrix}\tag{8-4-1}$$

习惯上，传输总是从一口入从另一口出，因此，如图 8-1-1 所示参考方向的双口网络中，以 $-I_2$，V_2 为自变量(注意 I_2 前的负号表示出口电流为流出方向)，则双口网络的入口电压和电流(因变量)可以写成以下方程：

$$\begin{cases}V_1=AV_2+B(-I_2)\\I_1=CV_2+D(-I_2)\end{cases} \quad 或 \quad \begin{cases}V_1=a_{11}V_2+a_{12}(-I_2)\\I_1=a_{21}V_2+a_{22}(-I_2)\end{cases} \tag{8-4-2}$$

其中,系数 $\boldsymbol{T}=\begin{bmatrix}A & B\\C & D\end{bmatrix}$ 或 $\boldsymbol{A}=\begin{bmatrix}a_{11} & a_{12}\\a_{21} & a_{22}\end{bmatrix}$ 称为双口网络的**传输参量**,简称 $\boldsymbol{T}$ **参量**或 $\boldsymbol{A}$ **参量**,其物理意义可由定义给出。

$$A=a_{11}=\left(\frac{V_2}{V_1}\right)^{-1}\bigg|_{I_2=0},为出口开路时正向电压转移函数的倒数 \tag{8-4-3}$$

$$B=a_{12}=\left(\frac{-I_2}{V_1}\right)^{-1}\bigg|_{V_2=0},为出口短路时的正向转移导纳的倒数 \tag{8-4-4}$$

$$C=a_{21}=\left(\frac{V_2}{I_1}\right)^{-1}\bigg|_{I_2=0},为出口开路时的正向转移阻抗的倒数 \tag{8-4-5}$$

$$D=a_{22}=\left(\frac{-I_2}{I_1}\right)^{-1}\bigg|_{V_2=0},为出口短路时正向电流转移函数的倒数 \tag{8-4-6}$$

由定义式可见,传输参量描述的是双口网络的传递特性,任何一个双口网络,如果在一个端口有信号激励,那么在另一个端口一定会产生一个响应(哪怕是零响应),因此,很多不存在 $\boldsymbol{Z}$ 参量或 $\boldsymbol{Y}$ 参量的双口网络都可以用传输参量来描述。图 8-4-1 和表 8-4-1 列出一部分常见双口网络及其参量,以便查阅。

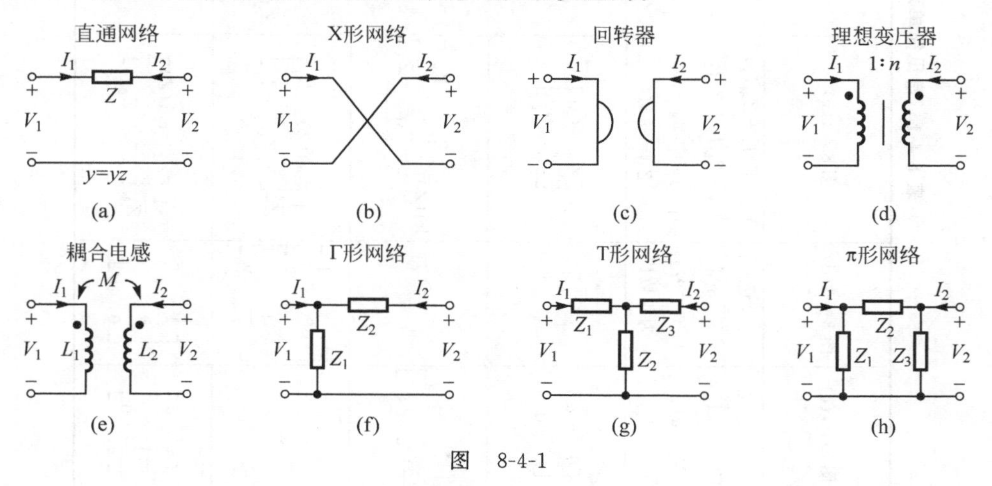

图　8-4-1

【例 8-4-1】　如图 8-4-2 所示的级联双口网络是一个二阶的高通滤波器。试利用传输参量求该网络的传递函数 $H(\mathrm{j}\omega)=V_2(\mathrm{j}\omega)/V_1(\mathrm{j}\omega)$。

解:由传输参量的定义式(8-4-3)可得

$$H(\mathrm{j}\omega)=V_2(\mathrm{j}\omega)/V_1(\mathrm{j}\omega)\big|_{I_2=0}=1/a_{11} \tag{8-4-7}$$

表 8-4-1　常见简单双口网络参量

双口网络	图 8-4-1(a)	图 8-4-1(b)	图 8-4-1(c)	图 8-4-1(d)	图 8-4-1(e)	图 8-4-1(f)	图 8-4-1(g)	图 8-4-1(h)
伏安关系	$I_1=-I_2$	$V_1=-V_2$，$I_1=I_2$	$V_1=-aI_2$，$V_2=aI_1$	$V_1=\frac{V_2}{n}$，$I_1=-nI_2$（n 为匝数比）	$V_1=Z_1I_1+Z_MI_2$，$V_2=Z_MI_1+Z_2I_2$，$Z_1=\mathrm{j}\omega L_1, Z_2=\mathrm{j}\omega L_2$，$Z_M=\mathrm{j}\omega M$			
Z 参量			$\begin{bmatrix}0 & -a\\ a & 0\end{bmatrix}$	—	$\begin{bmatrix}Z_1 & Z_M\\ Z_M & Z_2\end{bmatrix}$	$\begin{bmatrix}Z_1 & Z_1\\ Z_1 & Z_1+Z_2\end{bmatrix}$	$\begin{bmatrix}Z_1+Z_2 & Z_2\\ Z_2 & Z_2+Z_3\end{bmatrix}$	$\frac{1}{Z_1+Z_2+Z_3}\times\begin{bmatrix}Z_1(Z_2+Z_3) & Z_1Z_3\\ Z_1Z_3 & Z_3(Z_1+Z_2)\end{bmatrix}$
Y 参量	$\begin{bmatrix}Y & -Y\\ -Y & Y\end{bmatrix}$	—	$\begin{bmatrix}0 & 1/a\\ -1/a & 0\end{bmatrix}$	—	$\det(\boldsymbol{Z})\begin{bmatrix}Z_2 & Y_M\\ -Z_M & -Z_1\end{bmatrix}$	$\begin{bmatrix}Y_1+Y_2 & -Y_2\\ -Y_2 & Y_1\end{bmatrix}$	$\frac{1}{Y_1+Y_2+Y_3}\times\begin{bmatrix}Y_1(Y_2+Y_3) & -Y_1Y_3\\ -Y_1Y_3 & Y_3(Y_1+Y_2)\end{bmatrix}$	$\begin{bmatrix}Y_1+Y_2 & -Y_2\\ -Y_2 & Y_2+Y_3\end{bmatrix}$
H 参量	$\begin{bmatrix}Z & 1\\ -1 & 0\end{bmatrix}$	$\begin{bmatrix}0 & -1\\ 1 & 0\end{bmatrix}$	—	$\begin{bmatrix}0 & \frac{1}{n}\\ -\frac{1}{n} & 0\end{bmatrix}$	$\frac{1}{Z_2}\begin{bmatrix}\det(\boldsymbol{Z}) & Z_M\\ -Z_M & 1\end{bmatrix}$	$\frac{1}{Z_1+Z_2}\begin{bmatrix}Z_1Z_2 & Z_1\\ Z_1 & 1\end{bmatrix}$	$\frac{1}{Y_2+Y_3}\times\begin{bmatrix}Z_1(Y_1+Y_2+Y_3) & Y_3\\ -Y_3 & Y_2Y_3\end{bmatrix}$	$\frac{1}{Z_1+Z_3}\times\begin{bmatrix}Z_1Z_3 & Z_1\\ Z_1 & Y_3(Z_1+Z_2+Z_3)\end{bmatrix}$
T 参量	$\begin{bmatrix}1 & Z\\ 0 & 1\end{bmatrix}$	$\begin{bmatrix}-1 & 0\\ 0 & -1\end{bmatrix}$	$\begin{bmatrix}0 & a\\ \frac{1}{a} & 0\end{bmatrix}$	$\begin{bmatrix}\frac{1}{n} & 0\\ 0 & n\end{bmatrix}$	$\frac{1}{Z_M}\begin{bmatrix}Z_1 & \det(\boldsymbol{Z})\\ 1 & Z_2\end{bmatrix}$	$\begin{bmatrix}1 & Z_2\\ \frac{1}{Z_1} & 1+\frac{Z_2}{Z_1}\end{bmatrix}$	$\begin{bmatrix}1+Z_1Y_2 & Z_1+Z_3+Z_1Y_2Z_3\\ Y_2 & 1+Y_2Z_3\end{bmatrix}$	$\begin{bmatrix}1+Z_2Y_1 & Z_2\\ Y_1+Y_3+Y_1Z_2Y_3 & 1+Y_3Z_2\end{bmatrix}$

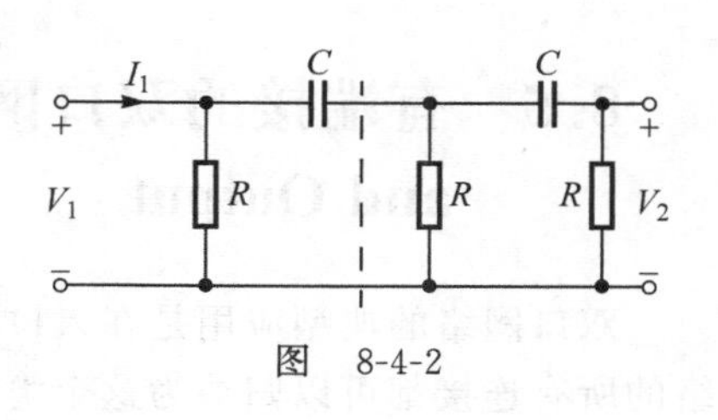

图　8-4-2

可以看出，如图 8-4-2 所示的网络可以分解为一个 Γ 形和一个 π 形网络的级联，查阅表 8-4-1 可得

$$\boldsymbol{A}_{\Gamma}=\begin{bmatrix}1 & Z_C\\ 1/R & 1+Z_C/R\end{bmatrix}$$

$$\boldsymbol{A}_{\pi}=\begin{bmatrix}1+Z_C/R & Z_C\\ 2/R+Z_C/R^2 & 1+Z_C/R\end{bmatrix}\tag{8-4-8}$$

其中，$Z_C=1/\mathrm{j}\omega C$。由 $\boldsymbol{A}=\boldsymbol{A}_{\Gamma}\boldsymbol{A}_{\pi}$ 可得

$$a_{11}=a_{11\Gamma}\,a_{11\pi}+a_{12\Gamma}\,a_{21\pi}=\left(1+\frac{Z_C}{R}\right)+Z_C\left(\frac{2}{R}+\frac{Z_C}{R^2}\right)\tag{8-4-9}$$

因此得传递函数

$$H(\mathrm{j}\omega)=\frac{1}{a_{11}}=\frac{1}{(Z_C/R)^2+3(Z_C/R)+1}\tag{8-4-10}$$

【例 8-4-2】　利用互易定理证明：如果双口网络是互易网络，则其 $\boldsymbol{T}$ 参量满足 $AD-BC=1$。

证明：为了利用互易定理，将用 $\boldsymbol{T}$ 参量描述的双口网络分别按图 8-4-3(a)、图 8-4-3(b)连接，由定义式(8-4-4)，对于图 8-4-3(a)连接有

$$\left.\frac{-I_2}{V_1}\right|_{V_2=0}=1/B\tag{8-4-11}$$

由定义式(8-4-2)，对于图 8-4-3(b)连接有

$$\left.\frac{-I_1}{V_2}\right|_{V_1=0}=\frac{AD-BC}{B}\tag{8-4-12}$$

如果双口网络是互易网络，则由互易定理(形式一，图 7-5-1)，式(8-4-11)和式(8-4-12)必须相等，则有 $AD-BC=1$。证毕。

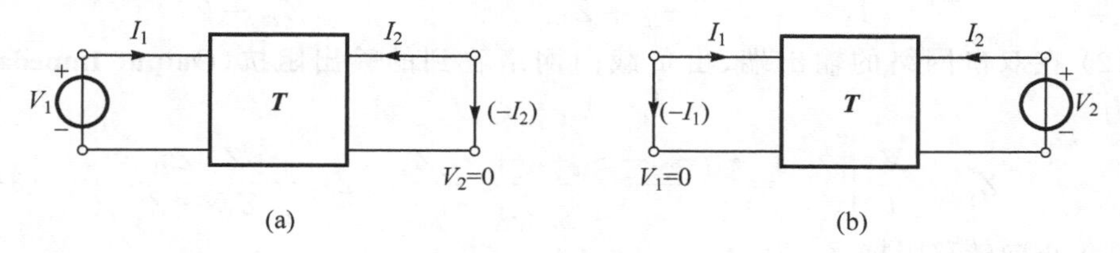

图　8-4-3

表 8-4-2 列出如图 8-1-1 所示参考方向下双口网络各参量的互易条件，以便查阅。

表 8-4-2　双口网络参量互易条件

$\boldsymbol{Z}$ 参量	$\boldsymbol{Y}$ 参量	$\boldsymbol{H}$ 参量	$\boldsymbol{G}$ 参量	$\boldsymbol{T}$ 参量
$z_{12}=z_{21}$	$y_{12}=y_{21}$	$h_{12}=-h_{21}$	$g_{12}=-g_{21}$	$AD-BC=1$

8.5 有端接的双口网络/Two-Port Network with Input and Output

双口网络的典型应用是在入口接信号源和在出口接负载,事实上,双口和单口网络的所有连接都可以归纳为这个类型。图 8-5-1 示出有端接的双口网络,信号源和负载支路的接入,给双口网络的基本方程附加了两个约束条件,在图示参考方向下有

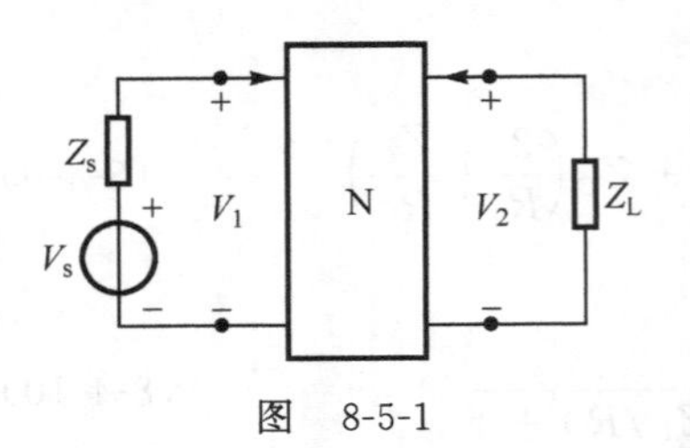

图 8-5-1

$$\begin{cases} V_1 = V_s - Z_s I_1 \\ V_2 = -Z_L I_2 \end{cases} \tag{8-5-1}$$

式(8-5-1)与双口网络参量的两个基本方程联立组成 4 个方程,可以获得有端接双口网络的端口特性及网络函数,这些一直是电路分析所关心的内容。

8.5.1 网络函数/Network Functions

如果用 **Z** 参量表示双口网络,将式(8-5-1)与式(8-2-1)联立,则有

$$\begin{cases} V_1 = V_s - Z_s I_1 \\ V_2 = -Z_L I_2 \\ V_1 = z_{11} I_1 + z_{12} I_2 \\ V_2 = z_{21} I_1 + z_{22} I_2 \end{cases} \tag{8-5-2}$$

可以获得以下有端接双口网络的端口特性及网络函数的表达式:

(1) 在双口网络的输入端,由信号源向网络看到的**输入阻抗(Input Impedance)**Z_{in} 为

$$Z_{in} = \frac{V_1}{I_1} = \frac{z_{11}z_{22} - z_{12}z_{21} + z_{11}Z_L}{z_{22} + Z_L} = Z_{11} - \frac{Z_{12}Z_{21}}{Z_{22} + Z_L} \tag{8-5-3}$$

(2) 在双口网络的输出端,由负载向网络看到的**输出阻抗(Output Impedance)** Z_{out} 为

$$Z_{out} = \frac{V_2}{I_2}\bigg|_{V_s=0} = \frac{z_{11}z_{22} - z_{12}z_{21} + z_{22}Z_s}{z_{11} + Z_s} = Z_{22} - \frac{Z_{12}Z_{21}}{Z_{11} + Z_s} \tag{8-5-4}$$

(3) 正向转移阻抗 Z_T 为

$$Z_T = \frac{V_2}{I_1} = \frac{z_{21}Z_L}{z_{22} + Z_L} \tag{8-5-5}$$

(4) 正向转移导纳 Y_T 为

$$Y_T = \frac{I_2}{V_1} = \frac{-z_{21}}{z_{11}z_{22} - z_{12}z_{21} + z_{11}Z_L} \tag{8-5-6}$$

(5) 正向电压转移函数(电压放大倍数)K_V 为

$$K_V = \frac{V_2}{V_1} = \frac{z_{21}Z_L}{z_{11}z_{22} - z_{12}z_{21} + z_{11}Z_L} \tag{8-5-7}$$

如果是源电压放大倍数，则有

$$K_{V_s}=\frac{V_2}{V_s}=\frac{V_2}{V_1}\cdot\frac{V_1}{V_s}=K_V\frac{Z_{in}}{Z_{in}+Z_s}$$

可见，当 $Z_s \ll Z_{in}$ 时，$K_V \simeq K_{V_s}$。

(6) 正向电流转移函数(电流放大倍数)K_I 为

$$K_I=\frac{-I_2}{I_1}=\frac{z_{21}}{z_{22}+Z_L} \tag{8-5-8}$$

以上网络函数，前两个是驱动点函数，后 4 个是转移函数。

8.5.2 阻抗变换和阻抗匹配/Impedance Transform and Impedance Matching

在信号的处理和传递过程中，双口网络的一个重要作用就是改变网络所呈现的阻抗以实现阻抗匹配。实际工程应用中，信号源的内阻 Z_s 和负载阻抗 Z_L 通常是不匹配的，为了使信号传输中的损失尽可能小(这在信号传输中非常重要)，可以在信号源和负载之间插入一个双口网络，通过阻抗变换以实现阻抗匹配。

阻抗匹配：如图 8-5-2 所示，如果在信号源和负载之间插入的双口网络满足以下要求。①在其出口接负载 Z_L 后，从其入口看到的输入阻抗 Z_{in} 等于信号源的内阻 Z_s 的共轭，即 $Z_{in}=Z_s^*$；②从其出口看到的输出阻抗 Z_{out} 等于负载阻抗 Z_L 的共轭，即 $Z_{out}=Z_L^*$，则称该双口网络为**匹配网络**。

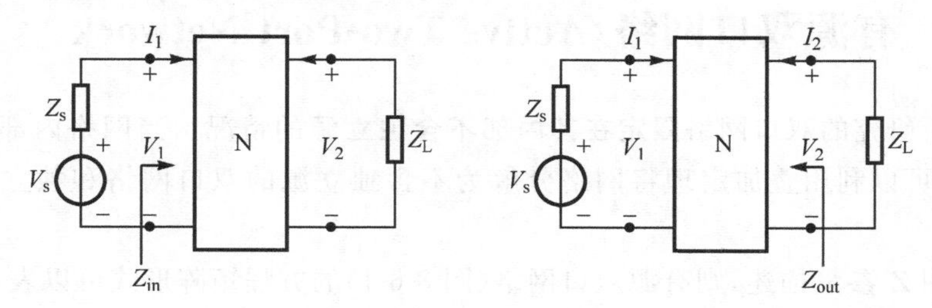

图　8-5-2

【例 8-5-1】 已知如图 8-5-3(a)所示的双口网络的 $\boldsymbol{T}$ 参量为 $\boldsymbol{T}=\begin{bmatrix}4 & 20\ \Omega\\ 0.1\ \text{S} & 2\end{bmatrix}$，如果希望负载获得最大功率传递，试求负载阻抗 R_L 和此时负载获得的最大传输功率。

解：先求解网络从出口看到的戴维南等效电路(图 8-5-3(d))。由图 8-5-3(b)计算等效阻抗 R_{eq} 为

$$\begin{cases}V_1=-10I_1\\ V_1=4V_2+20(-I_2)\\ I_1=0.1V_2+2(-I_2)\end{cases}\quad\rightarrow\quad R_{eq}=\frac{V_2}{I_2}=8\ \Omega \tag{8-5-9}$$

由图 8-5-3(c)计算开路电压 V_{oc} 为

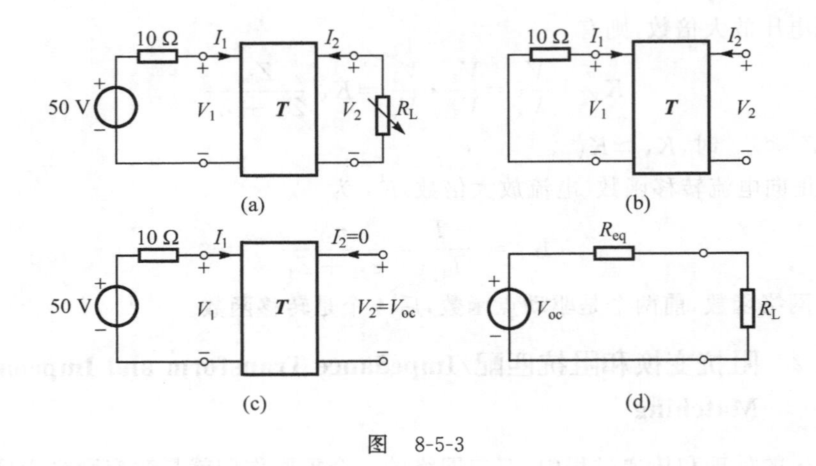

图 8-5-3

$$\begin{cases}V_1=50-10I_1\\V_1=4V_2+20\times 0\\I_1=0.1V_2+2\times 0\end{cases}\rightarrow\quad V_{oc}=V_2=10\ \text{V}\tag{8-5-10}$$

因此,负载获得的最大传输功率的条件是 $R_L=R_{eq}=8\ \Omega$,此时最大传输功率为

$$P_{max}=\frac{(V_{oc}/2)^2}{R_L}=\frac{(10/2)^2}{8}=3.125\ \text{W}\tag{8-5-11}$$

*8.6 有源双口网络/Active Two-Port Network

本章所研究的双口网络**限定在其内部不含独立源**的情况。当网络内部有储能或独立源时,可以利用叠加定理将网络分解为不含独立源的双口网络和独立源支路的叠加。

如果用 $\boldsymbol{Z}$ 参量描述,则有源双口网络(图 8-6-1)的方程矩阵形式可以表示为

$$\begin{bmatrix}V_1\\V_2\end{bmatrix}=\boldsymbol{Z}\begin{bmatrix}I_1\\I_2\end{bmatrix}+\begin{bmatrix}V_{oc1}\\V_{oc2}\end{bmatrix}\tag{8-6-1}$$

其中,V_{oc1},V_{oc2} 为网络内部的独立源分别在两个端口上呈现的开路电压,对应的网络如图 8-6-2 所示,图中用 $\boldsymbol{Z}$ 参量表示的双口网络为有源双口网络内部独立源置零时的网络。

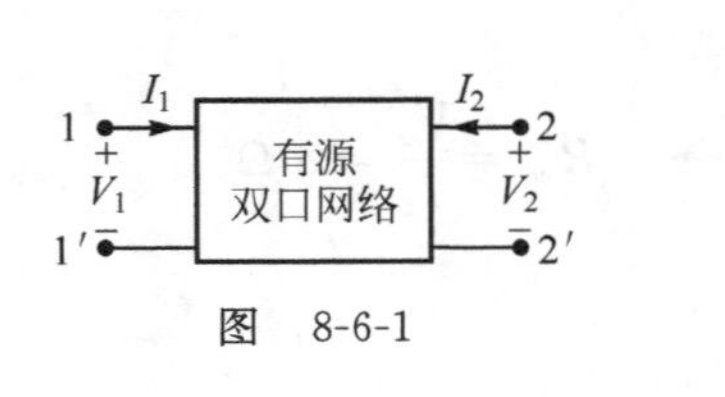

图 8-6-1

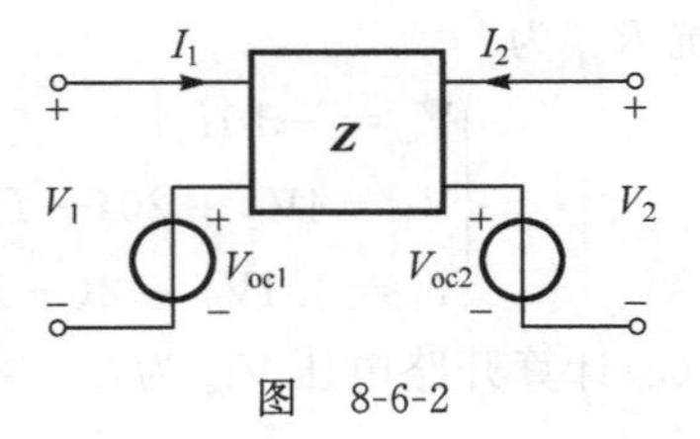

图 8-6-2

如果用 $\boldsymbol{Y}$ 参量描述，则有源双口网络（图 8-6-1）的方程矩阵形式可以表示为

$$\begin{bmatrix} I_1 \\ I_2 \end{bmatrix} = \boldsymbol{Y} \begin{bmatrix} V_1 \\ V_2 \end{bmatrix} + \begin{bmatrix} I_{sc1} \\ I_{sc2} \end{bmatrix} \tag{8-6-2}$$

其中，I_{sc1}，I_{sc2} 为网络内部的独立源分别在两个端口上呈现的短路电流，对应的网络如图 8-6-3 所示。

如果用 $\boldsymbol{H}$ 参量描述，则有源双口网络（图 8-6-1）的方程矩阵形式可以表示为

$$\begin{bmatrix} V_1 \\ I_2 \end{bmatrix} = \boldsymbol{H} \begin{bmatrix} I_1 \\ V_2 \end{bmatrix} + \begin{bmatrix} V_{oc1} \\ I_{sc2} \end{bmatrix} \tag{8-6-3}$$

其中，V_{oc1}，I_{sc2} 为网络内部的独立源分别在两个端口上呈现的开路电压和短路电流，对应的网络如图 8-6-4 所示。

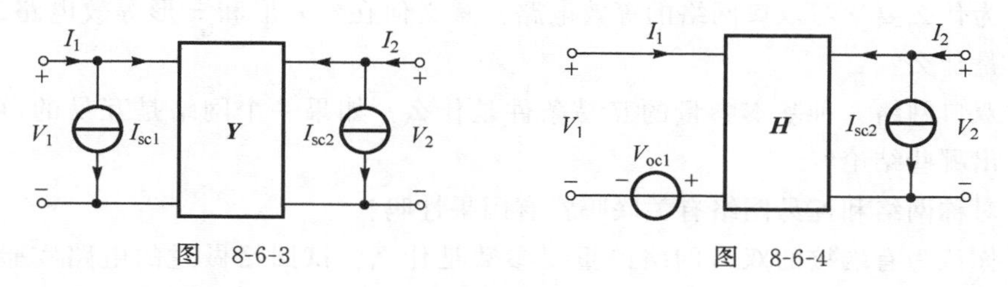

图　8-6-3　　　　图　8-6-4

如果用 $\boldsymbol{G}$ 参量描述，则有源双口网络（图 8-6-1）的方程矩阵形式可以表示为

$$\begin{bmatrix} I_1 \\ V_2 \end{bmatrix} = \boldsymbol{G} \begin{bmatrix} V_1 \\ I_2 \end{bmatrix} + \begin{bmatrix} I_{sc1} \\ V_{oc2} \end{bmatrix} \tag{8-6-4}$$

其中，I_{sc1}，V_{oc2} 为网络内部的独立源分别在两个端口上呈现的短路电流和开路电压，对应的网络如图 8-6-5 所示。

如果用 $\boldsymbol{T}$ 参量描述，则有源双口网络（图 8-6-1）的方程矩阵形式可以表示为

$$\begin{bmatrix} V_1 \\ I_1 \end{bmatrix} = \boldsymbol{T} \begin{bmatrix} V_2 \\ -I_2 \end{bmatrix} + \begin{bmatrix} V_{oc1} \\ I_{sc1} \end{bmatrix} \tag{8-6-5}$$

其中，V_{oc1}，I_{sc1} 为网络内部的独立源在 1 端口呈现的开路电压和短路电流，对应的网络如图 8-6-6 所示。

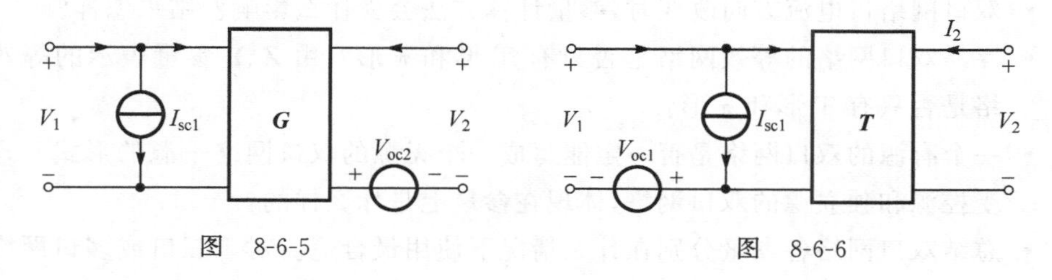

图　8-6-5　　　　图　8-6-6

总结与回顾
Summary and Review

读者可以带着以下的思考进行回顾和总结：

- ♣ 双口网络分析的本质思想是什么？其约束条件或应用范围是什么？
- ♣ 双口网络6种基本参量之间存在怎样的关系？为什么？既然可以互换，为什么还要建立或存在6种参量，而不是简单的一种或两种？
- ♣ 为什么要学习双口网络的等效电路？意义何在？T形和π形等效电路的由来是什么？
- ♣ 双口网络6种基本参量的互易条件是什么？如果一个网络是互易的，可以得出哪些结论？
- ♣ 对称网络和互易网络有关联吗？有因果性吗？
- ♣ 你认为有端接的双口网络的重要参数是什么？试回忆做过的电路实验，举例说明。

学生研讨题选
Topics of Discussion

- 双口网络电压/电流的约束方程的物理意义分析。
- 双端口网络正规连接(连接的有效性)的判定及证明。给出串并、并串连接的有效性判断方法，说明理由，为何该方法是充分条件？
- 对于通常的四端网络应如何选取变量进行分析？
- 双口网络口电流方向改变时，参量计算方法会受什么影响？结果怎样？
- 互易双口网络的等效网络是否只有T形和π形？由$\boldsymbol{Z}$、$\boldsymbol{Y}$参量表示的等效网络是否只有T形和π形？
- 一个有源的双口网络是否一定能写成一个无源的双口网络＋源的形式？含有受控源和独立源的双口网络，体现在参量上是什么样的？
- 总结双口网络各参量分别在什么情况下使用最合适。对于三口或多口网络是否有相似的描述方式？

练习与习题
Exercises and Problems

8-1** 题图 8-1 的双口网络是三阶低通滤波器，1-1′端以简谐电压源激励，以 2-2′端的开路电压为输出信号。试用双口网络的级联方法求：

(1) 该电路的传递函数；$\left(H(\mathrm{j}\omega)=\dfrac{1}{(1-5\omega^2R^2C^2)+\mathrm{j}\omega RC(6-\omega^2R^2C^2)}\right)$

(2) 在什么频率下传递函数是负实数。

The two-port network in Fig. 8-1 is a 3-order LP filter. The sinusoidal voltage source is at 1-1′, and the output signal is the open-circuit voltage at 2-2′. According to the cascade of the two-port network, determine.

(1) the transfer function of the circuit;

(2) the frequency where the transfer function is negative.

8-2** 题图 8-2 所示电路中，虚线框内为桥 T 形双口网络，其端口电压和电流参考方向如图中所标。已知 $R_1=6\ \Omega$，$R_2=2\ \Omega$，$R_3=3\ \Omega$，$R_4=9\ \Omega$，$R_s=4\ \Omega$，$R_L=6\ \Omega$。试计算：

(1) 图中虚线框内双端口网络的 $\boldsymbol{Y}$ 参量。$\left(\begin{pmatrix}1/4 & -1/6\\ -1/6 & 1/3\end{pmatrix}\mathrm{S}\right)$

(2) 从 1-1′端口向右看网络的输入阻抗 Z_i 和从 2-2′端口向左看网络的输出阻抗 Z_o。(36/7 Ω, 18/5 Ω)

(3) V_1、I_1、V_2 和 I_2。(9/4 V, 7/16 A, 3/4 V, −1/8 A)(2013 年冬试题)

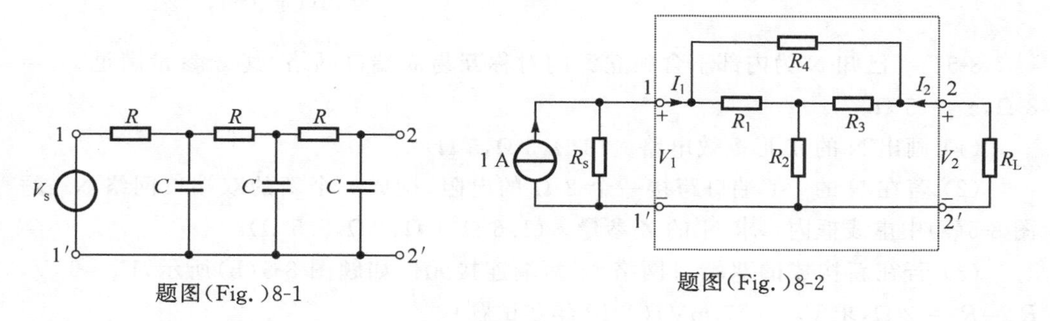

题图(Fig.)8-1 题图(Fig.)8-2

The circuit (Fig. 8-2) in the dashed-line box is a Bridged-T network. $R_1=6\ \Omega$, $R_2=2\ \Omega$, $R_3=3\ \Omega$, $R_4=9\ \Omega$, $R_s=4\ \Omega$, and $R_L=6\ \Omega$.

(1) Determine $\boldsymbol{Y}$ parameters of the two-port network;

(2) Determine the input impedance Z_i at 1-1′ and the output Z_o impedance at 2-2′;

(3) Determine V_1, I_1, V_2 and I_2.

8-3** 已知题图 8-3 的双口网络的导纳参量为$\boldsymbol{Y}=\begin{bmatrix}1 & -0.25\\ -0.25 & 0.5\end{bmatrix}$ S，若该网络 1-1′端口接 4 V 电压源、2-2′端口接负载电阻 R_L，求负载可以获得最大输出功率时的 R_L 值，该功率为多大？(2 Ω，0.5 W)

The admittance matrix of the two-port network in Fig. 8-3 is $\boldsymbol{Y}=\begin{bmatrix}1 & -0.25\\ -0.25 & 0.5\end{bmatrix}$ S. If the loading resistor consumes maximum power, determine the value of R_L and its maximum power.

8-4** 已知题图 8-4 的双口网络 N 由两个子双口网络 N_1 和 N_2 级联而成。N_1 和 N_2 的 $\boldsymbol{Y}$ 参量矩阵分别为 $\boldsymbol{Y}'=\begin{bmatrix}y'_{11} & y'_{12}\\ y'_{21} & y'_{22}\end{bmatrix}$，$\boldsymbol{Y}''=\begin{bmatrix}y''_{11} & y''_{12}\\ y''_{21} & y''_{22}\end{bmatrix}$，求双口网络 N 的 $\boldsymbol{Y}$ 参量矩阵中的分量 y_{12} 和 y_{22}。$\left(\dfrac{-y'_{12}y''_{12}}{y'_{22}+y''_{11}}, y''_{22}-\dfrac{y''_{12}y''_{21}}{y'_{22}+y''_{11}}\right)$

The two-port network N in Fig. 8-4 is composed of N_1 and N_2, whose admittance matrices are $\boldsymbol{Y}'=\begin{bmatrix}y'_{11} & y'_{12}\\ y'_{21} & y'_{22}\end{bmatrix}$ and $\boldsymbol{Y}''=\begin{bmatrix}y''_{11} & y''_{12}\\ y''_{21} & y''_{22}\end{bmatrix}$, respectively. Determine y_{12} and y_{22} in the admittance matrix of N.

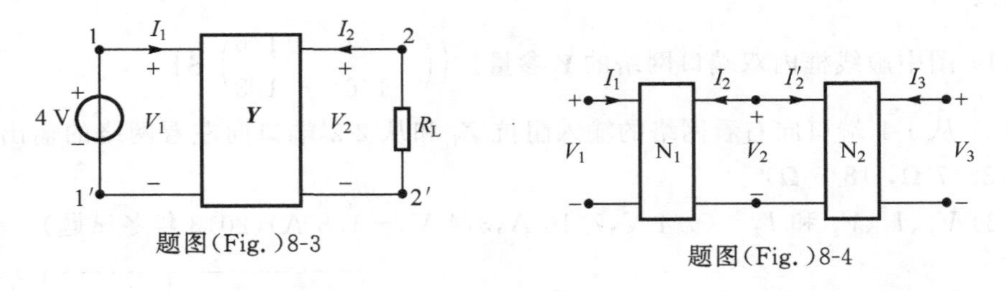

题图(Fig.)8-3

题图(Fig.)8-4

8-5** 已知 N 为内部不含独立源的对称互易双端口网络，其 $\boldsymbol{Z}$ 参量满足 $z_{11}=8$ Ω，$z_{12}=5$ Ω。

(1) 画出 N 的 T 形等效电路。(3 Ω，3 Ω，5 Ω)

(2) 若在 N 的 1-1′端口跨接一个 2 Ω 的电阻，构成一个新的双端口网络 N′(题图 8-5(a)中虚线框内)，求 N′的 $\boldsymbol{Z}$ 参量。(1.6 Ω，1 Ω，1 Ω，5.5 Ω)

(3) 若在新构成的双端口网络 N′两端连接元件如题图 8-5(b)所示，$V_s=1$ V，$R_s=R_L=2$ Ω，求 V_2。(77 mV)(2012 年冬试题)

N is a symmetry reciprocal two-port network contains no independent sources. $z_{11}=8$ Ω, and $z_{12}=5$ Ω.

(1) Draw the T-type equivalent circuit of N;

(2) If a 2 Ω resistor is connected at 1-1′, determine $\boldsymbol{Z}$ parameters of the new

network N′(Fig. 8-5(a)).

(3) In Fig. 8-5(b), if $V_s=1$ V, $R_s=R_L=2\ \Omega$, determine V_2.

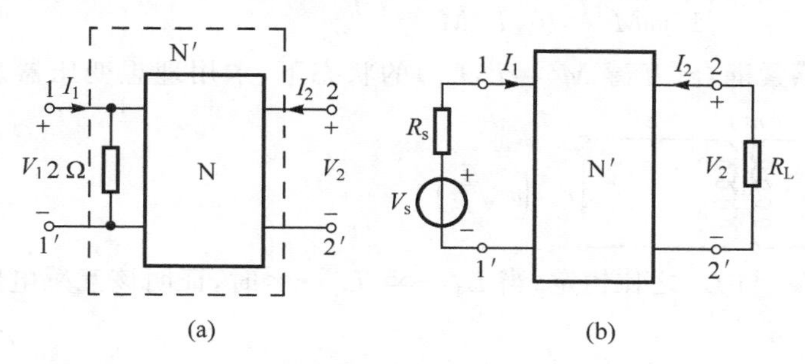

题图(Fig.)8-5

8-6** 从对称性和互易性的含义总结对称的和互易的双口网络的 $\boldsymbol{Z}$、$\boldsymbol{Y}$ 参数特性，论证“对称性的网络必然具有互易性，互易性的网络未必具有对称性”，并举例辅助说明。

Summarize the characteristics of $\boldsymbol{Z}$, $\boldsymbol{Y}$ parameters of the symmetrical and reciprocal two-port network based on the implication of symmetry and reciprocity. Prove that the symmetrical network is reciprocal, while the reciprocal network may not be symmetrical, and provide examples.

8-7** 已知题图 8-6 中 N 为内部不含独立源的双口网络，在图中的口电压电流方向定义下，其 $\boldsymbol{Z}$ 参量为 $\begin{bmatrix}4 & 3\\2 & 5\end{bmatrix}$ Ω, $R_s=2\ \Omega$, $I_s=3$ A。

(1) 求 N 的 $\boldsymbol{H}$ 参量，N 是否为互易双端口网络？$\left(\begin{pmatrix}2.8\ \Omega & 0.6\\-0.4 & 0.2\ \text{S}\end{pmatrix}\text{，否}\right)$

(2) 给出 N 的一种可能电路(最多包含 1 个受控源)。

(3) 当负载 R_L 的阻值为多少时它消耗的功率最大？这个最大功率是多少？(4 Ω, 0.25 W)(2011 年冬试题)

N (Fig. 8-6) is a two-port network that contains no independent sources, and its Z parameters is $\begin{bmatrix}4 & 3\\2 & 5\end{bmatrix}$ Ω, $R_s=2\ \Omega$, and $I_s=3$ A.

(1) Determine $\boldsymbol{H}$ parameters of N. Is N a reciprocal two-port network?

(2) Draw a possible circuit of N which contains at most 1 controlled source.

(3) Determine R_L that consumes maximum power, and determine the maximum power.

8-8*** 已知题图 8-7 的互感耦合电路在图示参考方向和同名端标注下，满足关系式 $\begin{cases}\varphi_1=L_1 i_1+M i_2\\ \varphi_2=M i_1+L_2 i_2\end{cases}$。

(1) 求 **A** 参量；$\begin{pmatrix} L/M & \mathrm{j}\omega\left(\dfrac{L_1L_2}{M}-M\right) \\ 1/\mathrm{j}\omega M & L_2M \end{pmatrix}$

(2) 在电感紧耦合(互感 $M^2=L_1L_2$)的状态下，求用理想变压器表示的等效电路；

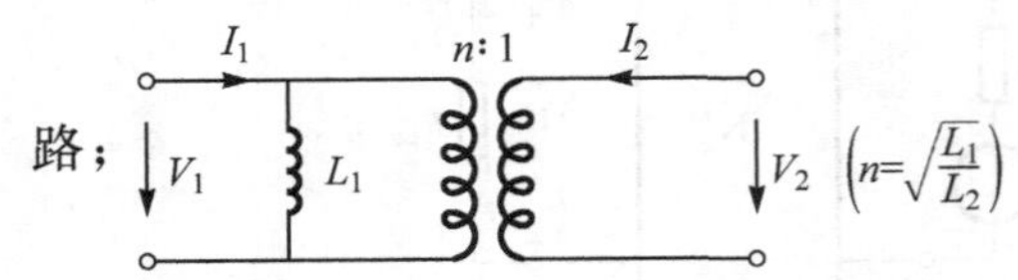

(3) 保持 L_2 与 L_1 之比恒定，当 $L_1\to\infty$，$L_2\to\infty$ 时，证明该互感电路成为理想变压器。

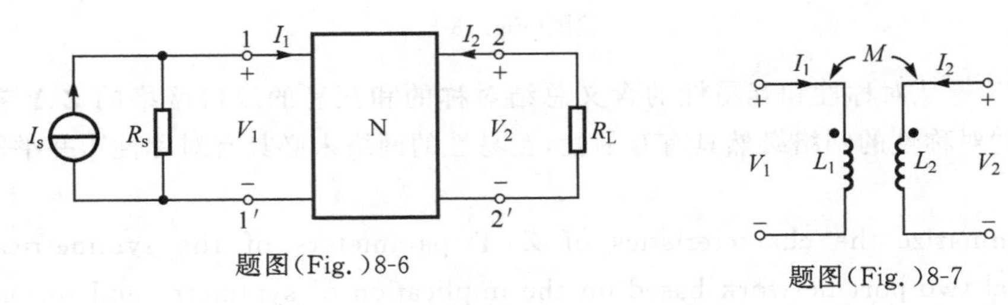

题图(Fig.)8-6

题图(Fig.)8-7

(1) If $\begin{cases}\varphi_1=L_1i_1+Mi_2 \\ \varphi_2=Mi_1+L_2i_2\end{cases}$, determine **A** parameters of the mutual inductive coupled circuit in Fig. 8-7;

(2) When the inductor is tightly coupled (mutual inductance $M^2=L_1L_2$), determine the equivalent circuit with ideal transformer;

(3) Keep L_2/L_1 constant, when $L_1\to\infty$ and $L_2\to\infty$, prove that the mutual inductive coupled circuit is an ideal transformer.

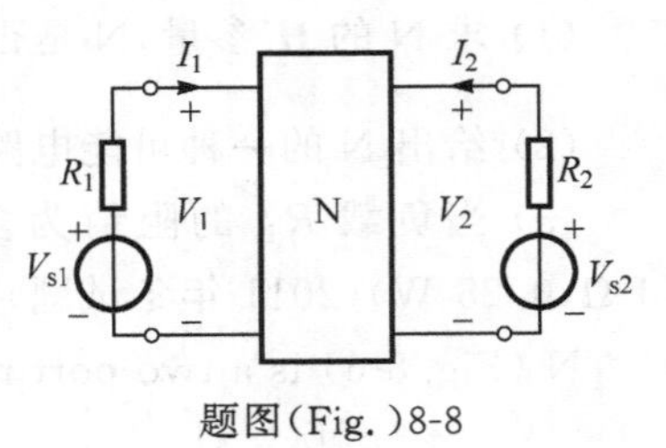

题图(Fig.)8-8

8-9*** 题图 8-8 双口网络 N 的方程有以下描述：$\begin{cases}V_1=-I_1+I_1^3 \\ V_2=2I_1+3I_1I_2\end{cases}$，两端分别接源电路以确定静态工作点，其中，$V_{s1}=8\ \text{V}$，$V_{s2}=14\ \text{V}$，$R_1=1\ \Omega$，$R_2=4\ \Omega$。

(1) 试确定网络的工作点(即端口电压和端口电流)，分析当双口网络对 V_{s1} 和 R_1 有什么限制时，能有唯一的工作点(唯一解)；(当 $V_{s1}<-0.385\ \text{V}$ 或 $V_{s1}>0.385\ \text{V}$，且 R_1 为正值电阻时)

(2) 如果在该双口网络工作点附近的小信号增量取为 ΔV_1、ΔV_2、ΔI_1、ΔI_2，并且它们之间的关系可以认为是满足线性关系的，表示为：$\begin{bmatrix}\Delta V_1 \\ \Delta V_2\end{bmatrix}=\boldsymbol{Z}\begin{bmatrix}\Delta I_1 \\ \Delta I_2\end{bmatrix}=$

$\begin{bmatrix} z_{11} & z_{12} \\ z_{21} & z_{22} \end{bmatrix}\begin{bmatrix} \Delta I_1 \\ \Delta I_2 \end{bmatrix}$，其中 $\boldsymbol{Z}$ 称为增量阻抗矩阵，试计算 $\boldsymbol{Z}$ 参量。$\left(\boldsymbol{Z}=\begin{bmatrix} 11 & 0 \\ 5 & 6 \end{bmatrix}\right)$

The equation of the two-port network in Fig. 8-8 is $\begin{cases} V_1=I_1+I_1^3 \\ V_2=2I_1+3I_1I_2 \end{cases}$. The voltage sources at the two ports are $V_{s1}=8$ V and $V_{s2}=14$ V. Let $R_1=1\ \Omega$ and $R_2=4\ \Omega$.

(1) Determine the working point(port voltage and port current), and determine the relationship of V_{s1} and R_1 to guarantee a unique working point;

(2) Let the small signal increment at the working point be ΔV_1, ΔV_2, ΔI_1, and ΔI_2, and their relationship is linear, shown as $\begin{bmatrix} \Delta V_1 \\ \Delta V_2 \end{bmatrix}=\boldsymbol{Z}\begin{bmatrix} \Delta I_1 \\ \Delta I_2 \end{bmatrix}=\begin{bmatrix} z_{11} & z_{12} \\ z_{21} & z_{22} \end{bmatrix}\begin{bmatrix} \Delta I_1 \\ \Delta I_2 \end{bmatrix}$. Determine the incremental impedance matrix $\boldsymbol{Z}$.

8-10** 　题图 8-9(a)所示的 N_1 为线性无源双口网络，在题图 8-9(a)的参考方向下，其 $\boldsymbol{Z}$ 参量为 $\boldsymbol{Z}_1=\begin{bmatrix} 3 & 2 \\ 2 & 5 \end{bmatrix}\ \Omega$。

(1) 改变 N_1 的 2-2′端口电流 I_2 的参考方向如题图 8-9(b)所示，求此时网络 N_1 的 $\boldsymbol{Z}$ 参量。$\left[\begin{pmatrix} 3 & -2 \\ 2 & -5 \end{pmatrix}\ \Omega\right]$

(2) 如题图 8-9(c)所示，在 N_1 的 1-1′端口并接一个电阻 $R=2\ \Omega$，此时虚线框内可以看作一个双口网络 N。求此双口网络 N 的 $\boldsymbol{Z}$ 参量。$\left[\begin{pmatrix} 1.2 & 0.8 \\ 0.8 & 4.2 \end{pmatrix}\ \Omega\right]$

(3) 在双口网络 N 的 2-2′端口接入一个负载 $R_L=0.6\ \Omega$，求从 1-1′端口向右看过去电路的等效输入阻抗。$\left(\dfrac{16}{15}\ \Omega\right)$(2006 年冬试题)

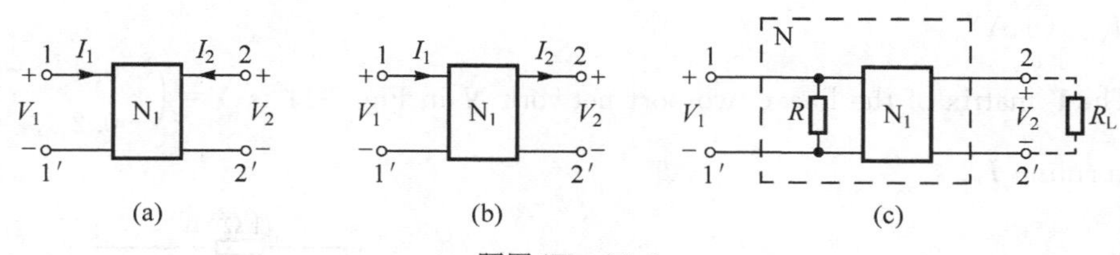

题图(Fig.)8-9

N_1 in Fig. 8-9(a) is a linear passive two-port network, whose $\boldsymbol{Z}$ matrix is $\boldsymbol{Z}_1=\begin{bmatrix} 3 & 2 \\ 2 & 5 \end{bmatrix}\ \Omega$.

(1) The current I_2 is changed as shown in Fig. 8-9(b), determine the $\boldsymbol{Z}$ matrix.

(2) As is shown in Fig. 8-9(c), a resistor $R=2\ \Omega$ is connected at 1-1′. Determine the $\boldsymbol{Z}$ parameter of the two-pork network N.

(3) A loading resistor $R_L=0.6\ \Omega$ is connected at 2-2′. Determine the equivalent input impedance at 1-1′.

8-11* 已知题图 8-10 所示双口网络的 $\boldsymbol{A}$ 参量为 $\boldsymbol{A}=\begin{pmatrix}2 & 8\ \Omega\\ 0.5\ \text{S} & 2.5\end{pmatrix}$，$V_s=10\ \text{V}$，$R_s=1\ \Omega$。求：

(1) $Z_L=3\ \Omega$ 时，电压传递函数 V_2/V_s 和电流传递函数 I_2/I_1 分别为何值？(1/6，−1/4)

(2) Z_L 为何值时，负载可获得最大功率？此时最大功率为多少？(4.2 Ω，0.952 W)

The $\boldsymbol{A}$ matrix of the two-port network in Fig. 8-10 is $\boldsymbol{A}=\begin{pmatrix}2 & 8\ \Omega\\ 0.5\ \text{S} & 2.5\end{pmatrix}$. Let $V_s=10\ \text{V}$ and $R_s=1\ \Omega$.

(1) Determine the transfer functions V_2/V_s and I_2/I_1 when $Z_L=3\ \Omega$;

(2) When the load consumes the maximum power, determine the value of Z_L and the maximum power.

8-12** 已知一线性双口网络 N 的传输参量为 $\boldsymbol{A}=\begin{pmatrix}2 & 30\ \Omega\\ 0.1\ \text{S} & 2\end{pmatrix}$，当在其输出端接一电阻 R 时，测得其输入电阻为 $6R_x$，将电阻 R 并联在输入端时(此时输出端开路)测得输入电阻为 R_x，试求电阻 R。(3 Ω)

The $\boldsymbol{A}$ matrix of a linear two-port network N is $\boldsymbol{A}=\begin{pmatrix}2 & 30\ \Omega\\ 0.1\ \text{S} & 2\end{pmatrix}$. When a resistor R is connected at the output port, the input resistance is $6R_x$; when the resistor R is parallel connected at the input port (the output port is open-circuit), the input resistance is R_x. Determine R.

8-13** 若题图 8-11 的线性双口网络 $\boldsymbol{N}$ 的导纳参量矩阵为 $\boldsymbol{Y}=\begin{pmatrix}0.4 & -0.2\\ -0.2 & 0.6\end{pmatrix}$ S，试求 I_0。(6 A)

The $\boldsymbol{Y}$ matrix of the linear two-port network $\boldsymbol{N}$ in Fig. 8-11 is $\boldsymbol{Y}=\begin{pmatrix}0.4 & -0.2\\ -0.2 & 0.6\end{pmatrix}$ S. Determine I_0.

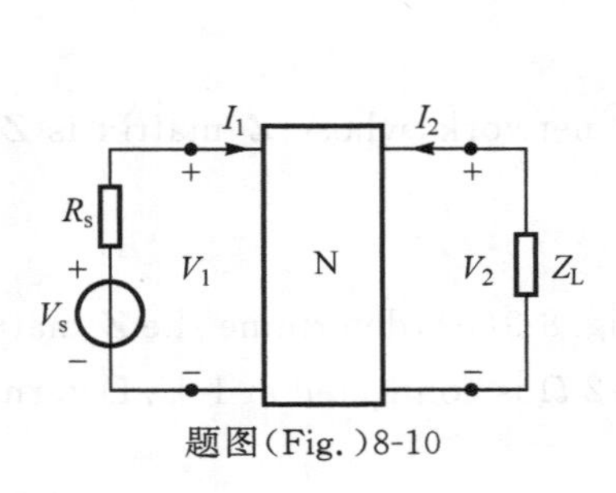

题图(Fig.)8-10

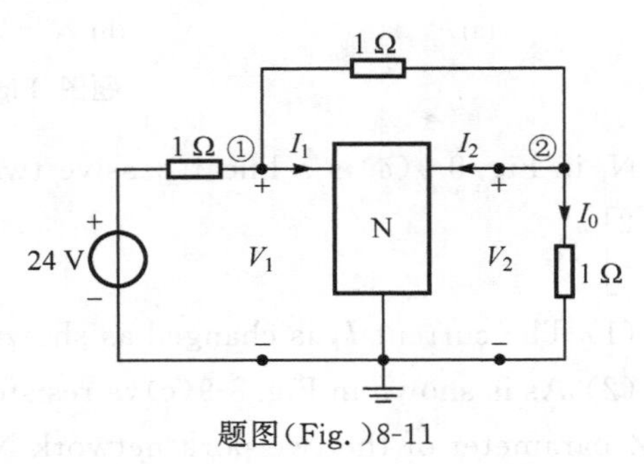

题图(Fig.)8-11

8-14** 题图 8-12 的电路 N 为无源电阻网络，已知当 $V_1=30\ \mathrm{V}, V_2=0\ \mathrm{V}$ 时，$I_1=5\ \mathrm{A}, I_2=-2\ \mathrm{A}$。试求当 $v_1(t)=30t+60\ \mathrm{V}, v_2(t)=60t+15\ \mathrm{V}$ 时，$i_1(t)$ 为多少？($t+9$ A)

The circuit N in Fig. 8-12 is a passive resistor network. When $V_1=30$ V and $V_2=0$ V, $I_1=5$ A and $I_2=-2$ A. Determine $i_1(t)$ when $v_1(t)=30t+60$ V and $v_2(t)=60t+15$ V.

8-15** 题图 8-13 所示的线性双口网络 N_0 中不含独立源，其 Z 参量为 $\boldsymbol{Z}=\begin{pmatrix}6 & 4\\ 3 & 7\end{pmatrix}\ \Omega$。开关 K 在 $t=0$ 时闭合，求闭合后输出端的零状态响应 $v_{zs}(t)$。($6(1-e^{-2t})$ V)

The linear two-port network N_0 in Fig. 8-13 doesn't contain independent sources, and its $\boldsymbol{Z}$ matrix is $\boldsymbol{Z}=\begin{pmatrix}6 & 4\\ 3 & 7\end{pmatrix}\ \Omega$. The switch K is closed at $t=0$, determine the zero-state respond $v_{zs}(t)$.

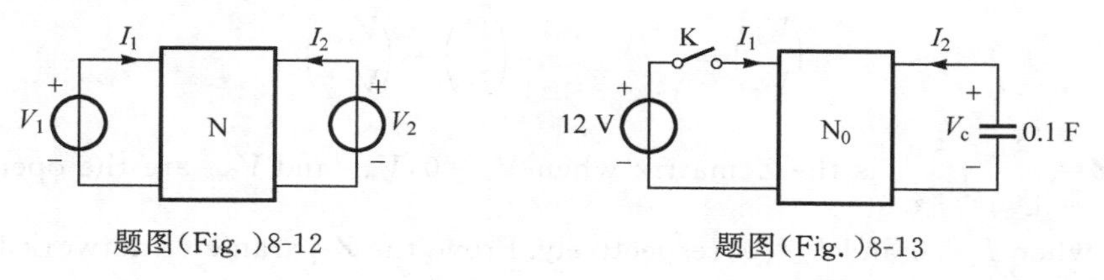

题图(Fig.)8-12　　题图(Fig.)8-13

8-16** 题图 8-14 的电路中已知电源 $V_s=60$ V，内阻 $R_s=7\ \Omega$，负载电阻 $R_L=3\ \Omega$。

(1) 计算虚线所示双口网络的 $\boldsymbol{Z}$ 参量；(5，−6，2，−3)

(2) 求输入阻抗 R_i 和电压传递函数 $K_V=\dfrac{V_2}{V_s}$。(3 Ω，0.1)

In the circuit shown in Fig. 8-14, $V_s=60$ V, $R_s=7\ \Omega$ and $R_L=3\ \Omega$.

(1) Determine the $\boldsymbol{Z}$ parameters of the two-port circuit in the dashed line;

(2) Determine the input impedance R_i and the transfer function $K_V=\dfrac{V_2}{V_s}$.

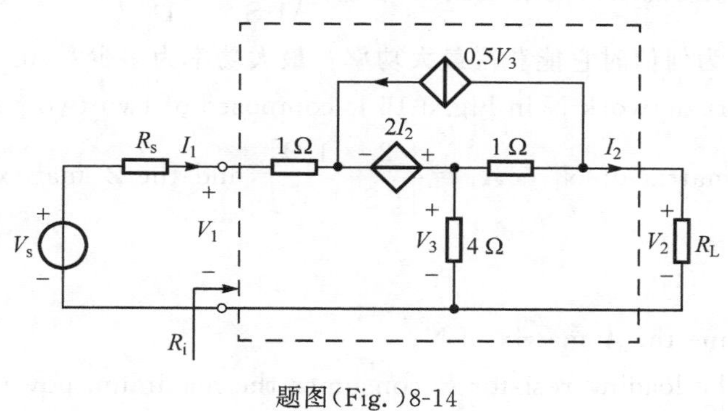

题图(Fig.)8-14

8-17*** 试利用叠加定理证明含源双口网络的 $\boldsymbol{Z}$ 参量网络方程为

$$\begin{pmatrix} V_1 \\ V_2 \end{pmatrix} = \begin{bmatrix} z_{11} & z_{12} \\ z_{21} & z_{22} \end{bmatrix} \begin{pmatrix} I_1 \\ I_2 \end{pmatrix} + \begin{pmatrix} V_{oc1} \\ V_{oc2} \end{pmatrix}$$

其中，$\boldsymbol{Z} = \begin{bmatrix} z_{11} & z_{12} \\ z_{21} & z_{22} \end{bmatrix}$ 为将含源双口网络内的独立源置零时，无源双口网络的 $\boldsymbol{Z}$ 参量，V_{oc1} 和 V_{oc2} 分别为 $I_1=0$ 和 $I_2=0$ 时含源双口网络在端口上的开路电压。证明题图 8-15 含源双口网络的 $\boldsymbol{Z}$ 参量网络方程为

$$\begin{pmatrix} V_1 \\ V_2 \end{pmatrix} = \begin{bmatrix} Z_1+Z_3 & Z_3 \\ Z_3 & Z_2+Z_3 \end{bmatrix} \begin{pmatrix} I_1 \\ I_2 \end{pmatrix} + \begin{pmatrix} V_s \\ V_s \end{pmatrix}$$

题图(Fig.)8-15

Prove the $\boldsymbol{Z}$-parameter network function of the active two-port network is the following function based on the superposition theorem.

$$\begin{pmatrix} V_1 \\ V_2 \end{pmatrix} = \begin{bmatrix} z_{11} & z_{12} \\ z_{21} & z_{22} \end{bmatrix} \begin{pmatrix} I_1 \\ I_2 \end{pmatrix} + \begin{pmatrix} V_{oc1} \\ V_{oc2} \end{pmatrix}$$

where $\boldsymbol{Z} = \begin{bmatrix} z_{11} & z_{12} \\ z_{21} & z_{22} \end{bmatrix}$ is the $\boldsymbol{Z}$ matrix when $V_s=0$, V_{oc1} and V_{oc2} are the open-circuit voltage when $I_1=0$ and $I_2=0$, respectively. Prove the $\boldsymbol{Z}$-parameter network function of the active two-port network shown in Fig. 8-15 is

$$\begin{pmatrix} V_1 \\ V_2 \end{pmatrix} = \begin{bmatrix} Z_1+Z_3 & Z_3 \\ Z_3 & Z_2+Z_3 \end{bmatrix} \begin{pmatrix} I_1 \\ I_2 \end{pmatrix} + \begin{pmatrix} V_s \\ V_s \end{pmatrix}$$

8-18** 两双口网络 N_1 和 N_2 级联后构成复合双口网络 N 电路如题图 8-16 所示。在图示参考方向下，已知 N_1 的 $\boldsymbol{A}$ 参量为 $\boldsymbol{A}_1 = \begin{bmatrix} 2 & 1\ \Omega \\ 1\ \text{S} & 1 \end{bmatrix}$，$N_2$ 的 $\boldsymbol{Z}$ 参量为 $\boldsymbol{Z}_2 = \begin{bmatrix} 1 & 2 \\ 2 & 3 \end{bmatrix}\ \Omega$，试求：

(1) 复合级联后的双口网络 N 的 $\boldsymbol{A}$ 参量；$\begin{pmatrix} 1.5 & 0.5\ \Omega \\ 1\ \text{S} & 1 \end{pmatrix}$

(2) 负载 R 为何值时它能获得最大功率？最大功率为多少？(0.6 Ω，6.6 W)

The two-port network N in Fig. 8-16 is composed of two two-port networks N_1 and N_2. The $\boldsymbol{A}$ matrix of N_1 is $\boldsymbol{A}_1 = \begin{bmatrix} 2 & 1\ \Omega \\ 1\ \text{S} & 1 \end{bmatrix}$, and the $\boldsymbol{Z}$ matrix of N_2 is $\boldsymbol{Z}_2 = \begin{bmatrix} 1 & 2 \\ 2 & 3 \end{bmatrix}\ \Omega$.

(1) Determine the $\boldsymbol{A}$ matrix of N;

(2) When the loading resistor R consumes the maximum power, determine the

value of R and its maximum power.

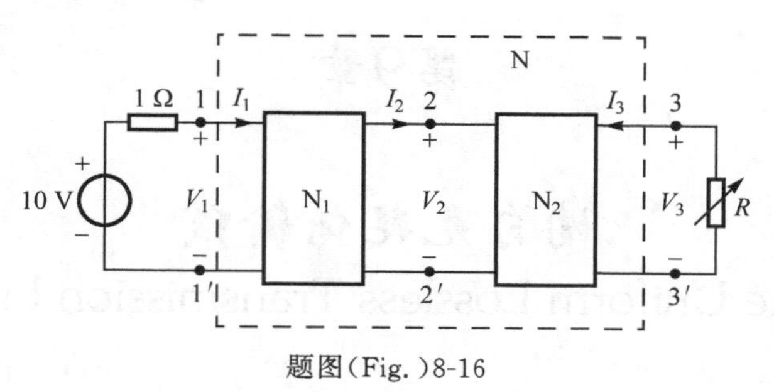

题图(Fig.)8-16

8-19** 　(1)试计算题图 8-17 双口网络(虚框)的 $\boldsymbol{Z}$ 参量,并画出 T 形等效电路;(2)求该双口网络的输入阻抗和输出阻抗(出口开路);(3)求输出端的戴维南等效电路;(4)如果已知 $v_s(t)=10\sqrt{2}\cos(2t)\,\text{V}$,试计算使负载获得最大功率传递的负载阻抗及获得的最大功率。$\left(\dfrac{14+\text{j}12}{3}\ \Omega\right)$(2021 年秋试题)

(1) Determine the $\boldsymbol{Z}$ parameters of the two-port network in Fig. 8-17. Draw the T-type equivalent circuit. (2) Determine the input and output impedance of the two-port network (the output port is open). (3) Determine the Thevenin's equivalent circuit. (4) If $v_s(t)=10\sqrt{2}\cos(2t)$ V, and the load obtains the maximum power, determine the load impedance and the maximum power.

8-20*** 　试计算题图 8-18(a)双口网络的 $\boldsymbol{Y}$ 参量,如果 $V_2=AV_1=AV$,证明其等效电路为图(b)(**密勒定理**)。

Determine the $\boldsymbol{Y}$ parameters of the two-port network in Fig. 8-18(a). Prove the equivalent circuit in Fig. 8-18(b) if $V_2=AV_1=AV$(Miller Theorem).

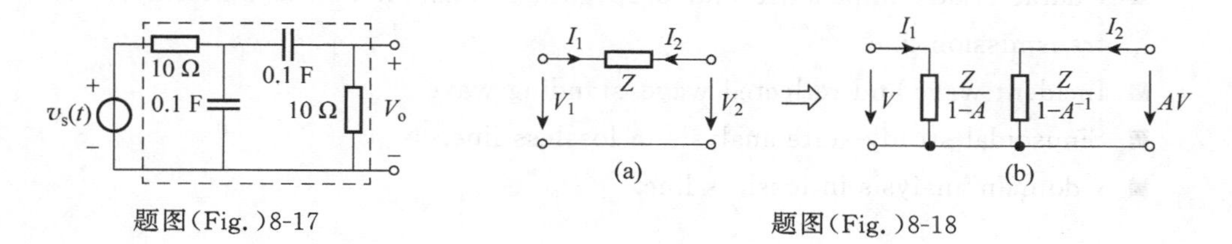

题图(Fig.)8-17　　　　题图(Fig.)8-18

第9章

均匀无耗传输线

The Uniform Lossless Transmission Line

本章介绍将集总参数电路的分析理论推广到分布参数电路的一个应用——传输线理论，所涉及的基本概念和知识是全新的，希望达到的目标是：

- 了解“场”和“路”分析理论的不同和各自的约束条件。
- 明白链式电路、传输线、均匀传输线的分析原理。
- 掌握传输线的特性参数及物理意义。
- 理解传输线上的波动特性。
- 掌握均匀无耗传输线的正弦稳态响应和暂态响应分析。

In this chapter, we'll help learner understand the following contents.

- The differences between distributed parameter circuit and lumped parameter circuit.
- Characteristic impedance and propagation constant in the uniform lossless transmission line.
- Incident wave and reflected wave, standing wave.
- Sinusoidal steady-state analysis in lossless line.
- s-domain analysis in lossless line.

9.1　分布参数电路/Distributed Parameter Circuit

电信号的分析方法可以分为电磁场理论和电路分析理论。电磁场理论是需要从求解麦克斯韦方程组出发的，可以获得精确的分析，但过程非常复杂，并且，很多看上去并不复杂的结构也没有解析解，需要利用计算机进行数值分析。电路分析理论在集总假设的前提下，可以很方便地分析电路中的激励与响应问题，相比于电磁场理论，它大大简化了分析，并不失严谨和准确。这个集总假设的条件(第 1 章)便是：**元件和设备的尺寸远远小于电信号的波长**。

那么，本章要分析的传输线是什么样的元件和设备尺寸、又传输什么波长的信号呢？举几个例子：

电视信号频率通常为 30～300 MHz，对应的波长为 10～1 m，连接电视接收天线与电视机之间的传输线(平行双导线)一般为 1～5 m。

手机信号频率通常为 1～3 GHz，对应的波长为 0.3～0.1 m，手机天线到高频接收的尺寸一般为 0.01～0.05 m。

卫星通信系统工作在微波和毫米波频段，信号频率通常为 1～60 GHz，对应的波长为 300～5 mm，连接电视发射天线与电视台设备之间的传输线(波导)一般为 1～5 m。

高速大容量光纤通信、ROF 光纤通信传送的电信号频率可达到 30～300 GHz，对应的波长为 10～1 mm，收发模块的电路板已不是一般集总电路的印刷电路板，而是根据不同频率选择不同微带线介质和基板的微带印刷电路板(微带板)。

注意到设备尺寸与工作波长相比拟，以上情况都不满足集总假设条件，但它们又都有相同的“路”的特征，即传输和处理电信号的电磁作用仍然可以用电压和电流来描述。只是由于传送的电信号的波长与电路的尺寸相当，从而使得电路中电压、电流的大小和相位**不仅仅是时间的函数，还是位置的函数**。换句话说，电信号不能像集总电路那样“瞬间”从电路中的某一点传送到另一点，传送是需要相对时间的，这个相对时间使得电路中同一瞬时不同位置的电压和电流一般是不相同的。定义这种电路为**分布参数电路**：必须考虑电路元件参数分布性的电路称为**分布参数电路**。

判别电路是否为分布参数电路，取决于电路本身的最大尺寸 L 和电路的工作波长 λ 之间的关系。当 $\lambda \gg L$ 时，电路可视为集总参数电路；否则，须看作分布参数电路。例如，电力系统中，远距离的高压电力传输线即是典型的分布参数电路，因为 50 Hz 交流电的波长虽然很长，为 6000 km，但运送线路的长度也很长，可达几百甚至几千千米，与波长相比拟；另一方面，还是这个电力系统中，当我们以 50 Hz 的交流电为电压源，分析一个尺寸不过几米的电路时，就是典型的集总参数电路了。

图 9-1-1 示出一些常见传输线的截面几何形状及场分布。最典型的传输线是由在均匀介质中放置的两根平行直导体构成的，称为平行双导线(图 9-1-1(a))。为减少电磁波不断向空间辐射而产生的传输损耗，发展出截面如图 9-1-1(b)～

图 9-1-1(e)形状的传输线，线中填充损耗很低的介质支撑材料以减少传输损耗，由于它们各自的结构特点，在工程中都普遍使用。同轴线(图 9-1-1(e))因其在微波[①]范围内有良好的性能而被广泛使用，它的截面半径必须比信号波长小很多以保证单模传输，但这一点却限制了它的功率容量，因此，在大功率微波线路中可以用波导(图 9-1-1(f)～图 9-1-1(i))代替同轴线。矩形波导(图 9-1-1(f))加工制造比圆波导(图 9-1-1(g))简单，通常用于连接大功率微波器件；有特殊截面的脊形波导(图 9-1-1(h))可以在宽频带工作，鳍形波导(图 9-1-1(i))常用于毫米波段，实际上，它像是一个被封在矩形波导中的开槽线(图 9-1-1(j))。

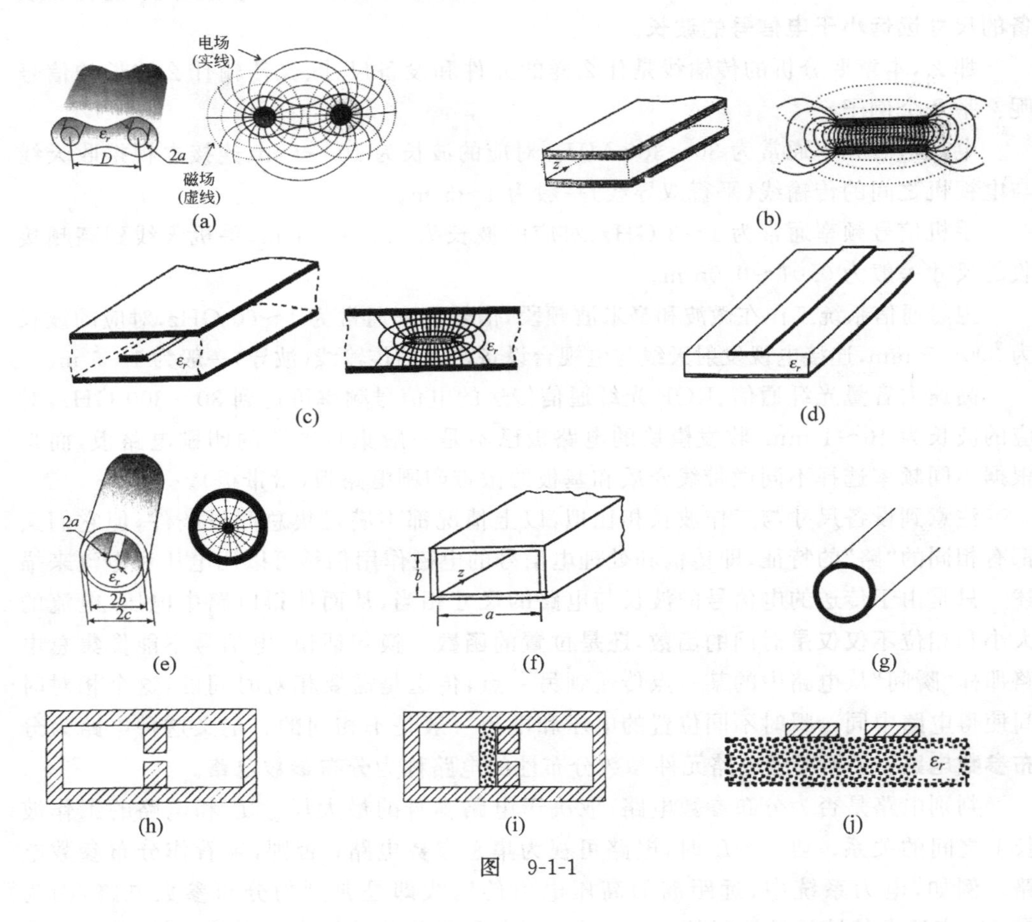

图 9-1-1

① 微波知识：微波一般是指频率为 300 MHz～300 GHz(波长为 1 mm～1 m)的电磁波。在此波段电路尺寸和波长可相比拟，传输线便是一种分布参量电路。在微波波段常用的导波系统有 TEM 波(横电磁波)和非 TEM 波导波系统。TEM 波导波系统主要有平行双导线、同轴线和微带线(微带线传输的是准 TEM 波)。非 TEM 波导波系统有矩形波导、圆形波导等。在微波波段多用模式理论分析导波特性，但对 TEM 波或传输单一模式的导波系统，经适当的等效处理后，可以采用“路”的分析办法，在工程上比较方便。

虽然传输线的长度与它的工作波长相比拟，但如果仅仅观察传输线上的一段无限小的长度 dl，是可以满足 $dl \ll \lambda$ 的，那么，仅仅这段传输线是可以利用集总参数电路的理论去分析的，这也是分布参数电路分析的起点，所以也可以说，分布参数电路的分析理论是建立在集总参数电路理论的基础之上的。采用“路”的方法近似求解传输线的传输问题，可以避开麦克斯韦方程的求解，得到定性甚至较为精确的传输结论，从而极大地简化问题的求解和分析。

如果将传输线看成一个双口网络，则该双口网络可以看成由无限多子双口网络（无限小传输线段 dl）级联而成，如同一条链子，因此也可以称为“链式网络”。下面，我们给传输线建模，并利用本书阐述的电路分析理论来推导传输线方程，进一步分析传输线的传输与响应特性。

9.2　传输线方程/Transmission Line Equations

9.2.1　传输线的分布参数模型/Circuit Model

交变的电场产生磁场，交变的磁场产生电场，沿线的电压和电流是连续变化的，这种电磁现象在传输线上处处皆是，这便是分布参数的分布特性。以平行双导线（图 9-1-1(a)）为例分析。一方面，在传输线上传输的电流在线上电阻中引起沿线的电压降，并在传输线的周围产生磁场，即沿线有电感的存在；另一方面，平行双导线两导体间构成电容，因此在线间存在电容，导体间有漏电导的存在。取出传输线中无限小的一段 Δz（$\Delta z \ll \lambda$），在这一段线上当然也具有以上分析的电磁现象，即表现为无限小的电阻、电感、电容和电导，其电路模型如图 9-2-1 所示，这就是传输线的分布参数模型，其中，

R——传输线单位长度电阻，单位：Ω/m；

L——传输线单位长度电感，单位：H/m；

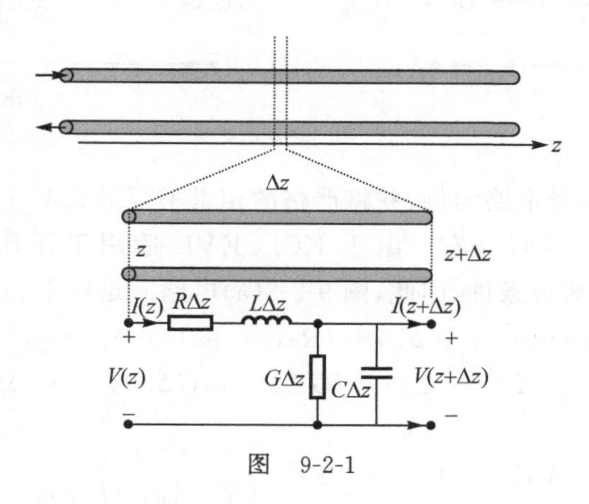

图　9-2-1

C——传输线单位长度电容，单位：F/m；

G——传输线单位长度电导，单位：S/m；

称为传输线的**原参数(Primary Parameters)**。

实际的传输线是不可能沿传输方向(图中 z 方向)绝对均匀的，也就是说 R、L、C、G 也是位置 z 的函数。这种不均匀是常见的，例如：架空线在有支架处和没有支架处是不一样的，其漏电的情况不尽相同；在架空线的每一跨度之间，由于导线的自重引起的下垂情况也改变了传输线对大地的电容分布的均匀性；另外，传输线在 z 方向的结构和填充介质的不均匀性等。但是，当这些因素对信号的传输的影响可以做以下处理时，就可以把实际的传输线当作均匀的传输线来分析：

(1) 很小可以忽略；

(2) 局部位置的不连续影响，可以等效为传输线上该位置并联或串联的阻抗；

(3) 用分段均匀的传输线来替代大范围的不均匀。

定义原参数处处相等(R、L、C、G 为常量)的传输线为**均匀传输线**。定义原参数 $R=G=0$ 的均匀传输线为**均匀无耗传输线(Uniform Lossless Line)**。本书主要讨论均匀无耗传输线。

9.2.2 一般传输线方程/Line Equations

传输线的 Δz 段电路模型如图 9-2-1 所示，取传输线的传输方向为 $+z$ 方向，假设在位置 z 处有沿线电压 $V(z)$ 与电流 $I(z)$，则在 $z=z+\Delta z$ 的位置处有沿线电压 $V(z+\Delta z)$ 与电流 $I(z+\Delta z)$。如果传输线工作在正弦稳态，可以利用复数法建立符号电路模型(图 9-2-2(a))；一般工作状态，可以利用拉普拉斯变换法建立传输线的 s 域电路模型(图 9-2-2(b))。

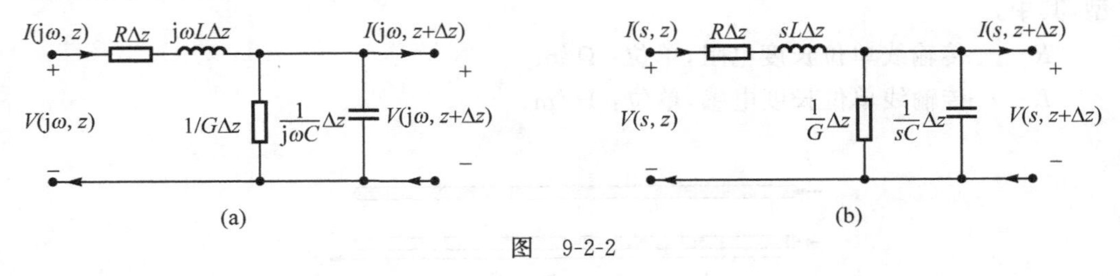

图 9-2-2

为方便分析，以符号电路为例，并将严格的相量书写形式 $V(\mathrm{j}\omega,z)$ 简化为 $V(z)$ 以强调变量沿线位置的不同分布。由于 KCL、KVL 适用于任何集总参数电路，而 $\Delta z \ll \lambda$ 满足这个集总假设条件，因此，图 9-2-2(a)电路满足以下关系：

$$V(z)-V(z+\Delta z)=(R\Delta z+\mathrm{j}\omega L\Delta z)I(z) \tag{9-2-1}$$

$$I(z)-I(z+\Delta z)=(G\Delta z+\mathrm{j}\omega C\Delta z)V(z+\Delta z) \tag{9-2-2}$$

整理得

$$\frac{V(z)-V(z+\Delta z)}{\Delta z}=(R+\mathrm{j}\omega L)I(z) \tag{9-2-3}$$

$$\frac{I(z)-I(z+\Delta z)}{\Delta z}=(G+\mathrm{j}\omega C)V(z+\Delta z) \tag{9-2-4}$$

对式(9-2-3)和式(9-2-4)取极限 $\Delta z \to 0$,得

$$\begin{cases} -\dfrac{\mathrm{d}V(z)}{\mathrm{d}z}=(R+\mathrm{j}\omega L)I(z) \\ -\dfrac{\mathrm{d}I(z)}{\mathrm{d}z}=(G+\mathrm{j}\omega C)V(z) \end{cases} \tag{9-2-5}$$

式(9-2-5)为**传输线的波动方程**(**Wave Equation**),它描述了传输线上的电压和电流沿线的波动变化。进一步,将式(9-2-5)整理为一元方程,可以分别获得电压和电流的波动方程,其波动特性更加清楚地得以描述:

$$\frac{\mathrm{d}^2 V(z)}{\mathrm{d}z^2}-k^2 V(z)=0 \tag{9-2-6}$$

$$\frac{\mathrm{d}^2 I(z)}{\mathrm{d}z^2}-k^2 I(z)=0 \tag{9-2-7}$$

其中,k 定义为**传播常数**(**Propagation Constant**)。

$$k=\sqrt{(R+\mathrm{j}\omega L)(G+\mathrm{j}\omega C)} \tag{9-2-8}$$

式(9-2-6)和式(9-2-7)为常系数二阶线性微分方程,其解的一般形式为

$$V(z)=V^{+}\mathrm{e}^{-kz}+V^{-}\mathrm{e}^{+kz} \tag{9-2-9}$$

$$I(z)=I^{+}\mathrm{e}^{-kz}+I^{-}\mathrm{e}^{+kz} \tag{9-2-10}$$

式(9-2-9)和式(9-2-10)便是传输线上电压和电流波动方程的解,它们都是沿线位置的函数。其中,V^{+}、V^{-}、I^{+}、I^{-} 均为待定系数,可以由传输线上已知位置处的电压与电流确定。

9.2.3 传播常数、入射波和反射波/Propagation Constant, Incident Wave and Reflected Wave

如果把式(9-2-8)中的 k 表示为实部和虚部,即

$$k=\alpha+\mathrm{j}\beta \tag{9-2-11}$$

其中,$\alpha>0$,$\beta>0$。

于是,式(9-2-9)和式(9-2-10)的指数因子可以改写为

$$\mathrm{e}^{-kz}=\mathrm{e}^{-\alpha z}\mathrm{e}^{-\mathrm{j}\beta z}=\mathrm{e}^{-\alpha z}[\cos(\beta z)-\mathrm{j}\sin(\beta z)] \tag{9-2-12}$$

$$\mathrm{e}^{+kz}=\mathrm{e}^{+\alpha z}\mathrm{e}^{+\mathrm{j}\beta z}=\mathrm{e}^{+\alpha z}[\cos(\beta z)+\mathrm{j}\sin(\beta z)] \tag{9-2-13}$$

由式(9-2-12)和式(9-2-13)可见,虚部 β 反映了传输线上的电压和电流沿线的相位变化,因此称 β 为传输线的**相位常数**(**Phase Constant**);定义传输线上相位变化一个周期的长度为**波长**(**Wavelength**)λ,于是

$$\lambda=2\pi/\beta \tag{9-2-14}$$

由式(9-2-12)和式(9-2-13)可见,实部 α 描述了电压和电流沿线的幅度变化(削弱和增强),称 α 为传输线的**衰减常数**(**Attenuation Constant**)。由于传输线是无源的,因

此，它只能削弱信号（衰减、损耗）而不可能放大被传输的信号，所以，因子 e^{+kz} 表示信号在沿 $-z$ 方向波动传输，因子 e^{-kz} 表示信号在沿 $+z$ 方向波动传输。换句话说，信号在传输线上的传输可以分成两部分分量的叠加：分量 V^+、I^+ 表示沿 $+z$ 方向传输的信号大小，分量 V^-、I^- 表示沿 $-z$ 方向传输的信号大小。

在如图 9-2-1 所示的 z 坐标下，如果被传送的信号是由左边入射、沿 $+z$ 方向传输的话，那么，可以称式(9-2-9)和式(9-2-10)中 V^+、I^+ 为**入射波**(**Incident Wave**)分量，称 V^-、I^- 为**反射波**(**Reflected Wave**)分量。也就是说，波动方程的解告诉我们，**在传输线上任何一个位置观测的电压或电流，都是入射波和反射波的叠加**。

特别地，在传输线上产生只有单向传输波可以有两种情况，一个是假设传输线无限长，入射波无穷无尽地传输下去而没有反射；另一个是有限长的传输线，在终端有一个合适的负载吸收了全部的入射波而没有反射。

对于均匀无耗传输线，有

$$k=\sqrt{(R+\mathrm{j}\omega L)(G+\mathrm{j}\omega C)}=\mathrm{j}\omega\sqrt{LC} \tag{9-2-15}$$

$$\alpha=0,\quad \beta=\omega\sqrt{LC} \tag{9-2-16}$$

【例 9-2-1】 已知一段同轴线如图 9-2-3(a)所示，长 $l=0.9$ m，其原参数为 $R=0.98\ \Omega/\mathrm{m}$，$L=0.25\ \mu\mathrm{H/m}$，$G=0.15\ \mathrm{mS/m}$，$C=44.5\ \mathrm{pF/m}$，传输线的工作频率为 $f=1$ GHz。信号从其输入端接入、输出端开路，现测得输入端和输出端电压(有效值)分别为 10 V 和 9.9994 V、电压的相位均为零，试计算该传输线的传播常数 k、沿线电压的波动方程，并定性画出沿线电压的分布，解释信号的传输情况。

解：直接利用式(9-2-8)和式(9-2-11)计算传播常数 k，本题由于 $\omega L=2\pi fL\gg R$，$\omega C\gg G$，可以近似获得

$$\beta\approx\omega\sqrt{LC}=2\pi f\sqrt{LC}=20\pi/3\ \mathrm{m}^{-1}$$
$$\lambda=2\pi/\beta=0.3\ \mathrm{m}$$
$$\alpha\approx\omega(LG+RC)/2\beta\approx0.0122\ \mathrm{m}^{-1}$$

利用式(9-2-9)计算沿线电压，坐标如图 9-2-3(a)所示，取输入端 $z=0$，输出端 $z=l$，则

$$\begin{cases}V(0)=V^++V^-=10\\ V(0.9)=V^+\mathrm{e}^{-0.9(\alpha+\mathrm{j}\beta)}+V^-\mathrm{e}^{+0.9(\alpha+\mathrm{j}\beta)}=0.994\end{cases}$$

解得

$$V^+\approx5.0548\ \mathrm{V},\quad V^-\approx4.9452\ \mathrm{V}$$

故沿线电压的波动方程为

$$V(z)=5.0548\mathrm{e}^{-kz}+4.9452\mathrm{e}^{+kz}$$

定性画出沿线电压的分布如图 9-2-3(b)所示。这个曲线可以看作手持伏特计用探针插入同轴线并沿线滑动测量(有效值)的结果，是位置的函数，与时间无关。

以上是线上电压正弦稳态解的相量形式，可以写出其时域形式(回忆复数法)，考虑以上测量为有效值，因此，有时域解

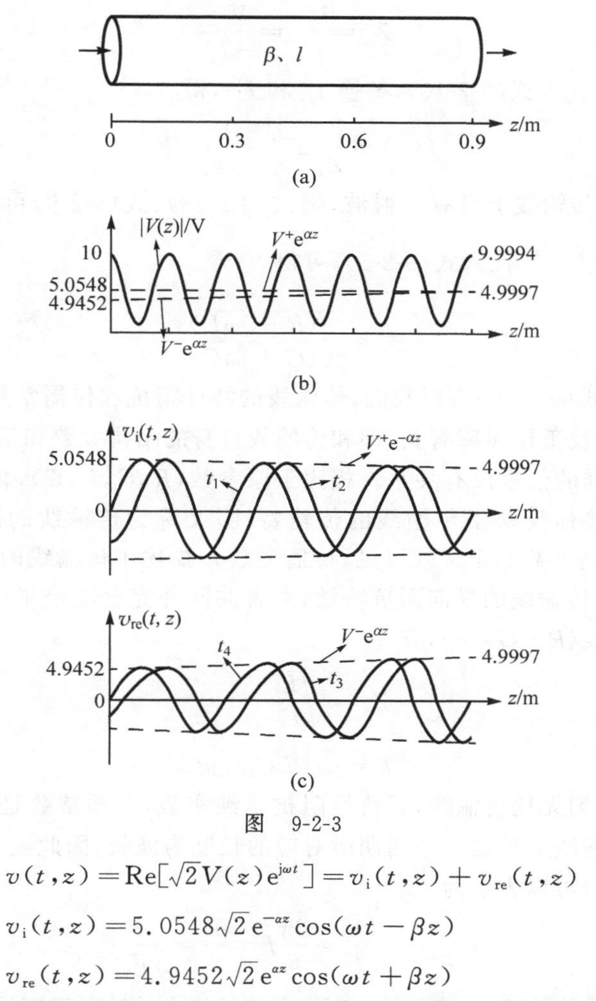

图　9-2-3

$$v(t,z)=\mathrm{Re}[\sqrt{2}V(z)\mathrm{e}^{\mathrm{j}\omega t}]=v_{\mathrm{i}}(t,z)+v_{\mathrm{re}}(t,z)$$

$$v_{\mathrm{i}}(t,z)=5.0548\sqrt{2}\,\mathrm{e}^{-\alpha z}\cos(\omega t-\beta z)$$

$$v_{\mathrm{re}}(t,z)=4.9452\sqrt{2}\,\mathrm{e}^{\alpha z}\cos(\omega t+\beta z)$$

图 9-2-3(c)定性示出传输线上在不同时刻入射波和反射波沿线的分布情况。其中 $t_1<t_2$,$t_3<t_4$,注意到随着时间的增加,入射波在向 $+z$ 方向移动,反射波在向 $-z$ 方向移动。

9.2.4　特性阻抗与无限长传输线/Characteristic Impedance and Infinite Line

在传输线上,可以用**特性阻抗**(**Characteristic Impedance**)或称为**波阻抗**(**Surge Impedance**)来描述传输线上的阻抗特性,这个特性和传输方向无关,即无论是入射波还是反射波,它们在传输线上的阻抗特性都是一样的。为了更清晰地描述,定义传输线的**特性阻抗**为一致参考方向下单向传输波的线上电压与电流之比,在图 9-2-1 参考方向下,可以表示为

$$Z_c = \frac{V^+}{I^+} = \frac{V^-}{-I^-} \tag{9-2-17}$$

将式(9-2-17)代入式(9-2-10)，替换 I^+ 和 I^-，得

$$I(z) = \frac{V^+}{Z_c}e^{-kz} - \frac{V^-}{Z_c}e^{+kz} \tag{9-2-18}$$

为简化求解，假设传输线上只有入射波，则式(9-2-18)、式(9-2-9)可以简写为 $I(z) = \frac{V^+}{Z_c}e^{-kz}$，$V(z) = V^+e^{-kz}$ 代入式(9-2-5)，可得

$$Z_c = \sqrt{\frac{(R + j\omega L)}{(G + j\omega C)}} \tag{9-2-19}$$

式(9-2-8)和式(9-2-19)告诉我们，传输线的特性阻抗和传播常数只与传输线的原参数(R,G,L,C)及工作频率有关，即和传输线自身的结构参数和工作频率有关，而与它上面传输什么样的信号没有关系。相比于原参数(R,G,L,C)，传输线的特性阻抗和传播常数更直接地反映了传输线的传输特性，又称为传输线的**副参数**(**Secondary Parameters**)。从副参数的定义式可见，传播常数 k 描述了传输线的纵向传输特性，特性阻抗 Z_c 描述了传输线的横向阻抗特性，两者共同并完全决定了传输线的性质。对于均匀无耗传输线($R=G=0$)，有

$$Z_c = \sqrt{\frac{L}{C}} \tag{9-2-20}$$

$$k = j\omega\sqrt{LC} = j\beta \tag{9-2-21}$$

也就是说，对于均匀无耗传输线，其特性阻抗是纯实数，传播常数是纯虚数。另外，由于波(信号)在传输线上传输一个周期所对应的长度为波长，因此波(信号)在传输线上的传输速度(波速)可以表示为

$$v = \frac{l}{\tau} = \frac{\lambda}{T} = \frac{2\pi}{\beta}f = \frac{\omega}{\beta} = \frac{1}{\sqrt{LC}} \tag{9-2-22}$$

其中，l 表示传输线的长度；τ 表示波(信号)在传输线上传输所需要的时间。式(9-2-22)告诉我们，波(信号)在传输线上的传输速度只和传输线的原参数有关，即和传输线自身的结构参数有关，而与它上面传输什么样的信号没有关系。

【例 9-2-2】 计算例 9-2-1 同轴线的特性阻抗、波速和信号在传输线上传输所需要的时间 τ。

解：由式(9-2-19)、式(9-2-22)，并考虑本题中 $\omega L \gg R$ 和 $\omega C \gg G$ 的近似，得

$$Z_c = \sqrt{\frac{(R + j\omega L)}{(G + j\omega C)}} \approx \sqrt{\frac{L}{C}} = \sqrt{\frac{0.25}{44.5}} \times 10^3 \approx 75\ \Omega$$

$$v = \frac{1}{\sqrt{LC}} = \frac{1}{\sqrt{0.25 \times 10^{-6} \times 44.5 \times 10^{-12}}} = 2.998 \times 10^8\ \text{m/s} \approx 3 \times 10^8\ \text{m/s}$$

$$\tau = \frac{l}{v} = \frac{0.9}{2.998 \times 10^8} \approx 3 \times 10^{-9}(\text{s}) = 3\ \text{ns}$$

思考一下：观察你生活的周围，有没有传输线和分布参数电路，到相关实验室观察光学元件、光纤、微波器件，归纳总结它们和一般集总参数电路的异同。例如：在用电桥测量小电感小电容时，把被测元件与电桥分别连接起来的导线，在长度上需要注意什么？用示波器观测高频信号时，把示波器与观测点连接起来的线是什么样的？

9.2.5　双口网络等效/Two-Port Network Equivalence

传输线的重要应用是传输，因此，在用双口网络原理等效时，选择 **A** 参量来描述比较合适。从传输线的解式(9-2-9)和式(9-2-18)可以容易地推导出用端口上的伏安关系来表示传输线的双口网络等效方程。

把长度为 l、特性阻抗为 Z_c、传播常数为 k 的一段传输线看成一个双口网络（图 9-2-4）。取 $z=0$ 位置为"1"端口，取 $z=l$ 位置为"2"端口，口电压、口电流的参考方向如图 9-2-4 所示，代入式(9-2-9)和式(9-2-18)得

$$\begin{cases} V_1 = V(0) = V^+ + V^- \\ I_1 = I(0) = \dfrac{V^+}{Z_c} - \dfrac{V^-}{Z_c} \end{cases} \tag{9-2-23}$$

$$\begin{cases} V_2 = V(l) = V^+ \mathrm{e}^{-kl} + V^- \mathrm{e}^{+kl} \\ I_2 = I(l) = \dfrac{V^+}{Z_c}\mathrm{e}^{-kl} - \dfrac{V^-}{Z_c}\mathrm{e}^{+kl} \end{cases} \tag{9-2-24}$$

消去式(9-2-23)和式(9-2-24)中的 V^+ 和 V^-，得传输线的双口网络方程为

$$\begin{pmatrix} V_2 \\ I_2 \end{pmatrix} = \begin{pmatrix} \mathrm{ch}kl & -Z_c\mathrm{sh}kl \\ -Z_c^{-1}\mathrm{sh}kl & \mathrm{ch}kl \end{pmatrix} \begin{pmatrix} V_1 \\ I_1 \end{pmatrix} \tag{9-2-25}$$

或

$$\begin{pmatrix} V_1 \\ I_1 \end{pmatrix} = \begin{pmatrix} \mathrm{ch}kl & Z_c\mathrm{sh}kl \\ Z_c^{-1}\mathrm{sh}kl & \mathrm{ch}kI \end{pmatrix} \begin{pmatrix} V_2 \\ I_2 \end{pmatrix} \tag{9-2-26}$$

其中，双曲函数为

$$\begin{cases} \mathrm{sh}kl = (\mathrm{e}^{kl} - \mathrm{e}^{-kl})/2 \\ \mathrm{ch}kl = (\mathrm{e}^{kl} + \mathrm{e}^{-kl})/2 \end{cases} \tag{9-2-27}$$

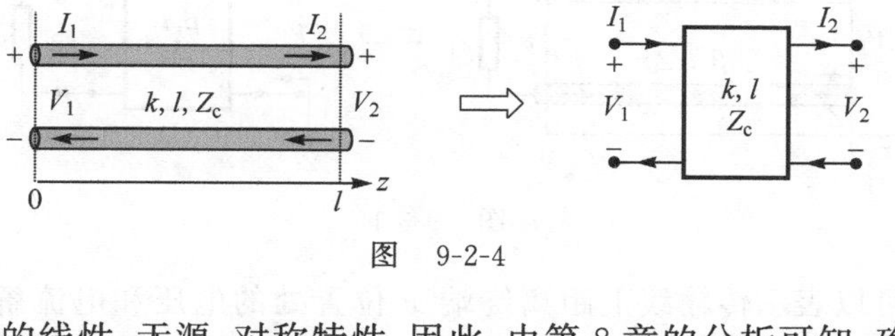

图　9-2-4

由于传输线的线性、无源、对称特性，因此，由第 8 章的分析可知，确定这个对称互易的双口网络只需要两个独立分量。式(9-2-26)的 **A** 参量可以体现出这个性质，我们注意到，它仅由特性阻抗 Z_c 和传播特性 kl 两个参量决定。

传输线的双口网络方程，将陌生而费解的分布参数电路放入一个黑匣子，这样，任何包含传输线的复杂电路系统，无须关心传输线内部的电磁作用，可以根据这个双口网络方程，轻松分析外部电路。

进一步，对于均匀无耗传输线，由于 $k=\mathrm{j}\beta$，其双口网络方程可以简化为

$$\begin{pmatrix} V_1 \\ I_1 \end{pmatrix}=\begin{pmatrix} \mathrm{ch}(\mathrm{j}\beta l) & Z_c\mathrm{sh}(\mathrm{j}\beta l) \\ Z_c^{-1}\mathrm{sh}(\mathrm{j}\beta l) & \mathrm{ch}(\mathrm{j}\beta l) \end{pmatrix}\begin{pmatrix} V_2 \\ I_2 \end{pmatrix} \tag{9-2-28}$$

9.3 均匀无耗传输线上的波动/Wave on Lossless Line

9.3.1 双口网络方程/Two-Port Network Equation

从波动的角度来说，传输线上同时传输入射波和反射波，传输的入射波和反射波的比例取决于传输线的反射特性，即终端接有什么样的负载。图 9-3-1 中假设传输线的终端接有一负载 Z_L，在图示参考方向下有 $V_2=Z_LI_2$，由式(9-2-28)，可以写出有端接的传输线双口网络方程。

$$\begin{cases} V_1(x)=[(Z_L+Z_c)\mathrm{e}^{\mathrm{j}\beta x}+(Z_L-Z_c)\mathrm{e}^{-\mathrm{j}\beta x}]\dfrac{V_2}{2Z_L} \\ I_1(x)=[(Z_L+Z_c)\mathrm{e}^{\mathrm{j}\beta x}-(Z_L-Z_c)\mathrm{e}^{-\mathrm{j}\beta x}]\dfrac{I_2}{2Z_c} \end{cases} \tag{9-3-1}$$

传输线的输入阻抗可以表示为

$$Z_i(x)=\frac{V_1(x)}{I_1(x)}=Z_c\frac{Z_L+\mathrm{j}Z_c\tan\beta x}{\mathrm{j}Z_L\tan\beta x+Z_c} \tag{9-3-2}$$

表达式(9-3-1)和式(9-3-2)都是随着位置 x 做周期变化的，也就是说，在传输线上相隔整数周期位置的电压、电流或入射阻抗是相同的。由于正弦和余弦函数的周期为 2π、正切和余切函数的周期为 π，因此，在均匀无耗传输线上，电压和电流随位置变化的周期为 λ、输入阻抗随位置变化的周期为 $\lambda/2$。这个现象只在 $\alpha=0$ 的均匀无耗传输线上存在。

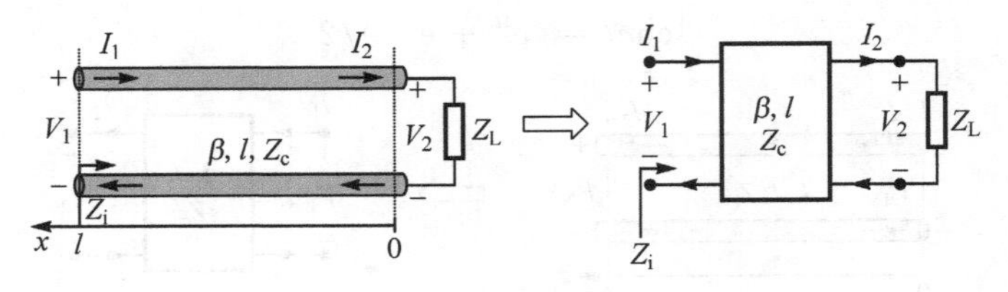

图 9-3-1

式(9-3-1)可以表示传输线上距离终端 x 位置处的电压和电流解的变换域形式，对于正弦稳态信号，它是解的复数形式；对于一般信号，它是解的 s 域形式。注意到

$$\mathrm{j}\beta x=\mathrm{j}\frac{2\pi}{\lambda}x=\mathrm{j}\frac{\omega}{f\lambda}x=\mathrm{j}\omega\frac{x}{v}=\mathrm{j}\omega\tau \tag{9-3-3}$$

其中,τ 表示信号在长度为 x 的传输线上传输所产生的时延。代入式(9-3-1),可以获得用时延 τ 表示的传输线上距离终端 $x=v\tau$ 位置处的电压和电流正弦稳态解的复数形式为

$$\begin{cases}V_1(\mathrm{j}\omega,x)=(2Z_\mathrm{L})^{-1}(Z_\mathrm{L}+Z_\mathrm{c})\mathrm{e}^{\mathrm{j}\omega\tau}V_2(\mathrm{j}\omega,0)+(2Z_\mathrm{L})^{-1}(Z_\mathrm{L}-Z_\mathrm{c})\mathrm{e}^{-\mathrm{j}\omega\tau}V_2(\mathrm{j}\omega,0)\\ I_1(\mathrm{j}\omega,x)=(2Z_\mathrm{c})^{-1}(Z_\mathrm{L}+Z_\mathrm{c})\mathrm{e}^{\mathrm{j}\omega\tau}I_2(\mathrm{j}\omega,0)-(2Z_\mathrm{c})^{-1}(Z_\mathrm{L}-Z_\mathrm{c})\mathrm{e}^{-\mathrm{j}\omega\tau}I_2(\mathrm{j}\omega,0)\end{cases} \tag{9-3-4}$$

将 $\mathrm{j}\omega\to s$,可以获得用时延 τ 表示的传输线上距离终端 $x=v\tau$ 位置处电压和电流 s 域解的形式为

$$\begin{cases}V_1(s,x)=(2Z_\mathrm{L})^{-1}(Z_\mathrm{L}+Z_\mathrm{c})\mathrm{e}^{s\tau}V_2(s,0)+(2Z_\mathrm{L})^{-1}(Z_\mathrm{L}-Z_\mathrm{c})\mathrm{e}^{-s\tau}V_2(s,0)\\ I_1(s,x)=(2Z_\mathrm{c})^{-1}(Z_\mathrm{L}+Z_\mathrm{c})\mathrm{e}^{s\tau}I_2(s,0)-(2Z_\mathrm{c})^{-1}(Z_\mathrm{L}-Z_\mathrm{c})\mathrm{e}^{-s\tau}I_2(s,0)\end{cases} \tag{9-3-5}$$

表达式(9-3-4)和式(9-3-5)的反变换就是传输线上距离终端 $x=v\tau$ 位置处电压和电流的时域解 $v(t,x)$、$i(t,x)$,它描述了传输线上电压和电流在该位置处随时间的变化规律。同样需要再次强调的是,这个解是入射波和反射波的叠加。

9.3.2 电压和电流反射系数/Reflection Coefficient

图 9-3-1 的解式(9-3-1)中含有因子 $\mathrm{e}^{-\mathrm{j}\beta x}$ 和 $\mathrm{e}^{+\mathrm{j}\beta x}$,含有因子 $\mathrm{e}^{-\mathrm{j}\beta x}$ 的分量表示信号在沿 $+x$ 方向波动传输,对于负载 Z_L 而言即为反射波;因子 $\mathrm{e}^{+\mathrm{j}\beta x}$ 表示信号在沿 $-x$ 方向波动传输,对于负载 Z_L 而言即为入射波。不同的负载产生不同的反射,可以用“电压反射系数”来度量入射波和反射波的比例,定义**终端(负载端)电压反射系数** $\rho_V|_{Z=Z_\mathrm{L}}$ 为反射波电压与入射波电压之比、**终端(负载端)电流反射系数** $\rho_I|_{Z=Z_\mathrm{L}}$ 为反射波电流与入射波电流之比,在式(9-3-1)中,有

$$\rho_V|_{Z=Z_\mathrm{L}}=\frac{\text{反射波电压分量}}{\text{入射波电压分量}}=\frac{V^-}{V^+}=\frac{Z_\mathrm{L}-Z_\mathrm{c}}{Z_\mathrm{L}+Z_\mathrm{c}}=\rho_{V2}=\rho_V(0) \tag{9-3-6}$$

$$\rho_I|_{Z=Z_\mathrm{L}}=\frac{\text{反射波电流分量}}{\text{入射波电流分量}}=\frac{I^-}{I^+}=-\frac{Z_\mathrm{L}-Z_\mathrm{c}}{Z_\mathrm{L}+Z_\mathrm{c}}=\rho_{I2}=\rho_I(0)=-\rho_V(0) \tag{9-3-7}$$

由于反射波总是小于入射波,因此,以上反射系数满足

$$0\leqslant|\rho_V(0)|\leqslant 1,\quad 0\leqslant|\rho_I(0)|\leqslant 1 \tag{9-3-8}$$

由终端反射系数的定义,可以同理度量信号波向源端(始端)传输(图 9-3-1 的“1”口)被反射的情况,即**始端(源端)电压反射系数** $\rho_V|_{Z=Z_\mathrm{s}}=\rho_{V1}$ 和**始端(源端)电流反射系数** $\rho_I|_{Z=Z_\mathrm{s}}=\rho_{I1}$ 为

$$\rho_V|_{Z=Z_\mathrm{s}}=\frac{Z_\mathrm{s}-Z_\mathrm{c}}{Z_\mathrm{s}+Z_\mathrm{c}}=\rho_{V1}=-\rho_{I1} \tag{9-3-9}$$

也可以用电压反射系数来表示式(9-3-1),定义**线上电压反射系数** $\rho_V(x)$ 为线上 x 位置处(图 9-3-1)反射波电压与入射波电压之比,对于式(9-3-1)有

$$\rho_V(x)=\frac{Z_\mathrm{L}-Z_\mathrm{c}}{Z_\mathrm{L}+Z_\mathrm{c}}\mathrm{e}^{-\mathrm{j}2\beta x}=\rho_V(0)\mathrm{e}^{-\mathrm{j}2\beta x} \tag{9-3-10}$$

将式(9-3-10)代入式(9-3-1)和式(9-3-2)有

$$\begin{cases}V_1(x)=\dfrac{Z_L+Z_c}{2Z_L}[1+\rho_V(x)]V_2\mathrm{e}^{\mathrm{j}\beta x}=\dfrac{Z_L+Z_c}{2Z_L}[1+\rho_V(0)\mathrm{e}^{-\mathrm{j}2\beta x}]V_2\mathrm{e}^{\mathrm{j}\beta x}\\ I_1(x)=\dfrac{Z_L+Z_c}{2Z_c}[1-\rho_V(x)]I_2\mathrm{e}^{\mathrm{j}\beta x}=\dfrac{Z_L+Z_c}{2Z_c}[1-\rho_V(0)\mathrm{e}^{-\mathrm{j}2\beta x}]I_2\mathrm{e}^{\mathrm{j}\beta x}\end{cases}\tag{9-3-11}$$

$$Z_i(x)=Z_c\frac{1+\rho_V(x)}{1-\rho_V(x)}=Z_c\frac{1+\rho_V(0)\mathrm{e}^{-\mathrm{j}2\beta x}}{1-\rho_V(0)\mathrm{e}^{-\mathrm{j}2\beta x}}\tag{9-3-12}$$

9.3.3 终端负载与反射波/Load and Reflected Wave

式(9-3-6)显示反射波的大小,取决于负载 Z_L 和特性阻抗 Z_c 的关系,下面分析不同的负载 Z_L 对传输线产生的反射影响,并进一步分析此时传输线上的电压、电流和输入阻抗。

1. 终端短路:$Z_L=0$

此时式(9-3-1)、式(9-3-2)、式(9-3-6)和式(9-3-7)分别简化为

$$\begin{cases}V_1(x)=\mathrm{j}Z_cI_2\sin\beta x\\ I_1(x)=I_2\cos\beta x\\ Z_i(x)=\mathrm{j}Z_c\tan\beta x\\ \rho_V(0)=\rho_{V2}=-\rho_I(0)=-\rho_{I2}=-1\end{cases}\tag{9-3-13}$$

终端反射系数的结果告诉我们,传输线在短路的终端处产生了**全反射**(**Total Reflection**),也就是说,所有的入射波在短路的终端处都反射回去了。电压反相反射、电流同相反射,在全反射面上,有

$$\begin{cases}V_1(0)=V^-+V^+=(-V^+)+V^+=0\\ I_1(0)=I^-+I^+=I^++I^+=2I^+=I_2\end{cases}\tag{9-3-14}$$

式(9-3-13)还告诉我们,在传输线的不同位置上,依然有电压和电流随位置以周期为 λ 的长度重复变化,输入阻抗随位置以周期为 $\lambda/2$ 的长度重复变化。并且,电压和电流的**幅度**随位置以周期为 $\lambda/2$ 的长度重复变化,其沿线分布示于图 9-3-2。

事实上,图 9-3-2 中沿线电压、电流幅度的分布,也是我们用交流电表沿线测量的结果,它反映的是入射波和反射波叠加后的交变信号的幅度,因此是个确定值。最为明显的是在电压或电流为零的位置上,整个波形就好像驻扎在传输线的这个位置上一样,我们称传输线的这种状态为**驻波**(**Standing Wave**)**状态**。

图 9-3-2 中还示出了沿线输入阻抗的分布,由于负载和传输线都是无耗的,因此,输入阻抗在传输线上处处呈现为纯电抗特性,并且,容性特征经过 $\lambda/4$ 后转变为感性,短路特性经过 $\lambda/4$ 后转变为开路特性。一般地,在 $x=n\lambda/2(n=0,1,2,\cdots)$ 处,$Z_i=0$,传输线等同于短路;在 $x=\lambda/4+n\lambda/2(n=0,1,2,\cdots)$ 处,$Z_i=\infty$,传输线等同于开路。

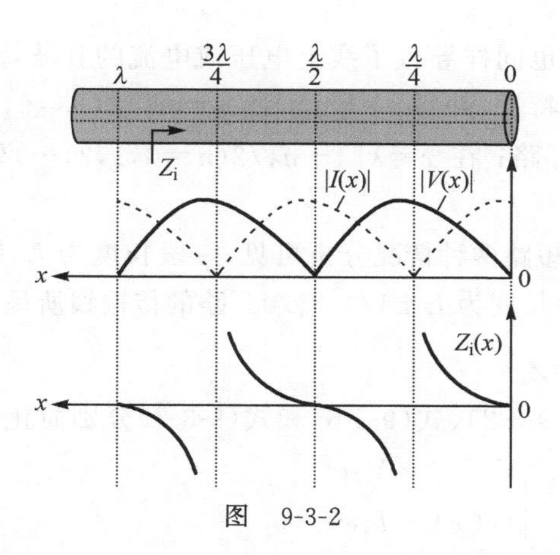

图　9-3-2

2. 终端开路：$Z_L=\infty$

此时式(9-3-1)、式(9-3-2)、式(9-3-6)和式(9-3-7)分别简化为

$$
\begin{cases}
V_1(x)=V_2\cos\beta x \\
I_1(x)=V_2\sin\beta x/\mathrm{j}Z_c \\
Z_i(x)=-\mathrm{j}Z_c\operatorname{ctan}\beta x \\
\rho_V(0)=\rho_{V2}=-\rho_I(0)=-\rho_{I2}=1
\end{cases}
\tag{9-3-15}
$$

终端反射系数的结果告诉我们，传输线在开路的终端处产生了**全反射**，也就是说，所有的入射波在开路的终端处都反射回去了。电压同相反射、电流反相反射，在全反射面上，有

$$
\begin{cases}
V_1(0)=V^-+V^+=V^++V^+=2V^+=V_2 \\
I_1(0)=I^-+I^+=(-I^+)+I^+=0
\end{cases}
\tag{9-3-16}
$$

式(9-3-15)还告诉我们，在传输线的不同位置上，依然有电压和电流随位置以周期为 λ 的长度重复变化，输入阻抗随位置以周期为 $\lambda/2$ 的长度重复变化。并且，电压和电流的幅度随位置以周期为 $\lambda/2$ 的长度重复变化，其沿线分布示于图 9-3-3。

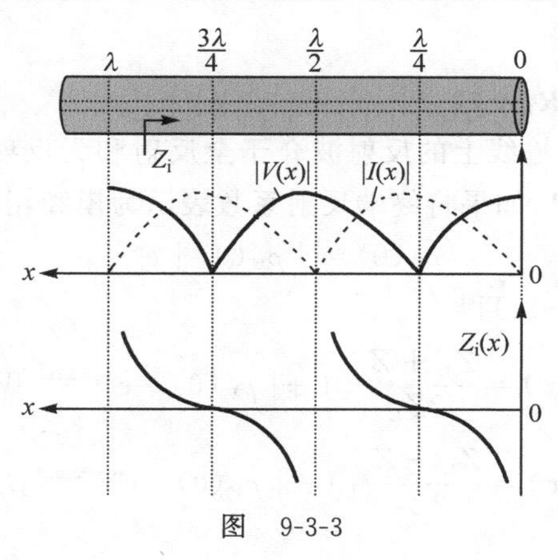

图　9-3-3

终端的全反射现象也同样导致了线上电压或电流的驻波特性，输入阻抗在传输线上也是处处呈现纯电抗特性，并且，一般地，在 $x=n\lambda/2(n=0,1,2,\cdots)$ 处，电流为零，$Z_i=\infty$，传输线等同于开路；在 $x=\lambda/4+n\lambda/2(n=0,1,2,\cdots)$ 处，电压为零，$Z_i=0$，传输线等同于短路。

由终端开路和终端短路两种情况分析可见，一段长度为 L、终端短路的传输线的输入阻抗特性，等同于一段长度为 $L\pm\lambda/4$、终端开路的传输线所呈现的输入阻抗特性。

3. 终端匹配：$Z_L=Z_c$

此时式(9-3-1)、式(9-3-2)、式(9-3-6)和式(9-3-7)分别简化为

$$\begin{cases}V_1(x)=V_2\mathrm{e}^{\mathrm{j}\beta x}\\ I_1(x)=I_2\mathrm{e}^{\mathrm{j}\beta x}\\ Z_i(x)=Z_c\\ \rho_V(0)=\rho_{V2}=-\rho_I(0)=-\rho_{I2}=0\end{cases}\tag{9-3-17}$$

这个结果告诉我们，当 $Z_L=Z_c$ 时，传输线上无反射，也就是说，只有入射波没有反射波。传输线上任何位置处的电压和电流的幅度与位置无关，均与终端的电压和电流的幅度相同，输入阻抗也与位置无关，处处都等于传输线的特性阻抗，我们称这种现象为**无反射匹配(Reflectionless Matching)**，称这时的负载为**匹配负载(Matched Load)**，并称传输线上这种只存在单向传输波的状态为**行波(Traveling Wave)状态**。

4. 终端无耗：$Z_L=\mathrm{j}X_L$

此时式(9-3-2)、式(9-3-6)和式(9-3-7)中，有

$$\begin{cases}Z_i(x)=\mathrm{j}Z_c\dfrac{X_L+Z_c\tan\beta x}{Z_c-X_L\tan\beta x}\\ |\rho_V(0)|=|\rho_I(0)|=\left|\dfrac{\mathrm{j}X_L-Z_c}{\mathrm{j}X_L+Z_c}\right|=1\end{cases}\tag{9-3-18}$$

由于负载和传输线都是无耗的，因此，入射波在终端处只能全反射，输入阻抗在传输线上处处依然呈现为纯电抗特性，驻波现象依然存在。我们也将三种全反射状态统称为传输线的**驻波状态**。

5. 一般终端：$Z_L=R_L+\mathrm{j}X_L$

一般负载情况下，传输线上的反射波介于全反射和无反射之间，终端反射系数一般是复数，其大小为 0～1，如果将终端反射系数表示为模和相位的形式，则有

$$\rho_V(0)=|\rho_V(0)|\mathrm{e}^{\mathrm{j}\varphi}\tag{9-3-19}$$

将式(9-3-19)代入式(9-3-11)得

$$\begin{cases}V_1(x)=\dfrac{Z_L+Z_c}{2Z_L}[1+|\rho_V(0)|\mathrm{e}^{\mathrm{j}(\varphi-2\beta x)}]V_2\mathrm{e}^{\mathrm{j}\beta x}\\ I_1(x)=\dfrac{Z_L+Z_c}{2Z_c}[1-|\rho_V(0)|\mathrm{e}^{\mathrm{j}(\varphi-2\beta x)}]I_2\mathrm{e}^{\mathrm{j}\beta x}\end{cases}\tag{9-3-20}$$

式(9-3-20)显示一般负载情况下，传输线上的电压和电流的幅度随位置以周期为 $\lambda/2$ 的长度重复变化。并且，电压幅度的最大值 $V_{\max}$（电流幅度最小值）点位于 $\varphi-2\beta x=2k\pi$ 处；电压幅度的最小值 $V_{\min}$（电流幅度最大值）点位于 $\varphi-2\beta x=(2k+1)\pi$ 处。图 9-3-4 示出沿线电压和电流的分布，相比于传输线的行波和驻波状态，定义传输线的这种状态为**行驻波(Traveling-Standing Wave)状态**。称电压幅度的最大值点为**波腹(Wave Loop)**，电压幅度的最小值点为**波节(Wave Node)**，定义电压波腹与波节的比值为**电压驻波比(Voltage Standing Wave Radio)**为

$$\mathrm{VSWR}=\frac{V_{\max}}{V_{\min}}=\frac{1+|\rho_V(0)|}{1-|\rho_V(0)|} \tag{9-3-21}$$

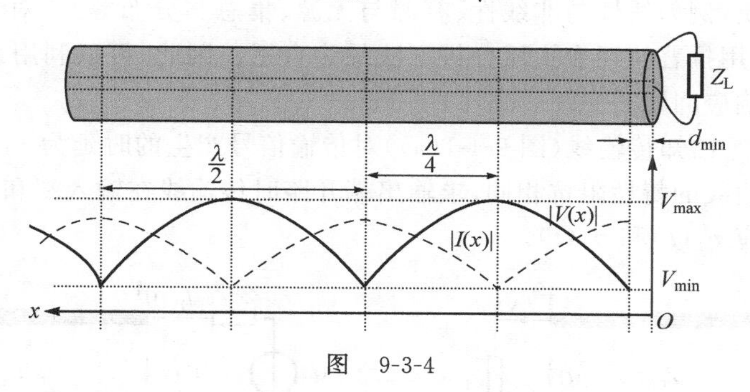

图　9-3-4

9.3.4　终端负载与阻抗匹配/Load and Impedance Matching

信号通过传输线从源向负载传送，为了传输的有效性，当然希望传送是无反射的，所以，$Z_L=Z_c$ 的无反射匹配传输是我们希望保持的。然而，实际传输线的特性阻抗和负载阻抗并非总是如此幸运，当 $Z_L\neq Z_c$ 时，在负载端作阻抗变换是传输线中不可或缺的实现无反射的终端技术。下面用一个例子介绍一种简单的阻抗变换技术，称为**1/4 波长阻抗变换器($\lambda/4$ Impedance Transformer)**。

【例 9-3-1】　如图 9-3-5(a)所示的均匀无耗传输线上 $Z_L\neq Z_c$，为消除线上反射，在负载和传输线之间接入一段长度为 1/4 波长、特性阻抗为 Z_{cx} 的传输线(图 9-3-5(b))，证明当 $Z_{cx}=\sqrt{Z_L Z_c}$ 时，传输线上无反射。

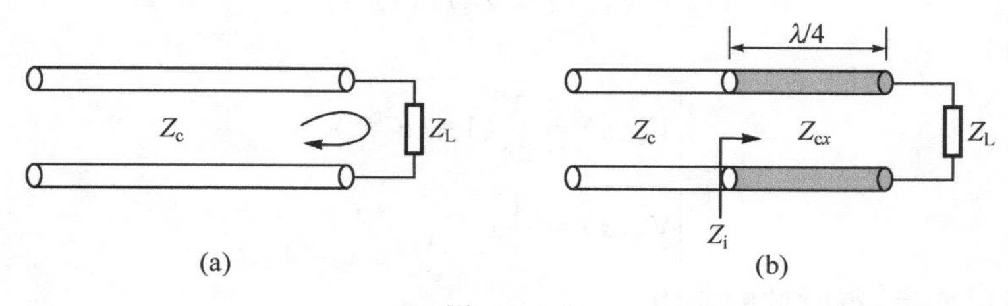

图　9-3-5

证明：利用式(9-3-2)写出阻抗变换器接入位置处的输入阻抗，有

$$Z_i\left(\frac{\lambda}{4}\right)=Z_{cx}\frac{Z_L+jZ_{cx}\tan\left(\frac{2\pi}{\lambda}\frac{\lambda}{4}\right)}{Z_{cx}+jZ_L\tan\left(\frac{2\pi}{\lambda}\frac{\lambda}{4}\right)}=\frac{Z_{cx}^2}{Z_L} \tag{9-3-22}$$

当原传输线上无反射时，有 $Z_i=Z_c$，故此有 $Z_{cx}^2=Z_cZ_L$，证毕。

9.4 均匀无耗传输线的阶跃响应/Step Response

响应问题的求解，首先需要弄清楚激励信号的性质（例如简谐信号、有始信号等），以及电路的性质（例如线性与非线性、有源与无源、集总与分布等）。对于阶跃信号激励的响应问题，用拉普拉斯变换域分析方法最为合适。因此，可以利用式(9-3-5)求解传输线的暂态响应问题。

【例 9-4-1】 已知传输线（图 9-4-1(a)）对传输信号产生的时延为 τ，其输入端电压源的内阻和传输线的特性阻抗相同，求输出端开路时传输线在输入端和输出端位置处的单位阶跃响应 $v_1(t)$ 和 $v_2(t)$。

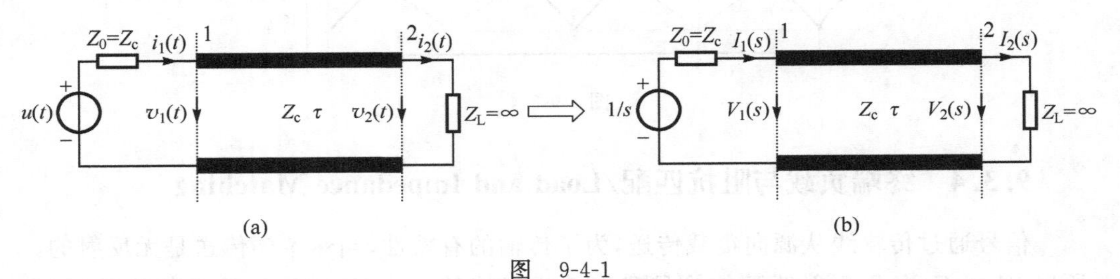

图 9-4-1

解：先将电路变换到 s 域获得其 s 域电路（图 9-4-1(b)），将 $Z_L=\infty$ 和有端接关系代入式(9-3-5)，可以写出

$$\begin{cases}V_1(s)=\dfrac{1}{2}V_2(s)(e^{s\tau}+e^{-s\tau})\\[2mm] I_1(s)=\dfrac{1}{2Z_c}V_2(s)(e^{s\tau}-e^{-s\tau})\\[2mm] 1/s=V_1(s)+Z_cI_1(s)\end{cases} \tag{9-4-1}$$

解方程，易得

$$\begin{cases}V_1(s)=\dfrac{1}{2s}(1+e^{-2s\tau})\\[2mm] V_2(s)=\dfrac{1}{s}e^{-s\tau}\end{cases} \tag{9-4-2}$$

作拉普拉斯反变换，得时域响应为

$$\begin{cases} v_1(t)=\dfrac{1}{2}[u(t)+u(t-2\tau)] \\ v_2(t)=u(t-\tau) \end{cases} \tag{9-4-3}$$

图 9-4-2 示出解的波形图。此外，还可以利用前面学习的传输线的反射特性分析响应，并在清晰的物理描述下定性地画出这个波形图。

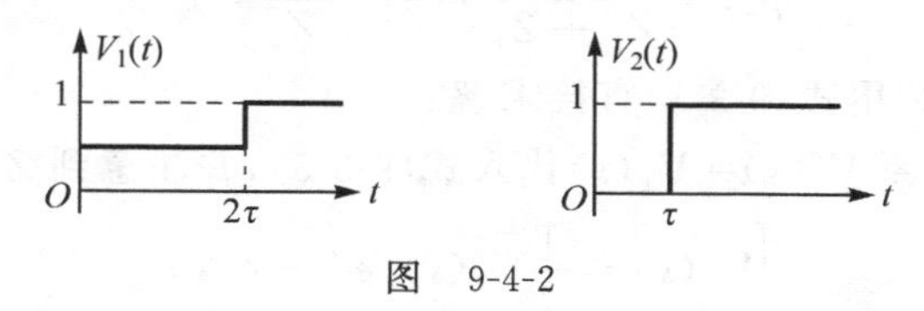

图　9-4-2

根据集总电路的基本定律，图 9-4-1(a)电路在任何时刻，输入端（“1”口）始终满足 $v_s(t)=v_1(t)+Z_c i_1(t)$、输出端（“2”口）始终满足 $i_2(t)=0$。在 $t\leqslant 0_-$ 即电源开启前，无源、稳定的电路处处平静，$v_s(0_-)=v_1(0_-)=v_2(0_-)=0$。

在 $t=0_+$ 即电源开启的时刻，源产生的信号自“1”口向传输线的深处传送，对于刚有信号进入的传输线而言，只有入射波还没有反射波，于是传输线在“1”口所呈现的输入阻抗就是传输线传输单向波所呈现的阻抗，即为特性阻抗 Z_c，由于 Z_0 与 Z_c 相等，因此，Z_0 与 Z_c 对源分压得 $v_1(0_+)=0.5\ \text{V}$，即有这样大小的电压波开始向传输线的深处传送。

因为传输线对传输信号产生的时延为 τ，所以到 $t=\tau$ 时刻，$v_1(0_+)=0.5\ \text{V}$ 的信号才传到“2”口，即“2”口的响应电压到 $t=\tau$ 时刻开始出现。由于“2”口是开路的，终端电压反射系数 $\rho_{V2}=1, V^+=V^-$，所以，这时在“2”端口位置上产生的电压波形的大小为入射波($V^+=v_1(0_+)=0.5\ \text{V}$)和反射波($V^-=V^+$)的叠加（同相相加），即 $v_2(\tau)=1\ \text{V}$。入射波 $V^+=0.5\ \text{V}$ 不断向“2”端口传送，反射波 $V^-=0.5\ \text{V}$ 继续向“1”端口回反，所以，$v_1(t)=0.5\ \text{V}$ 和 $v_2(t)=1\ \text{V}$ 的现象便一直维持到 $t=2\tau$ 时刻，即反射波回到“1”端口的时刻。

在 $t=2\tau$ 时刻的“1”端口位置上，大小为 0.5 V 反射回来的电压波向阻抗为 Z_0 的源端入射，对源端而言，它是入射波，由于 Z_0 与 Z_c 相等，始端电压反射系数 $\rho_{V1}=0$，没有反射，即回来的波被源内阻全部吸收而不再反射。由于传输线任何位置的电压都是入射波和反射波的叠加，因此，在 $t=2\tau$ 时刻“1”端口位置上，电压由三个分量叠加而成：①由源向传输线的深处传送的电压波 $V^+=0.5\ \text{V}$；②终端全反射回来的电压波 $V^-=0.5\ \text{V}$；③这个反射波被源端再反射的波 $V^-=0\ \text{V}$（全吸收）。所以，在 $t=2\tau$ 时刻，$v_1(t)$的大小由 0.5 V 跳升到 1 V。

总结一下，这个电路系统的物理作用和现象是：信号源发出的单位阶跃电压信号传送到传输线的终端被全反射，回到始端又被源内阻全部吸收，在 $t\geqslant 2\tau$ 之后，系统达到稳定状态。

【例 9-4-2】 取例 9-4-1 中 $Z_0=0$，试分别计算输入端和输出端的电压反射系数，并用两种方法求终端开路时终端位置处的单位阶跃响应 $v_2(t)$。

解：利用式(9-3-6)，计算输入端电压反射系数 ρ_{V1} 和输出端的电压反射系数 ρ_{V2}。

$$\rho_{V1}=\frac{Z_0-Z_c}{Z_0+Z_c}=\frac{0-Z_c}{0+Z_c}=-1 \tag{9-4-4}$$

$$\rho_{V2}=\frac{Z_L-Z_c}{Z_L+Z_c}=\frac{\infty-Z_c}{\infty+Z_c}=1 \tag{9-4-5}$$

求响应方法 1：利用式(9-3-5)直接求解。

将有端接的端关系 $V_s(s)=V_1(s)$ 代入式(9-3-5)，并注意到 $Z_L=\infty$，可以写出

$$\begin{cases}V_1(s)=\dfrac{1}{2}V_2(s)(e^{s\tau}+e^{-s\tau})\\ 1/s=V_1(s)\end{cases} \tag{9-4-6}$$

易得

$$V_2(s)=\frac{2e^{-s\tau}}{s}\frac{1}{(1+e^{-2s\tau})} \tag{9-4-7}$$

对式(9-4-7)作拉普拉斯反变换，需要利用一个重要的数学关系式，即

$$\frac{1}{1+x}=1+\sum_{k=1}^{\infty}(-x)^k \tag{9-4-8}$$

于是，式(9-4-7)可以展开为

$$V_2(s)=\frac{2}{s}\sum_{k=0}^{\infty}[(-1)^k e^{-(2k+1)s\tau}] \tag{9-4-9}$$

对式(9-4-9)作拉普拉斯反变换，得时域响应为

$$\begin{aligned}v_2(t)&=2[u(t-\tau)-u(t-3\tau)+u(t-5\tau)-u(t-7\tau)+\cdots]\\&=2\sum_{k=0}^{\infty}(-1)^k u[t-(2k+1)\tau]\ \mathrm{V}\end{aligned} \tag{9-4-10}$$

作响应波形图如图 9-4-3 所示。

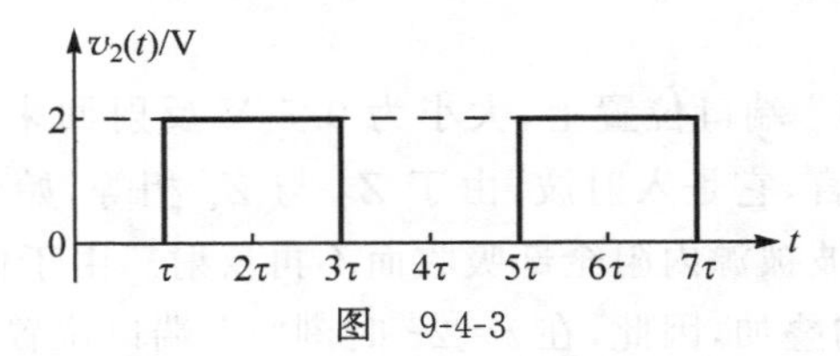

图 9-4-3

求响应方法 2：利用反射点特性求解。

利用输入端和输出端的电压反射特性，以信号波传输和反射的时间标号①～⑦为顺序，从物理角度分析，可以做出各时间段的响应电压曲线，并找出响应规律，最后叠加标号②③⑥⑦获得响应电压曲线，作图顺序如图 9-4-4 所示。

比较两种分析方法，各有特色。方法 1 不涉及物理过程，直接代入数学公式计算即可；方法 2 物理过程清晰、概念清楚，但在复杂电路分析时容易出错，并在物理概念不清楚时会有些难度。

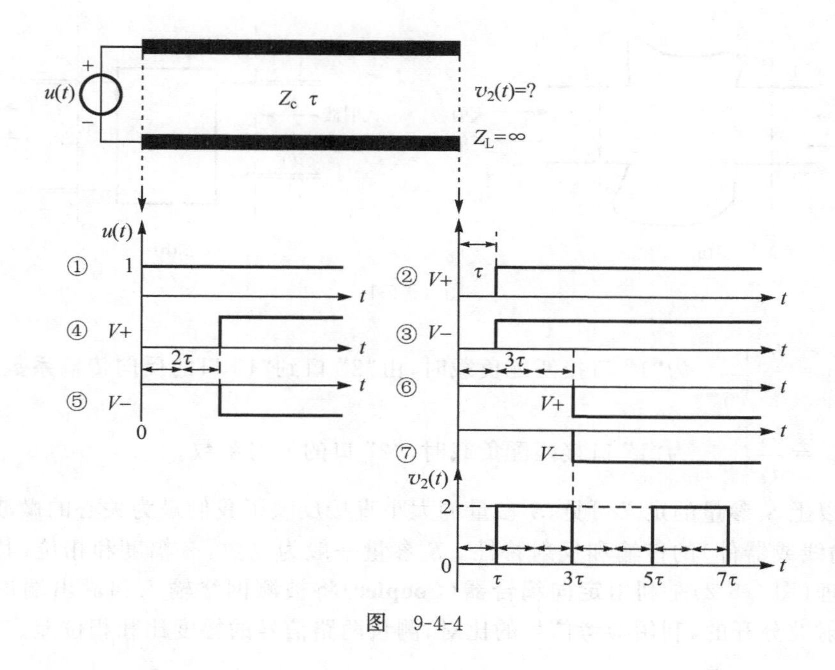

图　9-4-4

*9.5　微波双口网络的散射参量/Scattering Parameters

第 8 章已学习了多种参量形式(如 ***Y***、***Z***、***H***、***G*** 和 ***A*** 参量)来描述双口网络，它们的共同特征是建立口电压和口电流的约束方程，并且，确定这些参量的一个有效的测量方法，是让网络的一端开路或者短路，由另一端测量参数，这一点，在长距离的分布参数的传输线上很难实现。在微波网络的分析中，常常使用散射参量(***S*** 参量)来描述双口网络，其原因是：

(1) ***S*** 参量比其他参量更容易测量，且物理意义清晰；

(2) 除 ***S*** 参量，以往其他参量都没有引入入射波和反射波的概念。

图 9-5-1 是一个常见的用双口网络描述传输线的例子，图中 a_1，b_1 分别表示“1”口的入射波和反射波(可以是电压或电流)，a_2，b_2 分别表示“2”口的入射波和反射波，其双口网络的矩阵的形式为

$$\begin{bmatrix} b_1 \\ b_2 \end{bmatrix} = \begin{bmatrix} S_{11} & S_{12} \\ S_{21} & S_{33} \end{bmatrix} \begin{bmatrix} a_1 \\ a_2 \end{bmatrix} \tag{9-5-1}$$

其中，***S*** 参量的各分量分别为

$S_{11} = \left.\dfrac{b_1}{a_1}\right|_{a_2=0}$　为“2”口接匹配负载时，“1”口的反射系数。

$S_{21} = \left.\dfrac{b_2}{a_1}\right|_{a_2=0}$　为“2”口接匹配负载时，由“1”口到“2”口的传输系数。

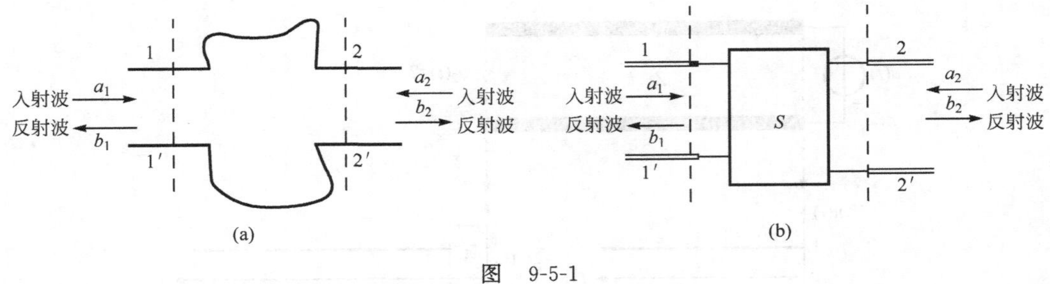

图　9-5-1

$S_{12}=\left.\frac{b_1}{a_2}\right|_{a_1=0}$　为"1"口接匹配负载时，由"2"口到"1"口的反向传输系数。

$S_{22}=\left.\frac{b_2}{a_2}\right|_{a_1=0}$　为"1"口接匹配负载时，"2"口的反射系数。

从以上 $\boldsymbol{S}$ 参量的定义可见，$\boldsymbol{S}$ 参量的大小直接反映了我们最为关心的微波双口网络(传输线或器件)的传输和反射特性。$\boldsymbol{S}$ 参量一般为复数，有幅度和相位，其测量的基本原理(图 9-5-2)是利用**定向耦合器**(**Coupler**)将被测网络输入和输出端口的入射波和反射波分开的，利用参考信号的比对，测量两路信号的幅度比和相位差。

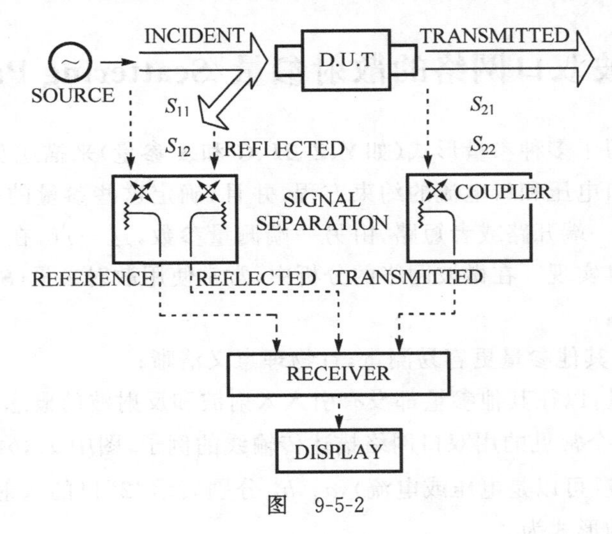

图　9-5-2

总结与回顾

Summary and Review

请读者带着以下的思考去回顾和总结：

♣ 什么是集总参数电路？什么是分布参数电路？是不是只要是高频的电路就是

分布参数电路、低频的电路就是集总参数电路？是不是任何高频的器件只要微单元尺寸很小就可以用集总参数电路元件等效建模呢？

♣ 特性阻抗和传输常数的物理意义是什么？是不是传输线的传输特性可以完全由其特性阻抗和传输常数来描述？
♣ 总结推导传输线的波动方程，是不是采用不同的位置坐标方向，波动方程的形式就会不同？总结推导传输线的双口网络方程，是不是采用不同的位置坐标方向，双口网络方程的形式就会不同？
♣ 总结传输线上产生反射的原因，总结理解反射点的反射系数和线上反射系数的物理本质及区别。
♣ 总结传输线上的波动现象：行波、驻波、行驻波状态，总结它们与终端开路、短路或匹配时的关系。
♣ 总结推导传输线上正弦稳态响应、阶跃响应和一般信号激励的响应问题的求解方法。
♣ 试分别从不同角度（在传输线上的某一位置上观察信号随时间的波动，或在某一时间观察传输线上传输的信号随位置的波动，或在任意时间观察传输线上传输的信号振幅随位置的波动）归纳总结传输线上的波动现象。

学生研讨题选
Topics of Discussion

- 为什么在推导传输线波动方程时仍然用到集中假设？如果传输线是非均匀的，是否也可以这么做？
- 均匀无耗传输线的参量 L、C 是否可以做得任意小以使速度（式(9-2-22)）任意大？
- 为什么传输线中特性阻抗（式 9-2-17）等于正向传输电压/电流、却等于负的反向传输电压/电流呢？
- 使传输线任何位置都没有反射的条件有哪些？
- 均匀无耗传输线发生驻波时是否有能量流动？如果断开信号源，驻波会仍然存在吗？

练习与习题
Exercises and Problems

9-1 *** 利用传输线特性参数的基本属性，求题图 9-1 中 T 形和 π 形两种对称网络的特性阻抗和传输常数。

$$\left(Z_{cT} = \pm\sqrt{a_{12}a_{21}^{-1}} = \pm\sqrt{Z_1Z_2\left(1+\frac{Z_1}{4Z_2}\right)}, k = \mathrm{arch}\left(1+\frac{Z_1}{2Z_2}\right),\right.$$

$$\left.Z_{c\pi} = \pm\sqrt{a_{12}a_{21}^{-1}} = \pm\sqrt{Z_1Z_2\left(\frac{Z_2}{2Z_2+Z_1}\right)}, k = \mathrm{arch}\left(1+\frac{Z_1}{Z_2}\right)\right)$$

Determine the characteristic impedance and propagation constant of the T-type and π-type symmetrical networks in Fig. 9-1 based on the properties of the transmission line.

9-2*** 若把长为 dx 的均匀传输线看作题图 9-2 所示的 π 形对称网络，图中的 L_0 和 C_0 分别是单位长度的电感和电容。

(1) 求该传输线的特性阻抗和传输常数；

(2) 可以称该传输线为链联的低通滤波器吗？为什么？

A uniform transmission line with length of dx can be treated as a π-type symmetrical network shown in Fig. 9-2, in which L_0 and C_0 are the inductance and capacitance per unit length, respectively.

(1) Determine the characteristic impedance and propagation constant of the transmission line;

(2) Is this transmission line a cascade low-pass filter, and why?

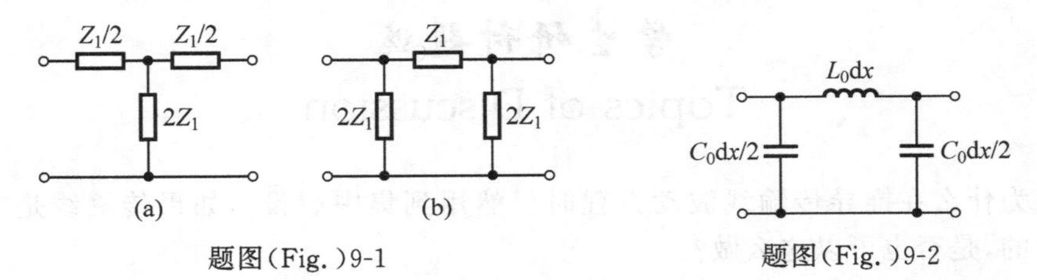

题图(Fig.)9-1　　题图(Fig.)9-2

9-3*** 试论证传输线的方程是波动方程，并从波动的角度说明衰减常数和相位常数的意义。

Prove that the equation of the transmission line is the wave equation, and illustrate the meaning of the attenuation constant and the phase constant from the point of view of wave theory.

9-4*** 均匀传输线可以看成对称互易双口网络，试由传输线的波动方程推导传输线的双口网络方程及 **A** 参量，并验证 **A** 参量只有两个独立分量。

A uniform transmission line can be treated as a symmetrical reciprocal two-port network. Determine the two-port network equation and **A** matrix from the wave equation, and prove that the **A** matrix has only 2 isolated component.

9-5*** 按题图 9-3 设计一个衰减器。要求其特性阻抗为 50 Ω，衰减系数分别为 1、10^{-1}、10^{-2}、10^{-3} 四档。

(1) 试定性说明电路结构,提出设计方法;

(2) 图中 R_0 和 R_L 应该取多大?(50 Ω)

Design an attenuator, as shown in Fig. 9-3, whose characteristic impedance is 50 Ω, and attenuation coefficients are $1, 10^{-1}, 10^{-2}$ and 10^{-3}.

(1) Qualitatively illustrate the structure and present the design;

(2) Determine R_0 and R_L.

9-6** 已知均匀传输线长度为 1 m,线上传输波速为 3×10^8 m/s。如果在它的终端接短路线,在始端用电流源激励,试问:在哪些工作频率上始端的电压为极大值?试分别指出线上电压、电流为极小值的位置。($(2n+1)\times$75 MHz, 0 m, $\lambda/4$ m)

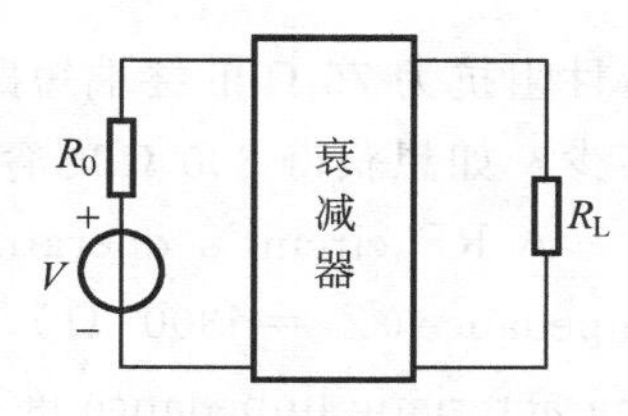

题图(Fig.)9-3

The length of a uniform transmission line is 1 m, and the wave velocity is 3×10^8 m/s. The end port is short-circuit, and the current source is at the start port. When the voltage at the start port reaches maximum, determine the frequency. Determine the position where the voltage and current reaches minimum.

9-7** 题图 9-4 所示简谐电压源 $v_s(t)$ 经过一段均匀无耗传输线和 T 形电阻网络与负载 Z_L 相连。T 形电阻网络中 $Z_1=25\ \Omega$, $Z_2=25\ \Omega$。传输线的特性阻抗为 $Z_c=50\ \Omega$,长度为 $11\lambda/8$ (λ 为波在传输线中传播时的波长)。

(1) 求传输线等效的双端口网络的 **A** 参量。$\left(\frac{\sqrt{2}}{2}\begin{pmatrix}-1 & \text{j}50\ \Omega\\ \text{j}/50\ \text{S} & -1\end{pmatrix}\right)$

(2) 若负载 Z_L 为纯正电阻,则它取值为多少时在传输线中无反射?(∞)

(3) 若简谐电压源 $v_s(t)$ 的幅度为 4 V,调整负载 Z_L 使其获得最大平均功率,求这时的负载阻抗取值及平均功率值。$\left(\frac{25}{4}(7+\text{j})\ \Omega, \frac{2}{175}\ \text{W}\right)$(2012 年冬试题)

The circuit in Fig. 9-4 contains a sinusoidal voltage source, a uniform lossless transmission line, a T-type resistor network, and a load impedance Z_L. $Z_1=25\ \Omega$, $Z_2=25\ \Omega$, $Z_c=50\ \Omega$, and the length of the transmission line is $11\lambda/8$ (λ is the working wavelength).

(1) The transmission line can be equivalent to a two-port network. Determine its A parameters.

(2) Z_L is a positive resistor. If there is no reflection in the transmission line, determine its value.

(3) The amplitude of $v_s(t)$ is 4 V. Determine Z_L that consumes maximum average power, and determine the maximum average power.

9-8* 设射频电路的工作波长为 λ,为了获得 300 Ω 感抗($Z=\text{j}300\ \Omega$),希望利用

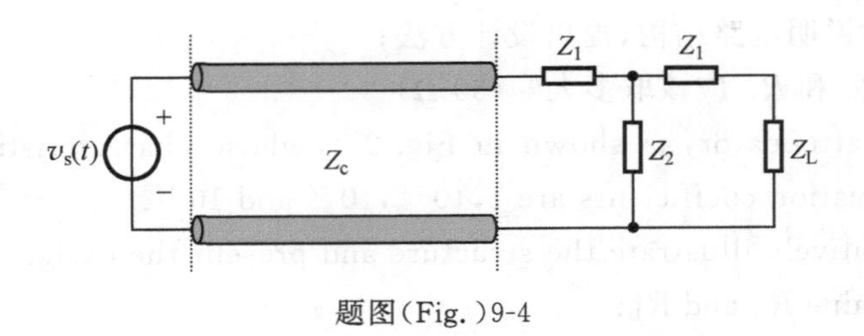

题图(Fig.)9-4

特性阻抗为 75 Ω 的终端短路的均匀无耗传输线来实现。问所需最短传输线的长度为多少？如想获得 300 Ω 的容抗，该传输线又该取多长？(0.211λ，0.289λ)

A RF circuit's operating wavelength is λ. In order to get a 300 Ω inductive impedance (Z = j300 Ω), a uniform lossless transmission line is used, whose characteristic impedance is 75 Ω and the end terminal is short-circuit. Determine the minimum length of the transmission line. If a 300 Ω capacitive impedance is to be obtained, what's the minimum length?

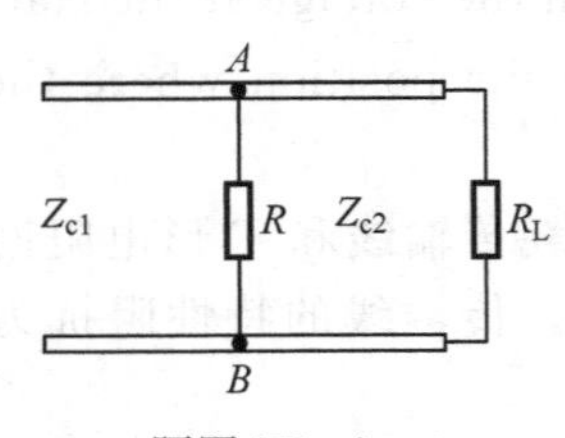

题图(Fig.)9-5

9-9* 两段均匀无耗传输线，如题图 9-5 所示连接。特性阻抗：Z_{c1}=600 Ω，Z_{c2}=800 Ω，终端负载 R_L=800 Ω，为了在连接的 AB 处不产生反射，在 AB 之间接一个集总参数电阻 R，试求 R。(2400 Ω)

Two uniform lossless transmission lines are connected as shown in Fig. 9-5. The characteristic impedances are Z_{c1}=600 Ω and Z_{c2}=800 Ω, and the loading resistor R_L= 800 Ω. In order to avoid reflection at AB, a resistor is connected between A and B. Determine R.

9-10*** 题图 9-6 为一段特性阻抗为 Z_{c1}=300 Ω 的均匀无耗传输线。假设传输线中的电压波传输的速度为 3×10^8 m/s，频率 f=100 MHz 的简谐电压从左侧输入，其右侧(2-2′端口)接电阻 Z_1，在传输线上离 2-2′端口 x 远处并联另一段特性阻抗为 Z_{c2}=200 Ω、长度为 75 cm 的传输线，并在这段传输线的末端接电阻 Z_2。现在给你 5 个阻值分别为 50 Ω、75 Ω、100 Ω、125 Ω 和 150 Ω 的电阻，要求你从中选两个分别作为 Z_1 和 Z_2，并适当调节接入点的位置即 x 的取值，使传输线中接入点左侧任意一点都无反射。求满足要求的最小 x 值及对应的 Z_1 和 Z_2 取值。(0.75 m，75 Ω，100 Ω)(2008 年冬试题)

The circuit in Fig. 9-6 contains two uniform lossless transmission lines. Z_{c1}= 300 Ω, Z_{c2}=200 Ω, and the length of the second transmission line is 75 cm. A 100 MHz sinusoidal signal is transmitted and the propagation velocity is 3×10^8 m/s. The two transmission lines are connected with the load resistors of Z_1 and Z_2 respectively. Choose the values for Z_1 and Z_2 from 50 Ω, 75 Ω, 100 Ω, 125 Ω and 150 Ω, and determine the distance of x to guarantee there is no reflection at the left port of the transmission line. Determine the minimum x.

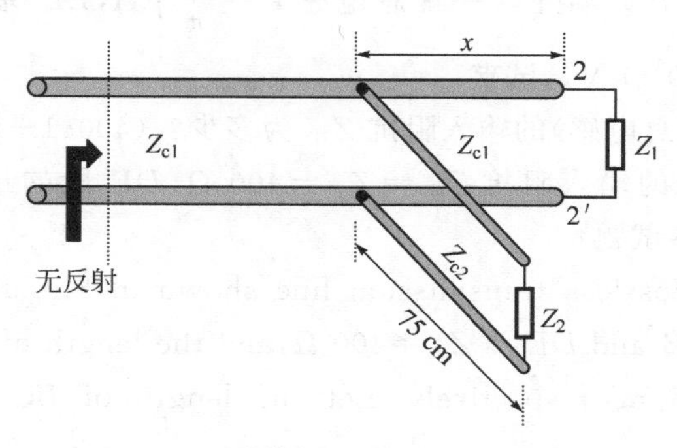

题图(Fig.)9-6

9-11*** **单短截线匹配法**是常用的传输线阻抗匹配法,其匹配的方法是用一条特性阻抗与主传输线相同且终端短路的传输线并联于主传输线上。若传输线的特性阻抗为 50 Ω,终端负载为 $Z_L=30-j45\ \Omega$。试确定短路支线的长度及位置。(用信号波长 λ 表示)

Single-Stub Matching Technique is a common matching method for transmission line. This method is to parellel connect a same short-circuit stub to the main transmission line. If the characteristic impedance of the transmission line is 50 Ω, and the loading impedance is $Z_L=30-j45\ \Omega$, determine the length and position of the branch line.

9-12** 题图 9-7 所示为一种阻抗匹配装置。设短路支线和 $\lambda/4$ 线均为用来实现匹配的同一传输线,其特性阻抗为 Z_{c1},主线的特性阻抗为 $Z_c=500\ \Omega$,负载阻抗 $Z_L=100+j100\ \Omega$,工作频率为 100 MHz。试求 Z_{c1} 与所需短路支线的最短长度 l_{min}。(316 Ω,1.23 m)

Fig. 9-7 shows an impedance matching device. The short-circuit branch and the $\lambda/4$ branch have the same characteristic impedance Z_{c1}, the characteristic impedance of the main line is $Z_c=500\ \Omega$, the loading impedance is $Z_L=100+j100\ \Omega$, and the operating frequency is 100 MHz. Determine Z_{c1} and the minimum length of the short-circuit branch l_{min}.

9-13** 特性阻抗相同的三对无限长传输线在始端并联。如果在其中一个传输线上有行波功率为 P^+ 向连接处传输。问在连接处反射回这条传输线的功率为多少?($P^+/9$)

Three same infinite transmission lines are parallel connected. If a travelling wave with power of P^+ propagates from one of the lines to the joint point, determine the reflection power at the joint point.

9-14** 题图 9-8 所示的均匀无耗传输线,AD、DB、DE 段的特性阻抗均为 $Z_{c1}=400\ \Omega$,其中 AB 线长 $l_1=10$ m,DB 段长度 $l_2=0.75$ m。设 BC 段为无限长,其特性

阻抗为 $Z_{c2}=800\ \Omega$。BB'端并联一集总电感 $L=\dfrac{4}{\pi}\ \mu\text{H}$，$EE'$端短路。简谐信号源 $v_s(t)=V_m\sin(2\pi\times10^8t)$ V。试求：

(1) BB'端(含集总电感)的输入阻抗 Z_{Bi} 为多少？($400(1+\text{j})\ \Omega$)

(2) 为使 AA'端的输入阻抗 $Z_{Ai}=Z_{c1}=400\ \Omega$，$DE$ 段的最短线长 l_3 为多少？(0.375 m)(2007 年冬试题)

In the uniform lossless transmission line shown in Fig. 9-8, the characteristic impedance of AD, DB and DE is $Z_{c1}=400\ \Omega$, and the length of AB and DB is $l_1=10$ m and $l_2=0.75$ m, respectively. Let the length of BC be infinite, and its characteristic impedance is $Z_{c2}=800\ \Omega$. At the BB' port, an inductor $L=\dfrac{4}{\pi}\ \mu\text{H}$ is connected and the EE' port is short-circuit. The source is $v_s(t)=V_m\sin(2\pi\times10^8t)$ V.

(1) Determine the input impedance Z_{Bi} at BB';

(2) If the input impedance at AA' is $Z_{Ai}=Z_{c1}=400\ \Omega$, what's the minimum length l_3 of DE?

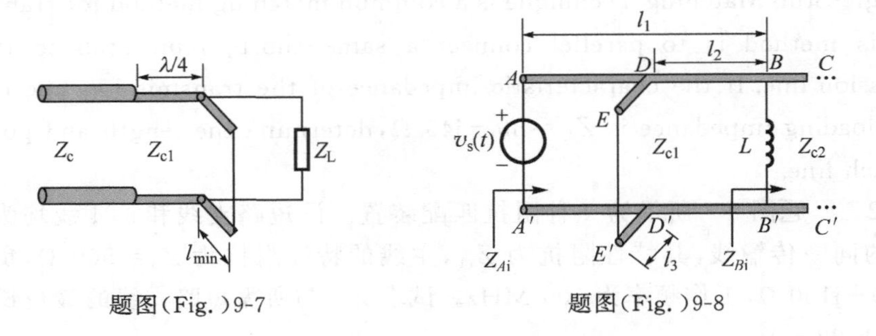

题图(Fig.)9-7　　题图(Fig.)9-8

9-15*** 长距离送电传输线中，受电端开路时的电压有时会比送电端还高，这种现象称为佛朗狄效应。例如频率为 60 Hz、以光速传播的均匀无耗送电线中，测得受电端电压比送电端高出 5%，试推算该馈线长度为多少？($l=247$ km)

In the long-distance transmission line, the open-circuit voltage at the end port may be higher than the start port. For example, in a uniform lossless transmission line whose operating frequency is 60 Hz and the wave velocity equals the velocity of light, the voltage at the end port is 5% higher. Determine its length.

9-16** 终端接有负载的传输线上的电压驻波比 VSWR=3，传输线特性阻抗为 50 Ω，电压波腹的位置在距离负载的 $\lambda/8$ 处，求负载阻抗 Z_L。($30+\text{j}40\ \Omega$)

A transmission line's characteristic impedance is 50 Ω, and its loading resistance is Z_L. If the voltage standing wave ratio is VSWR=3, and the wave loop is $\lambda/8$ away from the loading resistor, determine Z_L.

9-17** 题图 9-9 所示的均匀无耗传输线的长度为 200 m，特性阻抗为 $Z_c=$

50 Ω。$v_s(t)$是振幅为10 V的简谐电压源，该频率的电压波在传输线中的传播速度为2.4×10^8 m/s。已知传输线中的电压驻波比为2，且传输线中某两个相邻的电流波波腹分别出现在距负载端130 m和90 m处。

(1) 求信号源的频率和负载的阻抗值。(3 MHz，40－j30 Ω)

(2) 在传输线中哪些位置的电压振幅最大？(30 m，70 m，110 m，150 m，190 m)(2010年冬试题)

The length of the uniform lossless transmission line in Fig. 9-9 is 200 m, and its characteristic impedance is $Z_c=50\ \Omega$. $v_s(t)$ is a 10 V-amplitude sinusoidal voltage source, and the wave velocity is 2.4×10^8 m/s. The VSWR is 2, and two adjacent current wave loop are 130 m and 90 m away from the load.

(1) Determine the frequency of the source and Z_L;

(2) Determine the position where the voltage is maximum.

9-18** (2011年冬试题)题图9-10的两段特性阻抗分别为75 Ω和50 Ω的传输线连接在一起用于传输角频率为ω的简谐信号。在该角频率下，两段传输线的长度分别为$5\lambda/8$和$3\lambda/8$。电压源的源电压为$10\cos\omega t$ V，内阻为$Z_s=25\ \Omega$，负载为$Z_L=150\ \Omega$。

(1) 求负载上的正弦稳态响应$v_o(t)$。($7.2\cos\omega t$ V)

(2) 如果交换两段传输线的位置，对$v_o(t)$会有什么影响？

The circuit in Fig. 9-10 is composed of two transmission lines whose characteristic impedance is 75 Ω and 50 Ω, and it's driven by a sinusoidal voltage source. $v_s(t)=10\cos\omega t$ V, $Z_s=25\ \Omega$, $Z_L=150\ \Omega$.

(1) Determine the sinusoidal steady state response $v_o(t)$;

(2) If the positions of the two transmission lines are exchanged, what's the effect on $v_o(t)$?

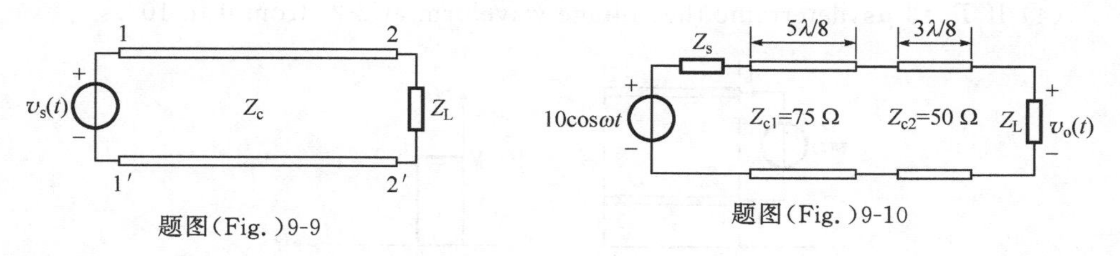

题图(Fig.)9-9　　题图(Fig.)9-10

9-19*** 已知题图9-11所示的传输线的特性阻抗Z_c，长度l，在开关闭合前传输线上有均匀的电压大小为V_0。

(1) 试求开关闭合前使传输线上产生处处均匀电压的激励电压源的波形和方法，试定性说明产生这种电压的物理过程；

(2) 试求开关闭合后传输线1、2两端口上的电压波形。

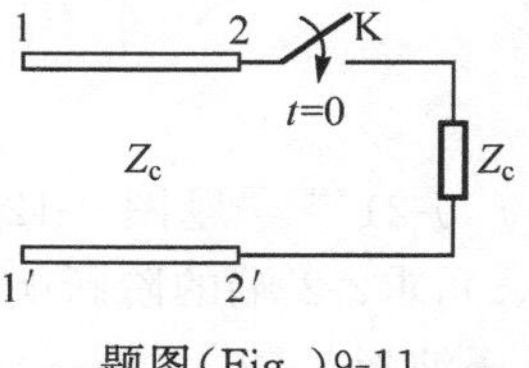

题图(Fig.)9-11

The transmission line's characteristic impedance is Z_c, and its length is l in Fig. 9-11.

Before the switch is closed, the uniform voltage on the transmission line is V_0.

(1) Design the driving source, and qualitatively explain how to realize such a voltage;

(2) Determine the voltage waveform at port 1 and 2 after the switch is closed.

9-20** 题图 9-12 的均匀无耗传输线的长度 $l=300$ m，特性阻抗为 300 Ω，波速为 3×10^8 m/s，输入端(1-1′端)接一理想电压源 $v(t)$，终端(2-2′端)开路。

(1) 求终端(2-2′端)电压反射系数和输入端(1-1′端)电压反射系数及信号经过传输线的延迟时间 τ；(1，−1，1 μs)

(2) 若 $v(t)$是频率为 1 MHz 的简谐信号，求传输线上电流振幅最大位置的坐标；(与 $x=0$ 处相隔$(n+0.5)\lambda/2$)

(3) 若 $v(t)$是图示持续时间为 $T=1$ μs、幅度为 100 V 的单脉冲信号，画出 10 μs 内终端(2-2′端)的电压波形图；

(4) 若 $v(t)$是图示持续时间为 $T=3$ μs、幅度为 100 V 的单脉冲信号，画出 10 μs 内终端(2-2′端)的电压波形图。(2006 年冬试题)

The length of the transmission line in Fig. 9-12(a) is $l=300$ m, its characteristic impedance is 300 Ω, and the wave velocity is 3×10^8 m/s. An ideal voltage source is connected at 1-1′, and 2-2′ is open-circuit.

(1) Determine the voltage reflection coefficients at 1-1′ and 2-2′, and the delay τ of the line;

(2) If $v(t)$ is a 1 MHz sinusoidal signal, determine the coordinate where the current is maximum;

(3) If $v(t)$ is a single pulse signal shown in Fig. 9-12(b)($T=1$ μs), determine the voltage waveform at 2-2′ from 0 to 10 μs;

(4) If $T=3$ μs, determine the voltage waveform at 2-2′ from 0 to 10 μs.

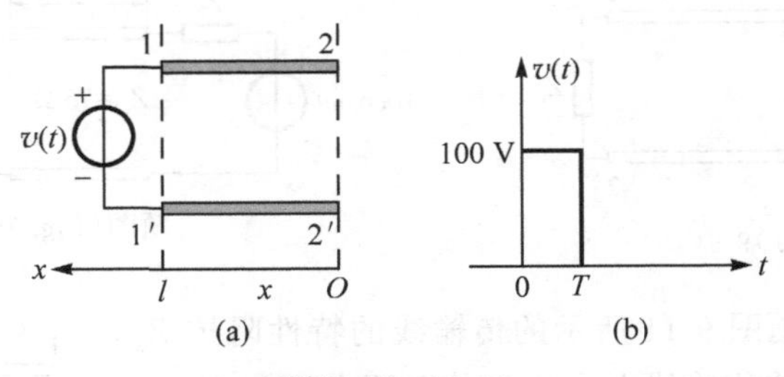

题图(Fig.)9-12

9-21*** 题图 9-12(a)中如果输入端(1-1′端)的电压源为单位阶跃信号 $v(t)=u(t)$，求2-2′端的阶跃响应，并画出传输线上距离 2-2′端 75 m 处在 0～5 μs 时间内的电压波形。$(2[u(t-\tau)-u(t-3\tau)+u(t-5\tau)\cdots])$(2005 年冬试题)

If the input is a unit step signal $v(t)=u(t)$ in Fig. 9-12(a), determine the step response at 2-2′, and draw the voltage waveform 75 m away from 2-2′ from 0 to 5 μs.

9-22*** 题图 9-13(a)中,均匀无耗传输线长度 $l=300$ m,特性阻抗 $Z_c=75\ \Omega$。传输线的 1-1′端口接内阻为 $Z_s=25\ \Omega$ 的电压源,2-2′端口开路。假设电波在传输线中传播的速度为 $v=3\times10^8$ m/s,$v_s(t)$的波形如图 9-13(b)所示。

(1) 画出 0~6 μs 内传输线上 1-1′端口的电流波形。

(2) 画出 $t=3$ μs 时传输线上各点的电压波形。(2012 年冬试题)

The length of the uniform lossless transmission line in Fig. 9-13(a) is $l=300$ m, and its characteristic impedance is $Z_c=75\ \Omega$. A voltage source whose internal resistance is $Z_s=25\ \Omega$ is connected at 1-1′, and 2-2′ is open-circuit. If the transmission velocity is $v=3\times10^8$ m/s, and the waveform of $v_s(t)$ is shown in Fig. 9-13(b).

(1) Draw the current waveform at 1-1′ from 0 to 6 μs;

(2) Draw the voltage waveform on the transmission line at $t=3$ μs.

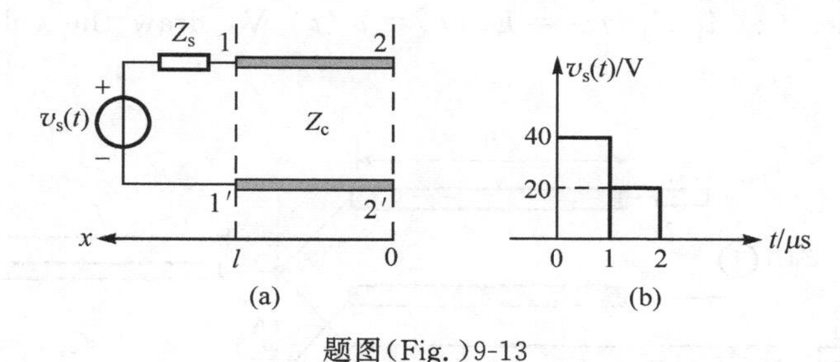

题图(Fig.)9-13

9-23*** 题图 9-14 的均匀无耗传输线长度为 L,特性阻抗为 Z_c,终端接有负载 $Z_L=Z_c$,始端接有电压为 V_0 的直流电源,系统在稳定状态下的 $t=0$ 时刻于线的中点 Q 处意外断开,试推导在 $0\sim\dfrac{L/2}{v}$时间段(v 表示波速)内任一时刻线上电压、电流与始端距离 x 之间的关系。

The length of the uniform lossless transmission line in Fig. 9-14 is L, its characteristic impedance is Z_c, and $Z_L=Z_c$. The voltage of the driving DC source is V_0, and the system is in steady state before a breakpoint appears at Q at $t=0$. Determine the voltage and current at any position at any time from 0 to $\dfrac{L/2}{v}$(v is the wave velocity).

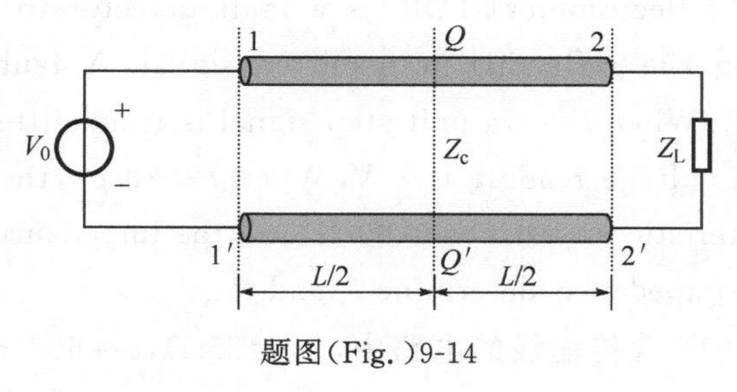

题图(Fig.)9-14

9-24*** 题图 9-15 所示三段均匀无耗传输线的特性阻抗均为 $Z_c=50\ \Omega$，长度分别为 $l_1=200$ m、$l_2=360$ m 和 $l_3=240$ m，用理想导线在 A 处连接在一起。$Z_{s1}=Z_{s2}=50\ \Omega$，$Z_L=25\ \Omega$。设任何频率的波在传输线中的波速均为 $v=2.4\times10^8$ m/s。

(1) 若 $E_1(t)=E_2(t)=\cos(2\pi ft)$ V，$f=0.75$ MHz，求 A 处右边传输线上电流振幅的最大值及其对应的位置；

(2) 若 $E_1(t)=E_2(t)=u(t)$ V，请画出 Z_L 上的电压波形。(2018 年冬试题)

Three uniform lossless transmission lines with same of $Z_c=50\ \Omega$ are connected at A by ideal wires as shown in Fig. 9-15. $l_1=200$ m, $l_2=360$ m, $l_3=240$ m, $Z_{s1}=Z_{s2}=50\ \Omega$, $Z_L=25\ \Omega$. Assume that the wave velocity of any frequency in the transmission line is $v=2.4\times10^8$ m/s. (1) If $E_1(t)=E_2(t)=\cos(2\pi ft)$ V, $f=0.75$ MHz, find the current wave-loop amplitude and its position on the l_3 transmission line. (2) If $E_1(t)=E_2(t)=u(t)$ V, draw the voltage waveform on Z_L.

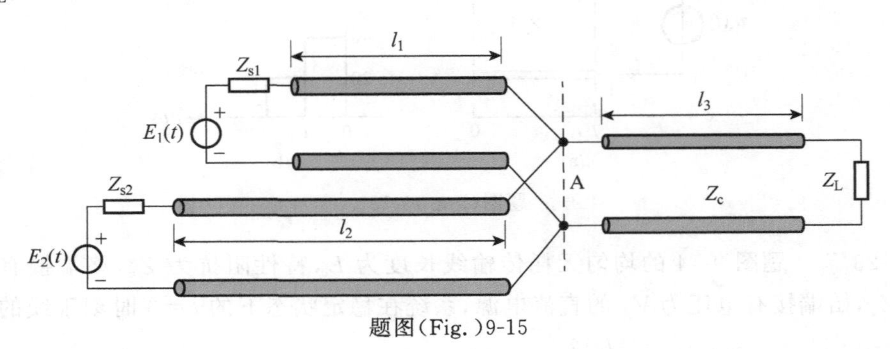

题图(Fig.)9-15

9-25*** **时域反射计**是通过检测发出的脉冲信号的回返来检测传输线上可能发生的故障位置的一种常用的故障检测仪器。这种故障可以是地下或海底电缆距离信号发生器 l_f 处的电缆损坏。假设这种故障的模型为一个集总电阻 R_f。信号发生器在 $t=0$ 时向缆线发出一个单位阶跃电压。在 $t=0$ 到 $t=20\ \mu$s 之间，时域反射计检测到的(发射端的)电压读数为 1 V，在 $t=20\ \mu$s 时刻电压读数由 1 V 变为 0.5 V。假设传输线的特征阻抗为 90 Ω，接收反射信号的装置的阻抗与特性阻抗相等。试确定从故障位置到信号发生器的距离 l_f 和电缆损坏造成的集总电阻 R_f。(3000 m，30 Ω)

A time domain reflectometer (TDR) is a fault detector to determine the fault location by detecting the reflecting transmitted signal. A fault at l_f equals to a lumped resistance R_f. When $t=0$, a unit step signal is transmitted, and from $t=0$ to $t=20\ \mu$s, the TDR's voltage reading is 1 V. When $t=20\ \mu$s, the reading changes to 0.5 V. If the characteristic impedance is 90 Ω, and the impedance of the TDR equals to the characteristic impedance, determine l_f and R_f.

9-26*** 题图 9-16 含传输线的电路中，$Z_0=25\ \Omega$，$l=600$ m，$R_L=150\ \Omega$，$Z_c=$

75 Ω,波速 $v=3\times10^8$ m/s。

(1) 求传输线在输入端的电压反射系数和负载端的反射系数；

(2) 画出 0～8 μs 时间内负载端的电压波形；

(3) 画出 $t=5$ μs 时刻传输线上不同位置的电压波形(以题图坐标为准)。(1/3, −1/2)(2009 年冬试题)

In the lossless line shown in Fig. 9-16, $Z_0=25$ Ω, $l=600$ m, $R_L=150$ Ω, $Z_c=75$ Ω, and $v=3\times10^8$ m/s.

(1) Determine the voltage reflection coefficients at the two ports;

(2) Draw the voltage waveform at the loading port from 0 to 8 μs;

(3) Draw the voltage waveform along the transmission line at $t=5$ μs.

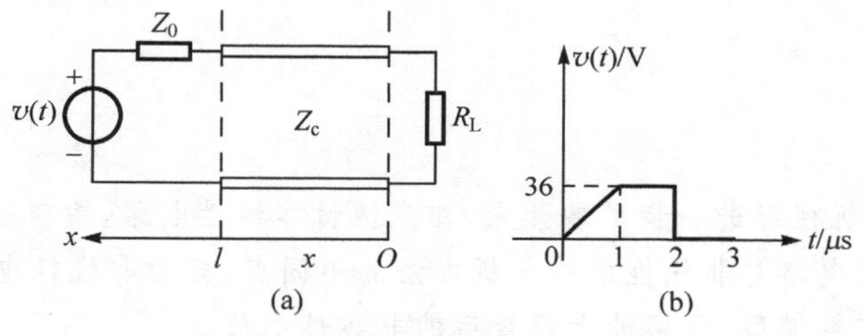

题图(Fig.)9-16

第10章

非线性电路分析简介

Nonlinear Circuit Analysis

本章将把分析视野进一步扩展开来,初步探讨非线性电路,希望达到的目标是:

■ 明白线性电路与非线性电路分析方法的不同点,拓展非线性电路的分析思路。

■ 理解小信号模型、理解放大器背后的非线性本质。

■ 掌握非线性器件的分段线性分析思想、掌握含二极管电路的分析。

■ 掌握含理想运算放大器电路的分析。

■ 会利用线性电路双口网络的分析方法分析非线性电路。

In this chapter, we'll help learner understand the following contents.

■ The difference between linear and nonlinear circuits.

■ Key ideal and nonideal characteristics of operational amplifiers (op amp).

■ Ability to analyse circuits with ideal op amp and diode.

■ Ability to analyse circuits using two-port network analysis.

如前所述，全部由线性元件组成的电路称为**线性电路**(**Linear Circuit**)，含有非线性元件的电路称为**非线性电路**(**Nonlinear Circuit**)。历数本书描述至此的所有定理、定律、方法，可以用于分析非线性电路的寥寥无几，只有例如基尔霍夫定律、置换定理、等效的概念而已。然而，现实世界中非线性电路却远远多于线性电路，甚至，严格地说，根本就不存在线性电路，所谓"线性"是在被迫的、合理的近似下，对元件主要物理特性的理想建模，这个**一定约束条件下合理近似**的思想非常重要。

有很多非线性电路实现的功能是线性电路可望而不可即的。例如，乘法器可以实现第5章描述的频移定理(幅度调制)；含二极管的整流电路可以将交流电变为直流电；稳压管将波动的信号控制在一个稳定幅度输出；放大器将微弱的小信号变成大信号送出；逻辑和运算电路将大千世界任何一种计算在0～1进行等。

由于篇幅所限，以及非线性电路的分析并非本书重点，本书仅给出非线性电路分析的基本介绍。重点在利用**"一定约束条件下合理近似的思想"**，用线性的近似来分析非线性电路。

10.1 非线性电路的分析方法/Introduction to Nonlinear Circuit Analysis

非线性电路分析的关键问题是如何分析求解非线性方程。电路中常用的具体方法为：**解析法**(**Analytic Method**，精确或数值求解非线性方程)、**图解法**(**Graphical Method**，近似求解)、**折线法**(**Piecewise-Linear Method**，逐段线性近似)。以下逐节论述。

10.1.1 解析法/Analytical Method

由电路的拓扑结构和元件约束建立方程并求解的方法称为**解析法**。解析法原本并没有什么特殊的地方，然而，由于元件约束方程是非线性方程，就使得问题求解变得非常复杂。几乎很难获得精确解，一般都是在精度允许范围内的近似解(数值求解)。可喜的是在计算机飞速发展的今天，应运而生了许多基于数值求解的仿真软件，相当方便地提供了"一键式服务"。

【例10-1-1】 如图10-1-1所示的电路中，非线性器件**发光二极管**(**Lightening Emitter Diode, LED**)的伏安特性为$I=I_0(e^{V/V_T}-1)$，其中I_0(为反向饱和电流，一般大约在纳安量级或更低)和V_T(称为热温度当量，在室温下大约为26 mV，但对于大功率LED来说，V_T会比这个值大很多倍)为常数，R_s和V_s为已知。试计算电路中的电流I。

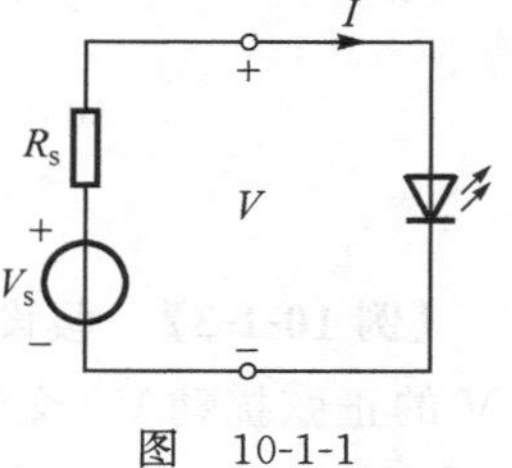

图 10-1-1

解：根据KCL、KVL和VCR建立方程，有

$$\begin{cases}V=V_s-IR_s\\I=I_0(e^{V/V_T}-1)\end{cases}\tag{10-1-1}$$

消去方程组式(10-1-1)中的 V,可得关于待求变量 I 的方程。

$$V_T \ln\left(\frac{I}{I_0}+1\right)+IR_s=V_s \tag{10-1-2}$$

显然,式(10-1-2)的求解并不容易,在具体已知数字和精度要求的情况下,可以利用计算机进行数值求解。由此可见,即便是非常简单的电路,直接求解也是很麻烦的事。非线性方程(组)数值迭代求解的方法一般有牛顿法、牛顿-拉夫逊法、高斯-赛德尔法等,本书略。

10.1.2 图解法/Graphical Method

利用电路和非线性器件的伏安特性曲线,通过做图确定曲线交点的近似求解方法称为**图解法**。事实上,图解法就是非线性方程组的一种近似、直观的解法,其直观性可以对命题的物理机理给予清晰、简单和快速的解释,是工程上常用的方法。

【例 10-1-2】 假设例 10-1-1 的电路中,LED 灯为 OSRAM 公司的型号为 LUW-CQ7P 的产品,产品手册上给出的正向导通伏安曲线如图 10-1-2(a)所示,其正向工作电流为 100~1000 mA、工作电压为 2.95~3.5 V(正向导通电压为 2.75 V)。$V_T=$ 239.5 mV,$I_0=447.4$ nA,$R_s=10\ \Omega$,$V_s=5$ V,试利用图解法重解例 10-1-1。

解:可以将图 10-1-1 的电路划分为线性和非线性左右两个单口网络,在同一个坐标图中分别画出两个单口网络对应的伏安特性曲线。非线性元器件的伏安特性曲线是由提供商提供的特性测量曲线,线性部分可以通过建立方程简单获得,即 $V=5-10I$,则这两条曲线的交点 P 即为命题的求解,如图 10-1-2(b)所示。

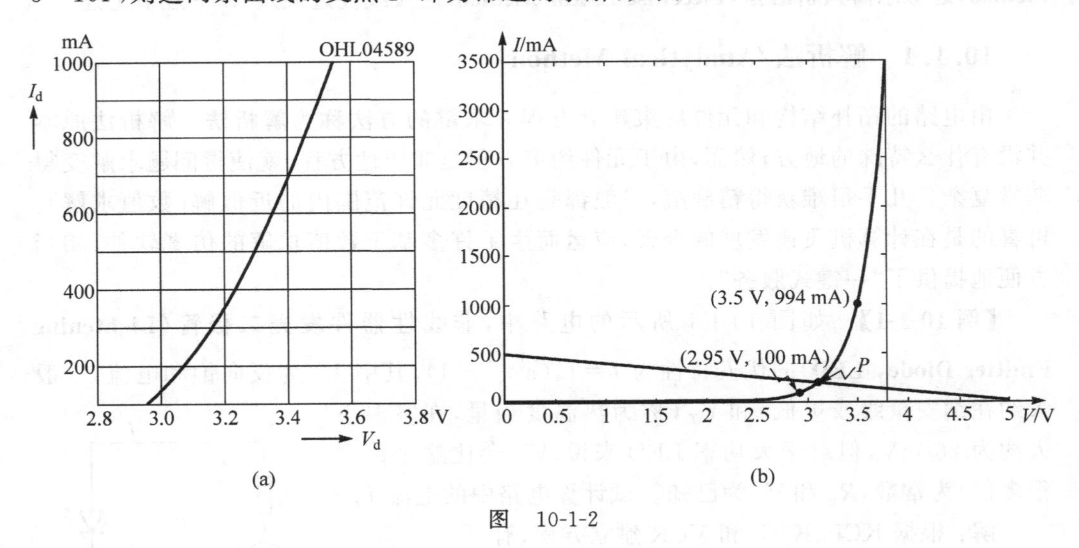

图 10-1-2

【例 10-1-3】 假设例 10-1-2 的电路中,在 LED 灯的端电压上附加了一个 $V_{pp}=$ 1 V 的正弦扰动 V_i(交流小信号激励,可以通过隔直电容馈入)如图 10-1-3 所示。试利用图解法求解此时电路的电流输出信号波形。

解：利用图解法求解此时电路的电流输出信号波形如图 10-1-4 所示。

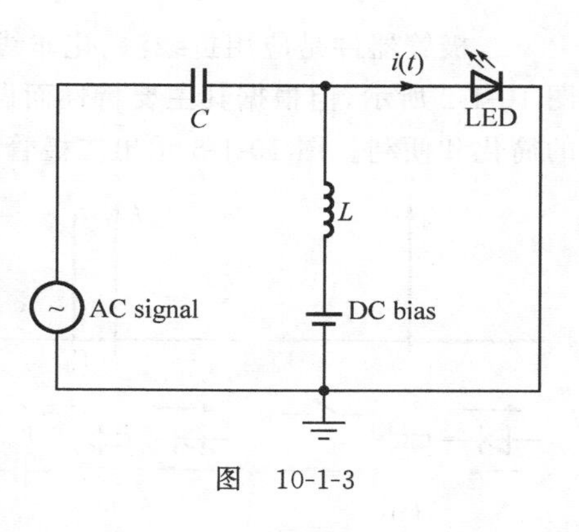

图　10-1-3

由图 10-1-4 可见，图解法求解命题可以清晰地看到非线性电路响应的物理过程。本例由于小信号馈入的工作点（P 点）过低，导致响应信号产生了非线性畸变。注意到 Q 点附近的伏安曲线接近于线性，如果调整 R_s 和 V_s 的大小，使图 10-1-4 的交点移到 Q 点，那么，在 Q 点激励的小信号便会产生一个近似线性的响应信号了。通常，称这个线性工作的 Q 点为电路的**静态工作点**（**Quiescent Point**），而将最大不产生失真的响应范围称为**动态范围**。

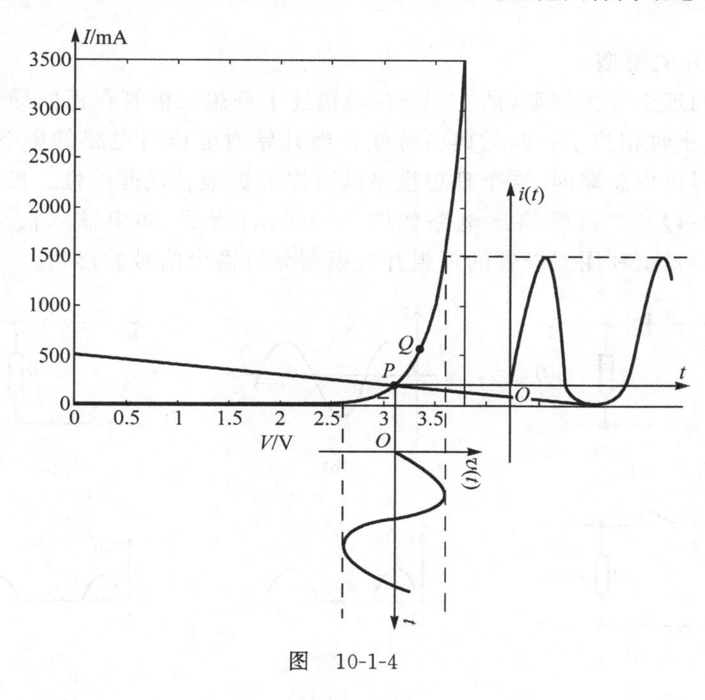

图　10-1-4

10.1.3　折线法/Piecewise-Linear Technique

折线法也称为分段线性法，其本质是用多个线性函数构成的分段函数来近似描述原本的非线性函数特性。特别适用于有些器件在各个局部都具有近似直线特性的情况。例如，在误差允许的范围内凸显器件的主要特性，而次要特性对电路的影响又小到可以忽略时，可以将非线性器件分段线性化。电路的分析可以分为多个线性状态来分析，在每一个状态下，非线性器件可以等效为该线性区的模型电路来计算，一旦工作范围超出该线性区，电路就可以进入下一个模型电路的状态来分析。

二极管器件是应用折线法、化非线性为线性的典型例子。虽然其一般特性曲线如图 10-1-2 所示，但根据其主要特性而做出的折线模型，给电路的近似分析带来了极大的简化和便利。图 10-1-5 示出二极管几类典型的折线模型，以下一一详述。

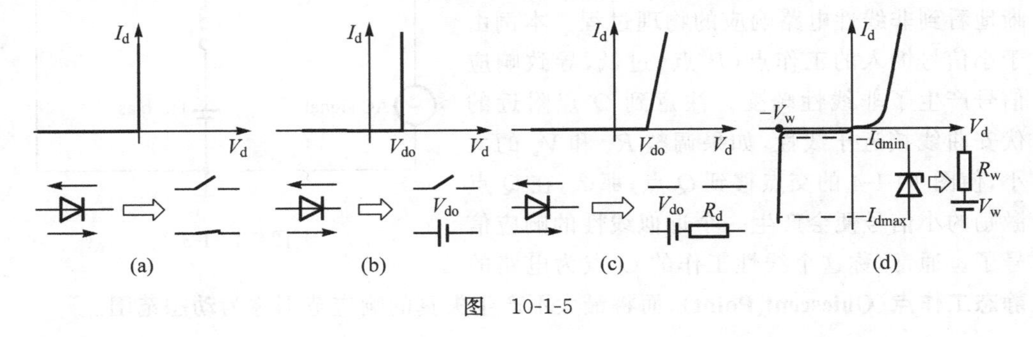

图 10-1-5

1. 理想开关模型

二极管的理想开关模型（图 10-1-5(a)）描述了理想二极管在正向导通时相当于短路、在反向截止时相当于开路的典型特性。当其导通电压对电路的影响非常小、其导通电阻也小得可以忽略时，这个理想模型就可以完美地替代非线性二极管器件。

【例 10-1-4】 二极管整流电路如图 10-1-6(a)所示，如果输入信号为正弦信号（图 10-1-6(b)），试利用二极管的理想开关模型分析输出信号的形状。

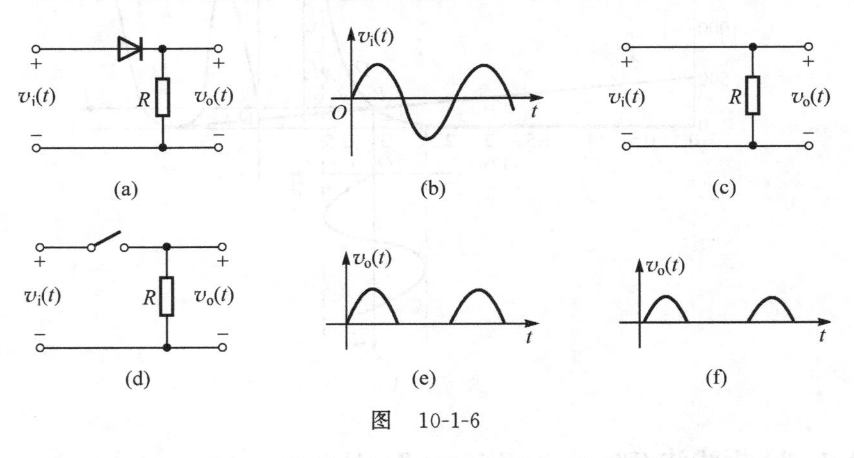

图 10-1-6

解：利用理想开关模型图 10-1-5(a)绘出图 10-1-6(a)的二极管在正向导通时（图 10-1-6(c)）和反向截止时（图 10-1-6(d)）的电路，这是一个非常简单的例子，易得输出信号波形如图 10-1-6(e)所示。这是最简单的**半波整流**(**Half-wave rectification**)电路。

2. 恒压降开关模型

二极管的恒压降开关模型（图 10-1-5(b)）描述了二极管在正向导通时存在一个导通结电压 V_{do}，这个电压对于硅管通常为 0.6～0.7 V，对于锗管通常为 0.2～0.3 V。根据这个模型重画例 10-1-1 的输出信号波形时，相当于将图 10-1-6(e)的时间轴向上平移 V_{do}，如图 10-1-6(f)所示。

3. 正向折线模型

这个开关模型(图 10-1-5(c))更加接近于实际器件，即二极管在正向导通时除存在一个导通结电压 V_{do} 之外，还存在一个比较小的导通电阻 R_d。

4. 稳压模型

二极管的稳压模型(图 10-1-5(d))描述了**稳压二极管(Zener Diode)**的反向稳压输出特性，这个特性只有二极管稳定工作在反向击穿区且反向电流在($-I_{dmax}$，$-I_{dmin}$)才能体现出来。其中，V_w 为反向击穿电压，R_w 为反向电阻。

【例 10-1-5】 二极管稳压电路如图 10-1-7(a)所示，如果输入信号 V_i 的波动范围为(V_{imin}，V_{imax})，稳压二极管稳压输出的电流 I_d(图示方向)波动范围为(I_{dmin}，I_{dmax})，假设 $R_w=0$，试根据负载的变化情况，分析负载获得稳定电压 V_w 时电阻 R 的取值范围。

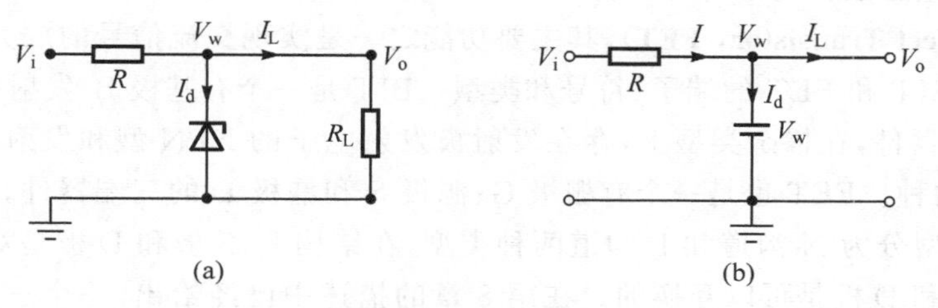

图 10-1-7

解：利用折线法图 10-1-6(d)绘出等效电路如图 10-1-7(b)所示，显然有

$$(V_i - V_w)/R - I_L = I_d \tag{10-1-3}$$

为了保证电流 I_d 的波动范围为(I_{dmin}，I_{dmax})，则必须使

$$\frac{V_{imin} - V_w}{R} - I_{Lmax} > I_{dmin} \tag{10-1-4}$$

$$\frac{V_{imax} - V_w}{R} - I_{Lmin} < I_{dmax} \tag{10-1-5}$$

联立式(10-1-4)和式(10-1-5)，可得电阻 R 的取值范围为

$$\frac{V_{imin} - V_w}{I_{Lmax} + I_{dmin}} > R > \frac{V_{imax} - V_w}{I_{Lmin} + I_{dmax}} \tag{10-1-6}$$

这个范围也可以用负载电阻 R_L 来表示。

$$\frac{V_{imin} - V_w}{V_w/R_{Lmin} + I_{dmin}} > R > \frac{V_{imax} - V_w}{V_w/R_{Lmax} + I_{dmax}} \tag{10-1-7}$$

以上举例可见，折线法在解决非线性器件的分析问题时，非常简单而有效。

10.2 非线性器件的双口网络分析/Two-Port Network of Nonlinear Devices

在一定的工作环境和输入约束条件下、在合适的直流工作点(静态工作点)的设置下,可以使非线性器件工作在近似的线性区。而对于任何工作在线性区的、有输入和输出的网络,可以用线性的双口网络模型来等效描述其输入和输出特性。这是双口网络分析在非线性电路分析中的一个非常有用的应用。

10.2.1 三极管的小信号模型/Small-Signal Model of Transistor

虽然半导体集成技术的发展以摩尔定律的速度日新月异,使得选用分立器件、模拟器件实现电路的场合越来越稀少,但究其源头,从基本原理角度出发,分析、掌握基本器件的工作特性,依然是首先要做的事。存在两大类晶体三极管(简称晶体管):一类称为**双极结型晶体管(Bipolar Junction Transistor, BJT)**;另一类称为**场效应晶体管(Field Effect Transistor, FET)**,其主要功能之一是实现交流信号的放大。如图 10-2-1 所示为 BJT 和 FET 的端子、符号和类型。BJT 是一个有基极 B、发射极 E 和集电极 C 的三端器件,在掺杂类型上,存在发射极发射电子的 NPN 型和发射极发射空穴的 PNP 型两种。FET 也是一个有栅极 G、源极 S 和漏极 D 的三端器件,根据沟道中载流子的类型分为 N 沟道和 P 沟道两种类型,在结构上,S 极和 D 极是对称的,因此逻辑上 S 极和 D 极是可以互换的。在第 8 章的描述中已经给出,一个三端器件可以通过输入输出共用一端而成为一个双口网络。

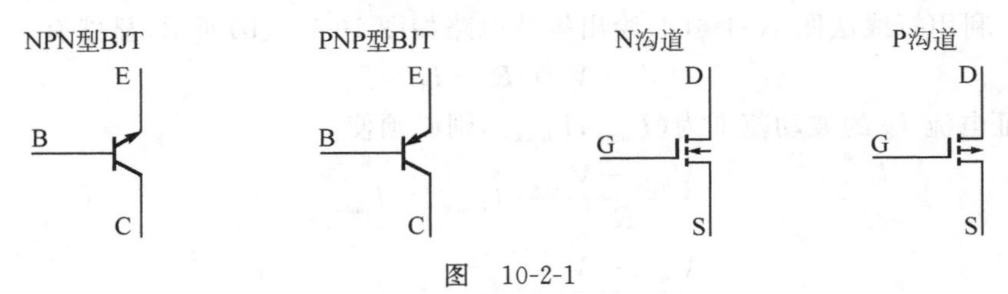

图 10-2-1

涉及三极管的详细分析,包括放大现象的物理机理、静态工作点的设置、直流和交流通路、失真、反馈、频率响应和高频等效等,由于篇幅所限不在本书陈述范围,感兴趣的读者请在后续课程“电子线路”中学习。本书仅从电路分析的角度,给出三极管在线性工作区实现小信号放大的双口网络等效分析。

如图 10-2-2 所示为 BJT 和 FET 在通常的工作环境和输入约束条件下的输入输出伏安特性曲线。注意到图中曲线,无论是输入还是输出伏安特性,都存在一段近似的线性区。如果可以将输入输出信号都限制在这个线性区,那么器件就自然地工作在线性状态,而对于任何工作在线性区的、存在输入和输出的网络,就可以用线性的双口网络模型来等效描述其输入和输出特性。这是双口网络分析的一个非常有用的应用。

这个思路简单近似，却几乎完美地体现了器件的主要特性和功能。

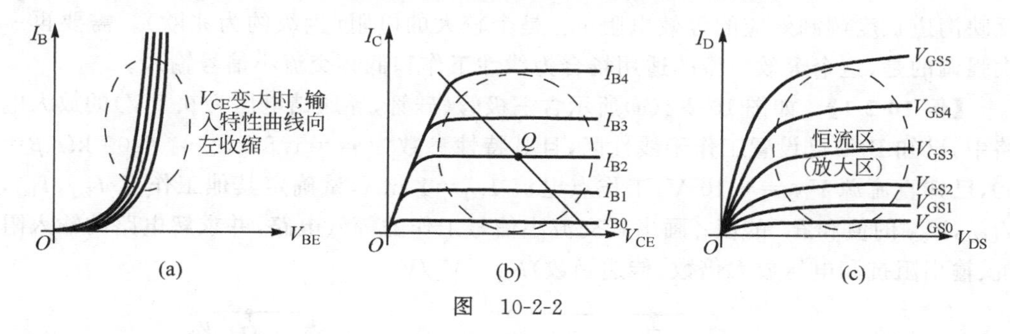

图 10-2-2

因此，让非线性器件 BJT 和 FET 工作在近似线性区的第一步，就是给它设置合适的**静态工作点**(**Quiescent Operation Point**，直流工作点，Q 点图 10-2-2 中线性区的中心点)。可以通过设置合适的直流电路(称为**偏置**电路，包括偏置电压和偏置电阻)来实现，使得输入、输出的静态端电压和电流值为 I_{BQ}、V_{BEQ}、I_{CQ}、V_{CEQ}，以及 V_{GSQ}、I_{DQ}、V_{DSQ}。第二步就是约束输入信号的幅度，由图解法分析可得，只有输出信号的幅度不超出线性工作区才不会产生非线性失真。于是对输入信号的约束条件是：交流小信号。在以上两步的约束下，由 BJT 和 FET 输入输出伏安特性曲线的线性区关系，以及器件结构对应的输入输出阻抗特性，可以获得其等效模型如图 10-2-3 所示。

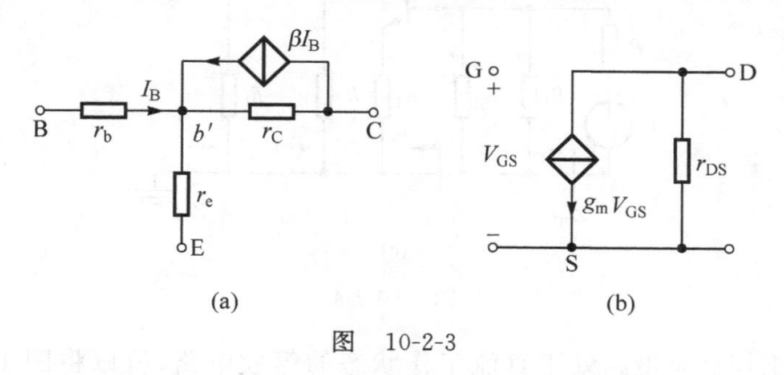

图 10-2-3

BJT 的等效模型(图 10-2-3(a))为 ***Z*** 参量等效模型。突出了其 B 端电流控制 C 端电流的流控电流源的典型特征，电流放大倍数 $\beta=\Delta I_C/\Delta I_B$ 的典型值为几十到几百倍，并且三端电流满足 $I_E=I_C+I_B=(1+\beta)I_B$。B 端体电阻 r_b 很小，为几十欧到上百欧；发射结电阻 r_e 的大小通常和静态工作点有关，室温(27℃)下 $r_e\approx 26/I_{EQ}$，其中 I_{EQ} 单位为 mA，r_e 一般为几欧到十几欧；C 端等效电阻 r_C 较大，为数百千欧。这是由于 BE 端的 PN 结工作时处于正偏、CE 端的 PN 结工作时处于反偏，三者大小通常有 $r_e<r_b\ll r_C$。因此在电路估算中，常常相对地将 r_C 视为无穷大而忽略。需要再一次强调的是，这个等效模型的适用场合为线性工作和低频交流小信号输入。

FET 的等效模型(图 10-2-3(b))突出了其压控电流源的典型特征，其跨导增益 $g_m=\Delta V_{GS}/\Delta I_D$，一般情形下数值较小，典型数量级为 0.001～0.1 S。由于其输入电流近似为零(量级在纳安以下),其输入端可视为开路(输入阻抗的量级在兆欧以上);反映沟道长度调制效应的等效电阻 r_{DS} 是个较大的电阻(量级约为兆欧)。需要再一次强调的是,这个等效模型的适用场合为线性工作和低频交流小信号输入。

【例 10-2-1】 如图 10-2-4(a)所示含三极管(硅管,导通结电压为 0.7 V)的放大电路中,已知 BJT 已设置工作于线性区,且其特性参数为 $r_b = 1.5\ \text{k}\Omega$、$r_C = 200\ \text{k}\Omega$、$\beta = 50$,已知直流源 $V_{CC} = -10\ \text{V}$,工作点电流 $I_{CQ} = 1\ \text{mA}$,试确定其他工作点 I_{EQ},I_{BQ},V_{CEQ},V_{BQ} 的值和 R_2 的值;画出其交流小信号工作的等效电路,并求解电路的输入阻抗、输出阻抗和电压放大倍数(传递函数)$K_V = V_o/V_i$。

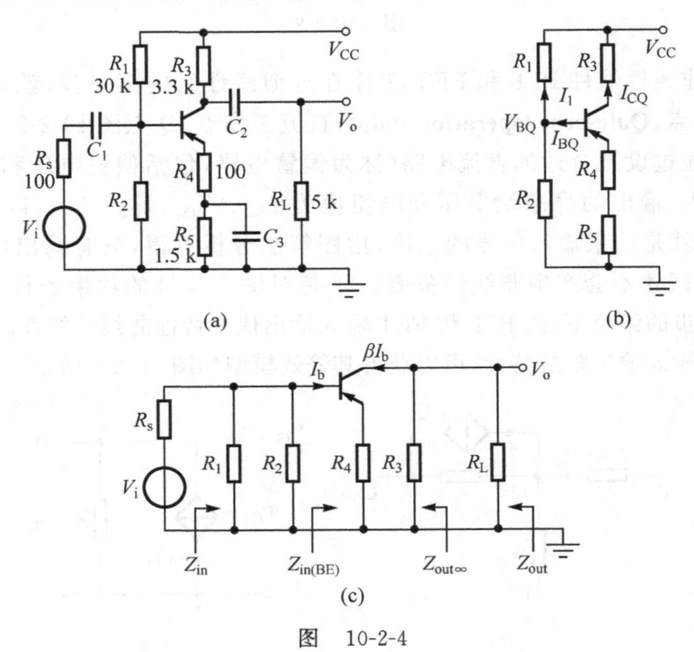

图 10-2-4

解:静态工作点是电路处于直流工作状态的等效电路,所以将图 10-2-4(a)中的电容开路得图 10-2-4(b)。依次计算确定其他工作点,有

$$I_{BQ} = I_{CQ}/\beta = 20\ \mu\text{A} \tag{10-2-1}$$

$$I_{EQ} = I_{CQ} + I_{BQ} = 1.02\ \text{mA} \tag{10-2-2}$$

$$V_{CEQ} = V_{CC} + I_{CQ}R_3 + I_{EQ}(R_4 + R_5) = -5.068\ \text{V} \tag{10-2-3}$$

$$V_{BQ} = -I_{EQ}(R_4 + R_5) - 0.7 = -2.332\ \text{V} \tag{10-2-4}$$

$$R_2 = -V_{BQ}/(I_1 - I_{BQ}) = -V_{BQ}\Big/\left(\frac{V_{BQ} - V_{CC}}{R_1} - I_{BQ}\right) = 9.9\ \text{k}\Omega$$

通常 $I_1 \gg I_{BQ}$,如果忽略 I_B 的影响做快速估算可得 $R_2 = 9.13\ \text{k}\Omega$,误差在 10%之内也是可以接受的。

交流小信号工作时可以近似认为电容短路,等效电路如图 10-2-4(c)所示。考虑 $r_c \gg r_b \gg r_e$ 估算时可视 r_c 为无穷大,分别计算电路的输入阻抗、输出阻抗和电压放大

倍数，有

$$Z_{in(BE)} \approx r_b + (1+\beta)(r_e + R_4) \tag{10-2-5}$$

$$Z_{in} = Z_{in(BE)} // R_1 // R_2 \tag{10-2-6}$$

$$Z_{out} \approx R_3 // R_L = 2\ \text{k}\Omega \tag{10-2-7}$$

$$V_o = -\beta I_b Z_{out} = \frac{-\beta Z_{out}}{[r_b + (1+\beta)(r_e + R_4)]} V_B \tag{10-2-8}$$

$$K_V = V_o / V_i = \frac{Z_{in}}{Z_{in} + R_s} V_o / V_B \approx -\frac{\beta Z_{out}}{Z_{in(BE)}} \tag{10-2-9}$$

从结构上说，本例的三极管工作在共 E 极组态(CE)，通过计算可以清晰地发现，这种工作状态下三极管的输入阻抗不大，输出阻抗非常大可以忽略，电流放大 β 倍，而电压反向放大倍数取决于电路的输出阻抗与 BJT 的输入阻抗的比值。本例电路特点是通过 R_1、R_2 的分压来设定静态工作点，通过 R_4、R_5 的作用，稳定工作点的温度漂移，C_3 的存在使得这个作用不会影响到交流信号的放大。电路通过 C_1、C_2 隔离直流(工作点)实现交流小信号放大，这里用到了工程近似，即阻容耦合在交流小信号工作时可以近似认为电容短路。

10.2.2　运算放大器/Operational Amplifer

运算放大器(简称**运放**，**Operational Amplifier**，**Op-Amp**)是电路设计中常用的有源器件。由于集成技术的飞速发展，使得这类芯片的价格非常便宜，使用方便，得到越来越多的应用。运算放大器有许多指标，例如开环增益、闭环增益、输入阻抗、输出阻抗、工作带宽、噪声系数、工作电压、静态功耗、精度指标等。指标的取舍与兼顾，取决于实际应用时的需求和容忍度。在合理选择工作环境之后，其主要特性体现在以下几个端口和指标上：同相电压输入端 V_+、反相电压输入端 V_-、电压输出端 V_o、极高的开环增益 A、极大的输入阻抗 R_i(输入偏置电流极低)、极小的输出阻抗 R_o。运算放大器的符号如图 10-2-5 所示。

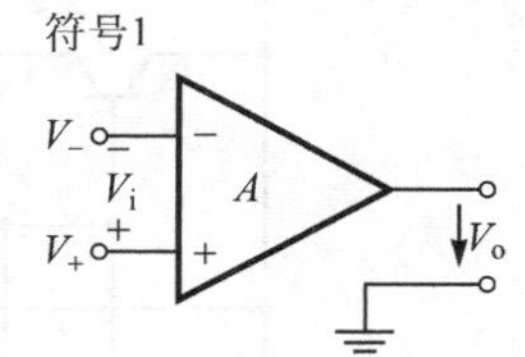

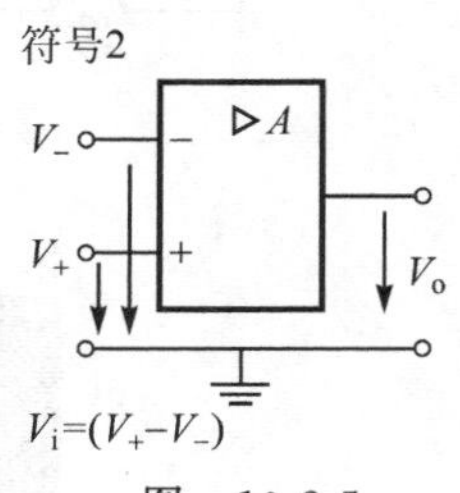

图　10-2-5

图 10-2-6 示出一种简单通用的单通道(一个芯片含有一个运放。其他多通道如 LM358 为双运放、LM324 为四运放)运算放大器 LM741 的外形、引脚图和其内部电路图。正负直流工作电源 V_{CC} 和 $-V_{EE}$ 体现了有源器件的本质，电压信号的输入、输出端分别为**同相输入端**(**Noninverting Input**)V_{in+}、**反相输入端**(**Inverting Input**)V_{in-} 和输出端 V_{out}。无论其内部构造多么复杂，在一定的约束范围内，在它的输入、输出端所呈现的主要特性为：差模输入电压和输出电压之间的**线性转移关系**($V_{out} = A(V_{in+} - V_{in-})$)、极高的**开环增益**(**Open-Loop Gain**)A($10^4 \sim 10^5$)、极大的输入阻抗 R_i(输入偏置电流约微安量级)、极小的输出阻抗 R_o(约 75 Ω)。这些特性可以用线性的双口网络模型来等效。

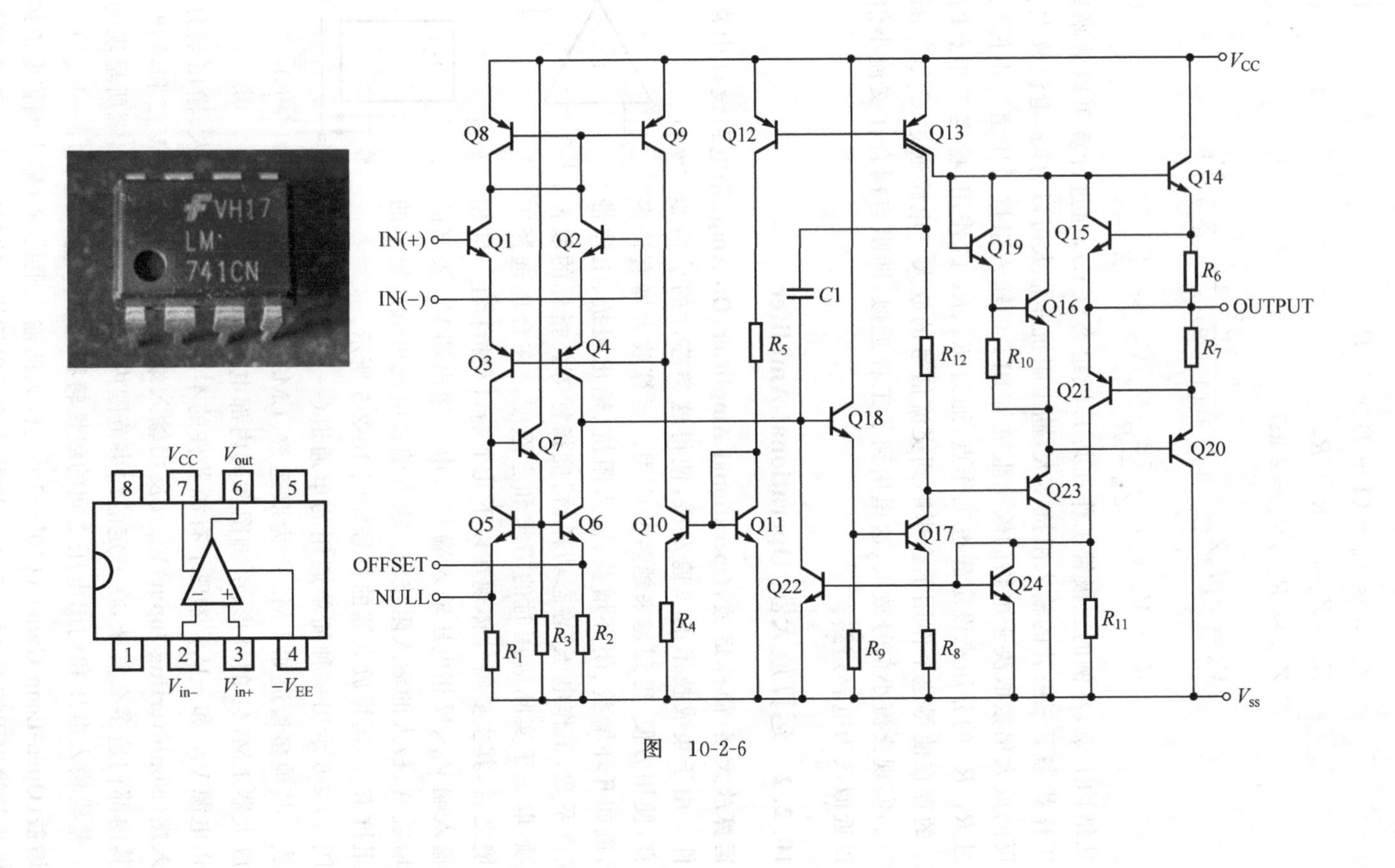

VH17
LM
741CN
V_{CC}
V_{out}
8
7
6
5
1
2
3
4
V_{in-}
V_{in+}
$-V_{EE}$
IN(+)
IN(−)
OFFSET
NULL
Q1
Q2
Q3
Q4
Q5
Q6
Q7
Q8
Q9
Q10
Q11
Q12
Q13
Q14
Q15
Q16
Q17
Q18
Q19
Q20
Q21
Q22
Q23
Q24
$C1$
R_1
R_2
R_3
R_4
R_5
R_6
R_7
R_8
R_9
R_{10}
R_{11}
R_{12}
V_{CC}
OUTPUT
V_{ss}

图 10-2-6

1. 运算放大器的电压转移特性与双口网络等效模型

利用折线法,运算放大器的电压转移特性可以近似抽象为如图 10-2-7 所示的三段折线,其约束方程可以表示为

$$V_o=\begin{cases}V_{sat} & (V_i>V_{th})\\ AV_i & (V_{th}\geqslant V_i\geqslant -V_{th}),\quad V_i=V_{in+}-V_{in-}=V_+-V_-\\ -V_{sat} & (-V_{th}>V_i)\end{cases} \tag{10-2-10}$$

不难看出,当 V_i 的绝对值大于或等于**门限电平** V_{th} 时,运放进入饱和区,其输出的最大电压被约束在**饱和输出电压** $\pm V_{sat}$ 上;当 V_i 的绝对值小于门限电平 V_{th} 时,运放呈现简单的线性放大特性,在这个线性工作区内,式(10-2-10)可以简写为

$$V_o=AV_i=A(V_+-V_-) \tag{10-2-11}$$

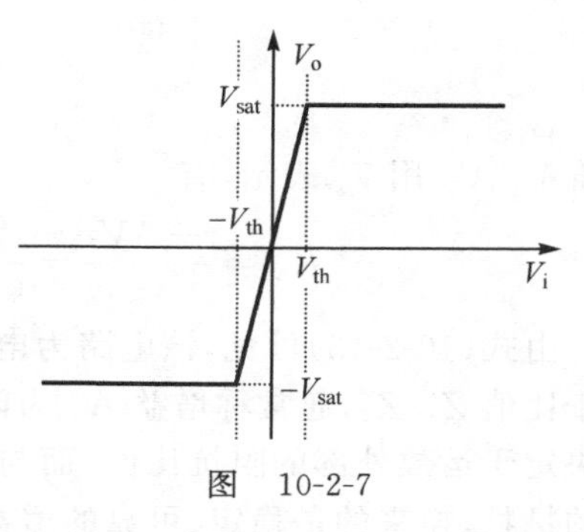

图 10-2-7

显然,式(10-2-11)可以用线性的双口网络模型来等效。由于实际的运算放大器存在输入阻抗(虽然很大但不是无穷大)和输出阻抗(虽然很小但不是没有),因此,更接近其工作特性的等效电路可以表示为如图 10-2-8 所示的双口网络模型,为工作在线性区的**运算放大器等效电路**。

如果进一步抽象、突出运算放大器的特性,可以理想地认为运算放大器的输入阻抗 $R_i\to\infty$(相当于输入端开路)、输出阻抗 $R_o\to 0$、开环增益 $A\to\infty$。这时,可以用如图 10-2-9 所示的双口网络模型来等效,称这种条件下的运算放大器为**理想运算放大器(Ideal Op-Amp)**,称如图 10-2-9 所示的双口网络模型为工作在线性区的**理想运算放大器等效电路**。

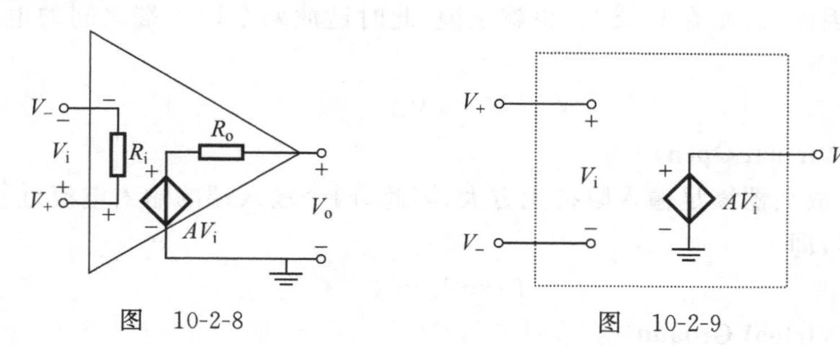

图 10-2-8　　图 10-2-9

【例 10-2-2】 如图 10-2-10(a)所示含工作于线性区的理想运算放大器的电路中,已知其开环增益 A 为∞,试推导电压传递函数 $K_V=V_2/V_s$。

解:利用双口网络等效电路图 10-2-9 将图 10-2-10(a)改画为图 10-2-10(b)。由于理想运算放大器的输入阻抗趋于无穷大相当于输入端开路,因此有 $I_1=I_f$,所以有

$$\frac{V_s-V_1}{Z_s}=\frac{V_1-V_2}{Z_f}=\frac{V_1+AV_1}{Z_f} \tag{10-2-12}$$

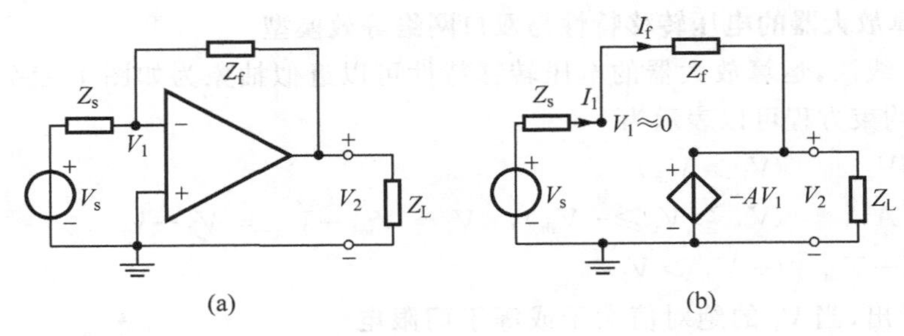

图 10-2-10

将 V_1、V_2 用 V_s 表示，有

$$K_V = \frac{-AV_1}{V_s} = \frac{-AZ_f}{(1+A)Z_s + Z_f}\bigg|_{A\to\infty} = -\frac{Z_f}{Z_s} = -A_0 \qquad (10\text{-}2\text{-}13)$$

由式(10-2-13)可见，该电路为**电压反相放大器**(**Inverting Amplifier**)，放大倍数取决于比值 Z_f/Z_s，通常称增益 A_0 为**闭环增益**(**Closed-Loop Gain**)。注意这个闭环增益仅决定于运放外部的阻抗比值，而与其自身不稳定的开环增益指标 A 无关！放大倍数的牺牲，换来的是稳定、可靠的增益，即在很大范围内增益不随温度、频率的变化而变，这样的代价在实际工程中是非常必要的。

思考一下：不用运算放大器是否可以实现例 10-2-2 所获得的电压增益？用简单的分压电路可以实现吗？试利用运算放大器的特性分析比较之。

2. 利用理想运算放大器的特性分析电路

1) **虚短**(**Virtual Short**)

理想运算放大器同时满足式(10-2-11)和 $A\to\infty$，由于输出电压是一个不为无穷大的确定值，因此，必然有 $V_i\to 0$。也就是说，此时运放两个输入端之间的电压差几乎为零，满足

$$V_+ \approx V_- \qquad (10\text{-}2\text{-}14)$$

2) **虚断**(**Virtual Open**)

理想运算放大器满足输入阻抗无穷大，因此，两个输入端的输入电流近似为零，如同断路了一样，即

$$I_+ \approx I_- \approx 0 \qquad (10\text{-}2\text{-}15)$$

3) **虚地**(**Virtual Ground**)

如果理想运算放大器的两个输入端中有一端接地，那么由其“虚短”特性可得，其另外一个输入端的电压也几乎为零，好像也跟着接地了。例如，如果 $V_+=0$，则 V_- 为虚地，满足

$$V_- \approx V_+ = 0 \qquad (10\text{-}2\text{-}16)$$

思考一下：虚短和虚地并非真实地短接或接地，因此，做等效电路时不能把两个输入端画成短接或接地。为什么？如果将两个输入端画成短接或接地会怎样？

利用理想运算放大器的这些特性分析实际电路，会带来非常大的方便，以下举例说明。

【例 10-2-3】 计算例 10-2-2 中由电压源 V_s 向运放看过去的输入阻抗。

解：题图 10-2-10(b)中利用理想运放虚短和虚地的特性，有 $V_1 \approx V_+ = 0$，由输入阻抗的定义有

$$Z_{in} = \frac{V_s}{I_1} = \frac{V_s}{V_s - V_1} Z_s = \frac{V_s}{V_s - 0} Z_s = Z_s \tag{10-2-17}$$

【例 10-2-4】 试推导如图 10-2-11 所示含理想运放电路的电压传递函数 $K_V = V_o / V_s$。

解：利用虚短特性，有 $V_- \approx V_+ = V_s$；利用虚断特性，有 $\frac{0 - V_-}{Z} = \frac{V_- - V_o}{Z_f}$；所以

$$K_V = V_o / V_s = 1 + \frac{Z_f}{Z} \tag{10-2-18}$$

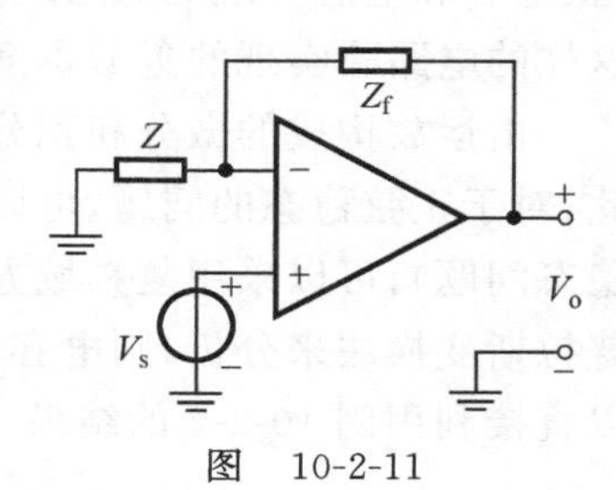

图　10-2-11

由式(10-2-18)可见，该电路为**电压同相放大器**(**Noninverting Amplifier**)，放大倍数(闭环增益)取决于比值 Z_f / Z。

3. 加法和减法运算电路(Summing Circuit)

利用工作在线性区的运放的同相和反相放大功能，可以实现加法电路和减法电路。如图 10-2-12 所示，处在同一输入端的两个信号，在输出端实现了加法操作(图 10-2-12(b))；处在不同输入端的两个信号，在输出端实现了减法操作(图 10-2-12(a))。

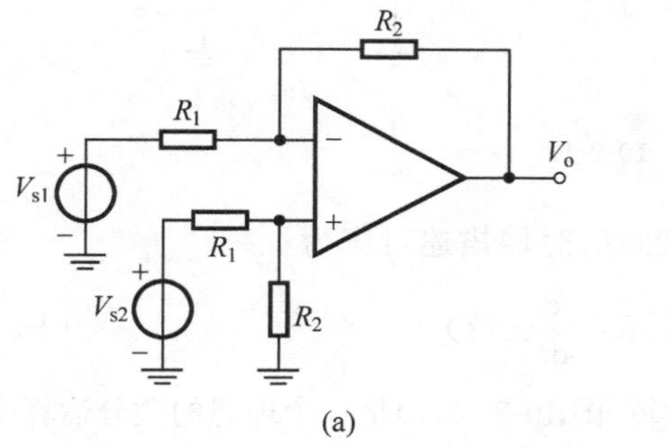

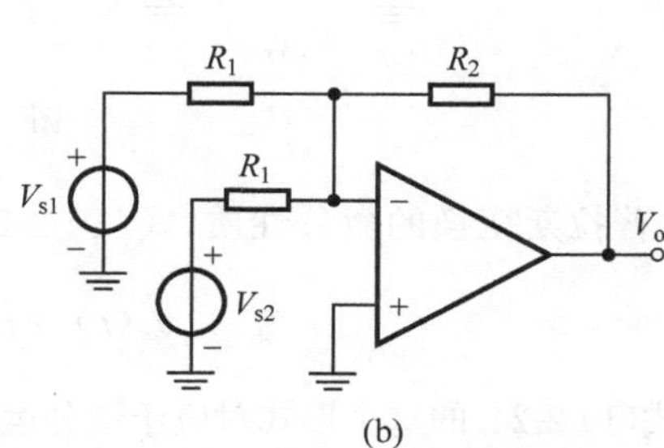

图　10-2-12

对于图 10-2-12(a)的电路，利用理想运放的三虚特性，易得以下方程：

$$V_- = V_+ = \frac{R_2}{R_1 + R_2} V_{s2} \quad 和 \quad \frac{V_{s1} - V_-}{R_1} = \frac{V_- - V_o}{R_2} \tag{10-2-19}$$

整理可得输出的减法运算为

$$V_o = \frac{R_2}{R_1}(V_{s2} - V_{s1}) \tag{10-2-20}$$

对于图 10-2-12(b)的电路，利用理想运放的三虚特性，易得以下方程：

$$V_{-}=V_{+}=0 \quad 和 \quad \frac{V_{s1}-V_{-}}{R_1}+\frac{V_{s2}-V_{-}}{R_1}=\frac{V_{-}-V_{o}}{R_2} \tag{10-2-21}$$

整理可得输出的加法运算为

$$V_o=-\frac{R_2}{R_1}(V_{s1}+V_{s2}) \tag{10-2-22}$$

4. 积分和微分运算电路(Integration/Differential Circuit)

要实现积分或微分电路,电路中需要引入电容或电感。在第1章的分析中,用电阻、电容和电感实现的低通或高通网络,可以近似认为实现了积分和微分电路。然而,这样的电路除实现的近似程度之外,还容易受外接负载的影响。

由运放构成的微分和积分电路如图10-2-13所示。由于电路中含有动态元件,因此,对于正弦稳态的问题,可以采用频域方法(复数法)来分析;对于一般情况(瞬态或稳态问题),可以采用复频域方法(s 域,拉普拉斯变换法)来分析。例如,采用 s 域拉普拉斯变换法来分析,则电容 C 的阻抗为 $1/sC$。这其实就是运放的反相放大电路,可以直接利用例10-2-2的结果式(10-2-13)。对于图10-2-13(a)的电路,有

$$H(s)=\frac{V_o(s)}{V_s(s)}=-\frac{Z_R}{Z_C}=-sRC \tag{10-2-23}$$

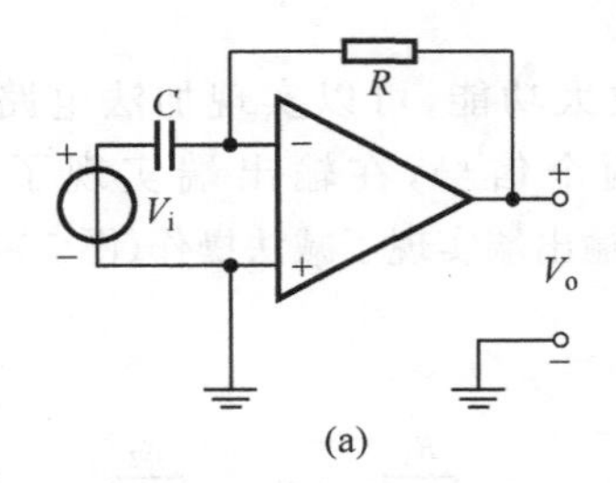

(a)

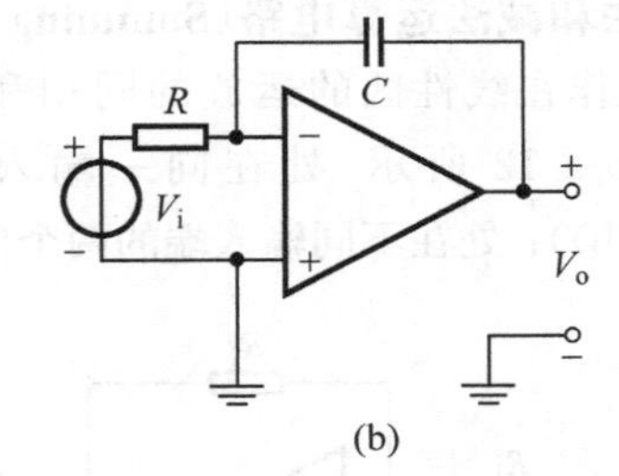

(b)

图 10-2-13

复习拉普拉斯变换的微分性质,式(10-2-23)的时域描述对应为

$$v_o(t)=-RC\frac{\mathrm{d}}{\mathrm{d}t}v_s(t) \tag{10-2-24}$$

显然,式(10-2-24)的这个形式对应于微分运算,图10-2-13(a)是一个理想的微分运算电路。

换个角度,可以从时域的物理过程来分析得出。根据运放虚地特性有 $v_{-}(t)=v_{+}(t)=0$,从左向右流过电容 C 的电流可以表示为 $i_C(t)=C\mathrm{d}[v_s(t)]/\mathrm{d}t$,另外,从左向右流过 R 的电流为 $i_R(t)=-v_o(t)/R$,由运放虚断特性知这两个电流是相等的,由此可得 $v_o(t)=-RC\frac{\mathrm{d}}{\mathrm{d}t}v_s(t)$。

需要注意的是,当输入信号有跳变时,理想微分运算会产生冲激,而冲激信号必然超出了运放的线性动态范围,此时运放因进入饱和输出区出现非线性失真,其等效模型不再适用。

同理可分析图 10-2-13(b)的电路是一个理想的积分运算电路,其关系式可表示为

$$v_o(t) = -\frac{1}{RC}\int_0^t v_s(t)\,dt - V_0 \qquad (10\text{-}2\text{-}25)$$

其中,V_0 为电容在 $t=0$ 时刻的起始电压。同样需要注意的是,当输入信号中包含较大的直流或低频分量时,理想积分的输出信号累积过大而超出运放的线性动态范围,特别是当初始电压 V_0 本来就比较大时,电路输出也将出现非线性失真。

总结与回顾
Summary and Review

读者可以带着以下的思考进行回顾和总结:

- ♣ 线性电路与非线性电路分析方法的不同之处是什么? 如何利用线性电路方法分析非线性电路?
- ♣ 利用线性电路思想分析非线性电路需要注意什么?
- ♣ 理想运算放大器的典型特性是什么? 如何利用该特性分析电路?

学生研讨题选
Topics of Discussion

- 如何判断运算放大器是否工作在线性区?
- 含运放的同相、反相放大电路中,是否可以任意增大反馈电阻 R_f 以达到提高放大倍数 A 的目的?
- 哪些原因会使运放进入饱和区?

练习与习题
Exercises and Problems

10-1** 在题图 10-1 中,二极管的正向导通阈值电压为 0.7 V,正向导通时的动态电阻约为零,反向截止时的动态电阻为无穷大。求当 $E_s=12$ V 和 $E_s=16$ V 时,二极管上的电流 I 分别是多少? (0 mA,0.1 mA)(2005 年冬试题)

The forward threshold voltage of the diode is 0.7 V in Fig. 10-1. When the diode is forward conductive, the dynamic resistance is zero, while when it's reverse cut off, the dynamic resistance is infinite. Determine the current I when $E_s = 12$ V and $E_s = 16$ V respectively.

10-2** 由理想运放组成的放大电路如题图 10-2 所示，求输出电压 V_o 的表达式。$\left(\frac{R_1+R_f}{R_1}(V_{s2}-V_{s1})\right)$(2005 年冬试题)

An amplifying circuit is shown in Fig. 10-2. Determine V_o.

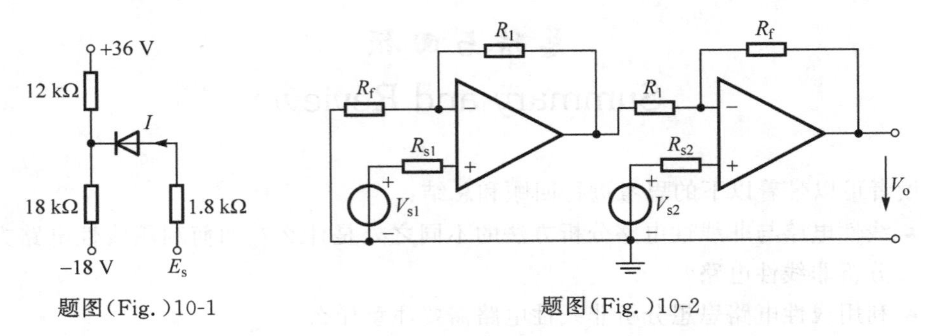

题图(Fig.)10-1　　　　题图(Fig.)10-2

10-3** 如题图 10-3 所示是一稳压电路，其中稳压二极管的稳定电压 $V_w \approx 6$ V，内阻 $r_w \approx 0$，最大稳定电流为 35 mA，最小稳定电流为 4 mA。电阻 $R = 250$ Ω，负载 R_L 为纯电阻。若输入电压在 12～15 V 变化，求能使稳压电路工作正常的 R_L 的阻值范围。(0.3～6 kΩ)(2005 年冬试题)

A voltage regulator circuit is shown in Fig. 10-3, in which the regular voltage of the zener diode is $V_w \approx 6$ V, and its internal resistance is $r_w \approx 0$. The maximum and minimum steady current is 35 mA and 4 mA respectively, and $R = 250$ Ω. If the input voltage ranges from 12～15 V, determine the range of the loading resistance R_L to keep the circuit working normally.

10-4** 由理想运算放大器组成的放大电路如题图 10-4 所示，试求输出电压 V_o 的表达式。$\left(\frac{R_2}{R_1}(2V_{s3}-V_{s1}-V_{s2})\right)$(2006 年冬试题)

An amplifying circuit is shown in Fig. 10-4. Determine V_o.

10-5** 串联型二极管**双向限幅电路**如题图 10-5 所示，假设 D1 和 D2 为理想开关。试根据二极管的不同工作状态分析电路，并以输入电压 v_i 为横坐标，输出电压 v_o 为纵坐标画出其关系曲线。($v_i < 20$ V 时 $v_o = 20$ V，$v_i > 40$ V 时 $v_o = 40$ V，20 V $< v_i <$ 40 V 时，v_i 和 v_o 满足线性关系)(2007 年冬试题)

A bidirectional amplitude-limit circuit is shown in Fig. 10-5, in which D1 and D2 are ideal switches. Analyze the circuit according to the working states of the diode, and draw the v_i-v_o curve.

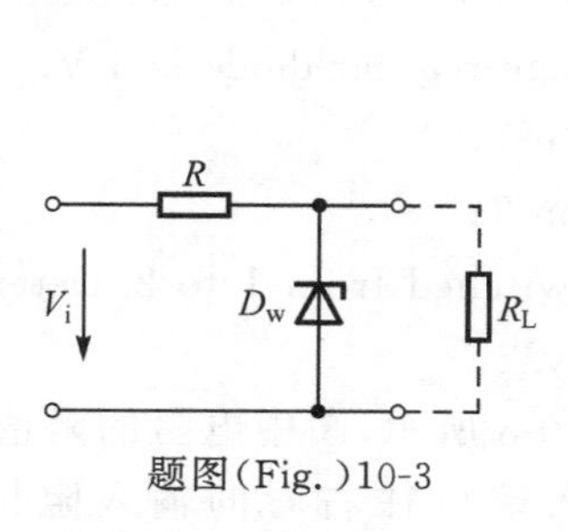

题图(Fig.)10-3

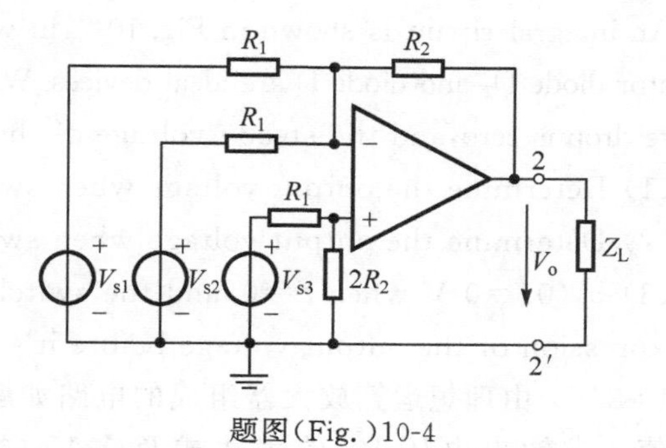

题图(Fig.)10-4

10-6** 含理想运放的放大电路如题图 10-6 所示。试求：

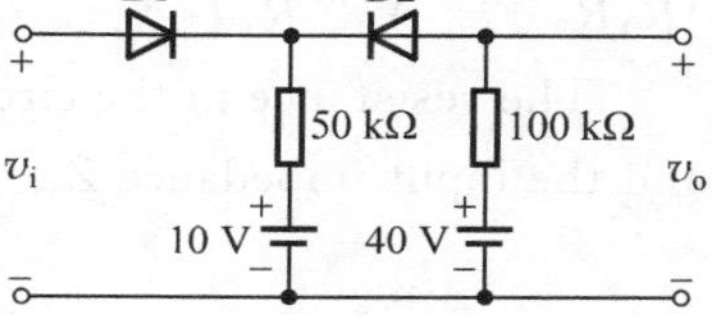

(1) 输出电压 v_o 关于输入电压 v_i 的表达式。(nv_i)

(2) 求输入电阻。$\left(\dfrac{R_1}{1-(n-1)R_1/R_3}\right)$

(3) 分析电阻 R_3 的作用。(2007 年冬试题)

An ideal op-amp circuit is shown in Fig. 10-6.

(1) Determine the relationship between v_o and v_i;

(2) Determine the input resistance;

(3) Analyze the use of R_3.

题图(Fig.)10-5

10-7*** 运放组成的积分电路如题图 10-7 所示，假设运放、稳压管 D_Z 和二极管 D 均为理想器件，二极管的导通压降为零，稳压管的稳压值为 6 V。试计算：

(1) 输入电压稳定在开关 1 位置时的输出电压。($v_o(0)-3t$)

(2) 输入电压稳定在开关 2 位置时的输出电压。(6 V)

(3) 假设 $t=0$ 时，$v_o(0)=0$ V，求开关由 1 位置打到 2 位置后，求输出电压稳定前的表达式。($2t$)(2007 年冬试题)

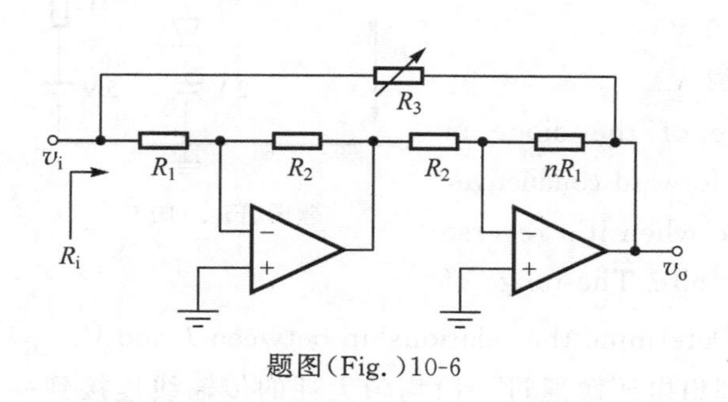

题图(Fig.)10-6

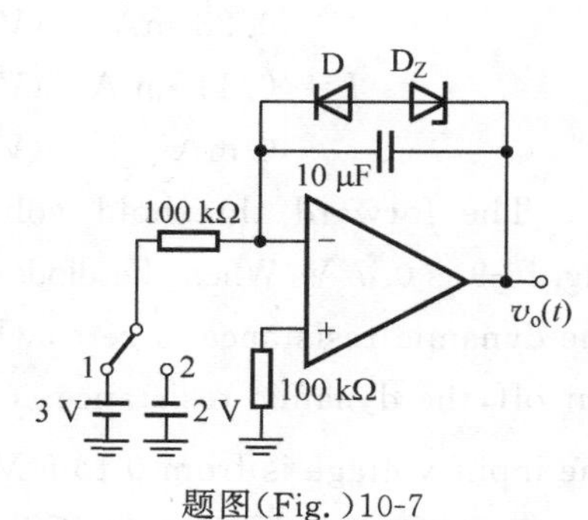

题图(Fig.)10-7

An integral circuit is shown in Fig. 10-7, in which the operational amplifier, voltage-regulator diode D_Z and diode D are ideal devices. When the diode is forward conductive, the voltage drop is zero, and the steady voltage of the voltage-regular diode is 6 V.

(1) Determine the output voltage when switch on 1;

(2) Determine the output voltage when switch on 2;

(3) $v_o(0)=0$ V when $t=0$, and the switch is switched from 1 to 2. Determine the expression of the output voltage before it's steady.

10-8** 由理想运算放大器组成的电路如题图 10-8 所示，图中电阻的阻值都为有限值。求输出电压 V_o 的表达式及在 V_{s1} 的输入端口往右看的输入阻抗 Z_i。$\left(\frac{R_2R_7}{R_1R_6}V_{s1}+\left(1+\frac{R_7}{R_6}\right)V_{s2}, R_1\right)$(2008 年冬试题)

The resistance in the circuit is finite in Fig. 10-8. Determine the expression of V_o and the input impedance Z_i.

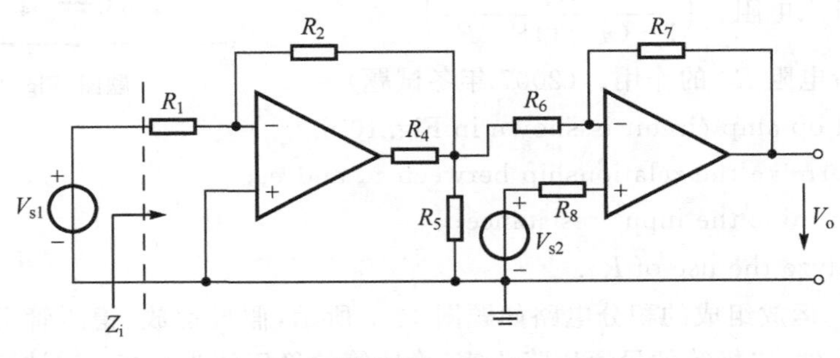

题图(Fig.)10-8

10-9** 如题图 10-9 所示的电路中，二极管的正向导通阈值电压为 0.7 V，正向导通时的动态电阻约为零，截止时其动态电阻为无穷大。输入电压 V 可在 0～5 V 变化。求图中电流 I 与 V 的关系。(2008 年冬试题)

$$I=\begin{cases}0.23\ \text{mA} & (V>2\ \text{V})\\ 0.115\ \text{mA} & (V=2\ \text{V})\\ 0\ \text{mA} & (V<2\ \text{V})\end{cases}$$

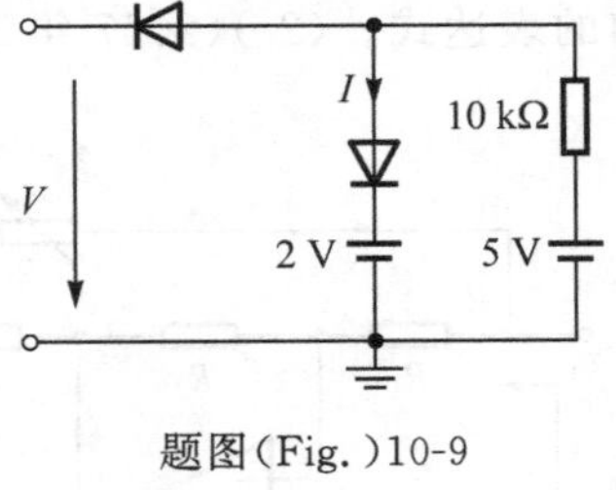

题图(Fig.)10-9

The forward threshold voltage of the diode in Fig. 10-9 is 0.7 V. When the diode is forward conductive, the dynamic resistance is zero, while when it's reverse cut off, the dynamic resistance is infinite. The range of the input voltage is from 0 to 5 V. Determine the relationship between I and V.

10-10*** 如题图 10-10 所示，理想电压源通过一段均匀无耗的传输线连接到一个理想运算放大电路。传输线的特性阻抗为 $Z_c=75\ \Omega$，图中各电阻的阻值分别为 $R_1=150\ \Omega$，$R_2=1.5\ \text{k}\Omega$。信号从传输线 1-1′端传到 2-2′端所用的时间为 2 μs。已知理想电压源的源电压 $v_s(t)$ 为从 $t=0$ 时刻开始的宽 1 μs、高度为 1 V 的矩形脉冲信号，开关 K 在 $t=4$ μs 时闭合（之前为断开状态）。画出输出信号 $v_o(t)$ 在 $t=0\sim12$ μs 时间范围内的波形。$\left(\frac{40}{3}[u(t-6)-u(t-7)]-\frac{40}{9}[u(t-10)-u(t-11)]\right)$（2008 年冬试题）

The ideal voltage source is connected to a uniform lossless transmission line in Fig. 10-10, and then is connected to an ideal operational amplifier. The characteristic impedance of the transmission line is $Z_c=75\ \Omega$, $R_1=150\ \Omega$, and $R_2=1.5\ \text{k}\Omega$. The transmission time from 1-1′ to 2-2′ is 2 μs, and the transmitted signal is shown in the figure. If K is closed at $t=4$ μs, draw the waveform of v_o when $t=0\sim12$ μs.

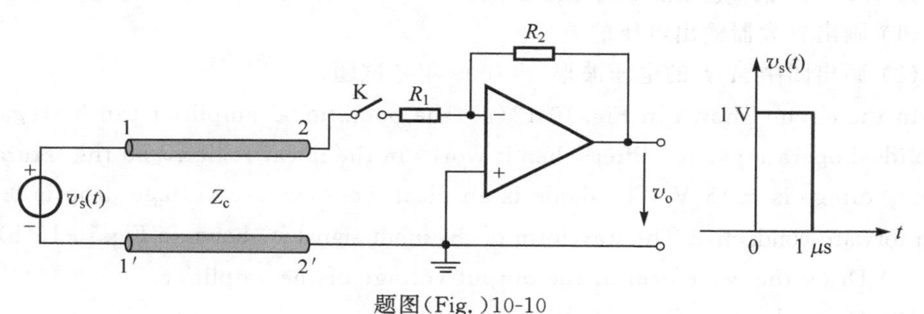

题图（Fig.）10-10

10-11** 题图 10-11 为由理想运算放大器组成的放大电路。已知 $R_1=R_2=1\ \text{k}\Omega$，$R_3=2\ \text{k}\Omega$，$v_{i1}(t)=\cos\omega t$ V，$v_{i2}(t)=2$ V，且运算放大器始终工作于线性放大区。求输出电压 $v_o(t)$ 的表达式。（$3\cos\omega t-4$ V）（2009 年冬试题）

An amplifying circuit is shown in Fig. 10-11. $R_1=R_2=1\ \text{k}\Omega$, $R_3=2\ \text{k}\Omega$, $v_{i1}(t)=\cos\omega t$ V, $v_{i2}(t)=2$ V, and the operational amplifier always works in the linear amplifying region. Determine the output voltage $v_o(t)$.

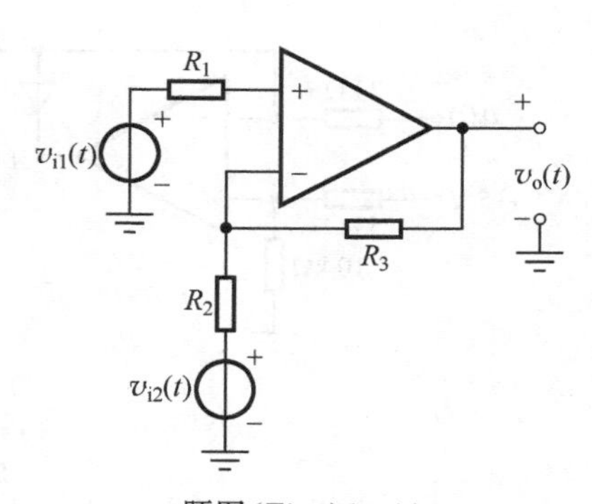

题图（Fig.）10-11

10-12** 题图 10-12(a) 所示的电路中，$R_1=1\ \Omega$，$I_s=1$ A，二端元件 X 为非线性器件，在图中所标的参考方向下，X 的伏安特性曲线如图 10-12(b) 所示。假定输入信号 V_i 为在 $-5\sim5$ V 的直流电压，求输出信号的表达式。（$V_i>1$ V 时 $V_o=0.4(V_i-1)$ V，$V_i<-1$ V 时 $V_o=2(V_i-1)/3$ V，V_i 在 ±1 V 时 $V_o=0$ V））（2009 年冬试题）

In the circuit shown in Fig. 10-12(a), $R_1=1\ \Omega$, $I_s=1$ A, and X is a nonlinear element. The VA curve of X is shown in Fig. 10-12(b). If the range of input DC signal V_i is from -5 to 5 V, determine the expression of the output signal.

10-13*** 在题图 10-13(a) 所示的电路中，当运算放大器工作于线性区时可以视

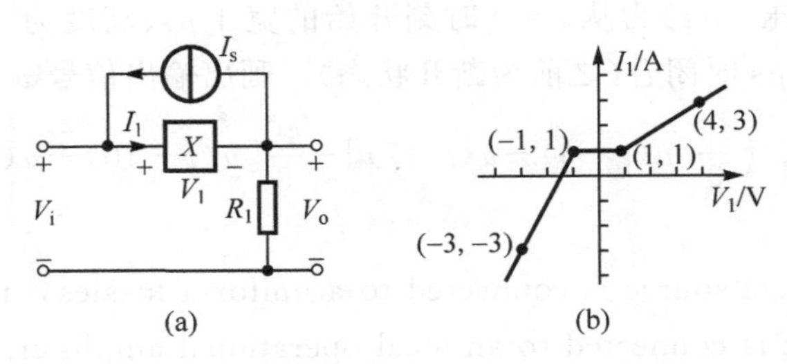

题图(Fig.)10-12

为理想运算放大器，其饱和输出电压为±15 V；二极管可视为理想二极管，正向导通压降为 0.7 V；输入电压信号的波形如图 10-13(b)所示(在 0～6 s 之外电压为零)。

(1) 画出放大器输出电压的波形。

(2) 画出图中 A 点的电压波形。(2009 年冬试题)

In the circuit shown in Fig. 10-13(a), the operational amplifier can be regarded as an ideal operational amplifier when it works in the linear region, and the saturation output voltage is ±15 V. The diode is an ideal diode, whose voltage drop is 0.7 V when forward conductive. The waveform of the input signal is shown in Fig. 10-13(b).

(1) Draw the waveform of the output voltage of the amplifier;

(2) Draw the waveform of the voltage at A.

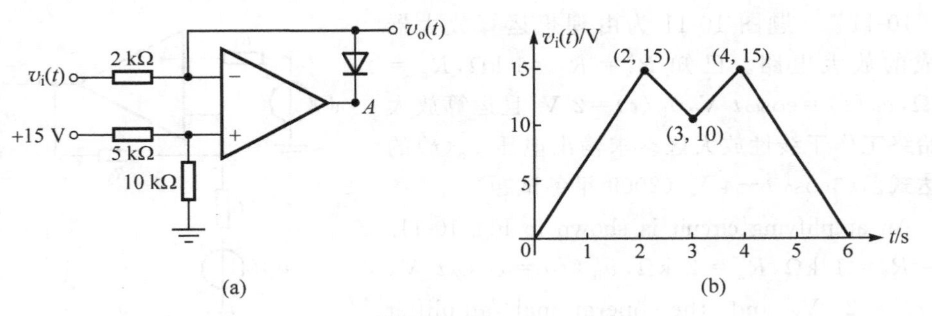

题图(Fig.)10-13

10-14** 求题图 10-14 中理想运算放大器电路的输出电压 V_o 表达式。$\left(-\frac{R_2}{R_1}V_{s1}+\frac{R_1R_4-R_2R_3}{R_1(R_3+R_4)}V_{s2}\right)$(2010 年冬试题)

Determine the output voltage V_o of the ideal operational amplifier circuit in Fig. 10-14.

10-15** 题图 10-15 所示的半波整流滤波电路，硅二极管 D 的正向导通电阻约为 0，变压器输出电压 $v_i(t)$为 50 Hz 的简谐信号，其有效值为 10 V。滤波电容 C 为 4.7 μF，负载电阻 R_L=20 kΩ。

(1) 试估算电路稳定工作后负载上电压的最大值和最小值。(13.44 V，10 V)

(2) 试估算电路稳定工作后负载上电流的平均值。(0.61 mA)

(3) 二极管上承受的最大反向电压为多大？(27.6 V)(2010 年冬试题)

A half-wave rectification filter is shown in Fig. 10-15. The resistance of the diode D is zero when it's forward conductive, and the output voltage $v_i(t)$ of the transformer is a 50 Hz sinusoidal signal, whose effective value is 10 V. $C=4.7\ \mu F$, and $R_L=20\ k\Omega$.

(1) Estimate the maximum and minimum voltage on the loading resistor when the circuit is steady;

(2) Estimate the average current through the loading resistor when the circuit is steady;

(3) Estimate the maximum inverse voltage of the diode.

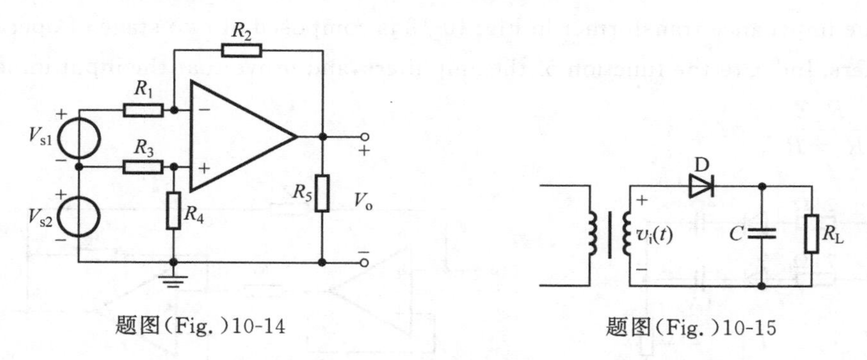

题图(Fig.)10-14　　题图(Fig.)10-15

10-16** 求题图 10-16 所示的电路输出电压 V_o 的表达式。($V_1-3V_2+4V_3$)(2011 年冬试题)

Determine the expression of the output voltage V_o in Fig. 10-16.

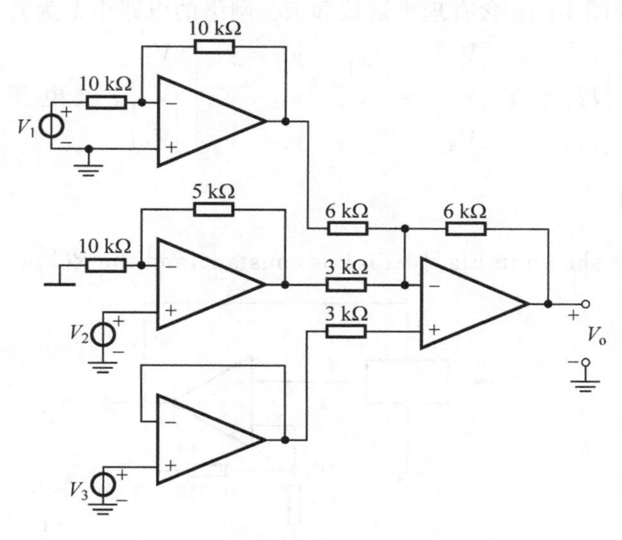

题图(Fig.)10-16

10-17** 题图 10-17 中的二极管可视为理想二极管，正向导通压降为 0.7 V。输入电压 V_i 为 $-8\sim8$ V 的直流电压，求输出电压 V_o 与 V_i 的关系并作图表示。（2011年冬试题）

The diodes in Fig. 10-17 are ideal diodes, whose voltage drop is 0.7 V when forward conductive. If the range of the input DC voltage V_i is from -8 V to 8 V, determine the relationship between V_o and V_i.

10-18** 题图 10-18 使用两级运算放大器组成阻抗变换器。试扼要说明两级电路的作用，并证明该电路的输入阻抗为 $Z_i=\dfrac{R_1Z}{R_1+R_f}$。

The impedance transformer in Fig. 10-18 is composed of two stage of operational amplifiers. Indicate the function of the amplifiers, and prove that the input impedance is $Z_i=\dfrac{R_1Z}{R_1+R_f}$.

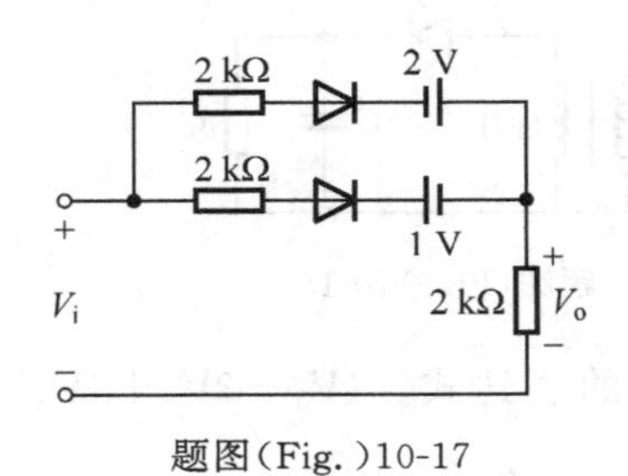

题图(Fig.)10-17

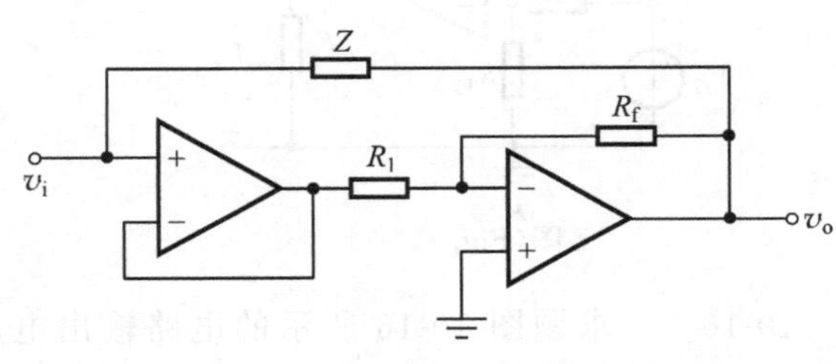

题图(Fig.)10-18

10-19*** 题图 10-19 含有理想运放和 RC 网络的电路中 k 为常数，RC 网络的电压电流关系为 $\begin{bmatrix}I_1\\I_2\\I_3\end{bmatrix}=\mathbf{Y}\begin{bmatrix}V_1\\V_2\\V_3\end{bmatrix}=\begin{bmatrix}y_{11}&y_{12}&y_{13}\\y_{21}&y_{22}&y_{23}\\y_{31}&y_{32}&y_{33}\end{bmatrix}\begin{bmatrix}V_1\\V_2\\V_3\end{bmatrix}$，求电压传递函数 V_3/V_1。$\left(\dfrac{-ky_{21}}{y_{22}+ky_{23}}\right)$

In the circuit shown in Fig. 10-19, k is constant, and the RC network follows the

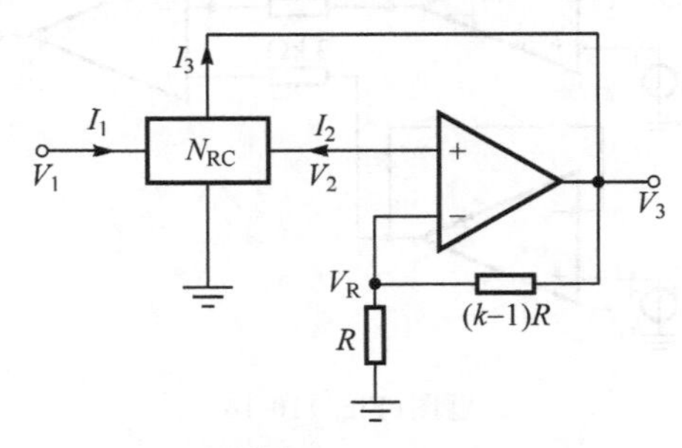

题图(Fig.)10-19

following equation $\begin{bmatrix} I_1 \\ I_2 \\ I_3 \end{bmatrix} = \boldsymbol{Y} \begin{bmatrix} V_1 \\ V_2 \\ V_3 \end{bmatrix} = \begin{bmatrix} y_{11} & y_{12} & y_{13} \\ y_{21} & y_{22} & y_{23} \\ y_{31} & y_{32} & y_{33} \end{bmatrix} \begin{bmatrix} V_1 \\ V_2 \\ V_3 \end{bmatrix}$. Determine the transfer function V_3/V_1.

10-20*** 回转器是一种双口元件，可用于解决模拟集成电路中的电感制造问题。回转器的 $\boldsymbol{Z}$ 参量通常表示为 $\boldsymbol{Z}=\begin{bmatrix} 0 & -r \\ r & 0 \end{bmatrix}$，其中 r 称为回转电阻。回转器可用运算放大器实现，试证明：

(1) 题图 10-20 电路是一个回转器电路，并求出回转电阻；

(2) 两个回转器级联后可实现一个理想变压器。$\begin{pmatrix} 0 & -R \\ R & 0 \end{pmatrix}$

A gyrator is a two-port component, whose $\boldsymbol{Z}$ parameters is $\boldsymbol{Z}=\begin{bmatrix} 0 & -r \\ r & 0 \end{bmatrix}$, in which r is the gyrating resistor. The gyrator can be realized using operational amplifier. Prove:

(1) the circuit in Fig. 10-20 is a gyrator, and determine the gyrating resistance;

(2) an ideal transformer can be realized by cascading of two gyrators.

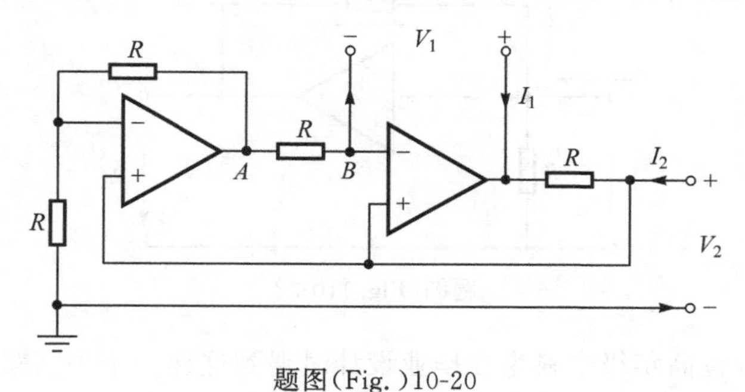

题图(Fig.)10-20

10-21** 题图 10-21 为由理想运算放大器组成的放大电路，求输出信号 V_o 的表

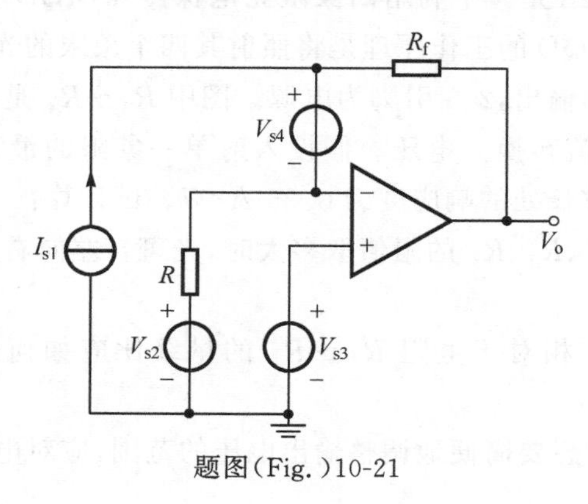

题图(Fig.)10-21

达式。$\left(-R_f I_{s1}-\frac{R_f}{R}V_{s2}+\left(\frac{R_f}{R}+1\right)V_{s3}+V_{s4}\right)$(2012 年冬试题)

The circuit in Fig. 10-21 is an amplification circuit composed of an ideal operational amplifier. Determine the output signal V_o.

10-22*** **光电探测器**可以检测光信号的包络，从而将光信号接收下来转化成电流信号。光纤通信中的互阻抗接收机的部分原理如题图 10-22 所示。该部分电路为互阻抗放大器，位于光电探测器(PIN 管)之后，用于将 PIN 管产生的光电流信号 i_p 转化为电压信号 v_i 并放大为 v_o 输出。已知 PIN 管的输出电阻为 Z_i，放大器放大倍数为 $-A$，前端并联电阻为 R。为使电路的输入阻抗与之匹配，则应如何设计反馈电阻 R_F 的大小？(提供：杨筱舟)

A photodetector can be used to detect the envelope of the optical signal, turning it to electrical signal. The transimpedance receiver for optical communications is shown in the figure, which is connected to the pin-detector to turn the photocurrent i_p to the voltage signal v_i and then amplifies it to v_o. The output resistance of the pin-detector is Z_i, the amplification factor is $-A$, and the parallel resistance is R. In order that the input impedance is matched, determine the feedback resistance R_F.

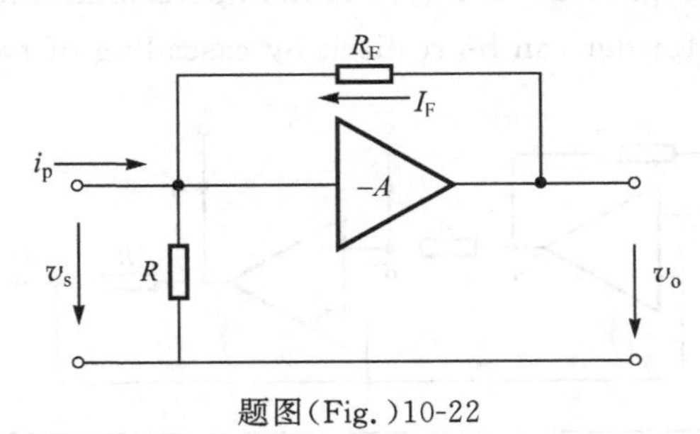

题图(Fig.)10-22

10-23*** 一位高年级本科生在毕业设计时遇到这样一个小问题：即如何将光电探测器接收下来的微弱电流信号转化成要求电压范围的电压信号，从而可以进一步实现自动控制。题图 10-23 是一个利用**四象限光电探测器**(4QD)实现水平方向光电探测的应用电路。其中 4QD 的工作原理是将照射其四个象限的光转化为光电流通过象限对应的 1、3、4、6 引脚输出，2、5 引脚为电源。图中 $R_1 \sim R_4$ 是 4QD 的 4 引脚的接地电阻，它们将变化的电流转换为电压。假设入射单一象限的最大光功率为 2 mW，光电探测器在入射激光波长处的响应度为 0.25 A/W。试计算：

(1) 当电阻 R_1、R_2、R_3、R_4 的阻值取多大时，光斑自左向右照射 4QD 时输出电压范围为 −5～+5 V。

(2) 电阻 $R_5 \sim R_{10}$ 相对于电阻 $R_1 \sim R_4$ 的量级比应如何选取才能使系统正常工作。

(3) 在实验中如果想要简便地调整输出电压的范围，应对电路的何处进行调整？

（4）为了适应后级 AD 芯片的要求，需要将电压输出范围整体平移到 0～5 V，应如何搭建后续电路？（提供：刘成）

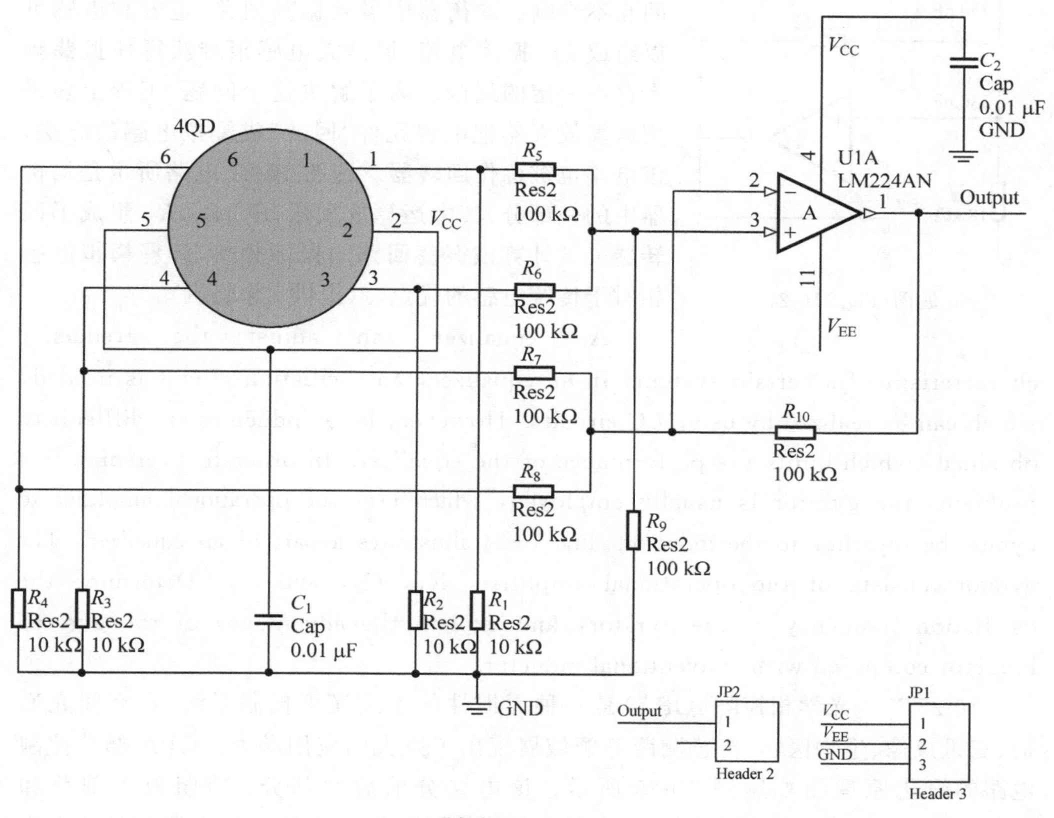

题图(Fig.)10-23

Figure 10-23 shows a four-quadrant photodetector (4QD) circuit turns the optical signal over the four quadrants to photocurrents and export them through the pins of 1, 3, 4, and 6, respectively. $R_1 \sim R_4$ are the ground resistance of the four pins, which turn the photocurrent to voltage signals. The maximum optical power over an individual quadrant is 2 mW, and the responsibility is 0.25 A/W.

(1) If the output voltage of the 4QD is $-5 \sim +5$ V, determine R_1, R_2, R_3, and R_4;

(2) Compared with $R_1 \sim R_4$, what should the order of magnitude of $R_5 \sim R_{10}$ be to make the system regularly work?

(3) How to adjust the circuit to simply adjust the range of the output voltage?

(4) In order to match the AD circuit, the output voltage should be adjusted to $0 \sim 5$ V. How to design the post-circuit?

10-24*** **均衡器**可对整个系统的频率特性进行细微调节。比如音响设备中的

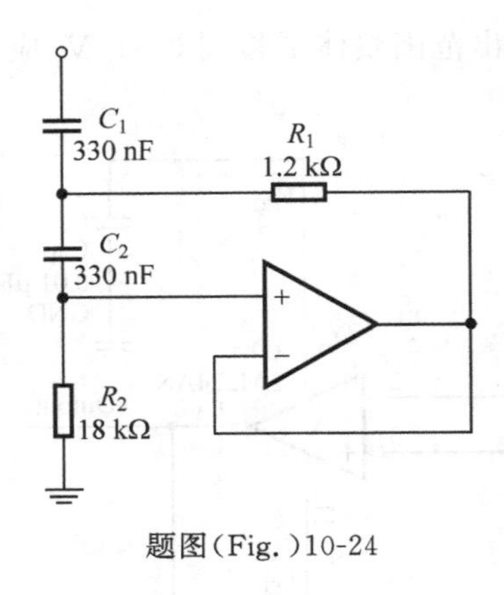

题图(Fig.)10-24

均衡器,又名峰谷型均衡器,它把音频全频带或其主要部分分成若干个频率点进行提升和衰减,各频率点之间互不影响。均衡器中需要振荡回路,电容和电感可以组成 LC 振荡电路,但是大电感很难获得使振荡频率存在一定的局限。为了解决这个问题,工程上多采用运算放大器把电容元件"回转"成模拟电感的方法,该电路也被称作**回转器**。题图 10-24 电路所示是均衡器中的一部分,其中运算放大器,R_1,C_2,R_2 组成了回转器。试计算该振荡回路的振荡频率,解释模拟电感相对于传统电感的优点。(提供:徐晓帆)

An equalizer can adjust the frequency characteristic of a certain system. In an equalizer, an oscillation circuit is needed, which can be realized by using LC circuits. However, large inductors are difficult to obtained, which limits the performance of the equalizer. In order to overcome this problem, the gyrator is usually employed, which uses the operational amplifier to gyrate the capacitor to the inductor. Fig. 10-24 illustrates a part of an equalizer. The gyrator consists of the operational amplifier, R_1, C_2, and R_2. Determine the oscillation frequency of the gyrator, and explain the advantages of the gyrated inductor compared with conventional inductor.

10-25*** 光学相控阵(OPA)是一种无惯性的连续光束控制系统,在空间光通信、三维成像、生物医学、传感测距等领域展现出了巨大的应用潜力。OPA 部分控制电路的简化原理图如题图 10-25 所示。该电路分前后两部分:跨阻放大部分和 Sallen-Key 型有源滤波部分。跨阻放大电路的作用是将 a 点输入的电流信号放大为 b 点的电压输出。Sallen-Key 滤波电路的作用,顾名思义,将 b 点电压信号进行滤波从 c 点输出。试计算:(1)假设 a 点输入为直流信号,$I_{in}=1$ mA,若需求 b 点输出电压为 1.2 V,则 V_{bias} 应提供多大的电压?(2)请简要定性分析 C_0 的作用。(3)请分析题图中的 Sallen-Key 型有源滤波电路是一种什么类型(低通、高通、带通或带阻)的滤波电路?截止频率是多少?(4)若将题图中的 R_1 和 C_1 互换位置,R_2 和 C_2 互换位置,则更改后的滤波电路是一种什么类型的滤波电路?(提供:张海洋)

The simplified schematic diagram of a part of Optical Phased Array (OPA) control circuit is shown in Fig. 10-25. The circuit has two parts: the transresistance amplification part and the Sallen-key active filter part. The function of the transresistance amplifier circuit is to amplify the current signal input at point a into the voltage output at point b. The function of the Sallen-key filter circuit is to filter the voltage signal from point b and has an output signal at point c. (1) If the input signal at point a is a DC signal $I_{in}=1$ mA, and the output voltage at point b is 1.2 V, find

V_{bias}. (2) Make a brief qualitative analysis of the application of C_0. (3) Analyze the filtering characteristics of the Sallen-Key circuit, and find the cutoff frequency. (4) If R_1 and C_1 are switched, and R_2 and C_2 are switched, find the filtering characteristics again.

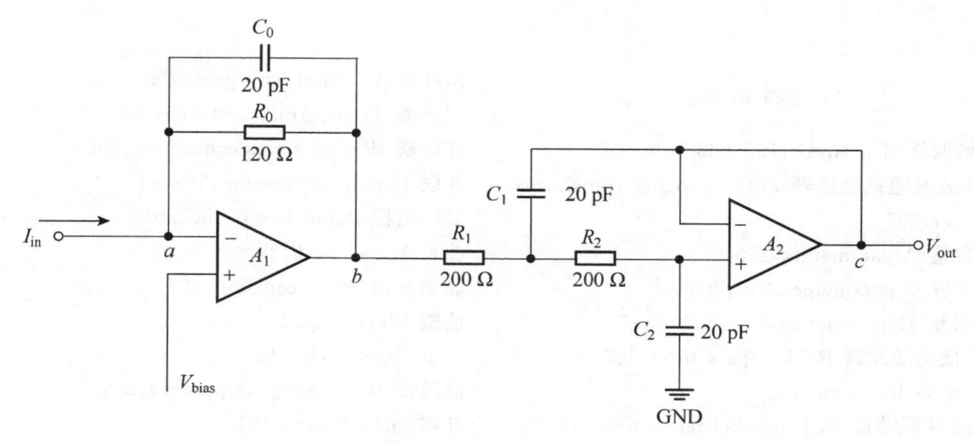

题图(Fig.)10-25

10-26*** 题图 10-26 所示放大电路处于深度负反馈，试计算电路的输入阻抗、输出阻抗，指出电路的反馈类型。(2021 年冬试题)

Determine the input and output impedance of the amplification circuit which works with strong negative feedback mode as shown in Fig. 10-26. Try to point out the feedback configuration.

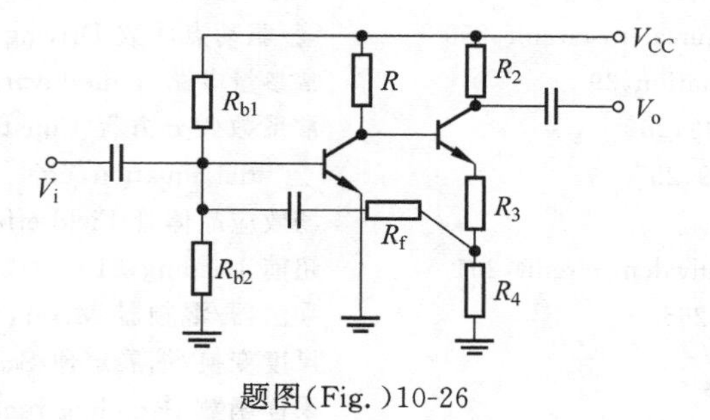

题图(Fig.)10-26

中英文索引
C-E Index

符号

B

C

D

E

F

G

H

J

K

L

M

N

O

P

Q

R

S

T

W

X

Y

英中文索引

E-C Index

符号

A

B

C

G

H

I

K

L

M

N

O

P

T

U

V

W

X

Y

Z

表格索引

Table Index

参 考 文 献
References

[1] 王楚,余道衡. 电路分析[M]. 北京:北京大学出版社,2000.
[2] 李瀚荪. 简明电路分析基础[M]. 北京:高等教育出版社,2002.
[3] William H Hayt Jr, Jack E Kemmerly, Steven M Durbin. Engineering Circuit Analysis[M]. Sixth Edition. McGraw-Hill, 2002. 北京:电子工业出版社影印.
[4] Paul Horowitz, Winfield Hill. The Art of Electronics[M]. Second Edition, 2003. 北京:清华大学出版社影印.
[5] James W Nilsson, Susan A Riedel. Electric Circuits[M]. Sixth Edition. Prentice Hall, 2002. 北京:电子工业出版社影印.
[6] J David Irwin, David V Kerns Jr. Introduction to Electrical Engineering[M]. Prentice Hall, 1995.
[7] Alan V Oppenheim, Alan S Willsky, S Hamid Nawab. Signals and Systems[M]. Second Edition. Prentice Hall, 2004. 北京:电子工业出版社影印.
[8] Charles K Alexander, Matthew N O Sadiku. Fundamentals of Electric Circuits[M]. New York: McGraw-Hill, 2003. 北京:电子工业出版社影印.
[9] 徐光藻,陈洪亮. 电路分析理论[M]. 合肥:中国科学技术大学出版社,1990.
[10] 邱关源. 电路[M]. 4版. 北京:高等教育出版社,2002.
[11] Reinhold Ludwig Pavel Bretchko. 射频电路设计——理论与应用[M]. 北京:电子工业出版社,2002.
[12] 王子宇. 微波技术基础[M]. 2版. 北京:北京大学出版社,2013.
[13] 郑君里. 信号与系统[M]. 2版. 北京:高等教育出版社,2000.
[14] 陈后金,胡健,薛健. 信号与系统[M]. 北京:清华大学出版社,2003.
[15] 赵凯华,陈熙谋. 电磁学[M]. 北京:人民教育出版社,1978.
[16] 陈树柏. 网络图论及其应用[M]. 北京:科学出版社,1982.
[17] 胡薇薇,陈江. 电路分析方法[M]. 北京:北京大学出版社,2008.
[18] 秦克诚. 邮票上的物理学[M]. 北京:清华大学出版社,2005.
[19] A. Agarwal and J. H. Lang, Foundations of Analog and Digital Electronic Circuits, Elsevier, (MORGAN KAUFMANN PUBLISHERS IS AN IMPRINT OF ELSEVIER) 2005.
[20] 李瀚荪. 电路分析基础[M]. 5版. 北京:高等教育出版社,2017.
[21] 森真作,南谷晴之. 電気回路演習ノート[M]. Tokyo:コロナ社,1991.
[22] 管致中,沙玉钧,夏恭恪. 电路、信号与系统[M]. 北京:人民教育出版社,1979.